KB078790

신재생에너지 발전설비기사

태양광 실기

기술사/기능장 **박건작** 편저

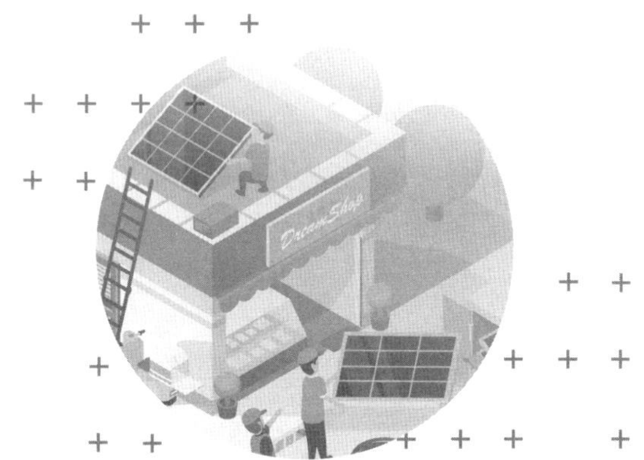

일진사

머리말

최근 각종 공해로 지구는 몸살을 앓고 있다. 기후의 온난화가 가속되면서 수온 및 수면 상승에 의한 생태계의 변화로 도서지역의 침몰에 의해 인류는 가까운 미래에 닥칠 큰 재앙을 우려하고 있다. 따라서 세계 각국은 기후변화 및 온실가스 협약체결을 통해 지구의 청정화에 노력하고 있으며 우리 정부 또한 2017년 3020 정책을 발표하여 2030년까지 신·재생에너지의 생산비율을 20%로 끌어올리겠다는 계획을 세워 신·재생에너지의 확대에 치중하고 있다.

세계 각국은 물론 우리 정부도 신·재생에너지 전력 생산량을 연차적으로 증산하기 위해서는 많은 관련 인력을 필요로 하며 이러한 필요성에 의해 국내 한국산업인력공단에서는 2013년부터 신·재생에너지 발전설비기사 및 산업기사(태양광) 자격시험을 신설하였으며 미래의 각광직업인 이 직종에 상당히 많은 사람들이 응시하고 있는 실정이다.

신·재생에너지 발전설비기사(태양광) 실기 자격증 취득시험을 준비하기 위해서는 광범위한 내용을 공부해야 하므로 수험자 입장에서는 상당한 시간과 막대한 노력이 필요하다. 따라서 이 책은 과년도 출제문제들을 체계적으로 분석하여 다음과 같은 특징으로 편성하였다.

(1) 편성 개요

전반부에 출제기준별 요약 내용, 관련 문제의 순으로 배치하였고, 뒷부분에는 과년도 출제문제 중 그 점수 비중이 높거나 출제 빈도수가 많은 포인트 문제와 다지기 문제, 신규 예상문제를, 그 뒤에 3회의 모의고사와 과년도 문제를 편성하였다.

(2) 편성 특징

가. 가장 큰 특징은 짧은 시간에 합격이 가능한 확률이 높은 문제들로 편성하였다.

나. 너무 많은 분량의 학습으로 변별력이 낮아지는 단점을 보완하기 위해 과년도 출제문제에 대한 철저한 분석으로 오로지 합격 달성 위주의 최소 분량의 문제들로 편성하였다.

다. 2021년 1월부터 시행된 새로운 한국전기설비규정(KEC)을 반영하여 편성하였고, 부록에 본문의 이해를 돕기 위해 신·재생에너지와 관련된 기준과 법규를 수록하였다.

(3) 본서 학습 방법

가. 전반부에 출제기준별 요약 내용, 관련 문제를 학습하고 포인트 문제, 다지기 문제, 신규 예상문제를 먼저, 그 다음에 모의고사와 과년도 문제를 학습시간 대 비율 50% : 50% 정도로 시간을 할당하여 학습하기를 권장한다.

나. 문제 익히기가 본인이 어느 정도 만족할 만큼 이르렀다고 판단되면 책의 문제를 다시 풀어보고 틀린 문제를 체크해 놓는다.

다. 틀린 문제를 해설과 전면의 내용을 참고하여 다시 풀어보면서 이해력을 확고히 한다.

끝으로, 이 책의 수험생 모든 분들의 합격을 기원하며, 이 책의 편집과 출간을 위해 힘써주신 도서출판 **일진사** 임직원 여러분들에게 감사드린다.

저자 씀

출제기준(실기)

직무 분야	환경 · 에너지	중직무 분야	에너지 · 기상	자격 종목	신 · 재생에너지발전 설비기사(태양광)	적용 기간	2021.1.1.~2024.12.31.

○ 직무내용 : 신재생에너지설비에 대한 공학적 기초이론 및 숙련기능, 응용기술 등을 가지고 태양광발전설비를 기획, 설계, 시공, 감리, 운영, 유지 및 보수하는 업무 등을 수행하는 직무이다.

○ 수행준거 :
1. 최적의 태양광발전시스템을 구축하기 위하여 사전에 태양광발전 부지 타당성, 태양광발전 계통연계 가능 여부에 대해 조사를 수행할 수 있다.
2. 최적의 태양광발전시스템을 구축하기 위하여 사전에 태양광발전 음영 분석, 설비용량, 판매액, 공사비, 사업비, 경비, 수익 등의 산정을 수행할 수 있다.
3. 태양광발전 사업을 영위하려는 사업자가 사업 계획서를 작성하여 허가를 받기 위해 제반법령을 검토하고 분석할 수 있다.
4. 태양광발전 사업을 영위하려는 사업자가 제반법령을 검토를 기반으로 태양광발전 사업 계획서를 작성하고 사업 추진 절차에 따라 허가를 받을 수 있다.
5. 태양광발전시스템을 구축하기 위하여 부지의 조건에 맞는 태양광발전 구조물 설계와 설계 도면 검토를 수행할 수 있다.
6. 태양광발전시스템을 구축하기 위하여 태양광발전 전기배선 설계, 태양광발전 배치설계, 태양광발전 어레이 전압강하 계산을 수행할 수 있다.
7. 태양광발전시스템을 구축하기 위하여 태양광발전 수배전반 설계, 태양광발전 모니터링 시스템 설계를 수행할 수 있다.
8. 태양광발전시스템을 구축하기 위하여 태양광발전 토목 설계 및 설계도면 검토를 수행할 수 있다.
9. 태양광발전장치의 설비 시공 완료 후 정상적인 설비 가동을 위해 최종적인 검증 및 보완 과정을 수행할 수 있다.
10. 태양광발전장치를 부지에 설치하기 위해 주변 환경 및 인프라, 계통연계기술 분석을 고려하여 발전소 설립 여부를 결정할 수 있다.

실기 검정방법	필답형	시험시간	2시간 30분

실기 과목명	주요 항목	세부 항목	세세 항목
태양광 발전 설비 실무	1. 태양광발전 사업부지 환경 조사	1. 태양광발전 부지 조사하기	1. 현장을 방문하기 전, 위성지도 확인을 통해 예비 타당성을 조사할 수 있다. 2. 공부서류 내용을 통해 사업 인허가 가능 여부를 확인할 수 있다. 3. 공부서류 내용을 통해 설치 가능 면적을 확인할 수 있다. 4. 발전시스템 부지의 타당성을 조사하기 위하여 사업장소 현장을 조사할 수 있다. 5. 사업부지, 지형, 지물과 방향에 대한 태양광사업 타당성을 조사할 수 있다. 6. 발전량 저하 요인을 최소화하기 위하여 주변 환경을 조사할 수 있다.

실기 과목명	주요 항목	세부 항목	세세 항목
태양광 발전 설비 실무		2. 태양광발전 계통연계 조사하기	1. 계통연계를 위한 한국전력 전기공급규정에 따라 한전 책임 분계점을 검토할 수 있다. 2. 계통연계 접속점의 한국전력 송수전 가능 용량을 파악할 수 있다. 3. 계통연계 접속 지점에서 발전부지까지 가설거리를 산출할 수 있다. 4. 산출된 가설거리를 기준으로 한전에 배전선로 이용을 신청할 수 있다.
	2. 태양광발전 설비용량 조사	1. 음영 분석하기	1. 지형지물에 대한 확인 가능한 데이터를 활용하여 시뮬레이션 결과를 도출할 수 있다. 2. 도출된 시뮬레이션 결과를 기초로 어레이 간의 최소 이격거리를 검토할 수 있다. 3. 계절에 따른 위도와 경도를 적용하여 최적의 어레이 이격거리를 산정할 수 있다. 4. 사계절 기상 조건에 따른 일사량을 이용하여 발전량을 예측할 수 있다.
		2. 태양광발전 설비용량 산정하기	1. 발전부지 면적 산정을 통하여 발전 설비용량을 검토할 수 있다. 2. 사업부지를 확인한 후, 설치할 태양광발전 모듈을 선정할 수 있다. 3. 사업부지를 확인한 후, 설치할 태양광 인버터를 선정할 수 있다. 4. 발전 효율과 비용을 비교 분석하여 구조물 형식에 따른 면적 산정을 할 수 있다. 5. 태양광발전 모듈 직병렬 배치를 통하여 태양광 설비용량을 산정할 수 있다.
	3. 태양광발전 사업부지 인·허가 검토	1. 국토이용에 관한 법령 검토하기	1. 국토의 계획 및 이용에 관한 법률, 시행령, 시행규칙을 검토하여 태양광발전 사업부지의 용도 지역별 특성을 감안하여 개발행위의 규모의 적합성 허가 여부를 판단할 수 있다. 2. 전기사업법, 시행령, 시행규칙에 의거한 발전사업 허가 요건을 검토할 수 있다. 3. 전기공사업법, 시행령, 시행규칙 등을 이해할 수 있다.
		2. 신재생에너지 관련 법령 검토하기	1. 태양광발전 사업부지의 신재생에너지 개발 이용 보급 촉진법에 따른 인허가 적용 부분을 확인할 수 있다. 2. 태양광발전 사업부지의 신재생에너지 설비의 지원 등에 관한 규정 및 지침에 따른 인허가 적용 부분을 확인할 수 있다. 3. 태양광발전 사업부지의 신재생에너지 공급의무화 제도 관리 및 운영 지침에 따른 인허가 적용 부분을 확인할 수 있다.

실기 과목명	주요 항목	세부 항목	세세 항목
태양광 발전 설비 실무	4. 태양광발전 사업 허가	1. 태양광발전 사업 계획서 작성하기	1. 발전소 개요에 따른 발전소 건설 일정을 수립할 수 있다. 2. 주요 부품인 태양광발전 모듈과 태양광 인버터 일반 사양을 선정할 수 있다. 3. 발전소 건설을 위한 자금 계획서를 작성할 수 있다. 4. 타당성 분석을 통하여 계통연계 방법 운영계획을 작성할 수 있다. 5. 연간 발전량 산출 및 발전전력의 판매액을 산출할 수 있다. 6. 총 공사비를 산출할 수 있다. 7. 총 사업비를 산출할 수 있다. 8. 연간 경비를 산정할 수 있다. 9. 연간 수익을 산정할 수 있다. 10. 연간 수익, 연간 비용에 의한 비용, 편익, 현금 흐름 등 경제성을 계산할 수 있다.
		2. 태양광발전 인허가 신청하기	1. 태양광발전 사업을 위한 전기사업 허가서를 작성할 수 있다. 2. 개발행위를 위한 해당 부지 인허가 요건을 검토할 수 있다. 3. 인허가 법령 검토를 통하여 발전설비 설치인가 요건을 작성할 수 있다.
	5. 태양광발전 구조물 설계	1. 태양광발전 구조물 설계하기	1. 태양광발전 구조물이 설치될 위치의 자연 조건을 구조물 설계에 반영할 수 있다. 2. 구조물 형태에 따른 특성을 반영하여 기본적인 구조설계를 할 수 있다. 3. 태양고도 조사를 통하여 구조물 이격거리를 산정할 수 있다. 4. 구조물 설계도면에 기초하여 태양광 구조 설계도서를 작성할 수 있다. 5. 고정식, 경사 가변식, 추적식 태양광 구조물을 설계할 수 있다.
		2. 태양광발전 구조물 설계 검토하기	1. 구조 계산 결과를 기초로 구조 설계의 안전성, 경제성, 시공성, 사용성 및 내구성을 판단할 수 있다. 2. 건축법 및 동 시행령, 건축물의 구조 기준 등에 관한 규칙을 적용한 구조 계산 결과를 판단할 수 있다. 3. 건축 구조 설계기준, 강구조 설계기준, 콘크리트 구조 설계기준을 적용한 구조 계산 결과를 판단할 수 있다. 4. 설계의 적정성 검토 후 수정 보완사항을 파악하여 재설계를 할 수 있다. 5. 구조물 설계도면에 기초하여 태양광 구조 설계도서를 검토할 수 있다.

실기 과목명	주요 항목	세부 항목	세세 항목
태양광발전설비 실무	6. 태양광발전 어레이 설계	1. 태양광발전 전기배선 설계하기	1. 태양광발전 모듈 출력전압과 태양광 인버터의 입력전압 범위를 이용하여 설치될 모듈의 최적 직렬 수를 계산할 수 있다. 2. 설치될 태양광발전 모듈의 직렬 수와 태양광 인버터의 용량에 따른 최적 병렬 수를 계산할 수 있다. 3. 온도에 따른 모듈의 출력전압을 계산할 수 있다. 4. 태양광발전설비 및 계통연계지점과 근접한 곳으로 경제성 및 운영 측면을 고려하여 운용 및 유지관리에 유리한 지점으로 송변전설비의 위치를 선정할 수 있다. 5. 태양광발전설비 및 계통연계를 맞춰 정격용량에 맞는 송변전설비를 선정할 수 있다.
		2. 태양광발전 모듈 배치 설계하기	1. 설계 도면에 태양광발전 모듈을 배치할 수 있다. 2. 설계도면에 배치된 태양광발전 모듈의 배선을 설계할 수 있다. 3. 설계도면에 피뢰소자를 배치할 수 있다. 4. 설계된 총 발전용량을 계산할 수 있다.
		3. 태양광발전 어레이 전압강하 계산하기	1. 태양광발전 모듈에서 접속반까지의 전압강하를 계산할 수 있다. 2. 접속반에서 태양광 인버터 입력단까지의 전압강하를 계산할 수 있다. 3. 전압강하 계산에 따른 가장 경제적인 전선을 선정할 수 있다.
	7. 태양광발전 계통연계장치 설계	1. 태양광발전 수배전반 설계하기	1. 전체적인 발전시스템을 파악하기 위해 태양광발전시스템 단선 결선도를 작성할 수 있다. 2. 발전소 용량에 적합한 차단기, 변압기 등의 수배전반 설비의 용량을 계산하여 설계에 반영할 수 있다. 3. 전기설비기술기준 및 KEC에 의한 법령을 이해하여 설계할 수 있다. 4. 전기 설계도면에 기초하여 수배전반 설계도서를 작성할 수 있다. 5. 수배전반의 단락용량과 임피던스를 이용하여 보호계전기 용량 값을 산정할 수 있다.
		2. 태양광발전 모니터링 시스템 설계하기	1. 수평 및 경사면 일사량계, 온도계 등 기상 관측장비를 설계에 반영할 수 있다. 2. 태양광발전소의 안전한 관리를 위해 CCTV 및 출입통제시설 등의 방범 시스템을 모니터링 시스템에 반영하여 설계할 수 있다. 3. 태양광발전설비의 야외 노출에 따른 직격뢰의 위험과 접지선, 전력선을 통한 간접뢰에 대한 방지대책을 포함한 방재 시스템을 모니터링 시스템에 반영하여 설계할 수 있다.

실기 과목명	주요 항목	세부 항목	세세 항목
태양광 발전 설비 실무			4. 태양광발전시스템의 실외 시스템 설치면적을 고려하고, 전기실 등의 주요 장비가 설치된 실내에 대하여 신뢰성이 확보된 방화 시스템을 모니터링 시스템에 반영하여 설계할 수 있다. 5. 전기 설계도면에 기초하여 모니터링 시스템 설계도서를 작성할 수 있다.
	8. 태양광발전 토목 설계	1. 태양광발전 토목 설계하기	1. 토목 기초에 따른 구조물 형태를 검토하여 설계에 반영할 수 있다. 2. 토목 기초에 따른 구조물 하중을 검토하여 설계에 반영할 수 있다. 3. 발전 설비용량에 따른 전기실 위치를 선정할 수 있다. 4. 발전 설비용량에 따른 전기실 면적을 산정할 수 있다. 5. 태양광발전소 주변의 배수로를 설계할 수 있다. 6. 토목, 건축 설계도면에 기초하여 공사 설계도서를 작성할 수 있다.
		2. 태양광발전 토목 설계도면 검토하기	1. 구조물 하중에 따른 침하 여부를 파악하기 위하여 지내력 안전테스트 결과서를 검토할 수 있다. 2. 태양광발전 부지의 태양광 어레이, 모듈의 수, 음영분석 결과, 적설, 계절별 경사각 등 발전량의 경제성 및 효율적 운영 측면을 고려하여 운용 및 유지관리에 유리한 토목 설계 여부를 검토할 수 있다. 3. 전기실 위치 선정과 면적 산정을 발전 설비용량에 따라 경제적 설계 여부를 검토할 수 있다. 4. 토목, 건축 설계도면에 기초하여 공사 설계도서를 검토할 수 있다.
	9. 태양광발전 장치 준공검사	1. 태양광발전 사용 전 검사하기	1. 발전장치의 안정성을 위하여 보호 계전기 동작시험을 할 수 있다. 2. 전기 안전을 위하여 모선과 기기의 절연저항을 측정할 수 있다. 3. 공사계획 인가 시의 규격이 현장에 시공된 규격과 일치하는지 확인할 수 있다. 4. 정기검사 시 기준 항목별 세부검사 내용을 확인할 수 있다. 5. 사용 전 검사 항목별 세부검사 내용의 실행을 위한 전기설비의 구조적 안정성과 기술기준 적합 여부를 확인할 수 있다. 6. 전기설비의 보호를 위하여 안전장치의 동작상태를 시험 확인할 수 있다.
	10. 태양광발전 사업환경분석	1. 주변 기상·환경 검토하기	1. 일사량과 일조시간 조건을 검토하여 설치각도를 계산할 수 있다. 2. 지반의 상태를 점검한 후 구조물 형태를 결정할 수 있다.

실기 과목명	주요 항목	세부 항목	세세 항목
태양광발전설비실무			3. 주변 인프라 시설을 검토한 후 태양광발전설비 설치 가능 여부를 조사할 수 있다.
		2. 계통연계기술 분석하기	1. 태양광발전 어레이의 설치각도에 따른 월간 발전 가능량을 산출할 수 있다. 2. 주변 한전계통을 확인하여 연계기술을 선정할 수 있다. 3. 태양광발전 모듈의 온도계수와 특성을 파악하여 계절별 발전량을 산출할 수 있다. 4. 주변 환경을 고려하여 접지와 배선을 선정할 수 있다.
	11. 태양광발전 토목공사	1. 태양광발전 토목공사 수행하기	1. 태양광발전 부지 토목공사를 위해 설계도면 내용을 검토할 수 있다. 2. 태양광발전 토목 설계도서를 준용하여 토목공사를 완료할 수 있다. 3. 설계도면과 비교하여 토목공사 완료 후 준공검사를 할 수 있다. 4. 공사현장의 안전관리 준수 여부를 확인할 수 있다.
		2. 태양광발전 토목공사 관리하기	1. 태양광발전 부지 토목공사 업체를 조사하여 발굴할 수 있다. 2. 태양광발전 부지 토목공사 업체를 선정하여 토목공사를 발주할 수 있다. 3. 태양광발전 부지 토목공사, 구조물 설치를 위하여 시공업체를 관리할 수 있다.
	12. 태양광발전 구조물 시공	1. 태양광발전 구조물 기초공사 수행하기	1. 구조 설계를 위하여 선정부지의 경계 측량을 검토하여 정지작업을 할 수 있다. 2. 지반의 상태에 따라 문제점을 분석하여 해당 대책을 수립할 수 있다. 3. 태양광 토목 설계도서에 따라 태풍과 같은 바람, 폭우, 폭설에 견딜 수 있도록 구조물 기초공사를 할 수 있다. 4. 태양광발전 부지 지반과 구조물 설계도서에 따라 태양광발전시스템 구조물 기초를 시공할 수 있다. 5. 설계도상 설치 위치 측정 후 부지 경사, 어레이 이격거리를 고려한 시공을 할 수 있다. 6. 나대지, 건축물, 시설물 등 현장 특성에 맞는 구조물 기초를 선정하여 시공할 수 있다. 7. 구조 계산서에 따른 지역별 풍하중, 적설하중을 적용하여 구조물 기초공사를 할 수 있다. 8. 태양광발전 부지 동결 특성과 지내력 조건을 기반으로 구조물 기초를 시공할 수 있다.
		2. 태양광발전 구조물 시공하기	1. 태양광 발전용 구조물 설치 순서, 양중 방법 등의 설치계획을 결정할 수 있다. 2. 태양광 발전용 구조물, 모듈 고정용 구조물 및 케이블 트레이용 찬넬 순으로 조립할 수 있다.

실기 과목명	주요 항목	세부 항목	세세 항목
태양광발전설비실무			3. 건축물의 방수와 볼트조립 헐거움을 방지하도록 구조물 조립공사를 할 수 있다. 4. 구조물 조립 시 사용되는 체결용 볼트, 너트, 와셔 등 녹 방지 처리 및 처리 여부를 확인할 수 있다. 5. 태양광발전 모듈의 유지보수를 위한 공간과 작업안전을 위한 안전난간이 확보되어 있는지 점검할 수 있다. 6. 구조물 설치작업 시 울타리와 관제실 공사를 관리할 수 있다.
	13. 태양광발전 전기시설공사	1. 태양광발전 어레이 시공하기	1. 전기공사를 진행하기 위하여 태양광발전 모듈을 설치할 수 있다. 2. 태양광발전 모듈의 설치 시 구조물의 하단에서 상단으로 순차적으로 조립할 수 있다. 3. 태양광발전 모듈과 구조물의 접합 시 전식 및 누설전류 방지를 위해 절연 개스킷을 사용하여 조립할 수 있다. 4. 어레이 결선 후, 접속반을 설치하여 결선(연결)할 수 있다.
		2. 태양광발전 계통연계장치 시공하기	1. 시스템의 설치도면을 기초로 태양광 인버터와 제어장치를 설치하여 결선작업을 할 수 있다. 2. 수배전반을 연결할 수 있다. 3. 태양광발전소 출력단에서 계통과 연계할 수 있다. 4. 사용 전 검사를 위하여 발전량의 입출력 상태를 확인할 수 있다.
	14. 태양광발전 시스템 감리	1. 착공 시 감리업무하기	1. 시공감리 및 설계감리 업무를 검토할 수 있다. 2. 설계도서를 검토할 수 있다. 3. 설계 변경 필요 시 설계 변경 절차에 따라 처리할 수 있다. 4. 착공 신고서를 검토 및 보고할 수 있다. 5. 공사 표지판을 설치할 수 있다. 6. 하도급 관련 사항을 검토할 수 있다. 7. 현장 여건을 조사할 수 있다. 8. 인허가 업무를 검토할 수 있다.
		2. 시공 시 감리업무하기	1. 감리를 기록하고 관리할 수 있다. 2. 시공도면을 검토할 수 있다. 3. 부실공사방지 세부 계획을 점검할 수 있다. 4. 공사업자에 대한 지시 및 수명 사항을 처리할 수 있다.
		3. 공정관리하기	1. 시공 계획서를 검토할 수 있다. 2. 시공 상세도를 검토할 수 있다. 3. 시공상태를 확인하고 검사할 수 있다.
	15. 태양광발전 시스템 유지	1. 태양광발전 준공 후 점검하기	1. 태양광발전 어레이를 점검항목과 점검요령에 따라 측정하여 점검할 수 있다. 2. 접속반의 점검항목을 확인하여 점검요령에 따라 측정할 수 있다.

실기 과목명	주요 항목	세부 항목	세세 항목
태양광 발전 설비 실무			3. 태양광 인버터의 점검항목을 확인하여 점검요령에 따라 측정할 수 있다. 4. 태양광 발전용 개폐기, 전력량계, 분전반 내 주간선 개폐기를 점검요령에 따라 측정할 수 있다. 5. 태양광발전시스템을 운전, 정지 점검요령에 따른 조작, 시험, 측정을 통해 점검할 수 있다.
		2. 태양광발전 일상점검하기	1. 태양광발전 어레이 일상점검 항목을 확인하여 점검요령에 따라 점검할 수 있다. 2. 접속반 일상점검 항목을 확인하여 점검요령에 따라 점검할 수 있다. 3. 태양광 인버터 일상점검 항목을 확인하여 점검요령에 따라 점검할 수 있다. 4. 태양전지의 주변 환경에 따른 이상 유무와 모듈의 인화성 물체나 화재의 위험 가능성을 확인할 수 있다.
		3. 태양광발전 정기점검하기	1. 전력기술관리법에서 정한 용량별 횟수에 맞춰 정기점검을 할 수 있다. 2. 태양광발전 어레이 점검항목을 확인하여 점검요령에 따라 육안점검을 할 수 있다. 3. 중간 단자함(접속반) 점검항목과 점검요령에 따른 육안점검, 측정, 시험을 통해 점검할 수 있다. 4. 태양광 인버터의 점검항목과 점검요령에 따른 육안점검, 측정, 시험을 통해 점검할 수 있다.
	16. 태양광발전시스템 운영	1. 태양광발전 사업개시 신고하기	1. 시행기관으로부터 승인을 받기 위해 사업체의 사업개시 신고 확인 서류를 작성할 수 있다. 2. 제출된 사업개시 신고서를 바탕으로 수행기관의 현장 확인 실사를 받을 수 있다. 3. 현장 확인 후 수정, 보완사항을 신속히 처리하여 시행기관으로부터 사업개시 승인을 받을 수 있다.
		2. 태양광발전설비 설치 확인하기	1. 태양광발전 모듈이 설계시방을 기준으로 안정적으로 설치되었는지를 확인할 수 있다. 2. 공정기준에 따라 설치된 각 부품의 기능에 대한 성능검사를 수행할 수 있다. 3. 설치된 발전설비 각 부품의 성능검사 후 문제 발생 시 교환과 수정을 처리할 수 있다. 4. 설계도면과 시방서에 의한 설치가 이뤄졌는지 확인할 수 있다.
		3. 태양광발전시스템 운영하기	1. 발전시스템 운영계획의 수립을 위해 운영에 필요한 인력, 장비 및 활용 가능 범위를 파악할 수 있다. 2. 날씨, 계절에 따른 태양광발전소의 발전량을 분석할 수 있다. 3. 태양광 발전의 출력제어 기능과 효과를 파악하여 문제점 발생 시 출력량의 영향을 분석할 수 있다.

실기 과목명	주요 항목	세부 항목	세세 항목
태양광 발전 설비 실무			4. 점검과 보호를 통해 발전전력 효율 저하 방지와 장기간 운영을 하기 위해 일별, 월별, 연간 운행계획을 수립할 수 있다. 5. 발전시스템 운영을 위한 장치와 운영 매뉴얼에 의한 향후 문제점을 확인하여 대처할 수 있다. 6. 모니터링 시스템의 구성을 파악하고 동작을 제어하여 태양광발전시스템을 운영할 수 있다. 7. 모니터링 시스템의 데이터를 분석하여 태양광발전 시스템 각 구성요소의 상태를 파악할 수 있다.
		4. 품질관리하기	1. 품질관리에 관한 시험의 요령 및 조치를 취할 수 있다. 2. 시험 성과를 검토할 수 있다. 3. 공인기관의 성능평가 결과를 검토할 수 있다. 4. 기성부분 검사 절차서를 작성할 수 있다.
		5. 발전시스템 성능 진단하기	1. 태양광 모듈의 출력량을 점검할 수 있다. 2. 태양광 인버터의 입·출력량을 점검할 수 있다. 3. 접속반의 입·출력량을 점검할 수 있다. 4. 태양광 인버터의 과전압 및 지락시험을 할 수 있다.
	17. 태양광발전 주요 장치 준비	1. 태양광발전 모듈 준비하기	1. 태양광발전 모듈에 사용되는 태양전지의 종류와 특성에 기반하여 모듈의 특징을 비교 조사할 수 있다. 2. 태양전지 광전 변환효율을 계산하여 광전 변환효율이 100%가 되지 않는 이유를 설명할 수 있다. 3. 태양광발전 모듈의 전기적 특징을 이해하여 직류 전압, 전류 특성곡선(V－I)을 분석할 수 있다. 4. 태양광발전 모듈 온도계수 특성을 파악하여 온도에 따른 전압변화율을 계산할 수 있다. 5. 태양광발전 모듈의 특성을 이해하여 직병렬 어레이 구성을 할 수 있다. 6. 설치 전 태양광발전 모듈 취급 시 주의사항에 따라 시공을 준비할 수 있다.
		2. 태양광 인버터 준비하기	1. 태양광 인버터 입력전압 범위에 따른 어레이 직병렬의 최적 동작전압 범위를 검토할 수 있다. 2. 태양광 인버터의 기능과 특성을 조사하여 태양광 인버터 운전을 검토할 수 있다. 3. 태양광 인버터 제조사의 사양 일람표를 참조하여 역률과 효율을 비교 검토할 수 있다. 4. 태양광발전 모듈의 설비용량을 기준으로 태양광 인버터 용량을 계산할 수 있다.
	18. 태양광발전 연계장치 준비	1. 태양광발전 수배전반 준비하기	1. 분산형 전원 계통연계기술기준에 따른 저압 계통연계 수배전반을 구성할 수 있다. 2. 분산형 전원 계통연계기술기준에 따른 고압 계통연계 수배전반을 구성할 수 있다. 3. 설비용량에 따른 송전용 변압기의 용량 산정을 할 수 있다.

실기 과목명	주요 항목	세부 항목	세세 항목
태양광 발전 설비 실무			4. 태양광발전 전용 축전지의 용도를 조사하여 설비용량에 맞는 계통연계 시스템용 축전지를 선정할 수 있다. 5. 태양광발전 교류 측 구성 기기를 용도에 맞게 구성할 수 있다.
		2. 태양광발전 주변 기기 준비하기	1. 접속반의 내부 회로를 구성하여 설치용량 적합 여부를 검토하여 선정할 수 있다. 2. CCTV 시스템 구성 환경에 맞는 시스템을 구축할 수 있다. 3. 피뢰설비 설치기준, 시스템 보호대책에 따라 방제 시스템을 구축할 수 있다. 4. 태양광발전시스템 방화대책에 따라 케이블, 접속반, 변압기, 전력기기 등의 화재탐지 및 경보, 소화대책을 반영한 방화 시스템을 구축할 수 있다. 5. 모니터링 구성 방법에 따라 각 모듈 간 데이터를 취합한 통합 모니터링 시스템을 구축할 수 있다.
	19. 태양광발전 시스템 보수	1. 태양광발전시스템 보수하기	1. 설비 이상상태를 발견하면 사용을 중지하고 보고할 수 있다. 2. 태양광 인버터, 접속반, 차단기, 동작을 정지할 수 있다. 3. 이상상태가 발생한 설비 부품을 교환할 수 있다. 4. 이상 원인을 분석하고 긴급 조치 후 외부 전문가에게 의뢰할 수 있다. 5. 이상 원인 처리 결과를 설비관리 기록 대장에 기록할 수 있다.
		2. 태양광발전 특별 점검하기	1. 태양광발전소 유지관리를 위한 태양광 인버터의 상태를 점검할 수 있다. 2. 태양광발전소 유지관리를 위한 태양광발전 모듈의 표면상태를 확인할 수 있다. 3. 태양광발전소 유지관리를 위한 전선류의 피복상태를 점검할 수 있다. 4. 태양광발전소 유지관리를 위한 수배전반의 이상 유무를 파악할 수 있다.
	20. 태양광시스템 안전관리	1. 안전교육 실시하기	1. 작업착수 전 작업 절차를 교육할 수 있다. 2. 보호장구 상태를 교육할 수 있다. 3. 전기설비 안전장비상태 등 각종 안전교육을 할 수 있다.
		2. 안전장비 보유상태 확인하기	1. 정기안전검사 대상을 점검할 수 있다. 2. 보호장구 상태를 점검할 수 있다. 3. 전기설비 안전장비 상태를 점검할 수 있다. 4. 정기 안전검사를 실시할 수 있다. 5. 안전점검 일지를 작성할 수 있다.

차례

제1편 태양광발전설비 실무

제2편 시험대비 문제풀기

부록 1

부록 2

부록 3

태양광발전설비 실무

CHAPTER 1

태양광발전 사업부지 환경 조사

1 부지의 선정

(1) 태양광발전 부지의 구분별 최적 선정 조건

① 지정학적 조건 : 일조량, 일조시간, 최대풍속, 적설량, 부지의 경사도, 부지의 소유권 정보

② 건설·환경적 조건 : 자재의 운송, 교통의 편의성, 지반 및 배수 조건

③ 설치 운영상 조건 : 접근성 용이, 주변 환경에 피해를 주지 않을 것

④ 행정상 조건 : 개발 허가 취득 조건, 사전환경성 검토, 지역 및 토지용도 검토

⑤ 전력계통과의 연계조건 : 송배전선로 근접, 연계용량 확보, 연계점, 계통 인입선 위치

⑥ 경제성 조건 : 부지가격, 토목 공사비, 기타 부대 공사비 및 수익성

(2) 태양광발전소 건설 시 현장여건 분석

① 설치조건 : 방위각, 경사각, 건축 안정성

② 환경여건 : 음영 유무, 공해 유뮤, 공해 및 염해, 자연재해(홍수, 태풍), 적설량 및 겨울철 온도

③ 전력여건 : 배선용량, 연계점, 수전전력

2 분산형 전원연계

(1) 단순병렬 계통연계형

자가용 발전설비 또는 저압 소용량 일반 발전설비를 한전계통에 병렬로 연계하여 운전하되 생산전력의 전부를 구내계통 내에서 자체적으로 소비하고, 생산전력이 한전계통으로 송전되지 않는 발전방식

(2) 역송병렬 계통연계형

분산형 전원을 한전계통에 병렬로 연계하여 운전하되 생산한 전력의 전부 또는 일부가 한전계통으로 송전되는 방식

(3) 분산형 전원의 연계 구분에 따른 계통의 전기방식

구분	연계계통의 전기방식
저압 한전계통연계	교류 단상 220 V 또는 교류 3상 380 V 중 한전이 기술적으로 타당하다고 정한 1가지 방식
특고압 한전계통연계	교류 3상 22.9 kV

(4) 분산형 전원연계 유형

연계 유형	관련 법령	발전용량	적용 사업자	거래 방법
역송 병렬	전기사업법	1,000 kW 초과	발전사업자	전력시장을 통한 직거래
	전기사업법 및 산업자원부 고시	1,000 kW 이하	신·재생에너지 발전사업자 또는 자가용 발전설비 설치자	한전과 직접전력 수급계약을 체결 후 거래
	산업자원부 고시	10 kW 이하 (단, 태양광에너지 1,000 kW 이하)	신·재생에너지 자가용 발전설비 설치자	자가 소비 후 잉여전력을 한전에 공급하고 전력량에서 상계하는 거래
	전기사업법	-	구역전기사업자	잉여전력에 대하여 한전과 직거래
단순 병렬	전기사업법	자가용 발전설비 또는 10 kW 이하 일반용 발전설비	-	전체 전력을 자체 소비하고, 한전에 송전하지 않는 경우

(5) 분산형 전원의 역률은 90 % 이상 유지하는 것을 원칙으로 한다.

(6) 교류 단상 220 V인 분산형 전원을 저압 한전계통에 연결할 수 있는 용량은 100 kW 미만이다.

(7) 분산형 전원 및 그 연계 시스템은 분산형 전원 연결점에서 최대 정격전류의 0.5 %를 초과하는 직류전류를 계통으로 유입시켜서는 안 된다.

(8) 독립형은 태양광발전시스템에서 생산된 전력을 한전계통에 연결하지 않고 자체적으로 소비하는 계통방식으로 외딴 섬, 오지, 유·무인 등대, 중계소 등이 이에 속한다.

예상문제

제1장 태양광발전 사업부지 환경 조사

01. 태양광발전시스템 건설 시 현장여건 분석항목이 다음과 같을 때 각각 분류하여 쓰시오.

(1) 설치조건 :

(2) 환경여건 :

(3) 전력여건 :

정답 (1) 설치조건 : 방위각, 경사각, 건축 안정성

(2) 환경여건 : 음영 유무, 공해 유무, 자연재해(홍수, 태풍), 적설량

(3) 전력여건 : 배선용량, 연계점, 수전전력

02. 태양광발전시스템 건설 시 반영해야 할 현장조사 중 환경여건 5가지를 쓰시오.

정답 ① 음영 유무

② 공해 유무

③ 자연재해

④ 공해 및 염해

⑤ 적설량 및 겨울철 온도

03. 태양광발전에 유리한 부지 선정 조건 5가지를 쓰시오.

정답 ① 일사량이 좋은 남향 부지

② 염전 부지 또는 장애물이 없는 고지대

③ 여름철 홍수 피해와 겨울철 적설량이 적은 장소

④ 발전량이 많이 나오는 토지 모양(가급적이면 정사각형이나 직사각형에 가까운 토지)

⑤ 토지비가 저렴한 곳

04. 다음은 분산형 전원의 연계 구분에 따른 계통의 전기방식에 대한 표이다. 빈칸의 ①, ②에 알맞은 내용을 쓰시오.

구분	전기방식
저압 한전계통연계	①
특고압 한전계통연계	②

정답 ① 교류 단상 220 V 또는 교류 3상 380 V 중 한전이 기술적으로 타당하다고 정한 1가지 방식
② 교류 3상 22.9 kV

05. 분산형 전원의 역률은 몇 % 이상을 유지해야 하는가?

정답 분산형 전원의 역률은 90 % 이상을 유지해야 한다.

06. 전기방식이 교류 단상 220V인 분산형 전원을 저압 한전계통에 연결할 수 있는 용량은 얼마인가?

정답 100 kW 미만

07. 전체 전력을 자체에서 소비하고, 한전계통으로 송전하지 않는 분산형 전원의 유형은 무엇인가?

정답 단순병렬연계

08. 독립형 태양광발전시스템의 적용 장소를 4가지 쓰시오.

정답 ① 도서지역 주택, ② 벽지(오지) 주택,
③ 유·무인 등대, ④ 가로등
※ 그 밖에 전주를 세우기 곤란한 지역들이 포함될 수 있다.

CHAPTER 2

태양광발전 설비용량 조사

1 음영 분석

(1) **일조강도** : 단위시간 동안 단위넓이(m^2)에 입사되는 복사에너지의 세기(W/m^2)

(2) **일사량(일조량)** : 일정시간 동안 지표면에 도달하는 일조강도의 적산값(Wh/m^2)

(3) **직달 일조량** : 일정시간 동안 지표면에 직접 도달하는 직달광을 적산한 값(Wh/m^2)

(4) **가조시간** : 어느 지방의 일출부터 일몰 때까지의 시간

(5) **일조시간** : 가조시간 중 구름의 방해가 없이 지표면에 태양광이 비춘 시간의 합계

(6) **일조율** $= \dfrac{\text{일조시간}}{\text{가조시간}} \times 100\,\%$

(7) **고도각** : 직달광과 지표면이 이루는 각도

(8) **경사각** : 어레이(d_1)가 지평면과 이루는 각도

(9) **어레이 그림자 길이와의 이격거리(d)**

① $d_1 = \dfrac{h}{\tan\theta} = l \times \cos\theta\,[\mathrm{m}]$

여기서, θ는 고도각이다.

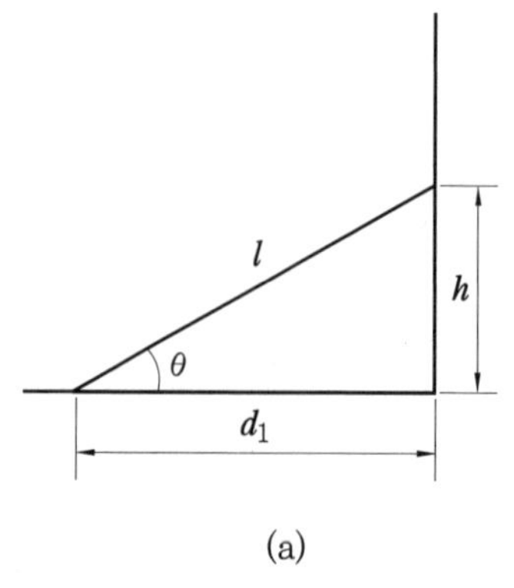

(a)

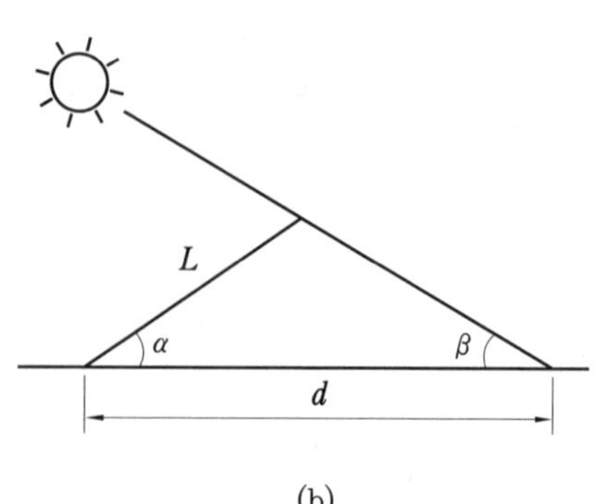

(b)

② $d = L \times \dfrac{\sin(\alpha + \beta)}{\sin\beta}$ [m]

③ $d = L \times \{\cos\alpha + \sin\alpha \times \tan(90° - \beta)\}$ [m]

여기서, α : 경사각, β : 고도각

(10) 대지 이용률 $= \dfrac{\text{모듈(어레이)의 길이}}{\text{어레이 이격거리}} = \dfrac{L}{d}$

(11) 남중고도 : 하루 중 태양의 고도가 가장 높을 때의 각도

① 동지의 남중고도 : 90° − 위도 − 23.5°

② 하지의 남중고도 : 90° − 위도 + 23.5°

③ 춘·추분의 남중고도 : 90° − 위도

* 지구의 기울기 : 23.5°

2 발전 설비용량 선정

(1) 태양전지 어레이 필요출력

$$P_{AD} = \frac{E_L \times D \times R}{\dfrac{H_A}{G_S} \times K} \text{ [kW]}$$

* 표준상태 시 $P_{AD} = \dfrac{E_L \times D \times R}{H_A \times K}$ [kW]

여기서, G_S : 1 kW/m²(표준상태)

E_L : 부하 소비전력량(kWh/기간)

D : 부하의 발전시스템에 대한 의존율

H_A : 어레이 표면 일사량(kWh/m²·기간)

K : 종합설계계수

R : 설계여유계수

(2) 월간 발전량

$$E_{PM} = P_{AS} \times \frac{H_{AM}}{G_S} \times K \ [\text{kWh/월}]$$

여기서, P_{AS} : 표준상태에서의 어레이(총 모듈 수량) 출력(kW) 또는 각 월별 적산 경사면 일사량(kW)

H_{AM} : 월 적산 어레이 표면 일사량(kWh/m²·월)

G_S : 1 kW/m²(표준상태), K : 종합설계계수

(3) 일 평균 발전시간(h) = $\frac{\text{연간 발전전력량(kWh)}}{\text{시스템 용량(kW)} \times \text{운전일수}}$

(4) 시스템 이용률(%) = $\frac{\text{연간 발전전력량(kWh)}}{24\text{시간} \times \text{운전일수} \times \text{시스템 용량(kW)}} \times 100$

$$= \frac{\text{일 평균 발전시간}}{24\text{시간}} \times 100$$

(5) 연간 발전량(kWh) = 365일 × 24시간 × $\frac{\text{이용률}}{100}$ × 시스템 발전용량(kW)

= 일 평균 발전시간(h) × 365일 × 시스템 발전용량(kW)

(6) 최대출력(W)

$$P_{\max} = V_{mpp} \times I_{mpp}, \ P_{input} = E \times A$$

여기서, E : 표준 일사강도(1,000 W/m²), A : 태양전지 면적(m²)

(7) 변환효율(%) = $\frac{P_{\max}}{P_{input}} \times 100 = \frac{V_{mpp} \times I_{mpp}}{E \times A} \times 100$

(8) 1일 전력수요량 = 1일 전력소비량 × 손실 보정계수

* 일반적으로 손실 보정계수는 1.2 적용

(9) STC : 표준 시험조건

① 일사강도 : 1,000 W/m²

② 셀 온도 : 25℃

③ 풍속 : 1 m/s

④ 대기질량지수 : AM 1.5

(10) NOCT : 공칭 태양전지 동작온도

① 일사강도 : $800\ \mathrm{W/m^2}$

② 셀 온도 : 20℃

③ 풍속 : 1 m/s

(11) NOCT 적용 셀 온도

$$T_{cell} = T_{air} + \frac{\mathrm{NOCT} - 20℃}{800\,\mathrm{W/m^2}} \times 1{,}000\,\mathrm{W/m^2}$$

(12) 모듈표면 최저, 최고온도 계산

① 전압 온도 변화율(%/℃) 적용 시　* kT: 전압 온도 변화율 → 온도 변화 적용

(가) V_{oc}, V_{mpp}의 최저온도 : $V_{oc}(T) = V_{oc} \times \{1 + kT \times (T - 25℃)\}$

$V_{mpp}(T) = V_{mpp} \times \{1 + kT \times (T - 25℃)\}$

(나) V_{oc}, V_{mpp}의 최고온도 : $V_{oc}(T) = V_{oc} \times \{1 + kT \times (T - 25℃)\}$

$V_{mpp}(T) = V_{mpp} \times \{1 + kT \times (T - 25℃)\}$

② 전압 온도 변화율(mV/℃) 적용 시　* kV: 전압 온도 변화율 → 전압 변화 적용

(가) V_{oc}, V_{mpp}의 최저온도 : $V_{oc}(T) = V_{oc} + kV \times (T - 25℃)$

$V_{mpp}(T) = V_{mpp} + kV \times (T - 25℃)$

(나) V_{oc}, V_{mpp}의 최고온도 : $V_{oc}(T) = V_{oc} + kV \times (T - 25℃)$

$V_{mpp}(T) = V_{mpp} + kV \times (T - 25℃)$

(13) 최대 직렬 모듈 수 및 최소 직렬 모듈 수 계산식

① 최대 직렬 모듈 수 : $N_{oc} = \dfrac{\text{인버터의 최대 입력전압}}{\text{최저온도에서의 } V_{oc}}$

$$N_{mpp} = \frac{\text{인버터 MPPT 전압범위의 최댓값}}{\text{최저온도에서의 } V_{mpp}}$$

㊟ 계산값은 소수점에서 절사하며, N_{oc}, N_{mpp} 중 작은 값을 채택한다.

② 최소 직렬 모듈 수 : $N_{\min} = \dfrac{\text{인버터 MPPT 전압범위의 최솟값}}{\text{최고온도에서의 } V_{mpp}}$

㊟ 계산값은 소수점에서 절상한다.

(14) 최적 병렬 및 직렬 모듈 수 계산식

① 총 병렬 수 $=\dfrac{\text{인버터의 최대 입력전력}(W_P)}{\text{모듈 직렬 수}\times\text{모듈 1매의 출력}(W_P)}$

② 최대출력 직·병렬 조합 계산식 = (직렬 수) × ①의 값 × 모듈 출력

* 최소 직렬 수 ~ 최대 직렬 수를 위의 ①, ②에 대입하여 얻은 최댓값을 직·병렬 수로 선정한다.

(15) 결정된 최적 모듈의 직·병렬 수로 인버터 대수를 구하는 식

$$\text{인버터 대수}=\frac{\text{최적 직렬 모듈 수}\times\text{최적 병렬 수}\times\text{모듈 1장의 출력}}{\text{인버터 1대의 출력}}$$

(16) 모듈의 직·병렬 수량 산출 흐름도

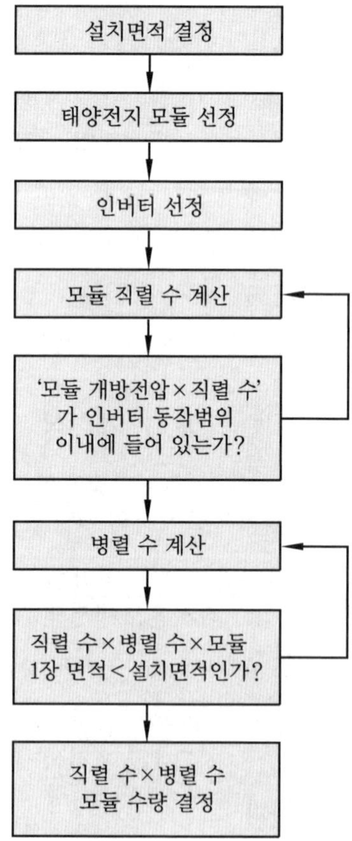

예상문제

01. 어떤 지역의 일출에서 일몰까지의 시간이 10시간, 일조시간이 4시간일 때 일조율을 구하시오.

풀이 $일조율 = \frac{일조시간}{가조시간} \times 100 = \frac{4}{10} \times 100 = 40\ \%$

정답 40 %

02. 위도가 32°인 지역에서 동지일 때 남중고도를 구하시오.

풀이 동지일 때의 남중고도 = 90° − 위도 − 23.5° = 90° − 32° − 23.5° = 34.5°

정답 34.5°

03. 태양전지 어레이의 길이가 3 m, 어레이의 경사각이 32°, 태양의 입사각이 25°라면 뒤쪽 어레이와의 이격거리는 몇 m인지 구하시오.

풀이 $이격거리 = 어레이\ 길이 \times \frac{\sin(\alpha+\beta)}{\sin\beta}$

$$= 3 \times \frac{\sin(32° + 25°)}{\sin 25°} = 3 \times \frac{\sin 57°}{\sin 25°} = 3 \times \frac{0.8387}{0.4226} \fallingdotseq 5.95\ \text{m}$$

정답 5.95 m

04. 태양 고도각이 20°이고, 장애물의 높이가 2m일 때 어레이 그림자 길이와의 이격거리 d를 구하시오.

풀이 $d = \frac{장애물\ 높이}{\tan(고도각)} = \frac{2}{\tan 20°} \fallingdotseq \frac{2}{0.364} \fallingdotseq 5.50\ \text{m}$

정답 5.50 m

05. 태양전지 표면온도가 35℃일 때 NOCT를 구하시오. (단, NOCT는 45℃이다.)

풀이 $T_{cell} = T_{air} + \frac{45-20}{800} \times 1,000 = 35 + 31.25 = 66.25℃$

정답 66.25℃

06. 태양전지의 최대출력이 300W이고, 태양전지 모듈의 면적이 2m^{2}이다. 입력전력과 변환효율을 구하시오. (단, 표준조건인 STC이다.)

(1) 입력전력 :

(2) 변환효율 :

풀이 (1) 입력전력 $= E \times A = 1,000\text{W/m}^2 \times 2\text{m}^2 = 2000\text{ W}$

(2) 변환효율 $= \frac{\text{출력전력}}{\text{입력전력}} \times 100 = \frac{300}{2000} \times 100 = 15\ \%$

정답 (1) 2000 W

(2) 15 %

07. 최대전압(V_{mpp}) 45 V, 전압 온도계수가 −0.2 %/℃인 태양전지 모듈 10장이 직렬로 연결되어 있다. STC 조건에서 표면온도가 45℃일 때 최대전압을 구하시오.

풀이 $V_{mpp}(45℃) = 45 \times \{1 + (-0.002) \times (45-25)\} = 45 \times 0.96 = 43.2\text{ V}$,

총 전압 $= 43.2 \times 10 = 432\text{ V}$

정답 432 V

08. 45℃에서 태양전지 모듈의 V_{oc}를 구하시오. (단, 규격표상의 V_{oc}는 36.0 V이고, 전압 온도계수는 −0.3 %/℃이다.

풀이 $V_{oc}(45℃) = V_{oc} \times \{1 + (-0.003) \times (45-25)\} = 36 \times 0.94 = 33.84\text{ V}$

정답 33.84 V

09. STC 조건에서 다음 [보기]와 같은 태양전지 모듈의 50℃에서의 최대출력을 구하시오.

보기

- V_{oc} : 28 V
- V_{mpp} : 30 V
- I_{sc} : 7 A
- I_{mpp} : 7.5 A
- 출력 온도계수 : −0.24 %/℃

풀이 $P_{\max} = V_{mpp} \times I_{mpp} = 30 \times 7.5 = 225$ W,

$P_{\max}(50℃) = 225 \times \{1 + (-0.0024) \times (50 - 25)\} = 225 \times 0.94 = 211.5$ W

정답 211.5 W

10. 다음 [보기]와 같은 태양전지 모듈의 특성으로부터 −25℃에서의 V_{mpp} 값을 구하시오.

보기

- V_{oc} : 27.5 V
- V_{mpp} : 25.2 V
- I_{sc} : 7.8 A
- I_{mpp} : 7.2 A
- 전압 온도계수 : −0.25 %/℃

풀이 $V_{mpp}(-25℃) = V_{mpp} \times \{1 + (-0.0025) \times (-25 - 25)\}$

$= 25.2 \times 1.125$

$= 28.35$ V

정답 28.35 V

11. STC 조건에서 태양전지 어레이의 출력이 1.5 kW, 종합설계계수가 0.8일 때 월간 발전량을 구하시오. (단, 월 30일로 계산한다.)

풀이 월간 발전량 = 태양전지 어레이 출력 × 30일 × 종합설계계수

$= 1.5 \times 30 \times 0.8$

$= 36$ kW

정답 36 kW

12. 모듈 최저온도 −25℃, 주변 최고온도 75℃에서 98 kW 용량의 태양광발전소를 건설하고자 한다. 아래 조건을 참고하여 각각의 물음에 답하시오. (단, 모듈 1매의 출력은 400 W이며 NOCT를 적용한다.)

태양전지 모듈 특성	
최대전압, V_{mpp}	39 V
최대전류, I_{mpp}	9 A
개방전압, V_{oc}	42 V
단락전류, I_{sc}	8 A
전압 온도 변화율	−0.3 %/℃
NOCT	44℃

인버터 특성	
최대 입력전력, P_{IN}	360 kW
MPPT 전압범위	450 ~ 800 V
최대 입력전압	1,000 V
정격출력	360 kW

(1) NOCT 44℃의 셀 온도를 구하시오. (단, T_{air} = 45℃)

(2) − 25℃, 75℃에서 태양전지 모듈의 V_{oc}, V_{mpp}를 구하시오. (단, 소수점 셋째 자리에서 반올림)

(3) 최대 및 최소 직렬 모듈 수를 구하시오.

① V_{oc}를 적용한 최대 모듈 수 :

② V_{mpp}를 적용한 최대 모듈 수 :

③ V_{mpp}를 적용한 최소 모듈 수 :

(4) 최대출력을 얻기 위한 최적 병렬 모듈 수를 구하시오.

풀이 (1) 셀 온도 계산식 : $T_{\text{NOCT}}(\text{셀 온도}) = T_{air} + \dfrac{\text{NOCT} - 20℃}{800\text{W/m}^2} \times 1{,}000\ \text{W/m}^2$

$$= 45 + \frac{44-20}{800} \times 1{,}000 = 45 + 30 = 75℃$$

(2) $V_{oc}(-25℃) = 42 \times \{1 + (-0.003) \times (-25-25)\} = 42 \times 1.15 = 48.3\ \text{V}$

$V_{mpp}(-25℃) = 39 \times \{1 + (-0.003) \times (-25-25)\} = 39 \times 1.15 = 44.8\ \text{V}$

$V_{oc}(75℃) = 42 \times \{1 + (-0.003) \times (75-25)\} = 42 \times 0.85 = 35.7\ \text{V}$

$V_{mpp}(75℃) = 39 \times \{1 + (-0.003) \times (75-25)\} = 39 \times 0.85 = 33.1\ \text{V}$

(3) ① $V_{oc}(-25℃)$적용 최대 직렬 모듈 수

$$= \frac{\text{인버터의 최대 입력전압}}{V_{oc}(-25℃)} = \frac{1{,}000}{48.3} \fallingdotseq 20.7 \rightarrow 20$$

② $V_{mpp}(-25℃)$ 적용 최대 직렬 모듈 수

$$= \frac{\text{인버터 MPPT 전압범위의 최댓값}}{V_{mpp}(-25℃)} = \frac{800}{44.8} \fallingdotseq 17.8 \rightarrow 17$$

* ①의 20, ②의 17 중 작은 값인 17을 최대 직렬 모듈 수로 선정한다.

③ V_{mpp}를 적용한 최소 모듈 수

$$= \frac{\text{인버터 MPPT 전압범위의 최솟값}}{V_{mpp}(75℃)} = \frac{450}{33.1} ≒ 13.6 \rightarrow 14$$

(4) 최적 병렬 수 : 직렬 모듈 수 14 ~ 17을 $\frac{\text{인버터의 최대 입력전력}}{\text{모듈 직렬 수} \times \text{모듈 1매의 출력}}$에 대입하여 각각 직렬 수 × 병렬 수를 계산한 최대출력의 직렬, 병렬 조합을 구했을 때, 최댓값을 최대 직렬 모듈 수로 선정한다.

14직렬일 경우 : $\frac{360}{14 \times 0.4} ≒ 64.28 \rightarrow 64,\ 14 \times 64 \times 0.4 = 358.4\text{ kW}$

15직렬일 경우 : $\frac{360}{15 \times 0.4} = 60,\ 15 \times 60 \times 0.4 = 360\text{ kW}$

16직렬일 경우 : $\frac{360}{16 \times 0.4} ≒ 56.25 \rightarrow 56,\ 16 \times 56 \times 0.4 = 358.4\text{ kW}$

17직렬일 경우 : $\frac{360}{17 \times 0.4} ≒ 52.94 \rightarrow 52,\ 17 \times 52 \times 0.4 = 353.6\text{ kW}$

출력이 최대가 되는 모듈 병렬 수는 60이므로 최적 직· 병렬 수는 직렬 15, 병렬 60인 경우이다.

정답 (1) 75℃

(2) 48.3 V, 44.8 V, 35.7 V, 33.1 V

(3) ① 20, ② 17, ③ 14,

(4) 직렬 15, 병렬 60

CHAPTER 3

태양광발전 사업부지 인·허가 검토

1 국토이용에 관한 법령 검토

(1) 용도 지역별 허가면적

구분	면적
공업지역, 농림지역, 관리지역	3만 m^2 미만
주거지역, 상업지역, 자연녹지, 생산녹지	1만 m^2 미만
보전녹지지역, 자연환경보전지역	5천 m^2 미만

(2) 소규모 환경영향 평가 대상

구분	면적
발전시설용량(규모)	10만 kW 미만
계획관리지역	1만 m^2 이상
생산관리, 농림지역	7.5천 m^2 이상
보전관리, 개발제한구역, 자연환경보전지역	5천 m^2 이상

2 신·재생에너지 관련 법령 검토

(1) 신·재생에너지 용어

① RPS : 일정량(500만 kW) 이상의 발전설비를 보유한 발전사업자에게 총 발전량의 일정량 이상을 신·재생에너지로 국가에 공급하도록 의무화한 제도

② FIT : 신·재생에너지에 의하여 공급한 전기의 전력가격이 정부가 고시한 기준가격보다 낮은 경우에 기준가격과 전력거래가격의 차액을 정부가 지원해주는 제도

③ REC : 태양광발전 사업용 설비에 발급되는 공급인증서

④ REP : 생산인증서 발급대상설비에서 생산된 MWh 기준의 생산에너지 전력량에 대해 부여하는 제도

⑤ RFS : 석유제정업자에게 일정 이상의 신·재생에너지와 수송용 연료를 혼합하도록 하는 제도

(2) 연도별 의무공급량의 비율

2020. 10. 01 개정

연도	2021	2022	2023 이후
비율(%)	8.0	9.0	10.0

(3) 신·재생에너지의 공급의무비율

2020. 10. 01 개정

연도	2020 ~ 2021	2022 ~ 2023	2024 ~ 2025	2026 ~ 2027	202 8~ 2029	2030 이후
비율(%)	30	32	34	36	38	40

(4) 신·재생에너지 공급비율 $= \frac{\text{신·재생에너지 공급량}}{\text{예상 에너지 사용량}} \times 100\,\%$

(5) 신에너지

① 수소에너지

② 연료에너지

③ 석탄을 액화·가스화한 에너지 및 중질잔사유를 가스화한 에너지

(6) 재생에너지

① 태양에너지

② 풍력에너지

③ 수력에너지

④ 해양에너지

⑤ 지열에너지

⑥ 생물자원을 변환시켜 이용하는 바이오에너지

⑦ 폐기물을 에너지로서 대통령령으로 정하는 기준 및 범위에 해당하는 에너지

⑧ 그 밖에 석유·석탄·원자력 또는 천연가스가 아닌 에너지로서 대통령령으로 정하는 에너지

(7) 온실가스

① 이산화탄소(CO_2)
② 메탄(CH_4)
③ 아산화질소(N_2O)
④ 수소불화탄소(HFCs)
⑤ 과불화탄소(PFCs)
⑥ 육불화황(SF_6)

(8) 총 배출량 2030년 온실가스 배출전망치 대비는 $\frac{37}{100}$로 한다.

(9) 신·재생에너지 보급사업의 우선대상이 되기 위한 조건

① 개발된 신·재생에너지 설비가 설비인증을 받을 경우
② 신·재생에너지 기술의 국제표준화가 이루어진 경우
③ 신·재생에너지 설비와 부품의 공용화가 이루어진 경우

(10) 신·재생에너지 기술개발 등에 관한 계획의 검토내용

① 기본계획과 조화성
② 시의성
③ 다른 계획과 중복성
④ 공동연구의 가능성

(11) 신·재생에너지 공급자 3인

① 발전사업자
② 발전사업의 허가를 받은 것으로 보는 자
③ 공공기관

(12) 신·재생에너지센터의 관련 업무

① 공급인증서 발급, 관리, 폐기
② 공급인증서 발급대상설비 확인 및 사후관리
③ 의무공증화제도 관련 종합적 통계관리 및 정책지원
④ 의무공급량의 산정 및 의무이행실적 확인(과징금 부여)
⑤ 기타 장관이 필요하다고 인정하는 업무

(13) 한국전력거래소의 업무

① 공급인증서의 거래시장 개설 및 운영
② 공급의무자의 의무비용, 소요계획 작성
③ 공급인증서 거래대금의 정산 및 결제
④ 거래시장 운영 관련 통계관리 및 정책지원

(14) 에너지 자립도 : 우리나라 외에서 개발한 에너지량을 합한 양이 차지하는 비율

(15) 신재생에너지 공급의무자

① 한국지역난방공사
② 한국수자원공사
③ 발전사업의 허가를 받은 것으로 보는 해당자로서 500 MW 이상의 발전설비를 보유한 자

(16) 예상 에너지 사용량 = 건축 연면적×단위 에너지 사용량×지역계수

(17) 신·재생에너지 생산량 = 에너지원별 설치 규모×단위 에너지 생산량×원별 보정계수

(18) 에너지원별 설치규모(설치용량) $= \dfrac{\text{신·재생에너지 생산량}}{\text{단위 에너지 생산량} \times \text{원별 보정계수}}$

(19) 신·재생에너지의 기술개발 및 이용

① 기본계획 : 5년마다 수립
② 계획기간 : 20년
* 시행사업연도 4개월 전까지 제출

(20) 신·재생에너지의 기술개발 및 이용 기본계획 포함내용

① 기본계획의 목표
② 신·재생에너지원별 기술개발 및 보급의 목표
③ 총 전력생산량 중 신·재생에너지 발전량이 차지하는 비율의 목표
④ 온실가스 배출감소 목표
⑤ 기본계획의 추진 방법

(21) 신·재생에너지 공급일로부터 90일 이내에 공급인증서 발급신청을 해야 한다.

(22) 신·재생에너지 공급자의 의무공급량 부족분에 대해서는 당해 연도 공급인증서의 평균가격 1.5배를 과징금으로 부과한다.

(23) 바이오에너지

① 생물유기체를 변환시킨 바이오가스, 바이오 액화류, 합성가스
② 쓰레기 매립장의 유기상 폐기물을 변환시킨 매립가스
③ 동·식물의 유지를 변환시킨 바이오디젤
④ 생물 유기체를 변환시킨 땔감

(24) 바이오에너지 기술

① 액체연료 생산
② 바이오 매스 가스화
③ 바이오 매스 생산
④ 가공 기술

(25) 수소 전지

① 수증기 개질, 부분 산화, 자기 개질, 전기분해, 열화학분해
② 이동 : 봄베, 집합용기, 트레일러

(26) 수소에너지 기술

① 부분 산화법
② 자기 열 개질법
③ 전기분해법
④ 석탄가스화 열분해법

(27) 태양열

① 집열부 : 평판형, 진공관형, PTC형, Dish형
② 축열부
③ 이용부
④ 제어장치

(28) 녹색성장

에너지 자원을 절약하고 효율적으로 사용하여 기후변화와 환경 훼손을 줄이고, 청정에너지와 녹색기술의 개발을 통해 새로운 성장 동력을 확보하여 새로운 일자리를 창출해 나가는 등 경제와 환경이 조화를 이루는 성장이다.

(29) 녹색 설치 의무기관

① 납입 자본금의 $\frac{50}{100}$ 이상을 출자한 법인

② 납입 자본금 50억 원 이상 법인

(30) 녹색 인증 유효기간 : 3년(3년 1회 한 연장)

(31) 저탄소

화석연료에 대한 의존도를 낮추고 청정에너지 사용 및 보급을 확대하며 녹색기술개발, 탄소 흡수원 확충 등을 통하여 온실가스를 적정수준 이하로 줄이는 것이다.

(32) 기후변화 및 에너지의 목표 관리(저탄소 녹색성장 기본법)

① 온실가스 감축

② 에너지 절약 및 에너지이용효율

③ 에너지 자립

④ 신·재생에너지 보급

(33) 공급인증서의 유효기간 : 3년

(34) 수력발전

① 수로식

② 댐식

③ 터널식

(35) 연료전지

① 알칼리형

② 인산형

③ 용융 탄산염형

④ 고체산화물형

⑤ 직접 메탄올형

⑥ 고분자물형

(36) 풍력발전기의 구성요소

① 로터 : 회전날개와 회전축으로 구성

② 나셀 : 기어박스, 발전기, 제어장치를 포함

③ 타워 : 풍력발전기의 지지대

(37) 풍력발전 제어방식

① 정속제어
② 가변 피치제어
③ 날개 단 제어
④ 실속제어

(38) 풍력발전의 고장요인

① 바람의 조건변화
② 시스템 부조화
③ 집중하중

(39) 공급인증서 거래 제한

① 지역난방 1.5 MW 이하
② 구역전기 3.5 MW 이하
③ 조력발전, 석탄액화·가스화 중질잔사유, 폐기물 발전 : 5 MW 초과
④ 산업집단화 25 MW 이하

(40) 거래시장 이외에서 공급인증서를 거래한 자는 2,000만 원의 벌금을 부과한다.

(41) 신·재생에너지 개발·이용·보급 촉진법

에너지원을 다양화하고, 에너지의 안정적인 공급, 에너지 구조의 환경친화적 전환 및 온실가스 배출의 감소를 추진함으로써 환경의 보전, 국가경제의 건전하고 지속적인 발전 및 국민복지의 증진에 이바지함을 목적으로 하는 법이다.

(42) 저탄소 녹색성장 기본법

경제와 환경의 조화로운 발전을 위하여 저탄소 녹색성장에 필요한 기반을 조성하고 녹색기술과 녹색산업을 새로운 성장 동력으로 활용함으로써 국민경제의 발전을 도모하며 저탄소 사회 구현을 통하여 국민의 삶의 질을 높이고 국제사회에서 책임을 다하는 성숙한 선진 일류국가로 도약하는데 이바지함을 목적으로 하는 법이다.

예상문제

제3장 태양광발전 사업부지 인·허가 검토

01. 신·재생에너지 발전사업의 최대 준비기간은 몇 년인지 쓰시오.

정답 10년

02. 공급의무자가 신·재생에너지를 이용하여 공급하여야 할 발전량의 합계는 총 발전량의 몇 % 이내이어야 하는가?

정답 10 % 이내

03. 신·재생에너지 공급일로부터 며칠 이내에 공급인증서 발급신청을 해야 하는가?

정답 90일

04. 신·재생에너지의 개발·이용·보급 촉진법의 제정 목적 3가지를 쓰시오.

정답 ① 신·재생에너지 산업의 활성화를 통하여 에너지원을 다양화한다.
② 에너지 구조의 환경친화적 전환 및 온실가스 배출의 감소를 추진한다.
③ 환경의 보전, 국가경제의 건전하고 지속적인 발전 및 국민복지의 증진에 이바지한다.

05. 신·재생에너지 공급자의 의무공급량 부족분에 대해서는 당해 연도 공급인증서의 평균가격의 몇 배를 과징금으로 부과하는가?

정답 1.5배

06. 대통령령으로 정한 신·재생에너지 공급의무자의 발전설비는 몇 kW인가?

정답 50만 kW 이상

07. 신·재생에너지설비 4가지를 쓰시오.

정답 ① 태양열 설비, ② 연료전지 설비, ③ 수소에너지 설비,
④ 석탄 액화·가스화 에너지 및 중질잔사유 가스화 에너지 설비

08. 소규모 환경평가의 대상이 되는 태양광발전소 용량기준을 쓰시오.

정답 10만 kW 미만

09. 태양광발전에서 다음과 같은 용도 지역별 허가면적을 쓰시오.

(1) 공업지역, 농림지역, 관리지역 :
(2) 주거지역, 상업지역, 자연녹지, 생산녹지 :
(3) 보전녹지지역, 자연환경보전지역 :

정답 (1) 30,000 m^2 미만 (2) 10,000 m^2 미만 (3) 5,000 m^2 미만

10. 다음 ①~③에 들어갈 값으로 2020년 개정된 신·재생에너지 공급의무비율을 쓰시오.

해당연도	2020~2021	2022~2023	2024~2025	2026~2027	2028~2029	2030 이후
공급의무비율	30 %	①	34 %	36 %	②	③

정답 ① 32 %, ② 38 %, ③ 40 %

11. 공급의무자가 연도별 신·재생에너지설비를 이용하여야 하는 발전량을 무엇이라 하는가?

정답 의무공급량

12. 신·재생에너지 인증 대상 태양광설비 5가지를 쓰시오.

정답 ① 정격출력 10 kW 이하 태양광발전용 계통연계형 인버터
② 정격출력 10 kW 이하 태양광발전용 독립형 인버터
③ 정격출력 10 kW 초과 250 kW 이하 태양광발전용 계통연계형 인버터
④ 정격출력 10 kW 초과 250 kW 이하 태양광발전용 독립형 인버터
⑤ 결정질 태양전지 모듈

CHAPTER 4

태양광발전 사업 허가

1 발전 공사비 및 경제성 검토

(1) 공사비의 구성도

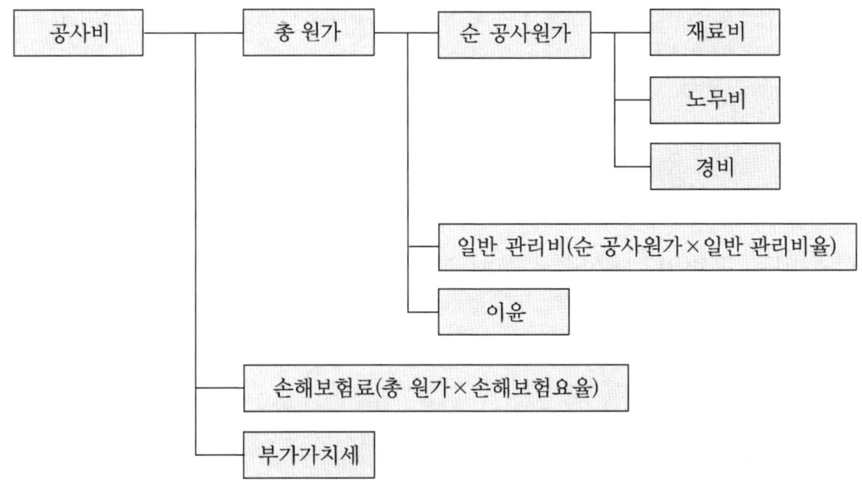

(2) **이윤** = (노무비+경비+일반 관리비)×이윤요율

* 이윤요율

금액	50억 원 미만	50~300억 원	300~1,000억 원
이윤요율(%)	15	12	10

(3) **일반 관리비** = 순 공사원가×일반 관리비율

* 일반비요율

금액	5억 원 미만	5~30억 원	30~100억 원
일반비요율(%)	6	5.5	5

(4) **순 공사원가** = 재료비+노무비+경비

(5) **총 원가** = 순 공사원가+일반 관리비+이윤

(6) **보험료** = 총 원가×손해보험요율

(7) **부가가치세** = (총 원가+보험료) ×10 %

(8) **총 공사비** = 총 원가+보험료+부가가치세

(9) **연간 유지 관리비** = (법인세 및 제 세금)+보험료+(운전유지 및 수선비)+추가 인건비

↑ 투자비의 1 %/년　↑ 투자비의 0.3 %/년　↑ 투자비의 1 %/년

(10) **초기 투자비** = 주 설비비+계통연계비+공사비+인·허가, 설계·감리비 +토지 구입비

(11) **발전원가** = $\dfrac{\dfrac{\text{초기 투자비}}{\text{설비 수명연한}}+\text{연간 유지비}}{\text{연간 총 발전량}}$ (원)

(12) **B/C비(비용 편익비) 분석법** : 투자에 대한 총 편익의 비로 수익성을 판단한다.

$$\text{B/C비} = \frac{\sum \dfrac{B_i}{(1+r)^i}}{\sum \dfrac{C_i}{(1+r)^i}}$$

여기서, B_i : 연차별 총 편익(수익), C_i : 연차별 총 비용, r : 할인율, i : 기간

❑ B/C비 > 1이면 사업성(타당성)이 있으며, B/C비 < 1이면 사업성(타당성)이 없다.

(13) **할인율(r)** : 미래가치를 현재가치로 바꾼 비율로 편의상 은행대출 시 대출 금리와 같다.

(14) **순 현재가치(NPV : Net Present Value) 분석법**

투자로부터 기대되는 미래의 총 편익을 할인율로 할인한 총 편익의 현재가치에서 총 비용의 현재가치를 공제한 값이다.

$$\text{NPV} = \sum \frac{B_i}{(1+r)^i} - \sum \frac{C_i}{(1+r)^i}$$

❑ NPV > 0이면 수익성이 있으며, NPV < 0이면 수익성이 없다.

(15) 내부 수익률(IRR : Internal Rate of Return)

편익과 비용의 현재가치를 동일하게 할 경우의 비용에 대한 이자율을 산정하는 방법으로

$$\frac{B_1-C_1}{(1+r)^1}+\frac{B_2-C_2}{(1+r)^2}+\cdots+\frac{B_i-C_i}{(1+r)^i}=0$$이 되는 이자율이다.

- ❑ IRR이 자본비용보다 작으면 투자기각, 자본비용보다 크면 투자채택을 한다.
- ❑ NPV나 B/C비 적용 시 할인율이 불분명할 경우에 이용된다.

(16) 투자 수익률(ROI : Return On Investment) : 총 투자액에 대한 순이익의 비율이다.

$$\text{ROI}=\frac{\text{순 이익}}{\text{총 투자액}}\times 100\,\%$$

2 발전사업 인·허가

(1) 발전사업 허가권자

① 3,000 kW 이하 설비 : 시장, 광역시장, 시·도지사

② 3,000 kW 초과 설비 : 산업통상자원부장관

(2) 전기(발전)사업 인·허가 제출서류

① 3,000 kW 이하

(가) 전기사업 허가 신청서

(나) 사업 계획서

(다) 송전관계 일람도

(라) 발전원가 명세서(200 kW 이하는 생략)

(마) 기술인력 확보 계획서(200 kW 이하는 생략)

② 3,000 kW 초과

(가) 전기사업 허가 신청서

(나) 사업 계획서

(다) 송전관계 일람도

(라) 발전원가 명세서

㈎ 기술인력 확보 계획서
㈏ 발전설비의 개요서
㈐ 신용 평가 의견서 및 소요재원 조달 계획서
㈑ 사업개시 후 5년 기간에 대한 예상 사업 손익 산출서
㈒ 신청인이 법인인 경우 그 정관 및 재무현황 관련 자료
㈓ 배전선로를 제외한 전기사업용 전기설비의 개요서
㈔ 배전사업의 허가를 신청하는 경우에는 사업구역의 경계를 명시한 $\frac{1}{50,000}$ 지형도
㈕ 구역전기사업의 허가를 신청하는 경우에는 특정한 공급구역의 위치 및 경계를 명시한 $\frac{1}{50,000}$ 지형도

(3) 발전 허가 절차

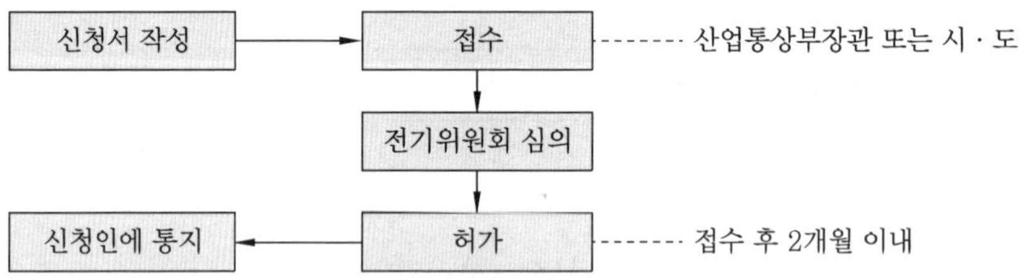

(4) 태양광발전설비의 하자보수기간은 3년이다.

(5) 전력수급 기본계획은 2년 단위로 수립·시행하여야 한다.

(6) 송전관계 일람도에 표시되는 사항

① 태양광발전 용량
② 인버터 용량
③ 전주번호

(7) 전기사업 허가 신청 후 허가일로부터 3년 이내에 발전사업을 개시해야 한다.

예상문제

제4장 태양광발전 사업 허가

01. 초기 투자비 40억 원, 설비수명 20년, 연간 유지 관리비 3억 원인 태양광발전설비의 연간 발전량이 1300 MWh일 때 발전원가(원/kW)를 구하시오.

풀이 $\text{발전원가} = \dfrac{\dfrac{\text{초기 투자비}}{\text{설비 수명연한}} + \text{연간 유지비}}{\text{연간 총 발전량}}$

$= \dfrac{\dfrac{4,000,000,000}{20} + 300,000,000}{1,300,000} ≒ 384.61$ 원/kWh

정답 384.61 원/kWh

02. 전기사업 허가 신청 후 허가일로부터 몇 년 이내에 발전사업을 개시해야 하는가?

정답 3년

03. 경제성 분석에 사용되는 내부 수익률(IRR)이란 무엇인지 쓰시오.

정답 IRR : $\sum \dfrac{B_i}{(1+r)^i} = \sum \dfrac{C_i}{(1+r)^i}$ 인 경우의 할인율이다.

해설 IRR은 투자로 지출되는 총 비용의 현재가치와 그 투자로 유입되는 미래 총 편익의 현재가치가 동일하게 되는 수익률을 말한다.

04. 태양광발전설비의 하자보수 기간은 몇 년인지 쓰시오.

정답 3년

05. 신·재생에너지 품질기관 3곳을 쓰시오.

정답 ① 한국석유관리원, ② 한국가스안전공사, ③ 한국임업진흥원

CHAPTER 5

태양광발전 구조물 설계

1 태양광발전 구조물 설계

(1) 구조물 설계 시의 고려사항

① 안정성
② 경제성
③ 시공성
④ 사용성 및 내구성

(2) 구조물 가대 설계 절차

(3) 구조물의 구성요소

① 프레임
② 지지대
③ 기초판
④ 앵커볼트
⑤ 기초

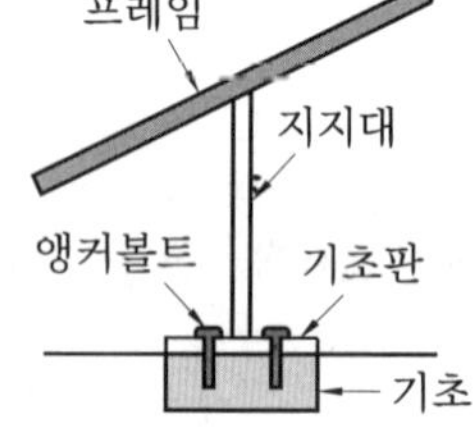

(4) 구조물 배치 시의 고려사항

① 지반 및 지질 검토
② 경사도와 그 방향
③ 설치면적의 최소화
④ 구조적 안정성 확보
⑤ 배관, 배선의 용이성
⑥ 유지보수의 편의성
⑦ 발전시간 내 음영이 발생하지 않아야 한다.

(5) 태양광 어레이 구조물의 가대 설치에 녹 방지를 위해 용융 아연도금 철 구조물을 사용한다.

(6) 기초의 정의 : 하중을 지반에 전달하는 것이다.

① 얕은 기초는 $\frac{D_f}{B} \leq (1 \sim 4)$인 경우이며, 상부하중을 직접 기초에 전달하는 기초형식으로 독립기초, 복합기초, 연속(줄)기초, 전면(온통)기초 등이 있다.

② 깊은 기초는 $\frac{D_f}{B} > (1 \sim 4)$인 경우이며, 연약한 지반을 관통하여 사각 또는 원통상자형의 기초 구조물을 통해 상부의 하중을 전달하는 기초형식으로 말뚝기초, 피어기초, 케이슨 기초 등이 있다.

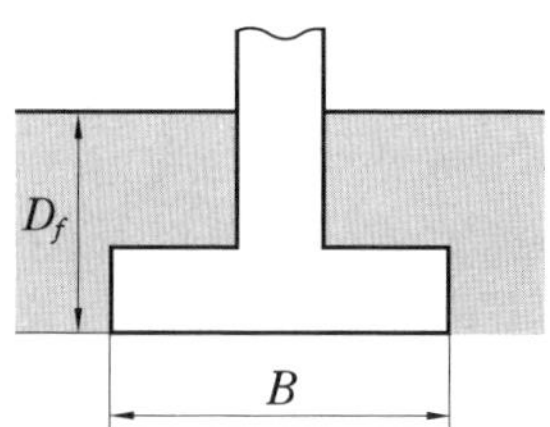

D_f : 근입깊이, B : 기초의 폭

(7) 구조물 기초의 종류

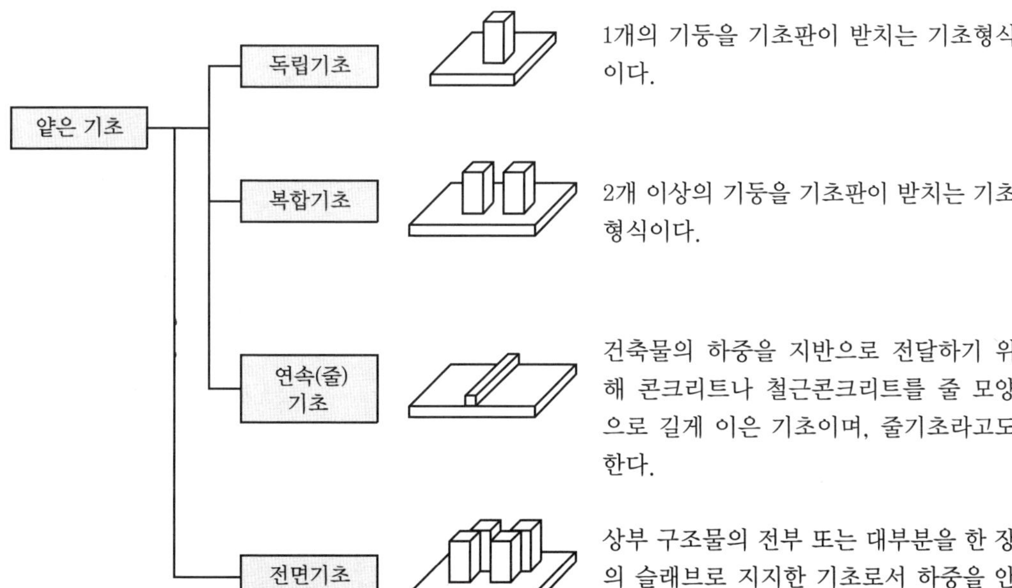

※ 참고 주춧돌 기초 : 기둥 밑의 움직임을 방지할 목적으로 밑동을 받치는 기초이며, 주로 목조 건축물에 사용한다.

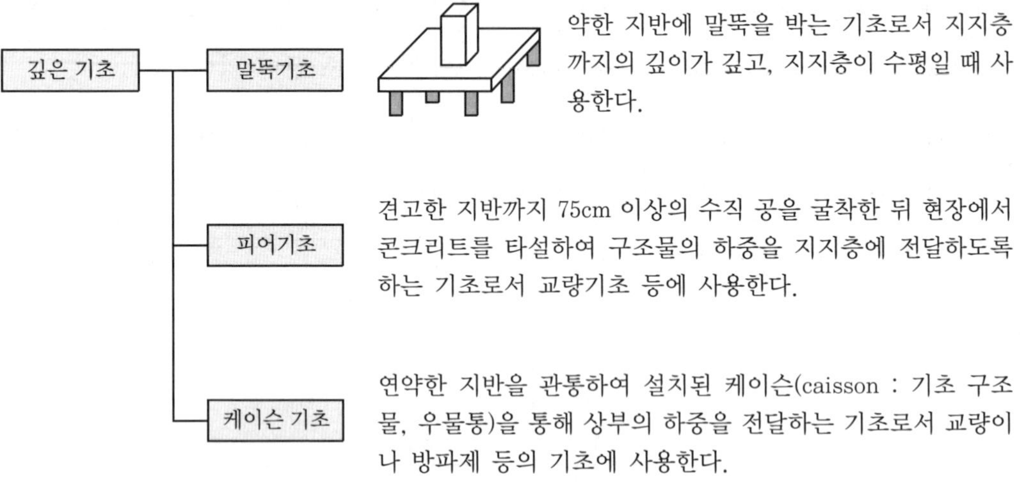

① 직접기초 : 전면(온통, 매트)기초, 독립기초, 복합기초

② 말뚝기초 : 콘크리트 기둥을 지반에 삽입하여 지반 지지력이 강화된 기초

③ 주춧돌 기초 : 기둥 밑의 움직임을 방지하기 위해 밑동을 받치는 독립기초

④ 연속기초(줄기초) : 건축물의 하중을 지반으로 전달하기 위해 콘크리트나 철근콘크리트를 줄 모양으로 길게 이은 기초

⑤ 피어기초 : 구조물의 하중을 지지층에 전달하도록 하는 기초

⑥ 그 밖에 케이슨 기초

(8) 얕은 기초와 깊은 기초

① 얕은 기초 : 직접기초, 연속기초

② 깊은 기초 : 말뚝기초, 피어기초, 케이슨 기초

(9) 태양광발전 구조물 구조계산에 적용되는 설계하중

① 고정하중 : 모듈의 질량과 지지물 등의 합계

② 풍하중 : 태양전지 모듈에 가해지는 풍압력과 지지물에 가해지는 풍압력의 합계

③ 적설하중 : 모듈 면의 수직 적설하중

④ 지진하중 : 지지물에 가해지는 수평 지진력

⑤ 활하중 : 도로 위를 지나는 차량이나 궤도를 달리는 열차 등과 같이 일시적인 하중

(10) 산지에 설치 시 경사도 25° 이하, 절·성토는 $\frac{50}{100}$을 초과해서는 안 된다.

(11) 수직하중과 수평하중

① 수직하중 : 고정하중, 적설하중, 활하중
② 수평하중 : 풍하중, 지진하중

(12) 구조 계산서의 안정성 검토항목

① 설계하중
② 재료의 허용응력
③ 지지대 기초와 연결부에 대한 구조적 안정성 확보

2 태양광발전 어레이 설치방식

(1) 태양광 어레이 설치방식

① 고정형 ② 경사 가변형 ③ 추적형

(2) 추적식의 종류

① 단방향 추적식 ② 양방향 추적식 ③ 혼합식

(3) 건물의 어레이 설치방식

<table>
<tr><td rowspan="5">지붕</td><td rowspan="2">지붕 설치형</td><td>경사 지붕형</td></tr>
<tr><td>평지붕형</td></tr>
<tr><td rowspan="2">지붕 건재형</td><td>지붕재 일체형</td></tr>
<tr><td>지붕재형</td></tr>
<tr><td colspan="2">톱 라이트형</td></tr>
<tr><td rowspan="2">벽</td><td colspan="2">벽 설치형</td></tr>
<tr><td colspan="2">벽 건재형</td></tr>
<tr><td rowspan="4">기타</td><td colspan="2">창재형</td></tr>
<tr><td rowspan="2">차양형</td><td>고정 차양형</td></tr>
<tr><td>가동 차양형</td></tr>
<tr><td colspan="2">루버형</td></tr>
</table>

(4) 경사 지붕의 적설하중 계산에 필요한 사항

① 평지붕 하중의 적설하중

② 지붕 경사도계수

(5) 경사 지붕형

① 지붕 경사각 : 20°~ 40°

② 측면 고정 시 이웃 모듈과 10 cm 간격, 모듈과 지붕면 사이 10 cm 간격

(6) 지붕 설치형의 설치지침

① 지붕 또는 구조물 하부의 콘크리트 또는 철제 구조물에 직접 고정할 것

② 모듈과 지붕면 간의 이격거리는 10 cm 이상일 것

(7) 기초의 형식 결정 시 고려사항

① 지반 조건

② 상부 구조물의 특성 및 하중

③ 기초형식의 경제성

예상문제

제5장 태양광발전 구조물 설계

01. 태양광 어레이 구조물의 구성요소 5가지를 쓰시오.

정답 ① 프레임, ② 지지대, ③ 기초판, ④ 앵커볼트, ⑤ 기초

02. 수상 태양광발전설비의 구성요소 중 태양전지 모듈과 인버터를 제외한 지지 구조물 구성에 필요한 3가지를 쓰시오.

정답 ① 계류장치, ② 구조체, ③ 부력체

03. 다음은 태양광발전시스템의 설치공사의 절차도이다. ①~③에 들어갈 적합한 내용을 쓰시오.

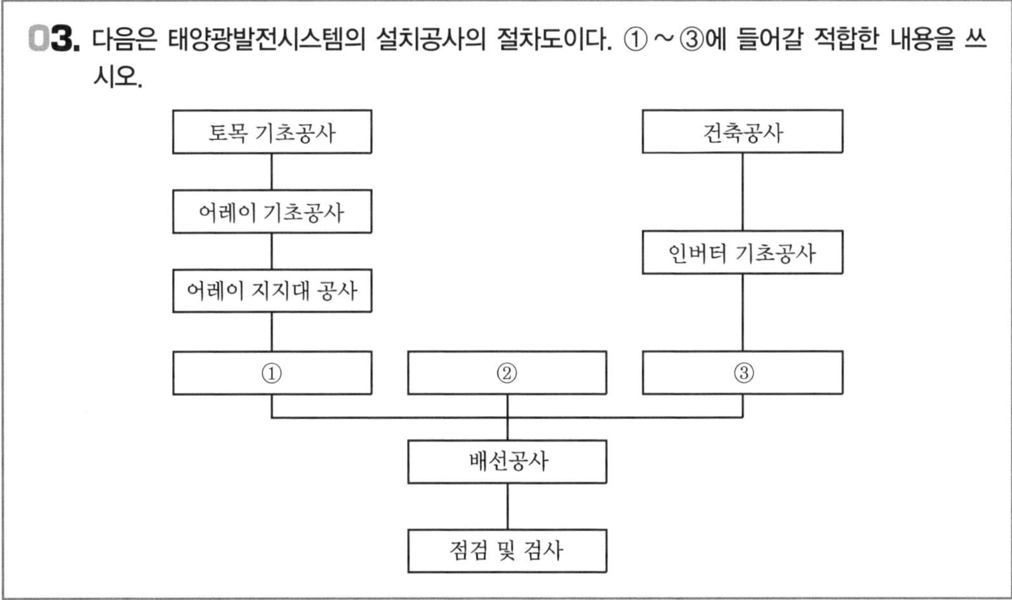

정답 ① 어레이 설치공사
② 접속함 설치공사
③ 인버터 설치공사

04. 태양광발전시스템에서 기초의 형식 결정을 위한 고려사항을 3가지만 쓰시오.

정답 ① 지반 조건
② 상부 구조물의 특성 및 하중
③ 기초의 형식에 따른 경제성

05. 태양전지 운반 시 주의사항 3가지를 쓰시오.

정답 ① 모듈의 파손방지를 위해 충격이 가해지지 않도록 한다.
② 모듈 운반 시 2인 1조로 한다.
③ 접속하지 않은 리드선은 빗물 등이 유입되지 않도록 절연 테이프로 감아준다.

06. 건축물에 설치하는 PV 시스템의 벽체 시공방식 2가지를 쓰시오.

정답 ① 벽 설치형, ② 벽 건재형

07. 다음은 태양광발전 가대 설계 절차 순서도이다. ①, ②에 알맞은 내용을 쓰시오.

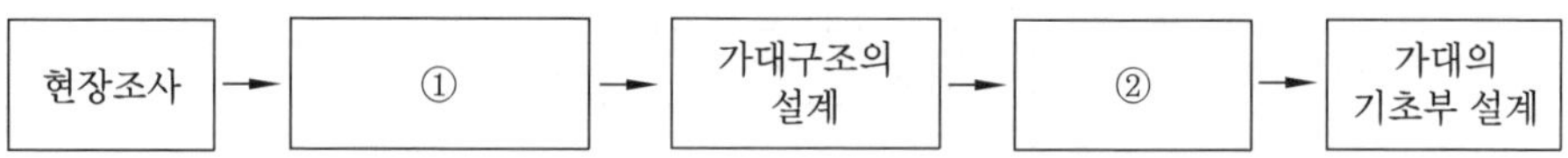

정답 ① 태양전지 모듈의 배열 결정
② 가대의 강도 계산

08. 월차, 분기, 반기 등의 일정한 주기를 기준으로 전기설비의 이상 유무를 점검하는 것을 무엇이라고 하는가?

정답 정기점검

09. 태양광발전 구조물에서 프레임과 철골 구조물 간을 절연하는 이유를 쓰시오.

정답 이종 금속 접촉 시 이온화 정도가 다름에 따라 발생하는 갈바닉 부식을 방지하기 위함이다.

10. 태양전지 모듈을 지붕에 설치 시 지침 2가지를 쓰시오.

정답 ① 지붕 또는 구조물 하부의 콘크리트 또는 철제 구조물에 직접 고정할 것
② 모듈과 지붕면 간의 이격거리는 10 cm 이상일 것

11. 다음은 지붕형 중 어떤 지붕인지 그 명칭을 쓰시오.

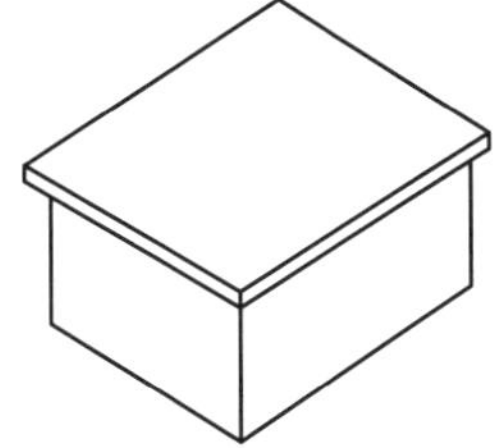

정답 평지붕

12. 다음의 구조물 기초에서 $D_f > B$인 경우에 해당하는 기초를 쓰시오.

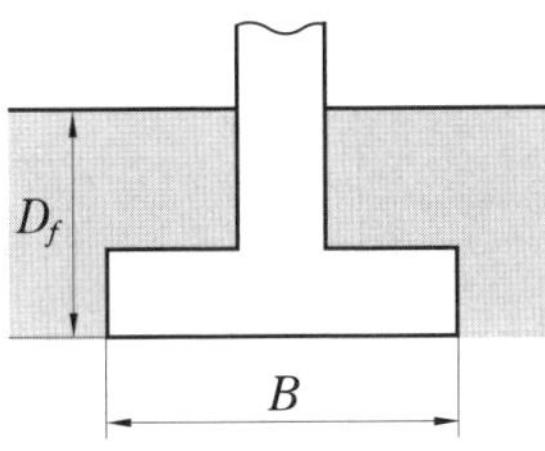

정답 깊은 기초

13. 깊은 기초 3가지를 쓰시오.

정답 ① 말뚝기초, ② 피어기초, ③ 케이슨 기초

CHAPTER

6 태양광발전 어레이 설계

1 태양광발전 전기배선

(1) 전압의 범위(기술기준 제3조)

분류		전압의 범위
저압	직류	1.5 kV 이하
	교류	1.0 kV 이하
고압	직류	1.5 kV 초과 7 kV 이하
	교류	1.0 kV 초과 7 kV 이하
특고압		7 kV 초과

(2) 태양광발전 설비용량에 따른 분류

분류	전압의 범위
저압	100 kW 미만, 배전용 변압기 용량의 50 % → 일반선로
특고압	• 100 ~ 10,000 kW → 22.9 kV 일반선로 • 10,000 kW 초과 → 22.9 kV 전용선로

(3) 변압기의 중성점 접지저항

접지 대상	접지저항 값
일반사항	$\dfrac{150\text{V}}{1\text{선 지락전류}(I_g)}[\Omega]$ 이하
고압, 특고압 측 전로 또는 사용전압이 35 kV 이하의 특고압 전로가 저압측 전로와 혼촉하고, 저압전로의 대지전압이 150 V를 초과하는 경우	$\dfrac{300\text{V}}{1\text{선 지락전류}(I_g)}[\Omega]$ 이하 (단, 1초를 넘고 2초 이내에 자동차단장치 설치 시)
	$\dfrac{600\text{V}}{1\text{선 지락전류}(I_g)}[\Omega]$ 이하 (단, 1초 이내에 자동차단장치 설치 시)

(4) 저수용가 접지

구분	저항값	단면적	비고
인입구	3Ω 이하	6 mm^2 이상	–
주택 등 저압수용장소	–	구리 10 mm^2 이상	중성점 겸용 보호도체(PEN)는 설비에만 사용할 수 있고, 그 계통의 최고전압에 대하여 절연되어야 한다.
	–	알루미늄 16 mm^2 이상	

(5) 저압 전선로의 절연저항

전로의 사용전압	DC 시험전압(V)	절연저항 값(MΩ)
SELV 및 PELV	250	0.5
FELV, 500 V 이하	500	1.0
500 V 초과	1,000	1.0
※ 특별저압(Extra Low Voltage) : 2차 전압이 AC 50 V, DC 120 V 이하로 SELV(비접지회로 구성) 및 PELV(접지회로 구성)는 1차와 2차가 전기적으로 절연된 회로, FELV는 1차와 2차가 전기적으로 절연되지 않은 회로		

(6) 절연내력 시험

최대 사용전압	접지방식	시험전압	최저 시험전압
7 kV 이하	–	1.5배	500 V
7 kV 초과 25 kV 이하	중성점 다중접지	0.92배	–
7 kV 초과 60 kV 이하	비접지	1.25배	10,500 V
60 kV 초과	비접지	1.25배	–
	접지	1.1배	75 kV
60 kV 초과 170 kV 이하	중성점 직접접지	0.72배	–
170 kV 초과	중성점 직접접지	0.64배	–

(7) 3상 4선식 22.9 kV 중성점 다중 접지식 가공 전선로의 대지 사이의 절연내력 시험전압은 21,068 V이다.

(8) 누설전류 $I_g \leq$ 최대 공급전류 $\times \frac{1}{2000}$ 이하를 넘지 않도록 해야 하며, 정전이 어려워 절연 측정이 곤란한 경우에는 1 mA 이하가 유지되도록 해야 한다.

(9) 전기도면 관련 기호

기호	명칭	기호	명칭
	PV 모듈		ACB
	접속함		VCB
	인버터		SPD
	퓨즈		SA, LA

2 태양전지 모듈의 직·병렬 배치

(1) 태양전지 모듈 직렬연결

① 모듈 n개의 직렬전압은 $V_S = n \times V_{mpp}$ * V_{mpp}는 최대출력 동작전압

② 모듈 중 음영으로 정격전압보다 낮아질 경우 최저전압이 V_L이라면 모든 모듈은 이 전압을 따라 계산된다. → $V_S = n \times V_L$ (예 : 그림)

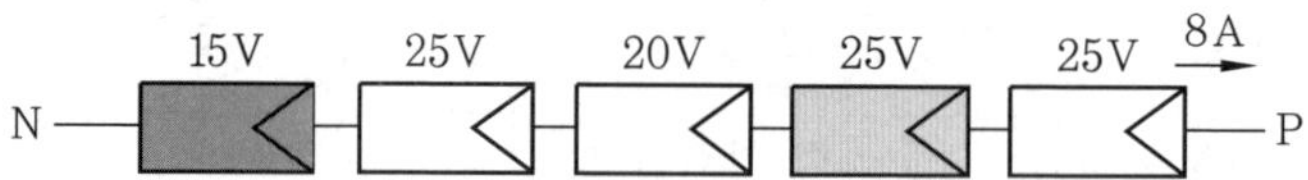

- 총 직렬전압 = 15 V×5 = 75 V
- 총 직렬전류 = 8 A

(2) 태양전지 모듈 병렬연결

① 모듈 n개의 병렬전류는 $I_P = n \times I_{mpp}$ * I_{mpp}는 최대출력 동작전류

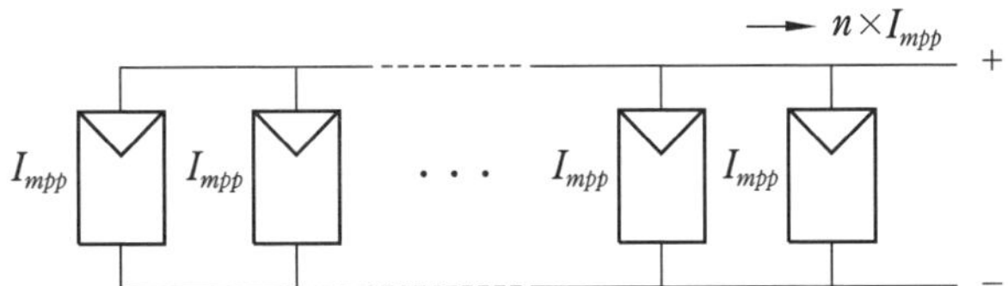

• 총 병렬전류 $I_P = n \times I_{mpp}$

② 모듈 n개의 병렬 전력은 모든 모듈이 정상 동작인 경우에

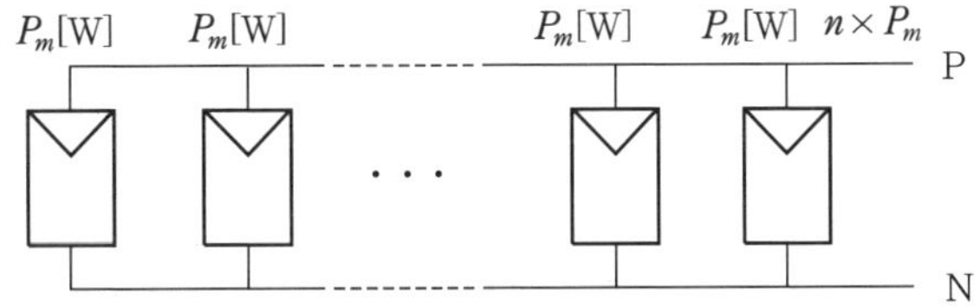

• 총 병렬전력 $P_S = n \times P_m$ ＊ P_m은 모듈 정상 최대출력

③ 병렬회로에서 음영에 의해 낮은 출력이 있는 경우에 총 전력은 각 출력을 합한 값이다. (예 : 그림)

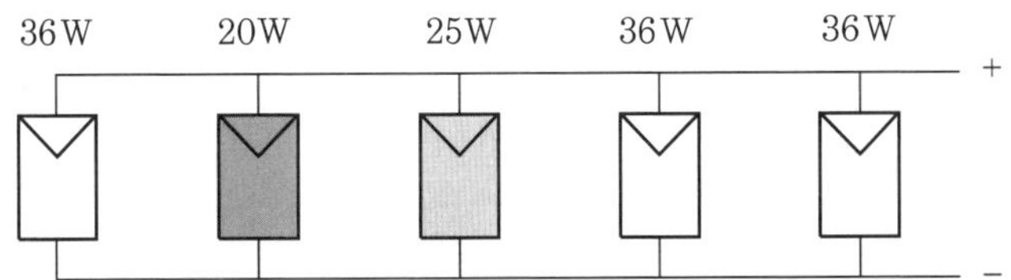

• 총 병렬전력 $P_S = (3 \times 36) + 20 + 25 = 108 + 45 = 153$ W

3 태양광발전 어레이 전압강하

(1) 태양전지 어레이와 인버터 간의 전압강하율

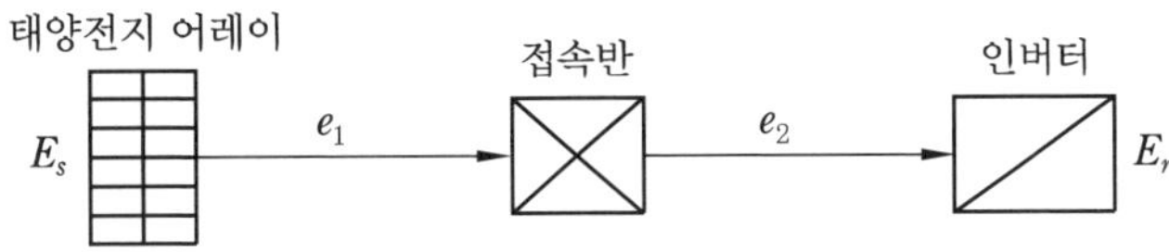

여기서, e_1 : 어레이 – 접속반 간의 전압강하율

e_2 : 접속반 – 인버터 간의 전압강하율

① 전압강하 $e = E_s - E_r$

② 전압강하율 $e(\%) = \dfrac{E_s - E_r}{E_r} \times 100 = e_1 + e_2$

(2) 전선 길이에 따른 전압강하율

전선 길이	전압강하율
120 m 이하	5 %
200 m 이하	6 %
200 m 초과	7 %

(3) 수용가설비의 전압강하

설비의 유형	조명	기타
A : 저압으로 수전하는 경우	3 %	5 %
B : 고압 이상으로 수전하는 경우[a]	6 %	8 %
a : 가능한 한 최종회로의 전압강하가 A 유형의 값을 넘지 않도록 하는 것이 바람직하다. 사용자의 배선설비가 100 m를 넘는 부분의 전압강하는 미터 당 0.005 % 증가할 수 있으나 이러한 증가분은 0.5 %를 넘지 않아야 한다.		

(4) 전기방식에 따른 전압강하 및 전선 단면적

전기방식	K_w	전압강하(V)	전선 단면적(mm²)
단상 2선식, 직류 2선식	2	$e = \dfrac{35.6LI}{1,000A}$	$A = \dfrac{35.6LI}{1,000e}$
3상 3선식	$\sqrt{3}$	$e = \dfrac{30.8LI}{1,000A}$	$A = \dfrac{30.8LI}{1,000e}$
단상 3선식, 3상 4선식	1	$e = \dfrac{17.8LI}{1,000A}$	$A = \dfrac{17.8LI}{1,000e}$

(5) KS C IEC 전선 규격(mm²)

1.5, 2.5, 4, 6, 10, 16, 25, 35, 50, 70, 95, 120, 150, 185, 240, 300, 400, 500, 630

(6) 교류회로의 정상 전압강하 식

① 단상 2선식 $e = 2I(R\cos\theta + X\sin\theta)$[V]

② 3상 3선식 $e = \sqrt{3}\, I(R\cos\theta + X\sin\theta)$[V]

③ 단상 3선식, 3상 4선식 $e = I(R\cos\theta + X\sin\theta)$[V]

예상문제

제6장 태양광발전 어레이 설계

01. 다음 [보기]와 같은 조건으로 설치된 3상 4선식 선로의 상간전압을 구하시오.

보기

- 부하전류 : 50 A
- 부하역률 : 90 %
- 선로의 길이 : 200 m
- 전선의 단면적 : 6 mm^2
- 전선의 고유저항률 : 0.017 $\Omega \cdot mm^2/m$

풀이 ㉠ 전선의 저항 $= \rho \times \dfrac{l}{A} = 0.017 \times \dfrac{200}{6} ≒ 0.57\,\Omega$

㉡ 선로의 상간 전압강하 $= I \times (R\cos\theta + X\sin\theta)$

$= 50 \times (0.57 \times 0.9 + 0) = 25.65$ V

정답 25.65 V

02. 태양전지 어레이용 출력의 전기회로 설계표준에 따른 전선의 굵기(단면적)를 각각 쓰시오.

태양전지 어레이 출력	전선의 굵기(mm^2)
500 W 이하	①
500 W 초과 2 kW 이하	②
2 kW 초과	③

정답 ① 1.5, ② 2.5, ③ 4

03. 태양전지 모듈은 설계용량의 몇 % 이상을 초과하지 않아야 하는가?

정답 110 %

04. 접지도체의 굵기가 공칭 단면적 6 mm^2 이상인 경우는 어떤 설비인지 쓰시오.

정답 특고압, 고압설비

해설 특고압, 고압설비용인 경우 : 6 mm^2 이상
중성점 접지용 접지도체 : 16 mm^2 이상

05. 태양광발전 설계도면에 사용되는 다음의 기호 명칭을 쓰시오.

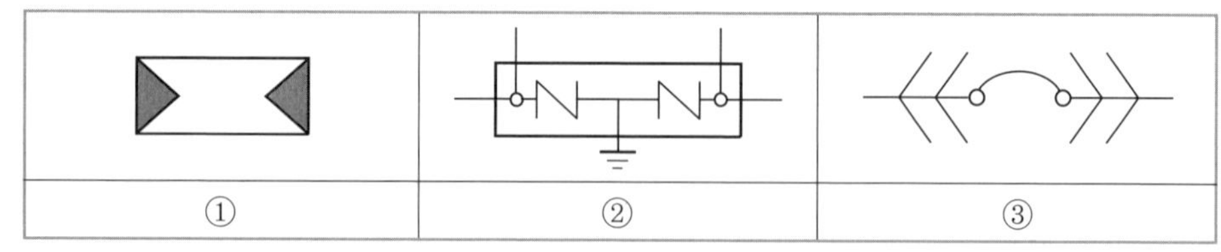

정답 ① LA(SA), ② SPD, ③ ACB

06. 다음과 같이 직렬로 연결된 태양전지 모듈의 총 전압은 몇 V인지 구하시오.

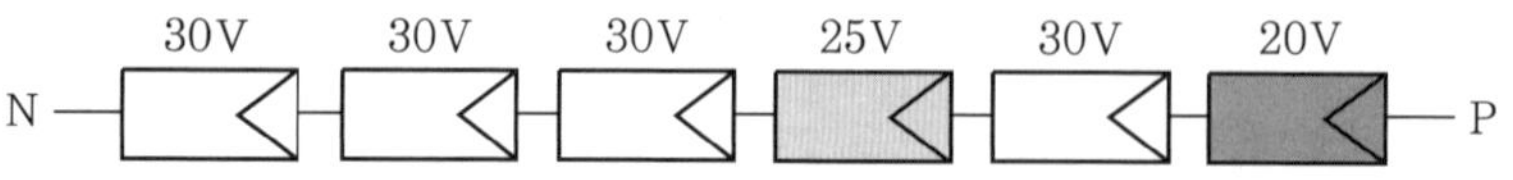

풀이 6개의 모듈 모두를 가장 낮은 전압 20 V로 계산한다. 따라서 20 V×6 = 120 V이다.

정답 120 V

07. 설계도에 사용되는 다음 기호를 계통연계형 태양광발전의 구성 순서에 맞도록 나열하시오.

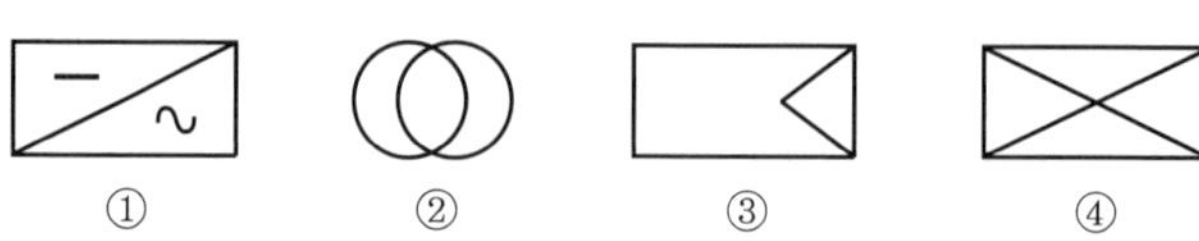

정답 ③→④→①→②

해설 태양전지→접속반→인버터→변압기

08. 단상 3선식의 전압강하 식을 쓰시오.

정답 $\dfrac{17.8 \times L \times I}{1000 \times A}$

09. 단상 2선식 저압 배전선의 길이가 90 m이고 부하전류가 10 A일 때 선간 전압강하를 2 V로 유지하기 위한 전선의 굵기(규격치)를 구하시오.

풀이 $A = \dfrac{35.6 \times L \times I}{1000 \times e} = \dfrac{35.6 \times 90 \times 10}{1000 \times 2}$

$\fallingdotseq 16.0\ \text{mm}^2$으로 규격치는 약 $16\ \text{mm}^2$이다.

정답 $16\ \text{mm}^2$

10. 다음과 같은 태양전지 모듈의 병렬회로에서 총 전류를 구하시오.

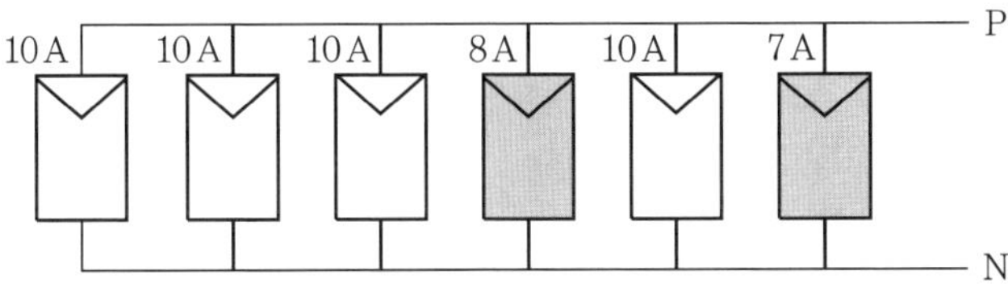

풀이 $(10 \times 4) + 8 + 7 = 55\ \text{A}$

정답 55 A

11. 3상 4선식 22.9 kV 중성점 다중 접지식 가공 전선로의 대지 사이의 절연내력 시험전압은 몇 V인지 구하시오.

정답 21,068 V

12. 단상 2선식 저압 배전선의 길이가 120 m이며 부하전류는 10 A이다. 전압강하를 1.2 V로 유지하기 위한 전선의 단면적을 구하시오.

풀이 $A=\dfrac{35.6\times L\times I}{1000\times e}=\dfrac{35.6\times 120\times 10}{1000\times 1.2}=35.6\ \mathrm{mm}^2$

정답 $35.6\ \mathrm{mm}^2$

13. 다음 어레이 설치방식에서 전력을 많이 얻을 수 있는 순서대로 나열하시오.

① 경사 가변식 ② 단방향 추적식 ③ 고정식 ④ 양방향 추적식

정답 ④→②→①→③

해설 양방향 추적식→단방향 추적식→경사 가변식→고정식

14. 500 V 초과인 저압 전선로의 절연저항은 얼마인지 쓰시오.

정답 1 MΩ

해설 SELV 및 PELV : 0.5 MΩ
FELV, 500 V 이하 : 1 MΩ
500 V 초과 : 1 MΩ

태양광발전 계통연계장치 설계

1 수·배전반 설계

(1) 수·변전설비 단선 결선도

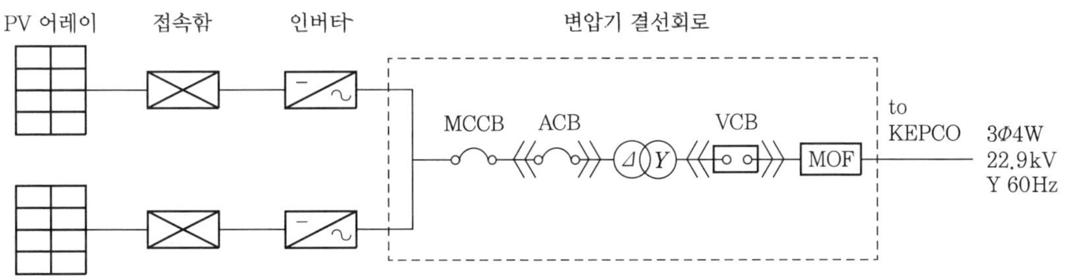

(2) 수·배전설비 주요 기기

기기명	기능	기기명	기능
MCCB	배선용 차단기	ACB	기중 차단기
LBS	부하 개폐기	VCB	진공 차단기
PF	전력퓨즈	SA	서지 흡수기
LA	피뢰기	CT	계기용 변류기
MOF	계기용 변성기	ZCT	영상 변류기

(3) 수전설비의 배전반 등의 최소 유지거리(m)

구분	앞면/조작·계측면	뒷면/점검면	열 상호 간/점검면	기타 면
특고압 배전반	1.7	0.8	1.4	–
고압 배전반	1.5	0.6	1.2	–
저압 배전반	1.5	0.6	1.2	–
변압기 등	1.5	0.6	1.2	0.3

(4) 태양광발전에서는 일반적으로 $\Delta - Y$, $Y - \Delta$ 결선을 사용한다.

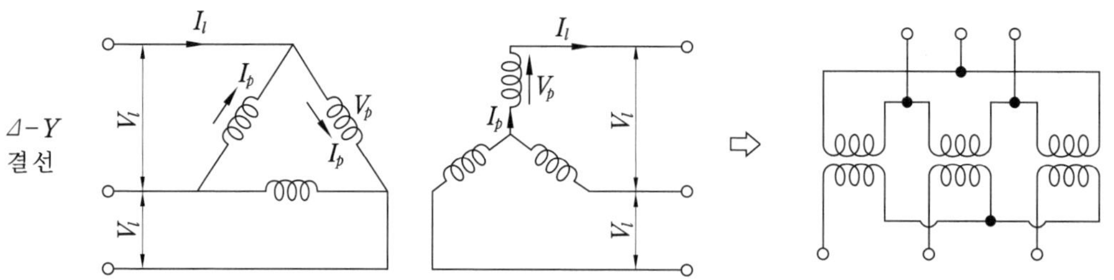

(5) 태양광발전에서 불가 결선

① $\Delta - \Delta$와 $\Delta - Y$ 결선

② $\Delta - Y$와 $Y - Y$ 결선

(6) 고효율 변압기

① 아몰퍼스 변압기 : 철, 붕소, 규소 등의 혼합물을 이용하여 용융금속냉각에 의해 만들어진 비정질 자성재료로 철심을 구성한 변압기이며 히스테리시스 손실, 와류손실을 절감, 경부하에 유리하지만, 다소의 소음이 발생한다.

② 자구 미세화 변압기 : 방향성 규소강판의 자구를 미세화시켜 철손을 개선, 과부하 내량 및 고조파 내량이 크고, 무부하 손실 절감, 대용량에 적합하지만, 경부하 시 아몰퍼스 변압기에 비해 손실이 크다.

(7) 유압 변압기의 일상점검 사항

① 코로나에 의한 이상음 유무

② 코로나 방전·과열에 의한 이상한 냄새 유무

③ 절연유 유출 유무

④ 유면이 적당한 위치에 있는지

⑤ 오일 온도

⑥ 진동

(8) 몰드 변압기의 시험 및 검사 항목

① 외관검사

② 절연저항 측정

③ 권선저항 측정

④ 변압비 및 각 변위
⑤ 극성시험
⑥ 임피던스, 전압 및 부하손실 측정
⑦ 상용주파 내전압시험
⑧ 유도 내전압시험

(9) 변압기의 실측효율 $= \dfrac{\text{출력}}{\text{입력}} \times 100\,\%$ 또는 $\dfrac{\text{출력}}{\text{출력}+\text{손실}} \times 100\,\%$

(10) 변압기의 규약효율 $= \dfrac{\text{출력}}{\text{출력}+\text{철손}+\text{동손}} \times 100\,\%$

(11) 변압기의 전일효율 $= \dfrac{\text{1일 간의 출력전력량}}{\text{1일 간의 손실전력량}} \times 100\,\% = \dfrac{P_d}{P_d + (24P_i) + P_{cd}} \times 100\,\%$

(12) 변압기의 수용률 $= \dfrac{\text{최대 수요전력(kWh)}}{\text{부하설비 합계(kWh)}} \times 100\,\%$으로 항상 1보다 작다.

(13) 변압기의 부등률 $= \dfrac{\text{각 부하의 최대 수요전력의 합(kWh)}}{\text{합성 최대전력(kWh)}} \times 100\,\%$으로 항상 1보다 크다.

(14) 변압기의 부하율 $= \dfrac{\text{평균부하}}{\text{최대부하}} \times 100\,\%$

(15) 변압기의 최대전력과 평균전력

① 변압기 최대전력 = 설비용량×수용률
② 평균전력 = 최대전력×부하율

(16) 변압기 용량 ≥ 인버터 출력용량× 여유율(kW)

(17) 변압기 용량 $= \dfrac{\text{최대 수용전력(kVA)}\times\text{여유율}}{\text{효율}}$ 또는 $\dfrac{\text{부하 설비용량}\times\text{수용률}}{\text{부등률}}$

(18) 수·변전실의 특고압 관련 기기

① MOF(계기용 변압·변류기)
② VCB(진공 차단기)
③ LA(피뢰기)
④ LBS(부하 개폐기)
⑤ CT(계기용 변류기)
⑥ PF(전력퓨즈)

2 모니터링 시스템

(1) 계측 시스템의 4요소

① 센서 : 전압, 전류, 주파수, 일사량, 기온, 풍속 등의 전기신호
② 신호 변환기 : 센서로부터 검출된 데이터를 5 V, 4 ~ 20 mA로 변환하여 원거리 전송
③ 연산장치 : 계측 데이터를 적산하여 평균값 또는 적산값을 연산
④ 기억장치 : 데이터를 저장

(2) 계측기나 표시장치의 설치 목적

① 운전상태를 감시
② 발전전력량의 계측
③ 시스템 종합평가
④ 운전상태의 견학(시스템 홍보)

(3) 태양광발전 모니터링 시스템의 구성요소

① PC ② 모니터 ③ 직렬서버 ④ 기상수집 I/O 통신 모듈
⑤ 인버터 제어반 ⑥ 전력감시 제어반

(4) 모니터링 계측설비의 요구 정확도

계측설비		요구사항
인버터		CT 정확도 3% 이내
온도센서	−20℃ ~ 100℃	정확도 ±0.3℃ 미만
	100℃ ~ 1,000℃	정확도 ±1℃ 이내
전력량계		정확도 1% 이내

(5) CCTV 시스템 구성 기기

① 카메라 ② 저장장치
③ 영상 선택기와 매트릭스 스위치 ④ 영상분배 증폭기
⑤ 폴(pole) ⑥ 보호기
⑦ 하우징 ⑧ 안내판
⑨ 공급전원

3 보호 계전기

(1) 단로기 : 충전된 선로의 개폐, 선로로부터 기기를 분리, 구분, 변경할 때 사용

(2) MCCB의 정격전류 : 어레이 전류의 1.25 ~ 2배 이하

(3) 주 개폐기의 정격전류 : 어레이 전류의 2.5 ~ 2배 이하

(4) 정격 차단전압 : 시스템 차단전압의 1.5배 이상

(5) 주 회로 차단기, 단로기(부하 개폐기 포함) 절연저항 값

① 주 도전부 : 500 MΩ 이상(1,000 V 메거 사용)
② 저압 제어부 : 2 MΩ 이상(500 V 메거 사용)

(6) 고압전로에 사용되는 포장퓨즈는 정격전류의 1.3배에 견디고, 2배인 전류에 120분 내에 용단하여야 한다.

(7) 특고압 관련 기기

① MOF ② VCB ③ PF ④ LA ⑤ CT ⑥ LBS
⑦ 디지털 계측기 및 디지털 보호 계전기 ⑧ 시험단자(PTT, CTT)
⑨ 영상 변류기(ZCT)

(8) 차단기의 차단용량 고려사항

① 부하용량 ② 계통의 정격전압 ③ 정격 차단전류

(9) 누전 차단기의 정격 기술수준 : 정격감도전류 30 mA 이하, 동작시간 0.03초 이하의 전류 동작형

(10) 전류 동작형 누전 차단기

① 영상 변류기(ZCT)
② 트립 코일

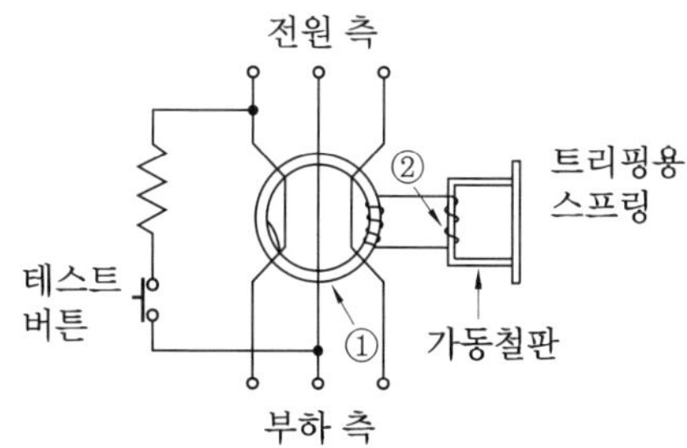

예상문제

01. 750 kVA 고효율 몰드 변압기의 중 부하율 43.4 %로 18시간, 경 부하율 30.7 %로 6시간 운전 시 연간 전력손실량을 다음 물음에 따라 계산하시오. (단, 변압기의 철손은 2,404 W, 동손은 6,714 W이다.)

(1) 무 부하손을 계산하시오.
(2) 부하손을 계산하시오.
(3) 연간 전력손실량을 계산하시오.

풀이 (1) 무 부하손 $=$ 철손 $\times$ 365일 $\times$ 24시간 $\times 10^{-3}$

$= 2{,}404 \times 0.365 \times 24 \fallingdotseq 21{,}059$ kW

(2) 부하손 $=$ (동손 $\times$ 중 부하시간 $\times$ 중 부하율) $+$ (동손 $\times$ 경 부하시간 $\times$ 경 부하율) $\times 365 \times 10^{-3}$

$= \{(6{,}714 \times 18 \times 0.434) + (6{,}714 \times 6 \times 0.307)\} \times 365 \times 10^{-3}$

$\fallingdotseq 64{,}817 \times 0.365 \fallingdotseq 23{,}658$ kW

(3) 연간 전력손실량 $=$ 연간 무 부하손 $+$ 연간 부하손

$= 21{,}059 + 23{,}658 = 44{,}717$ kW

정답 (1) 21,059 kW
(2) 23,658 kW
(3) 44,717 kW

02. 다음 ( ) 안에 알맞은 내용을 쓰시오.

> 변압기의 손실은 부하손과 (①)으로 구분된다. (①)은 (②)이라고도 하며, 그 분류는 (③) 손실과 (④)손실로 세분화된다.

정답 ① 무 부하손
② 철손
③ 히스테리시스
④ 와류

해설 부하손 : 동손
무 부하손 : 철손(히스테리시스손, 와류손)

03. 태양광발전시스템의 모니터링 시스템에서 관리대상 요소 4가지를 쓰시오.

정답 ① 인버터
② 접속반
③ 수·배전반
④ 기상관측장비

04. 수·변전설비에서 저압선로 보호방식의 종류 3가지를 쓰시오.

정답 ① 케스케이드 방식
② 선택 차단식
③ 전 용량 차단식

05. 다음 태양광발전시스템의 모니터링 시스템의 계측설비별 요구사항을 쓰시오.

계측설비		요구사항
인버터		CT 정확도 (①) 이내
온도센서	-20℃ ~ 100℃	정확도 (②) 미만
	100℃ ~ 1,000℃	정확도 (③) 이내
전력량계		정확도 (④) 이내

정답 ① 3 %, ② ±0.3℃, ③ ±1℃, ④ 1 %

06. 태양광발전설비 중 송전설비에 해당하는 차단기의 일상순시점검 사항 5가지를 쓰시오.

정답 ① 코로나 방전 등에 의한 이상한 소리가 발생하지 않는가?
② 코로나 방전 또는 과열에 의한 이상한 냄새는 나지 않는가?
③ GCB의 경우 가스 누출은 없는가?
④ 표시는 정확한가?
⑤ 기계적인 한계수명이 되지 않았는가?

07. 배선용 차단기의 표면이 다음 그림과 같이 되어 있을 때 75 A와 100 AF에 대해서 각각 설명하시오.

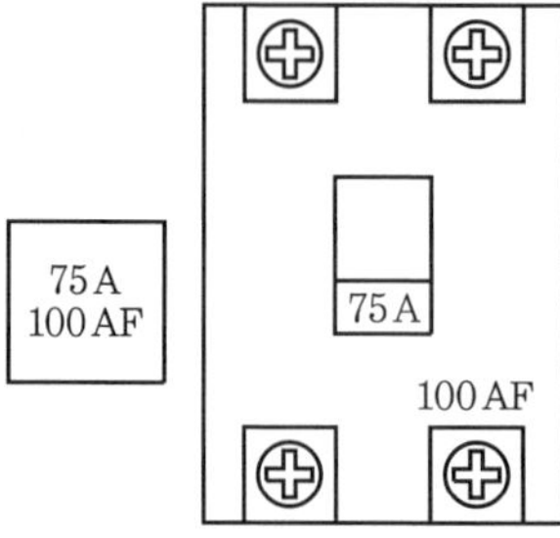

정답 ① 75 A : 정격전류를 나타내며, 차단기 전류의 최대치이다.

② 100 AF : 프레임 크기로 최대 정격전류를 나타내며, 배선용 차단기의 크기이다.

08. 전기설비의 "전기적 보호등급"의 각 내용에 맞는 기호를 그리시오.

보호등급	내용	기호
등급 Ⅰ	장치 접지	①
등급 Ⅱ	보호 절연	②
등급 Ⅲ	안전 특별 저전압	③

정답

보호등급	내용	기호
등급 Ⅰ	장치 접지	
등급 Ⅱ	보호 절연	
등급 Ⅲ	안전 특별 저전압	

09. 몰드 변압기의 일상점검 항목 5가지를 쓰시오.

정답 ① 운전 상황 : 전압, 전류, 주파수, 역률, 주위 온도

② 소리 및 진동

③ 냄새가 나지 않는지

④ 먼지 부착이나 오손이 없는지

⑤ 전체 외관 : 녹이 슬거나 변색이 없는지

10. 22.9kV 일반선로에 대해 다음 물음에 답하시오.
(1) 상시 운전용량은 얼마인가?
(2) 가공전선(ACSR-OC)의 굵기는 얼마인가?

정답 (1) 10 MVA (2) 160 mm^2

11. 3상 4선식 접속에서 L1, L2, L3, N상의 KEC에 의한 표시 색상을 각각 쓰시오.

정답 L1 : 갈색, L2 : 흑색, L3 : 회색, N상 : 청색

12. 다음 ( ) 안에 알맞은 내용을 쓰시오.

고압전로에 사용되는 포장퓨즈는 정격전류의 (①)배에 견디고, 2배인 전류에 (②)분 내에 용단하여야 한다.

정답 ① 1.3, ② 120

13. 다음 표에 설명된 차단기 명칭의 영문 약자를 쓰시오.

설명	영문 약자
고 진공밸브 내에서 아크를 확산 소호 차단	①
SF_6 가스를 소호매체로 하여 소호 차단	②
공기 중에서 아크를 길게 하여 소호 차단	③
강력한 압축공기를 아크에 불어서 소호 차단	④

정답 ① VCB, ② GCB, ③ ACB, ④ ABB

14. 과전류 및 사고전류를 차단하며 저압반, 배전반, 분전반, 접속함 등에 설치하는 차단기기의 명칭을 쓰시오.

정답 MCCB

15. 다음 그림에서 기기의 명칭과 ①, ②의 명칭을 쓰시오.

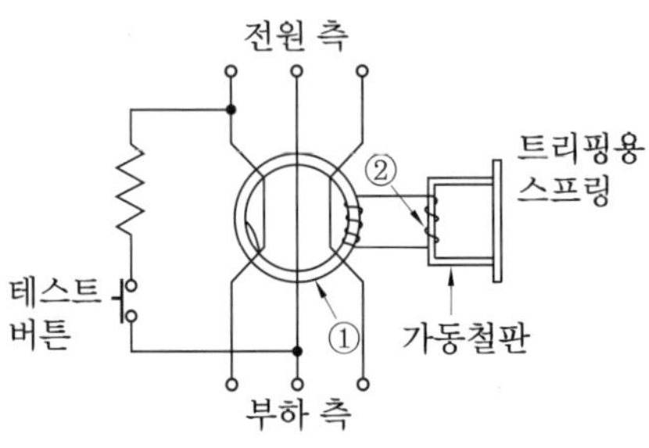

정답 전류 동작형 누전 차단기
① : 영상 변류기(ZCT), ② : 트립 코일

16. 변압기 병렬운전의 결선조합에서 불가능한 결선 방법 2가지를 쓰시오.

정답 ① $\varDelta - \varDelta$와 $\varDelta - Y$ 결선
② $\varDelta - Y$와 $Y - Y$ 결선

17. 보호 장치의 적용 목적 3가지를 쓰시오.

정답 ① 전력설비 손상방지
② 전력설비 운전정지시간 및 범위 최소화
③ 전력계통 고장파급 방지

18. 다음 결선도의 ①에 들어갈 소자의 영문 약호를 쓰시오.

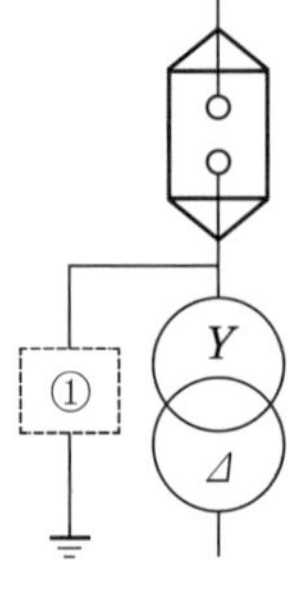

정답 LA 또는 SA

19. 다음 그림은 전류 동작형 누전 차단기의 동작원리를 나타내는 동작 원리도이다. 저항 R의 설치 목적을 쓰시오.

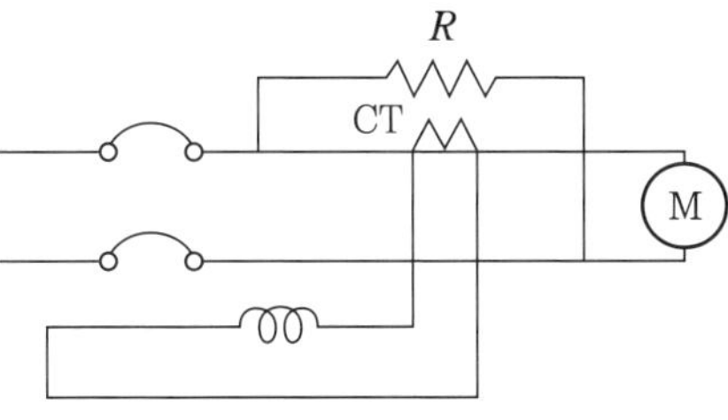

정답 누전 차단기 동작시험 시 일정전류 값 이상으로 전류가 흐르지 못하도록 억제하기 위해서이다.

20. 접지계통의 종류에서 다음의 계통은 무엇을 나타내는지 쓰시오.

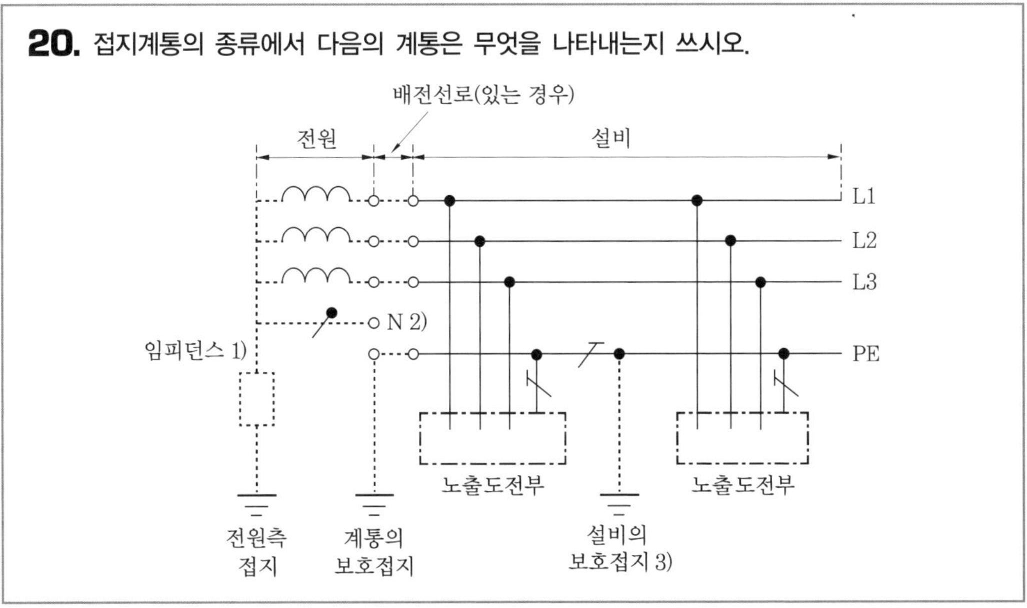

정답 IT 계통

21. 차단기의 차단용량 고려사항 3가지를 쓰시오.

정답 ① 부하용량
② 계통의 정격전압
③ 정격 차단전류

CHAPTER

8 태양광발전 토목 설계

1 태양광발전 토목 설계

(1) 지반조사 시 꼭 포함되어야 할 내용

① 각 토층의 두께와 분포상태

② 지하수의 위치와 지하수와 관련된 특성

③ 토질시험을 위한 흙 시료의 채취

④ 기초의 설계나 시공에 관련되는 특이한 사항

(2) 지반조사의 목적

① 구조물 건설공사 현장의 지질 구조 및 지층의 상태, 지반특성 파악

② 구조물 최적설계를 위한 지반 공학적 특성 파악

③ 설계 및 시공에 필요한 지반 공학 분야의 종합적 자료 제공

(3) 지내력 검토방안

① 시추조사 ② 표준관 시험 ③ 평판재하시험(PBT) ④ 콘 관입시험

(4) 지반 개량공법

① 치환공법 ② 선행 재하공법 ③ 동 다짐공법

(5) 토목측량

① 경계측량 ② 분할측량 ③ 현황측량

(6) 측량의 목적

① 부지의 고저차 파악

② 설치 가능한 태양전지 수량 결정

③ 최소한의 토목공사를 위한 시공기면의 결정
④ 실제 부지와 지적도상의 오차 파악

(7) 구조시공의 기본방향에 대한 고려사항

① 안전성 ② 시공성 ③ 사용성 ④ 내구성

(8) 태양광발전 기초설치를 위한 터파기량

① 독립기초(a) : $V_o = \frac{h}{3}(a_1^2 + \sqrt{a_1^2 \times a_2^2} + a_2^2)$

② 독립기초(b) : $V_o = \frac{h}{6}\{(2a + a')b + (2a' + a)b'\}$

③ 줄기초(c) : $V_o = \left(\frac{a+b}{2}\right) \times h \times l$

여기서, l : 줄기초 길이

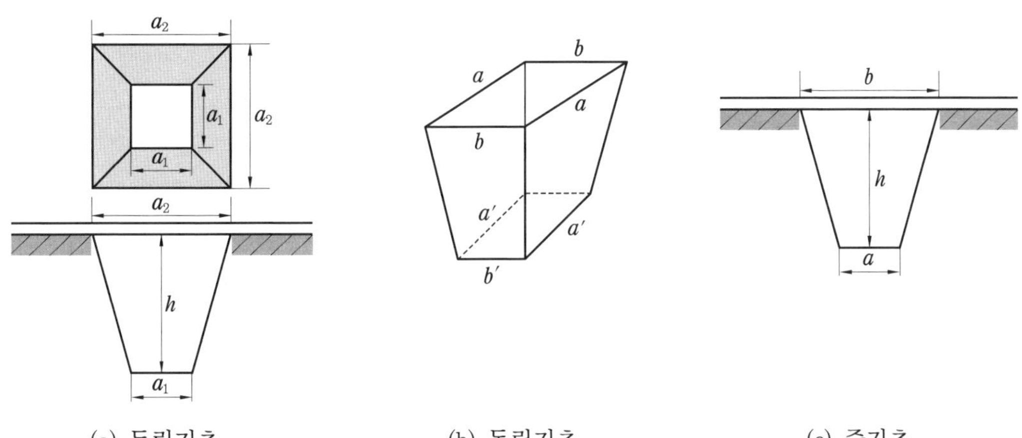

(a) 독립기초 (b) 독립기초 (c) 줄기초

예상문제

01. 구조시공의 기본방향에 대한 고려사항 3가지를 쓰시오.

정답 ① 안전성, ② 시공성, ③ 사용성

02. 지내력 검토방안 4가지를 쓰시오.

정답 ① 시추조사
② 표준관 시험
③ 평판재하시험(PBT)
④ 콘 관입시험

03. 지반 개량공법 3가지를 쓰시오.

정답 ① 치환공법
② 선행 재하공법
③ 동 다짐공법

04. 다음의 독립형 기초에서 터파기량을 구하시오. (단, 그림에서 수 값의 단위는 m이다.)

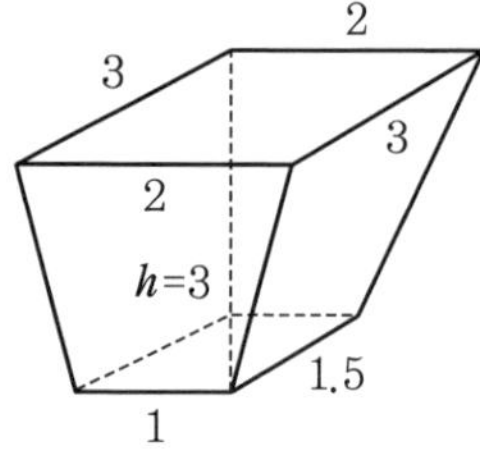

풀이 $\frac{h}{6}\{(2a+a')b+(2a'+a)b'\}=\frac{3}{6}\times\{(2\times3+1.5)\times2+(2\times1.5+3)\times1\}$

$=\frac{1}{2}\times(15+6)=10.5\ \text{m}^3$

정답 10.5 m^3

05. 토목측량의 3가지를 쓰시오.

정답 ① 경계측량
② 분할측량
③ 현황측량

06. 토목제도의 선 중 보이지 않는 부분을 표시하는 다음 선의 명칭을 쓰시오.

정답 파선

07. 다음 토목 도면기호에 해당하는 재료명을 쓰시오.

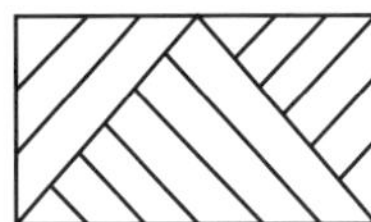

정답 지반

08. 토목 도면기호 중 교량의 기호를 나타내시오.

정답

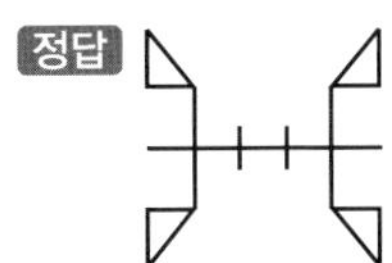

CHAPTER

9 태양광발전장치 준공검사

1 태양광발전 사용 전 검사

(1) 사용 전 검사에 필요한 서류

① 사용 전 검사 신청서
② 태양광발전설비 개요
③ 태양광전지 규격서
④ 공사계획 인가서
⑤ 단선 결선도
⑥ 감리원 배치 확인서
⑦ 각종 시험 성적서

(2) 사용 전 점검 및 검사대상

구분	검사 종류	용량	비고
일반용	사용 전 검사	10 kW 이하	대행업자 미선임
자가용	사용 전 검사 (저압설비 공사계획 미신고)	10 kW 초과	대행업자 대행
사업용	사용 전 검사 (시·도에 공사계획 신고)	전 용량 대상	대행업자 대행

(3) 사용 전 검사에서 모듈 인가서의 내용과 일치하는지 확인해야 할 요소

① 용량　② 온도　③ 크기　④ 수량

(4) 인버터의 사용 전 검사

① 절연저항
② 절연내력
③ 역방향 운전제어시험

④ 단독운전 방지시험
⑤ 충전기능시험
⑥ 인버터 수동/능동 절체시험
⑦ 제어회로 및 경보장치

(5) 태양전지 모듈의 신뢰성 검사

① 내풍압 검사
② 내습성 검사
③ 내열성 검사
④ 염수분무시험
⑤ 자외선 피복시험

(6) 사용 전 검사 중 태양전지 외관검사

① 변색, 파손, 오염
② 지지대의 전기적 접속 확인
③ 단자대의 누수 및 부식
④ 절연재 손상 여부

(7) 사용 전 검사 중 차단기 절연저항 확인 방법

① 저압용은 500 V, 고압용은 1,000 V 이상의 절연 저항계로 측정
② 각 상별로 각 상과 외함 간 측정

(8) 사용 전 검사 중 어레이 절연저항을 측정하는 법

태양전지 모듈 회로의 개폐기를 개방 후 선로와 대지 간의 절연저항을 측정

(9) 사용 전 검사 중 어레이 접지저항을 측정하는 법

태양전지 모듈 어레이 지지대의 접지저항을 측정

(10) 자동운전 방지시험

사용 전 검사 중 정전 시 인버터가 배전선로로 역송이 되지 않도록 연계 차단상태를 확인하는 시험

예상문제

01. 사용 전 검사 시 필요한 제출서류 4가지를 쓰시오.

정답 ① 사용 전 검사 신청서
② 태양광발전설비 개요
③ 태양전지 규격서
④ 단선 결선도
⑤ 공사계획 인가서
⑥ 감리원 배치 확인서
⑦ 각종 시험 성적서

02. 사용 전 검사 시 태양전지의 전기적 특성 확인사항 4가지를 쓰시오.

정답 ① 최대출력
② 개방전압 및 단락전류
③ 최대출력전압 및 최대출력전류
④ 충진율
⑤ 전력변환효율
⑥ 그 밖에 절연저항, 접지저항

03. 태양광발전시스템의 준공검사에서 변압기의 제어 및 경보장치의 세부검사 사항을 3가지만 쓰시오.

정답 ① 외관검사
② 절연검사
③ 경보장치 검사

04. 태양광 모듈의 배선공사가 끝난 뒤 모듈에 대한 (①), (②), (③)과 접지에 대한 점검이 필요하다. ( ) 안에 들어갈 점검사항 3가지를 쓰시오.

정답 ① 극성 확인
② 전압 확인
③ 단락전류 확인

05. 공사완료 시 설계 변경분을 포함하여 소요된 경비, 자재수량 등 설계량을 기술한 내역서를 의미하는 것은 무엇인가?

정답 준공 내역서

06. 다음 ( ) 안에 들어갈 알맞은 내용을 쓰시오.

> 공사업자는 시설물 인수·인계 계획서를 예비준공검사 완료 후 (①) 이내에 시설물 인수·인계서를 작성하여 책임감리원에게 제출해야 하며 감리원은 공사업자로부터 인수·인계 계획서를 제출받아 (②) 이내에 검토·확정하여 발주자 및 공사업자에게 통보하여 인수·인계서에 차질이 없도록 하여야 한다.

정답 ① 14일, ② 7일

07. 일반용 발전설비의 사용 전 점검 및 검사대상 용량은 몇 kW 이상인가?

정답 10 kW

08. 자가용 태양광발전설비 정기검사 항목 및 세부검사 내용 4가지를 쓰시오.

정답 ① 태양전지 검사
② 전력변환장치(인버터) 검사
③ 종합연동시험 검사
④ 부하운전시험 검사

09. 사용 전 검사 중 외관검사 사항 3가지를 쓰시오.

정답 ① 태양광전지 변색, 파손, 오염 여부
② 단자대의 누수, 부식 및 절연재 손상 여부 확인
③ 태양광전지와 지지대의 전기적 접속 확인

10. 태양광발전시스템의 공사 완료 후 사용 전 검사 및 점검항목 4가지를 쓰시오.

정답 ① 어레이 검사
② 어레이 출력 확인
③ 절연저항 측정
④ 접지저항 측정

11. 사용 전 검사의 수행기관을 쓰시오

정답 한국전기안전공사

CHAPTER

10 태양광발전 사업 환경 분석

(1) **일조강도(조사강도)** : 단위시간 동안 단위넓이(m^2)에 입사되는 복사에너지의 세기(W/m^2)

(2) **일사량(일조량)** : 일정기간 동안 지표면에 도달하는 일조강도의 적산값(Wh/m^2)

(3) **청명일** : 하늘이 완전히 구름으로 덮인 날을 10으로 볼 때 그 $\frac{1}{10}$일인 날 수, 즉 구름의 양이 10 % 이하인 날 수

(4) **직달 일조량** : 일정기간 동안 지표면에 직접 도달하는 직달광을 적산한 값(Wh/m^2)

(5) **가조시간** : 어느 지방의 일출부터 일몰 때까지의 시간

(6) **일조시간** : 가조시간 중 구름의 방해가 없이 지표면에 태양광이 비춘 시간의 합계

(7) **일조율** $= \frac{\text{일조시간}}{\text{가조시간}} \times 100\,\%$

(8) **일사강도 또는 방사조도(조사강도)** : 지표면 $1\,m^2$당 도달하는 태양광 에너지

(9) **램베르트비어 법칙** : 일정한 파장의 빛이 조사될 때 물질에 투과한 빛의 세기가 두께에 따라 지수함수적으로 감소한다.

(10) 최대 전력생산에서 가장 중요한 것은 일사량이며, 일사량은 위도에 따라 달라진다.

(11) 태양전지 모듈은 온도가 높아질수록 출력은 저하된다.

(12) **고도각** : 직달광과 지표면이 이루는 각도

(13) **경사각** : 어레이와 지평면이 이루는 각도

(14) 경사각은 그 지역의 위도에 따라 달라지며, 우리나라의 경사각은 $30° \sim 33°$이다.

(15) 남중고도 : 하루 중 태양의 고도가 가장 높을 때의 각도

① 하지의 남중고도 : 90°－위도+23.5°

② 동지의 남중고도 : 90°－위도－23.5°

③ 춘·추분의 남중고도 : 90°－위도

* 지구의 기울기 : 23.5°

④ 남중고도의 크기 : 하지 > 춘·추분 > 동지

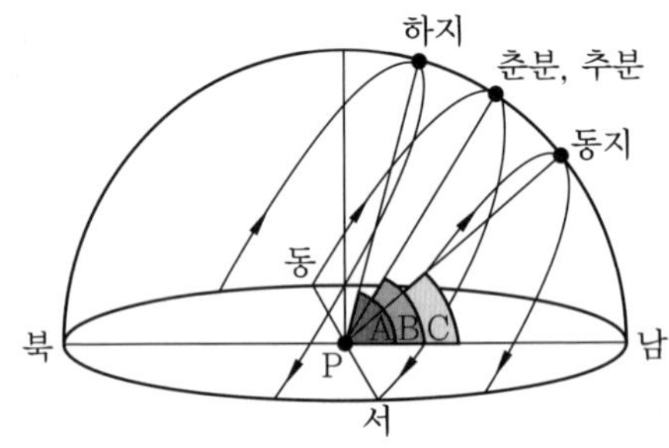

(16) 열 단위와 일 단위

1 kWh = 1 J/s = 860 kcal

(17) 월간 발전 가능량

$$E_{PM} = P_{AS} \times \frac{H_{AM}}{G_S} \times K \text{ [kWh/월]}$$

여기서, P_{AS} : 표준상태 모듈 총 출력(kW)

H_{AM} : 월 적산 어레이 표면 일사량(kWh/m^2·월)

G_S : 표준상태에서의 일사강도(1 kW/m^2)

K : 종합설계지수

예상문제

제10장 태양광발전 사업 환경 분석

01. 태양광선이 구름이나 안개로 가려지지 않고 지상을 비추는 시간을 무엇이라고 하는가?

정답 일조시간

02. 낮은 위도 지역에 태양광 어레이의 경사각을 두는 이유에 대해서 쓰시오.

정답 강우로 인한 자정효과를 얻기 위해서이다.

03. STC 조건에서 개방전압이 45 V, 전압 온도계수가 −0.2 V/℃인 결정질 태양전지 모듈 10장이 직렬로 연결되어 있으며 표면온도가 50 ℃일 때 개방전압을 구하시오.

풀이 ㉠ 50℃에서의 개방전압$=\{45+(-0.2)\times(50-25)\}$

$=45-5=40\text{ V}$

㉡ 직렬 10장 시 개방전압$=40\text{ V}\times10=400\text{ V}$

정답 400 V

04. 일사량이 1,600,000 MJ일 때 이를 (kWh/m^2/day)로 환산하시오.

풀이 $1\text{kWh}=1\times10^{-3}\text{J/s}\times3,600\text{s}$이므로 변환값은

$\dfrac{1,600,000/3,600}{365}\fallingdotseq1.22\text{ kWh/m}^2\text{/day}$이다.

정답 1.22 kWh/m^2/day

05. 일정기간 동안 지표면에 직접 도달하는 직달광을 적산한 값을 무엇이라고 하는가?

정답 직달 일사(조)량

06. 청명일에 대한 정의를 쓰시오.

정답 하늘이 완전히 구름으로 덮인 날을 10으로 볼 때 그 $\frac{1}{10}$일인 날 수, 즉 구름의 양이 10% 이하인 날 수

07. 20 ~ 30cm의 눈이 쌓였을 때 자연히 흐를 수 있는 경사각도는 몇 도 이상인지 쓰시오.

정답 45° 이상

08. 태양전지 어레이의 출력이 5,000 W, 해당지역 5월의 월 적산 경사면 일사량이 200 (Wh/m^2·월)이라고 할 때 5월 한 달 동안의 발전량(Wh/월)을 구하시오. (단, 종합설계지수는 0.6을 적용한다.)

풀이 $E_{PM} = P_{AS} \times \frac{H_{AM}}{G_S} \times K = 5,000 \times \frac{200}{1,000} \times 0.6$

$= 600$ Wh/월

정답 600 Wh/월

09. 위도가 16.5°일 때 동지의 남중고도를 구하시오.

풀이 90° − 위도 − 23.5° = 90° − 16.5° − 23.5° = 50°

정답 50°

10. 1,200 kcal는 몇 kWh인가?

풀이 1 kWh = 860 kcal이므로 $\frac{1,200}{860} \fallingdotseq 1.4$ kWh

정답 1.4 kWh

CHAPTER 11

태양광발전 토목공사

1 태양광발전 토목공사

(1) 토목 설계도의 종류

① 공사 계획도

② 배수 계획도

③ 구적도

④ 종단면도 및 횡단면도

⑤ 지적측량

(2) 토목 설계도에 표시되는 사항

① 방위표 : 도면의 동서남북을 알 수 있도록 도면에 표시된 사항

② 주기사항 : 도면의 각 기호 등을 표시한 사항

③ 치수선 : 도면에서 길이와 치수를 나타내는 선

④ 경사에 대한 사항 : 종단면과 횡단면의 경사도를 확인할 수 있는 사항

(3) 시방서 : 설계도면이나 그림으로 표현할 수 없는 사항을 기재한 문서

① 공사 종류의 일정한 순서를 적은 문서

② 재료의 종류와 품질, 사용처, 시공 방법, 제품납기, 준공기일 등을 명확히 기재한 문서

③ 건설공사 관리에 필요한 시공기준으로 품질과 직관적으로 관련된 문서

(4) 일반 시방서 : 비기술적인 사항을 규정한 시방서

① 설계도서 적용순위

② 품질보증 및 하자보증에 관한 사항

③ 인수·인계에 관한 사항

④ 설계변경의 절차

⑤ 품질관리 및 검사 시험에 관한 사항

(5) 특기 시방서 : 시공 전반에 걸쳐 전문 분야에 대한 기술, 기능에 관한 기록

① 설계도서 오류 시 우선순위 지정
② 유관기관과의 사전신고, 허가, 사전협의사항
③ 동일 장소에 시공되는 타 공정에 대한 사전협의, 조정 및 시공 방법 제시
④ 각종 구조물 강도의 규격
⑤ 설계도면에 표시할 수 없는 시공 장소의 전선관, 전선 및 케이블 규격
⑥ 설계도면에 표시할 수 없는 입체 구조물의 제조 시 부분적인 상세 규격

(6) 표준 시방서 : 모든 공사에 공통사항이 기록되는 시방서

(7) 기술 시방서 : 공사 전반에 걸친 기술적인 사항을 규정한 시방서

(8) 공사 시방서 : 특정 공사를 위해 작성되는 시방서

① 기술적 요구사항
② 품질 및 안전관리사항
③ 시공 방법, 상태 등 시공에 관한 사항
④ 도면에 표시하기 어려운 공사의 범위
⑤ 시공 과정에서 사용되는 기자재, 허용오차, 시공 방법 및 이행 기준 등을 기술

(9) 특별히 계약에 명기되지 않은 경우에 공사 계약문서의 적용 우선순위

계약서 → 계약 특수 조건 및 일반 조건 → 특별 시방서 → 설계도면 → 일반 시방서 또는 표준 시방서 → 산출 내역서

예상문제

제11장 태양광발전 토목공사

01. 시방서의 종류 중 다음의 설명에 알맞은 시방서를 쓰시오.

(1) 계약 및 공사 전반에 대한 비기술적인 일반사항을 규정하는 시방서
(2) 모든 공사에 공통사항이 기록되는 시방서
(3) 공사의 특징에 따라 구체적 시공 방법, 시공자재의 규격 특이사항 등을 규정한 시방서
(4) 시공 과정에서 요구되는 기술적인 사항을 설명한 문서로서 구체적으로 사용할 재료의 품질, 작업 순서, 마무리 정도 등 도면상 기재가 곤란한 기술적 사항을 표시해 놓은 시방서

정답 (1) 일반 시방서 (2) 표준 시방서
(3) 특기 시방서 (4) 기술 시방서

02. 토목 설계도에 포함되는 공사 계획도, 배수 계획도 외의 3가지를 쓰시오.

정답 ① 구적도, ② 종단면도 및 횡단면도, ③ 지적측량

03. 특기 시방서에 포함되는 내용 4가지를 쓰시오.

정답 ① 설계도서 오류 시 우선순위 지정
② 유관 기관과의 사전신고, 허가, 사전협의사항
③ 동일 장소에 시공되는 타 공정에 대한 사전협의, 조정 및 시공 방법 제시
④ 각종 구조물 강도의 규격

04. 공정관리 체계에 있어서 최하위 공정표로서 당일 작업 일정을 점검, 감독, 활용하는 것을 무엇이라고 하는지 쓰시오.

정답 주간 공정표

CHAPTER 12

태양광발전 구조물 시공

1 태양광발전 구조물 시공

(1) **기초공사** : 지면에 지지 또는 건축물과 가대를 잇는 지지대를 설치하는 공사

(2) **기초방식** : 건축물 설치 부위에 따른 구조물 설치형식

(3) **굴착 심도** : 땅속 깊이 파고 들어가는 정도를 나타내는 용어

(4) **보링 그라우팅**

기초 시공법 중 자갈과 자갈 사이 또는 흙의 공극을 시멘트로 채워주는 공사를 위한 공법

(5) **절토와 성토를 통해 부지를 조성할 경우 지반과 사면의 안정성 확보를 위해 고려해야 할 사항**

① 지지력 ② 안전성

(6) 흙 파기량을 전부 잔토처리 시 잔토 처리량(m^3) = 흙 파기 체적×토석환산계수

(7) **지질 및 지반조사의 목적**

① 구조물에 적합한 기초의 형식과 기초의 심도 결정
② 지반의 지내력 평가
③ 구조물의 예상 침하량 평가
④ 지반특성과 관련된 기초의 잠재력적인 문제점 파악

⑤ 지하수위 결정
⑥ 기초지반의 변화에 따른 시공 방법 결정

(8) 태양광 구조물을 연약지반에 설치 시 문제점

① 주변 지반 변형
② 지반 장기 침하
③ 성토 및 굴착사면 파괴
④ 구조물 부등 침하
⑤ 지하 매설관 손상

(9) 수상 태양광발전설비

① 지지대
② 부력체
③ 계류장치
④ 앵커
⑤ 송·변전설비

(10) 수상 태양광발전설비의 계류장치는 외력에 대해 설치 방위각이 평수위 기준 10° 이내로 유지될 수 있는 구조로 설치한다.

예상문제

제12장 태양광발전 구조물 시공

01. 도로표식 등으로 많이 이용되는 푸팅기초는 무엇인지 쓰시오.

정답 독립푸팅기초

02. 다음의 기초의 명칭은 무엇인지 쓰시오.

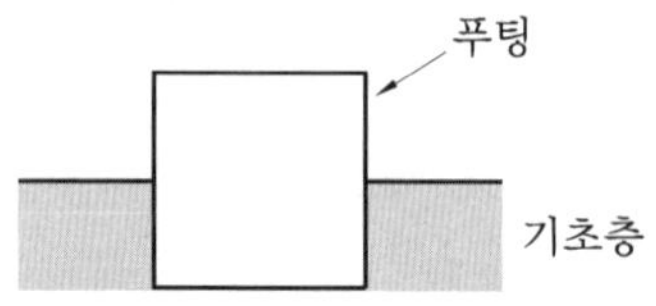

정답 직접기초(독립기초)

03. 절토와 성토를 통해 부지를 조성할 경우 지반과 사면의 안정성 확보를 위해 고려해야 할 사항 2가지를 쓰시오.

정답 ① 지지력, ② 안전성

04. 하천 내의 교량으로 사용되는 기초 이름을 쓰시오.

정답 케이슨 기초

05. 축 방향력 31 t, 기초하중이 4 t, 허용 지내력 $f_e = 5\,\text{t/m}^2$일 때 가장 경제적인 독립기초의 정방향 길이(L)를 구하시오.

풀이 $L = \sqrt{\dfrac{\text{축 방향력} + \text{기초하중}}{\text{허용 지내력}}} = \sqrt{\dfrac{31+4}{5}} = \sqrt{\dfrac{35}{5}} \fallingdotseq 2.65\,\text{m}$

정답 2.65 m

CHAPTER 13

태양광발전 전기시설 공사

1 전선 및 전기시설 공사

(1) 가공인입선 : 가공선로의 지지물로부터 다른 지지물을 거치지 않고 수용장소의 붙임점에 이르는 가공선이다.

(2) 연선 : 심선을 여러 가닥 꼬아서 만든 전선이다.

→ 공칭 단면적 $A = \pi\left(\frac{D}{2}\right)^2 = \frac{\pi}{4}D^2$ [mm^2]

(3) 중공연선 : 전선의 단면적을 그대로 하고, 직경을 크게 키운 전선이다.

(4) 동선

① 연동선(옥내용) : 가용성 있음
② 경동선(옥외용) : 가용성 없음
③ 경 알루미늄선(옥내용), 강심 알루미늄선(코로나 방지 목적에 사용)

(5) 전선의 요구사항 및 선정

① 전선은 통상 사용 상태에서의 온도에 견디는 것이어야 한다.
② 전선은 설치 장소의 환경 조건에 적절하고, 발생할 수 있는 전기·기계적 응력에 견디는 능력이 있는 것을 사용하여야 한다.
③ 전선은 '전기용품 및 생활용품 안전 관리법'의 적용을 받는 것 이외에는 한국산업표준(이하 KS라 한다)에 적합한 것을 사용하여야 한다.

(6) 전선의 종류

① 절연전선
(가) 450/750 (V) 비닐절연전선
(나) 450/750 (V) 저 독성 난연 폴리올레핀 절연전선

㈐ 450/750 (V) 저 독성 난연 가교폴리올레핀 절연전선
㈑ 450/750 (V) 고무절연전선

② 저압 케이블
㈎ 0.6/(1 kV) 연피 케이블
㈏ 클로로프렌 외장 케이블
㈐ 비닐 외장 케이블
㈑ 폴리에틸렌 외장 케이블
㈒ 무기물 절연 케이블
㈓ 금속 외장 케이블
㈔ 저 독성 난연 폴리올레핀 케이블
㈕ 300/500 (V) 연질 비닐시스 케이블
㈖ 제2에 따른 유선 텔레비전용 급전 겸용 동축 케이블

③ 고압 및 특고압 케이블
㈎ 클로로프렌 외장 케이블
㈏ 비닐 외장 케이블
㈐ 폴리에틸렌 외장 케이블
㈑ 콤바인 덕트 케이블 또는 이들에 보호피복을 한 것

(7) XLPE 케이블 : 옥내 배선

(8) UV 케이블 : 옥외 배선

(9) 22.9 kV 수용가에서 LBS(부하 개폐기) 1차 측 사용전선

① 지중 : CNCV-W
② 가공 : ACSR-OC

(10) 재료별 할증률

옥외 케이블	옥내 케이블	옥외 전선	옥내 전선
3 %	5 %	5 %	10 %

(11) 저압 옥내 배선의 사용전선

① 단면적이 2.5 mm^2 이상의 연동선 사용
② 단면적이 1 mm^2 이상의 미네랄 인슈레이션 케이블(M1 케이블) 사용

(12) 전선의 굵기(표준)

굵기(mm^2) : 1.5, 2.5, 4, 6, 10, 16, 25, 35, 50, 70, 95, 120, 185, 240, 300, 400

(13) 경제적인 전선의 굵기 선정 고려사항

① 허용전류
② 전압강하
③ 경제성
④ 기계적 강도
⑤ 전력손실(코로나 손실)

(14) 전선의 구비조건

① 도전율이 클 것
② 기계적 강도가 클 것
③ 비중이 작을 것
④ 신장률이 클 것
⑤ 가요성이 클 것

(15) 전선의 하중

① 빙설하중 : 전선 주위에 6 mm, 비중 0.9 g/cm^2 → 균일 부착상태
② 풍압하중

(16) 3상 변압기의 병렬운전 조건

① 각 변압기의 극성이 같을 것
② 각 변압기의 권수비가 같고, 1차와 2차의 정격전압이 같을 것
③ 각 변압기의 % 임피던스가 같을 것
④ 3상 변압기는 각 변압기의 상 회전방향과 각 변위가 같을 것

(17) 전선의 이도 : 늘어진 정도(D)

전선의 이도 $D = \frac{WS^2}{8T}$ [m]

여기서, W : 합성하중(kg/m), S : 경간(m), T : 수평장력(kg)

실제길이 $L = S + \frac{8D^2}{3S}$ [m]

(18) 특고압 관련 기기

① MOF(계기용 변성기)
② VCB(진공 차단기)

③ PF(전력용 퓨즈)
④ LA(피뢰기)
⑤ CT(계기용 변류기)
⑥ LBS(부하 개폐기)
⑦ PTT/CTT(시험 단자)
⑧ ZCT(영상 변류기)

(19) 저압 전선로 중 절연 부분의 전선과 대지 사이의 절연저항은 사용전압에 대한 누설 전류가 최대 공급전류의 $\frac{1}{2,000}$ 미만으로 해야 한다.

(20) 전선의 보호

① 댐퍼 : 진동방지
② 아머 로드(amor rod) : 지지점에서의 단선방지
③ 전선의 도약 : 전선의 반동으로 상하부 단락사고 방지를 위해 off-set한다.

(21) 지선의 종류 : 보통지선, 수평지선, Y지선, 궁지선

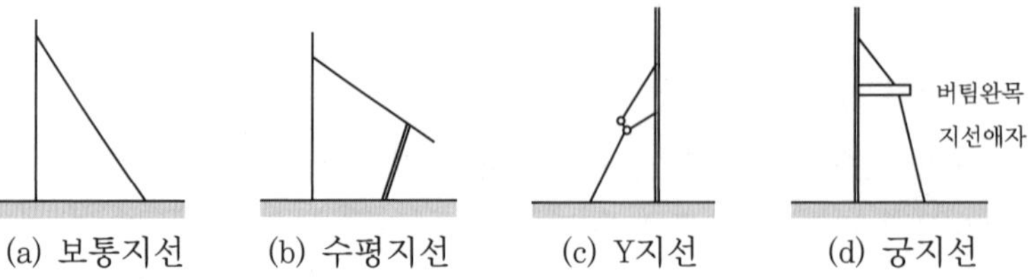

(a) 보통지선 (b) 수평지선 (c) Y지선 (d) 궁지선

(22) 지선에 연선을 사용할 시

① 소선 3가닥 이상의 연선이어야 한다.
② 지름이 2.6 mm 이상의 금속선을 사용한다.
③ 접지선은 합성수지관 등에 넣어 외상을 방지한다.
④ 지중에서(또는 접지극) 접지선으로 동선을 사용한다.
⑤ 접지선의 색은 녹색이어야 한다.

* 50 A 이하의 굵기는 4 mm^2

(23) 보도를 횡단할 경우 노면상 2.5 m 이상, 도로를 횡단하여 시설하는 경우 지선의 높이를 5 m 이상으로 하여야 한다.

(24) 지중선로의 매설방식

① 직매식(직접 매설식) : 간단하며, 매설깊이는 1.2 m이다.

② 관로식(맨홀식) : PE관을 땅에 묻으며, 매설깊이는 1 m 이상이다.

③ 암거식(전력구식) : 많은 가닥 수의 고전압 간선 부근에 사용하는 방식으로 비싸다. 매설깊이는 1.2 m 이상이다.

(25) 지중전선로의 장·단점

① 장점

㈎ 미관이 좋다.
㈏ 기상 조건에 영향을 받지 않는다.
㈐ 설비의 안정성이 좋다.
㈑ 통신유도장애가 적다.
㈒ 보안상 위험이 적다.
㈓ 화재 발생이 적다.
㈔ 고장이 적다.

② 단점

㈎ 시설비가 비싸다.
㈏ 보수가 어렵다.

(26) 전선관 시스템

① 합성수지관 공사

㈎ 전선은 절연전선(옥외용 비닐절연전선을 제외한다)일 것
㈏ 전선은 연선일 것. 다만, 다음의 것은 적용하지 않는다.
　㉮ 짧고 가는 합성수지관에 넣은 것
　㉯ 단면적 10 mm^2(알루미늄 선은 16 mm^2) 이하의 것
㈐ 전선은 합성수지관 안에서 접속점이 없도록 할 것
㈑ 중량물의 압력 또는 현저한 기계적 충격을 받을 우려가 없도록 시설할 것

② 모듈 금속관 공사

㈎ 전선은 절연전선(옥외용 비닐절연전선을 제외한다)일 것
㈏ 전선은 연선일 것. 다만, 다음의 것은 적용하지 않는다.
　㉮ 짧고 가는 금속관에 넣은 것
　㉯ 단면적 10 mm^2(알루미늄 선은 16 mm^2) 이하의 것
㈐ 전선은 금속관 안에서 접속점이 없도록 할 것

③ 금속제 가요전선관 공사

㈎ 전선은 절연전선(옥외용 비닐 절연전선을 제외한다)일 것
㈏ 전선은 연선일 것. 다만, 단면적 10 mm^2(알루미늄 선은 16 mm^2) 이하인 것은 그러하지 아니하다.

㈐ 전선관의 두께
　㉮ 콘크리트에 매설 : 1.2 mm^2 이상
　㉯ 매설 이외의 경우 : 1.0 mm^2 이상

(27) 케이블 트레이 시스템

① 케이블 트레이 공사 : 케이블을 지지하기 위하여 사용하는 금속제 또는 불연성 재료로 제작된 유닛 또는 유닛의 집합체 및 그에 부속하는 부속재 등으로 구성된 견고한 구조물을 말하며, 사다리형, 펀칭형, 메시형, 바닥 밀폐형 기타 이와 유사한 구조물을 포함하여 적용한다.
㈎ 전선은 연피 케이블, 알루미늄 케이블, 난연성 케이블일 것
㈏ 금속관 혹은 합성수지관 등에 넣은 절연전선을 사용할 것

② 케이블 공사
㈎ 전선은 케이블 및 캡타이어 케이블일 것
㈏ 중량물의 압력 또는 현저한 기계적 충격을 받을 우려가 있는 곳에 포설하는 케이블에는 적당한 방호장치를 할 것
㈐ 전선을 조영재의 아랫면 또는 옆면에 따라 붙이는 경우에는 전선의 지지점 간의 거 리를 케이블은 2 m(사람이 접촉할 우려가 없는 곳에서 수직으로 붙이는 경우에는 6 m) 이하, 캡타이어 케이블은 1 m 이하로 하고, 또한 그 피복을 손상시키지 않도록 붙일 것
㈑ 관 기타의 전선을 넣는 방호장치의 금속제 부분, 금속제의 전선 접속함 및 전선의 피복에 사용하는 금속제에는 211과 140에 준하여 접지공사를 할 것

③ 애자공사
㈎ 전선은 전기로용 전선일 것
㈏ 전선의 피복 절연물이 부식하는 장소에 시설하는 전선
㈐ 취급자 이외의 자가 출입할 수 없도록 설비한 장소에 시설하는 전선
㈑ 전선 상호 간의 간격은 0.06 m 이상일 것

(28) 케이블 트렁킹 시스템

① 합성수지몰드 공사　　② 금속몰드 공사

(29) 케이블 덕팅 공사

① 금속 덕트 공사　　② 플로어 덕트 공사　　③ 셀룰러 덕트 공사

(30) 지중 전선로

① 지중 전선로는 전선에 케이블을 사용하고, 또한 관로식, 암거식 또는 직접 매설식에 의하여 시설하여야 한다.

② 관로식이나 암거식에 의하여 시설하는 경우에는 매설깊이를 1 m 이상으로 하되, 매설깊이가 충분하지 못한 장소에는 견고하고 차량 기타 중량물의 압력에 견디는 것을 사용하여야 한다. 다만, 중량물의 압력을 받을 우려가 없는 곳은 0.6 m 이상으로 한다.

(31) 저압 및 고압 가공선의 높이

구분		높이
도로를 횡단하는 경우(저압, 고압)		6 m 이상
철도 또는 궤도 위에 시설하는 경우(저압, 고압)		6.5 m 이상
횡단보도교의 위에 시설하는 경우	저압(저압 가공선)	3.5 m 이상
	고압	5 m 이상

2 전기배선

(1) 저압배선

① 교류배선

㈎ 3상 4선식의 중성선 또는 PEN 도체는 충전도체는 아니지만, 운전전류를 흘리는 도체이다.

㈏ 3상 4선식에서 파생되는 단상 2선식 배전방식의 경우 두 모체가 선 도체이거나 하나의 선 도체와 중성선 또는 하나의 선 도체와 PEN 도체이다.

㈐ 모든 부하가 선간에 접속된 전기설비에서는 중성선의 설치가 필요하지 않을 수 있다.

② 직류배선

PEL과 PEM 도체는 충전도체는 아니지만, 운전전류를 흘리는 도체이다. 2선식 배전방식이나 3선식 배전방식을 적용한다.

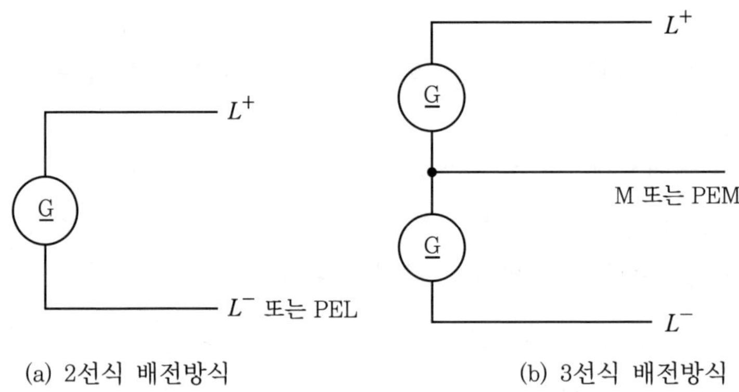

(a) 2선식 배전방식 (b) 3선식 배전방식

❑ PEL(Protective earthing and Line conductor) : 보호도체와 전압선의 기능을 겸한 도체
❑ PEM(Protective earthing and Mid-point conductor) : 보호도체와 중간선의 기능을 겸한 도체
❑ PEN(Protective earthing and Neutral conductor) : 보호도체와 중성선의 기능을 겸한 도체

(2) 고압 옥내 배선

① 고압 옥내 배선은 다음에 따라 설치하여야 한다.

(가) 애자배선(건조한 장소로서 전개된 장소에 한 한다.)

(나) 케이블 배선

(다) 케이블 트레이 배선

② 애자사용 배선에 의한 고압 옥내 배선은 다음에 의하고, 또한 사람이 접촉할 우려가 없도록 시설하여야 한다.

(가) 전선은 공칭 단면적 $6\,mm^2$ 이상의 연동선 또는 이와 동등 이상의 세기 및 굵기의 고압 절연전선이나 특고압 절연전선 또는 341.8의 2에 규정하는 인하용 고압 절연전선일 것

(나) 전선의 지지점 간의 거리는 6 m 이하일 것. 다만, 전선을 조영재의 면을 따라 붙이는 경우에는 2 m 이하일 것

(다) 전선 상호 간의 간격은 0.08 m 이상, 전선과 조영재 사이의 간격은 0.05 m 이상일 것

(3) 고압 배전반의 시설

① 발전소, 배전소, 개폐소 또는 이에 준하는 곳에 시설하는 배전반에 붙이는 기구 및 전선(관에 넣은 전선 및 334.1의 4의 "나"에서 규정하는 개장한 케이블을 제외한다.)

② 제1의 배전반에 고압용 또는 특고압용의 기구 또는 전선을 시설하는 경우에는 취급자에게 위험이 미치지 않도록 적당한 방호장치 또는 통로를 시설하여야 하며, 기기조작에 필요한 공간을 확보하여야 한다.

(4) 배전선로의 전기방식

구분	전력(P)	1선당 전력(P')	단상 2선식 기준 전력	전선 중량비 (전력 손실비)
단상 2선식	$VI\cos\theta$	$\frac{VI\cos\theta}{2} = 0.5\,VI\cos\theta$	1배	1
단상 3선식	$2\,VI\cos\theta$	$\frac{2}{3}\,VI\cos\theta \fallingdotseq 0.67\,VI\cos\theta$	1.33배	$\frac{3}{8}$
3상 3선식	$\sqrt{3}\,VI\cos\theta$	$\frac{\sqrt{3}}{3}\,VI\cos\theta \fallingdotseq 0.57\,VI\cos\theta$	1.15배	$\frac{3}{4}$
3상 4선식	$3\,VI\cos\theta$	$\frac{3}{4}\,VI\cos\theta = 0.75\,VI\cos\theta$	1.5배	$\frac{1}{3}$

(5) 케이블 고장점 검출법

① 머레이 루프법(휘트스톤 브리지 이용법)

② 펄스 인가법

③ 수색 코일법

④ 정전용량법

(6) 기기단자와 케이블의 접속

① 볼트의 크기에 맞는 토크렌지를 사용하여 규정된 힘으로 조인다.

② 조임은 너트를 돌려서 조인다.

③ 2개 이상의 볼트를 사용할 경우 한쪽만 심하게 조이지 않도록 한다.

(7) 케이블 굵기가 같을 경우 전선피복을 포함한 단면적의 합계는 48% 이하로, 케이블 굵기가 다를 경우는 32%로 한다.

(8) 중성점을 접지하는 목적

① 보호장치의 확실한 동작 확보

② 이상전압 억제

③ 대지전압 저하

(9) 중성점 직접 접지식 전로에 접속하는 Δ형 결선으로 된 변압기의 최대 사용전압이 345 kV이라면 변압기의 시험전압은 220,800 V이다.

예상문제

01. 지중전선로를 직접 매설식으로 시설하는 경우 중량물의 압력을 받을 우려가 있는 장소에서의 매설깊이는 얼마로 하여야 하는가?

정답 1 m

02. 다음의 문제를 읽고 옳으면 O표, 틀리면 ×표를 하시오.

① 케이블은 가능한 음영지역을 피해 설치한다. ( )
② SPD 접지선은 가급적 짧게 설치한다. ( )
③ 케이블은 가능한 피뢰도체와 교차시공 하도록 한다. ( )
④ 지붕형 설치 시 경사 지붕 표면에 전선을 밀착하여 견고하게 고정하여야 한다. ( )

정답 ① ×, ② O, ③ ×, ④ ×

03. 지중전선로의 시설에서 사용되는 케이블 매설방식 3가지를 쓰시오.

정답 ① 직접 매설식, ② 관로식, ③ 암거식

04. 태양전지 어레이 설계 시 발전량을 고려해야 할 사항 3가지를 쓰시오.

정답 ① 고도각, ② 경사각, ③ 이격거리

05. 수용가에서 LBS 1차측에 사용되는 전선을 쓰시오.

(1) 지중 :
(2) 가공 :

정답 (1) CNCV-W (2) ACSR-OC

06. 태양광발전소에서 사용되는 연동선의 공칭 단면적을 쓰시오.

정답 $2.5\ mm^2$

07. 노출 도전성 부분 상호 및 계통외 도전성 부분을 서로 접속함으로써 전위를 같게 하는 것을 무엇이라 하는지 쓰시오.

정답 등전위 본딩

08. XPLE 케이블의 절연체는 내후성이 약하므로 단말처리에서 내후성을 높이기 위해 사용하는 테이프의 명칭을 쓰시오.

정답 자기 융착 절연 테이프

09. 전선로에서 표준전압에는 공칭전압과 최고전압이 있는데, 이들 용어에 대해 설명하시오.

정답 ① 공칭전압 : 전선로를 대표하는 선간전압
② 최고전압 : 전선로에 발생하는 가장 높은 전압

해설 최고전압 = 공칭전압 $\times \dfrac{1.2}{1.1}$

10. 지붕 위에 설치한 태양전지 어레이에서 복수의 케이블을 배선하는데 다음 그림과 같이 지붕 환기구 및 처마 밑에 배선하려고 한다. 이때 케이블의 곡률반경은 지름의 몇 배 이상으로 하여야 하는지 쓰시오.

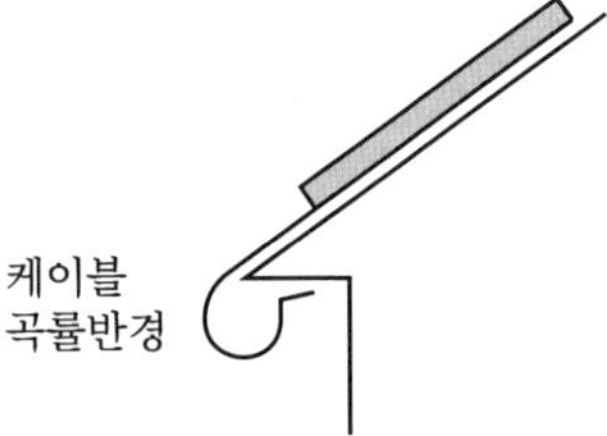

정답 6배 이상

11. 분산형 전원을 계통에 연계할 경우 전기 품질의 검토항목 4가지를 쓰시오.

정답 ① 직류유입 제한
② 역률
③ 플리커
④ 고조파

12. 한전으로 역전송하는 전력을 측정하는 기기의 명칭을 쓰시오.

정답 전력량계

13. 다음은 태양광발전시스템의 전기공사 절차도이다. ①, ②, ③에 알맞은 내용을 쓰시오.

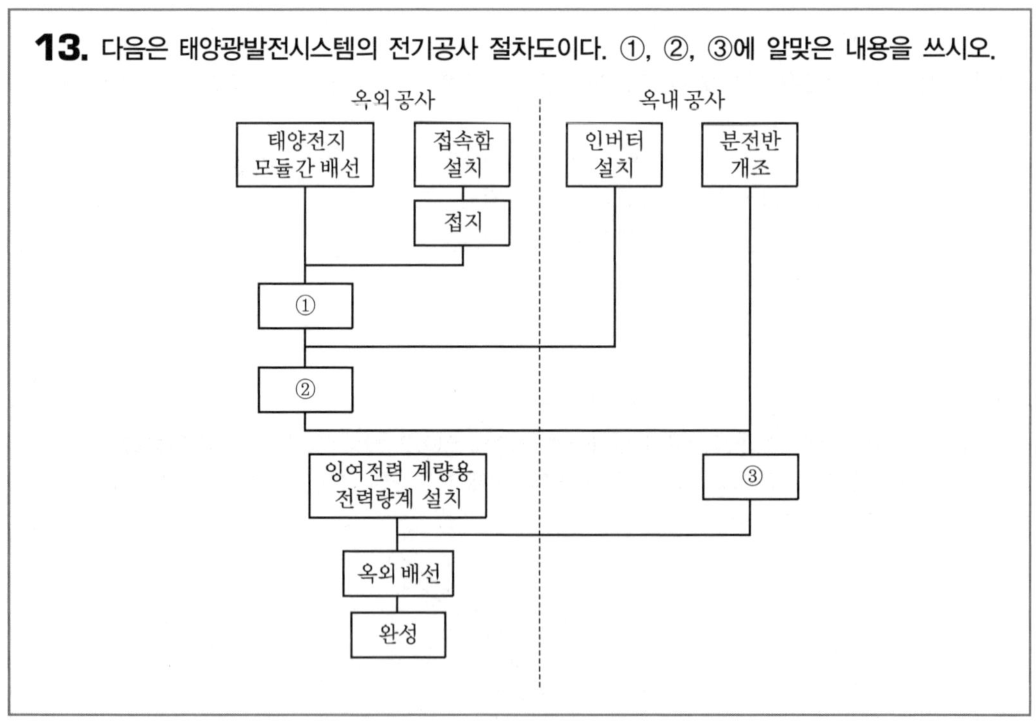

정답 ① 태양광 어레이와 접속함 간 배선
② 접속함과 인버터 간 배선
③ 인버터와 분전반 간 배선

14. 단상 2선식 옥내 배선에 접지저항이 90 Ω인 금속관 내에 임의의 개소에서 전선이 절연 파괴되어 도체가 직접 금속관 내면에 접촉되었다면 대지와의 전압은 몇 V가 되겠는가? (단, 이 전로에 공급하는 변압기는 저압측의 한 단자에 제2종 접지공사가 되어 있고, 그 접지저항은 30 Ω으로 한다.)

풀이 ㉠ 접촉 시 누설전류

$$I = \frac{200\ \text{V}}{(30+90)\,\Omega} \fallingdotseq 1.67\ \text{A}$$

㉡ 접촉전압$=1.67\times 90=150.3\ \text{V}$

정답 150.3 V

15. 태양전지 모듈 및 개폐기, 그 밖의 기구에 케이블을 접속하는 경우 유의사항 3가지를 쓰시오.

정답 ① 나사 조임을 견고하게 한다.
② 전기적으로 완전하게 접속한다.
③ 접속점에 장력이 가해지지 않도록 한다.

16. 다음 기호의 명칭을 쓰시오.

정답 인버터(PCS)

17. 3상 4선식 380 V/220 V 구내 배선 거리가 60 m, 전류는 125 A인 배선에서 전압강하를 6 V로 구하기 위한 전선의 공칭 단면적을 구하시오.

풀이 단면적 $A = \dfrac{17.8\times 60\times 125}{1000\times 6} = 22.25\ \text{mm}^2$으로 공칭 단면적은 $25\ \text{mm}^2$이다.

정답 $25\ \text{mm}^2$

18. 접지설비의 사용 목적 2가지를 쓰시오.

정답 ① 인축에 대한 안전
② 설비 및 기기에 대한 안전

19. 다음 결선도에 대해 물음에 답하시오.

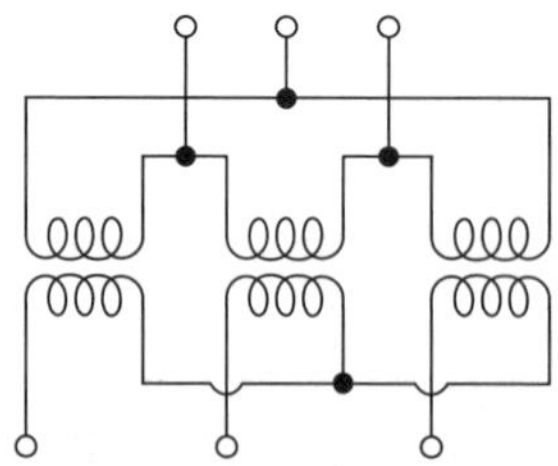

(1) 어떤 결선인가?
(2) 2차 전압은 1차 전압의 몇 배인가?

정답 (1) $\Delta - Y$ 결선 (2) $\sqrt{3}$ 배

20. 전선관 시스템의 3가지 공사를 쓰시오.

정답 ① 합성수지관 공사
② 모듈 금속관 공사
③ 금속제 가요전선관 공사

21. 관로식 또는 암거식에 의해 시설 시 매설깊이를 쓰시오.

정답 1 m

22. 케이블 트레이 시스템의 2가지 공사를 쓰시오.

정답 ① 케이블 트레이 공사
② 케이블 공사

23. 도로를 횡단하는 경우의 저압 및 고압 가공선의 높이를 쓰시오.

정답 6 m 이상

24. 지선의 종류 5가지를 쓰시오.

정답 ① 보통지선
② 수평지선
③ 공동지선
④ Y지선
⑤ 궁지선

25. 접지저항 측정법 4가지를 쓰시오.

정답 ① 코올라시 브리지법과 3극 전극법
② 발전기식 접지 테스트를 사용하는 측정
③ 접지 테스트 강하법에 의한 간이 측정법(2극 전극법)
④ 저압 강하법에 의한 저항 측정

26. 다음은 접지 계통방식에 사용하는 기호이다. ①~③의 기호에 대한 명칭을 영문 약호와 함께 쓰시오.

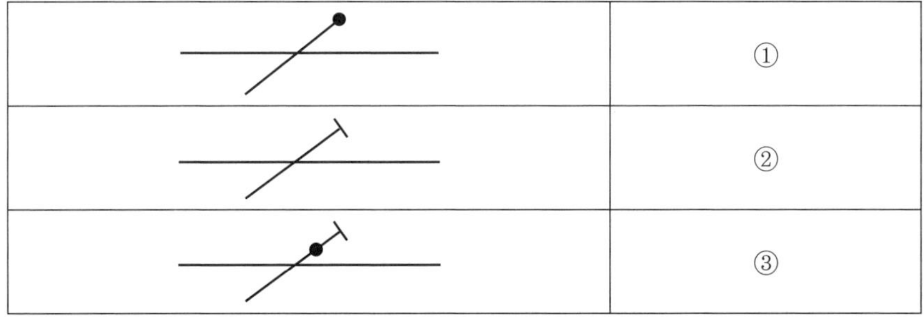

정답 ① 중성선, N
② 보호도체, PE
③ 중성선과 보호도체의 결합, PEN

27. 전선의 지지점 간의 거리를 쓰시오.

정답 6 m 이하

28. 태양광발전의 배전반 및 분전반의 설치 장소는 어떤 장소에 시설하여야 하는 지 4가지를 쓰시오.

정답 ① 배전반이나 분전반을 쉽게 조작하거나 수리할 수 있는 곳
② 개폐기를 쉽게 개폐할 수 있는 곳
③ 노출된 장소
④ 안정된 장소

29. 다음 ( ) 안에 알맞은 내용을 쓰시오.

> 고압배선에서 전선 상호 간의 간격은 ( ) cm 이상이다.

정답 8

30. 케이블 공사에 사용하는 전선 2가지를 쓰시오.

정답 ① 케이블
② 캡타이어 케이블

31. 케이블 트레이에 사용하는 난연·절연전선 2가지를 쓰시오.

정답 ① 연피 케이블
② 알루미늄 피 케이블

32. 저압 직류배선에서 2선식과 3선식의 결선도를 그리시오.

정답

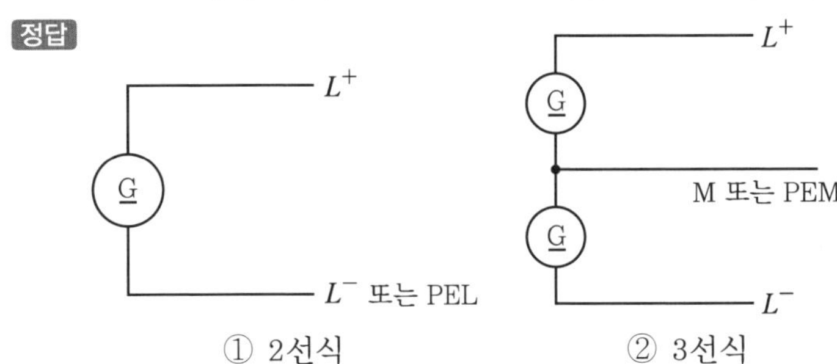

33. 케이블 트렁킹 시스템에 사용되는 공사 2가지를 쓰시오.

정답 ① 합성수지몰드 공사
② 금속몰드 공사

34. 횡단보도교 위에 시설하는 저압 가공선의 높이는 얼마 이상인가?

정답 3.5 m

CHAPTER 14

태양광발전시스템 감리

1 설계도서

(1) 설계감리원 수행업무

① 주요 설계 용역업무에 대한 기술자문
② 사업기획 및 타당성 조사
③ 시공성 및 유지관리의 용이성 검토
④ 설계도서의 누락, 오류, 불명확한 부분에 대한 추가, 정정지시 및 확인
⑤ 설계업무의 공정 및 기성관리의 검토 및 확인
⑥ 설계감리 결과 보고서의 작성

(2) 설계감리 계약서 문서

① 설계감리 계약서
② 설계감리 용역 입찰 유의서
③ 설계감리 계약 일반조건
④ 설계감리 계약 특수조건

(3) 감리 용역 완료 시 '공사감리 완료 보고서'를 시·도지사에게 30일 이내에 제출하여야 한다.

(4) 시방서의 종류

① 표준 ② 전문 ③ 공사 ④ 특기 ⑤ 성능 ⑥ 공법 ⑦ 일반 ⑧ 기술

(5) 공사 시방서 포함내용

① 기술적 요구사항
② 품질 및 안전관리사항
③ 시공 방법, 상태 등 시공에 관한 사항
④ 도면에 표시하기 어려운 공사의 범위, 정도, 규모, 배치 등을 보완하는 사항
⑤ 시공 과정에서 사용되는 기자재, 허용오차, 시공 방법 및 이행절차 등을 기술

(6) 일반 시방서의 포함내용

① 설계도서 적용순위
② 품질보증 및 하자보증에 관한 사항
③ 인수·인계에 관한 사항
④ 설계변경의 절차
⑤ 품질관리 및 검사 시험에 관한 사항

(7) 설계도서 검토 관련 도서

① 설계도면 및 시방서
② 구조 계산서 및 각종 계산서
③ 계약 내역서 및 산출 근거
④ 공사 계약서
⑤ 명세서(표준, 특기, 설계)

(8) 설계도서 적용 시 고려사항

① 숫자로 나타낸 치수는 도면상 축적으로 잰 치수보다 우선시한다.
② 특기 시방서는 당해 공사에 한하여 일반 시방서에 우선하여 적용한다.
③ 설계도면 및 시방서의 어느 한쪽에 기재되어 있는 것은 그 양쪽에 기재되어 있는 사항과 동일하게 다룬다.

(9) 설계도서의 우선순위

특별 시방서, 설계도면, 일반 시방서, 표준 시방서, 수량 산출서, 승인된 시공도면

(10) '설비의 설치 계획서'는 받은 날로부터 30일 이내에 타당성을 검토 후 그 결과를 설치의무기관의 장(산통장관)에게 제출하여야 한다.

(11) 공사업자가 제출하는 '유지관리 지침'은 감리원 검토 후 14일 이내에 발주자에게 제출하여야 한다.

(12) 감리원은 '하도급 계약 통지서'에 관한 적정성 요구를 검토하여 요청일로부터 7일 이내에 발주자에게 의견을 제출하여야 한다.

(13) 감리원은 공사 시작일 30일 이내에 공사업자로부터 '공정관리 계획서'를 제출받은 날로부터 14일 이내에 검토·승인하여 발주자에게 제출하여야 한다.

2 설계 및 시공감리

(1) 감리원은 공사업자로부터 '시운전 계획서'를 제출받아 검토·확정하여 시운전 20일 이내에 발주자 및 공사업자에게 통보하여야 한다.

(2) '최종 감리 보고서'는 감리 종료 후 14일 이내에 발주자에게 제출하여야 한다.

(3) 감리원은 공사업자로부터 가능한 한 준공 예정일 1개월 전까지 '준공 설계도서'를 제출받아야 한다.

(4) 감리업자는 기성부분 검사원 또는 준공 검사원을 접수하였을 때는 3일 이내에 비상주 감리원을 임명하여 검사하도록 하여 이 사실을 즉시 검사자로 임명된 자에게 통보하고, 발주자에게 보고하여야 한다.

(5) 감리용역 완료 시 '공사감리 완료 보고서'를 시·도지사에게 30일 이내에 제출하여야 한다.

(6) 설계감리와 공사감리

① 설계감리 : 전력시설물의 설치, 보수의 계획, 조사, 설계의 적정 시행, 품질, 공사관리, 안전관리

② 공사감리 : 시설물 안전공사의 적정성, 품질 확보, 종합적 시공 규정

(7) 설계감리업체 기준

① 특급 기술자 3명 보유 업체(종합 설계업 등록자) : 전기 분야 기술사, 고급 기술자 또는 고급 감리원(경력수첩 필요)

② 공사감리업자로서 특급 관리원 3명 이상을 보유 : 전기 분야 기술사, 고급 감리원(경력수첩 필요)

(8) 감리원은 공사업자에게 안전관리 조직표, 산업안전 보장법, 산업재해 보험법 관계 법규를 준수하여야 한다.

(9) 전기설비 감리의 용량 및 전압 기준

① 80만 kW 이상 : 발전설비

② 30만 V 이상 : 송전 및 변전설비

③ 10만 V 이상 : 수전설비, 구내배전설비, 전력사용설비

(10) 시공 계획서 포함내용

① 현장 조직표
② 공사 세부 공정표
③ 주요 공정의 시공절차 및 방법
④ 시공일정
⑤ 주요 장비동원계획
⑥ 주요 기자재 및 인력투입계획
⑦ 품질, 안전, 환경관리 대책

(11) 착공신고 서류

① 시공관리 책임자 지정 통지서
② 공사예정 공정표
③ 품질관리 계획서
④ 공사도급 계약서 및 산출서
⑤ 공사 시작 전 사진
⑥ 현장 기술자 경력사항 및 자격증 사본
⑦ 안전관리 계획서
⑧ 작업인원 및 장비투입 계획서

(12) 설계감리의 기성, 준공 시 제출하는 서류

① 근무상황부
② 설계감리일지
③ 설계감리 지시부
④ 설계감리 기록부
⑤ 설계 지시사항 협의사항 기록부
⑥ 설계감리 용역 관련 수·발신 공문서 및 서류
⑦ 설계감리 의견 및 조치서
⑧ 설계감리 주요 검토 결과
⑨ 설계도서 검토 의견서
⑩ 설계도서를 검토한 근거 서류

(13) 책임감리원이 발주자에게 제출하는 분기 보고서

① 공사 추진현황

② 감리원 업무일지
③ 품질검사 및 관리현황
④ 검사요청 및 결과 통보내용
⑤ 주요 기자재 검사 및 수불내용
⑥ 설계변경 현황

3 벌칙사항

(1) 전기공사업자의 등록 취소사항

① 거짓으로 공사업 등록
② 타인에게 등록증이나 등록수첩을 빌려준 경우
③ 공사업 등록을 한 후 1년 이내에 영업을 시작하지 않은 경우

(2) 공사 중지 사항

① 시공 중 공사의 품질 확보 미흡 및 중대한 위해를 발생시킬 우려가 있을 시
② 고의로 공사의 추진을 지연시키거나 공사의 부실 우려가 짙은 상황에서 적절한 조치가 없이 진행 시
③ 부분 중지가 이행되지 않음으로써 전체 공정에 영향을 끼칠 것으로 판단될 시
④ 지진, 해일, 폭풍 등 불가항력적인 사태가 발생하여 시공이 계속 불가능할 것으로 판단될 시
⑤ 천재지변으로 발주자의 지시가 있을 시

(3) 공사 부분 중지 사항

① 재공사 지시가 이행되지 않은 상태에서 다음 단계의 공정이 진행됨으로써 하자 발생의 가능성이 있다고 판단될 시
② 안전 시공상 중대한 위험이 예상되어 물적, 인적 중대한 피해가 예상될 시
③ 동일공정에 있어 3회 이상 시정지시가 있었음에도 이행되지 않을 시
④ 동일공정에 있어 2회 이상 경고가 있었음에도 이행되지 않을 시

(4) 공사 재시공 사항

① 시공된 공사가 품질 확보 미흡 또는 위해를 발생시킬 우려가 있다고 판단될 시
② 감리원의 확인검사에 대한 승인을 받지 않고 후속 공정을 진행한 경우
③ 관계 규정에 맞지 않게 시공한 경우

(5) 과태료 300만 원 이하 적용 사항

① 공사업 등록 기준에 관한 신고를 기간 내에 안 한 자
② 등록사항의 변경신고 등에 따른 신고를 안 한 자 또는 거짓으로 신고한 자
③ 전기공사의 도급계약 체결 시 의무를 이행하지 않은 자
④ 전기공사의 도급대장을 비치하지 않은 자

(6) 벌칙 및 과태료 적용 사항

① 3년 이하의 징역, 지원액 3배 이하의 벌금 : 거짓, 부정한 방법으로 발전차액을 지원받은 자 또는 그 사실을 알면서 발전차액을 지급한 자
② 3년 이하의 징역, 3,000만 원 이하의 벌금 : 거짓이나 부정한 방법으로 공급인증서를 발급받은 자 또는 그 사실을 알면서 공급인증서를 발급한 자
③ 2년 이하의 징역, 2,000만 원 이하의 벌금 : 공급인증서를 개설거래시장 외에서 거래한 자 또는 법인(대리인), 개인에게도 적용(상기 관련)

예상문제

제14장 태양광발전시스템 감리

01. 감리원이 발주자에게 보내는 착공 신고서의 제출 서류 5가지를 쓰시오.

정답 ① 시공관리자 지정 통지서
② 공사예정표
③ 품질관리 계획서
④ 공사도급 계약서 사본 및 산출서
⑤ 공사 시작 전 사진
⑥ 그 밖에 안전관리 지침서, 현장 기술자 경력 확인서 및 자격증 사본 등

02. 감리원의 업무 4가지를 쓰시오.

정답 ① 주요 설계 용역 업무에 대한 기술자문
② 사업기획 및 타당성 조사 등 전 단계 용역의 수행내용의 검토
③ 설계 업무의 공정 및 기성관리의 검토 및 확인
④ 시공성 및 유지관리의 용이성 검토
⑤ 그 밖에 설계감리 결과 보고서의 작성 등

03. 태양광발전시스템에서 공사 중지에 해당하는 사항 4가지를 쓰시오.

정답 ① 시공 중 공사의 품질 확보 미흡 및 중대한 위해를 발생시킬 우려가 있을 시
② 고의로 공사의 추진을 지연시키거나 공사의 부실 우려가 짙은 상황에서 적절한 조치가 없이 진행 시
③ 부분 중지가 이행되지 않음으로써 전체 공정에 영향을 끼칠 것으로 판단될 시
④ 지진, 해일, 폭풍 등 불가항력적인 사태가 발생하여 시공이 계속 불가능으로 판단될 시
⑤ 그 밖에 천재지변으로 발주자의 지시가 있을 시

04. 시공 계획서의 작성 기준에 포함되는 주요 내용을 6가지만 쓰시오.

정답 ① 현장 조직표
② 공사 세부 공정표
③ 주요 공정의 시공절차 및 방법
④ 시공일정
⑤ 주요 장비동원계획
⑥ 품질, 안전 및 환경관리 대책
⑦ 그 밖에 주요 기자재 및 인력투입계획

05. 다음은 감리원이 착공 신고서의 적정 여부를 검토한 내용이다. 이 내용에 해당하는 것은 무엇인가?

- 작업 간 선행·동시 및 완료 등 공사 전·후 간의 연관성이 명시되어 작성되었는지 확인
- 예정 공정률에 따라 적정하게 작성되었는지 확인

정답 공사예정 공정표

06. 태양발전소 시설공사 도급계약 시 필요 서류 4가지를 쓰시오.

정답 ① 도급 계약서, ② 도급계약 약관,
③ 설계도, ④ 시방서

07. 설계감리를 받아야 하는 전력시설물의 설계도서는 다음에 해당하는 전력시설물의 설계도서로 하여야 한다. 다음 사항을 보고 ( ) 안에 알맞은 내용을 쓰시오.

(1) 용량 ( ) kW 이상의 발전설비
(2) 전압 ( ) V 이상의 송·변전설비
(3) 전압 ( ) V 이상의 수전설비, 구내배전설비, 전력사용설비
(4) 21층 이상의 연 면적이거나 ( ) m^2 이상인 건축물의 전력 시

정답 (1) 80만 (2) 30만
(3) 10만 (4) 5만

08. 설계감리 용역 계약서에 포함되는 서류를 5가지만 쓰시오.

정답 ① 계약서
② 설계감리 용역 입찰 유의서
③ 설계감리 용역 일반조건
④ 설계감리 용역 특수조건
⑤ 과업 내용서 및 설계감리비 산출 내역서

09. 감리업자를 대리하여 현장에 상주하면서 해당 공사 전반에 걸쳐 감리 등의 업무를 총괄하는 자는 누구인지 쓰시오.

정답 책임감리원

10. 전기시설물의 설치, 보수공사의 계획, 조사 및 설계가 전력기술기준과 관계 법령에 따라 적정하게 시행관리 되도록 하는 것을 무엇이라고 하는지 쓰시오.

정답 설계감리

11. 감리원이 착공 신고서의 적정 여부를 검토하기 위해 참고할 사항 5가지를 쓰시오.

정답 ① 계약내용의 확인
② 현장 기술자의 적격 여부
③ 공사예정 공정표
④ 공사 시작 전 사진
⑤ 품질관리 계획서

12. 감리원은 공사 시작일 30일 이내에 공사업자로부터 "공정관리 계획서"를 제출받은 날로부터 며칠 이내에 검토·승인하여 발주자에게 제출하여야 하는가?

정답 14일

13. 감리기관은 감리 용역 완료 시 공사감리 완료 보고서를 시·도지사에게 며칠 이내에 제출하여야 하는가?

정답 30일

14. 설계도서 5가지를 쓰시오.

정답 ① 설계도면
② 기술 계산서
③ 공사비 산출 내역서
④ 표준 시방서
⑤ 주간 공정계획 및 실적 보고서
⑥ 그 밖에 설계 설명서, 공사 계약서의 계약내용

15. 전기공사업자의 등록 취소사항 3가지를 쓰시오.

정답 ① 거짓으로 공사업을 등록한 경우
② 타인에게 등록증이나 등록수첩을 빌려준 경우
③ 공사업 등록을 한 후 1년 이내에 영업을 시작하지 않은 경우

CHAPTER 15

태양광발전시스템 유지

1 태양광발전 점검

(1) 태양전지 육안검사 항목

① 표면의 오염 및 파손

② 지지대의 부식 및 녹

③ 접속 케이블의 손상

④ 프레임 파손 및 오염

(2) 황변현상

① 비중이 저하하고 충전용량이 감소한다.

② 충전 시 전압 상승이 빠르고 다량의 가스가 발생한다.

③ 극판이 백색으로 되거나 백색 반점이 생긴다.

(3) 태양광발전시스템 준공 시 점검 중 접속함의 육안검사 항목

① 외함의 부식 및 파손

② 방수처리

③ 배선의 극성

④ 단자대의 나사풀림

(4) 태양광발전시스템 준공 시 점검 중 접속함의 측정 점검항목

① 태양전지 – 접지 간 절연저항

② 접속함 – 출력단자 – 접지 간 절연저항

③ 개방전압 및 극성

(5) 태양광발전시스템 준공 시 점검 중 인버터 접지저항은 100 Ω이어야 한다.

(6) 일상점검에서 인버터의 육안점검 사항

① 외부의 부식 및 파손
② 외부 배선의 손상
③ 이상한 소리
④ 표시부의 이상 표시
⑤ 발전상황

(7) 부하운전검사 시험

태양광발전설비 정기검사에서 인버터의 운전상태를 검사하는 점검사항으로 준비 서류로 일사량 특성곡선이 필요한 검사이다.

(8) 태양광발전설비 정기검사에서 태양전지 검사항목

① 외관검사
② 구조물 지지 및 전지 시설상태 확인
③ 전기적 특성 확인
④ 어레이 접지상태

(9) 태양광발전설비 정기검사 중 변압기 검사항목

① 규격 확인
② 외관검사
③ 절연저항
④ 제어회로 및 경보장치
⑤ 보호장치 및 계전기 시험
⑥ 절연유 내압시험
⑦ 조작용 전원 및 회로 점검

(10) 역방향 운전제어시험

인버터 검사사항 중 태양광 발전부에서 발전하지 못하거나 발전한 전력이 부하공급에 못 미칠 경우 계통으로부터 부족한 전력공급 유무를 확인하는 사용 전 검사이다.

(11) 유지 관리비의 요소

① 유지비 ② 보수비
③ 개량비 ④ 일반 관리비
⑤ 운영 지원비

(12) 유지관리 필요 서류

① 주변 지역의 현황도 및 관계 서류
② 지반 보고서 및 실험 보고서
③ 준공시점에서의 설계도, 구조 계산서, 설계도면, 표준 시방서, 견적서
④ 보수, 개수 시의 상기 설계도서류 및 작업 기록
⑤ 공사 계약서, 시공도, 사용재료의 업체명 및 품명
⑥ 공정 사진, 준공 사진
⑦ 관련 인·허가 서류

(13) 유지관리 지침서

① 시설물의 규격 및 기능 설명서
② 시설물의 관리에 대한 의견서
③ 시설물 관리법
④ 특이사항

(14) 유지보수

① 일상점검
② 정기점검
③ 임시점검

(15) 사용 전 측정사항

① 육안점검
② 어레이 개방전압
③ 각 부의 절연저항
④ 접지저항

예상문제

01. 자가용 태양광발전소와 태양전지, 전기설비 계통의 정기검사 시기는 몇 년 이내인가?

정답 4년

02. 인버터 검사사항 중 태양광 발전부에서 발전하지 못하거나 발전한 전력이 부하공급에 못 미칠 경우 계통으로부터 부족한 전력공급 유무를 확인하는 사용 전 검사를 무엇이라고 하는지 쓰시오.

정답 역방향 운전제어시험

03. 다음과 같은 축전지의 이상 현상을 무엇이라고 하는지 쓰시오.

- 비중이 저하하고 충전용량이 감소한다.
- 충전 시 전압 상승이 빠르고 다량의 가스가 발생한다.
- 극판이 백색으로 되거나 백색 반점이 생긴다.

정답 황변현상 또는 황산화 현상(sulfation)

04. 다음 ( ) 안에 알맞은 내용을 쓰시오.

태양전지 모듈 내부는 충진재 EVA가 채워져 있으며 태양전지 모듈은 외부 환경에 노출되어 있어 시간이 지남에 따라 노후화된다. 이렇게 태양전지가 노랗게 변하는 것을 (①)현상이라고 하며, 이것은 (②)의 영향으로 발생한다.

정답 ① 황변, ② 자외선

05. 태양광발전설비의 하자보증기간과 하자보증점검은 1년에 몇 회 이상 실시하는가?

정답 하자보증기간 : 3년, 1년 점검횟수 : 2회 이상

06. 태양전지 육안검사 항목 4가지를 쓰시오.

정답 ① 표면의 오염 및 파손, ② 지지대의 부식 및 녹,
③ 접속 케이블의 손상, ④ 프레임 파손 및 오염

07. 태양광발전시스템 준공 시 점검 중 인버터 접지저항은 얼마이어야 하는가?

정답 100 Ω

08. 태양광발전설비 정기검사에서 태양전지 검사항목 4가지를 쓰시오.

정답 ① 외관검사, ② 구조물 지지 및 전지 시설상태 확인,
③ 전기적 특성 확인, ④ 어레이 접지상태

09. 다음 ( ) 안에 알맞은 내용을 쓰시오.

> 태양광발전설비 정기검사에서 인버터의 운전상태를 검사하는 점검사항으로 준비 서류가 일사량 특성곡선이 필요한 검사는 ( ) 시험이다.

정답 부하운전검사

10. 태양광발전소 유지관리의 필요 서류를 5가지만 쓰시오.

정답 ① 주변 지역의 현황도 및 관계 서류
② 지반 보고서 및 실험 보고서
③ 준공시점에서의 설계도, 구조 계산서, 설계도면, 표준 시방서, 견적서
④ 보수, 개수 시의 상기 설계도서류 및 작업 기록
⑤ 공사 계약서, 시공도, 사용재료의 업체명 및 품명

11. 유지관리 지침서 4가지를 쓰시오.

정답 ① 시설물의 규격 및 기능 설명서, ② 시설물의 관리에 대한 의견서,
③ 시설물 관리법, ④ 특이사항

CHAPTER 16

태양광발전시스템 운영

1 태양광발전시스템 운영

(1) 시스템 이용률(%) $=\dfrac{\text{시스템 발전량}(P)}{24\text{시간}\times\text{운전일수}\times\text{어레이 설계용량}}\times 100$

$=\dfrac{\text{1일 발전시간}}{24\text{시간}}\times 100$

(2) 가동률(%) $=\dfrac{\text{시스템 동작시간}}{24\text{시간}\times\text{발전일수}}\times 100$

(3) 일조 가동률(%) $=\dfrac{\text{시스템 동작시간}}{\text{가조시간}}\times 100$

(4) 태양광발전시스템 운영 시 비치서류

① 시스템 계약서 사본
② 시스템 관련 도면
③ 시스템 시방서
④ 구조물의 계산서
⑤ 운영 매뉴얼
⑥ 한전계통연계 관련 서류
⑦ 핵심기기의 매뉴얼
⑧ 준공검사서
⑨ 유지관리 지침서
⑩ 설계도면

(5) 정기점검 주기 : 월 1 ~ 4회

(6) 전기적 특성검사

① 태양전지 : 최대출력, 개방전압/단락전류, 최대전압 및 전류, 충진율, 전력변환효율
② 어레이 : 절연저항, 접지저항

(7) 사용 전 검사 시 공사계획 신고서 내용과 일치하는지 확인해야 하는 태양전지 모듈과 관련된 사항

① 셀 용량 ② 셀 온도
③ 셀 크기 ④ 셀 수량

(8) 전기 품질

① 전압
(가) 110 V : ±6 V 이내
(나) 220 V : ±13 V 이내
(다) 380 V : ±38 V 이내
② 주파수
(가) 60 Hz : ±0.2 Hz 이내

(9) 대통령령으로 정하는 규모 이상의 사용자 : 수전설비용량이 30 MVA 이상인 전기사용자

(10) 대통령령으로 정하는 규모 이하의 발전사업자 : 설비용량이 20 MW 이하인 발전사업자

(11) 시스템 주요 전력손실 요소

① 케이블 저항손실
② 인버터 손실
③ 변압기 손실

(12) 태양광발전시스템 이용률 저하 요인

① 일조량 감소
② 여름철 온도 상승
③ 전력손실(케이블 손실, 인버터 손실, 변압기 손실)

(13) 태양광 어레이 손실

① 온도
② 모듈의 직·병렬연결에서의 모듈 음영
③ 직류선로 전압강하

(14) 태양광발전설비 부작동 시 응급처치

① 접속함 : 내부 차단기 개방
② 인버터 : 개방 후 점검
③ 점검 후 인버터 : 접속함 차단기 투입

(15) 사업개시 신고서는 산업통상자원부장관에게 제출한다.

(16) 사업개시 신고서의 사업내용에 기입되는 사항

① 태양전지 모듈 용량과 매수
② 인버터 용량과 수량

(17) 차단기의 일상점검 사항

① 코로나 방전 등에 의한 이상한 소리가 없는지
② 코로나 방전, 과열에 의한 이상한 냄새가 없는지
③ 개폐 표시기의 표시가 정확한지
④ 조작장치의 동작상태를 표시하는 부분이 잘 보이는지
⑤ 조작장치의 핸들과 표시등의 상태가 올바른지

예상문제

01. 태양광발전시스템 준공 후 현장 문서 인수·인계 시 서류 5가지를 쓰시오.

정답 ① 준공 사진첩, ② 준공도면,
③ 준공 내역서, ④ 시방서,
⑤ 시험 성적서

02. 전기 품질을 만족하기 위한 값으로 ①, ②, ③에 알맞은 값을 쓰시오.

구분	값	범위
전압	110 V	±6 V 이내
	220 V	① 이내
	380 V	② 이내
주파수	60 Hz	③ 이내

정답 ① ±13 V, ② ±38 V, ③ ±0.2 Hz

03. 차단기의 일상점검 사항 5가지를 쓰시오.

정답 ① 코로나 방전 등에 의한 이상한 소리가 없는지
② 코로나 방전, 과열에 의한 이상한 냄새가 없는지
③ 개폐 표시기의 표시가 정확한지
④ 조작장치의 동작상태를 표시하는 부분이 잘 보이는지
⑤ 조작장치의 핸들과 표시등의 상태가 올바른지

04. 태양광발전시스템 주요 전력손실 요소 3가지를 쓰시오.

정답 ① 케이블 저항손실
② 인버터 손실
③ 변압기 손실

05. 대통령령으로 정하는 규모(MVA 또는 MW) 이상 또는 이하의 사용자를 ( ) 안에 알맞게 쓰시오.

구분	규모와 사용자
대통령령으로 정하는 규모 이상의 사용자	①
대통령령으로 정하는 규모 이하의 발전사업자	②

정답 ① 수전설비용량이 30 MVA 이상인 전기사용자
② 설비용량이 20 MW 이하인 발전사업자

06. 발전시간이 3.8시간일 때 이용률을 구하시오.

풀이 $$이용률 = \frac{발전시간}{24시간} \times 100$$

$$= \frac{3.8}{24} \times 100 \fallingdotseq 15.8\,\%$$

정답 15.8 %

07. 일반 순시점검사항 중 내장기기, 부속기기의 차단기 점검 개소 5가지를 쓰시오.

정답 ① 외부 일반
② 개폐 표시기
③ 개폐 표시등
④ 개폐 도수계
⑤ 조작장치

08. 태양광발전설비 중 접속함의 부작동 시 응급처치를 쓰시오.

정답 내부 차단기를 개방한다.

태양광발전 주요 장치 준비

1 태양전지 모듈

(1) **광전효과** : 금속에 빛을 비추면 전기(전자)가 발생하는 효과

(2) **광전현상** : 빛에너지가 전기에너지로 변환되는 현상

(3) **광기전력** : 광전현상에 의해 발생하는 전압 또는 전력

(4) **일사광 영향요소** : ① 산란 ② 굴절 ③ 반사 ④ 통과

(5) **태양전지** : 태양광 흡수 → 전하생성 → 전하분리 → 전하수집

(6) **태양전지 셀의 효율** : 단결정질(16 ~ 18 %), 다결정질(15 ~ 17 %), 비정질 박막형(10 %)

(7) **태양전지의 종류**

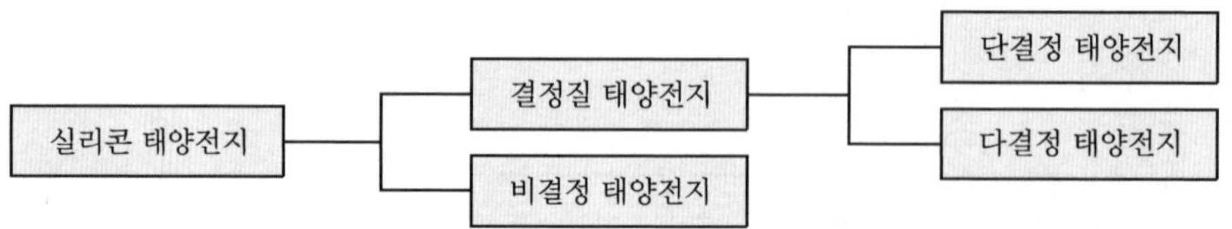

(8) **태양전지 측정 순서**

조사 → 표준 셀 선택 → 표준 셀 교정 → 태양광 시뮬레이터 광량 조절 → 샘플 측정 → 출력

(9) **대기질량지수(AM ; Air Mass)** : 태양광선이 지구 대기를 통과하여 도달하는 경로의 길이

① AM 1 : 태양 천정 위치, $\theta = 90°$

② AM 1.5 : STC 조건, $\theta = 41.8°$

③ AM 2 : $\theta = 30°$

④ $\sin\theta = \frac{1}{AM}$, $AM = \frac{1}{\sin\theta}$

* AM 0 : 대기권 밖에서의 스펙트럼

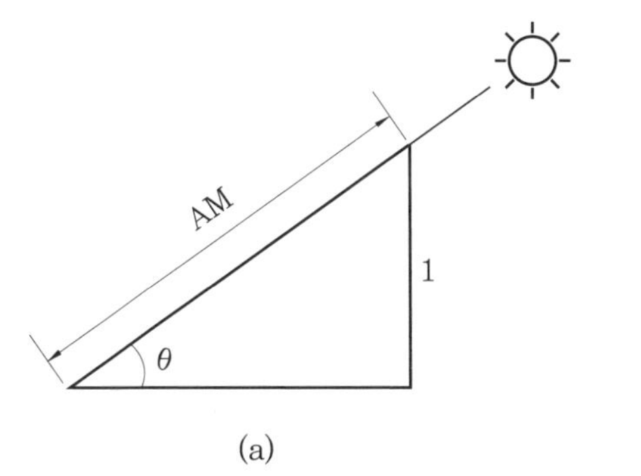

(a)

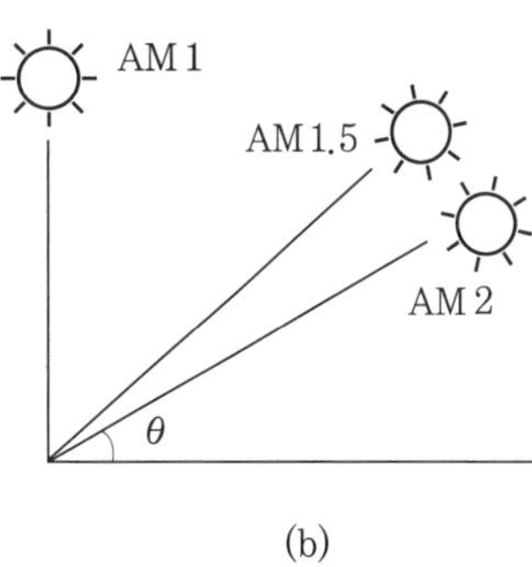

(b)

(10) STC(Standard Test Conditions) : 태양전지와 모듈의 특성을 측정하기 위한 기준의 표준

① 일사강도 : 1000 W/m^2

② 셀 온도 : 25℃

③ 풍속 : 1 m/s

(11) NOCT(Normal Operating Conditon Temperature) : 공칭 태양전지 동작온도

① 조사(일사)강도 : 800 W/m^2

② 셀 온도 : 20℃

③ 경사각 : 45°

(12) 태양전지 모듈의 조립순서 : 강화유리 → EVA → 태양전지 → EVA → back sheet

(13) 태양전지의 발전효율 비교 : HIT(25.6 %) > CIGS(20.4 %) > 박막 실리콘(20.1 %)

(14) 태양전지 효율 : 단결정질 > 다결정질 > 비정질 박막형

(15) 태양전지 모듈의 구조 : 다음과 같은 순서의 재료로 구성된다.

① 강화유리
② 충진재(EVA)
③ 태양전지 셀(cell)
④ 충진재(EVA)
⑤ 백 시트(back sheet)

(16) 태양전지의 특성곡선 요소

① 최대출력 $P_{\max}$

② 개방전압 V_{oc}

③ 단락전류 I_{sc}

④ 최대출력 동작전압 V_{mpp}

⑤ 최대출력 동작전류 I_{mpp}

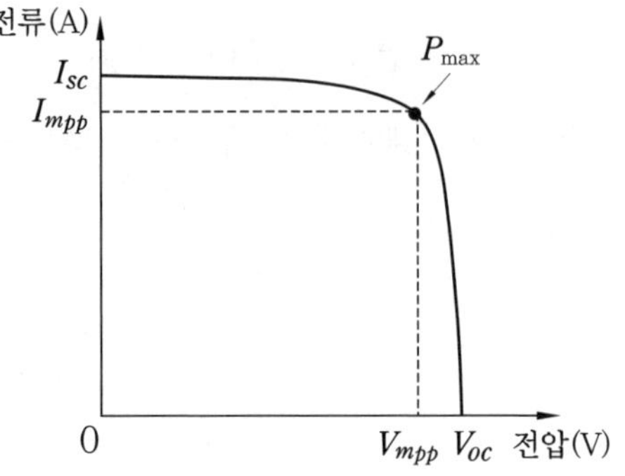

(17) 태양전지의 온도 특성 및 일사량 특성

① 온도 특성 : 모듈 표면온도 상승 → 전압 급감소(전류는 거의 변화 없음) → 전력 급감소

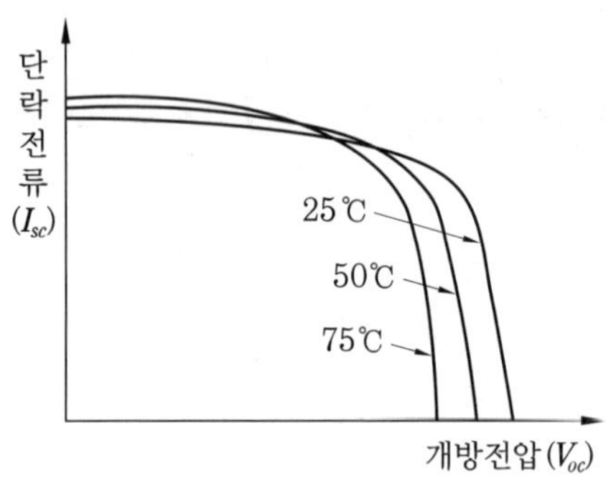

② 일사량 특성 : 일사량 감소 → 전류 급감소(전압은 거의 변화 없음) → 전력 급감소

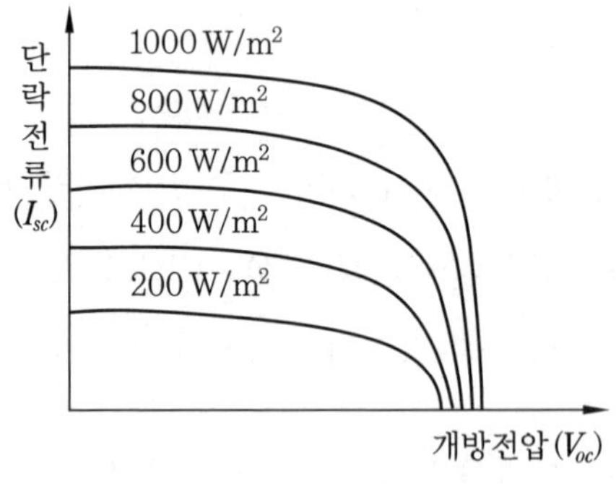

(18) 태양전지의 전기적 특성 요소

① 셀 당 최대출력

② 개방전압

③ 단락전류
④ 최대 동작전압
⑤ 최대 동작전류
⑥ 충진율
⑦ 전력변환효율

(19) 태양전지의 출력전류 : 일정한 파장의 빛이 조사될 때 물질에 투과한 빛의 세기가 두께에 따라 지수함수적으로 감소한다(램베르트비어 법칙).

$$I = I_{ph} - I_0\left\{\exp\left(\frac{qV}{A_0 T}\right) - 1\right\}$$

여기서, I_{ph} : 광전류, I_0 : 다이오드의 포화전류, q : 전자의 전하량,
A_0 : 이상계수, T : 절대온도

(20) 충진율(F.F. : 곡선인자) $= \dfrac{\text{최대 출력전력}}{\text{개방전압} \times \text{단락전류}} = \dfrac{V_{mpp} \times I_{mpp}}{V_{oc} \times I_{sc}}$

(21) 태양전지 변환효율(%)

$$\eta = \frac{\text{출력에너지}}{\text{입력에너지}} \times 100 = \frac{V_{mpp} \times I_{mpp}}{A \times 1{,}000\,\mathrm{W/m^2}} \times 100$$

여기서, A : 태양전지의 면적($\mathrm{m^2}$)

(22) 최대출력 영향요소

① 태양광의 강도
② 분광분포
③ 모듈과 주위 온도
④ 모듈 주변의 습도

(23) 태양광 설계 시 검토사항

① 연간 일사량
② 순간풍속 및 최대풍속
③ 최저 및 최고온도
④ 최대 폭설량
⑤ 오염원

2 인버터(PCS)

(1) 인버터의 절연방식

① 상용주파 절연방식
② 고주파 절연방식
③ 무변압기(트랜스리스) 방식

(2) 인버터(PCS)의 주요 기능

① 단독운전 방지기능
② 계통연계 보호기능
③ 최대전력 추종제어(MPPT)기능
④ 자동전압 조정기능
⑤ 자동운전 정지기능
⑥ 직류검출, 지락검출기능, 그 밖에 전압, 전류제어기능

(3) 인버터 시스템 방식의 종류

① 중앙 집중식
② 마스터 슬레이브 방식
③ 모듈 인버터 방식
④ 스트링 인버터 방식
⑤ 저전압 병렬방식

(4) 인버터 회로방식 중 고주파 변압기 절연방식의 특징

① 소형이고, 경량이다.
② 회로가 복잡하다.
③ 고주파 변압기로 절연한다.

(5) 트랜스리스(무변압기) 방식의 특징

① 소형, 경량, 저가이다.
② 비교적 신뢰성이 높다.
③ 고조파 발생 및 유출 가능성이 있다.
④ 직류유출의 검출 및 차단기능이 반드시 필요하다.

(6) 인버터의 전류 왜형률

① 전 부하 시 5%
② 각 차수별 3% 이하

(7) 인버터의 단독운전

한전계통 부하의 일부가 한전계통 전원과 분리된 상태에서 분산형 전원에 의해서만 전력을 공급받고 있는 상태이다.

(8) 단독운전의 문제점

① 부하, 기기에 대한 안정성
② 계통 보호협조 문제
③ 감전위험

(9) 단독운전 검출방식

① 수동식 : 전압파형과 위상 등의 변화 파악·검출(검출, 유지시간 : 0.5초, 5~10초)
　㈎ 전압위상 도약 검출방식
　㈏ 주파수 변화율 검출방식
　㈐ 3차 고조파 왜율 급증 검출방식
② 능동식 : PCS에 변동요인을 주어 계통연계운전 시에는 그 변동요인이 나타나지 않고, 단독운전 시에만 그 변동요인이 검출되는 방식(검출시간 : 0.5~1초)
　㈎ 유효전력방식
　㈏ 무효전력방식
　㈐ 주파수 시프트 방식
　㈑ 부하변동 검출방식

(10) 단독운전 방지기능의 보유 인증을 위해 설치하는 기기

① OCR　② OVR　③ UVR　④ OFR　⑤ OGCR　⑥ 역 전력 계전기

(11) 최대출력제어(MPPT)

태양전지에서 발생되는 시시각각의 전압과 전류를 최대출력으로 변환시키기 위해 태양전지 셀의 일사강도, 온도 특성 또는 태양전지 전압-전류 특성에 따라 최대출력운전이 될 수 있도록 인버터가 추종하는 방식이다.

(12) MPPT의 제어방식의 종류

① 직접제어

② 간접제어

㈎ P&O 제어　㈏ IncCond 제어　㈐ 히스테리시스 밴드 제어

(13) MPPT의 제어방식의 장·단점

구분	장점	단점
직접 제어	구성 간단, 추가적 대응 가능	성능이 떨어짐
P&O	제어가 간단함	출력전압이 연속적 진동으로 손실 발생
IncCond	최대출력점에서 안정함	많은 연산이 필요함
히스테리시스 밴드	일사량 변화 시 효율 높음	IncCond보다 전반적으로 성능이 떨어짐

(14) 자동운전 정지기능

태양전지의 출력을 스스로 감지하며 자동적으로 운전을 수행하고, 출력을 얻을 수 없으면 정지하는 인버터의 기능이다.

(15) 독립형 인버터의 필요 조건

① 전압변동에 대한 내성

② 급상승 전압, 전류 보호

③ 출력 측 단락손상에 대한 보상

④ 직류의 역류방지

(16) 인버터의 출력 측 절연저항 측정 순서

① 태양전지 회로를 접속함에서 분리

② 분전반 내의 차단기 개방

③ 직류 측의 모든 입력단자 및 교류 측 전체의 출력단자를 각각 단락

④ 교류단자와 대지 사이의 절연저항 측정

(17) 인버터의 과전류 제한치 : 정격전류의 1.5배로 한다.

(18) 인버터의 변환효율(%) $= \dfrac{\text{교류 출력전력}(P_{AC})}{\text{직류 입력전력}(P_{DC})} \times 100$

(19) 인버터의 추적효율(%) $= \dfrac{\text{운전최대전력}}{\text{일정 온도에 따른 최대출력}} \times 100$

(20) 인버터의 정격효율 = 변환효율×추적효율

(21) 인버터의 손실요소

① 대기전력손실 : 0.1 ~ 0.3 %
② 변압기 손실 : 1.5 ~ 2.5 %
③ 전력변환손실 : 2 ~ 3 %
④ MPPT 손실 : 3 ~ 4 %

(22) 인버터 선정 시 고려사항

① 전력변환효율이 높을 것
② 최대전력 추출이 가능할 것
③ 대기시간이 적을 것
④ 부하손실이 작을 것
⑤ 고조파 잡음이 적을 것
⑥ 수명이 길고, 신뢰성이 높을 것
⑦ 국내외 인증 제품일 것

(23) 인버터 선정 시 전력 품질과 안정성에서의 고려사항

① 잡음 발생이 적을 것
② 직류유출이 적을 것
③ 고조파 발생이 적을 것
④ 가동 및 정지가 안정적일 것
⑤ 출력전압이 일정할 것

(24) 인버터의 종합적 선정 확인사항

① 한전 측 전압 및 전기방식과의 일치 여부
② 국내외 인증 제품
③ 설치 용이
④ 발전량을 쉽게 알 수 있는지
⑤ 비상 재해 시 자립운전 가능성
⑥ 축전지의 부착 가능성
⑦ 수명이 길고, 신뢰성이 높을 것

(25) 인버터의 세부검사 내용

① 절연저항
② 절연내력
③ 역방향 운전제어시험
④ 충전기능시험
⑤ 제어회로 및 경보장치
⑥ 인버터 자동·수동 절체시험
⑦ 전력조절부/static 스위치 절체시험

(26) 인버터의 시험항목

① 구조　② 절연성능　③ 보호기능
④ 정상 특성　⑤ 과도응답특성　⑥ 외부 사고
⑦ 내 전기 환경　⑧ 내 주위 환경　⑨ 전자기적 합성

(27) 인버터의 표시사항

① 입력단
(가) 전압 (나) 전류 (다) 출력
② 출력단
(가) 전압 (나) 전류 (다) 출력 (라) 주파수 (마) 누적 발전량 (바) 최대 출력량

(28) **인버터 유로효율** : 인버터의 고효율 성능척도로서 출력전력별로 비중을 두어 각 출력별 효율을 구하고, 이들을 합산하여 총 효율을 계산한다.

→ 출력전력(%)/비중 : 5/0.03, 10/0.06, 20/0.13, 30/0.10, 50/0.48, 100/0.20

예 다음의 표로부터 총 유로(Euro)효율을 구하시오.

출력전력(%)	효율 측정값(%)	출력전력별 유로효율(%)
5	97.8	97.8×0.03=2.934
10	98.0	98.0×0.06=5.88
20	98.2	98.2×0.13=12.766
30	97.9	97.9×0.10=9.79
50	98.1	98.1×0.48=47.088
100	98.3	98.3×0.20=19.66

총 유로효율= 2.934+5.88+12.766+9.79+47.088+19.66=98.118 %

예상문제

01. 우리나라의 태양광 어레이 설치 경사각의 범위를 쓰시오.

정답 30° ~ 33°

02. 변환효율이 95%이고, 추적효율이 92%일 때 인버터의 정격효율을 구하시오.

풀이 정격효율 = 변환효율×추적효율 = (0.95×0.92)×100 = 87.4 %

정답 87.4 %

03. 역송전이 있는 계통연계 시스템에서 역송전한 전력량을 계측하여 전력회사에 판매할 전력 요금을 산출하는 계량기를 무엇이라고 하는가?

정답 적산 전력량계

04. 햇빛이 지구 대기를 통과할 때 복사에너지의 감소 원인 4가지를 쓰시오.

정답 ① 대기 중의 분자들에 의한 흡수
② 대기에 의한 반사
③ 레일리(Rayleigh) 산란
④ 미(Mie) 산란

05. 인버터의 과전류 제한치는 정격전류의 몇 배로 하는가?

정답 1.5배

06. 태양광발전에 영향을 가장 크게 주는 요소 2가지를 쓰시오.

정답 ① 일사강도, ② 온도

07. 입사광에 영향을 주는 대기 중의 광 현상 4가지를 쓰시오.

정답 ① 산란, ② 굴절, ③ 흡수, ④ 반사

08. 태양광발전설비의 시공 중 장애물로 보지 않는 경미한 음영 3가지를 쓰시오.

정답 ① 전깃줄, ② 피뢰침, ③ 안테나

09. 태양광발전설비의 손실요소 3가지를 쓰시오.

정답 ① 어레이 손실
② 변압기 손실
③ 인버터 손실

10. 태양광발전시스템 구성 기기 중에서 태양전지 모듈을 제외한 주변 기기에 해당하는 기기를 3가지만 쓰시오.

정답 ① 태양광 인버터
② 접속반
③ 가대 개폐기

11. 태양전지의 출력을 스스로 감지하며 자동적으로 운전을 수행하고, 출력을 얻을 수 없으면 정지하는 인버터의 기능을 무엇이라고 하는가?

정답 자동운전 정지기능

12. 내용연수가 20년인 태양전지 모듈을 12년간 사용한 경우의 잔존율을 구하시오.

풀이 $\text{설비의 잔존율} = \dfrac{\text{설비의 내용연수} - \text{경과 연수}}{\text{설비의 내용연수}} \times 100$

$$= \frac{20-12}{20} \times 100 = \frac{8}{20} \times 100 = 40\ \%$$

정답 40 %

13. 변환효율이 20%인 태양전지 모듈을 사용하여 6 kW 규모의 어레이를 옥상에 설치하려 할 때 필요한 태양전지의 면적을 구하시오.

풀이 면적 $A = \dfrac{\text{어레이 규모용량(kW)}}{\text{표준 일사강도(kW/m}^2\text{)} \times \text{변환효율}}$

$= \dfrac{6}{1 \times 0.2} = 30\ \text{m}^2$

정답 $30\ \text{m}^2$

14. 인버터의 주요 기능을 4가지만 쓰시오.

정답 ① 단독운전 방지기능
② 계통연계 보호기능
③ 최대전력 추종제어(MPPT)기능
④ 자동전압 조정기능
⑤ 자동운전 정지기능
⑥ 직류검출, 지락검출기능, 그 밖에 전압, 전류제어기능

15. 인버터 시스템 방식의 종류를 4가지만 쓰시오.

정답 ① 중앙 집중식
② 마스터 슬레이브 방식
③ 모듈 인버터 방식
④ 스트링 인버터 방식
⑤ 저전압 병렬방식

16. 3상 수상 수전 단상 인버터의 설치 기준을 다음 표의 ①, ②에 쓰시오

구분	인버터 용량
1상 또는 2상 설치	①
3상 설치	②

정답 ① 각 상에 4 kW 이하로 설치, ② 상별 동일용량 설치

CHAPTER 18

태양광발전 연계장치 준비

1 분산연계 시스템

(1) 연계

분산형 전원을 한전계통과 병렬운전하기 위해 계통에 전기적으로 연결하는 것

(2) 연계 시스템

분산형 전원을 한전계통에 연계하기 위한 모든 연계설비 및 기능들의 집합체

(3) 역송병렬 계통연계 시스템

분산형 전원을 한전계통에 병렬로 연계하여 운전하되, 생산한 전력의 전부 또는 일부가 한전계통으로 송전되는 발전방식

(4) 단순병렬 계통연계 시스템

자가용 발전설비 또는 저압 소용량 일반 발전설비를 한전계통에 병렬로 연계하여 운전하되, 생산전력의 전부를 구내계통 내에서 자체적으로 소비하고, 생산전력이 한전계통으로 송전되지 않는 발전방식

(5) 독립형 시스템

상용계통과 직접 연계되지 않고, 분리된 상태에서 태양광 전력이 직접 부하에 전달되는 방식으로 오지, 유·무인 등대, 중계소, 가로등, 도서지역주택, 무선전화, 안전표시 등에 사용된다.

(6) 독립형 태양광발전 AC 부하 시스템 구성요소

① 태양전지　　② 축전지
③ 인버터　　④ 충·방전 제어장치

(7) 계통연계 시 주요 설비

① 변압기
② VCB(진공 차단기)
③ MOF(계기용 변성기)
④ 전력량계

(8) 분산형 전원 : 소규모로 전력소비지역 부근에 분산하여 배치가 가능한 전원

(9) 분산형 전원의 용량

① 500 kW 미만(단상 220 V, 100 kW 미만)
② 3상(연계계통 전압 380 V)

(10) 분산형 전원의 유지 역률 : 90 % 이상

(11) 분산형 전원에서 계통으로 유입되는 직류전류는 최대 정격전류의 0.5 %를 초과해서는 안 된다.

(12) 저압계통에 연결할 수 있는 분산형 전원의 연계용량은 500 kW이다.

(13) 하이브리드 분산형 전원 : 태양광, 풍력발전 등 분산형 전원에 ESS 설비를 혼합한 발전설비

(14) 전압의 구분

구분	기준
저압	직류 1.5 kV 이하 교류 1 kV 이하
고압	직류 1.5 kV 초과 7 kV 이하 교류 1 kV 초과 7 kV 이하
특고압	7 kV 초과

(15) 태양광발전시스템의 22.9 kV 특고압 가공선로 회선에 연계 가능한 용량은 10 MW 이하이다.

(16) 순시전압 변동률

변동 빈도	순시전압 변동률(%)
1시간에 2회 초과 10회 이하	3
1일 4회 초과 1시간에 2회 이하	4
1일에 4회 이하	5

(17) 비정상 주파수에 대한 분산형 전원의 분리시간

분산형 전원 용량	주파수 범위(Hz)	분리시간(초)
30 kW 이하	$f > 60.5$	0.16
	$f < 59.3$	0.16
30 kW 초과	$f = 60.5$	0.16
	$f < 57.0 \sim 59.8$	0.16 ~ 300
	$f < 57.0$	0.16

(18) 계통연계를 위한 동기화 변수 제한범위

분산형 전원 정격용량 합계(kW)	주파수 차 Δf [Hz]	전압 차 ΔV [%]	위상각 차 $\Delta \Phi$ [°]
0 ~ 500 이하	0.3	10	20
500 초과 1,500 이하	0.2	5	15
1,500 초과 20,000 미만	0.1	3	10

2 접속반

(1) 접속함의 기능

① 태양전지 모듈의 직·병렬연결 전원의 취합 및 공급

② SPD 내장으로 선로 보호

③ 퓨즈 내장으로 직렬 및 병렬아크 보호

④ 각종 발전현황에 대한 모니터링 및 무선 전송 통신 기능

⑤ 모듈과 연결된 각 채널별로 입력전류, 전압 등의 모니터링

⑥ 양방향 또는 단방향 통신장치로 각 출력단자별 제어

(2) 접속함의 구성요소

① 입·출력 단자
② 개폐기 및 차단기
③ 역방향 다이오드
④ 서지 보호기(SPD)
⑤ 퓨즈
⑥ 각종 센서

(3) 접속함의 내전압

① 10 A 이하 : 600 V 이상
② 10 ~ 15 A : 600 ~ 1,000 V 미만
③ 15 A 초과 : 1,000 V 이상
* 접속함의 내전압 : 2E(정격전압) +1,000 V, 1분간 견딜 것
* 절연저항 : 1 MΩ 이상

(4) MCCB의 정격전류 : 어레이 전류의 1.25 ~ 2배 이하

(5) 주 개폐기의 정격전류 : 어레이 전류의 2 ~ 2.5배 이하

(6) 접속함의 고려사항

① 접속함의 선정(큐비클형, 수직자립형, 벽부형)
② 접지저항의 확보(400 V 시 10 Ω 이상)
③ 부식방지
④ 견고한 고정
⑤ 부품의 신뢰성

(7) 접속함 IP 등급

① 소형(3회로 이하) : IP54
② 중대형(4회로 이상) : IP20
③ 실내형 : IP20 이상
④ 실외형 : IP54 이상

3 축전지

(1) 축전지의 구비조건

① 긴 수명
② 경제성
③ 자기방전이 낮을 것
④ 에너지 저장밀도가 높을 것
⑤ 방전전압과 전류가 안정적일 것
⑥ 과충전, 과방전에 강할 것
⑦ 중량 대비 효율이 높을 것
⑧ 유지보수가 용이할 것

(2) 계통연계형 축전지 3가지의 용도 및 특징

① 방재 대응 : 정전 시 비상부하, 평상시 계통연계 시스템으로 동작하지만, 정전 시 인버터 자립운전, 복전 후 재충전
② 부하 평준화 : 전력부하 피크 억제, 태양전지 출력과 축전지 출력을 병행, 부하 피크 시 기본 전력요금 절감
③ 계통 안정화 : 계통전압 안정, 계통부하 급증 시 축전지 방전, 태양전지 출력 증대로 계통전압 상승 시 축전지 충전, 역전류 감소, 전압 상승 방지

(3) 축전지 설계 시 고려사항

① 방재 대응형은 충전 전력량과 축전지 용량을 매칭할 필요가 있다(정전 시 태양전지에서 충전하기 때문에).
② 축전지 직렬 개수는 태양전지에서도 충전이 가능하고, 인버터의 입력전압 범위에도 포함되는지를 확인하여 선정한다.

(4) 축전지 기대수명 요소

① 방전심도(DOD)
② 방전횟수
③ 사용온도

(5) 축전지 최소 유지거리

① 축전지 큐비클 : 60 cm

② 조작면 간 : 100 cm

(6) 큐비클식 축전지 설비 이격거리

① 큐비클 이외 : 1 m

② 옥외 설치 건물 : 2 m

③ 부동 충전 방법을 충분히 검토하고, 항상 축전지를 양호한 상태로 유지하도록 한다.

④ 설치 장소는 하중에 충분히 견딜 수 있는 장소로 선정한다.

⑤ 내 지진 구조이어야 한다.

(7) 계통연계 축전지의 4대 기능

① 피크 시스템

② 전력저장

③ 재해 시 전력공급

④ 발전전력 급변 시의 버퍼

(8) 축전지의 충전방식

① 보통 충전방식

② 급속 충전방식

③ 부동 충전방식

④ 균등 충전방식

⑤ 세류 충전방식

(9) 부동 충전방식의 충전기 2차 전류 $= \dfrac{\text{축전지의 정격용량}}{\text{축전지의 표준시간}} + \dfrac{\text{상시부하(W)}}{\text{표준전압(V)}}$ [A]

(10) 축전지 Ah효율 $= \dfrac{\text{방전전류} \times \text{방전시간}}{\text{충전전류} \times \text{충전시간}} \times 100\ \%$

(11) 축전지 Wh효율 $= \dfrac{\text{방전전류} \times \text{평균 방전전압} \times \text{방전시간}}{\text{충전전류} \times \text{평균 충전전압} \times \text{충전시간}} \times 100\ \%$

(12) 방전심도

$$\text{DOD}=\frac{\text{실제 방전량}}{\text{축전지의 정격용량}}\times 100\,\%$$

(13) 방전전류

$$I_d=\frac{\text{부하전력(VA)}}{\text{정격전압(V)}}=\frac{P(\text{kW})\times 1{,}000}{E_f(V_i+V_d)}$$

여기서, E_f : 인버터 효율, V_i : 허용방지 종지전압, V_d : 전압강하

(14) 부하 평준화 축전지의 용량

$$C=\frac{K\times I_d}{L}\ [\text{Ah}]$$

여기서, K : 용량환산시간, L : 보수율

(15) 독립형 축전지의 용량

$$C=\frac{\text{불일조일수}(D_f)\times \text{1일 소비전력량}(L_d)}{\text{보수율}(L)\times\text{축전지 개수}(N)\times\text{축전지 전압}(V_b)\times\text{방전심도(DOD)}}$$

(16) 축전지 단위 셀 수량

$$N=\frac{V_i+V_d}{1.8(2)}$$

(17) 계단형 부하 평준화 축전지의 용량

$$C=\frac{1}{L}\{K_1I_1+K_2(I_2-I_1)\}$$

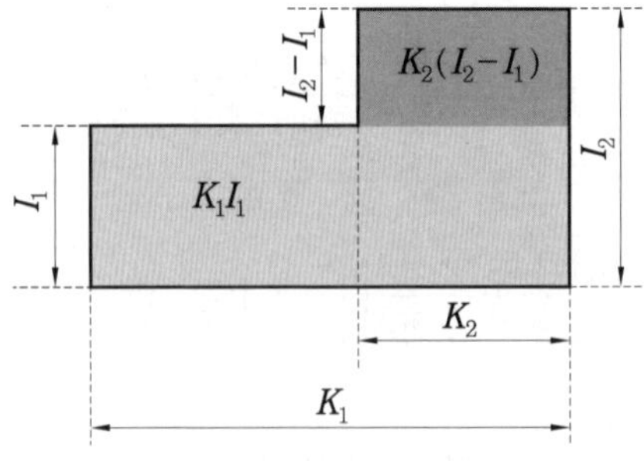

(18) ESS의 필요성

① 부하 평준화
② 기기의 고효율 운전
③ 전력 생산비 절감
④ 전력 시스템 신뢰도 향상
⑤ 전력 품질 향상

(19) ESS의 구성요소

① 2차 전지
② BMS
③ PCS
④ EMS

(20) ESS의 구비조건

① 자기 방전율이 낮을 것
② 에너지 밀도가 높을 것
③ 중량 대비 효율이 높을 것
④ 과충전 및 과방전에 강할 것
⑤ 가격이 저렴하고, 수명이 길 것
⑥ 저장효율이 높을 것
⑦ 안정성이 있을 것

(21) ESS의 종류

① NaS 전지
② LiB 전지
③ 납축전지
④ Redox 전지
⑤ 슈퍼 커패시터

(22) 리튬 이온 전지의 특징

① 에너지 밀도가 높다.
② 사용온도 범위가 넓다(−20 ~ 60℃).
③ 충전회로가 간단하다.
④ 체적비 용량이 높다.
⑤ 폭발의 염려가 있다(단점).

(23) ESS 용량 산정 시 고려사항

① 태양광발전 용량
② 그 지역의 일사량 및 일조시간
③ ESS의 특성
④ ESS의 운영조건(DOD)
⑤ ESS 구축비용 및 운용비용
⑥ ESS 가중치 적용 기준

(24) ESS의 2차 전지에 설치하는 자동 차단장치가 자동적으로 전로로부터 차단해야하는 경우

① 과전압 또는 과전류 발생
② 제어장치의 이상
③ 2차 전지 모듈의 내부온도가 급상승

(25) 2차 전지를 이용한 전기장치의 시설 조건

① 접지공사를 할 것
② 환기시설과 적정온도, 습도를 유지할 것
③ 충분한 작업 공간을 확보할 것(조명시설 포함)
④ 침수의 우려가 없는 곳에 설치할 것
⑤ 지지물은 부식성 가스 또는 액체에 의해 부식되지 않고, 적재하중, 지진, 충격에 안전한 구조일 것

(26) ESS의 라운드 트립(round trip)

$$\eta = (\text{충전효율}) \times (\text{방전효율}) = \frac{P_{DC}(\text{충전})}{P_{AC}(\text{충전})} \times \frac{P_{AC}(\text{방전})}{P_{DC}(\text{방전})}$$

4 방재 시스템

(1) 방재시설방법

① 케이블 처리식
② 전력구(공동구)
③ 관통 부분 : 벽 관통부를 밀폐시키고 케이블 양측 3개씩 난연처리
④ 맨홀 : 접속개소의 접속재를 포함

(2) 태양광발전시스템의 방화대책

① 실외 시스템(어레이, 접속함, 케이블) : 난연 케이블, 차양판 설치
② 실내 시스템(인버터, 변압기 및 전력기기) : 수신반 및 제어반 연동, 연 감지기 설치

(3) 보호장치의 정상전류 특성 : 케이블 전류(I_Z) ≥ 보호 정격전류(I_n) ≥ 회로의 설계전류(I_B)

(4) 보호 계전기의 구비조건

① 고장상태를 식별하여 정도를 파악할 수 있을 것
② 고장개소를 정확히 선택할 수 있을 것
③ 동작이 예민하고, 오동작이 없을 것
④ 적절한 후비 보호 능력이 있을 것
⑤ 경제적일 것

(5) SPD의 분류

① 전압 스위치형
② 전압 제한형
③ 복합형

(6) SPD의 선정

① 방전내량이 큰 것 : 접속함, 분전반 내 설치
② 방전내량이 작은 것 : 어레이 주 회로 내 설치

(7) SPD의 구비조건

① 뇌 서지전압이 낮을 것
② 응답시간이 빠를 것
③ 병렬 정전용량 및 직렬저항이 작을 것

(8) SPD의 최대 방전전류 : 1회 견딜 수 있는 8/20 μs인 전류의 파고치 $I_{max} > I_n$

(9) 외부 피뢰 시스템

① 수뢰부 시스템
㈎ 요소 : 돌침, 수평도체, 메시(mesh)도체
㈏ 배치 : 보호각법, 회전구체법, 메시법

㈐ 높이 60 m를 초과하는 건축물, 구조물의 측뇌 보호용 수뢰부 시스템

㉮ 상층부와 이 부분에 설치를 보호할 수 있도록 시설한다(단, 상층부의 높이가 60 m를 넘는 경우는 최상부로부터 전체 높이의 20 % 부분에 한 한다).

㉯ 코너, 모서리, 중요한 돌출부 등에 우선 배치하고, 피뢰 시스템 Ⅳ 이상으로 하여야 한다.

㉰ 수뢰부는 구조물의 철골 프레임 또는 전기적으로 연결된 철골 콘크리트의 금속과 같은 자연부재 인하도선에 접속 또는 인하도선을 설치한다.

② 인하도선 시스템 : 수뢰부 시스템과 접지 시스템을 연결하는 것으로 다음에 의한다.

㈎ 복수의 인하도선을 병렬로 구성해야 한다. 다만, 건축물, 구조물과 분리된 피뢰 시스템인 경우 예외로 한다.

㈏ 경로의 길이가 최소가 되도록 한다.

㈐ 인하도선 시스템 재료는 KS C 62305-3(피뢰 시스템-제3부 : 구조물의 물리적 손상 및 인명위험)의 표 6(수뢰도체, 피뢰침, 대지 인입 붕괴 인하도선의 재료, 형상과 최소 단면적)에 따른다.

(10) 내부 피뢰 시스템

뇌 서지에 대한 보호는 다음과 같다.

① 접지 또는 본딩

② 자기차폐와 서지 유입경로 차폐

③ 서지 보호장치 설치

④ 절연 인터페이스 구성

(11) 뇌의 침입경로

① 한전 배전계통 ② 태양전지 어레이 ③ 접지선

(12) 뇌 서지 등으로부터 태양광발전(PV)시스템을 보호하기 위한 대책

① 외부 보호 시스템

㈎ 수뢰부 ㈏ 인하도선 ㈐ 접지극 ㈑ 차폐 ㈒ 안전 이격거리

② 내부 보호 시스템

㈎ 등전위 본딩 ㈏ 접지 ㈐ 차폐 ㈑ SPD ㈒ 안전 이격거리

(13) 어레스터 : 과전압 소멸 후 속류 차단하여 원상으로 복구하며 1,000 A, 8/20 μs에서 제한전압이 2,000 V 이하인 것을 사용한다.

(14) 피뢰소자의 종류

① SPD(surge protective device ; 서지 보호기) : 낙뢰로 인한 충격성 과전압에 대해 전기설비의 단자전압을 규정치 이내로 낮추어 정전을 일으키지 않고 원상태로 복구시키는 장치이다.

② 서지 업서버(surge absorber) : 전선로로 침입하는 이상전압의 크기를 완화시켜 기기를 보호하는 장치이다.

③ 내뢰트랜스 : 실드부 절연트랜스를 주체로 하며, 이에 SPD 및 콘덴서를 추가한 것으로 뇌 서지가 침입한 경우에 내부에 내장된 SPD에서의 제어 및 실드에 의해서 뇌 서지의 흐름을 완전히 차단하는 장치이다.

(15) 일반적인 뇌 서지 대책

① 인버터 2차 교류측에도 방전 갭 서지 보호기를 설치한다.

② 태발 주 회로의 (+)극과 (−)극 사이에 방전 갭 서지 보호기를 설치한다.

③ 배전계통과 연계되는 개소에 피뢰기를 설치한다.

④ 태양전지 어레이의 금속제 구조 부분에 적절하게 접지한다.

⑤ 방전 갭의 방전용량은 5 kV 이상으로 동작 시 제한전압은 2 kV 이하로 한다.

⑥ 방전 갭의 접지 측 및 보호 대상기의 노출도전성 부분을 태발 시스템이 설치된 건물 구조체의 주 등전위 접지선에 접속한다.

(16) 유도장해 방지

① 특고압 가공선로에서 발생하는 극 저주파 전자계

㈎ 전계는 지표상 1 m에서 3.5 kV/m 이하

㈏ 자계는 지표상 1 m에서 수직 높이 15 m, 83.3 μT 이하로 설치

② 산지에 설치 시 발·변전소까지의 최소 이격거리는 6 m 이상(울타리, 외곽도로, 수림 등 포함)

(17) 낙뢰 우려 건축물 : 20 m 이상의 건물에는 피뢰설비 설치

(18) 피뢰소자의 보호영역(LPZ)

① LPZ Ⅰ의 경계(LPZ 0/1) : 10/350 μs파의 임펄스 전류,
class Ⅰ 적용, 주 배전반 MB/ACB 패널

② LPZ Ⅱ의 경계(LPZ 1/2) : 8/20 μs파의 최대 방전전류,
class Ⅱ 적용, 2차 배전반 SB/P 패널

③ LPZ Ⅲ의 경계(LPZ 2/3) : 1.2/50 μs(전압), 8/20 μs파의 임펄스 전류,
class Ⅲ 적용, 콘센트

(19) 피뢰 시스템의 보호각법에서 레벨별 보호각의 최댓값

피뢰 시스템의 레벨	보호법	
	회전구체 반경 r[m]	메시 치수
Ⅰ	20	5×5
Ⅱ	30	10×10
Ⅲ	45	15×15
Ⅳ	60	20×20

(20) 피뢰기 설치장소

① 발·변전소 이외에 준하는 장소의 가공전선 인입구 및 인출구

② 가공전선로(25 kV 이하의 중성점 다중접지식 특고압 제외)에 접속하는 배전용 변압기의 고압 및 특고압 측

③ 고압 및 특고압의 가공선로로부터 공급받는 수용장소의 인입구

④ 가공전선로와 지중선로가 접속되는 곳

(21) 접지극은 지표면에서 0.75 m 이상의 깊이로 매설하여야 한다.

예상문제

01. 독립형 전원 시스템용 축전지 선정 시 고려사항 5가지를 쓰시오.

정답 ① 자기 방전율이 낮을 것
② 과충전 및 과방전에 강할 것
③ 에너지 저장밀도가 높을 것
④ 중량 대비 효율이 높을 것
⑤ 수명이 길 것

02. 태양전지 선정 시 고려사항 4가지를 쓰시오.

정답 ① 효율, ② 출력 허용오차, ③ 신뢰성, ④ 경제성

03. 태양광발전발전시스템의 22.9 kV 특고압 가공선로 회선에 연계 가능한 용량은 얼마인가?

정답 10 MW 이하

04. 다음 주택용 계통연계형 태양광발전설비 시설에서 중간 단자함을 시설하는 경우에는 어떤 기준에 의해 시설해야 하는지 4가지를 쓰시오.

정답 ① 쉽게 점검이 가능한 은폐 장소 또는 점검이 가능한 장소에 시설
② 사용 상태에서 내부에 기능상 지장이 없도록 방수형이나 결로가 생기지 않는 구조
③ 외함의 구조는 함 내에 있는 기기의 최고 허용온도를 초과하지 않는 구조
④ 중간 단자함 내에 필요한 경우 피뢰소자 등을 설치

05. 하이브리드(hybrid) 태양광발전시스템이란 무엇인지 설명하시오.

정답 태양광발전시스템에 풍력발전이나 열병합 발전 등 다른 에너지를 결합하여 상용 전력 시스템에 전력을 공급하는 시스템

06. 독립형 태양광 AC 부하 시스템의 구성요소 4가지를 쓰시오.

정답 ① 태양전지
② 충·방전 제어장치
③ 축전지
④ 인버터

07. KEC에 의한 고압 직류의 전압범위를 쓰시오.

정답 1.5 kV 초과 7 kV 이하

08. 1일 4회 이하의 순시전압 변동률은 몇 %인지 쓰시오.

정답 5 %

09. MCCB의 정격전류는 어레이 전류의 몇 배인지 쓰시오.

정답 1.25 ~ 2배

10. 4회로 이상의 실내형 접속함의 IP 등급을 쓰시오.

정답 IP20

11. 계통연계형 축전지의 3가지 용도를 쓰시오.

정답 ① 방재 대응, ② 부하 평준화, ③ 계통 안정화

12. 축전지의 기대수명 요소 3가지를 쓰시오.

정답 ① DOD(방전심도), ② 방전횟수, ③ 사용온도

13. 다음 [조건]을 참고로 하여 부하 평준화 축전지의 설치용량(C)을 산출하고자 한다. 아래의 물음에 답하시오.

조건

- 평균 부하용량(P) : 5 kW
- PCS 직류 입력전압(V_i) : 200 V
- 축전지 - PCS 간의 전압강하(V_d) : 2 V
- PCS 효율 : 95 %
- 보수율(L) : 0.8
- 용량환산시간(K) : 24.5

(1) PCS의 직류 입력전류(I_d)를 구하시오.

(2) 축전지의 직렬 개수를 구하시오.

(3) 축전지의 용량(C)을 구하시오.

풀이 (1) $I_d = \dfrac{P}{E_f \times (V_i + V_d)} = \dfrac{5 \times 1000}{0.95 \times (200+2)} = 26.06\ \text{A}$

(2) $N = \dfrac{V_i + V_d}{2} = \dfrac{200+2}{2} = 101$개

(3) $C = \dfrac{KI_d}{L} = \dfrac{24.5 \times 26.06}{0.8} = 798\ \text{Ah}$

정답 (1) 26.06 A

(2) 101개

(3) 798 Ah

14. 다음 [조건]을 참고하여 독립형 축전지의 용량(C)을 구하시오.

조건

- L_d : 50 kW
- L : 0.8
- N : 48개
- D_f : 8일
- V_b : 2 V
- DOD : 0.6

풀이 $C = \dfrac{D_f \times L_d}{L \times N \times V_b \times \text{DOD}} = \dfrac{8 \times 50 \times 10^3}{0.8 \times 48 \times 2 \times 0.6}$

$= \dfrac{400 \times 1000}{46.08} \fallingdotseq 8{,}680\ \text{Ah} = 8.68\ \text{kAh}$

정답 8,680 Ah = 8.68 kAh

15. 뇌의 침입경로 3가지를 쓰시오.

정답 ① 한전 배전계통
② 태양전지 어레이
③ 접지선

16. 태양광설비에 사용되는 SPD에 대하여 다음 물음에 답하시오.

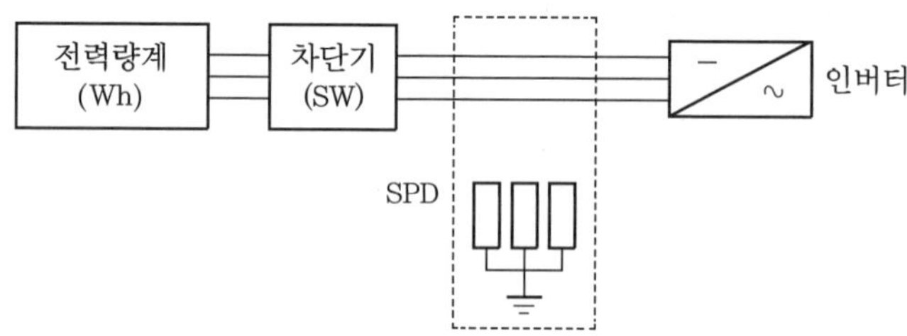

(1) 그림을 보고 점선 안 회로도를 완성하시오.
(2) SPD 구비조건 3가지를 쓰시오.

정답 (1)

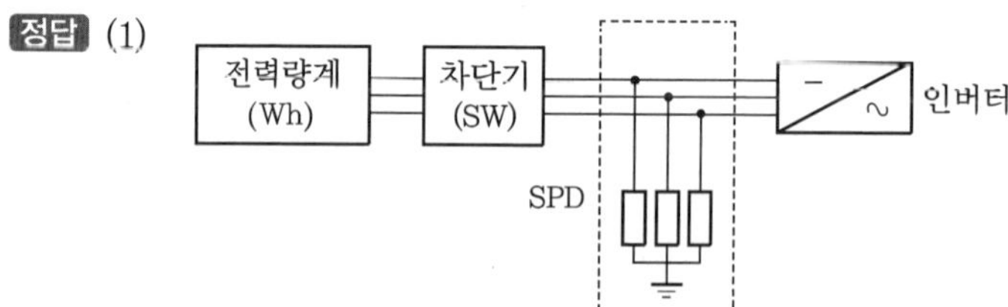

(2) ① 뇌 서지전압이 낮을 것
② 응답시간이 빠를 것
③ 병렬 정전용량 및 직렬저항이 작을 것

17. 계통연계 시의 주요 기기 3가지를 쓰시오.

정답 ① 변압기
② VCB(진공 차단기)
③ MOF(계기용 변성기)

18. 다음 (   ) 안에 알맞은 내용을 쓰시오.

> 분산형 전원 발전설비로부터 계통에 유입되는 고조파 전류는 10분 평균한 40차까지 (①)이 (②)%를 초과하지 않도록 각 차수별을 제어한다.

정답 ① 종합 전류 왜율, ② 5

19. 다음은 태양광발전시스템의 계량기를 나타낸 것이다. 아래의 물음에 답하시오.

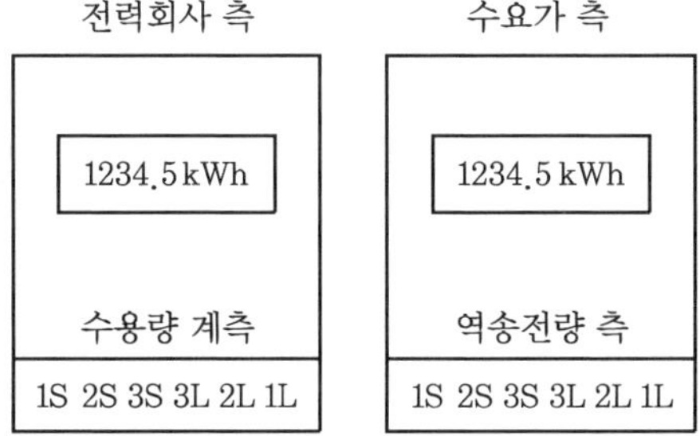

(1) 시스템의 종류는 무엇인지 쓰시오.
(2) 결선도를 그리시오.

정답 (1) 역송병렬 계통연계 시스템
(2) 결선도는 다음과 같다.

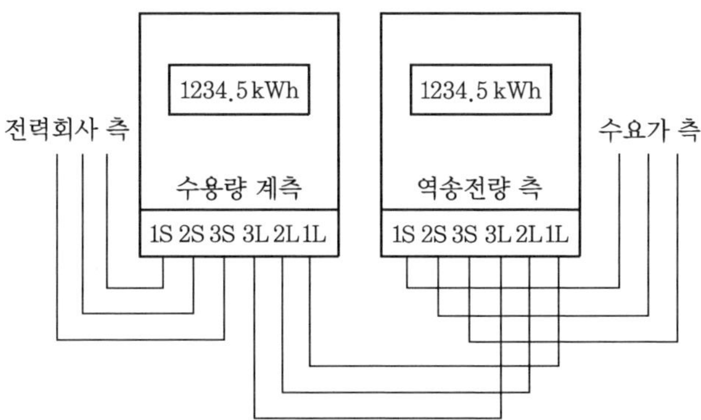

20. 태양전지로부터 접속함까지 발생할 수 있는 전력손실 요소 4가지를 쓰시오.

정답 ① 모듈의 오염손실
② 모듈의 온도손실
③ 음영손실
④ DC 케이블 손실

21. 건축물의 설비 기준 등에 관한 규칙에서 명시하고 있는 피뢰설비 설치 건물의 높이를 쓰시오.

정답 20 m

22. 피뢰기의 구비조건 3가지를 쓰시오.

정답 ① 상용주파 방전개시 전압이 높을 것
② 충격주파 방전개시 전압이 낮을 것
③ 방전내량이 높고, 제한전압은 낮을 것
④ 속류 차단능력이 클 것

23. 분산형 전원의 출력 안정화 등을 목적으로 기존의 태양광, 풍력 등에 에너지 저장장치(ESS)를 혼합하여 발전하는 것을 무엇이라고 하는지 쓰시오.

정답 하이브리드 분산형 전원

24. SPD는 어떤 상황에서 동작하는지 쓰시오.

정답 뇌 서지가 경로를 통해서 침입할 때

25. 다음 ( ) 안의 ①, ②에 알맞은 값을 쓰시오.

연계 설비용량		전압방식
전용	500 kW 미만	①
일반	3,000 kW 미만	②
전용	20,000 kW 미만	
–	20,000 kW 이상	3상 154 kV

정답 ① 단상 220 V, 3상 380 V
② 3상 22.9 kV

26. 분산형 전원을 계통에 연계할 경우 전기 품질의 검토항목 중 직류유입 제한 기준을 쓰시오.

정답 최대 정격 출력전류의 0.5 %를 초과해서는 안 된다.

27. 태양광발전시스템에서 전기실의 방화대책을 간략히 쓰시오.

정답 신뢰성이 확보된 자동화 화재탐지설비 및 자동소화설비의 구축이 필요하다.

28. 저압계통에 연결할 수 있는 분산형 전원의 연계용량을 쓰시오.

정답 500 kW

CHAPTER 19

태양광발전시스템 보수

1 점검

(1) **정기점검** : 주로 시스템 정지상태에서 제어운전장치의 기계점검, 절연저항 측정 등의 점검을 말한다.

(2) **일상점검** : 설비의 상태가 운전 중이고, 점검횟수가 주 1회 ~ 3개월에 1회인 점검을 말한다.

(3) 태양광발전시스템의 일상점검 주기는 월 1회이다.

(4) 발전설비 공사의 철근 콘크리트 또는 철골 구조물 이외의 하자담보기간은 3년이다.

(5) 태양전지 모듈은 최대 사용전압의 1.5배의 직류전압 또는 1배의 교류전압(500 V 미만으로 되는 경우에는 500 V)을 충전 부분과 대지 사이에 연속으로 10분간 가하여 절연내력시험을 하였을 때 이에 견디는 것이어야 한다.

(6) 태양광발전설비 중 송전설비에 해당하는 차단기의 일상순시점검 사항

① 코로나 방전 등에 의한 이상한 소리가 없는지
② 코로나 방전 또는 과열에 의한 냄새가 나지 않는지
③ GCB에서 가스누출은 없는지
④ 표시는 정확한지
⑤ 기계적인 수명횟수에 도달해 있지 않은지

(7) 변압기의 정기점검 항목

① 단자부의 볼트 조임 이완
② 절연물 등의 균열, 파손, 손상
③ 철심의 녹 발생, 손상
④ 부싱 단자부의 변색
⑤ 부싱 등에 이물질, 먼지 부착

2 측정

(1) 태양광발전시스템에서 인버터 출력측 절연저항 측정 순서

① 태양전지 회로를 접속함에서 분리(차단기 off)
② 분전반 내의 차단기 off(개방)
③ 직류측의 모든 입력단자 및 교류측의 모든 출력단자를 각각 on(단락)
④ 직류단과 대지 사이의 절연저항 측정

(2) 각 항목에 가장 알맞은 측정 계측기

① 배전선의 전류 : 후크 온 미터
② 변압기의 절연저항 : 메거(절연 저항계)
③ 검류계의 내부저항 : 휘트스톤 브리지
④ 전해액의 저항 : 클라우시 브리지
⑤ 절연재료의 고유저항 : 메거(절연 저항계)

3 준공검사(사전검사)

(1) 시스템 준공 시 태양광 어레이의 점검항목

① 표면의 오염 및 파손
② 프레임의 변형 및 파손
③ 가대의 부식 및 녹 발생
④ 가대의 고정상태
⑤ 가대 접지상태
⑥ 지붕재의 파손
⑦ 코킹
⑧ 접지저항

(2) 완공된 자가용 태양광발전설비의 사용 전 검사항목

① 태양광발전설비표
② 태양전지 검사
③ 인버터 검사
④ 부하운전시험
⑤ 종합 연도시험검사
⑥ 기타 부속설비

4 유지

(1) 전기설비에서 전류 고장 발생요인

① 절연 불량　　② 전기적 요인
③ 기계적 요인　　④ 열적 요인

(2) 태양광발전시스템의 운전상태에 따른 발생신호

① 정상운전

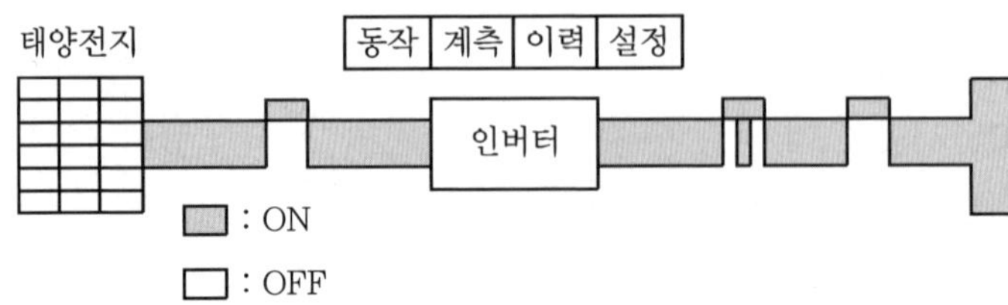

② 태양전지 이상

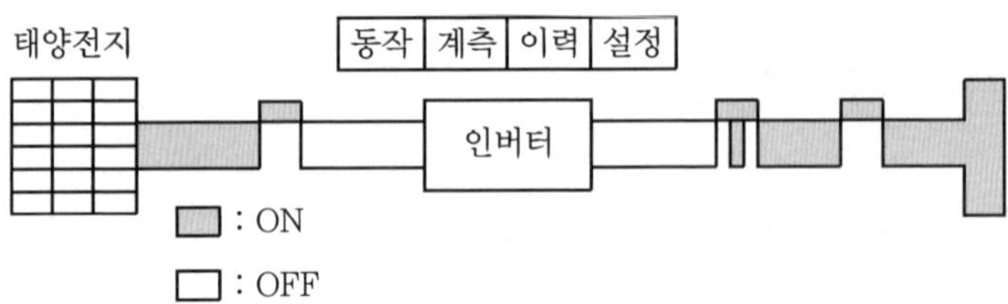

③ 인버터 이상

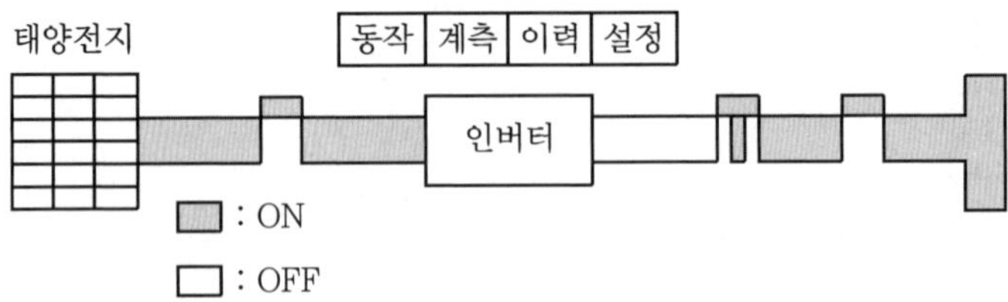

(3) 사용전압이 400 V 이상인 경우의 절연저항은 0.4 MΩ이다.

(4) 주 회로 단로기의 주 도전부 측정장비는 1,000 V 메거이고, 절연값은 500 MΩ 이상이다.

예상문제

01. 태양광발전시스템의 점검 중 무 전압상태에서 기기의 이상상태를 점검하고 필요 시 기기를 분해하는 점검의 명칭을 쓰시오.

정답 정기점검

02. 다음 그림은 운전상태에 따른 시스템의 발생신호를 나타낸다. 아래의 물음에 답하시오.

(1) 현재 상태에 대한 이상신호는 무엇인가?
(2) 조치사항에 대해서 쓰시오.

정답 (1) 인버터 전압 이상
(2) 태양전지 전압을 점검해서 정상 복구 5분 후 재가동한다.

03. 전위차계 접지 저항계의 접지저항 측정 순서를 쓰시오.

정답 ① 계측기를 수평으로 놓는다.
② 보조 접지극을 10 m 이상의 간격으로 박아 놓는다.
③ E 단자의 리드선을 접지극에 접속한다.
④ P, C 단자를 보조 접지극에 접속한다.
⑤ 푸시 버튼(①)을 누르면서 다이얼을 돌려 검류계의 눈금이 0 지시일 때 다이얼의 값을 읽는다.

04. 전기설비에서 전류 고장 발생요인 4가지를 쓰시오.

정답 ① 절연 불량
② 전기적 요인
③ 기계적 요인
④ 열적 요인

05. 설비의 상태가 운전 중이고, 점검횟수가 주 1회에서 3개월에 1회인 점검을 무엇이라고 하는가?

정답 일상점검

06. 변압기의 정기점검 항목 3가지를 쓰시오.

정답 ① 단자부의 볼트 조임 이완
② 절연물 등의 균열, 파손, 손상
③ 철심의 녹 발생, 손상
④ 부싱 단자부의 변색
⑤ 부싱 등에 이물질, 먼지 부착

07. 다음 (　) 안에 알맞은 값을 쓰시오.

> 주 회로 단로기의 주 도전부 측정장비는 (①) V 메거이고, 절연값은 (②) MΩ 이상이다.

정답 ① 1,000, ② 500

CHAPTER 20

태양광시스템 안전관리

1 안전관리

(1) 안전장비 정기점검, 보관요령

① 월 1회 이상 책임감독자가 점검

② 청결, 습기가 없는 장소에 보관

③ 보호구는 사용 후 깨끗이 손질 후 보관

④ 세척 후 건조

(2) 전기기술기준의 안전원칙 3가지

① 감전, 화재, 그 밖에 사람에게 위해를 주거나 손상이 없도록 시설하여야 한다.

② 사용 목적에 적절하고, 안전하게 작동하여야 하며 그 손상으로 인하여 전기공급에 지장을 주지 않도록 시설하여야 한다.

③ 다른 전기설비, 그 밖의 물건의 기능에 전기적 또는 자기적 장해를 주지 않도록 시설하여야 한다.

(3) 직렬아크 : 접속 불량, 케이블 손상, 다이오드 불량, 퓨즈 불량 등에 의해서 발생한다.

(4) 병렬아크 : 절연성능 저하, 피복 손상, 직렬아크 등에 의해서 발생한다.

(5) 연면거리 : 불꽃방전을 일으키는 두 전극 간 거리를 고체 유전체의 표면을 따라서 그 최단 거리로 나타낸 값이다.

(6) 직류측 지락사고 검출 레벨 : 100 mA

(7) 한국전기안전공사의 사업

① 전기안전에 관한 조사

② 전기안전에 대한 기술개발 및 보급

③ 전기안전에 관한 전문교육 및 정보의 제공
④ 전기안전에 대한 홍보
⑤ 전기설비에 대한 검사, 점검 및 기술지원
⑥ 전기안전에 관한 국제기술협력
⑦ 전기사고의 재발방지를 위한 전기사고의 원인, 경위 등에 대한 조사

(8) 태양광발전설비 전기안전관리 용량 : 3,000 kW 미만

(9) 전기안전공사 대행

① 대행 사업자
㈎ 1 MW 미만의 전기수용설비
㈏ 1 MW 미만의 태양광발전설비
㈐ 300 kW 미만의 발전설비(단, 비상용 예비발전설비 : 500 kW 미만)
* 둘 이상의 합계가 1,050 kW 미만

② 개인 사업자
㈎ 500 kW 미만의 전기수용설비
㈏ 250 kW 미만의 태양광발전설비
㈐ 150 kW 미만의 발전설비(단, 비상용 예비발전설비 : 300 kW 미만)
* 둘 이상의 전기설비 용량 2,500 kW 미만

(10) 안전관리 업무를 외부에 대행시킬 수 있는 태양광발전설비의 용량은 1,000 kW 미만

(11) 전기안전관리자

① 20 kW 이하 : 미선임
② 20 kW 이상 : 안전관리자 선임
③ 1,000 kW 미만 : 대행자

(12) 전기안전관리 업무 실태조사 : 연 1회 이상

(13) 태양광발전 유지관리, 보수를 위한 계획 수립 시 고려사항

① 설비 중요도
② 고장이력
③ 부하상태
④ 환경 조건
⑤ 설비 사용기간

(14) 월차(순시) 안전교육

① 월 1시간 이상
② 분기 1.5시간 이상

(15) 안전관리 정기점검 주기 : 월 1 ~ 4회

(16) 전기사업법 시행규칙 제44조에 따라 정해진 안전관리 규정에 의해 실시되어야 할 전기 안전점검의 종류

① 일상점검
② 정기점검
③ 정밀점검

(17) 전기안전 작업수칙

① 작업자는 시계, 반지 등 금속체 물건을 착용해서는 안 된다.
② 정전작업 시 안전표찰을 부착하고, 출입을 제한시킬 필요가 있을 시 구획로프를 설치한다.
③ 고압 이상의 전기설비는 반드시 안전 보호구를 착용한 후 조작한다.
④ 비상용 발전기 가동 전 비상전원 공급 구간을 반드시 재확인한다.
⑤ 작업 완료 후 전기설비의 이상 유무를 확인 후 통전한다.

(18) 후크 온 미터(클램프 미터)의 전류 측정법

① 레인지 절환 탭을 돌려 전류의 최대치에 놓는다.
② 클램프를 개방하여 도체를 클램프 철심의 중앙에 오도록 한다.
③ 지시치가 작을 때는 아래 레인지로 돌려 측정한다.
④ 눈금을 읽기 어려운 장소에서 측정할 때는 지침 스톱 버튼을 움직여 지침을 정지시킨 후에 분리하여 눈금을 읽는다.

(19) 감전대책 3가지

① 작업 전 태양전지 모듈 표면에 차광막을 씌운다.
② 절연처리된 공구를 사용한다.
③ 저압 절연장갑을 착용한다.

2 안전장비

(1) 태양광발전설비에 사용되는 안전장비 관리요령

① 정기적으로 점검

② 청결하고, 습기가 없는 곳에 보관

③ 보호구 사용 후에 깨끗이 세척하여 보관

④ 세탁 후 완전히 건조

(2) 태양광발전설비 점검 중 감전방지를 위해 사용하는 절연용 보호구

① 절연안전모

② 절연장갑

③ 절연화

예상문제

제20장 태양광시스템 안전관리

01. 전기사업용 전기설비 사용 전 검사 기관과 목적을 쓰시오.

정답 ① 기관명 : 한국전기안전공사
② 목적 : 전기설비공사 완료 후 전기설비가 공사계획의 인가, 신고한 내용과 전기설비기술기준에 맞게 시행되는지를 검사하기 위해서이다.

02. 태양광발전설비에 사용되는 보호구 보관 방법 4가지를 쓰시오.

정답 ① 정기적으로 점검
② 청결하고, 습기가 없는 곳에 보관
③ 사용 후에는 세척하여 보관
④ 세탁 후에는 완전히 건조시켜 보관

03. 태양광발전 선로에서 전기작업 시 감전될 우려가 있는지 확인하기 위해 무엇을 이용하여 충전 여부를 확인하는가?

정답 검전기

04. 태양광발전 안전관리 업무의 외부 대행 용량은 몇 kW 미만인가?

정답 1,000 kW

05. 물체의 낙하 또는 작업자의 추락방지에 사용되는 보호구를 쓰시오.

정답 안전모

06. 전기기술기준의 안전원칙 3가지를 쓰시오.

정답 ① 감전, 화재, 그 밖에 사람에게 위해를 주거나 손상이 없도록 시설
② 사용목적에 적절하고, 안전하게 작동하여야 하며 그 손상으로 인하여 전기공급에 지장을 주지 않도록 시설
③ 다른 전기설비, 그 밖의 물건의 기능에 전기적 또는 자기적 장해를 주지 않도록 시설

07. 산업안전보건법에 의한 근로자의 정기교육 주기와 시간을 쓰시오.

정답 매월 2시간 이상

08. 전기안전공사 대행업자가 수행할 수 있는 설비 2가지를 쓰시오.

정답 ① 1 MW 미만의 전기수용설비
② 1 MW 미만의 태양광발전설비

시험대비 문제풀기

CHAPTER 1

포인트 문제

1 태양광 모듈 어레이 그림자 길이와의 이격거리

구분	내용	
벽까지의 이격거리(d)	(1) 높이(h), 경사각(θ)이 주어진 경우 $d = \frac{h}{\tan\theta}$ (2) 어레이 길이(L), θ가 주어진 경우 $d = L \times \cos\theta$	
어레이 간의 이격거리(d_1)	(식 1) $d_1 = L \times \frac{\sin(\alpha+\beta)}{\sin\beta}$ 또는 (식 2) $d_1 = L \times \{\cos\alpha + \sin\alpha \times \tan(90° - \beta)\}$ 여기서, α : 경사각, β : 고도각	
이용인자 $= \frac{L}{d}$		

예상문제

1. 태양광 모듈 어레이 그림자 길이와의 이격거리

01. 다음 그림에서 태양광 어레이의 남북 설치방향으로 1.32 m 높이의 장애물이 있는 경우 장애물로부터 어레이의 최소 이격거리 d(①)와 어레이 길이 L(②)을 계산하시오. (단, 어레이의 경사각은 30°이며, 답은 소수 셋째 자리에서 반올림한다.)

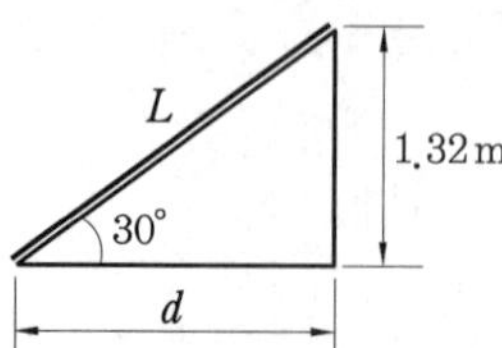

풀이 ① $d = \dfrac{h}{\tan\theta} = \dfrac{1.32}{\tan 30°} = \dfrac{1.32}{0.5774} ≒ 2.29\ \text{m}$

② $\cos 30° = \dfrac{d}{L}$ 로부터 $L = \dfrac{2.29}{0.866} ≒ 2.64\ \text{m}$

정답 ① 2.29 m, ② 2.64 m

02. 다음의 울타리에 기대어 있는 태양광 어레이의 길이 $L=2$ m일 때 그림자 길이와의 이격거리 d를 구하시오. (단, 어레이의 경사각 $\theta=32°$이며, 답은 소수 셋째 자리에서 반올림한다.)

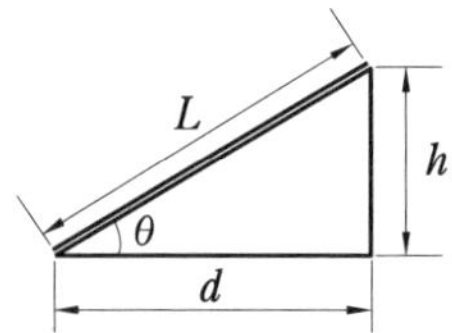

풀이 이격거리 $d = L \times \cos 32° ≒ 2 \times 0.848 ≒ 1.70\ \text{m}$

정답 1.70 m

03. 다음 그림과 같은 태양광 어레이 사이의 최소 이격거리를 구하시오. (단, $L=2$ m, 경사각(α)은 30°, 입사각(β)은 28°이며, 계산값은 소수 셋째 자리에서 반올림한다.)

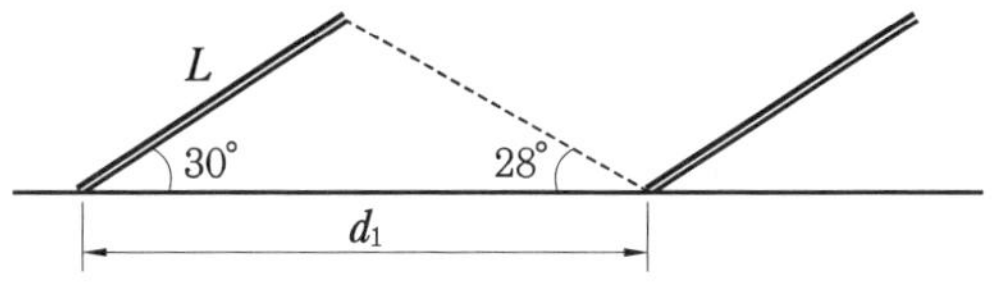

풀이 (식 1) 이용

$$d_1 = L \times \frac{\sin(\alpha+\beta)}{\sin\beta} = 2 \times \frac{\sin(30°+28°)}{\sin 28°}$$

$$= 2 \times \frac{\sin 58°}{\sin 28°} = 2 \times \frac{0.848}{0.470} ≒ 3.61\ \text{m}$$

(식 2) 이용

$$d_1 = L \times \{\cos\alpha + \sin\alpha \times \tan(90° - \beta)\}$$

$$= 2 \times \{\cos 30° + \sin 30° \times \tan(90° - 28°)\}$$

$$= 2 \times (0.866 + 0.5 \times 1.88) = 2 \times 1.806$$

$$≒ 3.61\ \text{m}$$

정답 3.61 m

04. 다음과 같은 그림에서 d_1(①), d_2(②)를 구한 뒤 태양광 어레이 사이의 이격거리 $d(=d_1+d_2)$(③)와 이용인자 f(④)를 구하시오. (단, 답은 소수점 셋째 자리에서 반올림한다.)

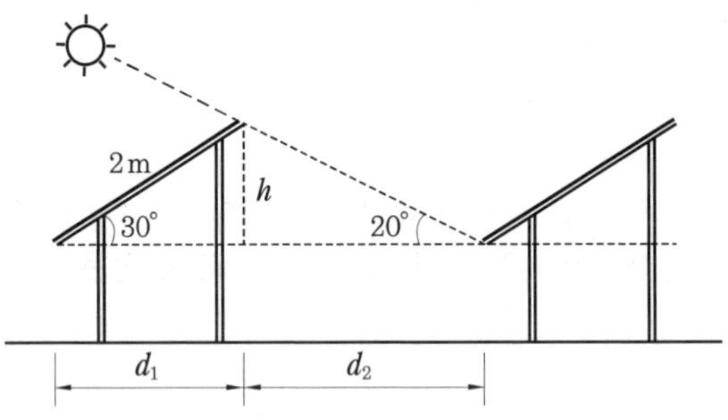

풀이 ① $\cos 30° = \frac{d_1}{2}$, $d_1 = 2 \times \cos 30° = 2 \times 0.866 \fallingdotseq 1.73\ \text{m}$

② 어레이 높이를 h라 할 때 $\tan 30° = \frac{h}{d_1}$,

$h = d_1 \times \tan 30° \fallingdotseq 1.73 \times 0.577 \fallingdotseq 1.0\ \text{m}$

$\tan 20° = \frac{h}{d_2}$, $d_2 = \frac{h}{\tan 20°} \fallingdotseq \frac{1.0}{0.364} \fallingdotseq 2.75\ \text{m}$

③ $d = d_1 + d_2 = 1.73 + 2.75 = 4.48\ \text{m}$

④ 이용인자 $= \frac{L}{d} \fallingdotseq \frac{2}{4.48} \fallingdotseq 0.45$

정답 ① 1.73 m, ② 2.75 m, ③ 4.48 m, ④ 0.45

05. 태양광 어레이의 이격거리 산정 시 3가지 요소를 쓰시오.

정답 ① 태양전지 어레이 길이, ② 어레이 경사각, ③ 태양 고도각(또는 입사각)

해설 이격거리 식 $d_1 = L \times \frac{\sin(\alpha + \beta)}{\sin\beta}$에서

L은 태양전지 어레이 길이, α와 β는 각각 경사각과 고도각이므로 이격거리의 요소는 태양전지 어레이 길이, 경사각, 고도각이다.

2 태양광 모듈의 최적 직·병렬 수와 총 발전량 계산

■ 문제 유형에 따른 계산 시 참고사항

(1) **NOCT(공칭 태양전지 동작온도) 적용 셀 온도** : 외기온도 20 ℃, 일사량 800 W/m^2 기준

$$T_{cell} = T_{air} + \frac{\text{NOCT} - 20℃}{800\,\text{W/m}^2} \times 1{,}000\,\text{W/m}^2$$ 여기서, T_{air} : 주변(외기)온도

예제 1. NOCT=45℃ 일 때 주변 온도 35℃ 에 대한 셀 온도를 구하시오.

풀이 $T_{cell} = T_{air} + \frac{\text{NOCT} - 20℃}{800\,\text{W/m}^2} \times 1{,}000\,\text{W/m}^2 = 35 + \frac{45-20}{800} \times 1{,}000$

$= 35 + \frac{25{,}000}{800} = 35 + 31.25 = 66.25℃$

(2) **전압 온도계수(%/℃) 적용 시 모듈 표면 최저, 최고온도 계산**

* kT : 온도계수(%/℃)

① V_{oc}, V_{mpp}의 최저온도 : $V_{oc}(T) = V_{oc} \times \left\{1 + \frac{kT}{100} \times (T - 25℃)\right\}$

$V_{mpp}(T) = V_{mpp} \times \left\{1 + \frac{kT}{100}(T - 25℃)\right\}$

② V_{oc}, V_{mpp}의 최고온도 : $V_{oc}(T) = V_{oc} \times \left\{1 + \frac{kT}{100} \times (T - 25℃)\right\}$

$V_{mpp}(T) = V_{mpp} \times \left\{1 + \frac{kT}{100} \times (T - 25℃)\right\}$

예제 2. $V_{oc} = 32$ V, $V_{mpp} = 28$ V일 때 최저 주변 온도 −15℃와 최고 주변 온도 35℃에 대한 V_{oc}와 V_{mpp} 값을 구하시오. (단, 온도계수는 −0.2 %/℃이다.)

풀이 ① $V_{oc}(-15℃) = 32 \times \left\{1 + \left(-\frac{0.2}{100}\right) \times (-15 - 25)\right\} = 32 \times 1.08 = 34.56$ V

$V_{mpp}(-15℃) = 28 \times 1.08 = 30.24$ V

② $V_{oc}(35℃) = 32 \times \left\{1 + \left(-\frac{0.2}{100}\right) \times (35-25)\right\} = 32 \times 0.98 = 31.36\ \text{V}$

$V_{mpp}(35℃) = 28 \times 0.98 = 27.44\ \text{V}$

(3) 전압 온도계수(%/V) 적용 시 모듈 표면 최저, 최고온도 계산

* kV : 온도계수(mV/℃)

① V_{oc}, V_{mpp}의 최저온도 : $V_{oc}(T) = V_{oc} + \left\{\left(\frac{kV}{1,000}\right) \times (T - 25℃)\right\}$

$$V_{mpp}(T) = V_{mpp} + \left\{\left(\frac{kV}{1,000}\right) \times (T - 25℃)\right\}$$

② V_{oc}, V_{mpp}의 최고온도 : $V_{oc}(T) = V_{oc} + \left\{\left(\frac{kV}{1,000}\right) \times (T - 25℃)\right\}$

$$V_{mpp}(T) = V_{mpp} + \left\{\left(\frac{kV}{1,000}\right) \times (T - 25℃)\right\}$$

예제 3. $V_{oc} = 30\ \text{V}$, $V_{mpp} = 27\ \text{V}$일 때 최저 주변 온도 −25℃와 최고 주변 온도 45℃에 대한 V_{oc}와 V_{mpp} 값을 구하시오. (단, 온도계수는 −250 mV/℃이다.)

풀이 ① $V_{oc}(-25℃) = 30 + \left\{\left(-\frac{250}{1,000}\right) \times (-25-25)\right\} = 30 + 12.5 = 42.5\ \text{V}$

$V_{mpp}(-25℃) = 27 + 12.5 = 39.5\ \text{V}$

② $V_{oc}(45℃) = 30 + \left\{\left(-\frac{250}{1,000}\right) \times (45-25)\right\} = 30 - 5 = 25\ \text{V}$

$V_{mpp}(45℃) = 27 - 5 = 22\ \text{V}$

(4) 최대 직렬 모듈 수 및 최소 직렬 모듈 수의 계산

① 최대 직렬 모듈 수 : $N_{oc} = \frac{\text{인버터의 최대 입력전압}}{\text{최저온도에서의 } V_{oc}}$

$$N_{mpp} = \frac{\text{인버터 MPPT 전압범위의 상한 값}}{\text{최저온도에서의 } V_{mpp}}$$

주1 계산값은 소수점에서 절사한다.
모듈 수의 계산값을 반올림 또는 절상 시
'$N_{oc} \times V_{oc}$ > 인버터의 최대전압' 또는 '$N_{mpp} \times V_{mpp}$ > MPPT 전압범위의 상한 값'이 되므로 동작범위를 초과하여 인버터를 손상시킬 수 있으므로 절사한다.

주2 N_{oc}, N_{mpp} 중 작은 값을 채택한다.

(예 : $N_{oc}=21$, $N_{mpp}=23$ → $N_{oc}=21$로 채택한다.)

② 최소 직렬 모듈 수 : $N_{\min}=\dfrac{\text{인버터 MPPT 전압범위의 하한 값}}{\text{최고온도에서의 } V_{mpp}}$

주 계산값은 소수점에서 절상한다.

모듈 수의 계산값을 절사 시

'$N_{\min}\times V_{mpp}$ < MPPT 전압범위의 하한 값'이 되면 인버터의 MPPT 전압이 범위보다 낮아져 인버터의 동작이 안 될 수가 있으므로 절상한다.

예제 4. 온도보정이 된 모듈의 $V_{oc}(-T)=43$ V, $V_{mpp}(-T)=38$ V, $V_{oc}(+T)=38$ V, $V_{mpp}(+T)=26$ V일 때 모듈의 최대 및 최소 직렬 수를 구하시오. (단, 인버터의 MPPT 전압 범위는 480 ~ 800 V, 인버터의 최대전압은 1,000 V이다.)

풀이 ㉠ 최대 직렬 모듈 수 : $N_{oc}=\dfrac{\text{인버터의 최대 입력전압}}{\text{최저온도에서의 } V_{oc}}=\dfrac{1{,}000}{43}$

$\fallingdotseq 23.26 \rightarrow 23$(절사)

$$N_{mpp}=\frac{\text{인버터 MPPT 전압범위의 상한 값}}{\text{최저온도에서의 } V_{mpp}}=\frac{800}{38}$$

$\fallingdotseq 21.05 \rightarrow 21$(절사)

최대 직렬 수는 낮은 쪽 21로 선정한다.

㉡ 최소 직렬 모듈 수 : $N_{\min}=\dfrac{\text{인버터 MPPT 전압범위의 하한 값}}{\text{최고온도에서의 } V_{mpp}}=\dfrac{480}{26}$

$\fallingdotseq 18.46 \rightarrow 19$(절상)

(5) 직류 측 전압강하율 e [%]가 있을 경우 모듈의 최대 및 최소 직렬 수 계산

위 (4)의 ①, ②식을 다음과 같이 보정한다.

① 최대 직렬 모듈 수 : $N_{oc}=\dfrac{\text{인버터의 최대 입력전압}}{\text{최저온도에서의 } V_{oc}\times\left(1-\dfrac{e}{100}\right)}$

$$N_{mpp}=\frac{\text{인버터 MPPT 전압범위의 상한 값}}{\text{최저온도에서의 } V_{mpp}\times\left(1-\dfrac{e}{100}\right)}$$

주 계산값은 절사하며, N_{oc}, N_{mpp} 중 작은 값을 채택한다.

② 최소 직렬 모듈 수 : $N_{\min} = \dfrac{\text{인버터 MPPT 전압범위의 하한 값}}{\text{최고온도에서의 } V_{mpp} \times \left(1 - \dfrac{e}{100}\right)}$

㊟ 계산값은 절상한다.

(6) 결정된 모듈의 최소 직렬 수로 최적 병렬 수의 계산

① 모듈의 병렬 수 $= \dfrac{\text{발전 최대전력 또는 인버터의 최대 입력전력}}{\text{모듈의 직렬 수} \times \text{모듈 1개의 출력}}$

② 최적 병렬 수의 계산 : 앞서 계산한 최소 ~ 최대 직렬 수를 위의 식에 대입하여 최대전력을 얻는 병렬 수의 값을 채택한다.

예제 5. 앞의 [예제 4]에서 구한 최대, 최소 직렬 수의 21, 19에서 최적 병렬 수와 그때의 출력을 구하시오. (단, 모듈의 출력은 0.3 kW, 발전 최대전력은 200 kW이다.)

풀이 최소 직렬 수 19, 최대 직렬 수 21이므로 직렬 수 19, 20, 21에 대한 각 병렬 수를 구하여 직렬 수×모듈 출력이 가장 큰 병렬 수가 최적 병렬 수가 된다.

㉠ 직렬 19일 때 $\dfrac{200}{19 \times 0.3} \fallingdotseq 35.09$ → 병렬 35, 출력 $= 19 \times 35 \times 0.3 = 199.5$ kW

㉡ 직렬 20일 때 $\dfrac{200}{20 \times 0.3} \fallingdotseq 33.33$ → 병렬 33, 출력 $= 20 \times 33 \times 0.3 = 198$ kW

㉢ 직렬 21일 때 $\dfrac{200}{21 \times 0.3} \fallingdotseq 31.75$ → 병렬 31, 출력 $= 21 \times 31 \times 0.3 = 195.3$ kW

따라서 최대출력을 얻는 병렬 수는 35이므로 직렬 19, 병렬 35일 때 최대출력 199.5 kW를 얻을 수 있다.

(7) 결정된 최적 모듈의 직·병렬 수로 인버터 대수의 계산

인버터 대수 $= \dfrac{\text{최적 직렬 모듈 수} \times \text{최적 병렬 수} \times \text{모듈 1개의 출력}}{\text{인버터 1대의 출력}}$

㊟ 소수점에서 절상한 값으로 결정한다. 절상하는 이유는 여유를 위해서이다.

예제 6. 모듈의 최적 직·병렬 수가 각각 20, 12이고, 모듈의 출력이 0.4 kW, 인버터의 최대 입력이 50 kW일 때 필요한 인버터 대수를 구하시오.

풀이 인버터 대수 $= \dfrac{20 \times 12 \times 0.4}{50} = 1.92$ → 2대(절상)

예제 7. 모듈과 인버터의 주요 사양이 다음 [보기]와 같을 때 모듈의 최적 직렬 및 병렬 수와 최대출력을 구하시오. (단, 전압강하와 경년효율 저하는 없다고 가정한다.)

보기

- 모듈의 출력 : 0.4 kW
- 모듈의 V_{oc} : 42 V, V_{mpp} : 34 V
- 주변의 최소 및 최대온도 : −25℃, 55℃
- 전압 온도계수 : −200 mV/℃
- 인버터의 최대 입력전력 : 500 kW
- MPPT 전압범위 : 460 ~ 830 V
- 인버터의 최대 입력전압 : 1,000 V

풀이 ㉠ • $V_{oc}(-25℃)=42+\left\{\left(-\dfrac{200}{1,000}\right)\times(-25-25)\right\}=42+10=52\text{ V}$

• $V_{mpp}(-25℃)=34+10=44\text{ V}$

㉡ • $V_{oc}(55℃)=42+\left\{\left(-\dfrac{200}{1,000}\right)\times(55-25)\right\}=42-6=36\text{ V}$

• $V_{mpp}(55℃)=34-6=28\text{ V}$

㉢ 최대 직렬 수

• $N_{oc}=\dfrac{\text{인버터 최대 입력전압}}{\text{최저온도에서의 } V_{oc}}=\dfrac{1,000}{52}\fallingdotseq 19.23\rightarrow 19$개 (절사)

• $N_{mpp}=\dfrac{\text{인버터 MPPT 전압의 상한 값}}{\text{최저온도에서의 } V_{mpp}}=\dfrac{830}{44}\fallingdotseq 18.86\rightarrow 18$개 (절사)

둘 중 작은 쪽 18개를 최대 직렬 수로 선정한다.

㉣ 최소 직렬 수

$N_{\min}=\dfrac{\text{인버터 MPPT 전압의 하한 값}}{\text{최고온도에서의 } V_{mpp}}=\dfrac{460}{28}\fallingdotseq 16.43\rightarrow 17$개(절상)

㉤ 최적 병렬 수

• 직렬 17일 때 $\dfrac{500}{17\times0.4}\fallingdotseq 73.53\rightarrow$ 병렬 73, $17\times73\times0.4=496.4\text{ kW}$

• 직렬 18일 때 $\dfrac{500}{18\times0.4}\fallingdotseq 69.44\rightarrow$ 병렬 69, $18\times69\times0.4=496.8\text{ kW}$

따라서 직렬 18개, 병렬 69개일 때 최대출력 496.8 kW를 얻을 수 있다.

(8) 태양광발전소 부지도면에서 모듈의 직·병렬 배치

① 직사각형의 부지에서 직렬 및 병렬의 배치방식은 다음과 같고, 경사각은 α, 고도각은 β이다.

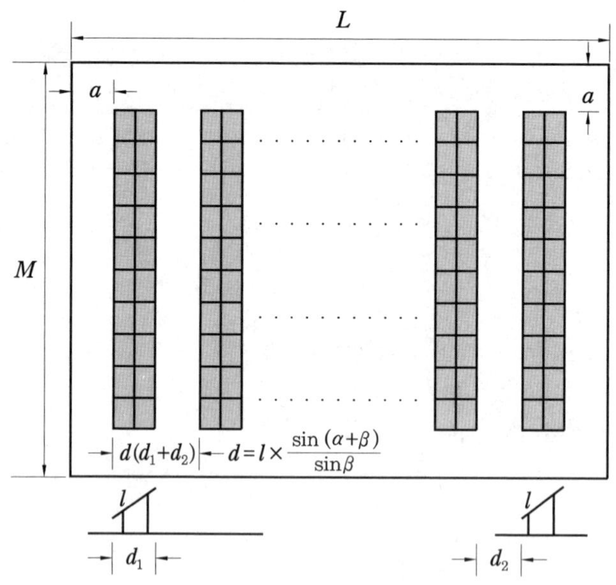

② 위와 같이 2단으로 구성된 부지에 대해서 이격거리와 모듈 수의 계산은 다음과 같다.

(가) $d = l \times \dfrac{\sin(\alpha+\beta)}{\sin\beta}$, $d_1 = l \times \cos\alpha$

(나) $d_2 = d - d_1 = l \times \left\{ \dfrac{\sin(\alpha+\beta)}{\sin\beta} - \cos\alpha \right\}$

(다) 세로 모듈 수 : $N_s = \dfrac{M-2a}{k} \times n$

여기서, M : 부지의 세로길이, a : 부지경계와 어레이 간격
k : 모듈 세로길이, n : 어레이 단수

㈜ 계산에서 $\dfrac{M-2a}{k}$의 값은 소수점에서 절사한다.

(라) 가로 모듈 수 : $N_k = \dfrac{L'}{d} = \dfrac{L-2a-d_1}{d} + 1$

여기서, L : 부지의 가로길이, d_1 : 어레이 맨 우측의 그림자 길이

* 가로 어레이의 맨 우측은 d_1 한 개 추가한다.

(마) 전체 모듈 수 : $N = N_s \times N_k$

예제 8. 앞 그림의 부지에서 $M = 150$ m, $a = 2$ m, $l = 2$ m, 경사각 $\alpha = 30°$, $\beta = 20°$일 때 설치할 수 있는 총 모듈 수를 구하시오. (단, 어레이 단수는 2단으로 계산하며, 계산값은 소수 셋째 자리에서 반올림한다.)

풀이 ㉠ $d = l \times \dfrac{\sin(\alpha+\beta)}{\sin\beta} = 2 \times \dfrac{\sin(30+20)}{\sin 20} = 2 \times \dfrac{0.766}{0.342} \fallingdotseq 4.48\,\mathrm{m}$

㉡ $d_1 = l \times \cos\alpha = l \times \cos 30° = 2 \times 0.866 \fallingdotseq 1.73\,\mathrm{m}$

㉢ $d_2 = d - d_1 = l \times \left\{\dfrac{\sin(\alpha+\beta)}{\sin\beta} - \cos\alpha\right\} = 4.48 - 1.73 = 2.75\,\mathrm{m}$

㉣ 세로 모듈 수 : $N_s = \dfrac{M-2a}{k} \times n = \dfrac{100-(2\times 2)}{1} = 96$개

㉤ 가로 모듈 수 : $N_k = \dfrac{L'}{d} = \dfrac{L-2a-d_1}{d} + 1 = \dfrac{150-(2\times 2)-1.73}{4.48} + 1$

$\fallingdotseq 33.2 \rightarrow 33$개

가로 2단이므로 $33 \times 2 = 66$개

㉥ 전체 모듈 수 : $N = N_s \times N_k = 96 \times 66 = 6,336$개

예상문제

2. 태양광 모듈의 최적 직·병렬 수와 총 발전량 계산

01. 다음의 모듈, 인버터의 사양으로 태양광발전 용량 50 kW 설치부지에 주변 최저온도 −15℃, 주변 최고온도 40℃에서 태양전지 모듈의 적합한 최적 직·병렬 어레이를 설계하고자 한다. 직류 측 전압강하율이 3 %일 때 다음의 각 물음에 답하시오. (단, 계산값은 소수점 셋째 자리에서 반올림한다.)

태양전지 모듈의 특성	
최대전력 P_{max} [W]	300
개방전압 V_{oc} [V]	39.8
단락전류 I_{sc} [A]	9.98
최대 동작전압 V_{mpp} [V]	32
최대 동작전류 I_{mpp} [A]	9.4
전압 온도 변화율 [%/℃]	−0.29
NOCT [℃]	47

인버터의 특성	
최대 입력전력 [kW]	50
MPP 범위 [V]	333 ~ 500
최대 입력전압 [V]	700
최대 입력전류 [A]	223
정격출력 [kW]	50
주파수 [Hz]	60

(1) 주변 최고온도 40℃에서의 NOCT 적용 셀 온도를 계산하시오.

(2) 주변 온도 −15℃, 40℃에서 태양전지 모듈의 V_{oc}, V_{mpp}를 구하시오.

① $V_{oc}(-15℃) =$　　② $V_{mpp}(-15℃) =$

③ V_{oc}(40℃ NOCT 환산온도) =　　④ V_{mpp}(40℃ NOCT 환산온도) =

(3) 최대 직렬 모듈 수와 최소 직렬 모듈 수를 구하시오.

(4) 최적(최대로 발전 가능한) 직·병렬 모듈 수를 구하시오.

풀이 (1) $T_{cell}(\text{NOCT}) = 40 + \dfrac{47-20}{800} \times 1{,}000 = 40 + 33.75 = 73.75℃$

여기서, $A = 1{,}000\,\text{W/m}^2$: STC 기준

(2) 태양전지 모듈의 V_{oc}, V_{mpp}

① $V_{oc}(-15℃) = 39.8 \times \{1 + (-0.0029) \times (-15-25)\}$
$= 39.8 \times \{1 + (-0.0029) \times (-40)\}$
$= 39.8 \times (1 + 0.116) = 39.8 \times 1.116 ≒ 44.42\,\text{V}$

② $V_{mpp}(-15℃) = 32 \times \{1 + (-0.0029) \times (-15-25)\}$
$= 32 \times \{1 + (-0.0029) \times (-40)\}$
$= 32 \times (1 + 0.116) = 32 \times 1.116 ≒ 35.71\,\text{V}$

③ $V_{oc}(73.75℃) = 39.8 \times \{1 + (-0.0029) \times (73.75-25)\}$
$= 39.8 \times \{1 + (-0.0029) \times (48.75)\}$
$≒ 39.8 \times (1 - 0.1414) ≒ 39.8 \times 0.859 ≒ 34.19\,\text{V}$

④ $V_{mpp}(73.75℃) = 32 \times \{1 + (-0.0029) \times (73.75-25)\}$
$= 32 \times \{1 + (-0.0029) \times (48.75)\}$
$≒ 32 \times (1 - 0.1414) ≒ 32 \times 0.859 ≒ 27.49\,\text{V}$

(3) 최대 및 최소 직렬 모듈 수

㉠ 최대 직렬 수(절사)

- $N_{oc} = \dfrac{700}{44.42 \times (1-0.03)} = \dfrac{700}{44.42 \times 0.97} ≒ 16.25 \rightarrow$ 16개
- $N_{mpp} = \dfrac{500}{35.71 \times (1-0.03)} = \dfrac{500}{35.71 \times 0.97} ≒ 14.43 \rightarrow$ 14개

둘 중 작은 쪽 14개를 최대 직렬 수로 선정한다.

㉡ 최소 직렬 수(절상)

$N_{\min} = \dfrac{333}{27.49 \times (1-0.03)} = \dfrac{333}{27.49 \times 0.97} ≒ 12.49 \rightarrow$ 13개

(4) 최적 직·병렬 모듈 수 : 다음의 식으로 직렬 수 최소 13, 최대 14에 대한 병렬 수를 결정 한 후 최대출력을 얻는 조합을 선정한다.

$$\text{직렬 수에 따른 병렬 모듈 수} = \frac{\text{인버터 최대 입력전력}}{\text{직렬 수} \times \text{모듈 최대전력}(P_m)}$$

㉠ 직렬 13일 때 $\dfrac{50 \times 1{,}000}{13 \times 300} ≒ 12.82 \rightarrow 12$이며,

$13 \times 12 \times 300 = 46{,}800\,\text{W} = 46.8\,\text{kW}$

㉡ 직렬 14일 때 $\dfrac{50 \times 1{,}000}{14 \times 300} ≒ 11.90 \rightarrow 11$이며,

$14 \times 11 \times 300 = 46{,}200\,\text{W} = 46.2\,\text{kW}$

따라서 직렬 13개, 병렬 12개일 때 최대출력 46.8 kW를 얻을 수 있다.

정답 (1) 73.75℃

(2) ① 44.42 V, ② 35.71 V, ③ 34.19 V, ④ 27.49 V

(3) 최대 직렬 수 14개, 최소 직렬 수 13개

(4) 직렬 13개, 병렬 12개

02. 태양광 발전부지의 기후 조건은 최저온도 −15℃, 최고온도 45℃이다. 200 kW 태양광 발전소의 가장 적합한 직·병렬 어레이 설계에 관한 다음의 물음에 답하시오.

태양전지 모듈의 사양	
최대전력 P_{max}	380 W
개방전압 V_{oc}	47.69 V
단락전류 I_{sc}	10.05 A
최대 동작전압 V_{mpp}	39.71 V
최대 동작전류 I_{mpp}	9.57 A
전압 온도 변화율	-0.2 V/℃
NOCT	46℃

인버터의 사양	
최대 입력전력	60 kW
MPPT 전압범위	480 ~ 800 V
최대 입력전압	1,000 V
최대 입력전류	110 A
정격출력	50 kW
주파수	60 Hz

(1) 최저온도(−15℃) 및 최고온도(45℃)에서의 V_{oc}, V_{mpp}를 계산하시오. (단, NOCT 미적용, 소수점 셋째 자리에서 절사한 값으로 한다.)

① $V_{oc}(-15℃)=$

② $V_{mpp}(-15℃)=$

③ $V_{oc}(45℃)=$

④ $V_{mpp}(45℃)=$

(2) 최대 및 최소 직렬 모듈 수를 계산하시오.

(3) 최적 직·병렬 모듈 수를 계산하시오

(4) 필요한 인버터 대수를 결정하시오.

풀이 (1) 최저온도(−15℃) 및 최고온도(45℃)에서의 V_{oc}, V_{mpp} (소수점 셋째 자리에서 절사)

① $V_{oc}(-15℃)=47.69+\{(-0.2)\times(-15-25)\}=47.69+\{(-0.2)\times(-40)\}$

$=47.69+8=55.69\text{ V}$

② $V_{mmp}(-15℃)=39.71+\{(-0.2)\times(-15-25)\}=39.71+\{(-0.2)\times(-40)\}$

$=39.71+8=47.71\text{ V}$

③ $V_{oc}(45℃) = 47.69 + \{(-0.2)\times(45-25)\} = 47.69 + \{(-0.2)\times(20)\}$

$= 47.69 - 4 = 43.69$ V

④ $V_{mmp}(45℃) = 39.71 + \{(-0.2)\times(45-25)\} = 39.71 + \{(-0.2)\times(20)\}$

$= 39.71 - 4 = 35.71$ V

(2) 최대 및 최소 직렬 모듈 수

㉠ 최대 직렬 모듈 수(절사)

- $V_{oc}(-15℃)$ 사용 $N_{oc} = \dfrac{\text{인버터 최대 입력전압}}{V_{oc}(-15℃)} = \dfrac{1,000}{55.69} ≒ 17.96 \rightarrow 17$
- $V_{mpp}(-15℃)$ 사용 $N_{mpp} = \dfrac{\text{인버터의 MPPT 전압범위 상한 값}}{V_{mpp}(-15℃)}$

$= \dfrac{800}{47.71} ≒ 16.77 \rightarrow 16$

둘 중 작은 쪽 16개를 최대 직렬 모듈 수로 결정한다.

㉡ 최소 직렬 모듈 수

$N_{\min} = \dfrac{\text{인버터의 MPPT 전압범위 하한 값}}{V_{mmp}(45℃)} = \dfrac{480}{35.71} ≒ 13.44 \rightarrow 14$(절상)

(3) 최적 직·병렬 모듈 수

병렬 수는 $\dfrac{\text{인버터 최대 입력전력}}{\text{직렬 수}\times\text{모듈 최대전력}}$에 직렬 수 14 ~16을 대입하여 최대출력을 얻을 수 있는 직·병렬 수를 선정할 수 있다.

㉠ 직렬 14일 때 $\dfrac{60}{14\times0.38} ≒ 11.28 \rightarrow 11$이며, $14\times11\times0.38 = 58.52$ kW

㉡ 직렬 15일 때 $\dfrac{60}{15\times0.38} ≒ 10.53 \rightarrow 10$이며, $15\times10\times0.38 = 57$ kW

㉢ 직렬 16일 때 $\dfrac{60}{16\times0.38} ≒ 9.87 \rightarrow 9$이며, $16\times9\times0.38 = 54.72$ kW

따라서 직렬 14, 병렬 11인 경우 58.52 kW의 최대출력을 얻을 수 있다.

(4) 필요한 인버터 대수

인버터 대수 $= \dfrac{\text{전체 출력}}{\text{최적 직·병렬 출력}} = \dfrac{200}{58.52} ≒ 3.42 \simeq 4$대

정답 (1) ① 55.69 V, ② 47.71 V, ③ 43.69 V, ④ 35.71 V

(2) 최대 직렬 수 16개, 최소 직렬 수 14개

(3) 직렬 14개, 병렬 11개

(4) 4대

03. 다음의 태양광 부지, 태양전지 모듈, 인버터의 특성 표를 활용하여 각 물음에 답하시오. (단, 태양광 어레이는 사방의 경계선과 2 m의 이격거리로 설치, 모듈 측과 인버터 간의 전압강하는 없다. 경사각은 30°, 고도각은 20°이며, 인버터의 효율은 98 %로 계산한다.)

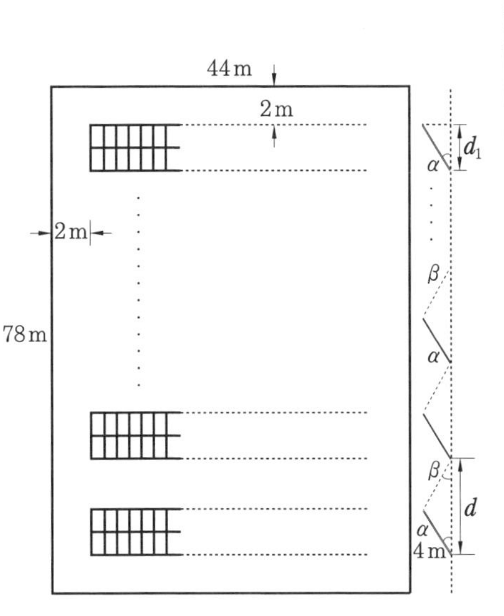

모듈의 특성	
모듈 크기	2.0 m×1.0 m
모듈 정격용량	400 W
주위 최저온도	−10℃
주위 최고온도	45℃
온도계수	−0.4 %/℃
개방전압 V_{oc}	50 V
최대 동작전압 V_{mpp}	40 V
NOCT	46℃
인버터의 특성	
최대 입력전력	25 kW
최대 입력전압	1,000 V
MPPT 범위	390 ~ 850 V
최대 출력전력	25 kW
모듈의 유로효율	98 %

(1) 주어진 특성 표로부터 태양전지 모듈의 변환효율을 계산하시오.

(2) 어레이 간의 이격거리 d를 계산하시오. (단, 계산값은 소수점 셋째 자리에서 절사한다.)

(3) 세로 및 가로의 모듈 수를 구하시오. (단, 경계선과 태양광 어레이의 간격을 2 m로 한다.)

(4) 총 모듈 수 및 총 출력을 계산하시오.

풀이 (1) 모듈 변환효율

$$\text{변환효율} = \frac{\text{모듈 최대전력(W)}}{\text{모듈 면적} \times 1{,}000\ \text{W/m}^2} \times 100 = \frac{400}{(2\times1)\times1{,}000} \times 100 = 20\ \%$$

(2) 어레이 간의 이격거리(d)

모듈의 긴 쪽(2 m)을 2단 세로, 짧은 쪽(1 m)을 가로로 구성한다면 어레이 길이 $L = 2\times2\ \text{m} = 4\ \text{m}$이므로

$$d = L\times\frac{\sin(\alpha+\beta)}{\sin\beta} = 4\times\frac{\sin(30°+20°)}{\sin20°} = 4\times\frac{\sin50°}{\sin20°} = 4\times\frac{0.766}{0.342} \fallingdotseq 8.96\ \text{m}$$

(3) 세로 배치 모듈 수 및 가로 배치 모듈 수

㉠ 세로 배치 모듈 수 : 세로 열의 맨 뒤(북쪽)의 2단 모듈은 다음에 모듈이 없으므로 위쪽(북) 경계선 2 m까지의 이격거리 $d_2 = 4\times\cos 30° = 4\times 0.866 ≒ 3.46$ m가 맨 뒤의 1열을 차지한다. 따라서 계산 결과 식에 1을 더하면 세로의 배치 수는 다음의 식으로 구한다.

$$\frac{\text{부지의 세로길이}(D_1) - (2\times\text{경계선과의 간격}(a)) - d_2}{\text{이격거리}(d)} + 1$$

$$= \frac{78-(2\times 2)-3.46}{8.96} + 1 = \frac{70.54}{8.96} + 1 ≒ 8.87 \rightarrow 8(\text{절사})$$

1열은 2단의 구성이므로 8×2=16개이다.

㉡ 가로 배치 모듈 수 : 가로 배치 2단 어레이는 중간 간격 2 m로 분할되므로 다음의 식으로 구한다.

$$\frac{\text{부지의 가로길이} - (2\times\text{경계선과의 간격})}{\text{모듈의 가로길이}} = \frac{44-4}{1} = 40\text{개}$$

(4) 총 모듈 수 및 총 출력전력

㉠ 총 모듈 수= 8×40=320개

㉡ 총 출력전력=총 모듈 수×모듈 1개의 출력= 320×0.4 kW= 128 kW

정답 (1) 20 % (2) 8.96 m (3) 세로 16개, 가로 40개
(4) 320개, 128 kW

04. 다음은 태양전지의 사양과 태양광발전소 부지 및 조건사항이다. 이들을 참고하여 각 물음에 답하시오. (단, 어레이의 경사각은 32°, 태양의 입사각은 24.5°이고, 모듈의 크기는 1,950 mm×1,000 mm이며, 온도 변화율은 −0.3 %/℃이다.)

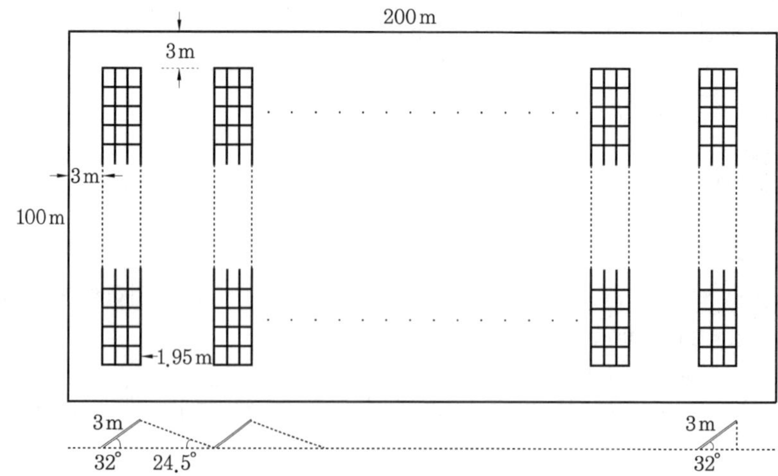

태양전지 모듈의 특성	
최대전력 P_{max} [W]	200
개방전압 V_{oc} [V]	37
단락전류 I_{sc} [A]	8.2
최대 동작전압 V_{mpp} [V]	27.8
최대 동작전류 I_{mpp} [A]	7.2

인버터의 특성	
최대 입력전력 [kW]	600
MPPT 전압범위 [V]	450 ~ 800
최대 입력전압 [V]	1,000
주파수 [Hz]	60

조건

1. 태양광 부지의 사방 경계선에서 3 m의 거리를 두고 모듈을 설치한다.
2. 어레이는 모듈의 긴 쪽(1.95 m)을 세로로, 짧은 쪽(1 m)을 가로 3단으로 설치한다.
3. 모듈 측과 인버터 간의 전압강하는 없으며, 인버터의 최소 입력전압은 MPPT 전압범위의 하한 값을 적용한다.
4. 모든 계산은 소수점 셋째 자리 이하를 절사한다.

(1) 발전부지에 설치할 수 있는 총 모듈 수와 총 전력량을 구하시오. (단, 계산과정도 기술하시오.)

(2) 주어진 최저온도 −25℃, 최고온도 65℃에서의 V_{oc}, V_{mpp}를 구하시오. (단, 계산과정도 기술하시오.)

① $V_{oc}(-25℃) =$

② $V_{mpp}(-25℃) =$

③ $V_{oc}(65℃) =$

④ $V_{mpp}(65℃) =$

(3) 최대출력을 얻을 수 있는 직렬 모듈 수 및 병렬 모듈 수를 결정하시오. (단, 계산과정도 기술하시오.)

풀이 (1) 총 모듈 수와 총 전력량

㉠ 어레이 간의 이격거리를 모듈의 짧은 쪽(1 m)을 3단 가로로 하여 어레이의 구성을 한다면

$$d = (3 \times 1) \times \frac{\sin(32° + 24.5°)}{\sin 24.5°} = 3 \times \frac{\sin 56.5°}{\sin 24.5°} = 3 \times \frac{0.8339}{0.4147} ≒ 6.03 \text{ m}$$

가로의 맨 끝 어레이의 이격거리 $d_2 = 3 \times \cos 32° = 3 \times 0.848 ≒ 2.54$ m

㉡ 가로 모듈 수 $= \dfrac{200 - (2 \times 3) - 2.54}{6.03} + 1 = \dfrac{191.46}{6.03} + 1 ≒ 32.75 \rightarrow 32$

㉢ 세로 모듈 수 $= \dfrac{100 - (2 \times 3)}{1.95} ≒ 48.20 \rightarrow 48$, 3단이므로 $48 \times 3 = 144$

따라서 총 모듈 수 $= 32 \times 144 = 4,608$개

총 전력량 $= 4,608 \times 0.2$ kW $= 921.6$ kW

(2) 주어진 최저온도 −25℃, 최고온도 65℃에서의 V_{oc}, V_{mpp}

① $V_{oc}(-25℃) = 37\times\{1+(-0.003)\times(-25-25)\}$
$= 37\times\{1+(-0.003)\times(-50)\}$
$= 37\times(1+0.15) = 37\times1.15 = 42.55\text{ V}$

② $V_{mpp}(-25℃) = 27.8\times\{1+(-0.003)\times(-25-25)\}$
$= 27.8\times(1+0.15) = 27.8\times1.15 = 31.97\text{ V}$

③ $V_{oc}(65℃) = 37\times\{1+(-0.003)\times(65-25)\}$
$= 37\times\{1+(-0.003)\times(40)\}$
$= 37\times(1-0.12) = 37\times0.88 = 32.56\text{ V}$

④ $V_{mpp}(65℃) = 27.8\times\{1+(-0.003)\times(65-25)\}$
$= 27.8\times(1-0.12) = 27.8\times0.88 ≒ 24.46\text{ V}$

(3) 최대출력을 얻을 수 있는 직렬 모듈 수 및 병렬 모듈 수

㉠ 최대 직렬 수(절사)

$$N_{oc} = \frac{\text{인버터 최대 입력전압}}{V_{oc}(-25℃)} = \frac{1,000}{42.55} ≒ 23.5 \rightarrow 23$$

$$N_{mpp} = \frac{\text{인버터 MPPT 전압범위의 상한 값}}{V_{mpp}(-25℃)} = \frac{800}{31.97} ≒ 25.0 \rightarrow 25$$

$N_{oc} = 23$, $N_{mpp} = 25$ 중 작은 쪽 23을 직렬 최대 모듈 수로 선정한다.

㉡ 최소 직렬 수(절상)

$$N_{\min} = \frac{\text{인버터 MPPT 전압범위의 하한 값}}{V_{mmp}(65℃)} = \frac{450}{24.46} ≒ 18.4 \rightarrow 19$$

㉢ 직렬 수 19 ~ 23 중에 적합한 병렬 수를 구하기 위해 $\frac{\text{부지면적으로 구한 총 전력}}{\text{직렬 수}\times\text{모듈 1개의 출력}}$ 을 대입하면

- 직렬 19일 때 $\frac{921.6}{19\times0.2} ≒ 242.53 \rightarrow 242$이며, $19\times242\times0.2 = 919.6\text{ kW}$
- 직렬 20일 때 $\frac{921.6}{20\times0.2} ≒ 230.40 \rightarrow 230$이며, $20\times230\times0.2 = 920\text{ kW}$
- 직렬 21일 때 $\frac{921.6}{21\times0.2} ≒ 219.43 \rightarrow 219$이며, $21\times219\times0.2 = 919.8\text{ kW}$
- 직렬 22일 때 $\frac{921.6}{22\times0.2} ≒ 209.45 \rightarrow 209$이며, $22\times209\times0.2 = 919.6\text{ kW}$
- 직렬 23일 때 $\frac{921.6}{23\times0.2} ≒ 200.35 \rightarrow 200$이며, $23\times200\times0.2 = 920\text{ kW}$

따라서 직렬 20, 병렬 230 또는 직렬 23, 병렬 200일 때 최대출력 920 kW를 얻을 수 있다.

정답 (1) 4,608개, 921.6 kW

(2) ① 42.55 V, ② 31.97 V, ③ 32.56 V, ④ 24.46 V

(3) 직렬 20, 병렬 230 또는 직렬 23, 병렬 200

05. 다음과 같은 가로 길이가 56 m인 태양광발전소 부지상에 2단 태양광 어레이가 배치되어 있다. 각 물음에 답하시오. (단, 상하 및 좌우 경계선과 어레이 사이의 간격은 3 m, 좌우 어레이의 중간 간격은 2 m이고, 어레이의 경사각 30° 및 태양의 고도각은 25°이다.)

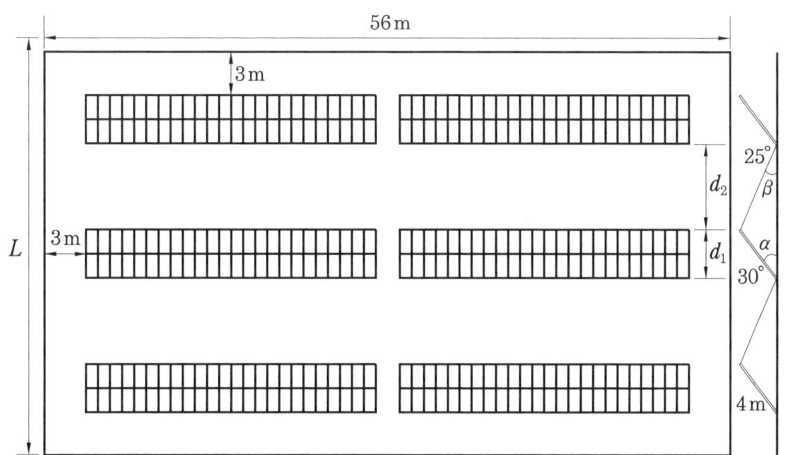

(1) 모듈의 1장의 크기는 2.0 m×1.0 m이며, 2단 어레이의 세로길이는 4 m일 때 어레이 간의 이격거리 $d(=d_1+d_2)$와 어레이 그림자 길이 d_1을 구하시오. (단, 계산결과는 소수점 셋째 자리를 반올림한다.)

(2) 위에서 구한 이격거리와 부지도면 우측의 어레이 측면도를 참고하여 부지의 세로길이 L을 구하시오.

(3) 모듈 1장의 출력이 400 W이고, 모듈의 효율이 98 %일 때 전체 출력을 계산하시오. (단, 어레이 왼쪽 그룹과 오른쪽 그룹 사이의 간격은 2 m이다.)

풀이 (1) 이격거리

$$d = 2\text{단 어레이 세로길이} \times \frac{\sin(30° + 25°)}{\sin 25°} = 4 \times \frac{0.8192}{0.4226} \fallingdotseq 7.75\ \text{m},$$

어레이 그림자 길이 $d_1 = 4 \times \cos 30° = 4 \times 0.866 \fallingdotseq 3.46$ m

(2) 세로길이 $L = 3 + 7.75 + 7.75 + 3.46 + 3 = 24.96$ m

(3) 전체 모듈 수는 $6 \times (2 \times 24) = 288$장이고, 모듈 1장의 출력은 0.4 kW이므로
총 출력전력 = 288×0.4 kW = 115.2 kW

정답 (1) 7.75 m, 3.46 m (2) 24.96 m (3) 115.2 kW

06. 다음은 50 kW의 태양광발전소를 설계하기 위한 모듈 인버터의 사양(specification)이다. 최대출력을 얻기 위한 직렬 모듈 수 N_s와 병렬 모듈 수 N_p를 구하시오.

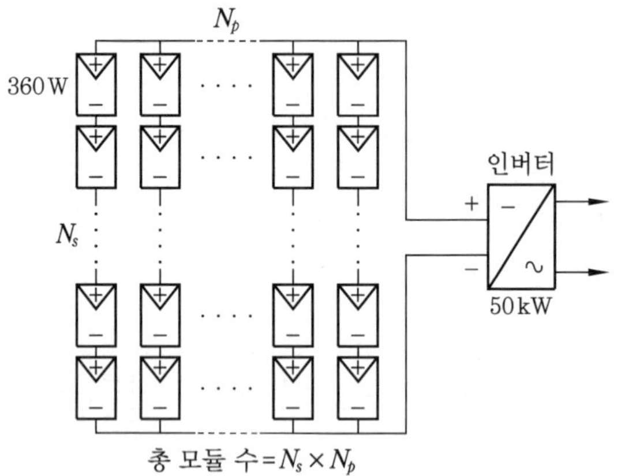

태양전지 모듈의 사양		
	최대전력 $P_{\max}$	360 W
최저 보정온도 시	개방전압 V_{oc}	52.24 V
	최대 동작전압 V_{mpp}	42.79 V
최고 보정온도 시	개방전압 V_{oc}	41.48 V
	최대 동작전압 V_{mpp}	33.97 V
	최대 동작전류 I_{mpp}	9.29 A

인버터의 사양	
최대출력	50 kW
최대 입력전압	950 V
MPPT 범위	500 ~ 800 V
최대 입력전류	110 A

풀이 ㉠ 최대 직렬 수 : $\dfrac{\text{인버터의 최대 입력전압}}{\text{최저 보정온도 시 } V_{oc}} = \dfrac{950}{52.24} \fallingdotseq 18.18 \rightarrow$ 18장(절사)

$\dfrac{\text{MPPT 최대 입력전압}}{\text{최저 보정온도 시 } V_{mpp}} = \dfrac{800}{42.79} \fallingdotseq 18.70 \rightarrow$ 18장(절사)

㉡ 최소 직렬 수 : $\dfrac{\text{MPPT 최소 전압}}{\text{최고 보정온도 시 } V_{mpp}} = \dfrac{500}{33.97} \fallingdotseq 14.72 \rightarrow$ 15(절상)

㉢ 최적 병렬 수 : 직렬 15 ~ 18인 경우의 병렬 수 계산

$\rightarrow \dfrac{\text{인버터 최대출력(kW)}}{\text{직렬 수} \times \text{모듈 최대출력}}$

- 직렬 15일 때 $\dfrac{50}{15 \times 0.36} \fallingdotseq 9.26 \rightarrow$ 9병렬 : 15(직렬)×9(병렬)×0.36 = 48.6 kW
- 직렬 16일 때 $\dfrac{50}{16 \times 0.36} \fallingdotseq 8.68 \rightarrow$ 8병렬 : 16(직렬)×8(병렬)×0.36 = 46.08 kW

• 직렬 17일 때 $\frac{50}{17 \times 0.36} \fallingdotseq 8.17 \rightarrow$ 8병렬 : 17(직렬)×8(병렬)×0.36 = 48.96 kW

• 직렬 18일 때 $\frac{50}{18 \times 0.36} \fallingdotseq 7.72 \rightarrow$ 7병렬 : 18(직렬)×7(병렬)×0.36 = 45.36 kW

따라서 직렬 수 $N_s=17$, 병렬 수 $N_p=8$일 때 최대출력 48.96 kW를 얻을 수 있다.

정답 직렬 수 : 17, 병렬 수 : 8

07. 다음과 같이 주어진 세 종류의 모듈과 1개의 인버터 사양 및 조건을 참고로 하여 100 kW 태양광발전소 건설을 위한 직·병렬 모듈 수를 간략하게 설계하시오.

모듈 사양			
구분	360 W	380 W	400 W
개방전압 V_{oc}	47.32 V	47.95 V	49.3 V
최대전압 V_{mpp}	38.76 V	39.71 V	40.6 V
단락전류 I_{sc}	9.82 A	10.05 A	10.47 A
최대전류 I_{mpp}	9.29 A	9.57 A	9.86 A

인버터 사양	
최대 입력출력	50 kW
MPPT 전압범위	480 ~ 800 V
최대전류	110 A

(1) 출력 100 kW에 적합한 병렬 모듈 수와 출력전력(kW)을 다음 표의 빈칸에 적어 넣으시오.

직렬 모듈 수	360 W		380 W		400 W	
	병렬 수	출력(kW)	병렬 수	출력(kW)	병렬 수	출력(kW)
14						
15						
16						
17						
18						

(2) 아래의 [조건]에 맞는 최적 직·병렬 조합과 그 출력전력을 결정하고, 그 이유를 수식으로 설명하시오.

조건

1. 전압, 전류 검토에 V_{mpp}와 I_{mpp}를 사용한다.
2. 온도 보정용으로 V_{mpp}는 1.2배, I_{mpp}는 그대로 적용한다.
3. 전압 및 전류의 적합성 검토에 인버터의 사양을 이용한다.

풀이 병렬 수 $= \dfrac{\text{인버터의 최대 입력전력}}{\text{직렬 수} \times \text{모듈 최대출력}}$ 으로 구한다.

(1)

직렬 모듈 수	360 W		380 W		400 W	
	병렬 수	출력(kW)	병렬 수	출력(kW)	병렬 수	출력(kW)
14	19	95.76	18	95.76	17	95.20
15	18	97.20	17	96.90	16	96.00
16	17	97.92	16	97.28	15	96.00
17	16	97.92	15	96.90	14	95.20
18	15	97.20	14	95.76	13	93.60

(2) 직렬 17, 병렬 16일 때 최대출력 97.92 kW를 얻는다.

직렬 17, 병렬 16을 선택한 이유 :

㉠ 100 kW 출력을 얻자면 50 kW의 인버터 2대가 필요하므로 병렬은 2의 배수이어야 한다. 따라서 직렬 16, 병렬 17이 아닌 16인 조합(직렬 17, 병렬 16)을 선택하였다.

㉡ 전압 검토 : $V_{mpp} \times 1.2 = (38.76 \times 1.2) \times 17 \fallingdotseq 791\text{ V} < 800\text{ V}$로 MPPT 전압 범위를 만족한다.

㉢ 전류 검토 : $(I_{mpp} \times 16) \div 2\text{대} = (9.29 \times 16) \div 2 = 148.64 \div 2 \fallingdotseq 74.3\text{ A} < 110\text{ A}$로 인버터의 최대전류를 초과하지 않는다.

정답 풀이 참조

08. 400 W 모듈을 사용하여 발전출력 192 kW의 태양광발전소를 건설하고자 한다. 다음의 [조건]일 때 이에 필요한 발전소 부지의 도면을 그려서 가로 및 세로의 길이와 그 면적을 구하시오. (단, 온도, 효율 등 다른 조건은 무시한다.)

| 조건 |

1. 경계 울타리와 어레이 간의 간격은 3 m로 한다.
2. 모듈의 크기는 세로 2 m, 가로 1 m이다(2×1 m).
3. 어레이는 세로 2단으로 구성한다($L = 2 \times 2\text{ m} = 4\text{ m}$).
4. 어레이의 상하 이격거리는 8 m, 좌우 이격거리는 2 m로 한다.
5. 어레이를 구성하는 모듈 간의 간격은 없다.
6. 전체 어레이 그룹은 2×3 또는 3×2로 배치한다.

풀이 총 모듈 수 $= \dfrac{192\text{ kW}}{0.4\text{ kW}} = 480$개

① 어레이 그룹이 2×3인 경우의 세로길이 $= 3+4+6+4+3 = 20\text{ m}$,

세로 모듈 수 $= (4+4)/2 = 4$개, 가로 모듈 수 $= 480/4 = 120$개,

가로 2단 어레이 그룹당 모듈 수 = 120/3 = 40개,

가로길이 = 3+40+2(어레이 그룹 간격)+40+2(어레이 그룹 간격)+40+3
= 130 m

② 어레이 그룹이 3×2인 경우의 세로길이 = 3+4+6+4+6+4+3 = 30 m,
세로 모듈 수 = (4+4+4)/3 = 4개, 가로 모듈 수 = 480/4 = 120개
가로길이 = 3+40+2(어레이 그룹간격)+40+3 = 88 m

정답 부지의 도면은 아래의 두 가지가 있으며, 둘 중 어느 하나가 답이다.

①

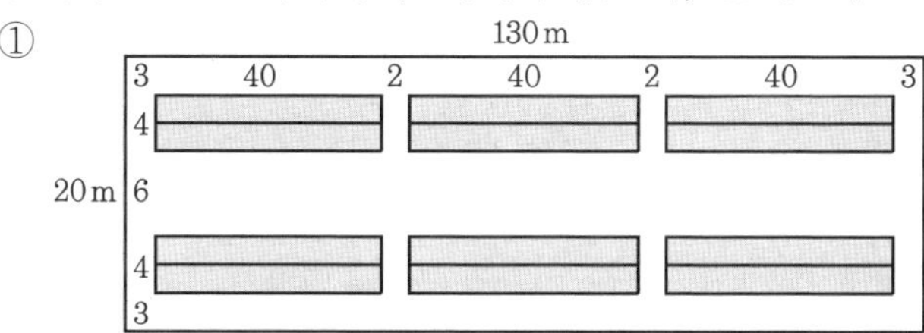

세로 20 m, 가로 130 m, 면적 = 130×20 = 2,600 m^2

②

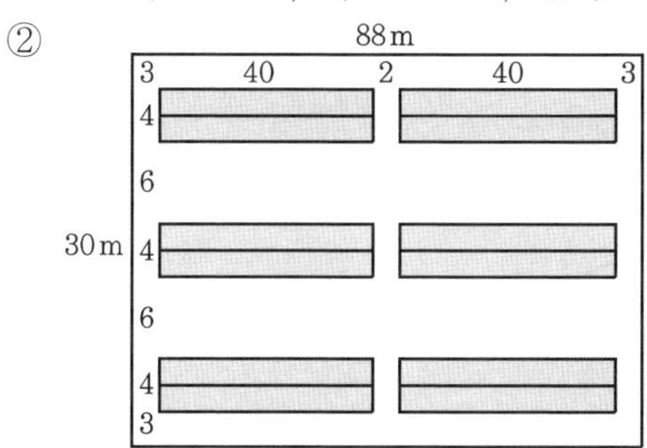

세로 30 m, 가로 88 m, 면적 = 88×30 = 2,640 m^2

3 태양광발전설비 전선길이와 전압강하

(1) 태양전지 어레이와 인버터 간의 전압강하율

① 전압강하 $e\,[\mathrm{V}] = E_s - E_r$

여기서, E_s : 송전단 전압, E_r : 수전단 전압

② 전압강하율 $e\,[\%] = \dfrac{E_s - E_r}{E_r} \times 100 = e_1 + e_2$

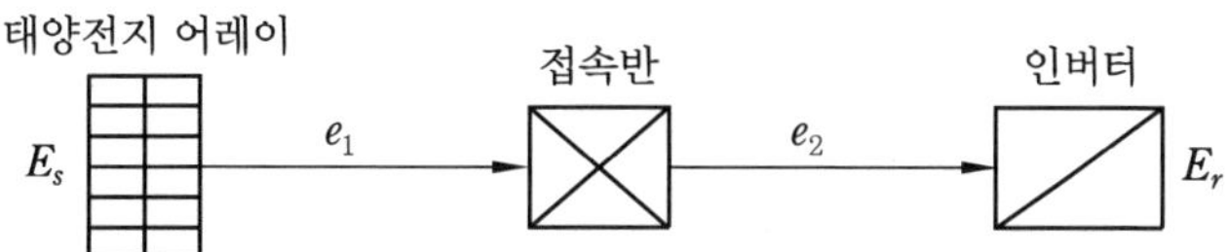

(2) 정상 전압강하 식

① 송전단 전압

$$E_s = (E_r + IR\cos\theta + IX\sin\theta) + j(IX\cos\theta - IR\sin\theta)[\text{V}]$$

② 전압강하

$$e\,[\text{V}] = E_s - E_r = K_w(R\cos\theta + X\sin\theta) \times I \times L\,[\text{V}]$$

여기서, E_s : 송전단 전압, E_r : 수전단 전압, K_w : 전기방식에 따른 계수
L : 선로길이, θ : 역률각

③ 전압강하율

$$e\,[\%] = \frac{E_s - E_r}{E_r} \times 100\,\%$$

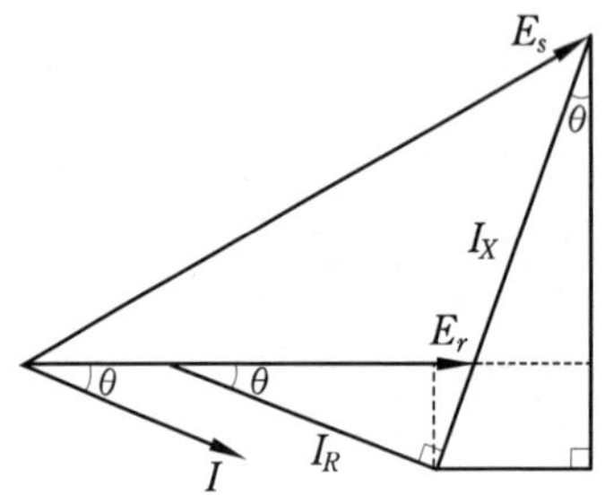

(3) 전선길이에 따른 전압강하율

전선길이	전압강하율
60 m 이하	3 % 이하
120 m 이하	5 % 이하
200 m 이하	6 % 이하
200 m 초과	7 % 이하

(4) 전기방식에 따른 전압강하 및 전선의 굵기(단면적)

전기방식	K_w	전압강하(V)	전선 단면적(mm²)
단상 2선식, 직류 2선식	2	$e = \frac{35.6LI}{1,000A}$	$A = \frac{35.6LI}{1,000e}$
3상 3선식	$\sqrt{3}$	$e = \frac{30.8LI}{1,000A}$	$A = \frac{30.8LI}{1,000e}$
단상 3선식, 3상 4선식	1	$e = \frac{17.8LI}{1,000A}$	$A = \frac{17.8LI}{1,000e}$

예상문제

3. 태양광발전설비 전선길이와 전압강하

01. 태양광발전설비 시공기준에서 전선길이에 따른 전압강하율을 다음 표의 ①, ②, ③에 알맞게 쓰시오.

전선길이	전압강하율
60 m 이하	① % 이하
120 m 이하	5 % 이하
200 m 이하	② % 이하
200 m 초과	③ % 이하

정답 ① 3, ② 6, ③ 7

02. 다음 표와 같은 조건으로 설치된 3상 4선식 선로의 상간 전압강하를 구하시오.

부하전류	50 A	전선의 단면적	6 mm^2
부하역률	90 %	전선의 고유저항률	0.017 Ω · m
선로의 길이	200 m		

풀이 전선의 저항 $R=\rho[\Omega\cdot\text{m}]\times\dfrac{l[\text{m}]}{S[\text{mm}^2]}=0.017\times\dfrac{200}{6}\fallingdotseq 0.57\Omega$,

선로의 상간 전압강하 $e=I(R\cos\theta+X\sin\theta)$에서 $\sin\theta$항은 0이므로

$$e=50\times\{(0.57\times0.9)+0\}=25.65\text{ V}$$

정답 25.65 V

03. 총 출력이 51.2 kW, 총 전류가 64 A인 태양광 어레이의 접속반에서 인버터까지의 전선 길이가 60 m, 전압강하율이 2 %이고, 직류전류 감소계수가 0.7일 때 전선의 단면적을 구하시오.

풀이 직렬 모듈 전압 $=\dfrac{P}{I}=\dfrac{51,200}{64}=800\text{ V}$, 전압강하 $=800\times0.02=16\text{ V}$

전선의 단면적 $=\dfrac{35.6\times60\times64\times0.7}{1,000\times16}\fallingdotseq 5.98\text{ mm}^2$

정답 5.98 mm^2

04. 송전전압이 385 V, 수신전압이 375 V일 때 전압강하율을 구하시오.

풀이 전압강하율 $= \dfrac{385-375}{375} \times 100 \fallingdotseq 2.67\,\%$

정답 2.67 %

05. 어레이의 직렬 수는 10, 병렬 수는 20개일 때 다음과 같은 [조건]에서 태양광발전설비의 전압강하율을 구하시오.

조건

- 태양전지 모듈의 최대 동작전압 : 40 V
- 전선길이 : 60 m
- 태양전지 모듈의 최대 동작전류 : 8 A
- 단면적 : 20 mm^2

풀이 직렬전압 합계 $= 10 \times 40 = 400$ V, 병렬전류 합계 $= 20 \times 8 = 160$ A

$e = \dfrac{35.6LI}{1{,}000A} = \dfrac{35.6 \times 60 \times 160}{1{,}000 \times 20} \fallingdotseq 17.09$ V,

수전단 전압 $E_r = 400 - 17.09 = 382.91$ V

$\therefore$ 전압강하율 $= \dfrac{e}{E_r} \times 100 = \dfrac{17.09}{382.91} \times 100 \fallingdotseq 4.46\,\%$

정답 4.46 %

06. 스트링 전압이 600 V, 최대 동작전류가 8 A인 태양광 어레이가 접속반까지의 거리는 100 m일 때 전압강하율을 2 %로 유지하기 위한 전선의 정격 단면적을 구하시오.

풀이 전압강하 $e = 600 \times 0.02 = 12$ V,

전선의 단면적 $A = \dfrac{35.6LI}{1{,}000e} = \dfrac{35.6 \times 100 \times 8}{1{,}000 \times 12} \fallingdotseq 2.37\ \text{mm}^2$

2.37 mm^2에 가까운 전선의 정격 단면적은 2.5 mm^2이다.

정답 2.5 mm^2

07. 다음의 조건에서 태양전지 모듈로부터 접속반까지의 전압강하율을 구하시오. (단, 스트링의 직렬 수는 18, 전선의 길이는 75 m, 전선의 단면적은 6 mm²이다.)

모듈 사양	
P_{max} [W]	300
V_{oc} [V]	45.1
V_{mmp} [V]	36.3
I_{sc} [A]	8.85
I_{mpp} [A]	8.27

풀이 $e = \frac{35.6LI}{1{,}000A} = \frac{35.6 \times 75 \times 8.27}{1{,}000 \times 6} \fallingdotseq 3.68\text{ V}$, 스트링 직렬전압 $= 18 \times 36.3 = 653.4\text{ V}$

수전단 전압 $E_r = 653.4 - 3.68 = 649.72\text{ V}$

$\therefore$ 전압강하율 $= \frac{e}{E_r} \times 100 = \frac{3.68}{649.72} \times 100 \fallingdotseq 0.57\ \%$

정답 0.57 %

4 인버터의 절연방식, 기능, 운전방식

(1) 인버터의 절연방식 3가지

구분	회로	동작 설명
상용주파 변압기 절연방식	PV — 인버터 — 상용주파 변압기	태양전지의 직류출력을 상용주파의 교류로 변환한 뒤, 변압기로 절연한다.
고주파 변압기 절연방식	PV — 고주파 인버터 — 고주파 변압기 — AC-DC — 인버터	태양전지의 직류출력을 고주파 교류로 변환한 뒤에 소형 고주파 변압기로 절연한다. 그 다음 직류로 바꾼 뒤, 다시 상용주파 교류로 변환하여 출력한다.
무변압기(트랜스리스) 방식	PV — DC-DC 컨버터 — 인버터	태양전지의 직류출력을 DC-DC 컨버터로 승압한 뒤, 인버터를 통해 상용주파 교류로 출력한다.

(2) 인버터의 절연 3방식의 장·단점

구분	장점	단점
상용주파 절연방식	뇌 서지, 잡음 차단 특성이 좋다.	부피가 크다.
고주파 절연방식	소형, 경량, 고주파 변압기로 절연한다.	회로가 복잡하며 고가이다.
무변압기(트랜스리스) 방식	소형, 경량, 신뢰성이 높다.	고조파 및 직류의 유출 가능성이 있다.

(3) 인버터(PCS)의 주요 기능

① 단독운전 방지기능
② 계통연계 보호기능
③ 최대전력 추종제어(MPPT)기능
④ 자동전압 조정기능
⑤ 자동운전 정지기능
⑥ 직류검출, 지락검출기능
⑦ 전압, 전류제어기능

(4) MPPT(최대전력 추종제어) : 태양전지 어레이에서 발생되는 시시각각의 전압과 전류를 최대 출력점에 도달하도록 변환시켜 최대출력을 유도하는 제어

(5) 인버터 시스템 방식의 종류

① 중앙 집중식 인버터 방식 : 3 ~ 5개의 모듈이 직렬로 연결되어 스트링을 이룬다. 음영의 영향을 적게 받는 장점이 있으나 높은 전류가 발생한다.

② 모듈 인버터 방식 : 모듈의 출력단에 내장되는 인버터로서 PV 시스템 확장이 쉬운 장점이 있으나 타 방식에 비해 가격이 비싸다.

③ 스트링 인버터 방식 : 태양광발전 모듈로 이루어지는 스트링 하나의 출력만으로 동작할 수 있도록 설계한 인버터로서 스트링별 MPPT 제어가 가능하다.

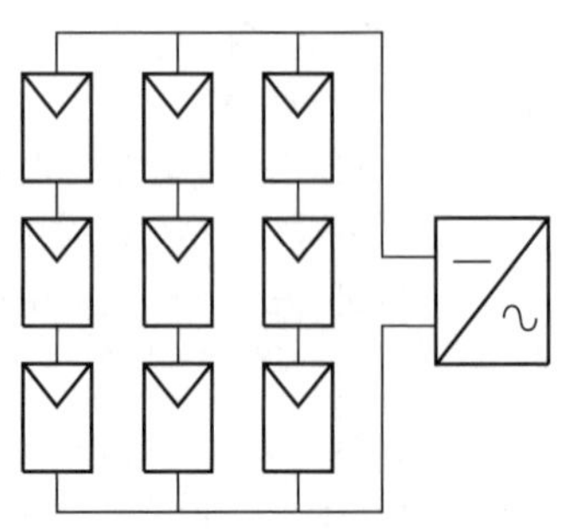

(a) 중앙 집중식 인버터 방식

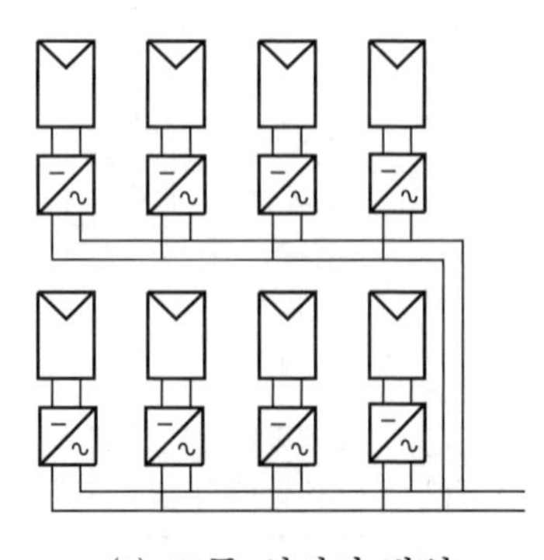

(b) 모듈 인버터 방식

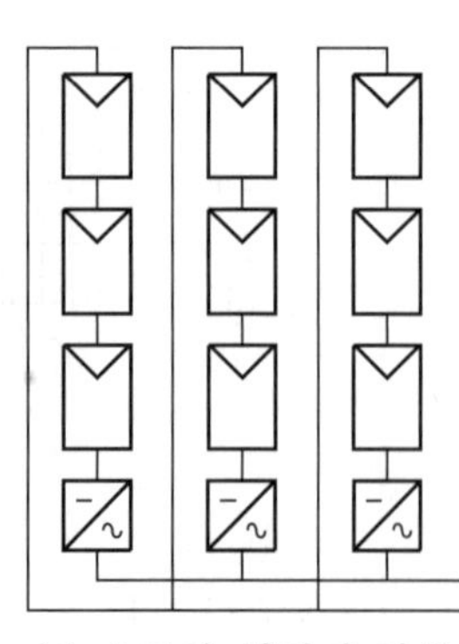

(c) 스트링 인버터 방식

예상문제

4. 인버터의 절연방식, 기능, 운전방식

01. 인버터(PCS)의 절연방식에 대한 3가지 회로를 그리고, 그 동작원리를 설명하시오.

정답

구분	회로	동작 설명
상용주파 변압기 절연방식	PV — 인버터 — 상용주파 변압기	태양전지의 직류출력을 상용주파 인버터를 통해 교류로 변환한 뒤, 상용주파수 변압기로 절연하여 출력한다.
고주파 변압기 절연방식	PV — 고주파 인버터 — 고주파 변압기 — AC-DC — 인버터	태양전지의 직류출력을 고주파 인버터를 통해 고주파 교류로 변환한 뒤에 소형 고주파 변압기로 절연한다. 그 다음 직류로 바꾼 뒤, 다시 상용주파 인버터로 교류로 변환하여 출력한다.
무변압기(트랜스리스) 방식	PV — DC-DC 컨버터 — 인버터	태양전지의 직류출력을 DC-DC 컨버터로 승압한 뒤, 인버터를 통해 상용주파 교류로 출력한다.

02. 인버터 회로방식 중 트랜스리스(무변압기) 방식의 특징 4가지를 쓰시오.

정답 ① 소형, 경량, 저가이다.
② 비교적 신뢰성이 높다.
③ 경제성이 우수하고, 효율이 높다.
④ 고조파 발생 및 유출의 가능성이 있다.
⑤ 그 밖에 직류유출의 검출 및 차단기능이 필요하다.

03. 인버터 회로방식 중 고주파 변압기 절연방식의 특징 3가지를 쓰시오.

정답 ① 소형이고, 경량이다.
② 회로가 복잡하다.
③ 고주파 변압기로 절연한다.

04. 다음 인버터의 방식은 어떠한 방식인지 쓰시오.

태양전지 DC → AC 고주파 변압기 AC → DC DC → AC

정답 고주파 변압기 절연방식

05. 다음 인버터의 방식은 어떠한 방식인지 쓰시오.

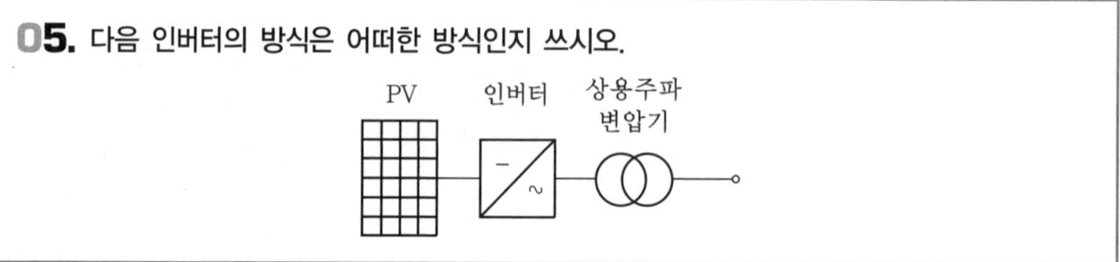

정답 상용주파 변압기 절연방식

06. 태양전지 모듈마다 개별로 인버터를 부착하는 것은 어떤 방식인가?

정답 모듈 인버터 방식

해설 모듈 인버터 방식 : 모듈 하나마다 별개의 인버터를 설치하는 방식으로 시스템 확장에 유리하지만, 투자비가 많이 든다.

07. 태양광발전시스템의 인버터 기능을 6가지만 쓰시오.

정답 ① 단독운전 방지기능, ② 최대전력 추종제어기능,
③ 계통연계 보호기능, ④ 자동전압 조정기능,
⑤ 자동운전 정지기능, ⑥ 직류 및 지락검출기능

08. 계통연계형 인버터의 운전 시스템 방식을 5가지만 쓰시오.

정답 ① 중앙 집중형 방식, ② 마스터 슬레이브 방식,
③ 모듈 인버터 방식, ④ 스트링 인버터 방식
⑤ 병렬운전방식

09. 다음 그림과 같은 인버터 방식은 어떤 방식인가?

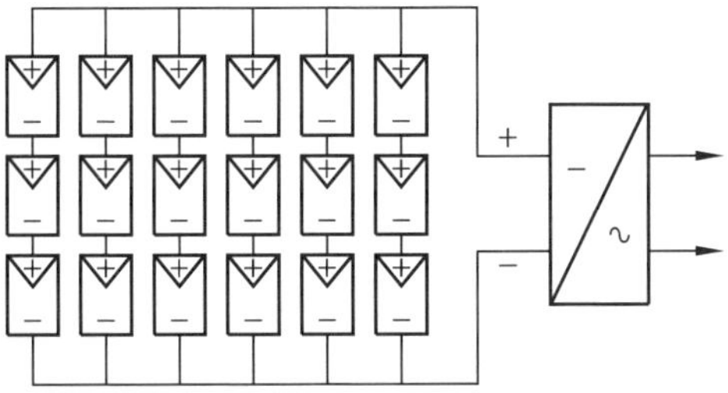

정답 중앙 집중형 방식

10. 태양광 인버터의 역할에 대해서 쓰시오.

정답 태양전지에서 생산된 직류전력을 교류전력으로 변환해주는 장치이다.

11. 태양전지의 출력을 스스로 감지하여 자동적으로 운전을 수행하고, 출력을 얻을 수 있는 인버터의 기능은 무엇인가?

정답 자동운전 정지기능

5 최대출력 추종제어(MPPT)

(1) 최대출력 추종제어(MPPT : Maximum Power Point Tracking)

태양전지 어레이를 태양전지의 일사강도, 온도 특성 또는 전류-전압 특성에 따라 어레이 출력이 최대가 되도록 추종하는 방식

(2) MPPT 제어방식의 종류

① 직접 제어방식 : 센서를 이용해 외부 조건(온도, 일사량)을 측정하여 최대출력 운전점에 도달하도록 제어하는 방식으로 구성의 간단성과 즉시성은 있으나 성능이 좋지 않다.

② 간접 제어방식

(가) P&O(Perturb & Ovserve) 제어 : 태양전지의 출력을 주기적으로 전·후 비교하여 출력을 증감시켜 최대출력 동작점을 찾는 방식으로 제어가 간단하지만 출력전압에 의한 진동손실이 발생한다.

(나) IncCond(Incremental Conductance) 제어 : 태양전지 출력의 컨덕턴스와 증분 컨덕턴스를 항시 비교해가며 최대출력 동작점을 찾는 방식으로 안정성은 있으나 연산이 많으므로 빠른 프로세서가 필요하다.

(다) 히스테리시스 밴드(Hysteresis Band) 제어 : 어레이 음영 또는 전류 - 전압 특성으로 최대 출력점 부근에서 한 개 이상 발생하는 경우 최대출력 동작점을 추종하는 방식으로 일사량 변화 시 효율은 좋으나 IncCond 방식보다 성능이 떨어진다.

MPPT 제어방식의 장·단점

구분		장점	단점
직접제어		구성이 간단하고, 추가적 대응이 가능하다.	성능이 떨어진다.
간접제어	P&Q	제어가 간단하다.	출력전압의 연속적인 진동으로 손실이 발생한다.
	IncCond	최대 출력점에서 안정성이 있다.	연산이 많으므로 빠른 프로세서가 필요하다.
	히스테리시스 밴드	일사량 변화 시 효율이 높다.	IncCond보다 전반적으로 성능이 떨어진다.

예상문제

5. 최대출력 추종제어(MPPT)

01. 일사강도와 태양전지 표면온도에 따라 변하는 태양전지의 출력에 대하여 태양전지의 동작점이 항상 최대출력을 발생하도록 하는 제어기능을 쓰시오.

정답 최대출력 추종제어(MPPT)

02. MPPT 제어방식의 종류와 그 장·단점을 쓰시오.

정답

구분		장점	단점
직접제어		구성이 간단하고, 추가적 대응이 가능하다.	성능이 떨어진다.
간접제어	P&Q	제어가 간단하다.	출력전압의 연속적인 진동으로 손실이 발생한다.
	IncCond	최대 출력점에서 안정성이 있다.	연산이 많으므로 빠른 프로세서가 필요하다.
	히스테리시스 밴드	일사량 변화 시 효율이 높다.	IncCond보다 전반적으로 성능이 떨어진다.

6 인버터의 단독운전 및 단독운전 방지기능

(1) **단독운전** : 한전계통의 부하의 일부가 한전계통 전원과 분리된 상태에서 분산형 전원에 의해서만 전력을 공급받는 상태를 말한다.

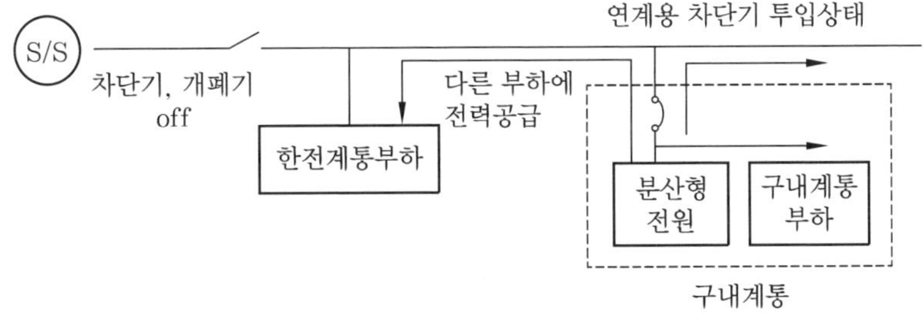

※ 자립운전 : 분산형 전원이 한전계통으로부터 분리된 상태에서 해당 구내계통 내의 부하에만 전력을 공급하고 있는 상태

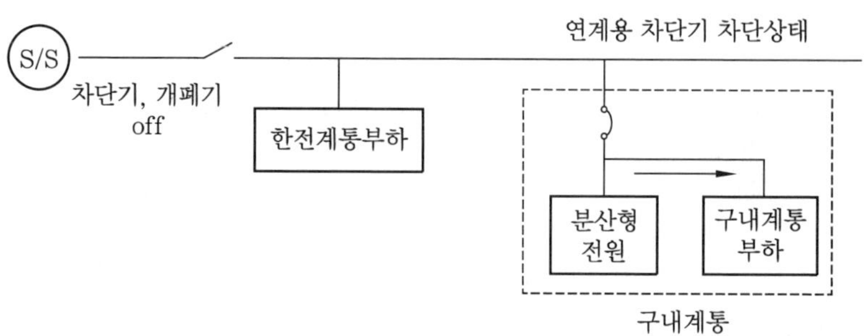

(2) 단독운전 방지기능 중 수동적 방식과 능동적 방식

① 수동적 검출방식 : 연계운전에서 단독운전으로 이행되었을 때의 전압 파형과 위상 등의 변화를 파악하여 단독운전을 검출하는 방식

㈎ 전압위상 도약 검출방식 : 단독운전 시 인버터 출력이 역률 1에서 부하의 역률로 변화하는 순간의 전압위상의 도약을 검출한다. 위상 변화가 발생하지 않을 시 검출되지 않지만, 오동작이 적고 실용적이다.

㈏ 제3고조파 전압 급증 검출방식 : 단독운전 시 변압기의 여자전류 공급에 따른 전압 변동의 급변을 검출하며 부하가 되는 변압기로 인하여 오동작 확률이 적다.

㈐ 주파수 변화율 검출방식 : 단독운전 시 발전전력과 부하의 불평형에 의한 주파수의 급변을 검출한다.

② 능동적 검출방식 : 인버터에 변동요인을 주어 계통연계 운전 시에는 그 변동요인이 나타나지 않고, 단독운전 시에만 그 변동요인을 검출하는 방식

㈎ 주파수 시프트 방식 : 인버터의 내부 발진기에 주파수 바이어스를 주었을 때 단독운전 발생 시 나타나는 주파수 변동을 검출하는 방식이다.

㈏ 유효전력 변동방식 : 인버터의 출력에 주기적인 유효전력 변동을 주었을 때 단독운전 시에 발생하는 전압, 전류 또는 주파수 변동을 검출하는 방식으로 상시출력의 변동 가능성이 있다.

㈐ 무효전력 변동방식 : 인버터의 출력에 주기적인 무효전력 변동을 주었을 때 단독운전 시에 발생하는 주파수 변동을 검출하는 방식이다.

㈑ 부하 변동방식 : 인버터의 출력과 병렬로 임피던스를 순간적 또는 주기적으로 삽입하여 전압, 전류의 급변을 검출하는 방식이다.

(3) 단순병렬 분산형 전원에서 단독운전 방지기능의 보유를 인정받기 위해 설치하는 기기

① OCR(과전류 계전기)
② OGCR(지락 과전류 계전기)
③ OVR(과전압 계전기)
④ UVR(저전압 계전기)
⑤ OFR(과주파수 계전기)
⑥ 역 전력 계전기

(4) 단독운전방식의 검출 및 유지시간

① 수동적 방식 : 0.5초 이내 / 5 ~ 10초
② 능동적 방식 : 검출시간 0.5 ~ 1초

예상문제

6. 인버터의 단독운전 및 단독운전 방지기능

01. 한전계통으로부터 전기적으로 끊어져 있으나 끊어진 배전선까지 태양광발전시스템으로부터 전력이 공급되어 보수 점검자에게 감전 등의 안전사고의 위험을 방지하기 위한 인버터의 기능을 쓰시오.

정답 단독운전 방지기능

02. 인버터의 단독운전이란 무엇인지 쓰시오.

정답 한전계통의 부하의 일부가 한전계통의 전원과 분리된 상태에서 분산형 전원에 의해서만 전력을 공급받는 상태

03. 태양광 인버터의 단독운전 방지기능 중 능동적 운전방식에 대해서 설명하시오.

정답 인버터에 변동요인을 주어 계통연계 운전 시에는 그 변동요인이 나타나지 않고, 단독운전 시에만 그 변동요인을 검출하는 방식으로 그 검출시간은 0.5 ~ 1초이다.

04. 인버터 단독운전 방지기능 중 능동적 방식 3가지를 쓰시오.

정답 ① 주파수 시프트 방식
② 유효전력 변동방식
③ 무효전력 변동방식
④ 부하 변동방식

05. 인버터 단독운전 방지기능 중 수동적 방식 3가지를 쓰시오.

정답 ① 전압위상 도약 검출방식
② 주파수 변화율 검출방식
③ 제3고조파 왜율 급증 검출방식

06. 연계계통의 고장이나 작업 등으로 인하여 분산형 전원의 공통 연결점을 통해 계통의 일부를 가압하는 단독운전이 발생할 경우 해당 분산형 전원 연계 시스템은 이를 감지하여 단독운전 발생 후 최대 몇 초 이내에 한전계통에 대한 가압을 중지해야 하는가?

정답 0.5초

07. 태양광발전시스템에서 계통연계형 인버터의 단독운전 방지기능 중 능동적 방식으로서 주파수 변동을 검출하는 방식을 쓰시오.

정답 주파수 시프트 검출방식

7 태양전지 스트링 전류, 전압, 전력 및 모듈의 직·병렬

(1) **스트링(String)** : 모듈의 직렬 또는 직·병렬연결 회로

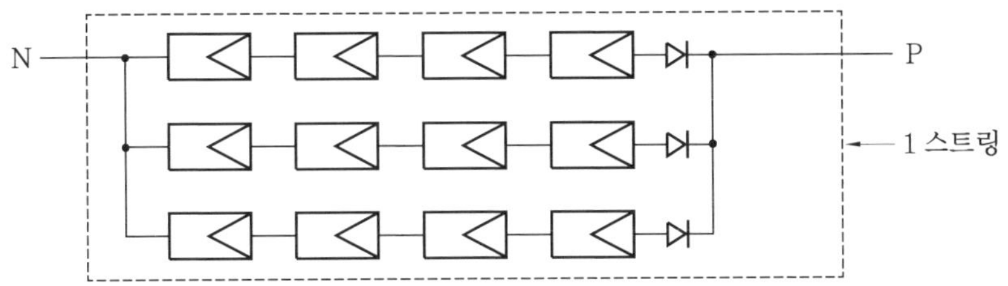

(2) **태양전지 모듈 직렬연결**

① n개의 모듈 직렬연결 시 전압은 $V_N = n \times$모듈 1개의 전압이다. * V_N : 정상전압

② n개의 직렬 모듈 중 손상되어 전압이 낮아진 것(V_L)이 있는 경우

→ $V_N = n \times V_L$

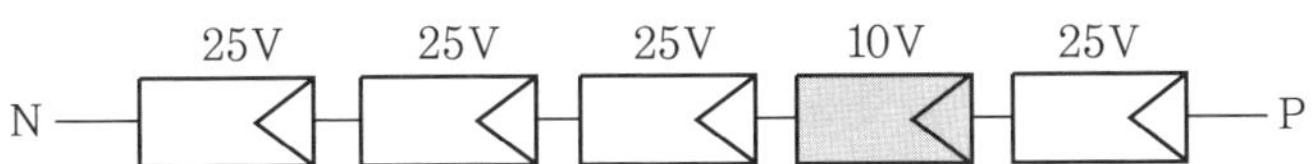

예 위 그림의 경우 → $V_N = 5 \times 10\text{ V} = 50\text{ V}$

* $V_L = 10\text{ V}$, V_L 중 가장 낮은 값으로 계산한다.

③ n개의 모듈 직렬연결 시 전력 $P_N = n \times$모듈 1개의 전력이다. * P_N : 정상전력

④ n개의 직렬 모듈 중 손상되어 전력이 낮아진 것(P_L)이 n개가 있는 경우

→ $P_N = n \times P_L$

80 W 90 W 100 W 100 W 100 W 100 W 100 W 100 W

예 위 그림의 경우 → $P_N = 8 \times 80\text{ W} = 640\text{ W}$

* $P_L = 80\text{ W}$, P_L 중 가장 낮은 값으로 계산한다.

주 모두 낮은 전력 80 W를 따른다.

(3) **태양전지 모듈 병렬연결**

① n개의 모듈 병렬연결 시 전력 $P_N = n \times$모듈 1개의 전력이다. * P_N : 정상전력

② n개의 병렬 모듈 중 손상되어 전력이 낮아진 것(P_{L1}, P_{L2})이 n_1, n_2개가 있는 경우

→ $P_N = (n_1 \times P_{L1}) + (n_2 \times P_{L2}) + (n - n_1 - n_2) \times P$

여기서, P : 정상 모듈 1개의 전력

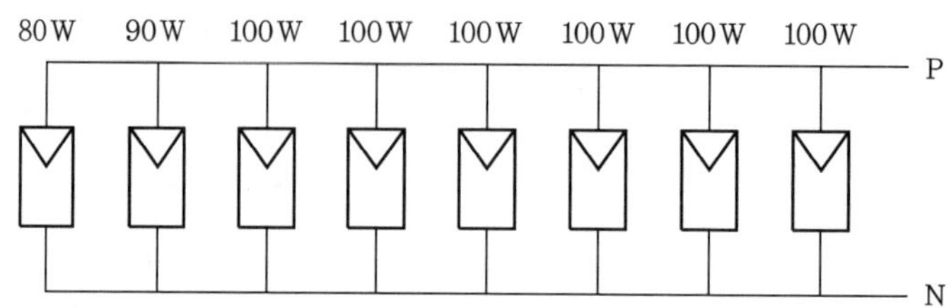

예 위 그림의 경우 → $P_N = (1 \times 80) + (1 \times 90) + (6 \times 100) = 770$ W

(4) 태양전지 모듈의 병렬 수 N_P

$$N_P = \frac{\text{인버터 1대분의 용량} \times 1.05}{\text{모듈 스트링의 직렬 수} \times \text{모듈 1매의 최대출력}}$$

주 모듈에서 인버터 간의 손실을 감안하여 인버터 입력전력의 1.05배로 선정한다.

예상문제

7. 태양전지 스트링 전류, 전압, 전력 및 모듈의 직·병렬

01. 태양전지의 전기적 구성에서 어레이가 소정의 출력전압을 충족하도록 태양전지 모듈을 접속하여 하나로 합쳐진 모듈 집합체를 무엇이라고 하는가?

정답 스트링(string)

02. 다음 그림과 같이 태양광 모듈 6개가 직렬로 연결된 어레이의 전압과 전류를 구하시오.

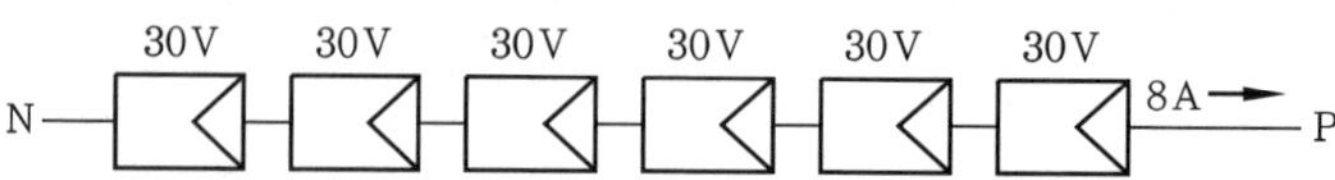

풀이 전압 $V = 6 \times 30 = 180$ V, 전류 $I = 8$ A

정답 180 V, 8 A

03. 다음 그림과 같이 태양광 모듈이 직렬로 연결된 스트링의 전력을 구하시오.

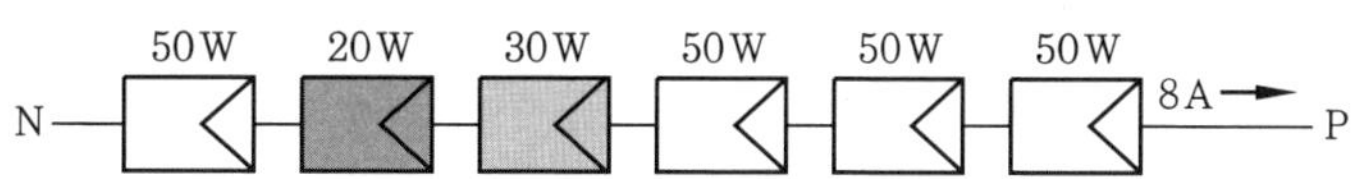

풀이 어레이의 직렬연결에서 어느 하나라도 음영에 의해 전압(전력)이 낮아지는 경우에는 나머지 모듈들도 같이 영향을 받으므로 가장 낮은 전력을 각각 따르게 된다. 따라서 $6 \times 20\ \text{W} = 120\ \text{W}$이다.

정답 120 W

04. 다음의 태양광 어레이 구성도에서 P, N 간의 전류 I와 전압 V를 구하시오.

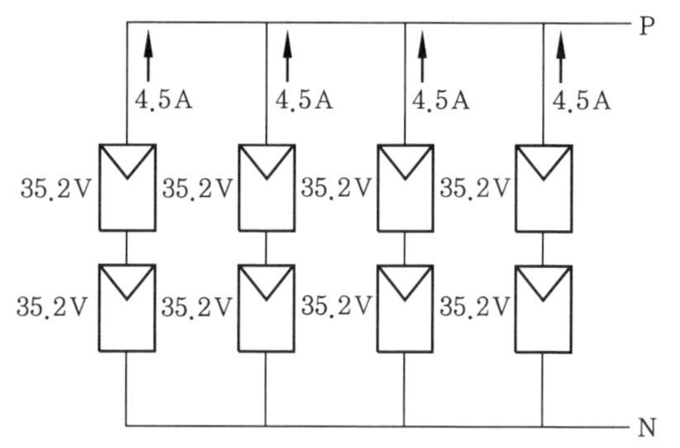

풀이 전류 $I = 4 \times 4.5 = 18\ \text{A}$

P, N 간의 전압 $V = 2 \times 35.2 = 70.4\ \text{V}$

정답 18 A, 70.4 V

05. 다음 그림과 같이 태양광 모듈이 병렬로 연결된 어레이에서 일부가 음영에 의해 출력이 저하된 경우에 전체 발전용량을 구하시오.

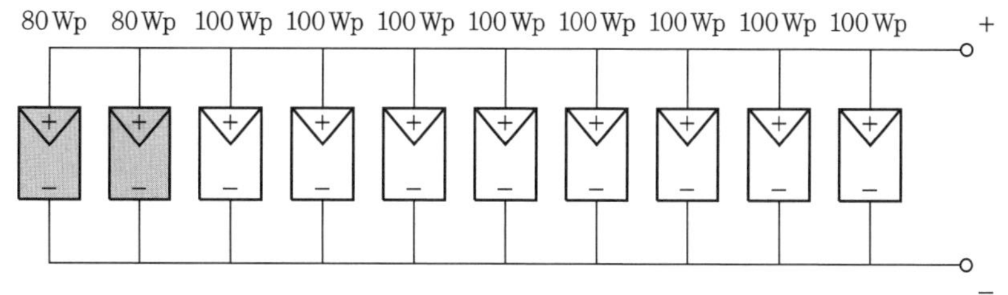

풀이 $(2 \times 80) + (8 \times 100) = 160 + 800 = 960\ \text{W}$

정답 960 W

06. 다음 그림과 같은 4직렬, 4병렬 모듈로 구성된 어레이에서 회색부의 모듈은 음영으로 출력이 감소함을 나타낸다. 정상 모듈(백색부)의 출력이 300 W일 때 전체 출력을 구하시오.

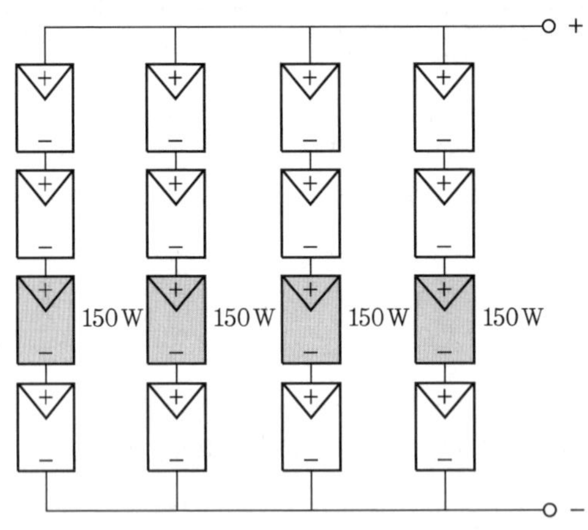

풀이 직렬인 경우에는 모두 낮은 전력을 따르게 되므로 모두 150 W로 계산된다.
$(4\times150)\times4$(병렬 수) $= 600\times4 = 2,400$ W

정답 2,400 W

07. 다음 그림과 같은 태양광 3직렬, 6병렬 모듈로 구성된 어레이에서 회색부의 모듈은 음영으로 출력이 감소함을 나타낸다. 정상 모듈의 출력이 300 W일 때 전체 출력을 구하시오.

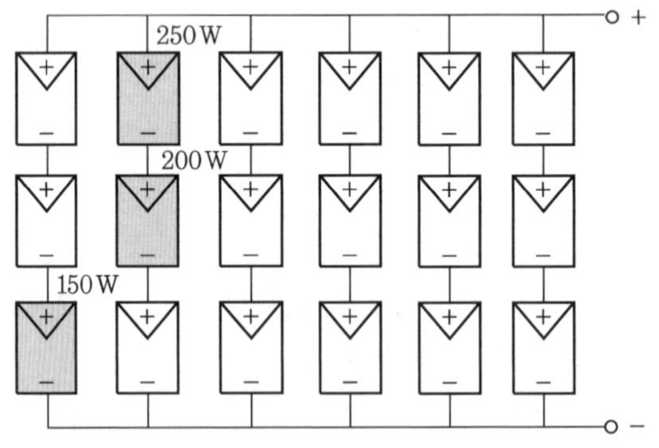

풀이 음영으로 첫 번째 직렬은 150 W, 두 번째 직렬은 200 W로 계산하면
$(3\times150)+(3\times200)+(12\times300) = 450+600+3,600 = 4,650$ W
* 두 번째 열에서는 저하된 모듈 200 W, 250 W 중 더 낮은 쪽의 전력(200 W)을 따른다.

정답 4,650 W

08. 다음 그림과 같은 4직렬, 4병렬 모듈로 구성된 어레이에서 전체 전류와 전압을 구한 뒤 전체 출력을 구하시오. (단, 모듈 전부의 전압은 각각 12 V이다.)

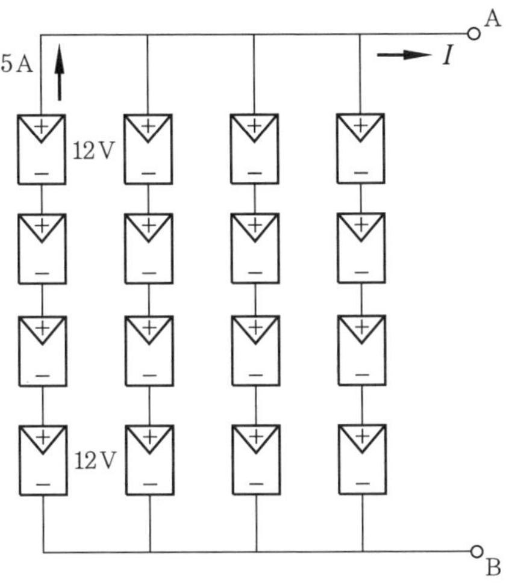

풀이 전체 전류 $I = 4 \times 5 = 20\ \mathrm{A}$

전체 전압 $V = 4 \times 12\ \mathrm{V} = 48\ \mathrm{V}$

전체 전력 $P = 20\ \mathrm{A} \times 48\ \mathrm{V} = 960\ \mathrm{W}$

정답 20 A, 48 V, 960 W

09. 모듈 출력이 420 W이고, 하나의 스트링 직렬 수가 15, 시스템 출력전력이 31,500 W일 때 어레이 병렬 수를 구하시오.

풀이 $\text{병렬 수} = \dfrac{\text{시스템 최대출력}}{\text{모듈 최대전력} \times 1\text{스트링 직렬 수}} = \dfrac{31{,}500}{420 \times 15} = 5$

정답 5병렬

10. 태양전지 모듈의 특성이 다음과 같을 때 용량(최대출력)은 몇 W인지 구하시오.

개방전압 V_{oc}	단락전류 I_{sc}	최대 동작전압 V_{mpp}	최대 동작전류 I_{mpp}
45.07 V	9.07 A	37.0 V	8.64 A

풀이 $P_{mpp} = V_{mpp} \times I_{mpp} = 37.0 \times 8.64 = 319.68\ \mathrm{W} \rightarrow 320\ \mathrm{W}$

정답 320 W

11. 최대 전력점에서의 전압이 0.5 V, 전류가 3 A인 태양전지 24개를 병렬로 연결한 태양광 모듈의 최대 전력점(MPP)에서 이 모듈의 전압과 전류를 구하시오.

풀이 전압 : 0.5 V

전류 : 24×3 A = 72 A

정답 0.5 V, 72 A

12. 다음 [보기] 중 태양광 어레이에서 태양전지 직·병렬을 구성하기 위한 순서를 맞게 나열하시오.

보기

㉠ 태양전지 모듈 결정　　㉡ 직렬 모듈 수 산정

㉢ 병렬 모듈 수 산정　　㉣ 직·병렬 모듈 수 산정

㉤ 인버터 용량 산정　　㉥ 설치면적 산정

풀이

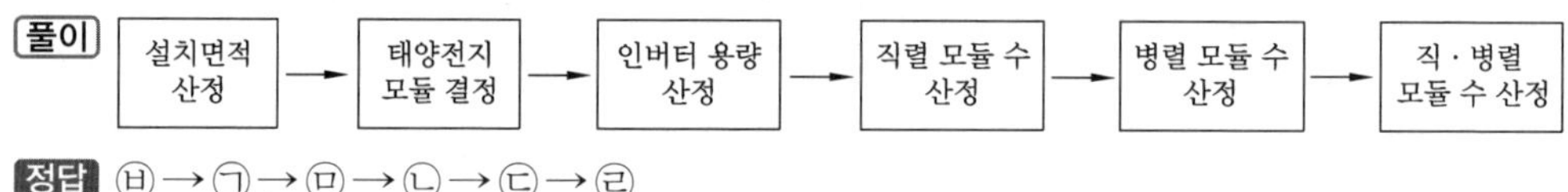

정답 ㉥→㉠→㉤→㉡→㉢→㉣

8 연간 발전량, 전력 판매수익 및 월 발전량

(1) 태양전지 어레이 용량

$$P_{AD} = \frac{E_L \times D \times R}{\dfrac{H_A}{G_S} \times K} \text{ [kW]}$$

* 표준상태(STC) 시에는 $G_S = 1\text{ kW/m}^2$이므로 $P_{AD} = \dfrac{E_L \times D \times R}{H_A \times K}$ [kW]이다.

여기서, E_L : 부하 소비전력량(kWh/기간)

D : 부하의 시스템 의존율 = 1 − 백업 전원전력 의존율

H_A : 어레이 표면 일사량(kWh/m^2·기간)

G_S : 표준상태에서의 일사강도 = 1 kW/m^2

R : 설계여유계수

K : 종합설계계수

(2) 월간 시스템 발전량

$$E_{PM} = P_{AS} \times \frac{H_{AM}}{G_S} \times K \rightarrow P_{AS} \times H_{AM} \times K \text{ [kWh/월]}$$

여기서, P_{AS} : 표준상태에서의 어레이 총 출력(kW)
H_{AM} : 월 적산 어레이 표면(경사면) 일사량(kWh/m^2·월)
G_S : 표준상태에서의 일사강도 = 1 kW/m^2
K : 종합설계계수

(3) 예상 에너지 = 건축 연면적 × 단위 에너지 사용량 × 용도별 보정계수 × 지역계수

(4) 수평면 월간 일사량 = 연간 경사면 일사량 × 발전효율 × 설비용량 × 일 발전시간 × 365일

(5) 일 평균 발전시간(h) = $\dfrac{\text{연간 발전전력량(kWh)}}{\text{시스템 용량(kW)} \times \text{운전일수}}$

(6) 시스템 이용률(%) = $\dfrac{\text{연간 발전전력량(kWh)}}{24\text{시간} \times \text{운전일수} \times \text{시스템 용량(kW)}} \times 100$

$= \dfrac{\text{일 평균 발전시간}}{24\text{시간}} \times 100$

(7) 연간 발전량(kWh) = $365\text{일} \times 24\text{시간} \times \dfrac{\text{이용률}}{100} \times \text{시스템 발전용량(kW)}$

= 365일 × 일 평균 발전시간(h) × 시스템 발전용량(kW)

(8) 연간 판매수익 = kW당 판매가(SMP + 가중치 × REC) × 연간 발전량

(9) 공인인증서 가중치

구분	용량	가중치
일반부지	100 kW 미만	1.2
	100 ~ 3,000 kW 이하	1.0
건축물	3,000 kW 이하	1.5
	3,000 kW 초과	1.0
수상	–	1.5
임야	–	0.7

* 가중치 계산식

설치용량	가중치 산정식
100 kW 미만	1.2
100 ~ 3,000 kW 이하	$\dfrac{99.999 \times 1.2 + (용량 - 99.999) \times 1.0}{용량}$
3,000 kW 초과	$\dfrac{99.999 \times 1.2}{용량} + \dfrac{2,900.001 \times 1.0}{용량} + \dfrac{(용량 - 3,000) \times 0.7}{용량}$
건축물	
3,000 kW 이하, 수상	1.5
3,000 kW 초과	$\dfrac{3,000 \times 1.5 + (용량 - 3,000) \times 1.0}{용량}$

예상문제 8. 연간 발전량, 전력 판매수익 및 월 발전량

01. 다음의 조건에서 태양광발전설비의 최초 연도 전력 판매수익을 위한 각 물음에 답하시오. (단, 태양전지의 경년 변화율과 전압강하는 고려하지 않는다.)

시설용량	발전시간	SMP (원/kWh)	REC (원/kWh)
150 kW	3.4시간	70	50

(1) 시스템 이용률을 구하시오. (계산은 소수점 셋째 자리에서 반올림한다.)
(2) 일반부지일 때 kWh당 판매가격을 구하시오.
(3) 연간 발전량을 구하시오.
(4) 연간 전력 판매수익을 구하시오.

풀이 (1) 시스템 이용률 $= \dfrac{1일\ 발전시간}{24시간} \times 100 = \dfrac{3.4}{24} \times 100 \fallingdotseq 14.17\ \%$

(2) 일반부지일 때 REC와 kWh당 판매가격 : 일반부지 150 kW인 경우의 가중치는 계산식으로 구하면 $\dfrac{99.999 \times 1.2 + (150 - 99.999) \times 1.0}{150} \fallingdotseq 1.13$이다.

따라서 kWh당 REC 가격 $= 1.13 \times 50 = 56.5$원

kWh당 판매가 : SMP + (가중치 × REC) $= 70 + 56.5 = 126.5$원

(3) 연간 발전량 = 발전용량 × 1일 평균 발전시간 × 365일 $= 150 \times 3.4 \times 365 = 186,150$ kW

(4) 연간 전력 판매수익 = 연간 발전량 × 판매가격 $= 186,150 \times 126.5 = 23,547,975$원

정답 (1) 14.17 % (2) 126.5원 (3) 186,150 kW (4) 23,547,975원

02. 다음과 같은 조건에서 태양광발전설비의 1차 년도 전력 판매수익을 구하려고 한다. 아래의 물음에 답하시오. (단, 태양전지 모듈의 경년 변화율은 고려하지 않는다.)

소내전력비율	1.5 %	발전방식	수상발전
시설용량	300 kW	SMP 판매단가	80 원/kW
발전시간	3.3시간	REC 판매단가	50 원/kW

(1) 시스템 이용률을 구하시오.
(2) 연간 발전량을 구하시오. (단, 계산 시 이용률을 이용한다.)
(3) 연간 소내발전량을 구하시오.
(4) 전력 판매단가를 구하시오.
(5) 전력 판매수익을 구하시오.

풀이 (1) 시스템 이용률 $= \dfrac{1일\ 발전시간}{24시간} \times 100 = \dfrac{3.3}{24} \times 100 = 13.75\ \%$

(2) 연간 발전량 $= 365일 \times 24시간 \times \dfrac{이용률}{100} \times 발전용량 = 365 \times 24 \times \dfrac{13.75}{100} \times 300$

$= 361{,}350\ \text{kWh}$

(3) 연간 소내발전량 $= 361{,}350 \times \dfrac{1.5}{100} \fallingdotseq 5{,}420\ \text{kW}$

(4) 수상에서의 REC 가중치는 1.5이므로
가중치 적용 REC $= 50 \times 1.5 = 75$원이다.
따라서 전력 판매단가 $=$ SMP $+$ (가중치 $\times$ REC) $= 80 + 75 = 155$원

(5) 전력 판매수익 $= (361{,}350 - 5{,}420) \times 155 = 355{,}930 \times 155 = 55{,}169{,}150$원

정답 (1) 13.75 % (2) 361,350 kWh (3) 5,420 kW (4) 155원 (5) 55,169,150원

03. 다음과 같은 조건에서 임야에 설비용량이 300 kW인 태양광발전설비를 설치하고자 할 때 각 물음에 답하시오.

SMP	80 원/kW	발전시간	3.6시간
REC	50 원/kW	모듈전력 초년도 감소율	0.1 %

(1) 가중치가 적용된 REC의 판매단가를 구하시오.
(2) kWh당 판매단가를 구하시오.
(3) 시스템 이용률을 구하시오.
(4) 연간 발전량을 구하시오. (단, 소수점 이하는 절사한다.)
(5) 시스템 이용률을 이용한 연간 전력 판매수익을 구하시오.

풀이 (1) 가중치가 적용된 REC의 판매단가 : 임야의 가중치가 0.7이므로 $50 \times 0.7 = 35$원
(2) kWh당 판매단가 $=$ SMP $+$ (가중치 $\times$ REC) $= 80 + 35 = 115$원

(3) 시스템 이용률 $= \dfrac{1\text{일 발전시간}}{24\text{시간}} \times 100 = \dfrac{3.6}{24} \times 100 = 15\,\%$

(4) 연간 발전량 = 발전용량×1일 발전시간×365일×(1− 초년도 감소율)

$$= 300 \times 3.6 \times 365 \times \left(1 - \frac{0.1}{100}\right) \fallingdotseq 393{,}805\ \text{kW}$$

(5) 연간 전력 판매수익 = 연간 발전량×판매단가 = 393,805×115 = 45,287,575원

정답 (1) 35원 (2) 115원 (3) 15 % (4) 393,805 kW (5) 45,287,575원

04. 태양광발전소 발전용량이 500 kW이고, 이용률이 15%일 때 태양광 발전시간과 연간 발전량을 구하시오.

풀이 ㉠ 이용률 $= \dfrac{1\text{일 발전시간}}{24\text{시간}}$ 으로부터

발전시간 = 이용률×24시간 = 0.15×24 = 3.6시간

㉡ 연간 발전량 = 발전용량×1일 발전시간×365일

= 500×3.6×365 = 657,000 kW = 657 MW

정답 3.6시간, 657,000 kW = 657 MW

05. 태양전지 어레이의 출력이 10,000 W, 해당지역 7월의 월 적산 경사면 일사량이 120,000 Wh/m²·월일 때 7월 한 달간의 발전량을 구하시오. (단, 종합설계계수는 0.6이다.)

풀이 $E_{PM} = P_{AS} \times \dfrac{H_{AM}}{G_S} \times K = 10\ \text{kW} \times \dfrac{120\ \text{kWh/m}^2 \cdot \text{월}}{1\ \text{kW/m}^2} \times 0.6 = 720\ \text{kWh}$

정답 720 kWh

06. 다음 조건에 해당하는 A 지역 의료시설의 예상 에너지 사용량을 구하시오. (단, 건축 연면적은 1,000 m²이고, [MW/연] 단위의 소수점 이하는 반올림한다.)

의료시설 단위 에너지 사용량 (kW/m² · year)	용도별 보정계수	A 지역 지역계수
643.53	1.00	0.99

풀이 예상 에너지 = 건축 연면적×단위 에너지 사용량×용도별 보정계수×지역계수

= 1,000×643.53×1.00×0.99 ≒ 637,095 kW/연

≒ 637.095 MW/연

정답 637 MW/연

07. 80 kW 태양광발전설비가 경사각 33°로 설치되어 있는 경우 연 평균 일 발전시간(kWh/kWp/일)과 연 총 발전량을 구하시오. (단, 수평면 월별 일사량은 다음의 표와 같고, 발전효율은 82 %이며 경사각 33°의 일사량은 수평면보다 12 % 증가된다.)

월	1	2	3	4	5	6	7	8	9	10	11	12
수평면 일사량 (kWh/m^2)	72	90	127	151	165	146	141	146	127	116	79	66

풀이 연간 수평면 일사량을 구한 뒤 경사각 33° 증가율 1.12(1+0.12)를 곱하고, 여기에 발전효율 0.82를 곱한 뒤 일 발전시간 3.59와 365일을 곱한다. 그 값에 설비용량 80 kW를 곱한다.

㉠ 연간 수평면 일사량

= 72+90+127+151+165+146+141+146+127+116+79+66

= 1,426 kWh/m^2

㉡ 연간 경사면 일사량 = 1,426×1.12 = 1,597.12 kWh/m^2

㉢ 연 평균 일 발전시간 = (1,597.12×0.82)÷365 ≒ 3.59 kWh/kWp/일

㉣ 연 총 발전량 = 설비용량×일 발전시간×365일

=80×3.59×365 ≒ 104,828 kWh ≒ 104.83 MWh

정답 3.59 kWh/kWp/일, 104.83 MWh

08. 다음 조건을 참고하여 월 발전량을 구하시오.

태양전지 모듈 출력(Wp)	300	모듈의 직렬 수	18
월 적산 경사면 일사량(kWh/m^2·월)	120	모듈의 병렬 수	20
모듈의 출력전압 범위(V)	23 ~ 35	종합설계지수	0.8

풀이 ㉠ 어레이 전체 출력 = 18×20×300 = 108,000 Wp=108 kWp

㉡ 월 발전량 = $P_{AS}\times\dfrac{H_{AM}}{G_S}\times K=108\times\dfrac{120}{1}\times 0.8$

=10,368 kWh/월 = 10.368 MWh/월

정답 10,368 kWh/월 = 10.368 MWh/월

09. 다음은 태양광발전소 부지의 수평면 일사량과 외부 손실요소이다. 각 물음에 답하시오. (단, 음영 손실요소는 0.7 %, 태양전지 표면 먼지에 의한 손실요소는 3 %이며, 계산은 소수점 셋째 자리에서 반올림한다.)

월	1	2	3	4	5	6	7	8	9	10	11	12
수평면 일사량 (kWh/m^2)	80.3	89.4	110.1	127.8	140.4	120.0	127.4	136.1	96.3	86.8	73.2	71.9

(1) 태양전지 모듈의 경사면 일사량을 구하시오. (단, 경사각은 15°이고, 이에 따른 일사량 증가율은 9.2 % 이다.)

(2) 음영과 먼지에 의한 손실이 적용된 경사면 일사량을 단계적으로 적용하여 최종 값을 구하시오.

① 음영에 의한 손실이 적용된 경사면 일사량 :

② 태양전지 표면 먼지에 의한 손실이 적용된 일사량 (단, 소수점 절상) :

(3) 태양광발전소의 전체 설치용량이 998 kW이고, 태양전지 모듈의 면적은 6,079 m^2일 때 변환효율을 구하시오.

(4) 발전소 전체 효율(PR)이 85.5 %일 경우 연간 발전량을 구하시오.

풀이 (1) 수평면 일사량과 경사면 일사량

㉠ 수평면 일사량

$= 80.3+89.4+110.1+127.8+140.4+120.0+127.4+136.1+96.3+86.8+73.2+71.9 = 1,259.70\ \text{kWh/m}^2$

㉡ 15° 경사면 일사량 $= 1,259.70 \times \left(1+\dfrac{9.2}{100}\right) = 1,375.59\ \text{kWh/m}^2$

(2) 손실이 적용된 경사면 일사량

① 음영에 의한 손실 감안 일사량 $= 1,375.59 \times \left(1-\dfrac{0.7}{100}\right)$

$= 1,375.59 \times 0.993 = 1,365.96\ \text{kWh/m}^2$

② 표면 먼지에 의한 손실 감안 일사량 $= 1,365.96 \times \left(1-\dfrac{3}{100}\right)$

$= 1,324.98\ \text{kWh/m}^2 \fallingdotseq 1,325\ \text{kWh/m}^2$

(3) 변환효율 $= \dfrac{P_{max}\,[\text{kW}]}{\text{태양전지 모듈 설치면적} \times 1.0\ \text{kW/m}^2} \times 100$

$= \dfrac{998}{6,079 \times 1} \times 100 \fallingdotseq 16.42\ \%$

(4) 연간 발전량 $=$ 연간 일사량 $\times$ 효율 $\times$ 설치용량 $= \dfrac{1,325}{1} \times 0.855 \times 998$

$= 1,130,609\ \text{kW} \fallingdotseq 1,131\ \text{MW}$

정답 (1) 1,375.59 kWh/m^2

(2) ① 1,365.96 kWh/m^2, ② 1,325 kWh/m^2

(3) 16.42 %

(4) 1,130,609 kW = 1,131 MW

10. 다음 [조건]과 표를 보고 각 물음에 답하시오. (단, 시스템 종합설계계수(K)는 매월 0.81이다.)

조건

공칭 최대출력 P_m	280 W	인버터 MPPT 전압	450 ~ 820 V
공칭 최대출력 동작전압 V_{mpp}	35 V	3개월간 운전일수	90일
모듈 연결	18직렬, 23병렬		

해당 지역의 월 적산 경사면 일사량

월	월 적산 경사면 일사량(kWh/m^2·월)
1	128.85
2	120.40
3	145.42

(1) 어레이 출력 P_{AS}를 구하시오.

(2) 3개월간의 발전 총량을 구하시오.

(3) 시스템 이용률을 구하시오.

풀이 (1) 어레이 출력 P_{AS} = 모듈 출력×직렬 수×병렬 수

$= 280 \times 18 \times 23 = 115{,}920\ \text{W} = 115.92\ \text{kW}$

(2) 3개월간의 출력 : $E_{PM} = P_{AS} \times \dfrac{H_{AM}}{G_S} \times K$에서 $G_S = 1\ \text{kW/m}^2$이므로

$E_{PM} = P_{AS} \times H_{AM} \times K$를 각 월에 적용하면

㉠ 1월 : $115.92 \times 128.85 \times 0.81 \fallingdotseq 12{,}098.40$ kWh/월

㉡ 2월 : $115.92 \times 120.40 \times 0.81 \fallingdotseq 11{,}304.98$ kWh/월

㉢ 3월 : $115.92 \times 145.42 \times 0.81 \fallingdotseq 13{,}654.24$ kWh/월

3개월간의 발전 총량 = 12,098.40 + 11,304.98 + 13,654.24 = 37,057.62 kWh/월

(3) 시스템 이용률

$$= \frac{\text{시스템 발전전력}}{\text{24시간} \times \text{운전일수} \times \text{태양전지 어레이 전체 출력}} \times 100$$

$$= \frac{37{,}057.62}{24 \times 90 \times 115.92} \times 100 ≒ 14.8\,\%$$

정답 (1) 115.92 kW (2) 37,057.62 kWh/월 (3) 14.8 %

9 태양광발전 사업의 경제성 검토(B/C비, NPV, IRR)

(1) **B/C비(Benefit-Cost Ratio : 비용 편익비) 분석법** : 투자에 대한 총 편익의 비로 수익성을 판단한다.

$$\text{B/C비} = \frac{\sum \frac{B_i}{(1+r)^i}}{\sum \frac{C_i}{(1+r)^i}}$$

여기서, B_i : 연차별 총 편익(수익), C_i : 연차별 총 비용
r : 할인율, i : 사업 시작 후 연차

① B/C비 > 1이면 사업성이 있다.

② B/C비 < 1이면 사업성이 없다.

* 할인율(r)이란 미래가치를 현재가치로 바꾼 비율로 은행대출 시 대출 금리를 말한다.
* 공사시공 초(1차)년도의 편익은 0이며, 공사시공 초년도의 비용은 차 연도에 비해 상대적으로 크다.

예 다음의 B/C비 계산($r = 0.03$)

구분	1차 년도	2차 년도	3차 년도	4차 년도	5차 년도
발전수익(B_i)	0	62	61.5	61	61
발전비용(C_i)	150	25	23	21	20

㉠ $\frac{B_i}{(1+r)^i} = \frac{0}{(1+0.03)^0} + \frac{62}{(1+0.03)^1} + \frac{61.5}{(1+0.03)^2} + \frac{61}{(1+0.03)^3} + \frac{61}{(1+0.03)^4}$

$= 0 + 60.19 + 57.96 + 55.82 + 54.19 = 228.16$

㉡ $\frac{C_i}{(1+r)^i} = \frac{150}{(1+0.03)^0} + \frac{25}{(1+0.03)^1} + \frac{23}{(1+0.03)^2} + \frac{21}{(1+0.03)^3} + \frac{20}{(1+0.03)^4}$

$= 150 + 24.27 + 21.67 + 19.21 + 17.76 = 232.91$

따라서 $\dfrac{\sum \dfrac{B_i}{(1+r)^i}}{\sum \dfrac{C_i}{(1+r)^i}} = \dfrac{228.16}{232.91} \fallingdotseq 0.98 < 1$이므로 사업성이 없다.

(2) 순 현재가치(NPV : Net Present Value) 분석법 : 투자로부터 기대되는 미래의 총 편익을 할인율로 할인한 총 편익의 현재가치에서 총 비용의 현재가치를 공제한 값이다.

$$\text{NPV} = \sum \frac{B_i}{(1+r)^i} - \sum \frac{C_i}{(1+r)^i}$$

① NPV > 0이면 수익성이 있다.

② NPV < 0이면 수익성이 없다.

(3) 내부 수익률(IRR : Internal Rate of Return) : 편익과 비용의 현재가치를 동일하게 할 경우의 비용에 대한 이자율을 산정하는 방법으로 NPV나 B/C비 적용 시 할인율이 불분명할 경우에 이용된다.

$$\text{IRR} = \frac{B_1 - C_1}{(1+r)^1} + \frac{B_2 - C_2}{(1+r)^2} + \cdots + \frac{B_i - C_i}{(1+r)^i} = 0$$이 되는 이자율이다.

① IRR > r : 수익률이 있다.

② IRR < r : 수익률이 없다.

③ IRR = 0 : 여러 대안이 있을 경우 경제성은 IRR이 높은 순서부터 우선시한다.

구분	상호 장·단점
B/C비	적용이 쉽고, 유사한 규모 평가 시 이용, 규모의 상대적 비교가 어렵다.
NPV	적용이 쉽고, 유사한 규모 평가 시 이용, 자본투자의 효율성이 나타나지 않는다.
IRR	투자사업의 예상 수익률 판단이 가능하며, 기간이 짧은 사업 수익성이 과장된다.

(4) 발전원가 $= \dfrac{\dfrac{\text{초기 투자비(원)}}{\text{설비 수명연한(년)}} + \text{연간 유지 관리비(원)}}{\text{연간 총 발전량}}$

예상문제

9. 태양광발전 사업의 경제성 검토(B/C비, NPV, IRR)

01. 5년 동안의 발전수익 및 비용이 다음과 같을 때 NPV(순 현재가치 분석법)에 의한 사업의 경제성 유무를 판정하시오. (단, 할인율은 3%이며, 금액은 백만 원 단위로 절사한다.)

단위 : 백만 원

구분	2020	2021	2022	2023	2024	2025
발전수익(B_i)	0	450	440	430	420	410
발전비용(C_i)	2,100	50	45	40	35	30

풀이

구분	발전수익$=\sum\frac{B_i}{(1+0.03)^i}$		발전비용$=\sum\frac{C_i}{(1+0.03)^i}$	
2020	$\frac{0}{(1+0.03)^0}=\frac{0}{1}=0$	0	$\frac{2,100}{(1+0.03)^0}=\frac{2,100}{1}=2,100$	2,100
2021	$\frac{450}{(1+0.03)^1}=\frac{450}{1.03}\fallingdotseq 436.89$	436	$\frac{50}{(1+0.03)^1}=\frac{50}{1.03}\fallingdotseq 48.54$	48
2022	$\frac{440}{(1+0.03)^2}\fallingdotseq\frac{440}{1.061}\fallingdotseq 414.70$	414	$\frac{45}{(1+0.03)^2}\fallingdotseq\frac{45}{1.061}\fallingdotseq 42.41$	42
2023	$\frac{430}{(1+0.03)^3}\fallingdotseq\frac{430}{1.093}\fallingdotseq 393.41$	393	$\frac{40}{(1+0.03)^3}\fallingdotseq\frac{40}{1.093}\fallingdotseq 36.60$	36
2024	$\frac{420}{(1+0.03)^4}\fallingdotseq\frac{420}{1.126}\fallingdotseq 373.00$	373	$\frac{35}{(1+0.03)^4}\fallingdotseq\frac{35}{1.126}\fallingdotseq 31.08$	31
2025	$\frac{410}{(1+0.03)^5}\fallingdotseq\frac{410}{1.159}\fallingdotseq 353.75$	353	$\frac{30}{(1+0.03)^5}\fallingdotseq\frac{30}{1.159}\fallingdotseq 25.88$	25
합계	1,969		2,282	

$\sum\frac{B_i}{(1+0.03)^i}-\sum\frac{C_i}{(1+0.03)^i}=1,969-2,282=-313<0$이므로 경제성이 없다.

정답 경제성이 없다.

02. 다음과 같은 조건에서 일반부지에 발전소를 건설할 때의 수익성을 검토하고자 한다. 각 물음에 답하시오.

설치용량(kW)	99.84	모듈 경년 감소율(%)	0.7
SMP(원/kWh)	76	REC(원/kWh)	45
발전시간(h)	3.6	할인율(%)	4

(1) REC 가중치가 적용된 단가를 구하여 kW당 전력 판매가격을 구하시오.
(2) 태양광발전시스템의 이용률을 구하시오.
(3) 5년간의 발전수익과 발전비용을 나타낸 다음의 표를 활용하여 비용 편익(B/C)비를 구하여 사업 타당성을 판정하시오.

단위 : 천원

구분	2021	2022	2023	2024	2025	2026
발전수익	0	17,082	16,902	16,843	16,725	16,607
발전비용	50,000	6,000	5,500	5,000	4,500	4,000

풀이 (1) 일반부지이고, 100 kW 미만이므로 가중치는 1.2이다.
따라서 kWh당 발전단가는 $76+(45\times1.2)=76+54=130$원

(2) $\text{시스템 이용률} = \dfrac{\text{일 발전시간}}{24\text{시간}}\times100 = \dfrac{3.6}{24}\times100 = 15\,\%$

(3) B/C비

구분	계산	
	편익(B_i)	비용(C_i)
2021	$\dfrac{0}{(1+0.04)^0}=\dfrac{0}{1}=0$	$\dfrac{50,000}{(1+0.04)^0}=\dfrac{50,000}{1}=50,000$
2022	$\dfrac{17,082}{(1+0.04)^1}=\dfrac{17,082}{1.04}\fallingdotseq16,425$	$\dfrac{6,000}{(1+0.04)^1}\fallingdotseq\dfrac{6,000}{1.04}\fallingdotseq5,769$
2023	$\dfrac{16,902}{(1+0.04)^2}\fallingdotseq\dfrac{16,902}{1.082}\fallingdotseq15,621$	$\dfrac{5,500}{(1+0.04)^2}\fallingdotseq\dfrac{5,500}{1.082}\fallingdotseq5,083$
2024	$\dfrac{16,843}{(1+0.04)^3}\fallingdotseq\dfrac{16,843}{1.125}\fallingdotseq14,972$	$\dfrac{5,000}{(1+0.04)^3}\fallingdotseq\dfrac{5,000}{1.125}\fallingdotseq4,444$
2025	$\dfrac{16,725}{(1+0.04)^4}\fallingdotseq\dfrac{16,725}{1.170}\fallingdotseq14,295$	$\dfrac{4,500}{(1+0.04)^4}\fallingdotseq\dfrac{4,500}{1.170}\fallingdotseq3,846$
2026	$\dfrac{16,607}{(1+0.04)^5}\fallingdotseq\dfrac{16,607}{1.217}\fallingdotseq13,646$	$\dfrac{4,000}{(1+0.04)^5}\fallingdotseq\dfrac{4,000}{1.217}\fallingdotseq3,287$
합계	74,959	72,429

$$B/C비 = \frac{74,959}{72,429} \fallingdotseq 1.035 > 1$$

B/C비가 1 이상이므로 경제성(수익성)이 있다.

정답 (1) 130원 (2) 15 % (3) 경제성이 있다.

03. 다음과 같은 조건에서 일반부지에 태양광발전소를 설치하고자 할 때 각 물음에 답하시오.

설비용량	200 kW	모듈 경년 감소율	0.7 %
SMP 판매단가	80 원/kWh	발전시간	3.36 h
REC 판매단가	45 원/kWh	할인율	3 %

(1) kWh당 전력 판매단가를 구하시오. (단, 가중치는 1.0으로 계산한다.)

(2) 시스템 이용률을 구하시오.

(3) 다음의 표 안에 5년간의 발전용량과 발전수익을 계산하여 적어 넣으시오. (단, REC 적용기간은 초기 3년간, 초년도 모듈 감소율은 1 %, 발전용량은 [MWh] 이하에서, 발전수익은 백만 원 이하에서 절사하며, 시공연도 2020년의 발전수익은 0원으로 계산한다.)

구분	발전용량(MW/년)		발전수익(백만 원/년)	
2020	0	0	0	0
2021				
2022				
2023				
2024				
2025				

(4) 다음 표는 할인율을 적용한 연도별 비용(C_i)값이다. 아래의 계산 표를 작성한 뒤 그 결과로부터 NPV(순 현가)와 B/C(비용 편익)비를 구하여 타당성 유무를 판정하시오.

단위 : 백만 원

연도	2020	2021	2022	2023	2024	2025
C_i	60	12	11	10	9	8

구분	계산		
	편익(B_i)	비용(C_i)	편익(B_i)−비용(C_i)
2020			
2021			
2022			
2023			
2024			
2025			
합계			

풀이 (1) kWh당 전력 판매단가 = SMP + (45×1.0) = 80 + 45 = 125원

(2) 시스템 이용률 = $\dfrac{\text{발전시간}}{24\text{시간}} \times 100 = \dfrac{3.36}{24} \times 100 = 14\ \%$

(3)

구분	발전용량(MW/년)		발전수익(백만 원/년)	
2020	0	0	0	0
2021	200×3.36×365×0.99 = 242,827.2	242	242×125 = 30,250	30
2022	242,827.2×0.993 = 241,127	241	241×125 = 30,125	30
2023	241,127×0.993 = 239,439	239	239×125 = 29,875	29
2024	239,439×0.993 = 237,763	237	237×80 = 18,960	18
2025	237,763×0.993 = 236,100	236	236×80 = 18,880	18

(4)

구분	계산		
	편익(B_i)	비용(C_i)	편익(B_i)−비용(C_i)
2020	0	60	−60
2021	30	12	18
2022	30	11	19
2023	29	10	19
2024	18	9	9
2025	18	8	10
합계	125	110	15

㉠ NPV : $B_i - C_i = 15 > 0$이므로 타당성(수익성)이 있다.

㉡ B/C비 : $\dfrac{125}{110} \fallingdotseq 1.14 > 1$이므로 타당성(수익성)이 있다.

정답 (1) 125원 (2) 14 % (3) 풀이참조 (4) 풀이참조

04. 첫해의 편익(B_1)이 6억 원, 다음 해의 편익(B_2)이 5억 8천만 원이다. 2년 동안의 총 비용이 11억 원일 때 ① B/C비를 구하고, ② 사업의 경제성 여부를 판정하시오. (단, 할인율은 2.5 %이다.)

풀이 $\sum \dfrac{B_i}{(1+r)^i} = \dfrac{600,000,000}{1} + \dfrac{580,000,000}{1.025} \fallingdotseq 1,165,853,659$원,

$\sum \dfrac{C_i}{(1+r)^i} = 1,100,000,000$원

B/C비 $= \dfrac{1,165,853,659}{1,100,000,000} \fallingdotseq 1.06 > 1$이므로 수익성이 있다.

정답 ① 1.06, ② 수익성이 있다.

05. 태양광발전소 설치 후 5년간의 총 편익이 680,000,000원, 총 비용이 600,000,000원일 때 ① B/C비와 ② NPV를 각각 구하고, 그 수익성의 유무를 쓰시오.

풀이 ① B/C비 $= \dfrac{680,000,000}{600,000,000} \fallingdotseq 1.13$, B/C비 > 1이므로 수익성이 있다.

② NPV $= 680,000,000 - 600,000,000 = 80,000,000$원으로 NPV > 0이므로 수익성이 있다.

정답 ① B/C비 : 1.13 > 1이므로 수익성이 있다.

② NPV : 80,000,000 > 0이므로 수익성이 있다.

06. 태양광발전에서 경제성 분석에 사용되는 내부 수익률(IRR)에 대해서 설명하시오.

정답 투자로부터 지출되는 총 비용의 현재가치와 그 투자로부터 유입되는 총 편익의 현재가치가 동일하게 되는 수익률을 말한다.

IRR : $\sum \dfrac{B_i}{(1+r)^i} = \sum \dfrac{C_i}{(1+r)^i}$

07. 연간 총 발전량이 200 MWh, 태양광발전소의 초기 투자비가 3.6억 원이고, 운영기간은 20년, 연간 유지보수비용이 4천만 원일 때 발전원가를 구하시오.

풀이 발전원가 $= \dfrac{\dfrac{\text{초기 투자비}}{\text{운영기간}} + \text{연간 유지비}}{\text{연간 총 발전량}} = \dfrac{\dfrac{360,000,000}{20} + 40,000,000}{200,000}$

$= 290$ 원/kWh

정답 290 원/kWh

10 차단기 용량 계산

(1) 차단기의 용량 산정

① 기준 용량(일반적으로 특고압 기준) : 100 MVA

② 기기의 기준 용량에 대한 $\%Z = \dfrac{\text{기준 용량}}{\text{자기 용량}} \times$ 자기 용량에 대한 $\%Z$

③ 저압 정격전류 $I_n = \dfrac{P_n}{\sqrt{3} \times V_n}$

여기서, V_n : 정격전압, P_n : 정격출력(기준 용량)

④ 저압 차단전류 $I_s = \dfrac{100 I_n}{\%Z}$

여기서, Z_T : 사고지점에서 바라 본 합성 $\%Z$

⑤ 3상 단락용량 $P_s = \dfrac{100 P_n}{\%Z_T}$ 또는 $\sqrt{3}\, V_s \times I_s$ [MVA]

(2) 차단기 용량 계산 순서

① 기준 용량 P_n을 선정

② 기준 용량에 대한 $\%Z$를 계산

$= \dfrac{\text{기준 용량}}{\text{자기 용량}} \times$ 자기 용량에 대한 $\%Z$

③ 고장점까지의 $\%Z$ 합산

④ I_s, P_s 계산

예상문제

10. 차단기 용량 계산

01. 인버터의 출력전력이 450 kW이고, 전압이 3상 380 V일 때 다음 표를 이용하여 계기용 변류기의 정격전류를 선정하시오. (단, 변류기의 여유율은 1.5배로 한다.)

변류기 1차 전류(A)	100	200	300	500	600	700	900	1,000	1,200	1,500
변류기 2차 전류(A)	5									

풀이 $I_n = \dfrac{P_n}{\sqrt{3} \times V_n} \times 여유율 = \dfrac{450{,}000}{\sqrt{3} \times 380} \times 1.5 \fallingdotseq 1{,}025.56\ \text{A}$

표에서 가장 가까운 1차 정격전류는 1,000 A, 2차 정격전류는 5 A로 선정한다.

정답 1차 정격전류 : 1,000 A, 2차 정격전류 : 5 A

02. 22.9 kV, 3상 선로의 차단기 설치점에서 전원 측으로 바라 본 합성 %Z가 100 MVA 기준으로 25 %일 때 단락전류와 단락용량을 구하시오.

풀이 ㉠ $I_n = \dfrac{100{,}000}{\sqrt{3} \times 22.9}$ 이므로 $I_s = \dfrac{100 \times I_n}{\%Z} = \dfrac{100}{\%Z} \times \dfrac{100{,}000}{\sqrt{3} \times 22.9}$

$= \dfrac{100}{25} \times \dfrac{100{,}000}{\sqrt{3} \times 22.9} \fallingdotseq 10{,}085\ \text{kA}$

㉡ $P_s = \sqrt{3} \times V_s \times I_s = \sqrt{3} \times 22.9 \times 10{,}085 \fallingdotseq 400{,}011.072\ \text{kVA} \fallingdotseq 400\ \text{MVA}$

정답 $I_s = 10{,}085\ \text{kA}$, $P_s = 400\ \text{MVA}$

03. 변압기 용량 220 kW, 정격전압 380 V에 대해서 다음의 각 물음에 답하시오.

(1) 역률 90 %인 부하설비 ACB의 정격전류를 구하시오. (단, 소수점 이하는 절사한다.)

(2) 변압기의 %Z가 5 %일 때 차단기의 단락용량(MVA)을 구하시오.

풀이 (1) $I_n = \dfrac{P_n}{\sqrt{3} \times V_n \times 역률} = \dfrac{220{,}000}{\sqrt{3} \times 380 \times 0.9} \fallingdotseq 371\ \text{A}$

(2) $P_s = \dfrac{100 P_n}{\%Z_T} = \dfrac{100 \times 220{,}000}{5} = 4{,}400{,}000\ \text{VA} = 4{,}400\ \text{kVA} = 4.4\ \text{MVA}$

정답 (1) 371 A (2) 4.4 MVA

04. 수용가 인입구의 전압이 22.9 kV이고, 주 차단기의 차단용량이 238 MVA이다. 10 MVA, 22.9 kV 변압기의 임피던스가 5.8 %일 때 변압기 2차 측에 필요한 차단기 용량을 계산한 뒤 아래의 표로 정격전류를 선정하시오.

차단기 정격용량(MVA)	10	20	30	50	75	100	125	250	300	400	500	750	1,000

풀이 ㉠ 전원 측의 $\%Z_1 = \dfrac{100P_n}{P_s} = \dfrac{100 \times 10}{238} \fallingdotseq 4.2\,\%$

㉡ 변압기 측의 $\%Z_2 = 5.8\,\%$

㉢ 합성 $\%Z = 4.2 + 5.8 = 10\,\%$

㉣ 변압기 2차 측 단락용량 $P_s = \dfrac{100P_n}{\%Z_T} = \dfrac{100 \times 10}{10} \fallingdotseq 100\text{ MVA}$

따라서 표로부터 100 MVA로 선정한다.

정답 100 MVA

05. 인버터 출력전압이 380 V, 출력전력이 280 kW일 경우 정격전류를 선정하시오. (단, 표준규격 [A] : 10, 50, 100, 250, 300, 450, 520, 600이다.)

풀이 $I_n = \dfrac{P_n}{\sqrt{3}\,V_n} = \dfrac{280{,}000}{\sqrt{3} \times 380} \fallingdotseq 425.4\text{ A}$

따라서 표준규격 450 A로 선정한다.

정답 450 A

06. 20 MVA, $\%Z$가 8 %인 3상 변압기가 2차측에서 3상 단락되었을 때의 단락용량(MVA)을 구하시오.

풀이 $P_s = \dfrac{100P_n}{\%Z_T} = \dfrac{100 \times 20}{8} = 250\text{ MVA}$

정답 250 MVA

07. 다음은 태양광발전 용량 200 kW, 인버터 200 kW 한 대를 이용하여 설계한 단선 결선도이다. 다음 물음에 답하시오. (단, 변압기 여유율은 1.2배로 하며, 인버터는 무변압기 형식이다.)

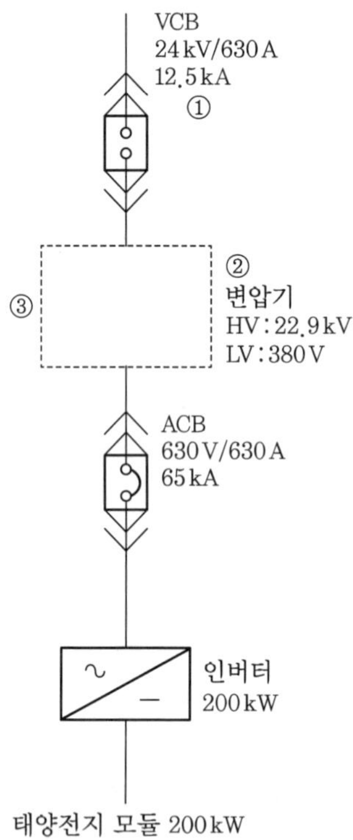

(1) ①의 VCB 차단용량을 구하시오.
(2) ②의 변압기 정격용량을 구하시오.
(3) ③의 점선 안에 들어갈 변압기의 단선도와 접지를 표시하시오.

풀이 (1) VCB 차단기의 용량 $P_s = \sqrt{3} \times V_s \times I_s = \sqrt{3} \times 24 \times 12.5 \fallingdotseq 520$ MVA

(2) 변압기의 용량 = 인버터의 용량 × 1.2 = 200 × 1.2 = 240 kVA

(3) 변압기 단선도와 접지도는 다음과 같다.

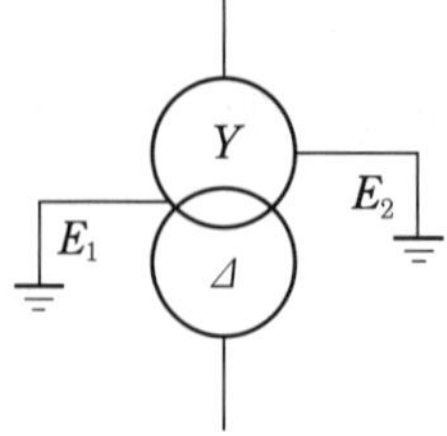

정답 (1) 520 MVA (2) 240 kVA (3) 풀이참조(그림)

08. 다음 도면은 22.9 kV-Y 수용가의 수전설비 단선 결선도의 일부이다. 각 물음에 답하시오.

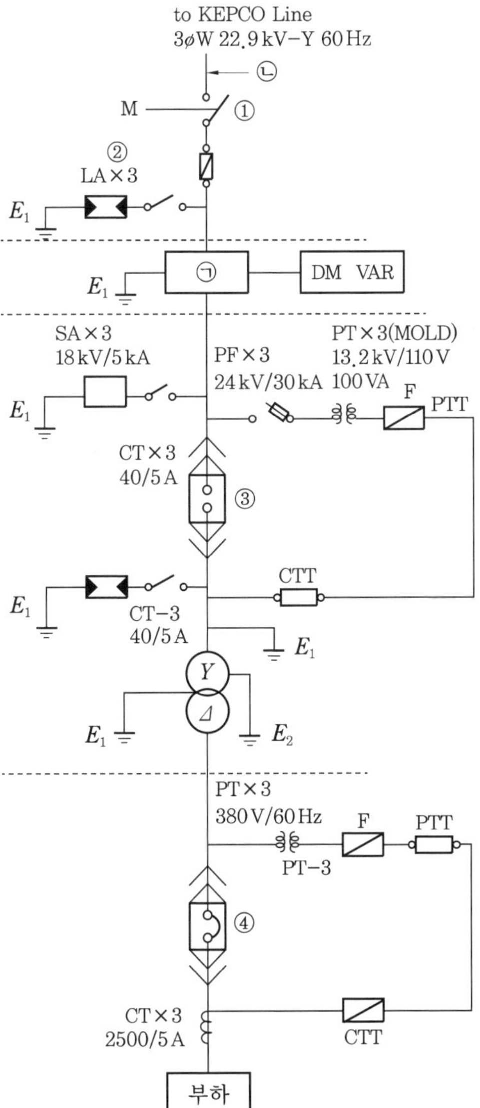

(1) 단선도에서 ①, ②, ③, ④의 영문 약호 명칭을 쓰시오.

(2) ㉠, ㉡의 영문 약호 명칭을 쓰시오.

정답 (1) ① LBS, ② LA, ③ VCB, ④ ACB

(2) ㉠ MOF, ㉡ CNCV-W 케이블

해설 (1) ① LBS(부하 개폐기), ② LA(피뢰기),

③ VCB(진공 차단기), ④ ACB(기중 차단기)

(2) ㉠ MOF(계기용 변성기), ㉡ CNCV-W 케이블

11 충진율과 변환효율

(1) 충진율(F.F. : Fill Factor) $=\dfrac{\text{최대 출력전력}}{\text{개방전압}\times\text{단락전류}}=\dfrac{V_{mpp}\times I_{mpp}}{V_{oc}\times I_{sc}}$

* Si(실리콘) 태양전지의 F.F : 0.7 ~ 0.8, GaAs 태양전지의 F.F : 0.78 ~ 0.85

① 충진율에 영향을 주는 요소

(가) 이상적인 다이오드 특성으로부터 벗어나는 정도를 나타내는 n 값(다이오드 성능계수)이 작을수록 F.F. 값이 증가한다.

(나) 태양전지의 직렬저항이 작고, 병렬저항이 커야 개방전압 및 단락전류가 커져 F.F. 값이 증가한다.

(다) F.F. 값은 0 ~ 1이며, 클수록 모듈의 성능이 좋다.

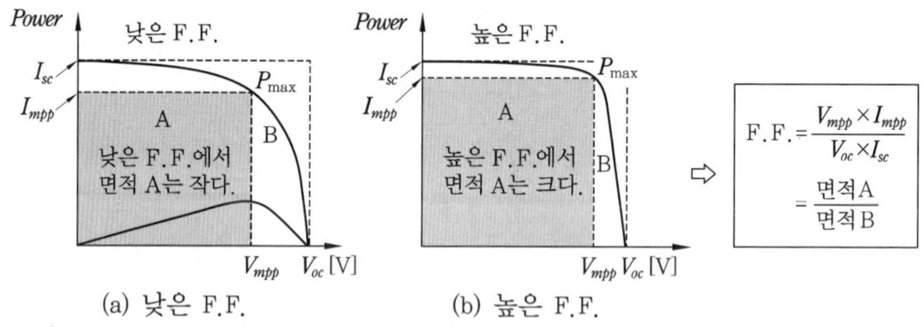

(a) 낮은 F.F. (b) 높은 F.F.

(2) 태양전지의 변환효율(%)

$$\eta=\frac{\text{출력에너지}(P_o)}{\text{입력에너지}(P_i)}\times 100$$

$$=\frac{\text{최대출력}}{\text{태양전지 모듈의 면적}\times\text{일사강도}}\times 100=\frac{V_{mpp}\times I_{mpp}\,[\text{W}]}{A\times 1{,}000\ \text{W/m}^2}\times 100$$

여기서, A : 모듈의 면적(m²), STC에서의 일사강도 : 1,000 W/m²

㊟ STC 평균 변환효율 비교 : 단결정 Si > 다결정 Si > CIGS > CdTe > 비정질 Si 박막

(3) 셀(cell)의 변환효율(%) $=\dfrac{\text{태양전지 셀의 최대출력(W)}}{\text{태양광 셀에 입사된 에너지(W)}}\times 100$

(4) 태양전지의 최대출력

$$P_{max}=V_{oc}\times I_{sc}\times\text{F.F.}=V_{mpp}\times I_{mpp}$$

예상문제

11. 충진율과 변환효율

01. 다음의 모듈 특성 표로부터 모듈의 충진율(F.F.)을 구하시오.

구분	특성
V_{mpp}	40 V
I_{mpp}	8 A
V_{oc}	50 V
I_{sc}	10 A

풀이 충진율(F.F.) $= \dfrac{V_{mpp} \times I_{mpp}}{V_{oc} \times I_{sc}} = \dfrac{40 \times 8}{50 \times 10} = 0.64$

정답 0.64

02. 다음의 모듈 사양을 참고로 하여 모듈의 충진율과 변환효율을 구하시오.

구분	특성
개방전압(V)	37.3
단락전류(A)	8.86
최대출력 동작전압(V)	29.75
최대출력 동작전류(A)	8.42
모듈 치수(mm) ($L \times W \times D$)	1,640×1,000×35

풀이 ㉠ 충진율(F.F.) $= \dfrac{29.75 \times 8.42}{37.3 \times 8.86} \fallingdotseq 0.76$

㉡ 변환효율 $\eta = \dfrac{29.75 \times 8.42}{1.64 \times 1 \times 1{,}000} \times 100 \fallingdotseq 15.27\ \%$

정답 0.76, 15.27 %

03. 태양전지의 광 변환효율의 ① 공식을 쓰고, ② 이에 대한 설명을 하시오.

정답 ① $\text{변환효율}(\%) = \dfrac{P_{\max}\,[\text{W}]}{A\,[\text{m}^2] \times 1{,}000\ \text{W/m}^2} \times 100$

② 태양전지에 입사되는 태양에너지를 전기에너지로 변환하는 효율을 말한다.

04. 태양광 모듈 한 장의 출력이 80 W, 가로길이 0.5 m, 세로길이 0.8 m일 때 모듈의 변환효율을 구하시오. (단, 일사강도는 1,000 W/m^{2}이다.)

풀이 변환효율 $\eta = \dfrac{80}{0.5 \times 0.8 \times 1{,}000} \times 100 = 20\ \%$

정답 20 %

05. 다음 표와 같은 태양전지 모듈 특성에서 ㉠, ㉡을 구하시오.

구분	특성
충진율	0.79
정격전력 $P_{\max}$ [W]	㉠
개방전압 V_{oc} [V]	40.6
단락전류 I_{sc} [A]	9.5
제품 규격 $(L \times W \times D)$ [mm]	1,640×1,000×40
변환효율	㉡

풀이 $\text{충진율} = \dfrac{P_{\max}}{V_{oc} \times I_{sc}}$ 로부터

㉠ : $P_{\max} = \text{충진율} \times V_{oc} \times I_{sc} = 0.79 \times 40.6 \times 9.5 \fallingdotseq 304.7\ \text{W}$

㉡ : $\text{변환효율} = \dfrac{P_{\max}}{A \times 1{,}000} \times 100 = \dfrac{304.7}{1.64 \times 1 \times 1{,}000} \times 100 \fallingdotseq 18.58\ \%$

정답 ㉠ 304.7 W, ㉡ 18.58 %

06. 다음 그림과 같이 태양전지(모듈)의 특성곡선을 참고로 하여 각 물음에 답하시오.

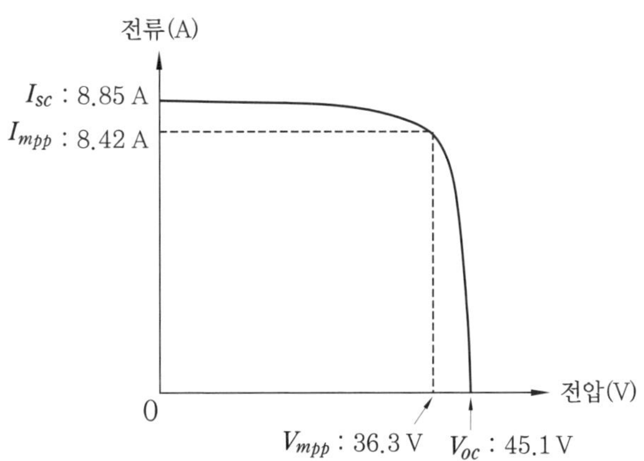

(1) 충진율(F.F.)을 구하시오.

(2) 모듈의 크기($L \times W$)가 1.75 m×0.85 m일 때 모듈의 변환효율을 구하시오.

풀이 (1) 충진율 $= \dfrac{8.42 \times 36.3}{8.85 \times 45.1} \fallingdotseq 0.77$

(2) 변환효율 $= \dfrac{V_{mpp} \times I_{mpp}}{1.75 \times 0.85 \times 1{,}000} \times 100 = \dfrac{36.3 \times 8.42}{1.75 \times 0.85 \times 1{,}000} \times 100$

$\fallingdotseq 20.55\ \%$

정답 (1) 0.77 (2) 20.55 %

07. 일반적인 단결정 실리콘 태양전지의 충진율(F.F.)의 범위를 쓰시오.

정답 0.7 ~ 0.8

해설 실리콘 태양전지의 충진율 : 0.7 ~ 0.8, GaAs 태양전지의 충진율 : 0.78 ~ 0.85

08. 다음 태양전지 모듈의 종류 중 충진율이 높은 제품에서 낮은 제품 순으로 나열하시오.

① CdTe ② CIGS

③ 다결정 실리콘 태양전지 ④ 단결정 실리콘 태양전지

정답 ④→③→②→①

해설 충진율(F.F.) : 단결정 실리콘 > 다결정 실리콘 > CIGS > CdTe

09. 면적이 4 m^2이고, 변환효율이 15 %인 태양전지에서 AM(대기질량) 1.5의 빛을 입사시킬 경우에 생산되는 전력은 몇 W인지 구하시오.

풀이 변환효율 $\eta = \dfrac{P_{max}}{A \times 1{,}000} \times 100$ 으로부터

$P_{max} = \eta \times A \times 1{,}000 = 0.15 \times 4 \times 1{,}000$

$= 600\ \text{W}$

정답 600 W

10. 변환효율이 20 %인 태양전지 모듈을 사용하여 6 kW 규모의 태양전지 어레이를 옥상에 설치하려 할 때 필요한 태양전지 모듈의 면적을 계산하시오.

풀이 $\eta = \dfrac{P_{max}}{A \times 1{,}000} \times 100$ 으로부터

모듈면적 $A = \dfrac{P_{max}}{\eta \times 1{,}000} \times 100 = \dfrac{6{,}000}{20 \times 1{,}000} \times 100 = 30\ \text{m}^2$

정답 30 m^2

12 바이패스 및 역류방지 다이오드

(1) 바이패스(bypass) 다이오드

① 어레이의 태양전지 셀 중 일부가 그늘(음영)이 있게 되면 저항 증가에 의한 발열로 그 부분의 발전량이 감소하게 되므로 우회로를 만들기 위해 셀에 역방향으로 삽입하는 다이오드로서 스트링의 직렬 모듈에 설치한다.

* 일반적으로 셀 18 ~ 20개마다 1개의 바이패스 다이오드를 설치하지만, 셀 1개마다 설치하는 제품도 있다.

② 바이패스 다이오드의 전압 및 전류 용량

(가) 역내전압 : 공칭 최대출력 동작전압의 1.5배 이상

(나) 전류 : STC 조건에서 단락전류의 1.25배

* 핫 스팟(hot spot)이란 셀의 음영으로 발열이 발생되는 부분이다.

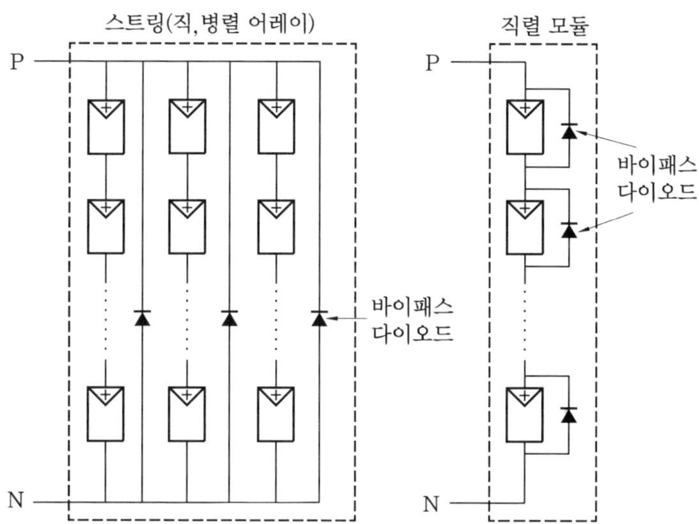

(2) 역류방지 다이오드

① 태양전지 모듈에 다른 태양전지 회로 또는 축전지로부터 흘러들어오는 전류를 방지하기 위해 설치하는 다이오드로서 접속함 내에 설치한다.

② 태양전지 직렬군이 2병렬 이상일 경우에는 각 직렬군에 역류방지 다이오드를 설치하여야 한다.

③ 역류방지 다이오드의 용량은 단락전류의 2배 이상, 개방전압의 1.2배 이상이어야 한다.

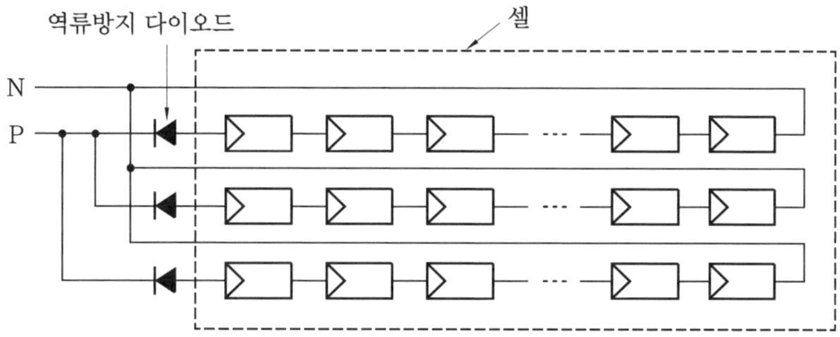

(3) 환류 다이오드

전압형 단상 인버터의 내부 회로에서 트랜지스터의 ON, OFF 시 인덕터 양단에 나타나는 역 기전력에 의해 트랜지스터가 소손되는 것을 방지하기 위해 인덕터에 병렬로 삽입하는 다이오드이다.

예상문제

12. 바이패스 및 역류방지 다이오드

01. 인덕터에 흐르는 전류가 단방향일 때 인덕터 또는 인덕터를 포함한 부하와 병렬로 접속되어 있는 다이오드는?

정답 환류 다이오드

02. 태양전지 모듈 스트링에 설치하는 바이패스 다이오드의 사용 목적은?

정답 태양전지 모듈에 영향을 주는 부분 음영에 의한 태양전지의 파손을 방지하기 위해 병렬로 연결하여 전류를 우회시키는 역할을 한다.

03. 태양전지 모듈에 다른 태양전지 회로와 축전지의 전류가 유입되는 것을 방지하기 위해 접속함 내에 설치하는 소자를 쓰시오.

정답 역류방지 다이오드

04. 바이패스 다이오드의 설치 장소를 쓰시오.

정답 어레이(모듈) 출력 단자함

05. 태양광발전설비에 역류방지 다이오드를 사용하는 ① 목적과 ② 용량을 쓰시오.

정답 ① 역류방지 다이오드의 설치 목적 : 태양광전지 모듈에 다른 태양전지 회로와 축전지의 전류가 유입되는 것을 방지하기 위해 설치한다.

② 용량 : 모듈 단락전류의 2배 이상, 모듈 개방전압의 1.2배 이상

06. 태양전지 셀에 음영이 생기면 그 부분의 발전량이 저하됨과 동시에 열점(hot spot)을 일으킬 수 있으므로 이를 방지하기 위하여 설치하는 소자는 무엇인지 쓰시오.

정답 바이패스 다이오드

07. 다음 각 설명에 대한 소자 이름을 쓰시오.

(1) 높은 저항이 된 태양전지 셀 또는 모듈에 흐르는 전류를 우회할 목적으로 설치하는 것은?

(2) 태양전지 모듈에 다른 태양전지 회로와 축전지의 전류가 흘러 들어오는 것을 방지하기 위해 설치하는 것은?

(3) 인덕터에 흐르는 전류가 단방향일 때 인덕터 또는 인덕터를 포함한 부하가 병렬로 접속되어 있는 다이오드는?

정답 (1) 바이패스 다이오드

(2) 역류방지 다이오드

(3) 환류 다이오드

08. 다음 그림은 태양전지 어레이의 전기회로 계통을 나타낸 것이다. ①~③의 소자 명칭을 쓰시오.

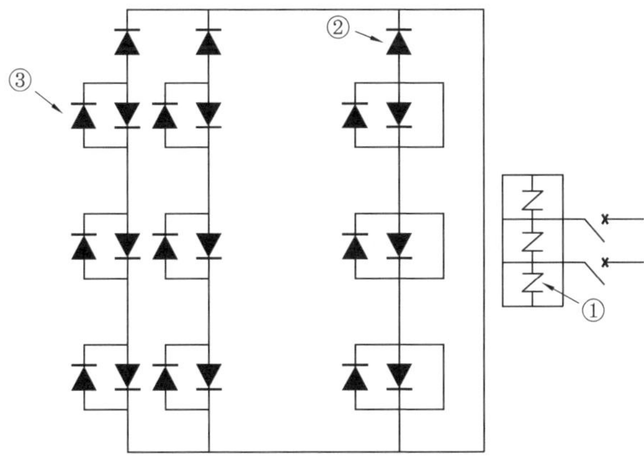

정답 ① SPD

② 역류방지 다이오드

③ 바이패스 다이오드

13 독립형 및 부하 평준화형 축전지

(1) 부하 평준화형 축전지 용량

$$C = \frac{\text{용량환산시간} \times \text{방전전류}}{\text{보수율}} = \frac{K \times I_d}{L} \text{ [Ah]}$$

(2) 독립형 축전지 용량

$$C = \frac{\text{불일조일수} \times \text{1일 소비전력량}}{\text{보수율} \times \text{축전지 개수} \times \text{축전지 전압} \times \text{방전심도}} = \frac{D_f \times L_d}{L \times N \times V_b \times \text{DOD}}$$

(3) 방전전류 $I_d = \frac{\text{부하전력}}{\text{인버터 효율} \times (\text{허용방지 종지전압} + \text{전압강하}}$

$$= \frac{P \times 1,000 \text{[W]}}{E_f \times (V_i + V_d) \text{[V]}}$$

(4) 부동 충전방식의 2차 전류(A) = $\frac{\text{축전지의 정격용량}}{\text{축전지의 표준시간}} + \frac{\text{상시부하(W)}}{\text{표준전압(V)}}$

(5) 축전지 단위 셀 수량 $N = \frac{V_i + V_d \text{[V]}}{2(1.8) \text{[V]}}$

(6) 방전심도 DOD = $\frac{\text{실제 방전량}}{\text{축전지의 정격용량}} \times 100\ \%$

(7) 축전지 부착 계통연계 시스템

① 방재 대응형 : 정상 시 계통연계 시스템으로 동작하고, 재해로 인한 정전 시에는 인버터를 자립운전으로 절환과 동시에 특정한 방재 대응 부하에 전력을 공급하는 시스템이다.

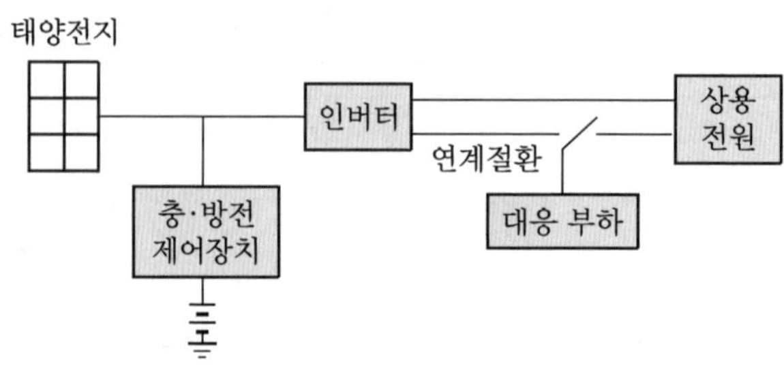

② 부하 평준화 대응형 : 태양전지 출력과 축전지 출력을 병용하여 부하의 피크 시에 인버터를 필요한 출력으로 운전하고, 수전전력을 억제하여 기본 전력요금을 절감하는 시스템이다.

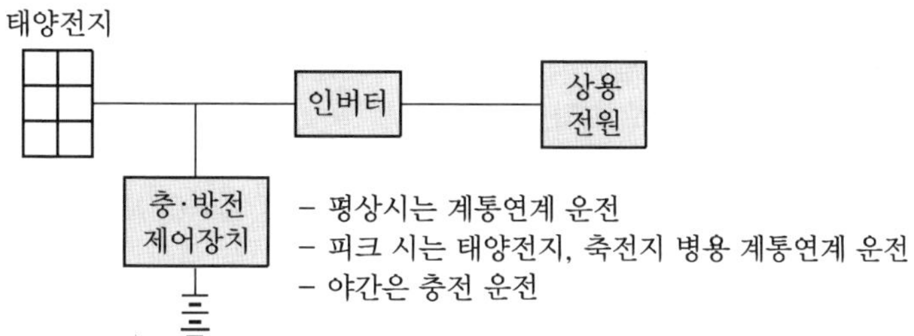

③ 계통 안정화 대응형 : 태양전지와 축전지를 병렬운전하며 기후 급변 시 또는 계통부하 급변 시 축전지를 방전시키고, 태양전지 출력이 상승하여 계통전압이 증가하려고 할 때는 축전지를 충전하여 역 조류를 감소시키고 전압이 상승하는 것을 방지하는 시스템이다.

(8) 축전지의 기대수명 요소

① 방전심도(DOD)
② 방전횟수
③ 사용온도
* 방전심도가 클수록 기대수명은 작아진다.

(9) 독립형 축전지 선정 시 고려사항

① 자기 방전율이 낮을 것
② 에너지 저장밀도가 높을 것
③ 방전전압, 전류가 안정적일 것
④ 과충전, 과방전에 강할 것
⑤ 중량 대비 효율이 좋을 것
⑥ 유지보수가 용이할 것
⑦ 수명이 길 것

예상문제

13. 독립형 및 부하 평준화형 축전지

01. 다음의 조건을 만족하는 독립형 태양광발전시스템용 축전지 설치용량을 구하시오. (단, 납축전지의 공칭전압은 2V로 한다.)

부조일수	보수율	납축전지 수량	1일 부하적산량	DOD
10일	0.8	260개	5 kWh	0.6

풀이 축전지 용량 $C = \dfrac{D_f \times L_d \times 1{,}000}{L \times N \times V_b \times \text{DOD}} = \dfrac{10 \times 5 \times 1{,}000}{0.8 \times 260 \times 2 \times 0.6} \fallingdotseq 200.32\text{ Ah}$

정답 200.32 Ah

02. 다음의 [조건]에 대하여 부하 평준화 대응형 축전지 용량을 계산하시오.

조건

- 인버터의 직류 입력전류 I : 43 A
- 방전 종지전압 V_i : 1.8 V/cell
- 축전지 용량환산시간 K : 3.3시간
- 보수율 L : 0.8

풀이 축전지 용량 $C = \dfrac{K \times I_d}{L} = \dfrac{3.3 \times 43}{0.8} \fallingdotseq 177.38\text{ Ah}$

정답 177.38 Ah

03. 시스템 전압이 30 V, 축전지 설비용량이 30,000 Wh일 때 축전지 용량은 몇 Ah인가?

풀이 축전지 용량 $C = \dfrac{P_h}{V} = \dfrac{30{,}000\text{ Wh}}{30\text{ V}} = 1{,}000\text{ Ah}$

정답 1,000 Ah

04. 납축전지의 정격용량 50 Ah, 상시부하 2 kW, 표준전압 100 V인 부동 충전방식의 2차 충전전류를 구하시오.

풀이 $2\text{차 충전전류} = \dfrac{\text{축전지의 정격용량}}{\text{축전지의 표준시간}} + \dfrac{\text{상시 부하용량(W)}}{\text{표준전압(V)}}$

$= \dfrac{50}{10} + \dfrac{2,000}{100} = 5 + 20 = 25\text{ A}$

* 납축전지의 표준시간 : 10 h, 알칼리 축전지의 표준시간 : 5 h

정답 25 A

05. 다음 그림은 축전지 설비의 부하 특성곡선이다. 축전지 용량을 구하시오. (단, $K_1 = 1.5$, $K_2 = 1.2$, 보수율은 0.8이다.)

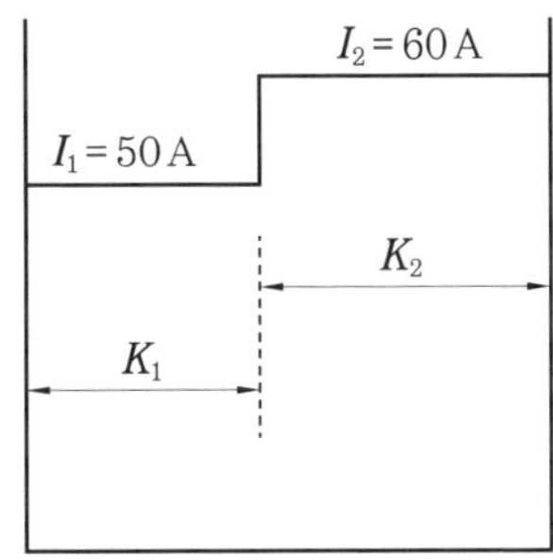

풀이 $C = \dfrac{K_1 \times I_1 + K_2(I_2 - I_1)}{L} = \dfrac{1.5 \times 50 + 1.2 \times (60 - 50)}{0.8} = \dfrac{75 + 12}{0.8} = 108.75\text{ Ah}$

정답 108.75 Ah

06. 독립형 축전지의 구비조건 5가지를 쓰시오.

정답 ① 자기 방전율이 낮을 것
② 에너지 저장밀도가 높을 것
③ 방전전압, 전류가 안정적일 것
④ 과충전, 과방전에 강할 것
⑤ 중량 대비 효율이 좋을 것
⑥ 유지보수가 용이할 것
⑦ 수명이 길 것

07. 부하 평준화 축전지와 인버터의 연결 시 다음과 같은 조건에서 인버터의 ① 입력전류와 ② 축전지 셀의 수량을 구하시오.

조건

- 출력용량 : 80 kW
- 인버터 최저 입력전압 : 240 V
- 직류 전압강하 : 3 V
- 축전지 셀 전압 : 1.8 V
- 인버터 효율 : 93 %

풀이 ① 인버터 입력전류 $I_d = \dfrac{P\,[\mathrm{W}]}{E_f \times (V_i + V_d)} = \dfrac{80{,}000}{0.93 \times (240+3)} \fallingdotseq 354\ \mathrm{A}$

② 셀 수량 $N = \dfrac{V_i + V_d}{1.8} = \dfrac{240+3}{1.8} = 135$개

정답 ① 354 A, ② 135개

14 절연저항 및 절연저항 측정

(1) 태양전지 회로의 절연저항을 측정하는 기기

① 절연 저항계(메거)

② 온도계

③ 습도계

④ 그 밖에 단락용 개폐기 또는 단락용 클립리드

(2) 절연저항 측정 회로

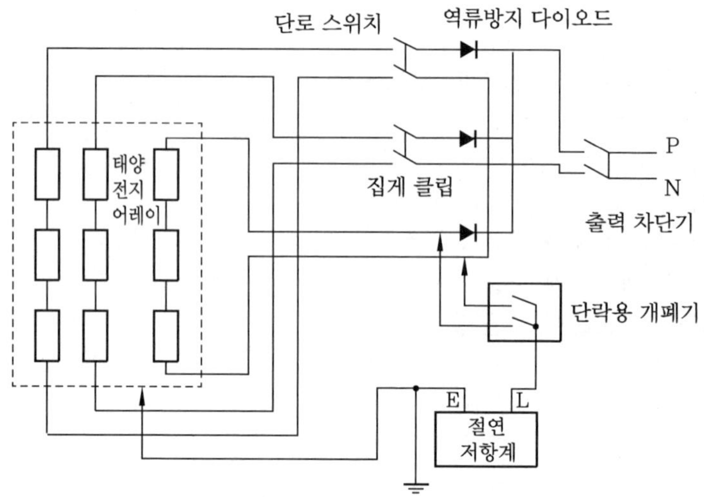

(3) 절연저항 측정 순서

① 출력 개폐기를 off(개방)한다. 출력 개폐기의 입력부에 서지 흡수기를 설치한 경우에는 접지 측 단자를 떼어 둔다.

② 단락용 개폐기를 off 한다.

③ 모든 스트링의 단로 스위치를 off 한다.

④ 단락용 개폐기의 1차 측 (+), (−)극의 클립을 역류방지 다이오드에서 태양전지 측과 단로 스위치 사이에 접속한 뒤, 대상으로 하는 스트링 단로 스위치를 on(단락)으로 하고, 단락용 개폐기를 on 한다.

⑤ 절연 저항계(메거)의 E측을 접지단자에, L측을 단락용 개폐기의 2차 측에 접속하고, 절연 저항계를 on 하여 절연저항을 측정한다.

⑥ 측정 종료 후에는 단락용 개폐기, 단로 스위치 순으로 off 하고 스트링의 클립을 제거한다.

⑦ 서지 업서버의 접지 측 단자의 복원으로 대지전압을 측정하여 전류전하의 방전상태를 확인한다.

(4) 절연저항 값

전로의 사용전압	DC 시험전압(V)	절연저항(MΩ)
SELV 및 PELV	250	0.5
FELV, 500 V 이하	500	1.0
500 V 초과	1,000	1.0
* 특별저압(Extra Low Voltage) : 2차 전압이 AC 50 V, DC 120 V 이하로 SELV(비접지회로 구성) 및 PELV(접지회로 구성)는 1차와 2차가 전기적으로 절연된 회로, FELV는 1차와 2차가 전기적으로 절연되지 않은 회로		

(5) 태양전지 모듈의 절연내력

태양전지 모듈은 최대 사용전압이 1.5배의 직류전압 또는 1배의 교류전압(500 V 미만으로 되는 경우에는 500 V)을 충전 부분과 대지 사이에 연속으로 10분간 가하여 절연내력시험을 하였을 때 이에 견디는 것이어야 한다.

예상문제

14. 절연저항 및 절연저항 측정

01. 태양전지 회로의 절연저항을 측정하기 위한 순서를 7단계로 구분하여 쓰시오.

정답 ① 출력 개폐기를 off 한다.
② 단락용 개폐기를 off 한다.
③ 전체 스위치의 단로 스위치를 off 한다.
④ 단락용 개폐기의 1차 측 (+), (−)극의 클립을 역류방지 다이오드에서 태양전지 측과 단로 스위치 사이에 접속한 뒤, 대상으로 하는 스트링 단로 스위치를 on으로 하고, 단락용 개폐기를 on 한다.
⑤ 메거 테스터의 E측을 접지단자에, L측을 단락용 개폐기의 2차 측에 접속하고, 메거 테스터를 on 하여 절연저항을 측정한다.
⑥ 측정 종료 후에는 단락용 개폐기, 단로 스위치 순으로 off 하고 스트링의 클립을 제거한다.
⑦ 서지 업서버의 접지 측 단자의 복원으로 대지전압을 측정하여 전류전하의 방전 상태를 확인한다.

02. 태양광발전시스템에 사용되는 인버터 회로에 대한 입력 측 절연저항을 측정하기 위한 순서를 4단계로 구분하여 쓰시오.

정답 ① 태양전지 회로를 접속함에서 분리한다.
② 분전반 내의 분기 차단기를 개방한다.
③ 직류 측의 모든 입력단자 및 교류 측의 모든 출력단자를 각각 단락한다.
④ 직류단자와 대지 간의 절연저항을 측정한다.

03. 태양전지 회로의 절연저항을 측정하는 데 필요한 기자재 3가지를 쓰시오.

정답 메거 테스터(절연 저항계), 온도계, 습도계

04. 다음을 읽고 ①, ②, ③에 알맞은 내용을 쓰시오.

> 태양광발전시스템의 단자함 내부에 배선, 차단기, 퓨즈 등은 잘 시설되어 있는지 육안검사를 하고, 배선의 경우 극성은 바뀌지 않았는지, 차단기는 직류 차단기로 정격에 맞는지 점검한다. 그리고 절연저항을 측정해야 하는데, 절연저항은 태양전지와 대지 간은 (①) MΩ 이상, 단자함 내 전선과 대지 간의 절연저항은 (②) MΩ 이상이어야 한다. 절연저항 측정기는 고 전압을 인가할 경우 태양전지가 소손될 염려가 있기 때문에 DC (③) V용을 사용하여야 한다.

정답 ① 0.2, ② 1, ③ 500

05. 태양광발전시스템의 전기설비기준에서 전로의 사용전압(또는 대지전압) 구분에 따른 절연저항의 값을 쓰시오.

정답

전로의 사용전압	DC 시험전압	절연저항
SELV 및 PELV	250 V	0.5 MΩ
FELV, 500 V 이하	500 V	1.0 MΩ
500 V 초과	1,000 V	1.0 MΩ
SELV : 비접지회로 구성, PELV : 접지회로 구성		

06. 다음 사항에 대한 태양광발전시스템에서 사용되는 인버터의 출력 측 절연저항 측정 순서를 나열하시오.

> ① 교류단자와 대지 간의 절연저항을 측정
> ② 태양전지 회로를 접속함에서 분리
> ③ 분전반 내의 분기 차단기 개방
> ④ 직류 측의 모든 입력단자 및 교류 측 전체의 출력단자를 각각 단락

정답 ② → ③ → ④ → ①

07. 태양전지 모듈에서 전류가 흐르는 부품과 모듈 테두리나 외부 사이에 충분한 절연이 되어 있는지를 확인하기 위하여 실시하는 시험의 명칭과 그 방법을 간단히 쓰시오.

정답 절연시험, 절연 저항계로 모듈 테두리나 외부와 접지 사이에 절연저항을 측정하여 이상이 없는지를 확인한다.

08. 대지전압이 500 V 이상일 때 전압 측 전선과 대지 사이의 절연저항 값은 얼마 이상이어야 하는가?

정답 1.0 MΩ

09. 다음 그림은 인버터의 절연저항 측정 회로이다. ①, ②에 들어갈 기기의 명칭을 쓰시오.

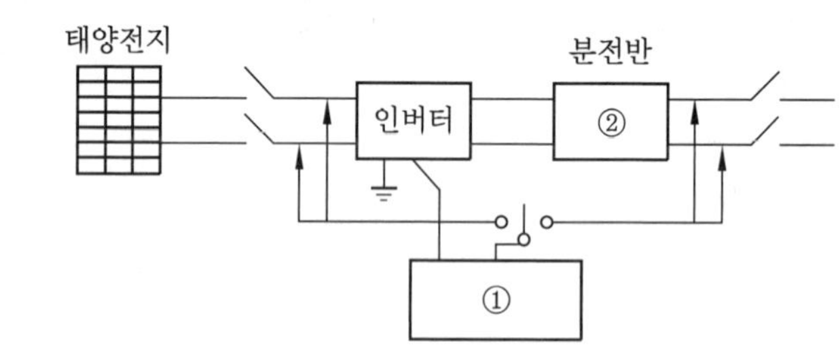

정답 ① 메거 테스터(절연 저항계)
② 절연 변압기(트랜스)

10. 다음 태양전지 모듈의 절연내력에 관한 내용을 읽고 ①, ②에 알맞은 내용을 쓰시오.

> 태양전지 모듈은 최대 사용전압이 (①)배의 직류전압 또는 1배의 교류전압(500 V 미만으로 되는 경우에는 500 V)을 충전 부분과 대지 사이에 연속으로 (②)분간 가하여 절연내력시험을 하였을 때 이에 견디는 것이어야 한다.

정답 ① 1.5, ② 10

15 접지 시스템

(1) 접지 시스템의 구분 및 종류

① 접지 시스템의 구분

(가) 계통접지 : 전력계통에서 돌발적으로 발생하는 이상 현상에 대비하여 대지와 계통을 연결하는 것으로 '변압기 중성점 접지'라고도 한다. 저압전로의 보호도체 및 중성선의 접속방식에 따라 TN, TT, IT 계통으로 구분한다.

(나) 보호접지 : 고장 시 감전에 대한 보호를 목적으로 기기의 한 점 또는 여러 점을 접지하는 것을 말한다.

(다) 피뢰 시스템 접지 : 피뢰설비에 흐르는 뇌격전류를 안전하게 대지로 흘려보내기 위한 접지극을 대지에 접속하는 접지를 말한다.

② 접지 시스템의 시설 종류

(가) 단독접지 : 고압·특고압 계통의 접지극과 저압계통의 접지극이 독립적으로 설치된 방식

(나) 공통접지 : 등전위가 형성되도록 고압·특고압 접지계통과 저압 접지계통을 공통으로 접지하는 방식

(다) 통합접지 : 전기설비의 접지계통, 건축물의 피뢰설비, 전기통신설비 등의 접지극을 통합하여 접지하는 방식

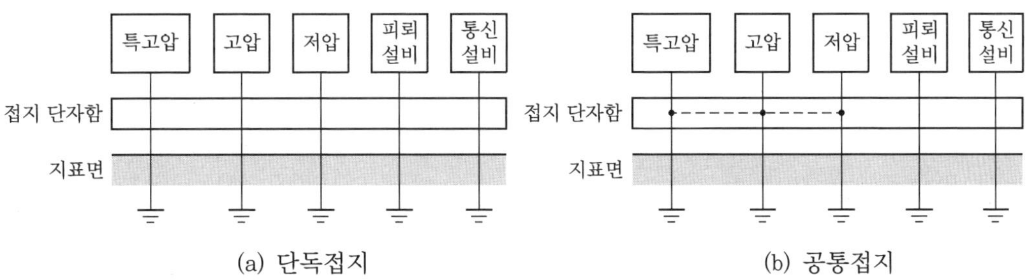

(a) 단독접지 (b) 공통접지

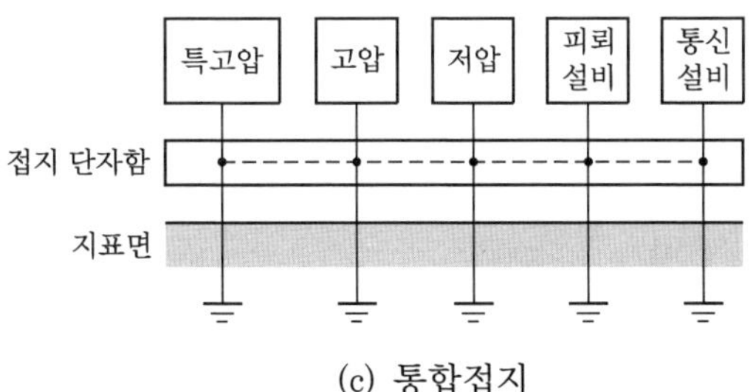

(c) 통합접지

(2) 접지 시스템 구성요소

① 접지극
② 접지도체
③ 보호도체
④ 기타 설비

(3) 접지극

① 접지극은 접지도체를 사용하여 주 접지단자에 연결하여야 한다.
② 접지극의 시설방법
(가) 콘크리트에 매입된 기초 접지극
(나) 토양에 매설된 기초 접지극
(다) 토양에 수직 또는 수평으로 직접 매설된 금속 전극(봉, 전선, 테이프, 배관, 판 등)
③ 접지극의 매설
(가) 접지극은 매설하는 토양을 오염시키지 않아야 하며, 가능한 다습한 부분에 설치한다.
(나) 접지극은 지표면으로부터 지하 0.75 m 이상으로 하되, 동결깊이를 감안하여 매설깊이를 정해야 한다.
(다) 접지도체를 철주 기타의 금속체를 따라서 시설하는 경우(접지극을 철주의 밑면으로부터 0.3 m 이상의 깊이에 매설하는 경우 이외)에는 접지극을 지중에서 그 금속체로부터 1 m 이상 떼어 매설하여야 한다.

(4) 접지도체

① 접지도체의 선정 : 고장 시 흐르는 전류를 안전하게 통할 수 있는 접지도체의 최소 단면적은 다음과 같다.

<table>
<tr><th colspan="2">구분</th><th>단면적</th></tr>
<tr><td colspan="2">구리</td><td>6 mm² 이상</td></tr>
<tr><td colspan="2">철제</td><td>50 mm² 이상</td></tr>
<tr><td rowspan="2">접지도체에 피뢰 시스템이 접속되는 경우</td><td>구리</td><td>16 mm² 이상</td></tr>
<tr><td>철제</td><td>50 mm² 이상</td></tr>
</table>

(5) 접지도체의 단면적

고장 시 흐르는 전류를 안전하게 통할 수 있는 접지도체의 굵기는 다음과 같다.

종류		굵기
특고압 전기설비용 접지도체		6 mm² 이상
중성점 접지용 접지도체	일반	16 mm² 이상
	7 kV 이하의 전로	6 mm²
	사용전압이 25 kV 이하인 특고압 가공선로. 다만, 중성선 다중접지방식의 것으로서 전로에 지락이 생겼을 때 2초 이내에 자동적으로 이를 전로로부터 차단하는 장치가 되어 있는 것	
이동하여 사용하는 전기기계기구의 금속제 외함 등의 접지 시스템	특고압·고압 전기설비용 접지도체 및 중성점 접지용 접지도체	10 mm² 이상
저압 전기설비용 접지도체	다심코드 또는 1개 도체의 단면적	0.75 mm²
	연동선	1.5 mm² 이상

(6) 접지도체와 접지극의 접속

① 접속은 견고하고 전기적인 연속성이 보장되도록, 접속부는 발열성 용접, 압착접속, 클램프 또는 그 밖에 적절한 기계적 접속장치에 의해야 한다. 다만, 기계적인 접속장치는 제작자의 지침에 따라 설치하여야 한다.

② 클램프를 사용하는 경우 접지극 또는 접지도체를 손상시키지 않아야 한다. 납땜에만 의존하는 접속은 사용해서는 안 된다.

(7) 보호도체

① 보호도체의 최소 단면적

선도체의 단면적 S (mm², 구리)	보호도체의 최소 단면적(mm², 구리)	
	보호도체의 재질	
	선도체와 같은 경우	선도체와 다른 경우
$S \leq 16$	S	$(k_1/k_2)\times S$
$16 < S \leq 35$	16^a	$(k_1/k_2)\times 16$
$S > 35$	$S^a/2$	$(k_1/k_2)\times (S/2)$

여기서, k_1 : 선도체에 대한 k값

k_2 : 보호도체에 대한 k값

a : PEN 도체의 최소 단면적은 중성선과 동일하게 적용

② 보호도체의 단면적(S)은 차단시간이 5초 이하인 경우 다음의 계산 값 이상이어야 한다.

$$S = \frac{\sqrt{I^2 t}}{k}$$

여기서, I : 보호장치를 통해 흐를 수 있는 예상 고장전류 실횻값
t : 자동차단을 위한 보호장치의 동작시간(초)
k : 보호도체, 절연, 기타 부위의 재질 및 초기온도와 최종온도에 따라 정해지는 계수

③ 감전보호에 따른 보호도체 : 과전류 보호장치를 감전에 대한 보호용으로 사용하는 경우에 보호도체는 충전도체와 같은 배선설비에 병합시키거나 근접한 경로로 설치하여야 한다.

④ 주 접지단자

㈎ 접지 시스템은 주 접지단자를 설치하고, 다음의 도체들을 접속하여야 한다.

㉮ 등전위 본딩도체

㉯ 접지도체

㉰ 보호도체

㉱ 관련이 있는 경우에 기능성 접지도체

㈏ 여러 개의 접지단자가 있는 장소는 접지단자를 상호 접속하여야 한다.

㈐ 주 접지단자에 접속하는 각 접지도체는 개별적으로 분리할 수 있어야 하며, 접지저항을 편리하게 측정할 수 있어야 한다. 다만, 접속은 견고해야 하며 공구에 의해서만 분리되는 방법으로 하여야 한다.

(8) 전기 수용가 접지

① 저압 수용가 인입구 접지

종류	단면적	저항 값
금속제 수도관로, 건물의 철골	$6\,mm^2$ 이상	3 Ω 이하

② 주택 등 저압 수용장소 접지

종류	단면적	저항값
구리	$10\,mm^2$ 이상	접지저항 값은 접촉전압을 허용 접촉전압 범위 내로 제한하는 값 이하로 하여야 한다.
알루미늄	$16\,mm^2$ 이상	

(9) 변압기 중성점 접지

접지 대상	접지저항 값
일반사항	$\frac{150\,\text{V}}{\text{1선 지락전류}(I_g)}$ [Ω] 이하
고압·특고압 측 전로 또는 사용전압이 35 kV 이하의 특고압 전로가 저압 측 전로와 혼촉하고, 저압전로의 대지전압이 150 V를 초과하는 경우	$\frac{300\,\text{V}}{\text{1선 지락전류}(I_g)}$ [Ω] 이하 (단, 1초 초과 2초 이내에 자동차단장치 설치 시)
	$\frac{600\,\text{V}}{\text{1선 지락전류}(I_g)}$ [Ω] 이하 (단, 1초 이내에 자동차단장치 설치 시)

* 단, 전로의 1선 지락전류는 실측값에 의한다. 다만, 실측이 곤란한 경우에는 선로정수 등으로 계산한 값에 의한다.

(10) 공통접지 및 통합접지

① 고압 및 특고압과 저압 전기설비의 접지극이 서로 근접하여 시설되어 있는 변전소 또는 이와 유사한 곳에서는 다음과 같이 공통접지 시스템으로 할 수 있다.

(가) 저압 전기설비의 접지극이 고압 및 특고압 접지극의 접지저항 형성 영역에 완전히 포함되어 있다면 위험전압이 발생하지 않도록 이들 접지극을 상호 접속하여야 한다.

(나) 접지 시스템에서 고압 및 특고압 계통의 지락사고 시 저압계통에 가해지는 상용주파 과전압은 아래에서 정한 값을 초과해서는 안 된다.

② 저압설비 허용 상용주파 과전압

고압계통에서 지락고장시간(초)	저압설비 허용 상용주파 과전압(V)	비고
> 5	$U_0 + 250$	중성선 도체가 없는 계통에서 U_0는 선간전압을 말한다.
≤ 5	$U_0 + 1,200$	
1. 순시 상용주파 과전압에 대한 저압기기의 절연 설계기준과 관련된다. 2. 중성선이 변전소 변압기의 접지계통에 접속된 계통에서 건축물 외부에 설치한 외함이 접지되지 않은 기기의 절연에는 일시적 상용주파 과전압이 나타날 수 있다.		

③ 보호도체가 케이블의 일부가 아니거나 선도체와 동일 외함에 설치되지 않으면 단면적은 다음의 굵기 이상으로 하여야 한다.

(가) 기계적 손상에 대해 보호가 되는 경우에는 구리 2.5 mm^2, 알루미늄 16 mm^2 이상

(나) 기계적 손상에 대해 보호가 되지 않는 경우에는 구리 4 mm^2, 알루미늄 16 mm^2 이상

(다) 케이블의 일부가 아니라도 전선관 및 트렁킹 내부에 설치되거나, 이와 유사한 방법으로 보호되는 경우 기계적으로 보호되는 것으로 간주한다.

예상문제

15. 접지 시스템

01. 접지 시스템의 3가지 구분을 쓰시오.

정답 ① 계통접지, ② 보호접지, ③ 피뢰 시스템 접지

02. 접지 시스템의 시설 종류 3가지를 쓰시오.

정답 ① 단독접지, ② 공통접지, ③ 통합접지

03. 접지 시스템의 구성요소 3가지를 쓰시오.

정답 ① 접지극, ② 접지도체, ③ 보호도체

04. 다음은 접지도체의 단면적(굵기)을 나타낸다. ( ) 안에 알맞은 값을 쓰시오.

<table>
<tr><th colspan="2">종류</th><th>굵기</th></tr>
<tr><td colspan="2">특고압 전기설비용 접지도체</td><td>6 mm^2 이상</td></tr>
<tr><td rowspan="3">중성점 접지용 접지도체</td><td>일반</td><td>(①) mm^2 이상</td></tr>
<tr><td>7 kV 이하의 전로</td><td rowspan="2">6 mm^2</td></tr>
<tr><td>사용전압이 25 kV 이하인 특고압 가공선로. 다만, 중성선 다중접지방식의 것으로서 전로에 지락이 생겼을 때 2초 이내에 자동적으로 이를 전로로부터 차단하는 장치가 되어 있는 것</td></tr>
<tr><td>이동하여 사용하는 전기기계기구의 금속제 외함 등의 접지 시스템</td><td>특고압·고압 전기설비용 접지도체 및 중성점 접지용 접지도체</td><td>(②) mm^2 이상</td></tr>
<tr><td rowspan="2">저압 전기설비용 접지도체</td><td>다심코드 또는 1개 도체의 단면적</td><td>0.75 mm^2</td></tr>
<tr><td>연동선</td><td>1.5 mm^2 이상</td></tr>
</table>

정답 ① 16, ② 10

05. 저압 수용가의 인입구 부근에 금속제 수도관로와 대지 간의 접지저항은 얼마로 유지해야 되는가?

정답 3 Ω 이하

06. 변압기 중성점 접지에서 1선 지락전류가 10 A일 때 접지저항 값은 얼마인가?

풀이 $\frac{150\text{ V}}{1\text{선 지락전류}} = \frac{150}{10} = 15\ \Omega$

정답 15 Ω

07. 접지설비의 목적 2가지를 쓰시오.

정답 ① 인축에 대한 안전, ② 설비 및 기기에 대한 안전

08. 접지저항 측정법 4가지를 쓰시오.

정답 ① 접지 테스트 강하법에 의한 간이 측정법(2극 전극법)
② 코올라시 브리지법과 3극 전극법
③ 발전기식 접지 테스트를 사용하는 측정
④ 저압 강하법에 의한 저항 측정

16 전기발전사업 인·허가

(1) 발전사업 허가권자

① 3,000 kW 이하 설비 : 시장, 광역시장, 시·도지사
② 3,000 kW 초과 설비 : 산업통상자원부장관

(2) 전기(발전)사업 인·허가 제출서류

① 3,000 kW 이하
(가) 전기사업 허가 신청서
(나) 사업 계획서

(다) 송전관계 일람도
(라) 발전원가 명세서(200 kW 이하는 생략)
(마) 기술인력 확보 계획서(200 kW 이하는 생략)

② 3,000 kW 초과
(가) 전기사업 허가 신청서
(나) 사업 계획서
(다) 송전관계 일람도
(라) 발전원가 명세서
(마) 기술인력 확보 계획서
(바) 발전설비의 개요서
(사) 신용 평가 의견서 및 소요재원 조달 계획서
(아) 사업개시 후 5년 기간에 대한 예상 사업 손익 산출서
(자) 신청인이 법인인 경우 그 정관 및 재무현황 관련 자료
(차) 배전선로를 제외한 전기사업용 전기설비의 개요서
(카) 배전사업의 허가를 신청하는 경우에는 사업구역의 경계를 명시한 $\frac{1}{50,000}$ 지형도
(타) 구역전기사업의 허가를 신청하는 경우에는 특정한 공급구역의 위치 및 경계를 명시한 $\frac{1}{50,000}$ 지형도

(3) 발전 허가 절차

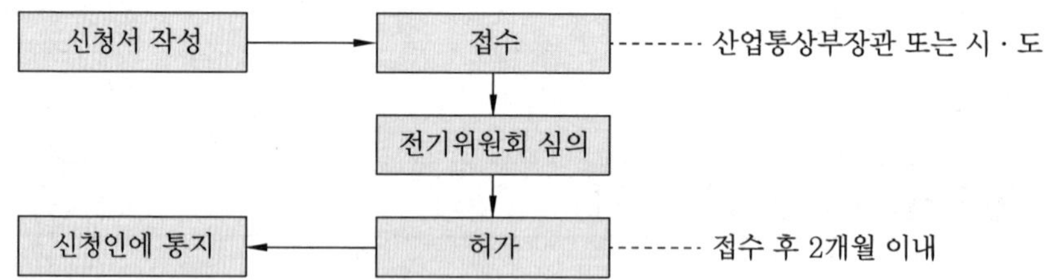

(4) 송전관계 일람도에 표시되는 사항

① 태양광발전 용량 ② 인버터 용량 ③ 전주번호

(5) 개발행위 허가권자 : 시장, 구청장, 군수

예상문제

16. 전기발전사업 인·허가

01. 다음의 발전사업 허가권자는 누구인지 쓰시오.

(1) 3,000 kW 초과 설비 :

(2) 3,000 kW 이하 설비 :

정답 (1) 산업통상자원부장관

(2) 시장, 광역시장, 시·도지사

02. 3,000 kW 이하 발전사업 시 제출서류 5가지를 쓰시오.

정답 ① 전기사업 허가 신청서

② 사업 계획서

③ 송전관계 일람도

④ 발전원가 명세서(200 kW 이하는 생략)

⑤ 기술인력 확보 계획서(200 kW 이하는 생략)

03. 3,000 kW 초과 발전사업 시 제출서류 5가지를 쓰시오.

정답 ① 전기사업 허가 신청서

② 사업 계획서

③ 송전관계 일람도

④ 발전원가 명세서

⑤ 기술인력 확보 계획서

⑥ 발전설비의 개요서 등

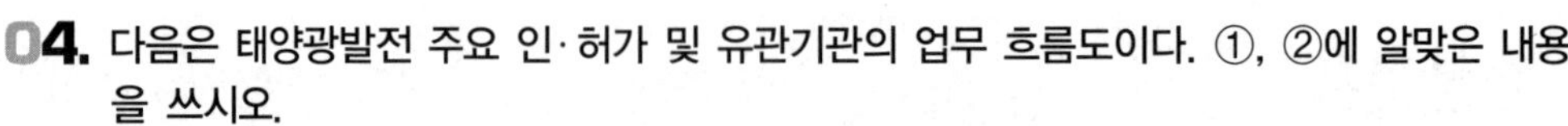

04. 다음은 태양광발전 주요 인·허가 및 유관기관의 업무 흐름도이다. ①, ②에 알맞은 내용을 쓰시오.

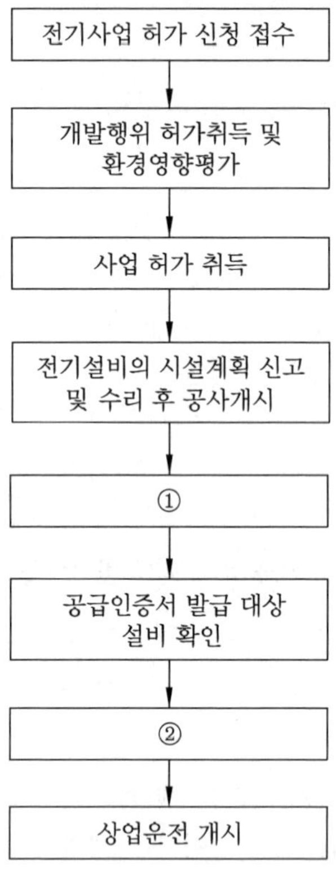

정답 ① 사용 전 검사
② 사업개시 신고

05. 다음은 발전 허가 절차 순서이다. ①, ②, ③에 알맞은 내용을 쓰시오.

신청서 작성, 제출 → ① → ② → ③ → 신청인에게 통지

정답 ① 신청서 접수, ② 전기위원회 심의, ③ 허가증 발급

06. 개발행위 허가권자 3명을 쓰시오.

정답 ① 시장, ② 구청장, ③ 군수

07. 다음은 발전 인·허가 절차 순서를 나타내는 흐름도이다. ①, ②, ③에 들어갈 알맞은 내용을 쓰시오.

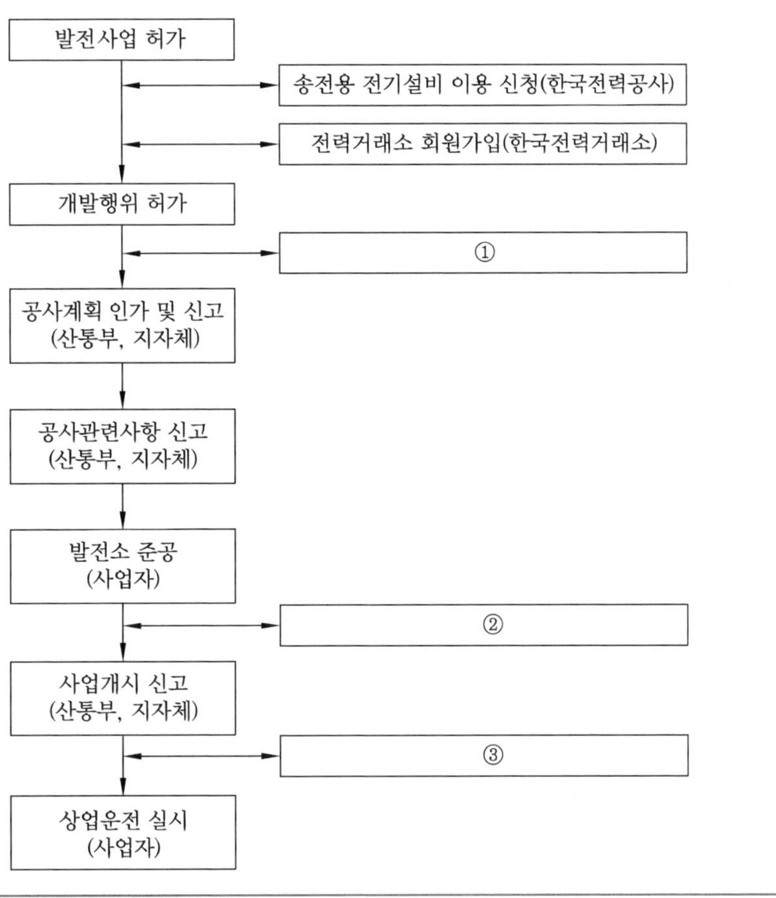

정답 ① 발전사업을 위한 협의
② 사업용 전기설비 사용점검
③ 발전차액지원을 위한 설치 확인

08. 송전관계 일람도에 표시되는 사항 3가지를 쓰시오.

정답 ① 태양광발전 용량
② 인버터 용량
③ 전주번호

17 태양광발전 부지 선정

(1) 자연환경 요소 검토사항

① 자연재해
② 적설량 및 겨울철 온도
③ 음영 유발 장애물의 유무
④ 염해, 공해의 영향
⑤ 일사량

(2) 부지의 환경요소 검토사항

① 경사도
② 지반 및 지질
③ 식생의 분포 및 수목의 영향
④ 생태 및 녹지 자연도
⑤ 주변 환경과의 조화

(3) 태양광발전에 유리한 조건

① 일사량이 좋은 남향 방향
② 주변에 음영 장애요소가 없는 곳
③ 발전량을 많이 얻을 수 있는 모양의 부지
④ 바람이 잘 통하는 장소
⑤ 송전선이 인접해 있는 곳
⑥ 토지비와 토목 공사비가 저렴한 부지

(4) 도로의 진입로 검토사항

① 개발 허가 조건을 충족시키는 도로이거나 사설 도로 개설의 가능 여부
② 자재운반 및 공사 차량의 운반에 지장이 없는지
③ 인접 도로와의 연계성

(5) 종합적인 부지 최적 선정 조건

① 지정학적 조건 : 일조량 및 일조시간, 최대풍속, 적설량, 부지의 경사도, 부지의 소유권 정보

② 건설·지반적 조건 : 자재의 운송 및 교통의 편의성, 하중에 견딜 수 있는 지반 조건, 배수 조건
③ 설치 운영상 조건 : 접근성의 용이, 주변 환경에 피해를 주지 않을 것
④ 행정상 조건 : 부지의 소유권 정보, 개발 허가 취득 조건, 사전환경성 검토, 지역 및 토지용도 검토
⑤ 전력계통과의 연계 조건 : 근접한 송·배전선로, 연계용량 확보 여부, 연계점, 계통 인입선의 위치
⑥ 경제성 조건 : 부지가격, 토목 공사비, 기타 부대 공사비 및 경제성 이득

예상문제

17. 태양광발전 부지 선정

01. 태양광발전설비의 설치에 유리한 부지 선정 시 고려사항을 5가지만 쓰시오.

정답 ① 일조량, 일사시간이 풍부할 것
② 음영의 영향이 없고, 바람이 잘 통할 것
③ 안개나 적설량이 적을 것
④ 부지의 가격이 저렴할 것
⑤ 부대공사 및 토목 공사비가 적게 들 것

02. 태양광발전시스템의 기획 및 설계 진행 전 설치장소에 대한 환경 조건의 주요 검토사항을 5가지만 쓰시오.

정답 ① 집중호우 및 홍수피해 가능성 여부
② 자연재해(태풍 등) 기상재해 발생 여부
③ 수목에 의한 음영의 발생 가능성 여부
④ 공해, 염해, 빛, 오염의 유무(영향)
⑤ 적설량 및 겨울철 온도

03. 태양광발전소의 현장 조사 중 환경 조건의 조사사항 5가지를 쓰시오.

정답 ① 자연재해, ② 적설량 및 겨울철 온도,
③ 일사량, ④ 염해, 공해의 영향,
⑤ 음영 유발 장애물의 유무

04. 구조물 배치 시의 기본적인 고려사항 6가지를 쓰시오.

정답 ① 발전시간에 음영이 없을 것
② 구조적 안정성 확보
③ 지반 및 지질 검토
④ 경사도, 경사의 방향, 사면의 안정성 검토
⑤ 설치면적의 최소화
⑥ 배관, 배선의 용이성

05. 다음과 같은 태양광 부지의 최적 선정 조건을 쓰시오.

① 지정학적 조건 :
② 건설·지반적 조건 :
③ 설치 운영상 조건 :
④ 행정상 조건 :
⑤ 전력계통과의 연계 조건 :
⑥ 경제성 조건 :

정답 ① 지정학적 조건 : 일조량 및 일조시간, 최대풍속, 적설량, 부지의 경사도, 부지의 소유권 정보
② 건설·지반적 조건 : 자재의 운송 및 교통의 편의성, 하중에 견딜 수 있는 지반 조건, 배수 조건
③ 설치 운영상 조건 : 접근성의 용이, 주변 환경에 피해를 주지 않을 것
④ 행정상 조건 : 부지의 소유권 정보, 개발 허가 취득 조건, 사전환경성 검토, 지역 및 토지용도 검토
⑤ 전력계통과의 연계 조건 : 근접한 송·배전선로, 연계용량 확보 여부, 연계점, 계통 인입선의 위치
⑥ 경제성 조건 : 부지가격, 토목 공사비, 기타 부대 공사비 및 경제성 이득

18 터(흙)파기량

(1) 터파기량(V_o)

터파기량 계산 식은 다음과 같다.

① $V_o = \dfrac{h}{6}\{(2a+a')b+(2a'+a)b'\}$: 밑면, 윗면 → 직사각형 [그림 (a)]

② $V_o = \dfrac{h}{3}(a_1^2 + \sqrt{a_1^2 \times a_2^2} + a_2^2)$: 밑면, 윗면 → 정방향형 [그림 (b)]

③ $V_o = \dfrac{a+b}{2} \times h$ [그림 (c)]

(가) $V_o{'} = \dfrac{a+b}{2} \times h \times l$

여기서, l : 줄기초 길이

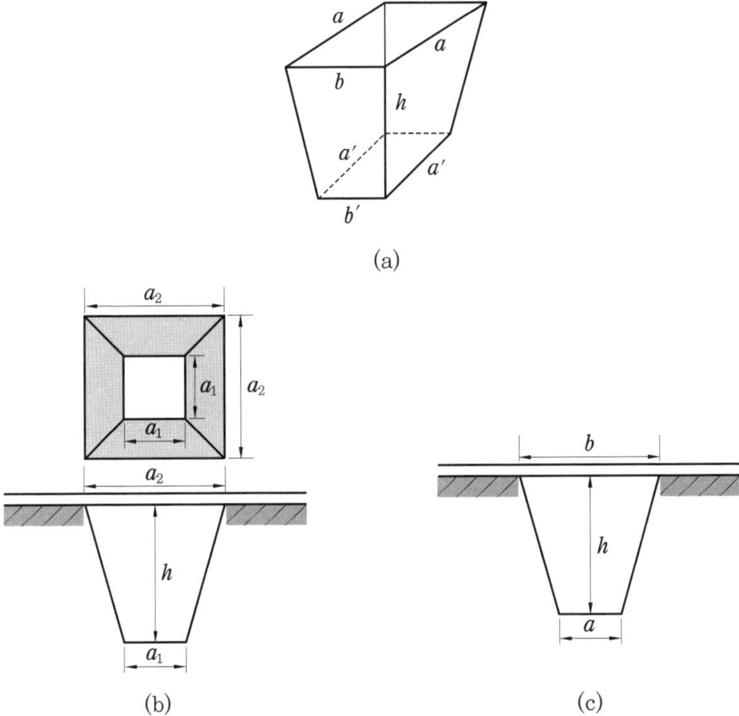

(a)

(b)

(c)

예상문제

18. 터(흙)파기량

01. 다음 그림과 같이 외등용 전선관을 지중에 매설하려고 한다. 터파기(흙파기)량을 구하시오. (단, 매설거리[줄기초 길이]는 100 m이고, 전선관의 면적은 무시한다.)

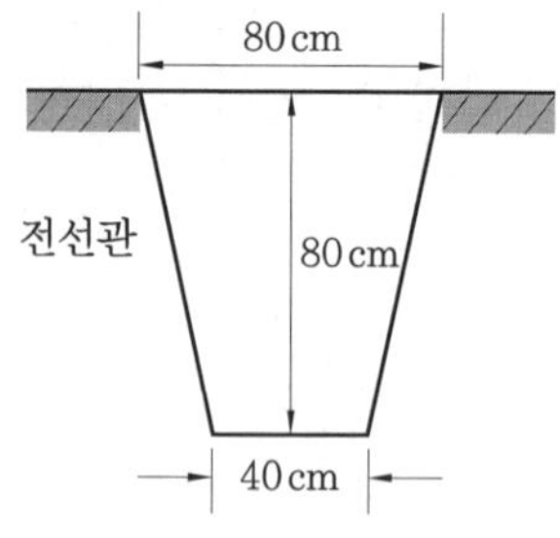

풀이 터파기량 $= \dfrac{a+b}{2} \times h \times$ 줄기초 길이$(l) = \dfrac{0.4+0.8}{2} \times 0.8 \times 100 = 48\ \text{m}^3$

정답 $48\ \text{m}^3$

02. 다음의 그림에서 터파기량을 계산하시오.

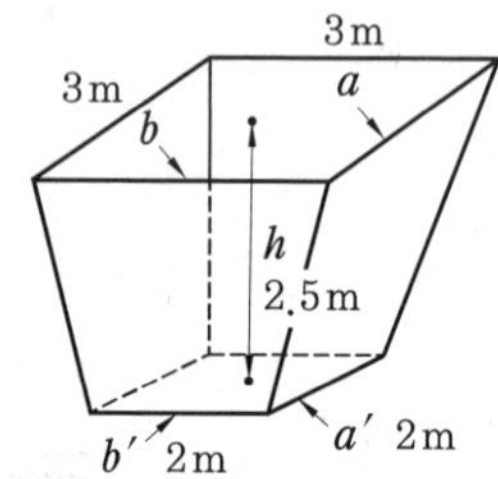

풀이 터파기량 $= \dfrac{h}{6}\{(2a+a')b+(2a'+a)b'\}$

$$= \frac{2.5}{6} \times \{(2\times 3+2)\times 3+(2\times 2+3)\times 2\} = \frac{2.5}{6} \times (24+14)$$

$$= \frac{2.5}{6} \times 38 \fallingdotseq 15.8\ \text{m}^3$$

정답 $15.8\ \text{m}^3$

03. 태양광발전용 구조물 기초를 설치하기 위하여 다음 그림과 같이 굴착을 하여야 한다. 이때 터파기량은 몇 m^3인가? (단, 소수점 셋째 자리에서 반올림한다.)

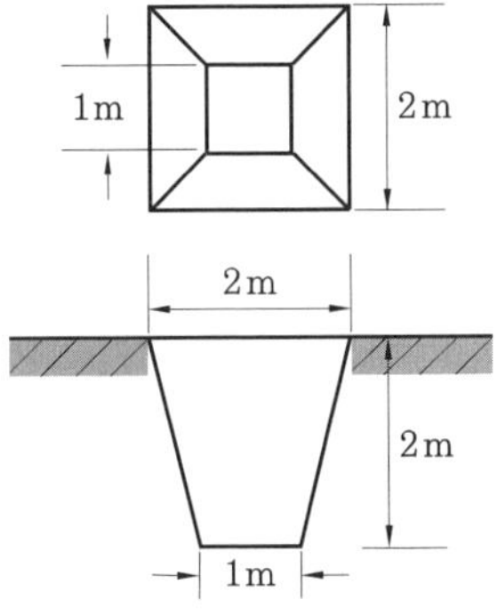

풀이 터파기량 $= \dfrac{h}{3}\left(a_1^2+\sqrt{a_1^2\times a_2^2}+a_2^2\right)=\dfrac{2}{3}\times(1^2+\sqrt{1^2\times 2^2}+2^2)=\dfrac{2}{3}\times(1+2+4)$

$=\dfrac{14}{3}\fallingdotseq 4.67\ \mathrm{m}^3$

정답 $4.67\ \mathrm{m}^3$

04. 독립기초 시의 각 부분의 길이가 다음과 같을 때 터파기량을 구하시오. (단, 소수점 셋째 자리에서 반올림한다.)

풀이 $V_o=\dfrac{h}{6}\{(2a+a')b+(2a'+a)b'\}=\dfrac{6}{6}\times\{(2\times 5+3)\times 6)+(2\times 3+5)\times 4\}$

$=78+44=122\ \mathrm{m}^3$

정답 $122\ \mathrm{m}^3$

19 허용 지내력과 기초 크기

(1) 얕은 기초와 깊은 기초

① 얕은 기초 : $B \geq D_f$

② 깊은 기초 : $B < D_f$

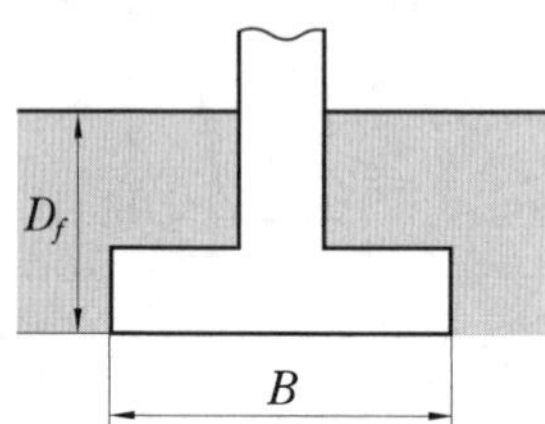

D_f : 근입깊이, B : 기초의 폭

(2) 극한 지지력

$$q_u = \alpha C N_c + \beta B \gamma_1 N_\gamma + \gamma_2 D_f N_q \ [\mathrm{t/m^2}]$$

여기서, α, β : 형상계수

N_c, N_γ, N_q : 지지력계수

C : 기초 바닥 아래 흙의 점착력($\mathrm{t/m^2}$)

γ_1 : 기초 밑면의 흙의 단위중량($\mathrm{t/m^3}$)

γ_2 : 근입심 부위의 중량($\mathrm{t/m^3}$)

B : 기초의 길이(m)

D_f : 근입깊이(m)

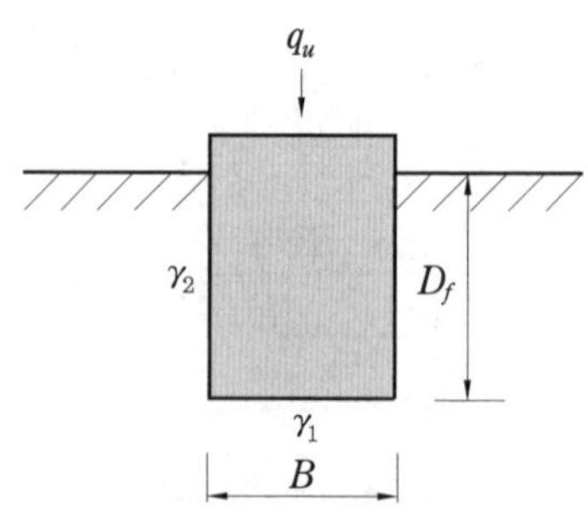

(3) 기초의 크기(면적) $= \dfrac{\text{고정하중}(D) + \text{기초자중}(D_f) + \text{풍하중}(W)}{\text{허용 지지력}(q_a)}$

(4) 허용 지지력 $q_a = \dfrac{q_u}{F_s}$ 여기서, F_s : 안전율

(5) 총 허용하중= 허용 지지력×기초의 크기= $q_a \times A$

여기서, 기초의 크기(A): 가로×세로

(6) 독립기초의 정방향 길이= $\sqrt{\dfrac{\text{축방향력}+\text{기초자중}}{\text{허용 지내력}}}$

(7) ① 현장 지내력(f_e)×기초면적(A) > 수직하중

② 기초면적 > $\dfrac{\text{수직하중}}{\text{현장 지내력}}$

(8) 복합기초

① $L = q_a + \dfrac{2Q_2S}{Q_1 + Q_2}$

② $B = \dfrac{Q_1 + Q_2}{q_a \times L}$

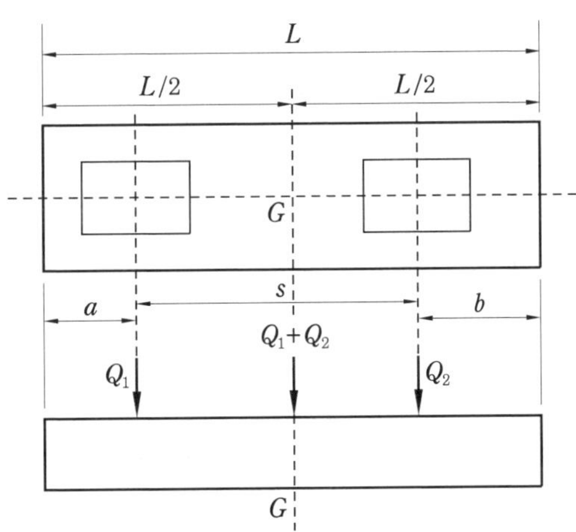

(9) 허용응력 설계법에 의한 구조물의 구조적 안정성의 조건

구조물의 최대응력 ≤ 허용응력(f_a)

예상문제

19. 허용 지내력과 기초 크기

01. 구조물 구조 계산서에 의하면 허용 지내력 $f_e = 15\,\text{t/m}^2$, 기초 크기는 1.5 m×1.5 m로 설계되었으나 현장에서 지내력 시험을 한 결과 $f_e = 10\,\text{t/m}^2$으로 측정되었을 때 변경해야 할 기초 크기를 구하시오. (단, 구조물의 수직하중은 33 t이다.)

풀이 $f_e \times A >$ 수직하중이어야 하므로 $A > \dfrac{\text{수직하중}}{f_e}$, $A > \dfrac{33}{10}$, $A > 3.3$,

$A = a \times a = a^2$이므로 $a > \sqrt{3.3}$, $a > 1.82$로부터 기초의 한 변은 1.9 m로 정한다.

정답 $A = 1.9\text{ m} \times 1.9\text{ m}$

02. 축방향력 $N = 20\text{ t}$, 기초자중이 2 t이고, 허용 지내력 $f_e = 10\,\text{t/m}^2$일 때 가장 경제적인 정방형 독립기초의 가로×세로를 구하시오. (단, 계산은 소수점 셋째 자리에서 절상한다.)

풀이 정방향의 한 변을 L이라 하면 $L = \sqrt{\dfrac{\text{축방향력} + \text{기초자중}}{\text{허용 지내력}}}$ 이므로

$L = \sqrt{\dfrac{20+2}{10}} = \sqrt{2.2} \fallingdotseq 1.483\text{ m}$이다. 따라서 기초의 크기는 $A = 1.49\text{ m} \times 1.49\text{ m}$이다.

정답 $A = 1.49\text{ m} \times 1.49\text{ m}$

03. 독립기초의 총 허용하중이 2.3 kN일 때 정사각형 독립기초의 면적(m^2)을 구하시오. (단, 허용 지내력은 $1.15\,\text{kN/m}^2$이다.)

풀이 $A = \dfrac{Q_a}{q_a} = \dfrac{2.3}{1.15} = 2\text{ m}^2$

정답 2 m^2

20 구조물 기초형식

(1) 기초의 분류

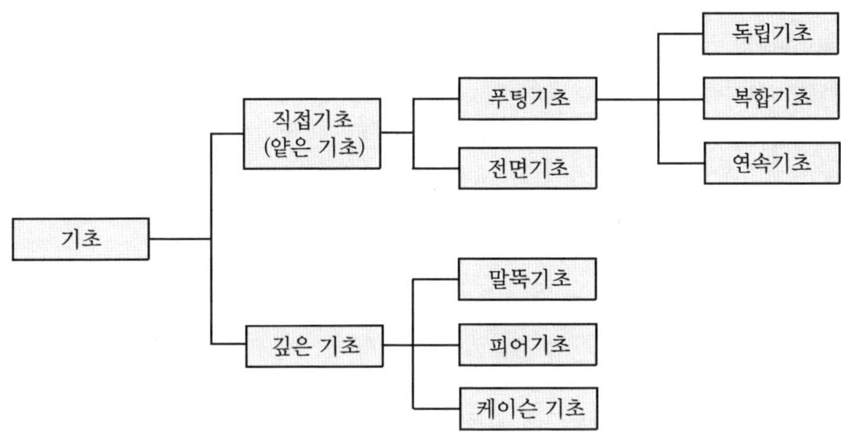

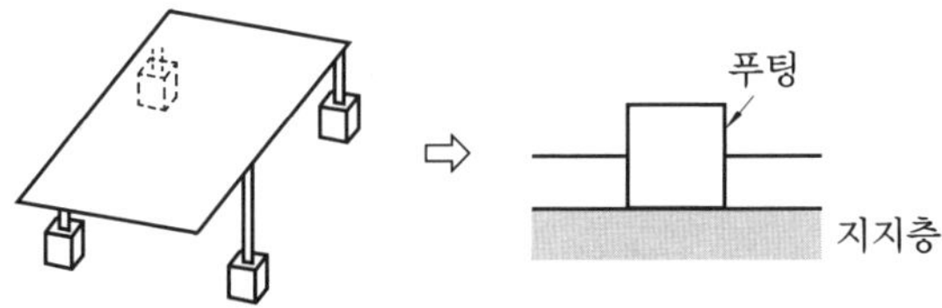

(a) 독립푸팅 기초(독립기초)

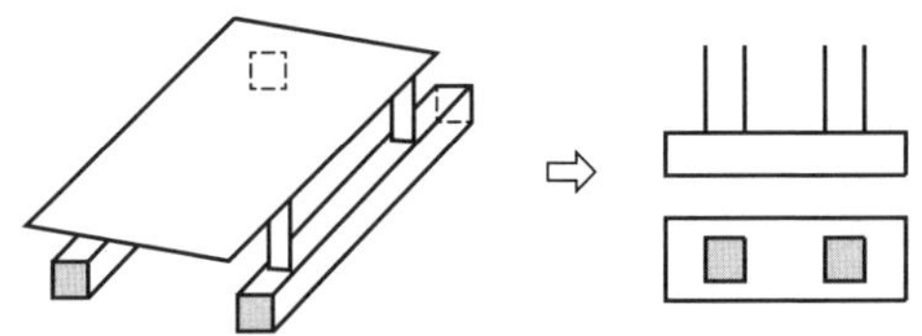

(b) 복합푸팅 기초(복합기초)

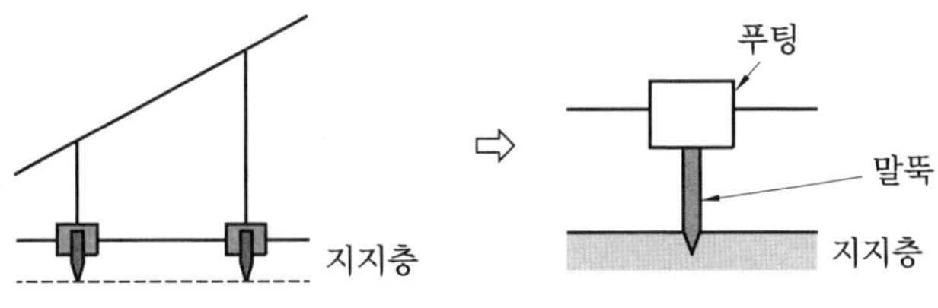

(c) 말뚝기초

예상문제

20. 구조물 기초형식

01. 태양광발전 구조물용 기초의 종류 5가지를 쓰시오.

정답 ① 직접기초(독립기초, 복합기초, 연속기초)
② 말뚝기초
③ 전면기초
④ 피어기초
⑤ 케이슨 기초

02. 구조물 기초형태에서 깊은 곳에 사용하는 기초 종류 3가지를 쓰시오.

정답 ① 말뚝기초, ② 피어기초, ③ 케이슨 기초

03. 태양광발전시스템에 사용되는 구조물 기초의 종류 5가지와 용도를 각각 쓰시오.

정답

기초의 종류	용도
직접기초	지지층이 얕을 경우 적용
말뚝기초	지지층이 깊을 경우 적용
주춧돌 기초	철탑 등의 기초에 사용
피어기초	지지층이 매우 깊은 경우에 사용
케이슨 기초	하천 내의 교량 등 깊은 기초에 사용

04. 다음은 기초의 형식을 나타내는 그림이다. 그 명칭을 쓰시오.

정답 복합푸팅 기초 : 기둥이 2개 이상에 해당한다.

21 접속함

(1) 접속함의 설치 목적

① 태양전지 어레이 회로를 분리하기 위해서이다.
② 점검 작업을 쉽게 하기 위해서이다.

(2) 접속함의 기능

① 모듈의 직·병렬연결에 의한 전원 취합 및 공급
② SPD 내장에 의한 선로 보호
③ 내장 퓨즈에 의한 직렬 및 병렬 아크 보호
④ 각종 현황에 대한 모니터링 및 무선통신 전송기능
⑤ 모듈과 연결된 각 채널별 이력전류, 전압 등의 모니터링
⑥ 양방향 또는 단방향 통신장치로 각 출력단자별 제어

(3) 접속함의 구성요소

① 입력용 직류 개폐기
② 역류방지 소자
③ 피뢰소자
④ 입·출력용 단자대
⑤ 출력용 개폐기 또는 차단기
⑥ 감시용 DCCT 및 DCPT

(4) 접속함(단자함)의 준공 후 점검항목과 점검요령

점검항목		점검요령
육안 점검	외함의 부식 및 파손	부식 및 파손이 없는지
	배선의 극성	태양전지의 (+), (−) 극성이 바뀌지 않았는지
	방수처리	전선 인입구가 실리콘 등으로 방수처리 되었는지
	단자대의 나사풀림	견고하게 취부되고, 나사풀림이 없는지
측정	절연저항(태양전지 – 접지 간)	0.2 MΩ 이상, 측정전압 DC 500 V(각 회로마다)
	절연저항(접속함 – 중간 단자함, 출력단자 – 접지 간)	1 MΩ 이상, 측정전압 DC 500 V
	개방전압 및 극성	규정전압이고, 극성이 바르게 연결되어 있는지 (각 회로마다)

(5) 접속함의 고려사항

① 접속함의 선정(큐비클형, 수직 자립형, 벽부형)
② 부식방지
③ 견고한 고정
④ 접지저항의 확보
⑤ 부품의 신뢰성

(6) 접속함의 내전압 : 2E(정격전압)+1,000 V, 1분간 견딜 것

(7) 접속함의 측정에서 접지저항과 절연저항의 성능 기준값

① 접지저항 : 0.2 MΩ 이상, 측정전압 DC 500 V
② 절연저항 : 1.0 MΩ 이상, 측정전압 DC 500 V

(8) 선정 보호등급 : IP44 이상

예상문제

21. 접속함

01. 태양전지 어레이 보수, 점검 시 회로를 분리하거나 점검의 편의성을 위해 설치하는 장치의 명칭을 쓰시오.

정답 접속함

02. 접속함의 구성요소 4가지를 쓰시오.

정답 ① 직류 측 개폐기
② 서지 보호장치(SPD)
③ 역류방지 소자
④ 입·출력용 단자대

03. 태양전지 어레이 접속함의 성능 검사를 위한 평가 기준 및 시험 방법(KS C 8567 : 2019)에 따라 접속함 출력회로의 정격전압보다 몇 배 이상의 정격전압을 가져야 하는가?

정답 1.2배

04. 태양광발전시스템에서 접속함의 설치 목적에 대해서 쓰시오.

정답 태양전지 모듈의 스트링을 하나의 접속점에 회로를 분리하거나 점검 작업의 편리함을 위해 설치한다.

05. 태양광발전시스템의 준공 시 중간 단자함(접속함)에 대한 점검항목 및 점검요령을 3가지만 쓰시오.

정답

점검항목	점검요령
외함의 부식 및 파손	부식 및 파손이 없는지
배선의 극성	태양전지의 (+), (−) 극성이 바뀌지 않았는지
방수처리	전선 인입구가 실리콘 등으로 방수처리 되었는지
단자대의 나사풀림	나사가 견고하게 취부되고, 나사풀림이 없는지
절연저항	DC 500 V에서 1 MΩ 이상인지
개방전압 및 극성	규정전압이고, 극성이 바르게 연결되어 있는지(각 회로마다)

06. 태양광발전시스템에서 접속함의 설치 위치를 쓰시오.

정답 어레이 후면

07. 태양광발전용 접속함의 측정항목 3가지를 쓰시오.

정답 ① 태양전지 – 접지 간의 절연저항
② 접속함 – 중간 단자함, 출력단자 – 접지 간의 절연저항
③ 개방전압 및 극성

22 계측 시스템

(1) 계측표시의 목적

① 시스템의 운전상태 감시
② 시스템에 의한 발전량을 알기 위한 계측
③ 시스템 기기 또는 시스템 종합평가를 위한 계측
④ 운전상황을 견학하는 이들에게 보여주기 위한 계측 표시(시스템 홍보)

(2) 계측 시스템 4요소

① 센서 : 전압, 전류, 주파수, 일사량, 기온, 풍속 등의 전기신호를 검출
② 신호 변환기 : 센서로부터 검출된 데이터를 5 V, 4 ~ 20 mA로 변환하여 원거리 전송
③ 연산장치 : 계측 데이터를 적산하여 평균값 또는 적산값을 연산
④ 기억장치 : 데이터를 저장

(3) 계측 시스템 개요도

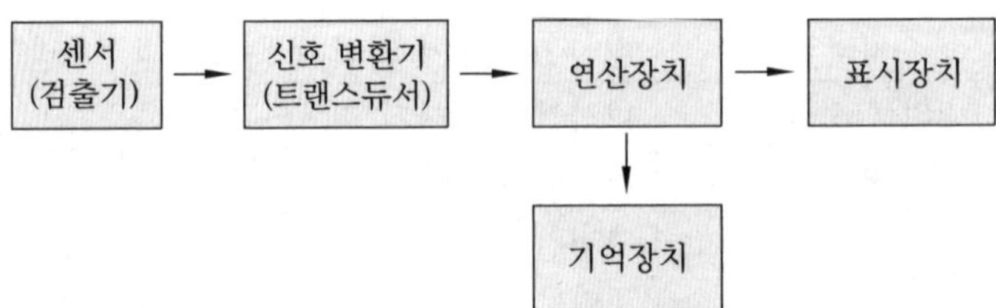

(4) 모니터링 시스템의 구성요소

① PC
② 모니터
③ 공유기
④ 직렬서버
⑤ I/O 통신 모듈
⑥ 각종 센서류

(5) 모니터링 시스템의 프로그램 기능의 목적

① 데이터 수집
② 데이터 분석
③ 데이터 저장
④ 데이터 통계

(6) 모니터링 시스템의 정확도

계측설비		요구사항
인버터		CT 정확도 3% 이내
온도센서	-20℃ ~ 100℃	정확도 ±0.3℃ 미만
	100℃ ~ 1,000℃	정확도 ±1℃ 이내
전력량계		정확도 1% 이내
전압 및 전류계		정확도 ±0.5% 이내

예상문제

22. 계측 시스템

01. 태양광발전에 사용되는 계측 시스템 구성요소의 역할에 대해서 쓰시오.

(1) 검출기(센서) :
(2) 신호 변환기 :
(3) 연산장치 :
(4) 기억장치 :

정답 (1) 검출기(센서) : 전압, 전류, 역률, 주파수, 일사량, 기온, 풍속 등의 전기신호를 검출하는 장치
(2) 신호 변환기 : 센서로부터 검출된 데이터를 컴퓨터 또는 먼 거리에 설치한 표시장치에 전송하는 장치
(3) 연산장치 : 계측 데이터를 적산하여 일정 기간마다의 평균값 또는 적산값을 연산하는 장치
(4) 기억장치 : 컴퓨터 내의 메모리를 사용하여 데이터를 저장하는 장치

02. 태양광발전시스템의 계측표시 데이터 사용 목적 4가지를 쓰시오.

정답 ① 운전상태를 감시
② 발전전력량의 계측
③ 시스템 종합평가
④ 운전상태의 홍보

03. 다음은 태양광발전에 사용되는 계측 시스템의 기능에 대한 설명이다. 각각에 대해 장치의 명칭을 쓰시오.

(1) 회로의 전압, 전류, 역률, 주파수를 검출하는 장치 :
(2) 검출된 데이터를 컴퓨터 및 원 거리에 전송하는 장치 :
(3) 계측 데이터를 적산하여 평균값 또는 적산값을 연산하는 장치 :
(4) 데이터를 저장하는 장치 :

정답 (1) 검출기 (2) 신호 변환기 (3) 연산장치 (4) 기억장치

04. 태양광발전에 사용되는 계측 시스템 중 검출기에 의해 측정된 데이터를 표시장치로 전송하는 장치는 무엇인지 쓰시오.

정답 신호 변환기

05. 다음 태양광발전시스템의 모니터링 시스템에서 계측설비별 요구되는 사항을 쓰시오.

계측설비		요구사항
인버터		CT 정확도 ①
온도센서	−20℃ ~ 100℃	정확도 ②
	100℃ ~ 1,000℃	정확도 ③
전력량계		정확도 ④

정답 ① 3% 이내, ② ±0.3℃ 미만, ③ ±1℃ 이내, ④ 1% 이내

06. 모니터링 시스템의 프로그램 기능의 목적 4가지를 쓰시오.

정답 ① 데이터 수집
② 데이터 분석
③ 데이터 저장
④ 데이터 통계

23 상정하중

(1) 지지물에 가해지는 하중의 종류

① 고정하중(G) : 모듈의 질량과 지지물 질량의 총합

② 풍압하중(W) : 모듈에 가해지는 풍압력과 지지물에 가해지는 풍압력의 총합

③ 적설하중(S) : 모듈면의 수직 적설하중

④ 지진하중(K) : 모듈 및 지지물에 가해지는 수평 지진력 등

(2) 풍압하중 $W = C_W \times q \times A_W$

여기서, C_W : 풍력계수, q : 설계용 속도압(N/m²), A_W : 수풍면적(m²)

* 설계용 속도압 $q = 0.6 \times V_o^2 \times E \times I$

여기서, V_o : 설계용 기준 풍압, E : 환경계수, I : 용도계수(1.0, 1.32)

(3) 적설하중 $S = C_S \times P \times Z_S \times A_S$

여기서, C_S: 구배계수, P: 눈의 평균 단위하중(적설 1cm당, N·m²)
Z_S: 지상 수직(m), A_S : 적설 면적(m²)

(4) 지진하중

① 일반 지방 : $W = k \times G$

② 다설 구역 : $K = k \times (G + 0.35S)$

여기서, k : 수평진도

예상문제

23. 상정하중

01. 태양전지 어레이용 가대의 구조 설계 시 안정성 주요 검토항목 중 상정하중의 종류 4가지를 쓰시오.

정답 고정하중, 풍압하중, 적설하중, 지진하중

해설 ㉠ 고정하중 : 모듈의 질량과 지지물 질량의 총합
㉡ 풍압하중 : 모듈과 지지물에 가해지는 풍압력의 총합
㉢ 적설하중 : 모듈면의 수직 적설하중

ⓔ 지진하중 : 모듈 및 지지물에 가해지는 수평 지진력
ⓜ 활하중 : 건축물 및 공작물의 점유나 사용으로 발생하는 하중

02. 지붕 위에 태양광발전시스템 설치 시 구조물 구조계산에 고려되는 수직 및 수평하중을 쓰시오.

정답 ㉠ 수직하중 : 고정하중, 적설하중, 활하중
㉡ 수평하중 : 풍하중, 지진하중

03. 경사 지붕의 적설하중 계산 시 고려사항 2가지를 쓰시오.

정답 ① 평지붕 하중의 적설하중, ② 지붕 경사도계수

24 신·재생에너지 관련 사항

(1) 신·재생에너지

① RPS(신·재생에너지 공급의무화) : 일정량(500만 kW) 이상의 발전설비를 보유한 발전사업자에게 총 발전량의 일정량 이상을 신·재생에너지로 국가에 공급하도록 의무화한 제도

② SMP(계통한계 가격) : 거래시간별로 생산되는 일반 발전원(원자력, 석탄 외의 발전)의 전력량에 대해 적용하는 전력시장 가격

③ REC(신·재생에너지 공급인증서) : 공급인증서의 발급 및 거래단위로서 공급인증서 발급대상설비에서 공급된 MWh 기준의 신·재생에너지 전력량에 대해 가중치를 곱하여 부여하는 단위

④ REP(신·재생에너지 생산인증서) : 생산인증서의 발급 및 거래단위로서 생산인증서 발급대상설비에서 생산된 MWh 기준의 신·재생에너지 전력량에 대해 부여하는 단위

⑤ FIT(발전차액 지원제도) : 신·재생에너지에 의해 공급한 전기의 가격이 정부가 고시한 기준가격보다 낮은 경우에 기준가격과 전력거래가격의 차액을 정부가 지원해주는 제도

⑥ RFS(신·재생에너지 연료 혼합 의무화 제도) : 석유제정업자 또는 석유수출입업자에게 일정 비율 이상의 신·재생에너지 연료를 수송용 연료에 혼합하도록 의무화한 제도

(2) 신·재생에너지의 기본계획은 5년마다 수립, 계획기간은 20년이다.

(3) 신에너지

① 수소에너지
② 연료에너지
③ 석탄을 액화·가스화한 에너지 및 중질잔사유를 가스화한 에너지로서 대통령령으로 정하는 기준 및 범위에 해당하는 에너지

(4) 재생에너지

① 태양에너지
② 풍력에너지
③ 수력에너지
④ 해양에너지
⑤ 지열에너지
⑥ 생물자원을 변환시켜 이용하는 바이오에너지로서 대통령령으로 정하는 기준 및 범위에 해당하는 에너지
⑦ 폐기물을 에너지로서 대통령령으로 정하는 기준 및 범위에 해당하는 에너지
⑧ 그 밖에 석유·석탄·원자력 또는 천연가스가 아닌 에너지로서 대통령령으로 정하는 에너지

(5) 녹색기술 및 녹색성장

① 녹색기술 : 온실가스 감축기술, 에너지 이용 효율화 기술, 청정생산기술, 자원순환 및 친환경기술 등 사회·경제활동의 전 과정에 걸쳐 에너지와 자원을 절약하고 효율적으로 사용하여 온실가스 및 오염물 배출을 최소화하는 기술
② 녹색성장 : 에너지와 자원을 절약하고 효율적으로 사용하여 기후변화와 환경 훼손을 줄이고, 청정에너지와 녹색기술의 연구개발을 통해 새로운 성장 동력을 확보하여 새로운 일자리를 창출해 나가는 등 경제와 환경이 조화를 이루는 성장

(6) 온실가스

① 이산화탄소(CO_2)
② 메탄(CH_4)
③ 아산화질소(N_2O)
④ 수소불화탄소(HFCs)
⑤ 과불화탄소(PFCs)
⑥ 육불화황(SF_6)

예상문제

24. 신·재생에너지 관련 사항

01. 다음은 신·재생에너지에 관한 용어이다. ①~⑥에 알맞은 용어를 쓰시오.

용어	정의
①	일정 규모(500만 kW) 이상의 발전설비를 보유한 발전사업자에게 총 발전량의 일정 비율 이상을 신·재생에너지로 국가에 공급하도록 의무화한 제도
②	거래시간별로 생산되는 일반 발전원(원자력, 석탄 외의 발전)의 전력량에 대해 적용하는 전력시장 가격
③	공급인증서의 발급 및 거래단위로서 공급인증서 발급대상설비에서 공급된 MWh 기준의 신·재생에너지 전력량에 대해 가중치를 곱하여 부여하는 단위
④	생산인증서의 발급 및 거래단위로서 생산인증서 발급대상설비에서 생산된 MWh 기준의 신·재생에너지 전력량에 대해 부여하는 단위
⑤	신·재생에너지에 의해 공급한 전기의 가격이 정부가 고시한 기준가격보다 낮은 경우에 기준가격과 전력거래가격의 차액을 정부가 지원해주는 제도
⑥	석유제정업자 또는 석유수출입업자에게 일정 비율 이상의 신·재생에너지 연료를 수송용 연료에 혼합하도록 의무화한 제도

정답 ① RPS(신·재생에너지 공급의무화)
② SMP(계통한계 가격)
③ REC(신·재생에너지 공급인증서)
④ REP(신·재생에너지 생산인증서)
⑤ FIT(발전차액 지원제도)
⑥ RFS(신·재생에너지 연료 혼합 의무화 제도)

02. 다음은 저탄소 녹색성장의 기본법의 목적이다. ( ) 안에 알맞은 내용을 쓰시오.

경제와 환경의 조화로운 발전을 위하여 저탄소 (①)에 필요한 기반을 조성하고, (②)과 녹색산업을 새로운 성장 동력으로 활용함으로써 국민경제의 발전을 도모하며 (③) 사회 구현을 통하여 국민의 삶의 질을 높이고, (④)에서 책임을 다하는 성숙한 선진 일류국가로 도양하는데 이바지함을 목적으로 한다.

정답 ① 녹색성장, ② 녹색기술, ③ 저탄소, ④ 국제사회

03. 신·재생에너지의 기술개발 및 이용·보급을 위한 기본계획의 계획기간은 몇 년 이상인지 쓰시오.

정답 20년

04. 신·재생에너지 정책심의회는 위원장 1명을 포함한 몇 명 이내의 위원으로 구성하는가?

정답 20명

05. 신·재생에너지 공급인증기관 2곳을 쓰시오.

정답 ① 신·재생에너지센터, ② 한국전력거래소

06. 신·재생에너지 인증 유효기간은 몇 년인가?

정답 3년

07. 신·재생에너지센터가 수행하는 업무 5가지를 쓰시오.

정답 ① 공급인증서 거래시장의 개설 및 운영
② 공급의무자의 의무이행 비용 소요계획 작성, 정산 및 결제
③ 공급인증서 거래대금의 정산 및 결제
④ 의무공급량의 산정 및 통계관리 및 정책지원
⑤ 기타 장관이 필요하다고 인정하는 업무

08. 공급의무자가 신·재생에너지를 이용하여 공급하여야 하는 발전량의 합계는 총 전력 생산량의 몇 % 이내인가?

정답 10 %

09. 신에너지로 볼 수 있는 것 3가지를 쓰시오.

정답 ① 수소에너지
② 연료에너지
③ 석탄을 액화·가스화한 에너지 및 중질잔사유를 가스화한 에너지

10. 신·재생에너지 발전사업의 최대 준비기간은 몇 년인지 쓰시오.

정답 10년

25 태양광발전 어레이의 설치방식

(1) 어레이 설치방식

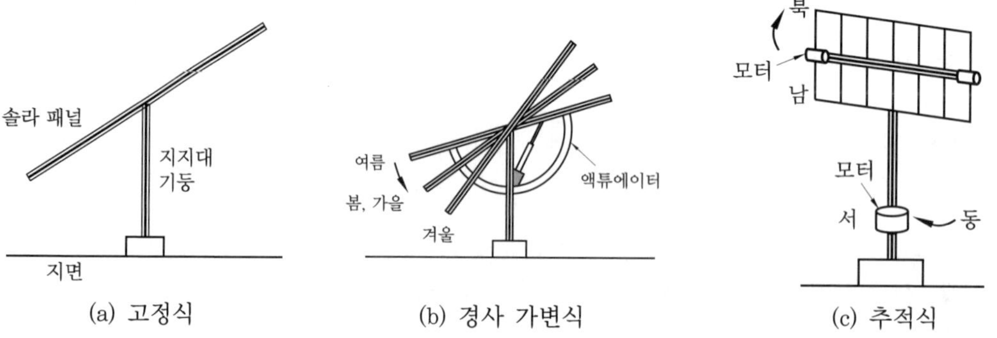

(a) 고정식 (b) 경사 가변식 (c) 추적식

구분	특성
고정식	• 설치면적이 가장 작다. • 운영비가 가장 적다. • 발전량이 가장 낮다.
경사 가변식	• 어레이 경사각도의 가변성이 있다. • 고정식 대비 발전량이 크다. • 운영비가 증가한다.
추적식	• 발전량이 가장 높다. • 설치면적이 크게 증가한다. • 운영 중 고장발생의 우려가 있다. • 설치비가 가장 많이 든다.

(2) 고정식 가대의 구성요소

① 프레임
② 지지대
③ 기초판
④ 앵커볼트
⑤ 기초

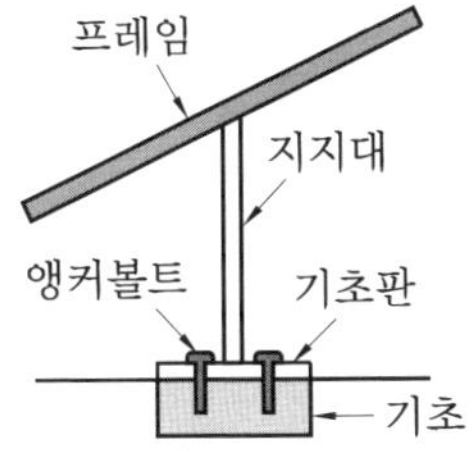

(3) 추적식의 구분

① 추적방향에 따른 구분

㈎ 단방향 추적식 : 동서 또는 남북으로 어레이가 태양의 한 축만을 추적하는 방식이다.

㈏ 양방향 추적식 : 동서 및 남북으로 어레이가 태양의 두 축으로 추적하는 방식으로 일사량을 최대로 얻을 수 있으나, 설치비용이 많이 든다.

② 추적방식에 따른 종류

㈎ 감지식 추적법 : 센서를 이용한 방식으로 추적의 정확성이 부족하다.

㈏ 프로그램식 추적법 : 프로그램에 의해 태양궤도를 추적하는 방식이다.

㈐ 혼합식 추적법 : ㈎와 ㈏의 혼합 방식

예상문제

25. 태양광발전 어레이의 설치방식

01. 태양전지 어레이 고정식 가대의 구성요소 5가지를 쓰시오.

정답 ① 프레임, ② 지지대, ③ 기초판, ④ 앵커볼트, ⑤ 기초

02. 태양광발전시스템의 발전효율을 높이기 위해 태양을 추적하는 추적방식 중 방향에 따른 종류 2가지를 쓰시오.

정답 ① 단방향 추적식
② 양방향 추적식

03. 태양전지 어레이 설치방식 중 추적식의 3가지 종류를 쓰시오.

정답 ① 감지식 추적법
② 프로그램식 추적법
③ 혼합식 추적법

04. 태양의 고도각에 맞추어서 동서 및 남북으로 태양 이동에 따라 추적하는 방식은?

정답 태양광 추적식

05. 고정식, 경사 가변식, 추적식 태양광발전설비의 장점과 단점을 쓰시오.

정답

구분	장점	단점
고정식	• 설치면적 최소 • 운영비 최소	• 발전량 최소
경사 가변식	• 고정식 대비 발전량 증가	• 운영비 증가
추적식	• 고정식, 경사 가변식보다 발전량이 크게 증가	• 설치면적 증가 • 운영 중 고장발생 우려 • 설치비 증가

06. 태양광발전의 구조물 설치방식 중 경사 가변형의 특징을 설명하시오.

정답 계절(봄/가을, 여름, 겨울)에 따른 경사각의 조절로 일사량을 증가시켜 발전량을 더욱 증가시키는 방식으로 고정식에 비해 다소의 구조물 비용이 증가하지만, 경제성은 더 높다.

26 태양전지시스템 육안점검, 일상점검

(1) 시스템 준공 시 점검

구분	점검항목		점검요령
태양전지 어레이	외관 확인 (육안 점검)	표면의 오염 및 파손	오염 및 파손의 유무
		프레임의 파손 및 변형	파손 및 두드러진 변형이 없을 것
		외부배선(접속 케이블) 손상	접속 케이블에 손상이 없을 것
		가대의 부식 및 녹 발생	부식 및 녹이 없을 것
		가대의 고정	볼트 및 너트의 풀림이 없을 것
		가대의 접지	배선공사 및 접지접속이 확실할 것
		코킹	코킹의 망가짐 및 불량이 없을 것
		지붕재의 파손	파손, 어긋남, 뒤틀림, 변형이 없을 것
	측정	접지저항	100 Ω 이하(제3종 접지)
접속함 (중간 단자함)	외관 확인 (육안 점검)	외함의 부식 및 파손	부식 및 파손이 없을 것
		방수처리	입구가 실리콘 등으로 방수처리 되어 있을 것
		배선의 극성	태양전지의 배선극성이 바뀌지 않을 것
		단자대의 나사풀림	견고한 취부 및 나사의 풀림이 없을 것
	측정	태양전지 – 접지 간 절연저항	0.2 MΩ 이상, 측정전압 DC 500 V(각 회로마다)
		접속함 출력단자 – 접지 간 절연저항	1 MΩ 이상, 측정전압 DC 500 V(각 회로마다)
		개방전압 및 극성	규정전압이고, 극성이 바르게 연결되어 있을 것(각 회로마다)
인버터	외관 확인 (육안 점검)	외부의 부식 및 파손	외함의 부식, 녹이 없고, 충전부가 노출되어 있지 않을 것
		취부	견고한 고정
			유지보수를 위한 충분한 공간 확보
			습기, 연기, 가스, 먼지, 염분, 화기가 없는 곳
			눈이 쌓이거나 침수우려가 없을 것
			인화물이 없을 것
		배선의 극성	태양전지 : P(+), N(−)
			계통 측 배선 : 단상 220 V, 3상 380V
			0 : 중성선, 0 – W 간 220 V

<table>
<tr><td rowspan="2">인버터</td><td rowspan="2">외관 확인</td><td>단자대의 나사풀림</td><td>확실한 고정, 나사풀림이 없을 것</td></tr>
<tr><td>접지단자와의 접속</td><td>접지와 바르게 접속되어 있을 것</td></tr>
<tr><td rowspan="3">개폐기,
전력량계,
인입구
개폐기</td><td rowspan="3">외관 확인
(육안
점검)</td><td>전력량계</td><td>발전사업자의 경우 한전에서 지급한 전력량계 사용</td></tr>
<tr><td>주 간선 개폐기(분전반 내)</td><td>역접속 가능형으로 볼트의 단단한 고정</td></tr>
<tr><td>태양광발전용 개폐기</td><td>'태양광발전용'이라고 표시</td></tr>
<tr><td rowspan="8">운전 및
정지</td><td rowspan="7">조작 및
육안점검</td><td>보호 계전기능의 설정</td><td>전력회사 정정값을 확인할 것</td></tr>
<tr><td>운전</td><td>운전 스위치 '운전'에서 운전할 것</td></tr>
<tr><td>정지</td><td>운전 스위치 '정지'에서 정지할 것</td></tr>
<tr><td>투입저지 시한 타이머 동작시험</td><td>인버터가 정지하여 5분 후 자동기동할 것</td></tr>
<tr><td>자립운전</td><td>자립운전으로 전환할 때 자립운전용 콘센트에서 제조업자 규정전압이 출력될 것</td></tr>
<tr><td>표시부의 동작확인</td><td>표시가 정상적으로 표시되어 있을 것</td></tr>
<tr><td>이상음 등</td><td>운전 중 이상음, 이상 진동, 악취 등의 발생이 없을 것</td></tr>
<tr><td>측정</td><td>태양전지 발전전압</td><td>태양전지의 동작전압이 정상일 것</td></tr>
<tr><td rowspan="3">발전전력</td><td rowspan="3">육안점검</td><td>인버터의 출력 표시</td><td>인버터 운전 중 전력 표시부에 사양과 같이 표시될 것</td></tr>
<tr><td>전력량계(거래용 계량기 송전 시)</td><td>회전을 확인할 것</td></tr>
<tr><td>전력량계(수전 시)</td><td>정지를 확인할 것</td></tr>
</table>

(2) **일상점검** : 주로 육안점검에 의하며 운전상태에서 매월 1회 정도 실시한다.

<table>
<tr><th>구분</th><th colspan="2">점검항목</th><th>점검요령</th></tr>
<tr><td rowspan="3">태양전지
어레이</td><td rowspan="3">외관 확인
(육안점검)</td><td>유리 등 표면의 오염 및 파손</td><td>현저한 먼지 및 파손이 없을 것</td></tr>
<tr><td>가대의 부식 및 녹</td><td>부식 및 녹이 없을 것</td></tr>
<tr><td>외부배선(접속 케이블) 손상</td><td>접속 케이블에 손상이 없을 것</td></tr>
<tr><td rowspan="2">접속함</td><td rowspan="2">외관 확인
(육안점검)</td><td>외함의 부식 및 파손</td><td>부식 및 파손이 없을 것</td></tr>
<tr><td>외부배선(접속 케이블) 손상</td><td>접속 케이블에 손상이 없을 것</td></tr>
<tr><td rowspan="2">인버터</td><td rowspan="2">외관 확인
(육안점검)</td><td>외함의 부식 및 파손</td><td>외함의 부식, 녹이 없고, 충전부가 노출되어 있지 않을 것</td></tr>
<tr><td>외부배선(접속 케이블) 손상</td><td>인버터에 접속되는 배선에 손상이 없을 것</td></tr>
</table>

인버터	외관 확인 (육안점검)	통풍확인(통기공, 환기필터 등)	• 통기공을 막고 있지 않을 것 • 환기필터(있는 경우)가 막혀 있지 않을 것
		이음, 이취, 발연 및 이상 과열	운전 시 이상음, 이상한 진동, 이취 및 이상 과열이 없을 것
		표시부의 이상 표시	표시부에 이상 코드, 이상을 표시하는 램프의 점등, 점멸 등이 없을 것
		발전 상황	표시부의 발전 상황에 이상이 없을 것

예상문제

26. 태양전지시스템 육안점검, 일상점검

01. 시스템 준공 시 다음 어레이 육안점검 항목을 참고하여 각각의 점검요령 7가지를 쓰시오.

번호	점검항목	점검요령
1	표면의 오염 및 파손	①
2	프레임의 파손 및 변형	②
3	가대의 부식 및 녹 발생	③
4	가대의 고정	④
5	가대의 접지	⑤
6	코킹	⑥
7	지붕재의 파손	⑦

정답

번호	점검항목	점검요령
1	표면의 오염 및 파손	오염 및 파손의 유무
2	프레임의 파손 및 변형	파손 및 두드러진 변형이 없을 것
3	가대의 부식 및 녹 발생	부식 및 녹이 없을 것
4	가대의 고정	볼트 및 너트의 풀림이 없을 것
5	가대의 접지	배선공사 및 접지의 접속이 확실할 것
6	코킹	코킹의 망가짐 및 불량이 없을 것
7	지붕재의 파손	지붕재의 파손, 어긋남, 뒤틀림, 균열이 없을 것

02. 일상점검에서 태양전지 어레이의 육안점검 시 점검항목 3가지를 쓰시오.

정답 ① 유리 등 표면의 오염 및 파손
② 가대의 부식 및 녹
③ 외부배선(접속 케이블)의 손상

03. 다음은 일상점검의 점검 표준 표의 사항 작성요령이다. ㉠~㉢에 알맞은 내용을 쓰시오.

작업항목	작업기준	작업요령
전압	각 전압은 정상인가	㉠
전류	부하전류는 정상인가	㉡
계기류	이상의 유무	이상의 유무 점검
개폐 표시	표시등	표시등 이상 유무 점검
이상한 냄새	이상한 냄새의 유무	냄새를 맡아 봄
애자	파손의 유무	㉢
도체	과열되어 변색되지 않았는지	접속볼트 조임 부분에 특히 주의

정답 ㉠ 절환 스위치로 각 선간전압 측정
㉡ 각 상전류는 평형인가, 정격치에 들어 있는가
㉢ 눈으로 점검

04. 태양광발전설비에 사용되는 변압기의 일상점검 항목 5가지를 쓰시오.

정답 ① 이상한 소리나 진동이 없는지
② 이상한 냄새는 발생하지 않는지
③ 절연유의 누출은 없는지
④ 온도 지시값이 적정한지
⑤ 유면레벨은 적정한지

27 셀, 모듈 및 어레이 검사

(1) 사용 전 검사 중 모듈 검사의 셀(cell) 확인사항

① 셀 온도
② 셀 용량
③ 셀 크기
④ 셀 수량
⑤ Mie 산란

(2) 태양광 모듈 설치 후 확인 및 측정사항

① 전압 극성 확인
② 비접지 확인
③ 단락전류 측정

(3) 태양전지 모듈의 신뢰성 검사항목

① 내풍압 검사
② 온도 사이클 테스트
③ 내습성 검사
④ 염수분무시험
⑤ 내열성 검사
⑥ 그 밖에 자외선 피복시험

(4) 태양광발전시스템의 공사 완료 후 사용 전 검사 점검항목

① 어레이 검사
② 어레이 출력 확인
③ 절연저항 측정
④ 접지저항 측정

예상문제

27. 셀, 모듈 및 어레이 검사

01. 사용 전 검사 중 태양전지 모듈 검사에서 셀 확인사항 4가지를 쓰시오.

정답 ① 셀 온도, ② 셀 용량,
③ 셀 크기, ④ 셀 수량,
⑤ 미(Mie) 산란

02. 태양광 모듈 설치 후 확인 점검사항 3가지를 쓰시오.

정답 ① 전압 극성 확인
② 비접지 확인
③ 단락전류 측정

03. 태양전지 모듈의 신뢰성 검사항목 5가지를 쓰시오.

정답 ① 내풍압 검사
② 온도 사이클 테스트
③ 내습성 검사
④ 염수분무시험
⑤ 내열성 검사
⑥ 그 밖에 자외선 피복시험

04. 태양광발전시스템의 공사 완료 후 사용 전 검사 점검항목 4가지를 쓰시오.

정답 ① 어레이 검사, ② 어레이 출력 확인,
③ 절연저항 측정, ④ 접지저항 측정

28 공급인증서 가중치

(1) 입지 여건별 가중치

2021. 07. 28 개정

구분	공급인증서 가중치	대상 에너지 및 기준	
		설치유형	세부 기준
태양광 에너지	1.2	일반부지에 설치하는 경우	100 kW 미만
	1.0		100 kW부터
	0.8		3,000 kW 초과부터
	0.5	임야에 설치하는 경우	-
	1.5	건축물 등 기존 시설물을 이용하는 경우	3,000 kW 이하
	1.0		3,000 kW 초과부터
	1.6	유지 등의 수면에 부유하여 설치하는 경우	100 kW 미만
	1.4		100 kW부터
	1.2		3,000 kW 초과부터
	1.0	자가용 발전설비를 통해 전력을 거래하는 경우	

(2) 가중치 계산식

설치용량	계산식
100 kW 미만	1.2
100 ~ 3,000 kW 이하	$\dfrac{99.999 \times 1.2 + (\text{용량} - 99.999) \times 1.0}{\text{용량}}$
3,000 kW 초과	$\dfrac{99.999 \times 1.2}{\text{용량}} + \dfrac{2{,}900.001 \times 1.0}{\text{용량}} + \dfrac{(\text{용량} - 3{,}000) \times 0.7}{\text{용량}}$
건축물	
3,000 kW 이하, 수상(수면)	1.5
3,000 kW 초과	$\dfrac{3{,}000 \times 1.5 + (\text{용량} - 3{,}000) \times 1.0}{\text{용량}}$

예상문제

28. 공급인증서 가중치

01. 다음 표는 공급인증서의 가중치를 나타낸다. ①~④에 해당되는 내용 및 가중치의 값을 쓰시오.

<table>
<tr><th rowspan="2">구분</th><th>공급인증서</th><th colspan="2">대상 에너지 및 기준</th></tr>
<tr><th>가중치</th><th>설치유형</th><th>세부 기준</th></tr>
<tr><td rowspan="10">태양광
에너지</td><td>①</td><td rowspan="3">일반부지에 설치하는 경우</td><td>100 kW 미만</td></tr>
<tr><td>1.0</td><td>100 kW부터</td></tr>
<tr><td>0.8</td><td>3,000 kW 초과부터</td></tr>
<tr><td>0.5</td><td>임야에 설치하는 경우</td><td>-</td></tr>
<tr><td>1.5</td><td rowspan="2">건축물 등 기존 시설물을
이용하는 경우</td><td>3,000 kW 이하</td></tr>
<tr><td>1.0</td><td>3,000 kW 초과부터</td></tr>
<tr><td>②</td><td rowspan="3">③</td><td>100 kW 미만</td></tr>
<tr><td>1.4</td><td>100 kW부터</td></tr>
<tr><td>1.2</td><td>3,000 kW 초과부터</td></tr>
<tr><td>1.0</td><td colspan="2">④</td></tr>
</table>

정답 ① 1.2, ② 1.6, ③ 유지 등의 수면에 부유하여 설치하는 경우, ④ 자가용 전력거래

02. 다음 표는 태양광발전 공급인증서에 대한 가중치 적용 기준이다. ①~⑦에 알맞은 값을 쓰시오.

<table>
<tr><th rowspan="2">구분</th><th>공급인증서</th><th colspan="2">대상 에너지 및 기준</th></tr>
<tr><th>가중치</th><th>설치유형</th><th>세부 기준</th></tr>
<tr><td rowspan="10">태양광
에너지</td><td>①</td><td rowspan="3">일반부지에 설치하는 경우</td><td>100 kW 미만</td></tr>
<tr><td>②</td><td>100 kW부터</td></tr>
<tr><td>③</td><td>3,000 kW 초과부터</td></tr>
<tr><td>④</td><td>임야에 설치하는 경우</td><td>-</td></tr>
<tr><td>⑤</td><td rowspan="2">건축물 등 기존 시설물을
이용하는 경우</td><td>3,000 kW 이하</td></tr>
<tr><td>⑥</td><td>3,000 kW 초과부터</td></tr>
<tr><td>⑦</td><td rowspan="3">유지 등의 수면에 부유하여 설치하는 경우</td><td>100 kW 미만</td></tr>
<tr><td>⑧</td><td>100 kW부터</td></tr>
<tr><td>⑨</td><td>3,000 kW 초과부터</td></tr>
<tr><td>⑩</td><td colspan="2">자가용 발전설비를 통해 전력을 거래하는 경우</td></tr>
</table>

정답 ① 1.2, ② 1.0, ③ 0.8, ④ 0.5, ⑤ 1.5,
⑥ 1.0, ⑦ 1.6, ⑧ 1.4, ⑨ 1.2, ⑩ 1.0

29 공사비, 공사원가, 노무비율, 일반 관리비

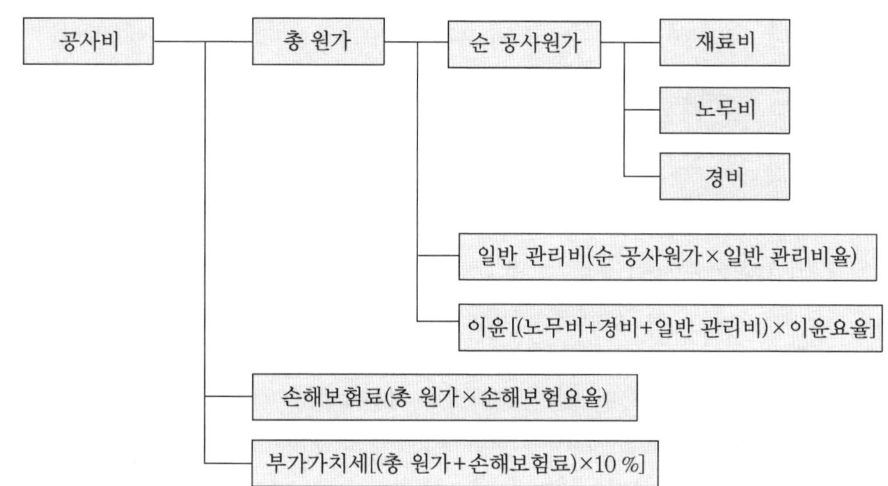

예상문제

29. 공사비, 공사원가, 노무비율, 일반 관리비

01. 다음은 공사원가에 대한 공사비 산출 다이어그램이다. ①~⑤에 알맞은 용어를 쓰시오.

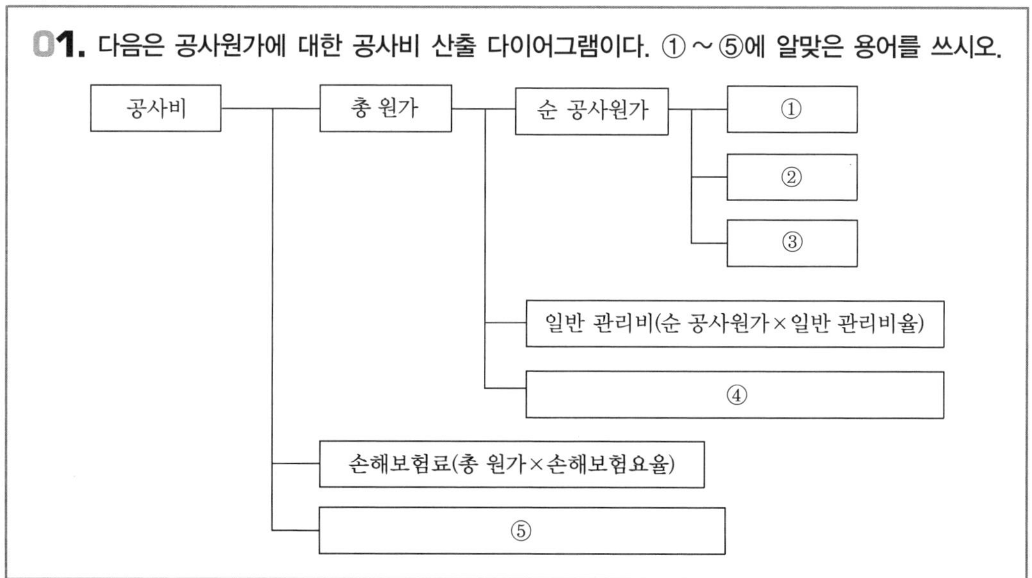

정답 ① 재료비, ② 노무비, ③ 경비, ④ 이윤[(노무비+경비+일반 관리비)×이윤요율], ⑤ 부가가치세[(총 원가+손해보험료)×10 %]

02. 태양광발전 공사의 원가 내역이 다음과 같을 때 ① 일반 관리비와 ② 이윤을 구하시오. (단, 이윤요율은 15 %이다.)

• 재료비 : 90,000,000원 • 노무비 : 50,000,000원 • 경비 : 35,000,000원

일반 관리비율	5억 원 미만	6 %
	5 ~ 30억 원 미만	5.5 %
	30억 원 이상	5 %

풀이 ① 순 공사원가 = 재료비 + 노무비 + 경비

= 90,000,000 + 50,000,000 + 35,000,000 = 175,000,000원이므로,

일반 관리비 = 순 공사원가 × 일반 관리비율 = 175,000,000 × 0.06 = 10,500,000원

② 이윤 = (노무비 + 경비 + 일반 관리비) × 이윤요율

= (50,000,000 + 35,000,000 + 10,500,000) × 0.15 = 14,325,000원

정답 ① 10,500,000원, ② 14,325,000원

03. 총 공사비가 320억 원, 공사기간이 8개월인 전기공사의 간접 노무비율을 다음 표를 참고하여 구하시오.

• 재료비 : 90,000,000원 • 노무비 : 50,000,000원 • 경비 : 35,000,000원

구분		간접 노무비율(%)
공사 종류별	건축공사	14.5
	토목공사	15
	특수공사(포장, 준설 등)	15.5
	기타(전기, 통신 등)	15
공사 규모별	50억 원 미만	14
	50억 ~ 300억 원 미만	15
	300억 원 이상	16
공사 기간별	6개월 미만	13
	6 ~ 12개월 미만	15
	12개월 이상	17

풀이 공사규모 300억 원 이상은 16, 공사기간 6 ~ 12개월 미만은 15, 전기는 15이므로 이들의 평균은 $\frac{16+15+15}{3} \fallingdotseq 15.3\ \%$

정답 15.3 %

30 피뢰 시스템

(1) 피뢰설비의 목적

① 구조물의 물리적 손상 및 전기 시스템의 손상보호
② 피뢰 시스템 주위에서의 인축보호

(2) 낙뢰의 피해 형태

① 직접적인 피해
(가) 감전
(나) 건축물, 설비의 파괴
(다) 가옥, 산림의 화재
② 간접적인 피해
(가) 통신시설의 파손
(나) 전력설비의 파손
(다) 공장, 빌딩의 손상
(라) 철도, 교통시설의 파손

(3) 낙뢰의 침입경로

① 피뢰침
② 한전 배전계통(전원선)
③ 태양전지 어레이 또는 안테나
④ 통신선
⑤ 접지선(극)

(4) 피뢰소자의 선정 방법

① 설치장소에 따른 선정방법
(가) 방전내량이 큰 것 : 접속함, 분전반 내 설치(SPD)
(나) 방전내량이 작은 것 : 어레이 주 회로 내 설치(서지 업서버)

② 일반적인 선정 방법

(가) 뇌 서지전압이 낮을 것

(나) 응답시간이 빠를 것

(다) 병렬 정전용량 및 직렬저항이 작을 것

(5) 외부 보호 피뢰 시스템

① 수뢰부 시스템 : 구조물의 뇌격을 받아들인다.

② 인하도선 시스템 : 뇌격전류를 안전하게 대지로 보낸다.

③ 접지 시스템 : 뇌격전류를 대지로 방류시킨다.

(6) 내부 보호 피뢰 시스템

① 접지 및 본딩

② 자기차폐

③ 협조된 SPD

④ 안전 이격거리 : 불꽃방전이 일어나지 않게 거리를 두어서 절연

⑤ 등전위 본딩 : 발생된 전위차를 저감하기 위해 건축물 내부의 금속 부분을 도체처럼 서지

(7) 낙뢰, 서지 등으로부터 태양광발전시스템을 보호하기 위한 대책

① 피뢰소자를 어레이 주 회로 내에 분산시켜 설치하고 동시에 접속함에도 설치한다.

② 저압 배전선으로 침입하는 낙뢰, 서지에 대해서는 분전반에 피뢰소자를 설치한다.

③ 뇌우 다발지역에서는 교류전원 측에 내뢰트랜스를 설치하여 보다 안전한 대책을 세운다.

(8) 태양광발전시스템의 뇌 서지 대책

① 인버터 2차 교류 측에도 방전 갭 서지 보호기를 설치한다.

② 태양광발전시스템의 주 회로의 (+)극과 (−)극 사이에 방전 갭 서지 보호기를 설치한다.

③ 배전계통과 연계되는 개소에 피뢰기를 설치한다.

④ 태양전지 어레이의 금속제 구조 부분에 적절하게 접지한다.

⑤ 방전 갭의 방전용량은 5 kV 이상으로, 동작 시 제한전압은 2 kV 이하로 한다.

⑥ 방전 갭의 접지 측 및 보호 대상기의 노출도전성 부분을 태발 시스템이 설치된 건물 구조체의 주 등전위 접지선에 접속한다.

(9) 피뢰소자의 보호영역(LPZ)

① LPZ Ⅰ의 경계(LPZ 0/1) : 10/350 μs파의 임펄스 전류,
class Ⅰ 적용, 주 배전반 MB/ACB 패널

② LPZ Ⅱ의 경계(LPZ 1/2) : 8/20 μs파의 최대 방전전류,
class Ⅱ 적용, 2차 배전반 SB/P 패널

③ LPZ Ⅲ의 경계(LPZ 2/3) : 전압 1.2/50 μs, 8/20 μs파의 임펄스 전류,
class Ⅲ 적용, 콘센트

(10) 낙뢰 우려 건축물 : 20 m 이상의 건물에 피뢰설비 설치

(11) 태양광발전시스템에 사용되는 피뢰방식

① 보호각법

② 그물(메시)법

③ 회전구체법

(12) 피뢰 시스템의 보호각법에서 회전구체 반경(r)의 최댓값

① 레벨 Ⅰ의 반경 : 20 m

② 레벨 Ⅱ의 반경 : 30 m

③ 레벨 Ⅲ의 반경 : 45 m

④ 레벨 Ⅳ의 반경 : 60 m

예상문제

30. 피뢰 시스템

01. 낙뢰, 서지 등으로부터 태양광발전시스템을 보호하기 위한 대책 3가지를 쓰시오.

정답 ① 피뢰소자를 어레이 주 회로 내에 분산시켜 설치하고 동시에 접속함에도 설치한다.
② 저압 배전선으로 침입하는 낙뢰, 서지에 대해서는 분전반에 피뢰소자를 설치한다.
③ 뇌우 다발지역에서는 교류전원 측으로 내뢰트랜스를 설치한다.

02. 뇌 서지로부터 PV(태양전지) 내부 보호 대책 3가지를 쓰시오.

정답 ① 접지 및 본딩
② 자기차폐
③ 협조된 SPD
④ 안전 이격거리
⑤ 등전위 본딩

03. 외부 보호 피뢰 시스템의 구성요소 3가지를 쓰시오.

정답 ① 수뢰부 시스템
② 인하도선 시스템
③ 접지 시스템

04. 태양광발전시스템에 사용되는 피뢰방식 3가지를 쓰시오.

정답 ① 보호각법
② 그물(메시)법
③ 회전구체법

CHAPTER 2

다지기 문제

1 태양전지의 전류 – 전압($I-V$) 특성곡선

(1) 태양전지 특성곡선의 5요소

① 단락전류(I_{sc}) : 부하 단락 시의 전류

② 개방전압(V_{oc}) : 부하 개방 시의 전압

③ 최대출력 동작전류(I_{mpp})

④ 최대출력 동작전압(V_{mpp})

⑤ 최대출력 동작점(운전점)(P_{mpp})

(2) **충진율** $= \dfrac{V_{mpp} \times I_{mpp}}{V_{oc} \times I_{sc}}$ * 충진율은 $0 \sim 1$이다.

[주] 충진율 : GaAs(0.78 ~ 0.85) > Si(0.7 ~ 0.8)

(3) **변환효율(%)** $= \dfrac{V_{mpp} \times I_{mpp}\,[\mathrm{W}]}{A \times 1{,}000\,\mathrm{W/m^2}} \times 100$ 여기서, A : 모듈의 면적($\mathrm{m^2}$)

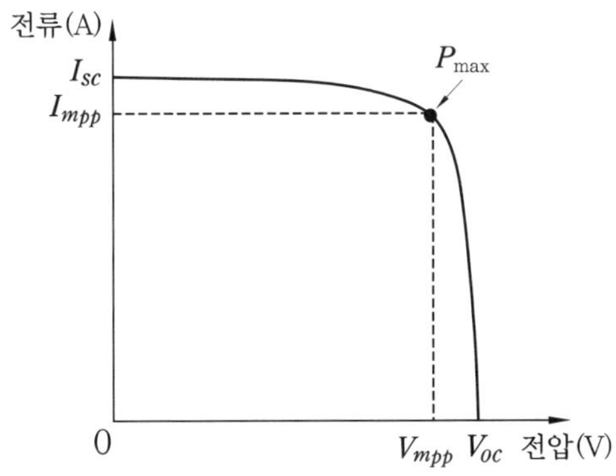

① 단락전류는 일사량이 클수록 증가한다.

② 개방전압은 온도가 올라갈수록 감소한다.

예상문제

1. 태양전지의 전류 – 전압($I-V$) 특성곡선

01. 태양전지 모듈에 입사된 빛 에너지가 변화되어 발생하는 전기적 $I-V$ 특성곡선의 요소 5가지를 쓰시오.

정답 ① 개방전압(V_{oc})
② 단락전류(I_{sc})
③ 최대출력 동작전압(V_{mpp})
④ 최대출력 동작전류(I_{mpp})
⑤ 최대출력점(P_{mpp})

02. 다음과 같은 모듈의 특성곡선에서 각 물음에 답하시오.

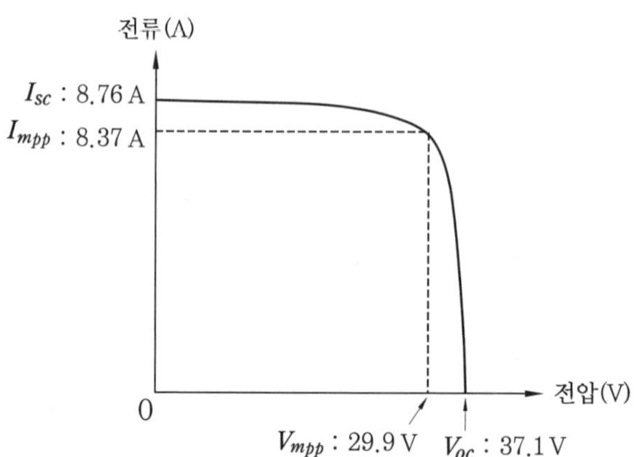

(1) 충진율(F.F.)을 구하시오.
(2) 모듈의 크기가 1.75×0.85일 때 모듈의 변환효율을 구하시오.

풀이 (1) 충진율(F.F.) $= \dfrac{V_{mpp} \times I_{mpp}}{V_{oc} \times I_{sc}} = \dfrac{29.9 \times 8.37}{37.1 \times 8.76} \fallingdotseq 0.77$

(2) 모듈의 변환효율 $= \dfrac{V_{mpp} \times I_{mpp}}{A \times 1,000} \times 100 = \dfrac{29.9 \times 8.37}{1.75 \times 0.85 \times 1,000} \times 100 \fallingdotseq 16.82\,\%$

정답 (1) 0.77 (2) 16.82 %

03. 다음은 태양전지 모듈에 입사된 빛 에너지가 전기에너지로 변환될 때의 전류 – 전압 특성 곡선이다. ①～③에 알맞은 내용을 쓰시오.

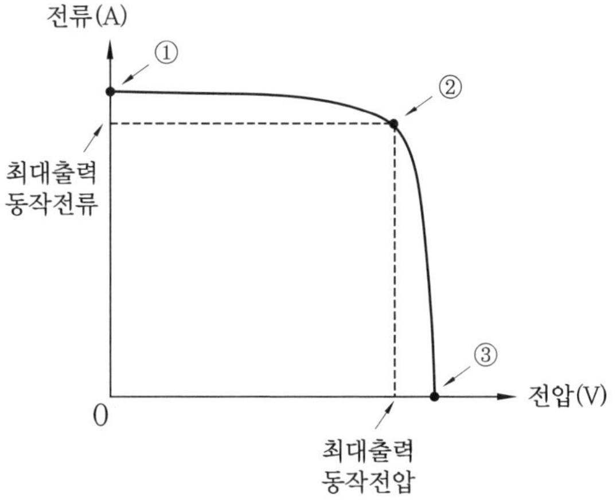

정답 ① 단락전류, ② 최대출력 동작점, ③ 개방전압

2 STC, NOCT, AM(대기질량지수)

(1) STC(Standard Test Conditions) : 태양전지와 모듈의 특성을 측정하는 표준 시험 조건

① 일사강도 : 1,000 W/m^2

② 셀 온도 : 25℃

③ 풍속 : 1 m/s

(2) NOCT(Normal Operating Conditon Temperature) : 공칭 태양전지 동작온도

① 조사(일사)강도 : 800 W/m^2

② 셀 온도 : 20℃

③ 경사각 : 45°

(3) AM(Air Mass : **대기질량지수**) : 태양광선이 지구 대기를 통과하여 도달하는 경로의 길이

㈎ $\sin\theta = \frac{1}{AM}$, $AM = \frac{1}{\sin\theta}$ [그림 (a)]

(나) AM 0 : 대기권 밖에서의 스펙트럼

(다) AM 1 : 태양 천정 위치, $\theta=90°$

(라) AM 1.5 : STC 조건, $\theta=41.8°$

(마) AM 2 : $\theta=30°$ [그림 (b)]

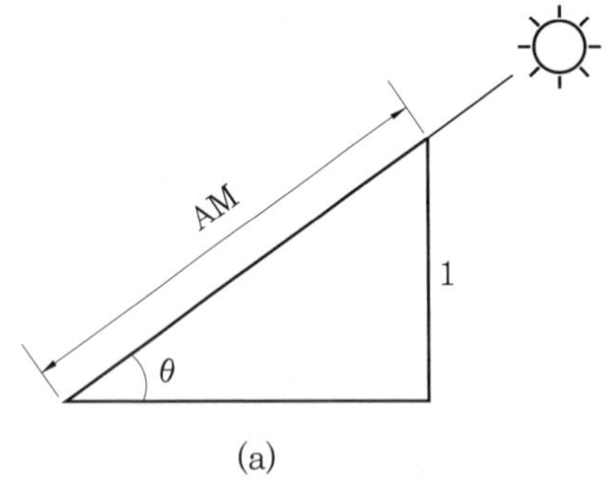

(a)

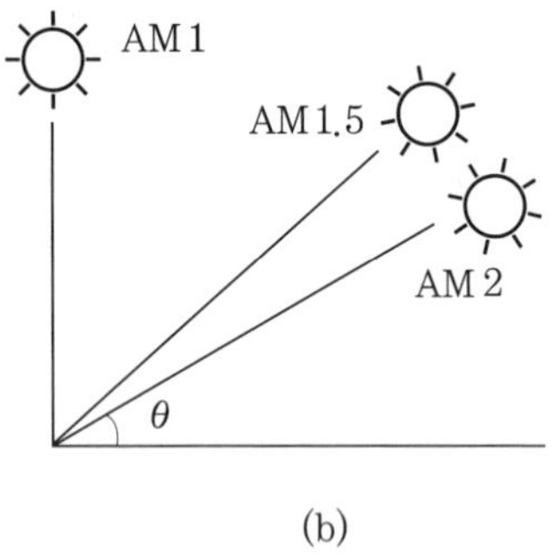

(b)

예상문제

2. STC, NOCT, AM(대기질량지수)

01. 태양전지 모듈의 STC 조건 3가지를 쓰시오.

정답 ① 일사강도 : 1,000 W/m^2
② 셀 온도 : 25℃
③ 풍속 : 1 m/s

02. NOCT에서 일사강도와 온도를 쓰시오.

정답 ① 일사강도 : 800 W/m^2
② 셀 온도 : 20℃

03. 태양이 대지와 수직으로 있을 때 AM의 값을 쓰시오.

풀이 $AM = \frac{1}{\sin\theta}$ 에서 $\theta = 90°$를 대입하면 $AM = \frac{1}{\sin 90°} = \frac{1}{1} = 1$이므로 AM 1이다.

정답 AM 1

04. 대기질량지수 AM 2에서의 태양과 대지의 각도는 얼마인가?

풀이 $2 = \frac{1}{\sin\theta}$ 로부터 $\theta = 30°$이다.

정답 30°

05. 다음 그림에서 대기질량지수 AM 1에서의 태양과 대지의 각도는 얼마인가?

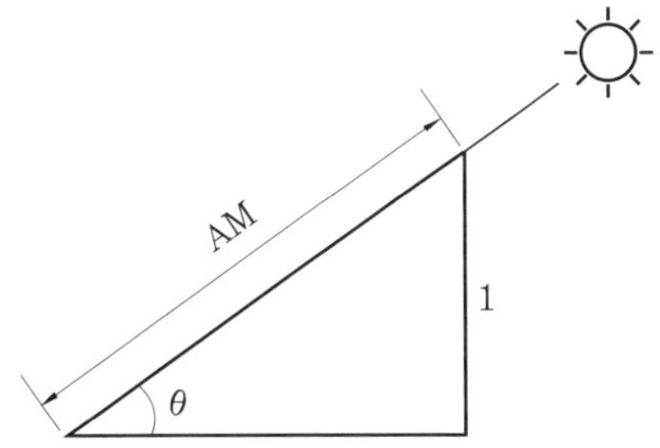

정답 90°

06. NOCT가 44℃ 일 때 주변 온도 45℃ 에서의 셀 온도를 구하시오.

풀이 $T_{air} + \frac{NOCT - 20}{800} \times 1{,}000 = 45 + \frac{44 - 20}{800} \times 1{,}000 = 45 + 30 = 75℃$

정답 75℃

3 인버터 선정 시 고려사항

인버터 선정 시 고려사항은 아래의 세 가지 경우로 구분한다.

(1) 전력 품질·공급 안정성

① 잡음 발생이 적을 것
② 고조파 발생이 적을 것
③ 기동 및 정지가 안정적일 것
④ 직류성분이 적을 것

(2) 태양광 유효 이용의 관점

① 전력변환효율이 높을 것
② MPPT에 의한 최대전력의 추출이 가능할 것
③ 야간 등의 대기손실이 적을 것
④ 저부하 시의 손실이 적을 것

(3) 종합적 확인

① 연계하는 계통(한전) 측의 전압 및 전기방식과의 일치 여부
② 국내외 인증 제품일 것
③ 설치가 용이할 것
④ 수명이 길고, 신뢰성이 높을 것
⑤ 비상재해 시 자립운전이 가능할 것
⑥ 발전량을 간단히 알 수 있는지
⑦ 그 밖에 축전지의 부착이 용이할 것

예상문제

3. 인버터 선정 시 고려사항

01. 인버터 선정 시 고려해야 할 사항에서 전력 품질·공급 안정성에 관한 사항 4가지를 쓰시오.

정답 ① 잡음 발생이 적을 것
② 고조파 발생이 적을 것
③ 기동 및 정지가 안정적일 것
④ 직류성분이 적을 것

02. 인버터 선정 시 고려해야 할 사항에서 태양광 유효 이용에 관한 사항 4가지를 쓰시오.

정답 ① 전력변환효율이 높을 것
② MPPT에 의한 최대전력의 추출이 가능할 것
③ 야간 등의 대기 손실이 적을 것
④ 저부하 시의 손실이 적을 것

03. 인버터 선정 시 고려해야 할 사항에서 종합적인 확인사항을 6가지만 쓰시오.

정답 ① 연계하는 계통(한전) 측의 전압 및 전기방식과의 일치 여부
② 국내외 인증 제품일 것
③ 설치가 용이할 것
④ 수명이 길고, 신뢰성이 높을 것
⑤ 비상재해 시 자립운전이 가능할 것
⑥ 발전량을 간단히 알 수 있는지
⑦ 그 밖에 축전지의 부착이 용이할 것

4 감전방지 및 안전대책

(1) 감전방지대책

① 작업 전에 모듈 표면에 차광시트를 붙여 태양광을 차폐하거나 모듈 간의 접속 케이블 등 접속 순서를 사전에 검토하고 무전압 또는 저전압이 되게 한다.
② 저압용 절연장갑을 착용한다.
③ 절연처리된 공구를 사용한다.
④ 강우, 강설 시 작업을 하지 않는다.

(2) 복장 및 추락방지

① 안전모(헬멧) 착용
② 안전대(생명줄) 착용
③ 안전화(미끄럼 방지) 착용
④ 요대 착용(공구의 낙하방지에도 사용)

(3) 그 밖의 사고방지

① 전동공구를 사용하는 경우에 그 공구의 취급, 휴대 방법에 충분히 주의하여야 한다.
② 부재의 절단작업 시에는 필요에 맞게 보호장갑, 보호안경, 방진마스크 등을 착용하여야 한다.
③ 안전구획(작업영역) 명시, 작업동선 확인·확보, 출입(진입)금지 처리를 하여야 한다.
④ 지붕·옥상부에서 강풍이 부는 경우에 태양전지를 옮길 때는 강풍에 날릴 염려가 있으므로 여러 명이 운반하여야 한다.

예상문제

4. 감전방지 및 안전대책

01. 태양광발전설비 작업 시 안전방지대책 4가지를 쓰시오.

정답 ① 안전모(헬멧) 착용
② 안전대 착용
③ 안전화 착용
④ 안전허리띠 착용

02. 태양광 어레이 작업 시 감전 및 보호대책 4가지를 쓰시오.

정답 ① 작업 전 태양광 모듈 표면에 차광막을 씌워 태양광을 차폐한다.
② 저압용 절연장갑을 착용한다.
③ 절연처리된 공구를 사용한다.
④ 강우, 강설 시에는 작업을 금지한다(감전사고, 추락사고, 미끄러짐 방지).

03. 태양광발전설비 점검 중 감전방지를 위해 사용하는 절연용 보호구 3가지를 쓰시오.

정답 ① 절연안전모
② 절연(고무)장갑
③ 절연화

04. 부재의 절단작업 시 필요에 맞게 사용하는 보호구 3가지를 쓰시오.

정답 ① 보호장갑
② 보호안경
③ 방진마스크

5 자재의 할증률

종류	할증률	종류	할증률	종류	할증률
옥외 전선	5 %	옥외 케이블	3 %	옥외 전선관	5 %
옥내 전선	10 %	옥내 케이블	5 %	옥내 전선관	10 %

예상문제

5. 자재의 할증률

01. 다음의 재료에 대한 자재의 할증률을 쓰시오.

종류	할증률	종류	할증률	종류	할증률
옥외 전선	①	옥외 케이블	③	옥외 전선관	⑤
옥내 전선	②	옥내 케이블	④	옥내 전선관	⑥

정답 ① 5 %, ② 10 %, ③ 3 %, ④ 5 %, ⑤ 5 %, ⑥ 10 %

02. 다음 표에서 재료의 할증률을 쓰시오.

종류		할증률(%)
전선	옥외	①
	옥내	②
케이블	옥외	③
	옥내	④
전선관	옥외	⑤
	옥내	⑥

정답 ① 5, ② 10, ③ 3, ④ 5, ⑤ 5, ⑥ 10

6 태양광발전소 옥내·외 시설 전기설비기준

(1) 태양광발전소의 전선을 옥내·외에 시설할 경우 태양전지 전선(연동선)의 공칭 단면적은 2.5 mm^2 이상이어야 한다.

(2) 전기설비기준에 의한 시설공사의 종류는 아래와 같다.

① 합성수지관 공사
② 금속관 공사
③ 가요전선관 공사
④ 케이블 공사

예상문제

6. 태양광발전소 옥내·외 시설 전기설비기준

01. 태양광발전소의 전선을 옥내·외에 시설할 경우에 전기설비기준에서 말하는 시설공사의 종류 4가지를 쓰시오.

정답 ① 합성수지관 공사, ② 금속관 공사, ③ 가요전선관 공사, ④ 케이블 공사

02. 다음 설명의 ①~④에 알맞은 내용을 쓰시오.

(1) 태양광발전소에 시설하는 태양전지 전선의 공칭 단면적은 (①) 이상의 연동선 또는 이와 동등 이상의 세기 및 굵기의 것일 것
(2) 옥내에 시설하는 경우에는 공사법을 (②), (③), (④) 또는 케이블 공사로 시설할 것

정답 (1) ① 2.5 mm^2
(2) ② 합성수지관 공사, ③ 금속관 공사, ④ 가요전선관 공사

7 계통연계 보호기기

(1) 역송전이 있는 저압연계 보호 장치

① 과전압 계전기(OVR) ② 부족전압 계전기(UVR)
③ 과주파수 계전기(OFR) ④ 주파수 부족 계전기(UFR)

(2) 단순병렬 분산형 전원에서는 역전력 계전기를 설치한다.

(3) 계통연계 시 사용되는 주요 설비

① 변압기 ② 진공 차단기(VCB) ③ 계기용 변성기(MOF)

예상문제

7. 계통연계 보호기기

01. 계통연계로 운영되는 태양광발전시스템 중 역송전이 있는 저압연계 시스템에서 필요로 하는 보호 계전기 4가지를 쓰시오.

정답 ① OVR(과전압 계전기)
② UVR(저전압 계전기)
③ OFR(과주파수 계전기)
④ UFR(저주파수 계전기)

02. 계통연계 시 사용되는 주요 설비 3가지를 쓰시오.

정답 ① 변압기
② 진공 차단기(VCB)
③ 계기용 변성기(MOF)

8 인버터 선정

(1) 인버터의 최대 입력전류는 연결되는 태양전지 스트링의 총 전류 이상이어야 한다.

(2) 인버터의 최대출력은 연결되는 태양전지 어레이(스트링)의 총 전력 이상이어야 한다.

예상문제

8. 인버터 선정

01. 다음 [조건]에서 발전소 부지에 13직렬 3병렬로 태양광 어레이가 구성될 때 A사, B사 제품의 인버터 중 적합한 쪽을 선정하고, 그 이유를 쓰시오. (단, 온도 조건은 태양전지 최저온도 −10℃, 최고온도 70℃이다.)

[태양전지 모듈의 사양]

구분	특성
최대전력(kW)	250
개방전압(V)	37.5
단락전류(A)	9
최대 동작전압(V)	29.8
최대 동작전류(A)	8.39
전압 온도 변화(mV/℃)	−143

[인버터 A의 사양]

구분	특성
최대 입력전력(kW)	10
MPPT 범위(V)	280 ~ 550
최대 입력전압(V)	650
최대 입력전류(A)	25
정격출력(kW)	10
주파수(Hz)	60

[인버터 B의 사양]

구분	특성
최대 입력전력(kW)	10
MPPT 범위(V)	300 ~ 480
최대 입력전압(V)	600
최대 입력전류(A)	30
정격출력(kW)	10
주파수(Hz)	60

정답 B사 제품

이유 : 어레이 모듈의 최대 동작전류는 8.39 A이고, 3병렬이므로 총 어레이 전류는 $8.39 \times 3 = 25.17$ A 이상이어야 한다. 따라서 A사는 25 A < 25.17 A, B사는 30 A > 25.17 A이므로 B사 제품을 선택한다.

02. 설치된 200 W 모듈이 8직렬 3병렬로 어레이가 구성되어 있는 경우 다음의 인버터 중 시공기준에 적합한 인버터 용량을 선택하고, 그 이유를 설명하시오.

인버터 종류(규격)
4 kW, 4.4 kW, 4.6 kW, 5 kW, 5.2 kW, 5.5 kW

정답 4.6 kW

이유 : 모듈의 설치용량은 8×3×200 = 4,800 W = 4.8 kW이다. 시공기준에 의하면 인버터에 연결된 모듈의 설치용량은 인버터 설치용량의 105 % 이상이어야 하므로 $4.8\,\text{kW} \times \frac{1}{1.05} \fallingdotseq 4.57\,\text{kW}$이다. 따라서 안전하게 4.6 kW의 규격을 선택한다.

9 유로효율

유로(Euro)효율은 출력에 따른 변환효율에 아래와 같은 비중을 두어 전체의 합산을 측정값으로 정하는 인버터의 고효율 성능척도를 말한다.

출력전력(%)	5	10	20	30	50	100
변환효율 비중	0.03	0.06	0.13	0.10	0.48	0.20

예 다음의 표로부터 총 유로(Euro)효율을 구하시오.

출력전력(%)	효율 측정값(%)	출력전력별 유로효율(%)
5	97.8	97.8×0.03=2.934
10	98.0	98.0×0.06=5.88
20	98.2	98.2×0.13=12.766
30	97.9	97.9×0.10=9.79
50	98.1	98.1×0.48=47.088
100	98.3	98.3×0.20=19.66

총 유로효율= 2.934+5.88+12.766+9.79+47.088+19.66=98.118 %

예상문제

9. 유로효율

01. 다음은 인버터의 출력전력별 효율 측정값이다. 이를 이용하여 출력전력별 유로(Euro)효율(①~⑥)과 총 유로효율을 구하시오. (단, 소수점 셋째 자리에서 절사한다.)

출력전력(%)	효율 측정값 η [%]	출력전력별 유로효율 η_{Euro} [%]
5	98.01	①
10	98.06	②
20	98.12	③
30	97.21	④
50	97.65	⑤
100	97.94	⑥

풀이

출력전력(%)	효율 측정값 η [%]	유로출력 비중	출력전력별 유로효율 η_{Euro} [%]
5	98.01	0.03	$98.01 \times 0.03 \fallingdotseq 2.94$
10	98.06	0.06	$98.06 \times 0.06 \fallingdotseq 5.88$
20	98.12	0.13	$98.12 \times 0.13 \fallingdotseq 12.75$
30	97.21	0.10	$97.21 \times 0.10 \fallingdotseq 9.72$
50	97.65	0.48	$97.65 \times 0.48 \fallingdotseq 46.87$
100	97.94	0.20	$97.94 \times 0.20 \fallingdotseq 19.58$
합계			97.74

정답 ① 2.94
② 5.88
③ 12.75
④ 9.72
⑤ 46.87
⑥ 19.58, 총 유로효율 = 97.74

02. 다음 인버터의 출력전력별 효율 측정값을 이용하여 출력전력별 유로(Euro)효율(①~⑥)과 총 유로효율을 구하시오. (단, 소수점 셋째 자리에서 절사한다.)

출력전력(%)	효율 측정값 η [%]	출력전력별 유로효율 η_{Euro} [%]
5	97.21	①
10	97.45	②
20	97.82	③
30	98.01	④
50	97.92	⑤
100	96.30	⑥

풀이 ① $97.21 \times 0.03 \fallingdotseq 2.91\,\%$

② $97.45 \times 0.06 \fallingdotseq 5.84\,\%$

③ $97.82 \times 0.13 \fallingdotseq 12.71\,\%$

④ $98.01 \times 0.10 \fallingdotseq 9.80\,\%$

⑤ $97.92 \times 0.48 \fallingdotseq 47.0\,\%$

⑥ $96.30 \times 0.20 = 19.26\,\%$

총 유로효율 $= 2.91 + 5.84 + 12.71 + 9.80 + 47.0 + 19.26 = 97.52\,\%$

정답 ① 2.91, ② 5.84, ③ 12.71, ④ 9.80,
⑤ 47.0, ⑥ 19.26, 총 유로효율 = 97.52 %

10 분산형 전원의 계통연계

(1) 분산형 전원의 용량

① 3상(연계계통 전압 380 V)

② 500 kW 미만(단상 220 V, 100 kW 미만) : 저압계통에 연계 가능한 용량

(2) 분산형 전원의 유지역률은 90 % 이상이어야 한다.

(3) 분산형 전원에서 계통으로 유입되는 직류전류는 최대 정격전류의 0.5 %를 초과해서는 안 된다.

(4) 분산형 전원의 계통연계 또는 가압된 한전계통에 대한 연계에서 병렬연계장치의 투입 순간에 동기화 변수 제한범위

분산형 전원의 정격용량 합계(kW)	주파수 차 Δf [Hz]	전압 차 ΔV [%]	위상각 차 $\Delta\Phi$[°]
0 ~ 500 이하	0.3	10	20
500 초과 1,500 이하	0.2	5	15
1,500 초과 20,000 미만	0.1	3	10

예상문제

10. 분산형 전원의 계통연계

01. 분산형 전원을 기존의 전력계통에 연계하는 경우 저압연계와 특고압 연계로 구분된다. 저압연계의 기준이 되는 분산형 전원의 용량과 연계계통의 전압을 쓰시오.

정답 500 kW 미만(단상 220 V, 100 kW 미만), 3상(연계계통 전압 380 V)

02. 분산형 전원의 역률은 몇 % 이상을 유지해야 하는가?

정답 90

03. 다음 ( ) 안에 알맞은 내용을 쓰시오.

> 분산형 전원계통에서 계통으로 유입되는 직류전류는 최대 정격전류의 ( ) %를 초과해서는 안 된다.

정답 0.5

04. 분산형 전원 계통연계 또는 가압된 한전계통에 대한 연계에서 병렬연계장치의 투입 순간에 동기가 되어야 하는 변수 3가지를 쓰시오.

정답 ① 주파수 차, ② 전압 차, ③ 위상각 차

11 개방전압 측정

직류 전압계를 사용한 태양광발전시스템의 개방전압 측정 순서는 다음과 같다.

① 접속함의 출력 개폐기를 off 한다.
② 접속함의 각 스트링의 단로 스위치를 모두 off 한다.
③ 각 모듈에 음영의 영향이 있는지를 확인한다.
④ 측정하는 스트링의 단로 스위치를 on 한다.
⑤ 직류 전압계를 각 스트링의 P(+), N(−) 단자에 연결하여 개방전압을 측정한다.

예상문제

11. 개방전압 측정

01. 다음 그림과 같은 태양광발전시스템의 개방전압을 측정하려고 한다. 측정 순서를 4단계로 구분하여 쓰시오.

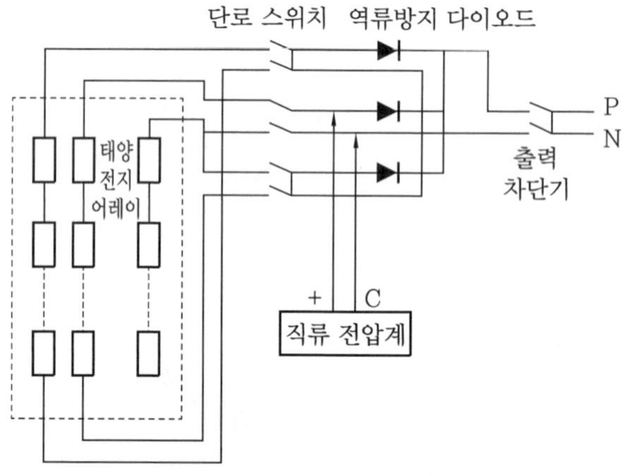

정답 ① 접속함의 출력 개폐기를 개방한다.
② 접속함의 각 스트링의 단로 스위치를 모두 개방한다.
③ 각 모듈에 음영이 있는지를 확인한다.
④ 측정하는 스트링의 단로 스위치만 단락시키고, 직류 전압계로 각 스트링의 (+), (−) 단자의 전압을 측정한다.

㈜ 측정 시 유의사항
• 모듈 표면 청결유지
• 안정된 일사강도 상태
• 가급적이면 우천 시 피하기

12 무전압상태 점검

(1) 원칙적으로 정기점검은 무전압상태에서 기기의 이상상태를 점검하고, 경우에 따라서는 기기를 분해하여 점검한다.

(2) 무전압상태의 점검 순서

① 관련된 차단기, 단로기를 열어 무전압상태로 만든다.
② 검전기를 사용하여 무전압상태를 확인하고 필요한 개소는 접지한다.
③ 단로기는 쇄정시킨 후 '점검 중'이라는 표찰을 부착한다.
④ 차단기는 단로상태가 되도록 인출하고, '점검 중'이라는 표찰을 부착한다.
⑤ 원격지의 무인감지제어 시스템의 경우 원격지에서 차단기가 투입되지 않도록 연동장치를 쇄정한다.

예상문제

12. 무전압상태 점검

01. 태양광발전시스템을 보수점검하려고 한다. 무전압상태 확인 및 안전조치를 위한 점검 순서를 5단계로 구분하여 쓰시오.

정답 ① 관련된 차단기, 단로기를 열어 무전압상태로 만든다.
② 검전기를 사용하여 무전압상태를 확인하고 필요한 개소는 접지한다.
③ 단로기는 쇄정시킨 후 '점검 중'이라는 표찰을 부착한다.
④ 차단기는 단로상태가 되도록 인출하고, '점검 중'이라는 표찰을 부착한다.
⑤ 원격지의 무인감지제어 시스템의 경우 원격지에서 차단기가 투입되지 않도록 연동장치를 쇄정한다.

02. 태양광발전시스템의 점검 시 무전압상태에서 기기의 이상상태를 점검하거나 기기를 분해하여 점검하는 방법의 명칭은 무엇인가?

정답 정기점검

13 수전설비의 배전반 등의 최소 유지거리

수전설비의 변압기, 배전반 등의 최소 유지거리(m)는 다음과 같다.

구분	앞면/조작·계측면	뒷면/점검면	열 상호 간/점검면	기타 면
특고압 배전반	1.7	0.8	1.4	–
고압 배전반	1.5	0.6	1.2	–
저압 배전반	1.5	0.6	1.2	–
변압기 등	1.5	0.6	1.2	0.3

예상문제

13. 수전설비의 배전반 등의 최소 유지거리

01. 수전설비의 변압기, 배전반 등의 최소 유지거리(m)를 나타내는 다음의 표에서 ① ~ ⑩에 알맞은 내용을 쓰시오.

위치별 / 기기별	앞면 또는 조작면	뒷면 또는 점검면	열 상호 간 (점검면)	기타의 면
특고압 배전반	①	④	⑦	–
고압 배전반	②	⑤	⑧	–
저압 배전반	1.5 m	0.6 m	1.2 m	–
변압기 등	③	⑥	⑨	⑩

정답 ① 1.7 m, ② 1.5 m, ③ 1.5 m, ④ 0.8 m, ⑤ 0.6 m,
⑥ 0.6 m, ⑦ 1.4 m, ⑧ 1.2 m, ⑨ 1.2 m, ⑩ 0.3 m

02. 수전설비의 변압기 앞면, 조작면, 계측면의 특고압 배전반 최소 유지거리는 몇 m인지 쓰시오.

정답 1.7 m

14 보수점검계획

(1) 보수점검계획의 수립 시 고려사항

① 설비의 중요도 : 설비에 따라 중요도가 다르다. 따라서 설비의 중요도에 따라 점검내용과 주기를 검토하여야 한다.

② 설비의 사용기간 : 설비가 오래될수록 고장확률이 높으므로 그 사용기간에 따라 점검내용을 세분화하여 계획을 수립하여야 한다.

③ 환경 조건 : 설비의 설치지역 환경에 따라 그 조건에 알맞은 점검계획을 수립하여야 한다.

④ 고장이력 : 고장이 많은 설비일수록 재발방지를 위해 점검을 강화하여야 한다.

⑤ 부하상태 : 사용빈도가 높거나 부하의 증가 가능성이 높은 설비는 점검주기를 단축하여 고장을 예방하여야 한다.

예상문제

14. 보수점검계획

01. 보수점검계획의 수립 시 고려사항 5가지를 쓰시오.

정답 ① 설비의 중요도
② 설비의 사용기간
③ 환경 조건
④ 고장이력
⑤ 부하상태

02. 보수점검계획 수립 시의 고려사항 중 "부하상태"에 대해서 설명하시오.

정답 사용빈도가 높거나 부하의 증가 가능성이 높은 설비는 점검주기를 단축하여 고장을 예방하여야 한다.

15 태양광발전소 운영 시 비치서류

(1) 태양광발전소 운영 시 비치서류

① 발전시스템 일반 점검표
② 발전시스템의 운영 매뉴얼
③ 발전시스템의 한전계통연계 관련 서류
④ 발전시스템에 사용되는 핵심기기의 매뉴얼
⑤ 발전시스템에 사용된 부품 및 기기의 카탈로그
⑥ 발전시스템 건설 관련 도면
⑦ 발전시스템 시방서 및 계약서 사본
⑧ 발전시스템 구조물의 계산서
⑨ 발전시스템 긴급복구 안내문
⑩ 전기안전관리용 정기 점검표

예상문제

15. 태양광발전소 운영 시 비치서류

01. 태양광발전시스템 운영 시 비치하여야 할 목록 5가지를 쓰시오.

정답 ① 발전시스템 일반 점검표
② 발전시스템의 운영 매뉴얼
③ 발전시스템의 한전계통연계 관련 서류
④ 발전시스템에 사용되는 핵심기기의 매뉴얼
⑤ 발전시스템에 사용된 부품 및 기기의 카탈로그
⑥ 그 밖에 발전시스템 건설 관련 도면 등

16 시방서

(1) **시방서** : 설계도면에 표현할 수 없는 내용과 공사의 전반적인 사항, 지침이 되도록 설계자가 작성한 설계도서

(2) **주요 시방서**

① 일반 시방서 : 공사기일 등 공사 전반에 걸친 비기술적인 사항을 규정한 시방서
② 표준 시방서 : 모든 공사의 공통적인 사항을 제공하는 공동 시방서
③ 공사 시방서 : 특정 공사별로 건설공사 시공에 필요한 사항을 규정한 시방서
④ 기술 시방서 : 공사 전반에 걸친 기술적인 사항을 규정한 시방서
⑤ 특기 시방서 : 표준 시방서에 기재되지 않은 특이사항, 공법 등을 규정한 시방서
⑥ 공법 시방서 : 계획된 성능을 확보하기 위한 방법과 수단을 서술한 시방서
⑦ 성능 시방서 : 시설물, 설비 등의 성능만을 명시해 놓은 시방서

예상문제

16. 시방서

01. 시방서의 종류에서 모든 공사의 공통사항이 기록되는 시방서는?

정답 표준 시방서

02. 시방서의 종류 중 일반 시방서와 공사 시방서에 대해 설명하시오.

정답 일반 시방서 : 공사기일 등 공사 전반에 걸친 비기술적인 사항을 규정한 시방서
공사 시방서 : 특정 공사별로 건설공사 시공에 필요한 사항을 규정한 시방서

03. 다음은 시방서의 종류에 대한 설명이다. 해당 시방서를 [보기]에서 골라 적으시오.

보기

① 일반 시방서 ② 성능 시방서
③ 기술 시방서 ④ 공법 시방서
⑤ 특기 시방서

(1) 공사기일 등 공사 전반에 걸친 비기술적인 사항을 규정한 시방서 ( )
(2) 공사 전반에 걸친 기술적인 사항을 규정한 시방서 ( )
(3) 계획된 성능을 확보하기 위한 방법과 수단을 서술한 시방서 ( )
(4) 표준 시방서에 기재되지 않은 특이사항, 공법 등을 규정한 시방서 ( )
(5) 시설물, 설비 등의 성능만을 명시해 놓은 시방서 ( )

정답 (1) ① (2) ③ (3) ④ (4) ⑤ (5) ②

17 공사 전면 중지 및 부분 중지

(1) 공사 중지 사항

① 시공 중 공사의 품질 확보 미흡 및 중대한 위해를 발생시킬 우려가 있을 시
② 고의로 공사의 추진을 지연시키거나 공사의 부실 발생 우려가 짙은 상황에서 적절한 조치가 없이 진행 시
③ 부분 중지가 이행되지 않음으로써 전체 공정에 영향을 끼칠 것으로 판단될 시
④ 지진, 해일, 폭풍 등 불가항력적인 사태가 발생하여 시공이 계속 불가능할 것으로 판단될 시
⑤ 천재지변으로 발주자의 지시가 있을 시

(2) 공사 부분 중지 사항

① 재공사 지시가 이행되지 않은 상태에서 다음 단계의 공정이 진행됨으로써 하자 발생의 가능성이 판단될 시
② 안전 시공상 중대한 위험이 예상되어 물적, 인적의 중대한 피해가 예상될 시
③ 동일공정에 있어 3회 이상 시정지시가 있었음에도 이행되지 않을 시
④ 동일공정에 있어 2회 이상 경고가 있었음에도 이행되지 않을 시

예상문제

17. 공사 전면 중지 및 부분 중지

01. 시공감리에서 공사 전면 중지 사항 4가지를 쓰시오.

정답 ① 시공 중 공사의 품질 확보 미흡 및 중대한 위해를 발생시킬 우려가 있는 경우
② 고의로 공사의 추진을 지연시키거나 공사의 부실 발생 우려가 짙은 상황에서 적절한 조치가 없이 진행된 경우
③ 부분 중지가 이행되지 않음으로써 전체 공정에 영향을 끼칠 것으로 판단된 경우
④ 지진, 해일, 폭풍 등 불가항력적인 사태가 발생하여 시공이 계속 불가능할 것으로 판단 된 경우
⑤ 천재지변으로 발주자의 지시가 있을 경우

02. 시공감리에서 공사 부분 중지 사항 4가지를 쓰시오.

정답 ① 재공사 지시가 이행되지 않은 상태에서 다음 단계의 공정이 진행됨으로써 하자 발생의 가능성이 판단된 경우
② 안전 시공상 중대한 위험이 예상되어 물적, 인적의 중대한 피해가 예상되는 경우
③ 동일공정에 있어 3회 이상 시정지시가 있었음에도 이행되지 않은 경우
④ 동일공정에 있어 2회 이상 경고가 있었음에도 이행되지 않은 경우

03. 시공감리에서 감리원이 다음과 같은 내용을 판단하였을 때 공사 중지를 지시할 수 있는데 “전면 중지”와 “부분 중지” 중 어느 것에 해당하는지 쓰시오.

- 공사의 부실 발생 우려가 짙은 상황에서 적절한 조치가 없이 공사가 진행됨
- 시공 중 공사의 품질 확보 미흡 및 중대한 위해를 발생시킬 우려가 있음

정답 공사 전면 중지

18 설계감리 업무

(1) 설계감리원의 수행업무

① 주요 설계 용역업무에 대한 기술자문
② 사업기획 및 타당성 조사
③ 시공성 및 유지관리의 용이성 검토
④ 설계도서의 누락, 오류, 불명확한 부분에 대한 추가, 정정지시 및 확인
⑤ 설계업무의 공정 및 기성관리의 검토·확인
⑥ 설계감리 결과 보고서의 작성

예상문제

18. 설계감리 업무

01. 설계감리원의 업무 4가지를 쓰시오.

정답 ① 주요 설계 용역업무에 대한 기술자문
② 사업기획 및 타당성 조사 등 전 단계 용역의 수행내용 검토
③ 설계도서의 누락, 오류, 불명확한 부분에 대한 추가, 정정지시 및 확인
④ 설계업무의 공정 및 기성관리의 검토·확인 등

02. 감리원의 공사시행 단계에서 수행하는 감리업무에 관한 다음 내용에서 ( ) 안에 알맞은 내용을 쓰시오.

> 감리원은 해당 공사가 공사계약문서, 예정공정표, 발주자의 지시사항, 그 밖에 관련 법령의 내용대로 시공되는가를 공사시행 시 수시로 확인하여 (①)에 임하여야 하고, 공사업자에게 품질·시공·안전·공정관리 등에 대한 (②)와 (③)을 하여야 한다.

정답 ① 품질관리, ② 기술지도, ③ 지원

19 벽 건재형의 특징

(1) 벽 설치 방법 : 벽 설치형, 벽 건재형

* 벽 설치형은 벽에 가대를 설치하고, 그 위에 태양전지 모듈을 설치하는 형식

(2) 벽 건재형의 특징

① 태양전지가 벽재로서의 기능을 한다.
② 셀의 배치형태에 따라 개구율을 변경할 수 있다.
③ 알루미늄 새시 등 지지공법이 다양하다.
④ 주로 커텐 월 등으로 설치한다.

예상문제

19. 벽 건재형의 특징

01. 어레이의 설치형식 중 벽 건재형에 대해 설명하시오.

정답 벽 자체에 모듈을 붙이는 형식으로 태양전지가 벽재로서의 기능을 한다.

02. 건축물 설치부위에 따른 분류에서 벽 건재형의 특징 4가지를 쓰시오.

정답 ① 태양전지 벽재로서의 기능을 하는 형식이다.
② 셀의 배치형태에 따라 개구율을 변경할 수 있다.
③ 알루미늄 새시 등 지지공법이 다양하다.
④ 주로 커텐 월 등으로 설치한다.

20 태양전지 절연내력

태양전지 모듈은 최대 사용전압의 1.5배의 직류전압 또는 1배의 교류전압(500 V 미만으로 되는 경우에는 500 V)을 충전 부분과 대지 사이에 연속으로 10분간 가하여 절연내력시험을 하였을 때 견뎌야 한다.

예상문제

20. 태양전지 절연내력

01. 연료전지 및 태양전지 모듈은 최대 사용전압의 1.5배의 직류전압 또는 1배의 교류전압을 충전 부분과 대지 사이에 연속으로 몇 분간 가하여 절연내력시험을 하였을 때에 이에 견디는 것이어야 하는가?

정답 10분

02. 태양전지 모듈을 최대 사용전압의 1.5배의 직류전압 또는 1배의 교류전압(500 V 미만으로 되는 경우에는 500 V)을 충전 부분과 대지 사이에 연속으로 10분간 가하여 확인하는 시험을 무엇이라고 하는가?

정답 절연내력시험

03. 다음 모듈의 절연내력시험에 대한 설명 중 ①~③에 알맞은 내용을 쓰시오.

> 태양전지 모듈은 최대 사용전압의 (①)배의 직류전압 또는 (②)배의 교류전압을 충전 부분과 대지 사이에 연속으로 (③)분간 가하여 절연내력시험을 하였을 때 견뎌야 한다.

정답 ① 1.5, ② 1, ③ 10

21 주택의 전력 수용량

(1) 태양광발전 전력 사용량 산정 절차

① 부하별 1일 소비전력량 계산(수량×소비전력×사용시간)→② 각 부하별 1일 소비전력량 합산→③ 1일 총 소비전력량×손실률

예상문제

21. 주택의 전력 수용량

01. 주택의 전력 수요량이 다음 표와 같을 때 각각의 물음에 답하시오.

구분	부하기기	수량	소비전력(W)	사용시간	1일 소비전력량(kWh)
1	TV	2	140	6	1.68
2	냉장고	1	1,600	24	①
3	전자레인지	1	1,000	2	2.0
4	전기밥솥	1	1,200	2	2.4
5	세탁기	1	500	1	②
6	믹서기	1	250	1	0.5
7	PC	2	120	2	③
8	헤어드라이어	1	1,000	1	1.0
9	선풍기	3	60	4	④

(1) 표에서 ①~④의 1일 소비전력량을 구하시오.

(2) 위의 (1)에서 계산한 1일 총 소비전력량일 때 실제 부하에서 감당해야 할 전력량을 구하시오. (단, 손실 보정계수는 1.2이다.)

풀이 (1) ① $1\times1,600\times24=38,400\text{ W}=38.4\text{ kWh}$

② $1\times500\times1=500\text{ W}=0.5\text{ kWh}$

③ $2\times120\times2=480\text{ W}=0.48\text{ kWh}$

④ $3\times60\times4=720\text{ W}=0.72\text{ kWh}$

(2) $1.68+38.4+2.0+2.4+0.5+0.5+0.48+1.0+0.72=47.68\text{ kWh}$

$\therefore\ 47.68\times1.2\fallingdotseq57.22\text{ kWh}$

정답 (1) ① 38.4, ② 0.5, ③ 0.48, ④ 0.72

(2) 57.22 kWh

22 모듈의 설계용량 초과한계

예상문제

22. 모듈의 설계용량 초과한계

01. 태양전지 모듈은 설계용량의 몇 %를 초과하지 않아야 되는가?

정답 110 %

02. 태양광발전에서 용량 50 kW 이상의 발전설비에 대해서 의무적으로 설치하도록 규정하고 있는 것은?

정답 태양광 모니터링 시스템

03. 반도체 P-N 접합부나 정류작용이 있는 금속과 반도체의 경계면에 강한 빛을 입사시키면 반도체 중에 만들어진 전자와 정공이 접촉 전위차 때문에 분리되어 양쪽 물질에서 서로 다른 종류의 전기가 나타나는 현상은?

정답 광기전력 효과 또는 광전효과

04. 태양광발전시스템의 모듈의 직·병렬 수량 산출 순서를 다음 [보기]에서 골라 순서대로 쓰시오.

보기

① 부지 설치면적	② 인버터 선정
③ 모듈 선정	④ 직렬 수 계산
⑤ 모듈 수량(직렬 수×병렬 수) 결정	⑥ 병렬 수 계산

정답 ①→③→②→④→⑥→⑤

05. 인버터의 입력단과 출력단의 표시요소를 쓰시오.

정답 입력단 : 전압, 전류, 출력
출력단 : 전압, 전류, 출력, 주파수, 누적 발전량, 최대 출력량

06. 축전지의 용도별 분류 3가지를 쓰고, 설명하시오.

정답 ① 방재 대응형 : 평상 시 계통연계 시스템으로 동작하지만 정전 시 인버터 자립운전으로 전환하여 비상부하로 전력을 공급한다(정전 시 비상부하 기능).
② 부하 평준화 대응형 : 태양전지 출력과 축전지 출력을 병행하여 부하 피크 시 인버터를 필요한 출력으로 운전하여 전력 증대 억제를 통해 기본 전력요금을 절감한다(전력부하 피크 억제 기능).
③ 계통 안정화 대응형 : 계통부하 급증 시 축전지 방전, 태양전지 출력 증대로 계통전압 상승 시 축전지 충전을 통해 전압 상승을 방지한다(계통전압 안정화 기능).

07. 다음 분산형 전원의 연계 구분에 따른 계통의 전기방식을 쓰시오.

(1) 저압 한전계통연계 :
(2) 특고압 한전계통연계 :

정답 (1) 교류 단상 220 V 또는 교류 3상 380 V 중 한전이 기술적으로 타당하다고 정한 한 가지 방식
(2) 교류 3상 22.9 kV

08. 다음 용도 지역별 허가면적 표에서 ①～③에 알맞은 내용을 쓰시오.

지역	면적
공업지역, 농림지역, 관리지역	①
주거지역, 상업지역, 자연녹지, 생산녹지	②
보전녹지지역, 자연환경보전지역	③

정답 ① 3만 m^2 미만, ② 1만 m^2 미만, ③ 5천 m^2 미만

09. 위도가 32°인 지역에서 춘·추분에서의 남중고도를 구하시오.

풀이 남중고도 : 하루 중 태양의 고도가 가장 높은 각도
* 지구의 기울기 : 23.5°
- 하지의 남중고도 : 90° − 위도 + 23.5°
- 동지의 남중고도 : 90° − 위도 − 23.5°
- 춘분, 추분 : 90° − 위도

따라서 춘·추분에서의 위도 = 90° − 32° = 58°

정답 58°

10. 송전관계 일람도에 표시되는 사항 3가지를 쓰시오.

정답 ① 태양광발전 용량
② 인버터 용량
③ 전주번호

11. 태양광발전설비의 하자보수 기간은 몇 년인지 쓰시오.

정답 3년

12. 소규모 환경영향 평가대상 표의 ①~③에 알맞은 내용을 쓰시오.

구분	면적
발전시설용량(규모)	①
계획관리지역	②
생산관리, 농림지역	③
보전관리, 개발제한구역, 자연환경보전지역	④

정답 ① 10만 kW 미만, ② 1만 m^2 이상, ③ 7.5천 m^2 이상, ④ 5천 m^2 이상

13. 대통령령으로 정하는 금액으로 얼마 이상을 출연한 정부출연기관은 신·재생에너지설비를 설치하여야 하는가?

정답 50억 원

14. 태양광발전시스템에서 유지 관리비의 구성요소 4가지를 쓰시오.

정답 ① 일반 관리비, ② 유지비, ③ 보수비와 개량비, ④ 운영 지원비

15. 고효율 변압기 2가지와 그들의 장·단점을 쓰시오.

정답 ① 아몰퍼스 변압기 : 장점은 히스테리시스 손실 및 와류손실 경감, 경부하에 유리하며, 단점은 다소의 소음이 발생한다.
② 미세자구 변압기 : 장점은 철손의 개선으로 과부하 내량 및 고조파 내량이 크고, 무부하 손실을 절감하며, 단점은 아몰퍼스 변압기에 비해 손실이 크다.

16. 태양광발전시스템의 모니터링 시스템에서 관리대상 요소 4가지를 쓰시오.

정답 ① 인버터, ② 접속반, ③ 수·배전반, ④ 기상관측장비

17. 배선용 차단기의 표면이 다음과 같이 되어 있을 때 75 A와 100 AF에 대해서 각각 설명하시오.

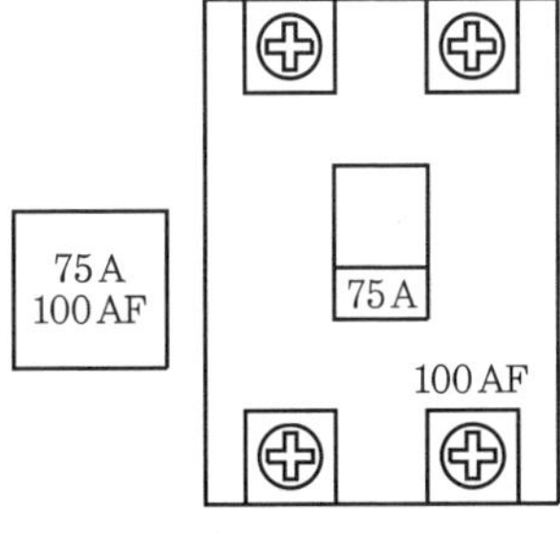

정답 ① 75 A : 정격전류를 나타내며, 차단기 전류의 최대치이다.
② 100 AF : 프레임 크기로 최대 정격전류를 나타내며, 배선용 차단기의 크기이다.

18. 다음 표에 설명된 차단기 명칭의 영문 약자를 쓰시오.

설명	영문 약자
고 진공밸브 내에서 아크를 확산 소호 차단	①
SF_6 가스를 소호매체로 하여 소호차단	②
공기 중에서 아크를 길게 하여 소호차단	③
강력한 압축공기를 아크에 불어서 소호차단	④

정답 ① VCB, ② GCB, ③ ACB, ④ ABB

해설 ① VCB(진공 차단기), ② GCB(가스 차단기),
③ ACB(기중 차단기), ④ ABB(공기 차단기)

19. 과전류 및 사고전류를 차단하며 저압반, 배전반, 분전반, 접속함 등에 설치하는 차단기기의 명칭은 무엇인지 쓰시오.

정답 MCCB(배선용 차단기)

20. 태양광발전시스템의 준공검사에서 변압기의 제어 및 경보장치의 세부검사 사항을 3가지만 쓰시오.

정답 ① 외관검사, ② 절연검사, ③ 경보장치 검사

21. 20 ~ 30 cm의 눈이 쌓였을 때 자연히 흐를 수 있는 경사각도는 몇 도 이상인가?

정답 45°

22. 일사량이 1,600 kcal/m^2·day일 때 이를 [kWh/m^2·day]로 환산하시오.

풀이 열 단위와 일 단위는 1 kWh=1 J/s=860 kcal이므로 $\frac{1,600}{860} \fallingdotseq 1.86$ kWh/m^2·day

정답 1.86 kWh/m^2·day

23. 깊은 기초 2가지를 쓰시오.

정답 ① 말뚝기초, ② 피어기초, ③ 케이슨 기초

24. 지중전선로를 직접 매설식으로 시설하는 경우 중량물의 압력을 받을 우려가 있는 장소에서의 매설깊이는 얼마로 해야 하는지 쓰시오.

정답 1 m

25. 전선의 구비조건을 5가지만 쓰시오.

정답 ① 도전율이 클 것
② 가요성이 클 것
③ 비중이 작을 것
④ 내구성이 있을 것
⑤ 기계적 강도가 클 것
⑥ 가격이 저렴할 것

26. 수용가에서 LBS 1차 측에 사용되는 전선을 쓰시오.
(1) 지중 :
(2) 가공 :

정답 (1) CNCV-W (2) ACSR-OC

27. 태양광발전소에서 사용되는 연동선의 공칭 단면적은?

정답 $2.5\ mm^2$

28. 지붕 위에 설치한 태양전지 어레이에서 복수의 케이블을 배선하는데 그림과 같이 지붕 환기구 및 처마 밑에 배선하려고 한다. 이때 케이블의 곡률반경은 케이블 지름의 몇 배 이상으로 하여야 하는가?

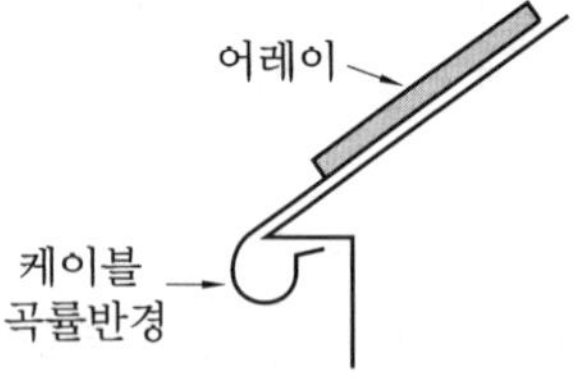

정답 6배 이상

29. 태양전지 모듈 운반 시 주의사항 3가지를 쓰시오.

정답 ① 태양전지 모듈에 충격이 가해지지 않도록 한다(모듈파손 방지).
② 태양전지 모듈의 이동 시 2인 1조로 한다.
③ 접속하지 않은 모듈의 리드선은 물이나 이물질로부터 방지조치를 취한다.

30. 태양전지 모듈 및 개폐기, 그 밖의 기구에 케이블을 접속하는 경우 유의사항 3가지를 쓰시오.

정답 ① 나사 조임을 견고하게 한다.
② 전기적으로 완전하게 접속한다.
③ 접속점에 장력이 가해지지 않도록 한다.

31. 접지설비의 사용 목적 2가지를 쓰시오.

정답 ① 인축에 대한 안전, ② 설비 및 기기에 대한 안전

32. 접지저항 측정법 4가지를 쓰시오.

정답 ① 코올라시 브리지법과 3극 전극법
② 발전기식 접지 테스트를 사용하는 측정
③ 접지 테스트 강하법에 의한 간이 측정법(2극 전극법)
④ 저압 강하법에 의한 저항 측정

33. 감리원이 발주자에게 보내는 착공 신고서의 제출 서류 5가지를 쓰시오.

정답 ① 시공관리자 지정 통지서
② 공사예정표
③ 품질관리 계획서
④ 공사도급 계약서 사본 및 산출서
⑤ 공사 시작 전 사진
⑥ 그 밖에 안전관리 지침서, 현장 기술자 경력 확인서 및 자격증 사본 등

34. 다음은 감리원이 착공 신고서의 적정 여부를 검토한 내용이다. 이 내용에 해당하는 것은 무엇인지 쓰시오.

- 작업 간 선행·동시 및 완료 등 공사 전·후 간의 연관성이 명시되어 작성되었는지 확인
- 예정 공정률에 따라 적정하게 작성되었는지 확인

정답 공사예정 공정표

35. 설계감리를 받아야 하는 전력시설물의 설계도서는 다음에 해당하는 전력시설물의 설계도서로 하여야 한다. 다음 사항에 대해 ( ) 안에 알맞은 내용을 쓰시오.

(1) 용량 ( ) kW 이상의 발전설비
(2) 전압 ( ) V 이상의 송·변전설비
(3) 전압 ( ) V 이상의 수전설비, 구내배전설비, 전력사용설비
(4) 21층 이상의 연면적이거나 ( ) m^2 이상인 건축물의 전력 시

정답 (1) 80만 (2) 30만 (3) 10만 (4) 5만

36. 다음은 충진재에 대한 설명이다. ①, ②에 알맞은 내용을 쓰시오.

> 태양전지 모듈 내부는 충진재 EVA가 채워져 있으며 태양전지 모듈은 외부 환경에 노출되어 있어 시간이 지남에 따라 노후화된다. 이렇게 태양전지가 노랗게 변하는 것을 (①)현상이라고 하며, 이것은 (②)의 영향으로 발생한다.

정답 ① 황변 또는 황산화(sulfation)
② 자외선

37. 태양전지 육안검사 항목 4가지를 쓰시오.

정답 ① 표면의 오염 및 파손
② 지지대의 부식 및 녹
③ 접속 케이블의 손상
④ 프레임 파손 및 오염

38. 태양광발전설비 정기검사에서 태양전지 검사항목 4가지를 쓰시오.

정답 ① 외관검사
② 전기적인 특성 확인
③ 어레이 접지상태 확인
④ 구조물 지지 및 전지 시설상태 확인

39. 태양광발전시스템 준공 후 현장문서 인수·인계 시 서류 5가지를 쓰시오.

정답 ① 시방서
② 준공도면
③ 준공 내역서
④ 준공 사진첩
⑤ 시험 성적서

40. 전기 품질을 만족하기 위한 값으로 ①~③을 쓰시오.

구분	값	범위
전압	110 V	±6 V 이내
	220 V	① 이내
	380 V	② 이내
주파수	60 Hz	③ 이내

정답 ① ±13 V, ② ±38 V, ③ ±0.2 Hz

41. 태양광발전시스템 주요 전력손실 요소 3가지를 쓰시오.

정답 ① 케이블 저항손실
② 인버터 손실
③ 변압기 손실

42. 태양광발전시스템에서 계통연계형 인버터의 추적효율에 대하여 설명하시오.

정답 인버터의 순간 어레이 전력에 대한 순간 입력전력의 백분율

해설 인버터의 최적 동작점을 설정하고 추적하는 효율로서 다음 식과 같다.

$$\text{추적효율} = \frac{\text{순간 입력전력}(P_{DC})}{\text{순간 어레이 전력}(P_{PV})} \times 100\ \%$$

43. 인버터의 과전류 제한치는 정격전류의 몇 배로 하는지 쓰시오.

정답 1.5배

44. 태양광발전에 영향을 가장 크게 주는 요소 2가지를 쓰시오.

정답 ① 일사강도, ② 온도

45. 변환효율이 95 %이고, 추적효율이 92 %일 때 인버터의 정격효율을 구하시오.

풀이 정격효율=변환효율×추적효율=(0.95×0.92)×100=87.4 %

정답 87.4 %

46. 역송전이 있는 계통연계 시스템에서 역송전한 전력량을 계측하여 전력회사에 판매할 전력 요금을 산출하는 계량기는?

정답 적산 전력량계

47. 태양광발전설비의 시공 중 장애물로 보지 않는 경미한 음영 3가지를 쓰시오.

정답 ① 전깃줄, ② 피뢰침, ③ 안테나

48. 내용연수가 20년인 태양전지 모듈을 12년간 사용한 경우의 잔존율을 구하시오.

풀이
$$\text{설비의 잔존율} = \frac{\text{설비의 내용연수} - \text{경과 연수}}{\text{설비의 내용연수}} \times 100$$
$$= \frac{20-12}{20} \times 100$$
$$= \frac{8}{20} \times 100 = 40\ \%$$

정답 40 %

49. 태양전지 어레이의 단락전류 측정 순서를 5단계로 쓰시오.

정답 ① 접속함의 출력 주 개폐기를 off 한다.
② 접속함의 각 스트링의 MCCB를 모두 off 한다.
③ 각 모듈에 음영이 있는지 확인한다.
④ 측정하고자 하는 MCCB를 on 한다.
⑤ 직류 전류계로 각 스트링의 (+), (−) 단자의 전류를 측정한다.

50. 태양광발전설비의 방화구획 관통부를 차단 처리하는 목적이 무엇인지 설명하시오.

정답 화재의 확대를 방지한다.

51. 태양전지 어레이 배선 중 발화방지를 위해 사용되는 전선을 쓰시오.

정답 CV 케이블

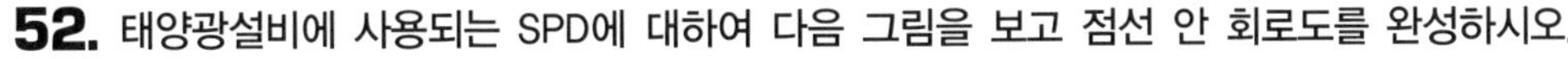

52. 태양광설비에 사용되는 SPD에 대하여 다음 그림을 보고 점선 안 회로도를 완성하시오.

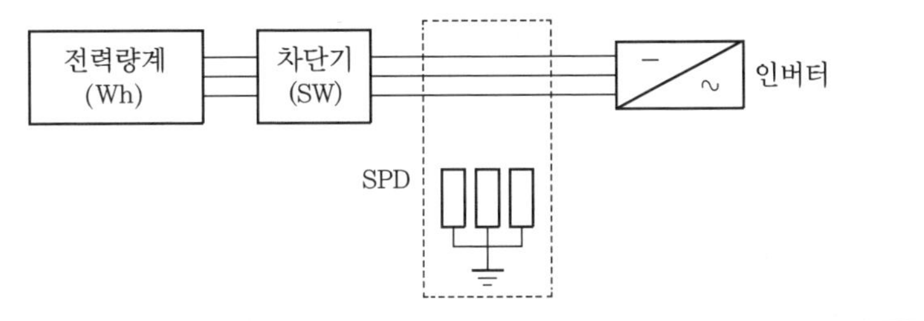

정답

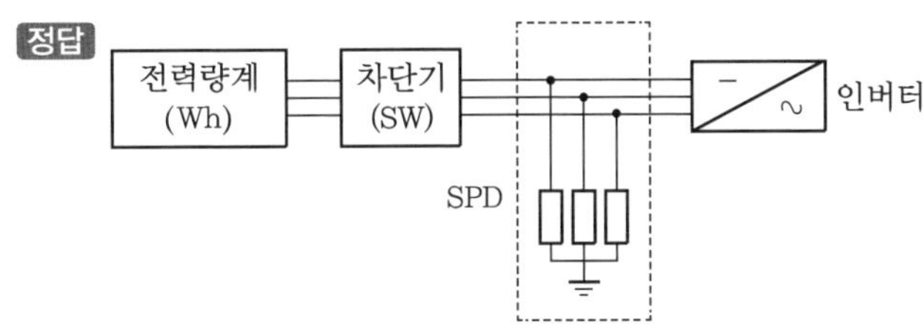

53. 독립형 태양광발전시스템의 AC 부하형에 설치되는 구성요소 4가지를 쓰시오.

정답 ① 태양전지 모듈, ② 충·방전 제어기,
③ 인버터, ④ 축전지

54. 축전지의 기대수명 결정요소 3가지를 쓰시오.

정답 ① 방전심도(DOD), ② 방전횟수, ③ 사용온도

55. SPD는 어떤 상황에서 동작하는지 쓰시오.

정답 뇌 서지가 경로를 통해서 침입할 때

56. 다음은 태양광발전시스템의 계량기를 나타낸 것이다. 물음에 답하시오.

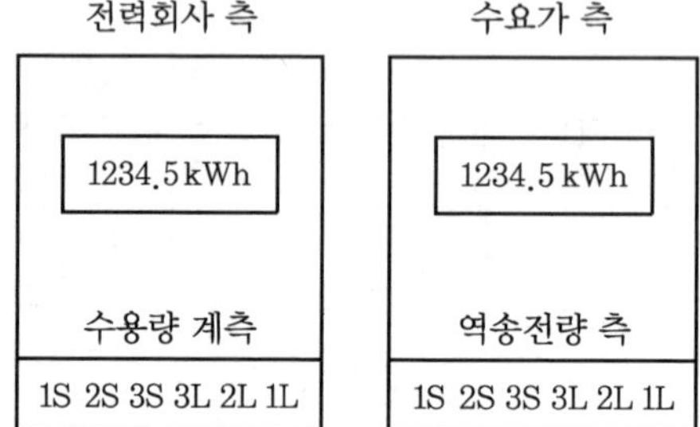

(1) 시스템의 종류는 무엇인지 쓰시오.
(2) 결선도를 그리시오.

정답 (1) 역송병렬 계통연계 시스템
(2) 결선도는 다음과 같다.

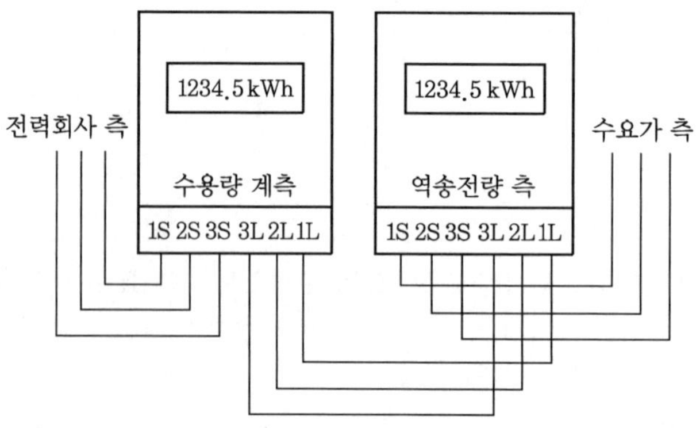

57. 감리업자를 대리하여 현장에 상주하면서 해당 공사 전반에 걸쳐 감리 등의 업무를 총괄하는 자는 누구인지 쓰시오.

정답 책임감리원

58. 방재시설 방식 3가지를 쓰시오.

정답 ① 케이블 처리식
② 전력구(공동구)
③ 관통 부분
④ 맨홀

59. 접지계통의 종류 3가지를 쓰시오.

정답 ① TN 계통
② TT 계통
③ IT 계통

CHAPTER 3

신규 예상문제

01. 태양광발전의 역송병렬 분산형의 발전용량이 1,000 kW 이하인 적용 사업자 2가지를 쓰시오.

정답 ① 신재생에너지 발전사업자
② 자가용 발전사업자

02. 분산 전원의 유형 2가지를 쓰시오.

정답 ① 단순병렬 계통연계형
② 역송병렬 계통연계형

해설
- 단순병렬 계통연계 시스템 : 자가용 발전설비 또는 저압 소용량 일반 발전설비를 한전계통에 병렬로 연계하여 운전하되, 생산전력의 전부를 구내계통 내에서 자체적으로 소비하고, 생산전력이 한전계통으로 송전되지 않는 발전방식
- 역송병렬 계통연계 시스템 : 분산형 전원을 한전계통에 병렬로 연계하여 운전하되, 생산한 전력의 전부 또는 일부가 한전계통으로 송전되는 방식

03. 태양광발전시스템의 종류 3가지를 쓰시오.

정답 ① 계통연계형 시스템
② 독립형 시스템
③ 하이브리드 시스템

해설
- 계통연계형 시스템 : 자가용 발전설비를 상용 전력계통에 병렬로 접속하여 운전하는 시스템
- 독립형 시스템 : 상용계통과 직접 연계되지 않고, 분리된 상태에서 태양광전력이 직접 부하에 전달되는 시스템
- 하이브리드 시스템 : 계통연계형과 독립형의 혼합 연계 시스템

04. 단순병렬 분산형 전원 시스템의 저압 소용량 일반용 발전설비의 용량은 몇 kW 이하인가?

정답 10 kW

05. 분산 전원형 역송병렬 연계 중 직거래 형태로 하는 방식을 무엇이라 하는가?

정답 전력수급

06. 신·재생에너지 개발·이용·보급 촉진법의 기본계획 수립권자는 누구인지 쓰시오.

정답 산업통상자원부장관

07. 구역전기에서 신·재생에너지의 공급인증서 거래 제한 전력용량은 얼마인지 쓰시오.

정답 3.5 MW 이하

해설 공급인증서의 거래 제한 전력용량은 수력발전의 경우 5 MW, 구역전기의 경우에는 3.5 MW이다.

08. 태양광발전 선로에서 전기작업 시 감전될 우려가 있는지 무엇을 이용하여 충전 여부를 확인하는가?

정답 검전기

해설 물체가 전기를 띠고 있는지를 점검하는 장치가 검전기이다.

09. 새로운 KEC에 의한 접지 시스템의 구분 3가지를 쓰시오.

정답 ① 계통접지
② 보호접지
③ 피뢰 시스템 접지

10. 새로운 KEC에 의한 전선의 종류 3가지를 쓰시오.

정답 ① 절연전선
② 저압 케이블
③ 고압 및 특고압 케이블

11. 태양광발전 안전관리업무의 외부 대행용량은 몇 kW 미만인가?

정답 1,000 kW

12. 전기사업법 시행규칙 제44조에 따라 정해진 안전관리 규정에 의해 실시되어야 할 전기 안전점검의 종류 3가지를 쓰시오.

정답 ① 일상점검, ② 정기점검, ③ 정밀점검

13. 태양광발전소 전기실 설치 시 고려사항 5가지를 쓰시오.

정답 ① 어레이 중심에 가깝고, 배전에 편리한 장소일 것
② 전력회사로부터 전원 인출과 구내배선의 인입이 편리할 것
③ 기기의 반출입이 편리한 곳일 것
④ 침수의 우려가 없는 곳일 것
⑤ 장치 증설이나 확장의 여유가 있을 것

14. 설비의 상태가 운전 중이고, 점검횟수가 주 1회에서 3개월에 1회인 점검을 무엇이라고 하는지 쓰시오.

정답 일상점검

15. 주 회로 단로기의 주 도전부 측정장비는 (①) V 메거이고, 절연값은 (②) MΩ 이상이다. ( ) 안에 알맞은 값을 쓰시오.

정답 ① 1,000, ② 500

16. 전기설비에서 전류 고장 발생요인 4가지를 쓰시오.

정답 ① 절연 불량의 원인
② 전기적 요인
③ 기계적 요인
④ 열적 요인

17. 저압계통에 연결할 수 있는 분산형 전원의 연계용량은?

정답 500 kW

18. 분산형 전원을 계통에 연계할 경우 전기 품질의 검토항목 중 역률은 몇 % 이상이어야 하는가?

정답 최대 정격 출력전류의 0.5 %를 초과해서는 안 된다.

19. 다음 ( ) 안의 ①, ②에 알맞은 값을 쓰시오.

연계 설비용량		전압방식
전용	500 kW 미만	①
일반	3,000 kW 미만	②
전용	20,000 kW 미만	
–	20,000 kW 이상	3상 154 kV

정답 ① 단상 220 V, 3상 380 V
② 3상 22.9 kV

20. 건축물의 설비 기준 등에 관한 규칙에서 명시하고 있는 피뢰설비 설치 건물의 높이는 얼마인지 쓰시오.

정답 20 m

21. 태양전지로부터 접속함까지 발생할 수 있는 전력손실 요소 4가지를 쓰시오.

정답 ① 모듈의 오염손실, ② 모듈의 온도손실,
③ 음영손실, ④ DC 케이블 손실

22. 분산형 전원 발전설비로부터 계통에 유입되는 고조파 전류는 10분 평균한 40차까지 ①이 ② %를 초과하지 않도록 각 차수별을 제어한다. ①, ②에 적당한 내용을 쓰시오.

정답 ① 종합 전류 왜율, ② 5

23. 다음 주택용 계통연계형 태양광발전설비 시설에서 중간 단자함을 시설하는 경우에는 어떤 기준에 의해 시설해야 하는지 4가지를 쓰시오.

정답 ① 쉽게 점검이 가능한 은폐 장소 또는 점검이 가능한 장소에 시설
② 사용 상태에서 내부에 기능상 지장이 없도록 방수형이나 결로가 생기지 않는 구조
③ 외함의 구조는 함 내에 있는 기기의 최고 허용온도를 초과하지 않는 구조
④ 중간 단자함 내에 필요한 경우 피뢰소자 등을 설치

24. 태양광발전시스템의 22.9 kV 특고압 가공선로 1회선에 연계 가능한 용량은 얼마인지 쓰시오.

정답 10 MW 이하

25. 태양전지 선정 시 고려사항 4가지를 쓰시오.

정답 ① 효율, ② 출력 허용오차,
③ 신뢰성, ④ 경제성

26. 변환효율이 20 %인 태양전지 모듈을 사용하여 6 kW 규모의 어레이를 옥상에 설치하려고 할 때 필요한 태양전지의 면적을 구하시오.

풀이 $A = \dfrac{\text{어레이 용량}}{\text{표준 일사강도} \times \text{변환효율}}$

$= \dfrac{6}{1 \times 0.2} = 30\ \text{m}^2$

정답 $30\ \text{m}^2$

27. 태양광발전설비 정기검사에서 인버터의 운전상태를 검사하는 점검사항으로 준비서류가 일사량 특성곡선이 필요한 검사는 (   )검사이다. (   ) 안에 알맞은 검사는?

정답 부하운전

28. 직류 송전방식의 장점을 5가지만 쓰시오.

정답 ① 선로의 리액턴스가 없으므로 송전효율이 좋다.
② 도체 이용률이 좋다.
③ 대용량 전력의 장거리 전송이 가능하다.
④ 비동기 연계가 가능하다.
⑤ 단락용량이 줄어든다.

해설 직류 송전은 직류이므로 교류 저항인 리액턴스 성분이 없으므로 선로 간 용량이 감소하고, 장거리 선로 저항도 감소되는 등의 특징이 있다.

29. 태양전지의 출력을 스스로 감지하며, 자동적으로 운전을 수행하고 출력을 얻을 수 없으면 정지하는 인버터의 기능을 무엇이라고 하는지 쓰시오.

정답 자동운전 정지기능

30. 태양광발전과 태양열발전의 차이점을 간단히 설명하시오.

정답 태양광발전은 태양의 빛 에너지를 전기에너지로 변환하지만, 태양열발전은 태양빛의 열에너지를 곧바로 열로 변환한다.

해설 태양광발전은 태양의 빛 에너지를 전기에너지로 변환하지만, 태양열발전은 태양빛의 열에너지를 곧바로 이용해서 난방 온수를 만들어 사용하는 데 근본적인 차이가 있다.

31. 태양광발전시스템 이용률 저하요인 3가지를 쓰시오.

정답 ① 일조량 감소
② 여름철 온도 상승
③ 전력손실

해설 이용률 저하요인은 일조량 감소, 여름철 온도 상승, 전력손실(케이블 손실, 인버터 손실, 변압기 손실) 등이다.

32. 유지관리 지침서 4가지를 쓰시오.

정답 ① 시설물의 규격 및 기능 설명서
② 시설물의 관리에 대한 의견서
③ 시설물 관리법
④ 특이사항

33. 차단기의 일상점검 사항 5가지를 쓰시오.

정답 ① 코로나 방전 등에 의한 이상한 소리가 없는지
② 코로나 방전, 과열에 의한 이상한 냄새가 없는지
③ 개폐 표시기의 표시가 정확한지
④ 조작장치의 동작상태를 표시하는 부분이 잘 보이는지
⑤ 조작장치의 핸들과 표시등의 상태가 올바른지

34. 태양광발전시스템 준공 시 점검 중 접속함의 측정 점검항목 3가지를 쓰시오.

정답 ① 태양전지 – 접지 간의 절연저항
② 접속함 – 중간 단자함, 출력단자 – 접지 간의 절연저항
③ 개방전압 및 극성

35. 태양광발전설비의 하자보증기간과 하자보증점검은 1년에 몇 회 이상 실시하는지 쓰시오.

정답 하자보증기간 : 3년
1년 점검횟수 : 2회 이상

36. 설계도서 5가지를 쓰시오.

정답 ① 설계도면
② 기술 계산서
③ 표준 시방서
④ 공사비 산출 내역서
⑤ 주간 공정계획 및 실적 보고서
⑥ 그 밖에 설계 설명서, 공사 계약서의 계약내용

37. 도급계약 시 필요 서류 4가지를 쓰시오.

정답 ① 도급 계약서
② 도급계약 약관
③ 설계도
④ 시방서

38. 전기시설물의 설치, 보수공사의 계획, 조사 및 설계가 전력기술기준과 관계 법령에 따라 적정하게 시행·관리되도록 하는 것을 무엇이라고 하는가?

정답 설계감리

39. 감리업자를 대리하여 현장에 상주하면서 해당 공사 전반에 걸쳐 감리 등의 업무를 총괄하는 자는 누구인지 쓰시오.

정답 책임감리원

40. 태양광발전소의 울타리, 담의 높이는 몇 m 이상이어야 하는가?

정답 2 m

41. 접지설비에서 접지 이유 4가지를 쓰시오.

정답 ① 감전 방지
② 이상전압 억제
③ 보호 계전기 동작 확보
④ 전로 – 대지 전압강하

42. 송전선로의 굵기를 결정하는 요소 5가지를 쓰시오.

정답 ① 허용전류, ② 전압강하,
③ 기계적 강도, ④ 코로나 손실,
⑤ 전력손실

43. 하천 내의 교량으로 사용되는 기초 이름을 쓰시오.

정답 케이슨 기초

44. 일정 기간 동안 지표면에 직접 도달하는 직달광을 적산한 값을 무엇이라 하는가?

정답 직달 일사(조)량

45. 태양광선이 구름이나 안개로 가려지지 않고 지상을 비추는 시간을 무엇이라고 하는지 쓰시오.

정답 일조시간

해설 ㉠ 일조시간 : 구름의 방해가 없는 가조시간
㉡ 가조시간 : 일출에서 일몰까지의 시간

46. 지반 개량공법 3가지를 쓰시오.

정답 ① 치환공법
② 선행 재하공법
③ 동 다짐공법

해설 지반 개량공법에는 치환공법, 선행 재하공법, 동 다짐공법 등이 있다.

47. 측량의 목적 4가지를 쓰시오.

정답 ① 부지의 고저차 파악
② 설치 가능한 태양전지 수량 결정
③ 최소한의 토목공사를 위한 시공기면의 결정
④ 실제 부지와 지적도상의 오차 파악

48. 발전사업 취소를 심의하는 곳은 어디인지 쓰시오.

정답 전기위원회

해설 발전사업의 심의를 하는 곳은 전기위원회이다.

49. 전기사업 허가 신청 후 허가일로부터 몇 년 이내에 발전사업을 개시해야 하는가?

정답 3년

50. 소규모 사업자 보호를 위하여 5 GW 이상의 발전설비를 보유한 공급의무자가 아닌 사업자로부터 별도 의무공급량의 몇 % 이상을 구매·충당하여야 하는가?

정답 5 %

51. 400 V가 넘는 저압 옥내 배선의 사용전선으로 단면적이 1 mm^2 이상의 케이블을 사용할 때 일반적인 경우 어떤 종류의 케이블을 사용하여야 하는가?

정답 클로로프렌 외장 케이블

해설 저압 옥내 배선은 1 mm^2 이상의 케이블 또는 2.51 mm^2 이상의 연동선을 사용한다.

52. 대규모 집중형 전원과 다르게 소규모 전력소비지역 부근에 분산하여 배치가 가능한 발전설비의 명칭을 쓰시오.

정답 분산형 전원

53. 최대 태양광전력을 얻기 위해 인버터가 최적 동작점에 자동으로 도달하는 효율을 무엇이라고 하는가?

정답 추적효율

해설 $추적효율 = \frac{인버터의\ 운전최대전력}{일정\ 온도에\ 따른\ 최대출력} \times 100\ \%$

54. 지선의 종류 4가지를 쓰시오.

정답 ① 보통지선, ② 수평지선,
③ Y지선, ④ 궁지선

해설

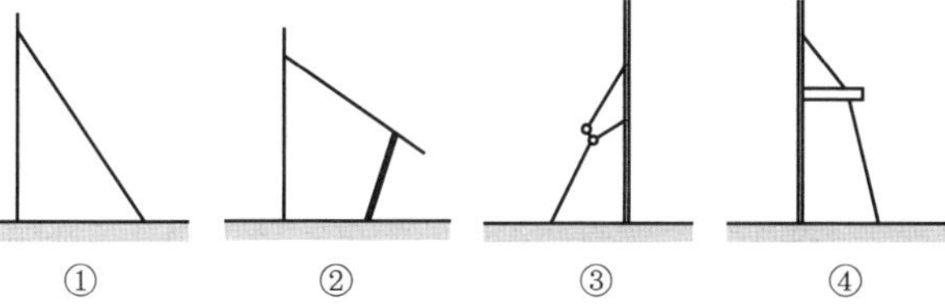

55. 접지계통의 3가지 방식을 쓰시오.

정답 ① TN 계통방식
② TT 계통방식
③ IT 계통방식

해설
- TN 방식 : 전원부 접지, 간선의 중성선과 보호도체를 분리해서 사용하며 보호도체를 접지도체, PE를 연접 저압간선으로 사용한다.
- TT 방식 : 전력공급 측을 접지하여 노출도전성 부분을 계통접지와 분리하여 전기적으로 독립접지, 단상과 3상을 모두 사용 시 N상과 별도로 접지시킨다.
- IT 방식 : 전원부를 비접지 또는 임피던스를 통해 접지시킨다.

기준 및 법규

Ⅰ. 전기설비기술기준

제1장 총칙

1. 제1조(목적 등)

이 고시는 「전기사업법」 제67조 및 같은 법 시행령 제43조에 따라 발전·송전·변전·배전 또는 전기사용을 위하여 시설하는 기계·기구·댐·수로·저수지·전선로·보안통신선로 그 밖의 시설물의 안전에 필요한 성능과 기술적 요건을 규정함을 목적으로 한다.

2. 제2조(안전 원칙)

(1) 전기설비는 감전, 화재 그 밖에 사람에게 위해(危害)를 주거나 물건에 손상을 줄 우려가 없도록 시설하여야 한다.

(2) 전기설비는 사용 목적에 적절하고 안전하게 작동하여야 하며, 그 손상으로 인하여 전기 공급에 지장을 주지 않도록 시설하여야 한다.

(3) 전기설비는 다른 전기설비, 그 밖의 물건의 기능에 전기적 또는 자기적인 장해를 주지 않도록 시설하여야 한다.

3. 제3조(용어 정의)

이 고시에서 사용하는 용어의 정의는 다음 각 호와 같다.

"**발전소**"란 발전기·원동기·연료전지·태양전지 그 밖의 기계기구[비상용(非常用) 예비전원을 얻을 목적으로 시설하는 것 및 휴대용 발전기를 제외한다]를 시설하여 전기를 발생시키는 곳을 말한다.

"**변전소**"란 변전소의 밖으로부터 전송받은 전기를 변전소 안에 시설한 변압기·전동발전기·회전변류기·정류기 그 밖의 기계기구에 의하여 변성하는 곳으로서 변성한 전기를 다시 변전소 밖으로 전송하는 곳을 말한다.

"**개폐소**"란 개폐소 안에 시설한 개폐기 및 기타 장치에 의하여 전로를 개폐하는 곳으로서 발전소·변전소 및 수용장소 이외의 곳을 말한다.

"**급전소**"란 전력계통의 운용에 관한 지시 및 급전조작을 하는 곳을 말한다.

"**전선**"이란 강전류 전기의 전송에 사용하는 전기도체, 절연물로 피복한 전기도체 또는 절연물로 피복한 전기도체를 다시 보호 피복한 전기도체를 말한다.

"**전로**"란 통상의 사용 상태에서 전기가 통하고 있는 곳을 말한다.

"**전선로**"란 발전소·변전소·개폐소, 이에 준하는 곳, 전기 사용장소 상호 간의 전선(전차선을 제외한다) 및 이를 지지하거나 수용하는 시설물을 말한다.

"**전기기계기구**"란 전로를 구성하는 기계기구를 말한다.

"**연접인입선**"이란 한 수용장소의 인입선에서 분기하여 지지물을 거치지 아니하고 다른 수용장소의 인입구에 이르는 부분의 전선을 말한다. 여기에서 "인입선"이란 가공인입선[가공전선로의 지지물로부터 다른 지지물을 거치지 아니하고 수용장소의 붙임점에 이르는 가공전선(가공전선로의 전선을 말한다. 이하 같다)을 말한다] 및 수용장소의 조영물(토지에 정착한 시설물 중 지붕 및 기둥 또는 벽이 있는 시설물을 말한다. 이하 같다)의 옆면 등에 시설하는 전선으로서 그 수용장소의 인입구에 이르는 부분의 전선을 말한다.

"**전차선**"이란 전차의 집전장치와 접촉하여 동력을 공급하기 위한 전선을 말한다.

"**전차선로**"란 전차선 및 이를 지지하는 시설물을 말한다.

"**배선**"이란 전기 사용 장소에 시설하는 전선(전기기계기구 내의 전선 및 전선로의 전선을 제외한다)을 말한다.

"**약 전류전선**"이란 약전류 전기의 전송에 사용하는 전기도체, 절연물로 피복한 전기도체 또는 절연물로 피복한 전기도체를 다시 보호 피복한 전기도체를 말한다.

"**약 전류전선로**"란 약 전류전선 및 이를 지지하거나 수용하는 시설물(조영물의 옥내 또는 옥측에 시설하는 것을 제외한다)을 말한다.

"**광섬유 케이블**"이란 광신호의 전송에 사용하는 보호 피복으로 보호한 전송 매체를 말한다.

"**광섬유 케이블 선로**"란 광섬유 케이블 및 이를 지지하거나 수용하는 시설물(조영물의 옥내 또는 옥측에 시설하는 것을 제외한다)을 말한다.

"**지지물**"이란 목주·철주·철근 콘크리트 주 및 철탑과 이와 유사한 시설물로서 전선·약 전류전선 또는 광섬유 케이블을 지지하는 것을 주된 목적으로 하는 것을 말한다.

"**조상설비**"란 무효전력을 조정하는 전기기계기구를 말한다.

"**전력보안 통신설비**"란 전력의 수급에 필요한 급전·운전·보수 등의 업무에 사용되는 전화 및 원격지에 있는 설비의 감시·제어·계측·계통보호를 위해 전기적·광학적으로 신호를 송·수신하는 제 장치·전송로 설비 및 전원설비 등을 말한다.

제 2 장 전기공급설비 및 전기사용설비

제1절 일반 사항

1. 제5조(전로의 절연)

(1) 전로는 다음 각 호의 경우 이외에는 대지로부터 절연시켜야 하며, 그 절연성능은 제27

조 제3항 및 제52조에 따른 절연저항 외에도 사고 시에 예상되는 이상전압을 고려하여 절연파괴에 의한 위험의 우려가 없는 것이어야 한다.

① 구조상 부득이한 경우로서 통상 예견되는 사용 형태로 보아 위험이 없는 경우

② 혼촉에 의한 고전압의 침입 등의 이상이 발생하였을 때 위험을 방지하기 위한 접지 접속점 그 밖의 안전에 필요한 조치를 하는 경우

(2) 변성기 안의 권선과 그 변성기 안의 다른 권선 사이의 절연성능은 사고 시에 예상되는 이상전압을 고려하여 절연파괴에 의한 위험의 우려가 없는 것이어야 한다.

2. 제6조(전기설비의 접지)

(1) 전기설비(제3장 발전용 화력설비, 제4장 발전용 수력설비 및 제6장 발전용 풍력설비에 의한 전기설비를 제외한다. 이하 이장에서 같다)의 필요한 곳에는 이상 시 전위 상승, 고전압의 침입 등에 의한 감전, 화재 그 밖에 사람에 위해를 주거나 물건에 손상을 줄 우려가 없도록 접지를 하고 그 밖에 적절한 조치를 하여야 한다. 다만, 전로에 관계되는 부분에 대해서는 제5조 제1항의 규정에서 정하는 바에 따라 이를 시행하여야 한다.

(2) 전기설비를 접지하는 경우에는 전류가 안전하고 확실하게 대지로 흐를 수 있도록 하여야 한다.

3. 제7조(전선 등의 단선 방지)

전선, 지선(支線), 가공지선(架空地線), 약 전류전선 등(약 전류전선 및 광섬유 케이블을 말한다. 이하 같다) 그 밖에 전기설비의 안전을 위하여 시설하는 선은 통상 사용 상태에서 단선의 우려가 없도록 시설하여야 한다.

4. 제8조(전선의 접속)

전선은 접속부분에서 전기저항이 증가되지 않도록 접속하고 절연성능의 저하(나 전선을 제외한다) 및 통상 사용 상태에서 단선의 우려가 없도록 하여야 한다.

5. 제9조(전기기계기구의 열적 강도)

전로에 시설하는 전기기계기구는 통상 사용 상태에서 그 전기기계기구에 발생하는 열에 견디는 것이어야 한다.

6. 제10조(고압 또는 특고압 전기기계기구의 시설)

(1) 고압 또는 특고압의 전기기계기구는 취급자 이외의 사람이 쉽게 접촉할 우려가 없도록 시설하여야 한다. 다만, 접촉에 의한 위험의 우려가 없는 경우에는 그러하지 아니하다.

(2) 고압 또는 특고압의 개폐기·차단기·피뢰기 그 밖에 이와 유사한 기구로서 동작할 때에 아크가 생기는 것은 화재의 우려가 없도록 목제(木製)의 벽 또는 천정 기타 가연성 구조물 등으로부터 이격하여 시설하여야 한다. 다만, 내화성 재료 등으로 양자 사이를 격리한 경우에는 그러하지 아니하다.

7. 제11조(특고압을 직접 저압으로 변성하는 변압기의 시설)

특고압을 직접 저압으로 변성하는 변압기는 다음 각 호 어느 하나에 해당하는 경우에 시설할 수 있다.

(1) 발전소 등 공중(公衆)이 출입하지 않는 장소에 시설하는 경우
(2) 혼촉방지 조치가 되어 있는 등 위험의 우려가 없는 경우
(3) 특고압측의 권선과 저압측의 권선이 혼촉하였을 경우 자동적으로 전로가 차단되는 장치의 시설 그 밖의 적절한 안전조치가 되어 있는 경우

8. 제12조(특고압 전로 등과 결합하는 변압기 등의 시설)

(1) 고압 또는 특고압을 저압으로 변성하는 변압기의 저압측 전로에는 고압 또는 특고압의 침입에 의한 저압측 전기설비의 손상, 감전 또는 화재의 우려가 없도록 그 변압기의 적절한 곳에 접지를 시설하여야 한다. 다만, 시설 방법 또는 구조상 부득이한 경우로서 변압기에서 떨어진 곳에 접지를 시설하고 그 밖에 적절한 조치를 취함으로써 저압 측 전기설비의 손상, 감전 또는 화재의 우려가 없는 경우에는 그러하지 아니하다.
(2) 특고압을 고압으로 변성하는 변압기의 고압측 전로에는 특고압의 침입에 의한 고압측 전기설비의 손상, 감전 또는 화재의 우려가 없도록 접지를 시설한 방전장치를 시설하고 그 밖에 적절한 조치를 하여야 한다.

9. 제13조(과전류에 대한 보호)

전로의 필요한 곳에는 과전류에 의한 과열 소손으로부터 전선 및 전기기계기구를 보호하고 화재의 발생을 방지할 수 있도록 과전류로부터 보호하는 차단장치를 시설하여야 한다.

10. 제14조(지락에 대한 보호)

전로에는 지락이 생겼을 경우 전선 또는 전기기계기구의 손상, 감전 또는 화재의 우려가 없도록 지락으로부터 보호하는 차단기를 시설하고 그 밖에 적절한 조치를 하여야 한다. 다만, 전기기계기구를 건조한 장소에 시설하는 등 지락에 의한 위험의 우려가 없는 경우에는 그러하지 아니하다.

11. 제15조(공급지장의 방지)

(1) 고압 또는 특고압의 전기설비는 그 손상으로 인하여 전기사업자의 원활한 전기 공급에 지장을 주지 아니하도록 시설하여야 한다.

(2) 전기사용자에게 전기를 공급하는 사업용의 고압 또는 특고압의 전기설비는 그 전기설비의 손상으로 전기의 원활한 공급에 지장이 생기지 않도록 시설하여야 한다.

12. 제16조(고주파 이용설비에 대한 장해 방지)

고주파 이용설비(전로를 고주파 전류의 전송로로서 이용하는 것만 해당한다. 이하 이 조에서 같다)는 다른 고주파 이용설비의 기능에 계속적이고 중대한 장해를 줄 우려가 없도록 시설하여야 한다.

13. 제17조(유도장해 방지)

(1) 특고압 가공전선로는 지표상 1 m에서 전계강도(電界强度)가 3.5 kV/m 이하, 자계강도가 83.3 μT 이하가 되도록 시설하는 등 상시 정전유도(靜電誘導) 및 전자유도(電磁誘導) 작용에 의하여 사람에게 위험을 줄 우려가 없도록 시설하여야 한다. 다만, 논밭, 산림 그 밖에 사람의 왕래가 적은 곳에서 사람에게 위험을 줄 우려가 없도록 시설하는 경우에는 그러하지 아니하다.

(2) 특고압의 가공전선로는 전자유도작용이 약 전류전선로(전력보안 통신설비는 제외한다)를 통하여 사람에 위험을 줄 우려가 없도록 시설하여야 한다.

(3) 전력보안 통신설비는 가공전선로로부터의 정전유도작용 또는 전자유도작용에 의하여 사람에게 위험을 줄 우려가 없도록 시설하여야 한다.

제2절 전기공급설비의 시설

1. 제21조(발전소 등의 시설)

(1) 고압 또는 특고압의 전기기계기구·모선 등을 시설하는 발전소·변전소·개폐소 또는 이에 준하는 곳에는 위험 표시를 하고 취급자 이외의 사람이 쉽게 구내에 출입할 우려가 없도록 적절한 조치를 하여야 한다.

(2) 발전소·변전소·개폐소 또는 이에 준하는 곳에 시설하는 배전반에 고압용 또는 특고압용의 기구 또는 전선을 시설하는 경우에는 취급자에게 위험이 없도록 방호에 필요한 공간을 확보하여야 한다.

(3) 발전소·변전소·개폐소 또는 이에 준하는 곳에는 감시 및 조작을 안전하고 확실하게 하기 위하여 필요한 조명설비를 하여야 한다.

(4) 고압 또는 특고압의 전기기계기구·모선 등을 시설하는 발전소·변전소·개폐소 또는

이에 준하는 곳은 침수의 우려가 없도록 방호장치 등 적절한 시설이 갖추어진 곳이어야 한다.

(5) 고압 또는 특고압의 전기기계기구·모선 등을 시설하는 발전소·변전소·개폐소 또는 이에 준하는 곳에 시설하는 전기설비는 자중, 적재하중, 적설 또는 풍압 및 지진 그 밖의 진동과 충격에 대하여 안전한 구조이어야 한다.

2. 제21조의2(발전소 등의 부지 시설조건)

전기설비의 부지(敷地)의 안정성 확보 및 설비 보호를 위하여 발전소·변전소·개폐소를 산지에 시설할 경우에는 풍수해, 산사태, 낙석 등으로부터 안전을 확보할 수 있도록 다음 각 호에 따라 시설하여야 한다.

(1) 부지 조성을 위해 산지를 전용할 경우에는 전용하고자 하는 산지의 평균 경사도가 25° 이하이어야 하며, 산지 전용 면적 중 산지 전용으로 발생되는 절·성토 경사면의 면적이 100분의 50을 초과해서는 아니 된다.

(2) 산지전용 후 발생하는 절·성토면의 수직높이는 15 m 이하로 한다. 다만, 345 kV급 이상 변전소 또는 전기사업용 전기설비인 발전소로서 불가피하게 절·성토면 수직 높이가 15 m 초과되는 장대비탈면이 발생할 경우에는 절·성토면의 안정성에 대한 전문 용역기관(토질 및 기초와 구조분야 전문기술사를 보유한 엔지니어링 활동주체로 등록된 업체)의 검토 결과에 따라 용수, 배수, 법면보호 및 낙석방지 등 안전대책을 수립한 후 시행하여야 한다.

(3) 산지전용 후 발생하는 절토면 최하단부에서 발전 및 변전설비까지의 최소 이격거리는 보안울타리, 외곽도로, 수림대 등을 포함하여 6 m 이상이 되어야 한다. 다만, 옥내 변전소와 옹벽, 낙석 방지망 등 안전대책을 수립한 시설의 경우에는 예외로 한다.

3. 제26조(전선로 등의 시설)

전선로 및 전차선로는 시설장소의 환경 및 전압에 따라 감전 또는 화재의 우려가 없도록 시설하여야 한다.

4. 제27조(전선로의 전선 및 절연성능)

(1) 저압 가공전선(중성선 다중접지식에서 중성선으로 사용하는 전선을 제외한다) 또는 고압 가공전선은 감전의 우려가 없도록 사용전압에 따른 절연성능을 갖는 절연전선 또는 케이블을 사용하여야 한다. 다만 해협 횡단·하천 횡단·산악지 등 통상 예견되는 사용형태로 보아 감전의 우려가 없는 경우에는 그러하지 아니하다.

(2) 지중전선(지중전선로의 전선을 말한다. 이하 같다)은 감전의 우려가 없도록 사용전압에 따른 절연성능을 갖는 케이블을 사용하여야 한다.

(3) 저압전선로 중 절연 부분의 전선과 대지 사이 및 전선의 심선 상호 간의 절연저항은 사용전압에 대한 누설전류가 최대 공급전류의 1/2,000을 넘지 않도록 하여야 한다.

5. 제28조(가공전선로 지지물의 승탑 및 승주 방지)

가공전선로의 지지물에는 감전예방을 위해 취급자 이외의 사람이 쉽게 올라갈 수 없도록 적절한 조치를 하여야 한다.

6. 제29조(가공전선 등의 높이)

(1) 가공전선, 가공전력 보안통신선 및 가공전차선은 접촉 또는 유도작용에 의한 감전의 우려가 없고 교통에 지장을 줄 우려가 없는 높이에 시설하여야 한다.
(2) 지선은 교통에 지장을 줄 우려가 없는 높이에 시설하여야 한다.

7. 제30조(가공전선 및 지지물의 시설)

(1) 가공전선로의 지지물은 기 설치된 가공전선로의 전선, 가공 약 전류전선로의 약 전류전선 또는 가공 광섬유 케이블 선로의 광섬유 케이블 사이를 관통하여 시설하여서는 아니 된다. 다만, 기 설치자의 승낙을 받은 경우에는 그러하지 아니하다.
(2) 가공전선은 기 설치된 가공전선로, 전차선로, 가공 약 전류전선로 또는 가공 광섬유 케이블 선로의 지지물을 사이에 두고 시설하여서는 아니 된다. 다만, 동일 지지물에 시설하는 경우 또는 기 설치자의 승낙을 받은 경우에는 그러하지 아니하다.

8. 제31조(전선의 혼촉 방지)

전선로의 전선, 전력보안 통신선 또는 전차선 등은 다른 전선이나 약 전류전선 등과 접근하거나 교차하는 경우 또는 동일 지지물에 시설하는 경우에는 다른 전선 또는 약 전류전선 등을 손상시킬 우려가 없고 접촉, 단선 등에 의해 생기는 혼촉에 의한 감전 또는 화재의 우려가 없도록 시설하여야 한다.

9. 제32조(특고압 가공전선과 동일 지지물에 시설하는 가공전선 등의 시설)

(1) 특고압 가공전선과 저압 가공전선, 고압 가공전선 또는 전차선을 동일 지지물에 시설하는 경우에는 이상 시 고전압의 침입에 의해 저압측 또는 고압측의 전기설비에 장해를 주지 않도록 접지를 하고 그 밖에 적절한 조치를 하여야 한다.
(2) 특고압 가공전선로의 전선의 위쪽에서 그 지지물에 저압의 전기기계기구를 시설하는 경우는 이상 시 고전압의 침입에 의하여 저압측의 전기설비에 장해를 주지 않도록 접지를 하고 그 밖에 적절한 조치를 하여야 한다.

10. 제33조(지지물 강도)

(1) 가공전선로 또는 가공전차선로 지지물의 재료 및 구조(지선을 시설하는 경우는 그 지선에 관계되는 것을 포함한다)는 그 지지물이 지지하는 전선 등에 의한 인장하중, 풍압하중 및 그 시설 장소에서 통상 예상되는 기상의 변화, 진동, 충격 기타 외부 환경의 영향을 고려하여 도괴의 우려가 없도록 안전한 것이어야 한다. 다만, 인가(人家)가 많이 인접되어 있는 장소에 가공전선로를 시설하는 경우에는 그 장소의 풍압을 감안, 본문 풍압하중의 1/2을 고려하여 시설할 수 있다.

(2) 특고압 가공전선로의 지지물은 구조상 안전한 것으로 하는 등 연쇄적인 도괴의 우려가 없도록 시설하여야 한다.

11. 제34조(고압 및 특고압 전로의 피뢰기 시설)

전로에 시설된 전기설비는 뇌전압에 의한 손상을 방지할 수 있도록 그 전로 중 다음 각 호에 열거하는 곳 또는 이에 근접하는 곳에는 피뢰기를 시설하고 그 밖에 적절한 조치를 하여야 한다. 다만, 뇌 전압에 의한 손상의 우려가 없는 경우에는 그러하지 아니하다.

(1) 발전소·변전소 또는 이에 준하는 장소의 가공전선 인입구 및 인출구

(2) 가공전선로(25 kV 이하의 중성점 다중 접지식 특고압 가공전선로를 제외한다)에 접속하는 배전용 변압기의 고압측 및 특고압측

(3) 고압 또는 특고압의 가공전선로로부터 공급을 받는 수용장소의 인입구

(4) 가공전선로와 지중전선로가 접속되는 곳

12. 제35조(시가지 등에서 특고압 가공전선로의 시설)

특고압 가공전선로는 단선 또는 도괴에 의해 그 지역에 위험의 우려가 없도록 시설하고 그 지역으로부터의 화재에 의한 전선로의 손상에 의하여 전기사업에 관련된 전기의 원활한 공급에 지장을 줄 우려가 없도록 시설하며 동시에 기타 절연성, 전선의 강도 등에 관한 충분한 안전조치를 하는 경우에 시가지, 그 밖의 인가밀집 지역에 시설할 수 있다.

13. 제36조(특고압 가공전선과 건조물 등의 접근 또는 교차)

(1) 사용전압이 400 kV 이상의 특고압 가공전선과 건조물 사이의 수평거리는 그 건조물의 화재로 인한 그 전선의 손상 등에 의하여 전기사업에 관련된 전기의 원활한 공급에 지장을 줄 우려가 없도록 3 m 이상 이격하여야 한다.

(2) 사용전압이 170 kV 초과의 특고압 가공전선이 건조물, 도로, 보도교, 그 밖의 시설물의 아래쪽에 시설될 때의 상호 간의 수평 이격거리는 그 시설물의 도괴 등에 의한 그 전선의 손상에 의하여 전기사업에 관련된 전기의 원활한 공급에 지장을 줄 우려가 없도록 3 m 이상 이격하여야 한다.

14. 제37조(전선과 다른 전선 및 시설물 등의 접근 또는 교차)

(1) 전선로의 전선 또는 전차선 등은 다른 전선, 다른 시설물 또는 식물(이하 이 조에서 "다른 시설물 등"이라 한다)과 접근하거나 교차하는 경우에는 다른 시설물 등을 손상시킬 우려가 없고 접촉, 단선 등에 의해 생기는 감전 또는 화재의 위험이 없도록 시설하여야 한다.

(2) 지중전선, 옥측 전선 및 터널 안의 전선, 그 밖에 시설물에 고정하여 시설하는 전선은 다른 전선, 약 전류전선 등 또는 관(이하 이 조에서 "다른 전선 등"이라 한다)과 접근하거나 교차하는 경우에는 고장 시의 아크방전에 의하여 다른 전선 등을 손상시킬 우려가 없도록 시설하여야 한다. 다만, 감전 또는 화재의 우려가 없는 경우로서 다른 전선 등의 관리자의 승낙을 받은 경우에는 그러하지 아니하다.

15. 제38조(지중전선로의 시설)

(1) 지중전선로는 차량, 기타 중량물에 의한 압력에 견디고 그 지중전선로의 매설 표시 등으로 굴착공사로부터의 영향을 받지 않도록 시설하여야 한다.

(2) 지중전선로 중 그 내부에서 작업이 가능한 것에는 방화조치를 하여야 한다.

(3) 지중전선로에 시설하는 지중함은 취급자 이외의 사람이 쉽게 출입할 수 없도록 시설하여야 한다.

16. 제39조(연접인입선의 시설)

고압 또는 특고압의 연접인입선은 시설하여서는 아니 된다. 다만, 특별한 사정이 있고, 그 전선로를 시설하는 조영물의 소유자 또는 점유자의 승낙을 받은 경우에는 그러하지 아니하다.

17. 제40조(옥내전선로 등의 시설)

옥내를 관통하여 시설하는 전선로와 옥측, 옥상 또는 지상에 시설하는 전선로는 그 전선로로부터 전기의 공급을 받는 자 이외의 자의 구내에 시설하여서는 아니 된다. 다만, 특별한 사정이 있고, 그 전선로를 시설하는 조영물(지상에 시설하는 전선로에 있어서는 그 토지)의 소유자 또는 점유자의 승낙을 받은 경우에는 그러하지 아니하다.

제3절 전기사용설비의 시설

1. 제50조(배선의 시설)

(1) 배선은 시설장소의 환경 및 전압에 따라 감전 또는 화재의 우려가 없도록 시설하여야 한다.

(2) 이동전선을 전기기계기구와 접속하는 경우에는 접속 불량에 의한 감전 또는 화재의 우려가 없도록 시설하여야 한다.

(3) 특고압 이동전선은 제1항 및 제2항의 규정에도 불구하고 시설하여서는 아니 된다. 다만, 충전부분에 사람이 접촉하였을 때 사람에게 위해를 줄 우려가 없고 이동전선과 접속하는 것이 필수적인 전기기계기구에 접속하는 것은 그러하지 아니하다.

2. 제51조(배선의 사용전선)

(1) 배선에 사용하는 전선(나전선 및 특고압에 사용하는 접촉전선을 제외한다)은 감전 또는 화재의 우려가 없도록 시설장소의 환경 및 전압에 따라 사용상 충분한 강도 및 절연성능을 갖는 것이어야 한다.

(2) 배선에는 나 전선을 사용하여서는 아니 된다. 다만, 시설장소의 환경 및 전압에 따라 사용상 충분한 강도를 갖고 있고 또한 절연성이 없음을 고려하여 감전 또는 화재의 우려가 없도록 시설하는 경우에는 그러하지 아니하다.

(3) 특고압 배선에는 접촉전선을 사용하여서는 아니 된다.

Ⅱ. 한국전기설비규정(KEC)

⊙ 산업통상자원부 공고 제2021-36호

전기사업법 제67조 및 같은 법 시행령 제43조, 전기설비기술기준(산업통상자원부 고시) 제4조에 따라 한국전기설비규정(산업통상자원부 공고 제2020-738호, 2020. 12. 31) 중 일부를 다음과 같이 개정 공고합니다.

2021년 1월 19일
산업통상자원부장관

부 칙 (제2018-103호, 2018. 3. 9)

제1조(시행일) 이 공고는 2021년 1월 1일부터 시행한다.

부 칙 (제2020-738호, 2020. 12. 31)

제1조(시행일) 이 공고는 2021년 1월 1일부터 시행한다. 다만, 522.3.2(과전류 및 지락 보호장치)의 2 규정은 2021년 9월 1일부터 시행한다.

제2조(경과조치) 이 공고의 시행 당시 이미 시설되어 있거나 전기공사계획 인가(신고)를 받은 것 또는 전력기술관리법 시행령 제18조 제4항에 의한 자가 공고 시행 전에 사업승인을 얻은 것 또는 건축법 제11조(건축허가), 제14조(건축신고), 주택법 제15조(사업계획의 승인)에 따라 사업승인, 건축허가·신고를 받은 것에 대하여는 종전의 기준을 따를 수 있다.

부 칙(제2021-36호, 2021. 1. 19)

이 공고는 공고한 날로부터 시행한다.

* (제4장 전기철도설비, 제6장 발전용 화력설비, 제7장 발전용 수력설비는 제외)

1장 공통사항

| 100 총칙 |

101 목적

이 한국전기설비규정(Korea Electro-technical Code, KEC)은 전기설비기술기준 고시(이하 "기술기준"이라 한다)에서 정하는 전기설비("발전·송전·변전·배전 또는 전기사용을 위하여 설치하는 기계·기구·댐·수로·저수지·전선로·보안통신선로 및 그 밖의 설비"를 말한다)의 안전성능과 기술적 요구사항을 구체적으로 정하는 것을 목적으로 한다.

102 적용범위

한국전기설비규정은 다음에서 정하는 전기설비에 적용한다.

1. 공통사항
2. 저압전기설비
3. 고압·특고압전기설비
4. 전기철도설비
5. 분산형 전원설비
6. 발전용 화력설비
7. 발전용 수력설비
8. 그 밖에 기술기준에서 정하는 전기설비

| 110 일반사항 |

111 통칙

111.1 적용범위

1. 이 규정은 인축의 감전에 대한 보호와 전기설비 계통, 시설물, 발전용 수력설비, 발전용 화력설비, 발전설비 용접 등의 안전에 필요한 성능과 기술적인 요구사항에 대하여 적용한다.
2. 이 규정에서 적용하는 전압의 구분은 다음과 같다.
   (1) 저압 : 교류는 1 kV 이하, 직류는 1.5 kV 이하인 것
   (2) 고압 : 교류는 1 kV를, 직류는 1.5 kV를 초과하고, 7 kV 이하인 것
   (3) 특고 : 7 kV를 초과하는 것

112 용어 정의

이 규정에서 사용하는 용어의 정의는 다음과 같다.

"**가공인입선**"이란 가공전선로의 지지물로부터 다른 지지물을 거치지 아니하고 수용장소의 붙임점에 이르는 가공전선을 말한다.

"**가섭선(架涉線)**"이란 지지물에 가설되는 모든 선류를 말한다.

"**계통연계**"란 둘 이상의 전력계통 사이를 전력이 상호 융통될 수 있도록 선로를 통하여 연결하는 것으로 전력계통 상호 간을 송전선, 변압기 또는 직류-교류변환설비 등에 연결하는 것을 말한다. 계통연락이라고도 한다.

"**계통외 도전부(Extraneous Conductive Part)**"란 전기설비의 일부는 아니지만 지면에 전위 등을 전해줄 위험이 있는 도전성 부분을 말한다.

"**계통접지(System Earthing)**"란 전력계통에서 돌발적으로 발생하는 이상 현상에 대비하여 대지와 계통을 연결하는 것으로, 중성점을 대지에 접속하는 것을 말한다.

"**고장보호(간접접촉에 대한 보호, Protection Against Indirect Contact)**"란 고장 시 기기의 노출도전부에 간접 접촉함으로써 발생할 수 있는 위험으로부터 인축을 보호하는 것을 말한다.

"**관등회로**"란 방전등용 안정기 또는 방전등용 변압기로부터 방전관까지의 전로를 말한다.

"**급수설비**"란 수차(펌프수차) 및 발전기(발전전동기)등의 발전소 기기에 냉각수, 봉수 등을 급수하는 설비를 말하며, 급수펌프, 스트레이너, 샌드 세퍼레이터, 급수관 등을 포함하는 것으로 한다.

"**기본보호(직접접촉에 대한 보호**, Protection Against Direct Contact)"란 정상운전 시 기기의 충전부에 직접 접촉함으로써 발생할 수 있는 위험으로부터 인축을 보호하는 것을 말한다.

"**내부 피뢰시스템**(Internal Lightning Protection System)"이란 등전위 본딩 및/또는 외부 피뢰시스템의 전기적 절연으로 구성된 피뢰시스템의 일부를 말한다.

"**노출도전부**(Exposed Conductive Part)"란 충전부는 아니지만 고장 시에 충전될 위험이 있고, 사람이 쉽게 접촉할 수 있는 기기의 도전성 부분을 말한다.

"**단독운전**"이란 전력계통의 일부가 전력계통의 전원과 전기적으로 분리된 상태에서 분산형 전원에 의해서만 운전되는 상태를 말한다.

"**단순 병렬운전**"이란 자가용 발전설비 또는 저압 소용량 일반용 발전설비를 배전계통에 연계하여 운전하되, 생산한 전력의 전부를 자체적으로 소비하기 위한 것으로서 생산한 전력이 연계계통으로 송전되지 않는 병렬 형태를 말한다.

"**동기기의 무 구속속도**"란 전력계통으로부터 떨어져 나가고, 또한 조속기가 작동하지 않을 때 도달하는 최대 회전속도를 말한다.

"**등전위 본딩**(Equipotential Bonding)"이란 등전위를 형성하기 위해 도전부 상호 간을 전기적으로 연결하는 것을 말한다.

"**등전위 본딩망**(Equipotential Bonding Network)"이란 구조물의 모든 도전부와 충전도체를 제외한 내부설비를 접지극에 상호 접속하는 망을 말한다.

"**리플프리**(Ripple-free)**직류**"란 교류를 직류로 변환할 때 리플성분의 실효값이 10 % 이하로 포함된 직류를 말한다.

"**무 구속속도**"란 어떤 유효낙차, 어떤 수구개도 및 어떤 흡출 높이에서 수차가 무 부하로 회전하는 속도(rpm)를 말하며, 이들 중 일어날 수 있는 최대의 것을 최대 무 구속속도라 한다. 여기서, 수구란 가이드 베인, 노즐, 러너 베인 등 유량조정 장치의 총칭을 말한다.

"**배관**"이란 발전용 기기 중 증기, 물, 가스 및 공기를 이동시키는 장치를 말한다.

"**배수설비**"란 수차(펌프수차)내부의 물 및 상부커버 등으로부터 누수를 기외로 배출하는 설비, 또는 소내 배수피트에 모아지는 발전소 건물로부터의 누수나 수차 기기로부터의 배수를 소외로 배수하는 설비를 말하며, 배수펌프, 유수분리기, 수위검출기, 배수관 등을 포함하는 것으로 한다.

기술기준 제73조 및 제162조에서 언급하는 "보일러"란 발전소에 속하는 기기 중 보일러, 독립과열기, 증기저장기 및 작동용 공기 가열기를 말한다.

"**보호도체**(PE, Protective Conductor)"란 감전에 대한 보호 등 안전을 위해 제공되는 도체를 말한다.

"**보호 등전위 본딩**(Protective Equipotential Bonding)"이란 감전에 대한 보호 등과 같

이 안전을 목적으로 하는 등전위 본딩을 말한다.

"**보호 본딩도체**(Protective Bonding Conductor)"란 보호 등전위 본딩을 제공하는 보호 도체를 말한다.

"**보호접지**(Protective Earthing)"란 고장 시 감전에 대한 보호를 목적으로 기기의 한 점 또는 여러 점을 접지하는 것을 말한다.

"**분산형 전원**"이란 중앙급전 전원과 구분되는 것으로서 전력소비지역 부근에 분산하여 배치 가능한 전원을 말한다. 상용전원의 정전 시에만 사용하는 비상용 예비전원은 제외하며, 신·재생에너지 발전설비, 전기저장장치 등을 포함한다.

"**서지 보호 장치**(SPD, Surge Protective Device)란 과도 과전압을 제한하고 서지전류를 분류하기 위한 장치를 말한다.

"**수로**"란 취수설비, 침사지, 도수로, 헤드탱크, 서지탱크, 수압관로 및 방수로를 말한다.

1. "취수설비"란 발전용의 물을 하천 또는 저수지로부터 끌어들이는 설비를 말한다. 그리고 취수설비 중 "보(weir)"란 하천에서 발전용 물의 수위 또는 유량을 조절하여 취수할 수 있도록 설치하는 구조물을 말한다.
2. "침사지"란 발전소의 도수설비의 하나로, 수로식 발전의 경우에 취수구에서 도수로에 토사가 유입하는 것을 막기 위하여 도수로의 도중에서 취수구에 가급적 가까운 위치에 설치하는 연못을 말한다.
3. "도수로"란 발전용의 물을 끌어오기 위한 구조물을 말하며, 취수구와 상수조(또는 상부 Surge Tank)사이에 위치하고 무압도수로와 압력도수로가 있다.
4. "헤드탱크(Head Tank)"란 도수로에서의 유입수량 또는 수차유량의 변동에 대하여 수조내 수위를 거의 일정하게 유지하도록 도수로 종단에 설치한 구조물을 말한다.
5. "서지탱크(Surge Tank)"란 수차의 유량급변의 경우에 탱크내의 수위가 자동적으로 상승하여 도수로, 수압관로 또는 방수로에서의 과대한 수압의 변화를 조절하기 위한 구조물을 말한다. Surge Tank 중에서 수압관로측에 있는 것을 상부 Surge Tank, 방수로측에 있는 것을 하부 Surge Tank라고 말한다.
6. "수압관로"란 상수조(또는 상부 Surge Tank) 또는 취수구로부터 압력상태 하에서 직접 수차에 이르기까지의 도수관 및 그것을 지지하는 구조물을 일괄하여 말한다.
7. "방수로"란 수차를 거쳐 나온 물을 유도하기 위한 구조물을 말하며, 무압 방수로와 압력 방수로가 있다. 방수로의 시점은 흡출관의 출구로 한다. 또한 "방수구"란 수차의 방수를 하천, 호소, 저수지 또는 바다로 방출하는 출구를 말한다.

"**수뢰부시스템**(Air-termination System)"이란 낙뢰를 포착할 목적으로 돌침, 수평도체, 메시도체 등과 같은 금속 물체를 이용한 외부 피뢰시스템의 일부를 말한다.

"**수차**"란 물이 가지고 있는 에너지를 기계적 일로 변환하는 회전기계를 말하며 수차 본체와 부속장치로 구성된다. 수차 본체는 일반적으로 케이싱, 커버, 가이드 베인, 노즐, 디플렉터, 러너, 주축, 베어링 등으로 구성되며 부속장치는 일반적으로 입구 밸브, 조속기, 제압기, 압유장치, 윤활유장치, 급수장치, 배수장차, 수위조정기, 운전제어장치 등이 포함된다.

"**수차의 유효낙차**"란 사용상태에서 수차의 운전에 이용되는 전 수두(m)로서, 수차의 고압측 지정점과 저압측 지정점과의 전 수두를 말한다.

수차를 최대출력으로 운전할 때 유효낙차 중 최대의 것을 최고유효낙차, 최소의 것을 최소유효낙차라 한다.

"**스트레스전압**(Stress Voltage)"이란 지락고장 중에 접지부분 또는 기기나 장치의 외함과 기기나 장치의 다른 부분 사이에 나타나는 전압을 말한다.

"**압력용기**"란 발전용기기 중 내압 및 외압을 받는 용기를 말한다.

"**액화가스 연료연소설비**"란 액화가스를 연료로 하는 연소설비를 말한다.

"**양수발전소**"란 수력발전소 중, 상부조정지에 물을 양수하는 능력을 가진 발전소를 말한다.

"**옥내 배선**"이란 건축물 내부의 전기 사용 장소에 고정시켜 시설하는 전선을 말한다.

"**옥외 배선**"이란 건축물 외부의 전기 사용 장소에서 그 전기 사용 장소에서의 전기사용을 목적으로 고정시켜 시설하는 전선을 말한다.

"**옥측배선**"이란 건축물 외부의 전기 사용 장소에서 그 전기 사용 장소에서의 전기사용을 목적으로 조영물에 고정시켜 시설하는 전선을 말한다.

"**외부 피뢰시스템**(External Lightning Protection System)"이란 수뢰부시스템, 인하도선시스템, 접지극시스템으로 구성된 피뢰시스템의 일종을 말한다.

"**운전제어장치**"란 수차 및 발전기의 운전제어에 필요한 장치로서 전기적 및 기계적 응동기기, 기구, 밸브류, 표시장치 등을 조합한 것을 말한다.

"**유량**"이란 단위시간에 수차를 통과하는 물의 체적(m^3/s)을 말한다.

"**유압장치**"란 조속기, 입구밸브, 제압기, 운전제어장치 등의 조작에 필요한 압유를 공급하는 장치를 말하며 유압펌프, 유압탱크, 집유탱크 냉각장치, 유관 등을 포함한다.

"**윤활설비**"란 수차(펌프수차) 및 발전기(발전전동기)의 각 베어링 및 습동부에 윤활유를 급유하는 설비를 말하며, 윤활유 펌프, 윤활유 탱크, 유냉각장치, 그리스 윤활장치, 유관 등을 포함하는 것으로 한다.

"**이격거리**"란 떨어져야 할 물체의 표면간의 최단거리를 말한다.

"**인하도선시스템**(Down-conductor System)"이란 뇌전류를 수뢰부시스템에서 접지극으로 흘리기 위한 외부 피뢰시스템의 일부를 말한다.

"**임펄스내전압**(Impulse Withstand Voltage)"이란 지정된 조건 하에서 절연파괴를 일으키지 않는 규정된 파형 및 극성의 임펄스전압의 최대 파고값 또는 충격내전압을 말한다.

"**입구밸브**"란 수차(펌프수차)에 통수 또는 단수할 목적으로 수차(펌프수차)의 고압측 지정점 부근에 설치한 밸브를 말하며 주 밸브, 바이패스밸브(Bypass Valve), 서보모터(Servomotor), 제어장치 등으로 구성된다.

"**전기철도용 급전선**"이란 전기철도용 변전소로부터 다른 전기철도용 변전소 또는 전차선에 이르는 전선을 말한다.

"**전기철도용 급전선로**"란 전기철도용 급전선 및 이를 지지하거나 수용하는 시설물을 말한다.

"**접근상태**"란 제1차 접근상태 및 제2차 접근상태를 말한다.

1. "제1차 접근상태"란 가공 전선이 다른 시설물과 접근(병행하는 경우를 포함하며 교차하는 경우 및 동일 지지물에 시설하는 경우를 제외한다. 이하 같다)하는 경우에 가공 전선이 다른 시설물의 위쪽 또는 옆쪽에서 수평거리로 가공 전선로의 지지물의 지표상의 높이에 상당하는 거리 안에 시설(수평 거리로 3 m 미만인 곳에 시설되는 것을 제외한다)됨으로써 가공 전선로의 전선의 절단, 지지물의 도괴 등의 경우에 그 전선이 다른 시설물에 접촉할 우려가 있는 상태를 말한다.
2. "제2차 접근상태"란 가공 전선이 다른 시설물과 접근하는 경우에 그 가공 전선이 다른 시설물의 위쪽 또는 옆쪽에서 수평 거리로 3 m 미만인 곳에 시설되는 상태를 말한다.

"**접속설비**"란 공용 전력계통으로부터 특정 분산형 전원 전기설비에 이르기까지의 전선로와 이에 부속하는 개폐장치, 모선 및 기타 관련 설비를 말한다.

"**접지도체**"란 계통, 설비 또는 기기의 한 점과 접지극 사이의 도전성 경로 또는 그 경로의 일부가 되는 도체를 말한다.

"**접지시스템(Earthing System)**"이란 기기나 계통을 개별적 또는 공통으로 접지하기 위하여 필요한 접속 및 장치로 구성된 설비를 말한다.

"**접지전위 상승(EPR, Earth Potential Rise)**"이란 접지계통과 기준대지 사이의 전위차를 말한다.

"**접촉범위(Arm's Reach)**"란 사람이 통상적으로 서있거나 움직일 수 있는 바닥면상의 어떤 점에서라도 보조장치의 도움 없이 손을 뻗어서 접촉이 가능한 접근구역을 말한다.

"**정격전압**"이란 발전기가 정격운전상태에 있을 때, 동기기 단자에서의 전압을 말한다.

"**제압기**"란 케이싱 및 수압관로의 수압상승을 경감할 목적으로 가이드 베인을 급속히 폐쇄할 때에 이와 연동하여 관로내의 물을 급속히 방출하고 가이드 베인 폐쇄 후 서서히 방출을 중지하도록 케이싱 또는 그 부근의 수압관로에 설치한 자동배수장치를 말한다.

"**조속기**"란 수차의 회전속도 및 출력을 조정하기 위하여 자동적으로 수구 개도를 가감하는 장치를 말하며, 속도 검출부, 배압밸브, 서보모터, 복원부, 속도제어부, 부하제어부, 수동조작 기구 등으로 구성된다.

"**중성선 다중접지 방식**"이란 전력계통의 중성선을 대지에 다중으로 접속하고, 변압기의 중성점을 그 중성선에 연결하는 계통접지 방식을 말한다.

"**지락전류**(Earth Fault Current)"란 충전부에서 대지 또는 고장점(지락점)의 접지된 부분으로 흐르는 전류를 말하며, 지락에 의하여 전로의 외부로 유출되어 화재, 사람이나 동물의 감전 또는 전로나 기기의 손상 등 사고를 일으킬 우려가 있는 전류를 말한다.

"**지중 관로**"란 지중 전선로·지중 약 전류 전선로·지중 광섬유 케이블 선로·지중에 시설하는 수관 및 가스관과 이와 유사한 것 및 이들에 부속하는 지중함 등을 말한다.

"**지진력**"이란 지진이 발생될 경우 지진에 의해 구조물에 작용하는 힘을 말한다.

"**충전부**(Live Part)"란 통상적인 운전 상태에서 전압이 걸리도록 되어 있는 도체 또는 도전부를 말한다. 중성선을 포함하나 PEN 도체, PEM 도체 및 PEL 도체는 포함하지 않는다.

"**특별저압**(ELV, Extra Low Voltage)"이란 인체에 위험을 초래하지 않을 정도의 저압을 말한다. 여기서 SELV(Safety Extra Low Voltage)는 비 접지회로에 해당되며, PELV(Protective Extra Low Voltage)는 접지회로에 해당된다.

"**펌프수차**"란, 수차 및 펌프 양쪽에 가역적으로 사용하는 회전기계를 말하며, 펌프수차 본체와 부속장치로 구성된다.

1. "펌프수차본체"란 일반적으로 케이싱, 커버, 가이드 베인, 러너, 흡출관, 주축, 주축 베어링 등으로 구성된다.
2. "부속장치"란 일반적으로 입구밸브, 조속기, 유압장치, 윤활유장치, 급수장치, 배수장치, 흡출관 수면 압하 장치, 운전제어장치 등으로 구성된다.

"**피뢰 등전위 본딩**(Lightning Equipotential Bonding)"이란 뇌전류에 의한 전위차를 줄이기 위해 직접적인 도전접속 또는 서지 보호장치를 통하여 분리된 금속부를 피뢰시스템에 본딩하는 것을 말한다.

"**피뢰레벨**(LPL, Lightning Protection Level)"이란 자연적으로 발생하는 뇌방전을 초과하지 않는 최대 그리고 최소 설계 값에 대한 확률과 관련된 일련의 뇌격전류 매개변수(파라미터)로 정해지는 레벨을 말한다.

"**피뢰시스템**(LPS, lightning protection system)"이란 구조물 뇌격으로 인한 물리적 손상을 줄이기 위해 사용되는 전체 시스템을 말하며, 외부 피뢰시스템과 내부 피뢰시스템으로 구성된다.

"**피뢰시스템의 자연적 구성부재**(Natural Component of LPS)"란 피뢰의 목적으로 특별히 설치하지는 않았으나 추가로 피뢰시스템으로 사용될 수 있거나, 피뢰시스템의 하나 이상의 기능을 제공하는 도전성 구성부재이다.

"**하중**"이란 구조물 또는 부재에 응력 및 변형을 발생시키는 일체의 작용을 말한다.

"**활동**"이란 흙에서 전단파괴가 일어나서 어떤 연결된 면을 따라서 엇갈림이 생기는 현상을 말한다.

"**PEN 도체**(protective earthing conductor and neutral conductor)"란 교류회로에서 중성선 겸용 보호도체를 말한다.

"**PEM 도체**(protective earthing conductor and a mid-point conductor)"란 직류회로에서 중간선 겸용 보호도체를 말한다.

"**PEL 도체**(protective earthing conductor and a line conductor)"란 직류회로에서 선도체 겸용 보호도체를 말한다.

113 안전을 위한 보호

113.1 일반 사항

안전을 위한 보호의 기본 요구사항은 전기설비를 적절히 사용할 때 발생할 수 있는 위험과 장애로부터 인축 및 재산을 안전하게 보호함을 목적으로 하고 있다. 가축의 안전을 제공하기 위한 요구사항은 가축을 사육하는 장소에 적용할 수 있다.

113.2 감전에 대한 보호

1. 기본보호

   기본보호는 일반적으로 직접접촉을 방지하는 것으로, 전기설비의 충전부에 인축이 접촉하여 일어날 수 있는 위험으로부터 보호되어야 한다. 기본보호는 다음 중 어느 하나에 적합하여야 한다.

   (1) 인축의 몸을 통해 전류가 흐르는 것을 방지

   (2) 인축의 몸에 흐르는 전류를 위험하지 않는 값 이하로 제한

2. 고장보호

   고장보호는 일반적으로 기본절연의 고장에 의한 간접접촉을 방지하는 것이다.

   (1) 노출도전부에 인축이 접촉하여 일어날 수 있는 위험으로부터 보호되어야 한다.

   (2) 고장보호는 다음 중 어느 하나에 적합하여야 한다.

      ① 인축의 몸을 통해 고장전류가 흐르는 것을 방지

      ② 인축의 몸에 흐르는 고장전류를 위험하지 않는 값 이하로 제한

      ③ 인축의 몸에 흐르는 고장전류의 지속시간을 위험하지 않은 시간까지로 제한

113.3 열 영향에 대한 보호

고온 또는 전기 아크로 인해 가연물이 발화 또는 손상되지 않도록 전기설비를 설치하여야 한다. 또한 정상적으로 전기기기가 작동할 때 인축이 화상을 입지 않도록 하여야 한다.

113.4 과전류에 대한 보호

1. 도체에서 발생할 수 있는 과전류에 의한 과열 또는 전기·기계적 응력에 의한 위험으로부터 인축의 상해를 방지하고 재산을 보호하여야 한다.
2. 과전류에 대한 보호는 과전류가 흐르는 것을 방지하거나 과전류의 지속시간을 위험하지 않는 시간까지로 제한함으로써 보호할 수 있다.

113.5 고장전류에 대한 보호

1. 고장전류가 흐르는 도체 및 다른 부분은 고장전류로 인해 허용온도 상승 한계에 도달하지 않도록 하여야 한다. 도체를 포함한 전기설비는 인축의 상해 또는 재산의 손실을 방지하기 위하여 보호장치가 구비되어야 한다.
2. 도체는 113.4에 따라 고장으로 인해 발생하는 과전류에 대하여 보호되어야 한다.

113.6 과전압 및 전자기 장애에 대한 대책

1. 회로의 충전부 사이의 결함으로 발생한 전압에 의한 고장으로 인한 인축의 상해가 없도록 보호하여야 하며, 유해한 영향으로부터 재산을 보호하여야 한다.
2. 저전압과 뒤이은 전압 회복의 영향으로 발생하는 상해로부터 인축을 보호하여야 하며, 손상에 대해 재산을 보호하여야 한다.
3. 설비는 규정된 환경에서 그 기능을 제대로 수행하기 위해 전자기 장애로부터 적절한 수준의 내성을 가져야 한다. 설비를 설계할 때는 설비 또는 설치 기기에서 발생되는 전자기 방사량이 설비 내의 전기사용기기와 상호 연결 기기들이 함께 사용되는데 적합한지를 고려하여야 한다.

113.7 전원공급 중단에 대한 보호

전원공급 중단으로 인해 위험과 피해가 예상되면, 설비 또는 설치기기에 적절한 보호장치를 구비하여야 한다.

| 120 전선 |

121 전선의 선정 및 식별

121.1 전선 일반 요구사항 및 선정

1. 전선은 통상 사용 상태에서의 온도에 견디는 것이어야 한다.
2. 전선은 설치장소의 환경조건에 적절하고 발생할 수 있는 전기·기계적 응력에 견디는 능력이 있는 것을 선정하여야 한다.
3. 전선은 「전기용품 및 생활용품 안전관리법」의 적용을 받는 것 이외에는 한국산업표준(이하 "KS"라 한다)에 적합한 것을 사용하여야 한다.

121.2 전선의 식별

1. 전선의 색상은 표 121.2-1에 따른다.

표 121.2-1 전선식별

상(문자)	색상
L1	갈색
L2	흑색
L3	회색
N	청색
보호도체	녹색-노란색

2. 색상 식별이 종단 및 연결 지점에서만 이루어지는 나도체 등은 전선 종단부에 색상이 반영구적으로 유지될 수 있는 도색, 밴드, 색 테이프 등의 방법으로 표시해야 한다.
3. 제1 및 제2를 제외한 전선의 식별은 KS C IEC 60445(인간과 기계 간 인터페이스, 표시 식별의 기본 및 안전원칙 – 장비단자, 도체단자 및 도체의 식별)에 적합하여야 한다.

122 전선의 종류

122.1 절연전선

1. 저압 절연전선은 「전기용품 및 생활용품 안전관리법」의 적용을 받는 것 이외에는 KS에 적합한 것으로서 450/750 V 비닐절연전선 · 450/750 V 저 독성 난연 폴리올레핀절연전선 · 450/750 V 저 독성 난연 가교폴리올레핀절연전선 · 450/750 V 고무절연전선을 사용하여야 한다.

2. 고압·특고압 절연전선은 KS에 적합한 또는 동등 이상의 전선을 사용하여야 한다.
3. 제1 및 제2에 따른 절연전선은 다음 절연전선인 경우에는 예외로 한다.
   (1) 234.13.3의 1의 "가"에 의한 절연전선
   (2) 241.14.3의 1의 "나"의 단서에 의한 절연전선
   (3) 241.14.3의 4의 "나"에 의하여 241.14.3의 1의 "나"의 단서에 의한 절연전선
   (4) 341.4의 1의 "바"에 의한 특고압인하용 절연전선

122.2 코드

1. 코드는「전기용품 및 생활용품 안전관리법」에 의한 안전인증을 취득한 것을 사용하여야 한다.
2. 코드는 이 규정에서 허용된 경우에 한하여 사용할 수 있다.

122.3 캡타이어케이블

캡타이어케이블은「전기용품 및 생활용품 안전관리법」의 적용을 받는 것 이외에는 KS C IEC 60502-1[정격 전압 1 kV~30 kV 압출 성형 절연 전력 케이블 및 그 부속품-제1부 : 케이블(1 kV－3 kV)]에 적합한 것을 사용하여야 한다.

122.4 저압케이블

1. 사용전압이 저압인 전로(전기기계기구 안의 전로를 제외한다)의 전선으로 사용하는 케이블은「전기용품 및 생활용품 안전관리법」의 적용을 받는 것 이외에는 KS에 적합한 것으로 0.6/1 kV 연피(鉛皮)케이블, 클로로프렌외장(外裝)케이블, 비닐외장케이블, 폴리에틸렌외장케이블, 무기물 절연케이블, 금속외장케이블, 저독성 난연 폴리올레핀외장케이블, 300/500 V 연질 비닐시스케이블, 제2에 따른 유선텔레비전용 급전겸용 동축 케이블(그 외부도체를 접지하여 사용하는 것에 한 한다)을 사용하여야 한다. 다만, 다음의 케이블을 사용하는 경우에는 예외로 한다.
   (1) 232.82에 따른 선박용 케이블
   (2) 232.89에 따른 엘리베이터용 케이블
   (3) 234.13 또는 241.14에 따른 통신용 케이블
   (4) 241.10의 "라"에 따른 용접용 케이블
   (5) 241.12.1의 "다"에 따른 발열선 접속용 케이블
   (6) 335.4의 2에 따른 물밑케이블
2. 유선텔레비전용 급전겸용 동축케이블은 KS C 3339(2012)[CATV용(급전겸용) 알루미늄파이프형 동축케이블]에 적합한 것을 사용한다.

122.5 고압 및 특고압케이블

1. 사용전압이 고압인 전로(전기기계기구 안의 전로를 제외한다)의 전선으로 사용하는 케이블은 KS에 적합한 것으로 연피케이블 · 알루미늄피케이블 · 클로로프렌외장케이블 · 비닐외장케이블 · 폴리에틸렌외장케이블 · 저독성 난연 폴리올레핀외장케이블 · 콤바인 덕트 케이블 또는 KS에서 정하는 성능 이상의 것을 사용하여야 한다. 다만, 고압 가공전선에 반도전성 외장 조가용 고압케이블을 사용하는 경우, 241.13의 1의 "가" (1)에 따라 비행장등화용 고압케이블을 사용하는 경우 또는 물밑전선로의 시설에 따라 물밑케이블을 사용하는 경우에는 그러하지 아니하다.
2. 사용전압이 특고압인 전로(전기기계기구 안의 전로를 제외한다)에 전선으로 사용하는 케이블은 절연체가 에틸렌 프로필렌고무 혼합물 또는 가교폴리에틸렌 혼합물인 케이블로서 선심 위에 금속제의 전기적 차폐층을 설치한 것이거나 파이프형 압력 케이블 · 연피케이블 · 알루미늄피케이블 그 밖의 금속피복을 한 케이블을 사용하여야 한다. 다만, 물밑전선로의 시설에서 특고압 물밑전선로의 전선에 사용하는 케이블에는 절연체가 에틸렌 프로필렌고무 혼합물 또는 가교폴리에틸렌 혼합물인 케이블로서 금속제의 전기적 차폐층을 설치하지 아니한 것을 사용할 수 있다.
3. 특고압 전로의 다중접지 지중 배전계통에 사용하는 동심중성선 전력케이블은 다음에 적합한 것을 사용하여야 한다.
   (1) 최대사용전압은 25.8 kV 이하일 것
   (2) 도체는 연동선 또는 알루미늄 선을 소선으로 구성한 원형 압축연선으로 할 것 연선 작업 전의 연동선 및 알루미늄선의 기계적, 전기적 특성은 각각 KS C 3101 (전기용 연동선) 및 KS C 3111(전기용 경알루미늄선) 또는 이와 동등 이상이어야 한다. 도체 내부의 홈에는 물이 쉽게 침투하지 않도록 수밀 혼합물(컴파운드, 파우더 또는 수밀 테이프)을 충전하여야 한다.
   (3) 절연체는 동심원상으로 동시압출(3중 동시압출)한 내부 반 도전층, 절연층 및 외부 반 도전층으로 구성하여야 하며, 건식 방식으로 가교할 것
      ① 내부 반 도전층은 흑색의 반 도전 열경화성 컴파운드를 사용하며, 도체 위에 동심원상으로 완전 밀착되도록 압출성형하고, 도체와는 쉽게 분리되어야 한다. 도체에 접하는 부분에는 반도전성 테이프에 의한 세퍼레이터를 둘 수 있다.
      ② 절연층은 가교폴리에틸렌(XLPE) 또는 수트리억제 가교폴리에틸렌(TR- XLPE)을 사용하며, 도체 위에 동심원상으로 형성할 것
      ③ 외부 반 도전층은 흑색의 반 도전 열경화성 컴파운드를 사용하며, 절연층과 밀착되고 균일하게 압출성형하며, 접속작업 시 제거가 용이하도록 절연층과 쉽게 분리되어야 한다.
   (4) 중성선 수밀층은 물이 침투하면 자기부풀음성을 갖는 부풀음 테이프를 사용하

며, 구조는 다음 중 하나에 따라야 한다.

① 충실외피를 적용한 충실 케이블은 반도전성 부풀음 테이프를 외부 반 도전층 위에 둘 것

② 충실외피를 적용하지 않은 케이블은 중성선 아래 및 위에 두며, 중성선 아래 층은 반도전성으로 할 것

(5) 중성선은 반도전성 부풀음 테이프 위에 형성하여야 하며, 꼬임방향은 Z 또는 S-Z 꼬임으로 할 것. 충실외피를 적용한 충실 케이블의 S-Z 꼬임의 경우 중성선 위에 적당한 바인더 실을 감을 수 있으며 피치는 중성선 층 외경의 6 ~ 10배로 꼬임할 것

(6) 외피

① 충실외피를 적용한 충실 케이블은 중성선 위에 흑색의 폴리에틸렌(PE)을 동심원상으로 압출 피복하여야 하며, 중성선의 소선 사이에도 틈이 없도록 폴리에틸렌으로 채울 것. 외피 두께는 중성선 위에서 측정하여야 한다.

② 충실외피를 적용하지 않은 케이블은 중성선 위에 흑색의 폴리염화비닐(PVC) 또는 할로겐 프리 폴리올레핀을 동심원상으로 압출 피복할 것

122.6 나전선 등

나전선(버스덕트의 도체, 기타 구부리기 어려운 전선, 라이팅 덕트의 도체 및 절연트롤리선의 도체를 제외한다) 및 지선·가공지선·보호도체·보호망·전력보안 통신용 약전류전선 기타의 금속선(절연전선·캡타이어케이블 및 241.14.3의 1의 "나" 단서에 따라 사용하는 피복선을 제외한다)은 KS에 적합한 것을 사용하여야 한다.

123 전선의 접속

전선을 접속하는 경우에는 234.9 또는 241.14의 규정에 의하여 시설하는 경우 이외에는 전선의 전기저항을 증가시키지 아니하도록 접속하여야 하며, 또한 다음에 따라야 한다.

1. 나전선 상호 또는 나전선과 절연전선 또는 캡타이어 케이블과 접속하는 경우에는 다음에 의할 것

(1) 전선의 세기[인장하중(引張荷重)으로 표시한다. 이하 같다.]를 20 % 이상 감소시키지 아니할 것. 다만, 점퍼선을 접속하는 경우와 기타 전선에 가하여지는 장력이 전선의 세기에 비하여 현저히 작을 경우에는 적용하지 않는다.

(2) 접속부분은 접속 관 기타의 기구를 사용할 것. 다만, 가공전선 상호, 전차선 상호 또는 광산의 갱도 안에서 전선 상호를 접속하는 경우에 기술상 곤란할 때에는 적용하지 않는다.

2. 절연전선 상호·절연전선과 코드, 캡타이어 케이블과 접속하는 경우에는 제1의 규정에 준하는 이외에 접속되는 절연전선의 절연물과 동등 이상의 절연성능이 있는 접속기를 사용하거나 접속부분을 그 부분의 절연전선의 절연물과 동등 이상의 절연성능이 있는 것으로 충분히 피복할 것
3. 코드 상호, 캡타이어 케이블 상호 또는 이들 상호를 접속하는 경우에는 코드 접속기·접속함 기타의 기구를 사용할 것. 다만, 공칭단면적이 10 mm^2 이상인 캡타이어 케이블 상호를 접속하는 경우에는 접속부분을 제1 및 제2의 규정에 준하여 시설하고 또한, 절연피복을 완전히 유화(硫化)하거나 접속부분의 위에 견고한 금속제의 방호장치를 할 때 또는 금속 피복이 아닌 케이블 상호를 제1 및 제2의 규정에 준하여 접속하는 경우에는 적용하지 않는다.
4. 도체에 알루미늄(알루미늄 합금을 포함한다. 이하 같다)을 사용하는 전선과 동(동 합금을 포함한다.)을 사용하는 전선을 접속하는 등 전기화학적 성질이 다른 도체를 접속하는 경우에는 접속부분에 전기적 부식(電氣的腐蝕)이 생기지 않도록 할 것
5. 도체에 알루미늄을 사용하는 절연전선 또는 케이블을 옥내 배선·옥측 배선 또는 옥외 배선에 사용하는 경우에 그 전선을 접속할 때에는 KS C IEC 60998-1(가정용 및 이와 유사한 용도의 저 전압용 접속기구)의 "11 구조", "13 절연저항 및 내전압", "14 기계적 강도", "15 온도 상승", "16 내열성"에 적합한 기구를 사용할 것
6. 두 개 이상의 전선을 병렬로 사용하는 경우에는 다음에 의하여 시설할 것
   (1) 병렬로 사용하는 각 전선의 굵기는 동선 50 mm^2 이상 또는 알루미늄 70 mm^2 이상으로 하고, 전선은 같은 도체, 같은 재료, 같은 길이 및 같은 굵기의 것을 사용할 것
   (2) 같은 극의 각 전선은 동일한 터미널러그에 완전히 접속할 것
   (3) 같은 극인 각 전선의 터미널러그는 동일한 도체에 2개 이상의 리벳 또는 2개 이상의 나사로 접속할 것
   (4) 병렬로 사용하는 전선에는 각각에 퓨즈를 설치하지 말 것
   (5) 교류회로에서 병렬로 사용하는 전선은 금속관 안에 전자적 불평형이 생기지 않도록 시설할 것
7. 밀폐된 공간에서 전선의 접속부에 사용하는 테이프 및 튜브 등 도체의 절연에 사용되는 절연 피복은 KS C IEC 60454(전기용 점착 테이프)에 적합한 것을 사용할 것

| 130 전로의 절연 |

131 전로의 절연 원칙

전로는 다음 이외에는 대지로부터 절연하여야 한다.

1. 수용장소의 인입구의 접지, 고압 또는 특고압과 저압의 혼촉에 의한 위험방지 시설, 피뢰기의 접지, 특고압 가공전선로의 지지물에 시설하는 저압 기계기구 등의 시설, 옥내에 시설하는 저압 접촉전선 공사 또는 아크 용접장치의 시설에 따라 저압전로에 접지공사를 하는 경우의 접지점
2. 고압 또는 특고압과 저압의 혼촉에 의한 위험방지 시설, 전로의 중성점의 접지 또는 옥내의 네온 방전등 공사에 따라 전로의 중성점에 접지공사를 하는 경우의 접지점
3. 계기용변성기의 2차 측 전로의 접지에 따라 계기용변성기의 2차 측 전로에 접지공사를 하는 경우의 접지점
4. 특고압 가공전선과 저 고압 가공전선의 병가에 따라 저압 가공 전선의 특고압 가공전선과 동일 지지물에 시설되는 부분에 접지공사를 하는 경우의 접지점
5. 중성점이 접지된 특고압 가공선로의 중성선에 25 kV 이하인 특고압 가공전선로의 시설에 따라 다중 접지를 하는 경우의 접지점
6. 파이프라인 등의 전열장치의 시설에 따라 시설하는 소구경관(박스를 포함한다)에 접지공사를 하는 경우의 접지점
7. 저압전로와 사용전압이 300 V 이하의 저압전로[자동제어회로 · 원방조작회로 · 원방감시장치의 신호회로 기타 이와 유사한 전기회로(이하 "제어회로 등" 이라 한다)에 전기를 공급하는 전로에 한 한다]를 결합하는 변압기의 2차 측 전로에 접지공사를 하는 경우의 접지점
8. 다음과 같이 절연할 수 없는 부분
   (1) 시험용 변압기, 기구 등의 전로의 절연내력 단서에 규정하는 전력선 반송용 결합 리액터, 전기울타리의 시설에 규정하는 전기울타리용 전원장치, 엑스선발생장치(엑스선관, 엑스선관용변압기, 음극 가열용 변압기 및 이의 부속 장치와 엑스선관 회로의 배선을 말한다. 이하 같다), 전기부식방지 시설에 규정하는 전기부식방지용 양극, 단선식 전기철도의 귀선(가공 단선식 또는 제3레일식 전기 철도의 레일 및 그 레일에 접속하는 전선을 말한다. 이하 같다) 등 전로의 일부를 대지로부터 절연하지 아니하고 전기를 사용하는 것이 부득이한 것
   (2) 전기욕기·전기로·전기보일러·전해조 등 대지로부터 절연하는 것이 기술상 곤란한 것
9. 저압 옥내직류 전기설비의 접지에 의하여 직류계통에 접지공사를 하는 경우의 접지점

132 전로의 절연저항 및 절연내력

1. 사용전압이 저압인 전로의 절연성능은 기술기준 제52조를 충족하여야 한다. 다만, 저압 전로에서 정전이 어려운 경우 등 절연저항 측정이 곤란한 경우 저항성분의 누설전류가 1 mA 이하이면 그 전로의 절연성능은 적합한 것으로 본다.
2. 고압 및 특고압의 전로(131, 회전기, 정류기, 연료전지 및 태양전지 모듈의 전로, 변압기의 전로, 기구 등의 전로 및 직류식 전기철도용 전차선을 제외한다)는 표 132-1에서 정한 시험전압을 전로와 대지 사이(다심케이블은 심선 상호 간 및 심선과 대지 사이)에 연속하여 10분간 가하여 절연내력을 시험하였을 때에 이에 견디어야 한다. 다만, 전선에 케이블을 사용하는 교류 전로로서 표 132-1에서 정한 시험전압의 2배의 직류전압을 전로와 대지 사이(다심케이블은 심선 상호 간 및 심선과 대지 사이)에 연속하여 10분간 가하여 절연내력을 시험하였을 때에 이에 견디는 것에 대하여는 그러하지 아니하다.

표 132-1 전로의 종류 및 시험전압

전로의 종류	시험전압
최대사용전압 7 kV 이하인 전로	최대사용전압의 1.5배의 전압
최대사용전압 7 kV 초과 25 kV 이하인 중성점 접지식 전로(중성선을 가지는 것으로서 그 중성선을 다중접지 하는 것에 한 한다.)	최대사용전압의 0.92배의 전압
최대사용전압 7 kV 초과 60 kV 이하인 전로(2란의 것을 제외한다.)	최대사용전압의 1.25배의 전압(10.5 kV 미만으로 되는 경우는 10.5 kV)
최대사용전압 60 kV 초과 중성점 비접지식전로(전위 변성기를 사용하여 접지하는 것을 포함한다.)	최대사용전압의 1.25배의 전압
최대사용전압 60 kV 초과 중성점 접지식 전로(전위 변성기를 사용하여 접지하는 것 및 6란과 7란의 것을 제외한다.)	최대사용전압의 1.1배의 전압 (75 kV 미만으로 되는 경우에는 75 kV)
최대사용전압이 60 kV 초과 중성점 직접 접지식 전로(7란의 것을 제외한다.)	최대사용전압의 0.72배의 전압
최대사용전압이 170 kV 초과 중성점 직접 접지식 전로로서 그 중성점이 직접 접지되어 있는 발전소 또는 변전소 혹은 이에 준하는 장소에 시설하는 것	최대사용전압의 0.64배의 전압
최대사용전압이 60 kV를 초과하는 정류기에 접속되고 있는 전로	교류 측 및 직류 고전압 측에 접속되고 있는 전로는 교류 측의 최대사용전압의 1.1배의 직류전압
	직류 측 중성선 또는 귀선이 되는 전로(이하 이 장에서 '직류 저압 측 전로'라 한다.)는 아래에 규정하는 계산식에 의하여 구한 값

표 132-1의 직류 저압측 전로의 절연내력시험 전압의 계산방법은 다음과 같이 한다.

$$E = V \times \frac{1}{\sqrt{2}} \times 0.5 \times 1.2$$

E : 교류 시험전압(V를 단위로 한다.)

V : 역변환기의 전류 실패 시 중성선 또는 귀선이 되는 전로에 나타나는 교류성 이상전압의 파고 값(V를 단위로 한다). 다만, 전선에 케이블을 사용하는 경우 시험전압은 E의 2배의 직류전압으로 한다.

3. 최대사용전압이 60 kV를 초과하는 중성점 직접접지식 전로에 사용되는 전력케이블은 정격전압을 24시간 가하여 절연내력을 시험하였을 때 이에 견디는 경우, 제2의 규정에 의하지 아니할 수 있다(참고표준 : IEC 62067 및 IEC 60840).
4. 최대사용전압이 170 kV를 초과하고 양단이 중성점 직접접지 되어 있는 지중전선로는, 최대사용전압의 0.64배의 전압을 전로와 대지 사이(다심케이블에 있어서는, 심선상호 간 및 심선과 대지 사이)에 연속 60분간 절연내력시험을 했을 때 견디는 것인 경우 제2의 규정에 의하지 아니할 수 있다.
5. 특고압전로와 관련되는 절연내력은 설치하는 기기의 종류별 시험성적서 확인 또는 절연내력 확인방법에 적합한 시험 및 측정을 하고 결과가 적합한 경우에는 제2(표 132-1의 1을 제외한다)의 규정에 의하지 아니할 수 있다.
6. 고압 및 특고압의 전로에 전선으로 사용하는 케이블의 절연체가 XLPE 등 고분자 재료인 경우 0.1 Hz 정현파전압을 상 전압의 3배 크기로 전로와 대지사이에 연속하여 1시간 가하여 절연내력을 시험하였을 때에 이에 견디는 것에 대하여는 제2의 규정에 따르지 아니할 수 있다.

133 회전기 및 정류기의 절연내력

회전기 및 정류기는 표 133-1에서 정한 시험방법으로 절연내력을 시험하였을 때에 이에 견디어야 한다. 다만, 회전변류기 이외의 교류의 회전기로 표 133-1에서 정한 시험전압의 1.6배의 직류전압으로 절연내력을 시험하였을 때 이에 견디는 것을 시설하는 경우에는 그러하지 아니하다.

표 133-1 회전기 및 정류기 시험전압

<table>
<tr><th colspan="3">종류</th><th>시험전압</th><th>시험방법</th></tr>
<tr><td rowspan="3">회전기</td><td rowspan="2">발전기·전동기·조상기·기타 회전기(회전변류기를 제외한다.)</td><td>최대사용전압 7 kV 이하</td><td>최대사용전압의 1.5배의 전압(500 V 미만으로 되는 경우에는 500 V)</td><td rowspan="3">권선과 대지 사이에 연속하여 10분간 가한다.</td></tr>
<tr><td>최대사용전압 7 kV 초과</td><td>최대사용전압의 1.25배의 전압(10.5 kV 미만으로 되는 경우에는 10.5 kV)</td></tr>
<tr><td colspan="2">회전변류기</td><td>직류 측의 최대사용전압의 1배의 교류전압(500 V 미만으로 되는 경우에는 500 V)</td></tr>
<tr><td rowspan="2">정류기</td><td colspan="2">최대사용전압 60 kV 이하</td><td>직류 측의 최대사용전압의 1배의 교류전압(500 V 미만으로 되는 경우에는 500 V)</td><td>충전부분과 외함 간에 연속하여 10분간 가한다.</td></tr>
<tr><td colspan="2">최대사용전압 60 kV 초과</td><td>교류 측의 최대사용전압의 1.1배의 교류전압 또는 직류 측의 최대사용전압의 1.1배의 직류전압</td><td>교류 측 및 직류 고전압 측 단자와 대지 사이에 연속하여 10분간 가한다.</td></tr>
</table>

134 연료전지 및 태양전지 모듈의 절연내력

연료전지 및 태양전지 모듈은 최대사용전압의 1.5배의 직류전압 또는 1배의 교류전압(500 V 미만으로 되는 경우에는 500 V)을 충전부분과 대지사이에 연속하여 10분간 가하여 절연내력을 시험하였을 때에 이에 견디는 것이어야 한다.

135 변압기 전로의 절연내력

1. 변압기[방전등용 변압기·엑스선관용 변압기·흡상 변압기·시험용 변압기·계기용 변성기와 241.9에 규정(241.9.1의 2 제외)하는 전기집진 응용장치용의 변압기 기타 특수 용도에 사용되는 것을 제외한다. 이하 같다]의 전로는 표 135-1에서 정하는 시험전압 및 시험방법으로 절연내력을 시험하였을 때에 이에 견디어야 한다.

표 135-1 변압기 전로의 시험전압

권선의 종류	시험전압	시험방법
최대 사용전압 7 kV 이하	최대 사용전압의 1.5배의 전압(500 V 미만으로 되는 경우에는 500 V) 다만, 중성점이 접지되고 다중 접지된 중성선을 가지는 전로에 접속하는 것은 0.92배의 전압(500 V 미만으로 되는 경우에는 500 V)	시험되는 권선과 다른 권선, 철심 및 외함 간에 시험전압을 연속하여 10분간 가한다.
최대 사용전압 7 kV 초과 25 kV 이하의 권선으로서 중성점 접지식전로(중선선을 가지는 것으로서 그 중성선에 다중 접지를 하는 것에 한한다)에 접속하는 것	최대 사용전압의 0.92배의 전압	
최대 사용전압 7 kV 초과 60 kV 이하의 권선(2란의 것을 제외한다)	최대 사용전압의 1.25배의 전압(10.5 kV 미만으로 되는 경우에는 10.5 kV)	
최대 사용전압이 60 kV를 초과하는 권선으로서 중성점 비접지식 전로(전위 변성기를 사용하여 접지하는 것을 포함한다. 8란의 것을 제외한다)에 접속하는 것	최대 사용전압의 1.25배의 전압	
최대 사용전압이 60 kV를 초과하는 권선(성형결선, 또는 스콧결선의 것에 한 한다)으로서 중성점 접지식 전로(전위 변성기를 사용하여 접지 하는 것, 6란 및 8란의 것을 제외한다)에 접속하고 또한 성형결선의 권선의 경우에는 그 중성점에, 스콧결선의 권선의 경우에는 T좌권선과 주좌권선의 접속점에 피뢰기를 시설하는 것	최대 사용전압의 1.1배의 전압 (75 kV 미만으로 되는 경우에는 75 kV)	시험되는 권선의 중성점 단자(스콧결선의 경우에는 T좌권선과 주좌권선의 접속점 단자. 이하 이 표에서 같다) 이외의 임의의 1단자, 다른 권선(다른 권선이 2개 이상 있는 경우에는 각권선)의 임의의 1단자, 철심 및 외함을 접지하고 시험되는 권선의 중성점 단자 이외의 각 단자에 3상 교류의 시험 전압을 연속하여 10분간 가한다. 다만, 3상 교류의 시험전압 가하기 곤란할 경우에는 시험되는 권선의 중성점 단자 및 접지되는 단자 이외의 임의의 1단자와 대지 사이에 단상교류의 시험전압을 연속하여 10분간 가하고 다시 중성점 단자와 대지 사

		이에 최대 사용전압의 0.64배(스콧결선의 경우에는 0.96배)의 전압을 연속하여 10분간 가할 수 있다.
최대 사용전압이 60 kV를 초과하는 권선(성형결선의 것에 한 한다. 8란의 것을 제외한다)으로서 중성점 직접 접지식 전로에 접속하는 것 다만, 170 kV를 초과하는 권선에는 그 중성점에 피뢰기를 시설하는 것에 한 한다.	최대 사용전압의 0.72배의 전압	시험되는 권선의 중성점 단자, 다른 권선(다른 권선이 2개 이상 있는 경우에는 각 권선)의 임의의 1단자, 철심 및 외함을 접지하고 시험되는 권선의 중성점 단자 이외의 임의의 1단자와 대지 사이에 시험전압을 연속하여 10분간 가한다. 이 경우에 중성점에 피뢰기를 시설하는 것에 있어서는 다시 중성점 단자의 대지간에 최대사용전압의 0.3배의 전압을 연속하여 10분간 가한다.
최대 사용전압이 170 kV를 초과하는 권선(성형결선의 것에 한 한다. 8란의 것을 제외한다)으로서 중성점 직접 접지식 전로에 접속하고 또한 그 중성점을 직접 접지하는 것	최대 사용전압의 0.64배의 전압	시험되는 권선의 중성점 단자, 다른 권선(다른 권선이 2개 이상 있는 경우에는 각 권선)의 임의의 1단자, 철심 및 외함을 접지하고 시험되는 권선의 중성점 단자 이외의 임의의 1단자와 대지 사이에 시험전압을 연속하여 10분간 가한다.
최대 사용전압이 60 kV를 초과하는 정류기에 접속하는 권선	정류기의 교류 측의 최대 사용전압의 1.1배의 교류전압 또는 정류기의 직류측의 최대 사용전압의 1.1배의 직류전압	시험되는 권선과 다른 권선, 철심 및 외함 간에 시험전압을 연속하여 10분간 가한다.
기타 권선	최대 사용전압의 1.1배의 전압(75 kV 미만으로 되는 경우는 75 kV)	시험되는 권선과 다른 권선, 철심 및 외함 간에 시험전압을 연속하여 10분간 가한다.

2. 특고압전로와 관련되는 절연내력은 설치하는 기기의 종류별 시험성적서 확인 또는 절연내력 확인방법에 적합한 시험 및 측정을 하고 결과가 적합한 경우에는 제1의 규정에 의하지 아니할 수 있다.

136 기구 등의 전로의 절연내력

1. 개폐기·차단기·전력용 커패시터·유도전압조정기·계기용변성기 기타의 기구의 전로 및 발전소·변전소·개폐소 또는 이에 준하는 곳에 시설하는 기계기구의 접속선 및 모선(전로를 구성하는 것에 한 한다. 이하 "기구 등의 전로"라 한다)은 표 136-1에서 정하는 시험전압을 충전 부분과 대지 사이(다심케이블은 심선 상호 간 및 심선

과 대지 사이)에 연속하여 10분간 가하여 절연내력을 시험하였을 때에 이에 견디어야 한다. 다만, 접지형계기용변압기 · 전력선 반송용 결합커패시터 · 뇌서지 흡수용 커패시터 · 지락검출용 커패시터 · 재기전압 억제용 커패시터 · 피뢰기 또는 전력선반송용 결합리액터로서 다음에 따른 표준에 적합한 것 혹은 전선에 케이블을 사용하는 기계기구의 교류의 접속선 또는 모선으로서 표 136-1에서 정한 시험전압의 2배의 직류전압을 충전부분과 대지 사이(다심케이블에서는 심선 상호 간 및 심선과 대지 사이)에 연속하여 10분간 가하여 절연내력을 시험하였을 때에 이에 견디도록 시설할 때에는 그러하지 아니하다.

표 136-1 기구 등의 전로의 시험전압

종류	시험전압
최대 사용전압이 7 kV 이하인 기구 등의 전로	최대 사용전압이 1.5배의 전압(직류의 충전 부분에 대하여는 최대 사용전압의 1.5배의 직류전압 또는 1배의 교류전압) (500 V 미만으로 되는 경우에는 500 V)
최대 사용전압이 7 kV를 초과하고 25 kV 이하인 기구 등의 전로로서 중성점 접지식 전로(중성선을 가지는 것으로서 그 중성선에 다중 접지하는 것에 한 한다.)에 접속하는 것	최대 사용전압의 0.92배의 전압
최대 사용전압이 7 kV를 초과하고 60 kV 이하인 기구 등의 전로(2란의 것을 제외한다.)	최대 사용전압의 1.25배의 전압 (10.5 kV 미만으로 되는 경우에는 10.5 kV)
최대 사용전압이 60 kV를 초과하는 기구 등의 전로로서 중성점 비접지식 전로(전위변성기를 사용하여 접지하는 것을 포함하고, 8란의 것을 제외한다.)에 접속하는 것	최대 사용전압의 1.25배의 전압
최대 사용전압이 60 kV를 초과하는 기구 등의 전로로서 중성점 접지식 전로(전위변성기를 사용하여 접지하는 것을 제외한다.)에 접속하는 것(7란과 8란의 것을 제외한다.)	최대 사용전압의 1.1배의 전압 (75 kV 미만으로 되는 경우에는 75 kV)
최대 사용전압이 170 kV를 초과하는 기구 등의 전로로서 중성점 직접 접지식 전로에 접속하는 것(7란과 8란의 것을 제외한다.)	최대 사용전압의 0.72배의 전압
최대 사용전압이 170 kV를 초과하는 기구 등의 전로로서 중성점 직접 접지식 전로 중 중성점이 직접 접지되어 있는 발전소 또는 변전소 혹은 이에 준하는 장소의 전로에 접속하는 것(8란의 것을 제외한다.)	최대 사용전압의 0.64배의 전압

<table>
<tr><td rowspan="2">최대 사용전압이 60 kV를 초과하는 정류기의 교류 측 및 직류 측 전로에 접속하는 기구 등의 전로</td><td>교류 측 및 직류 고전압 측에 접속하는 기구 등의 전로는 교류 측의 최대 사용전압의 1.1배의 교류전압 또는 직류 측의 최대 사용전압의 1.1배의 직류전압</td></tr>
<tr><td>직류 저압 측 전로에 접속하는 기구 등의 전로는 3100-2에 서 규정하는 계산식으로 구한 값</td></tr>
</table>

(1) 단서의 규정에 의한 접지형계기용변압기의 표준은 KS C 1706(2013)[계기용변성기(표준용 및 일반 계기용)]의 "6.2.3 내전압" 또는 KS C 1707(2011)[계기용변성기(전력수급용)]의 "6.2.4 내전압"에 적합할 것

(2) 단서의 규정에 의한 전력선 반송용 결합커패시터의 표준은 고압단자와 접지된 저압 단자 간 및 저압단자와 외함 간의 내전압이 각각 KS C 1706(2013)[계기용변성기(표준용 및 일반 계기용)]의 "6.2.3 내전압"에 규정하는 커패시터형 계기용변압기의 주 커패시터 단자 간 및 1차 접지 측 단자와 외함 간의 내전압의 표준에 준할 것

(3) 단서의 규정에 의한 뇌서지 흡수용 커패시터·지락검출용 커패시터·재기전압억제용 커패시터의 표준은 다음과 같다.

① 사용전압이 고압 또는 특고압일 것

② 고압단자 또는 특고압단자 및 접지된 외함 사이에 표 136-2에서 정하고 있는 공칭전압의 구분 및 절연계급의 구분에 따라 각각 같은 표에서 정한 교류전압 및 직류전압을 다음과 같이 일정시간 가하여 절연내력을 시험하였을 때에 이에 견디는 것일 것

㈎ 교류전압에서는 1분간

㈏ 직류전압에서는 10초간

표 136-2 뇌서지흡수용·지락검출용 · 재기전압억제용 커패시터의 시험전압

공칭전압의 구분(kV)	절연계급의 구분	시험전압	
		교류(kV)	직류(kV)
3.3	A	16	45
	B	10	30
6.6	A	22	60
	B	16	45
11	A	28	90
	B	28	75

22	A	50	150
	B	50	125
	C	50	180
33	A	70	200
	B	70	170
	C	70	240
66	A	140	350
	C	140	420
77	A	160	400
	C	160	480

A : B 또는 C 이외의 경우

B : 뇌서지 전압의 침입이 적은 경우 또는 피뢰기 등의 보호 장치에 의해서 이상전압이 충분히 낮게 억제되는 경우

C : 피뢰기 등의 보호 장치의 보호범위 외에 시설되는 경우

(4) 단서의 규정에 의한 직렬 갭이 있는 피뢰기의 표준은 다음과 같다.

① 건조 및 주수상태에서 2분 이내의 시간간격으로 10회 연속하여 상용주파 방전개시전압을 측정하였을 때 표 136-3의 상용주파 방전개시전압의 값 이상일 것

② 직렬 갭 및 특성요소를 수납하기 위한 자기용기 등 평상시 또는 동작 시에 전압이 인가되는 부분에 대하여 표 136-3의 "상용주파전압"을 건조 상태에서 1분간, 주수상태에서 10초간 가할 때 섬락 또는 파괴되지 아니할 것

③ ②와 동일한 부분에 대하여 표 136-3의 "뇌 임펄스전압"을 건조 및 주수상태에서 정·부양극성으로 뇌 임펄스전압(파두장 0.5 ㎲ 이상 1.5 ㎲ 이하, 파미장 32 ㎲ 이상 48 ㎲ 이하인 것 이하 이호에서 같다)에서 각각 3회 가할 때 섬락 또는 파괴되지 아니할 것

④ 건조 및 주수상태에서 표 136-3의 "뇌임펄스 방전개시전압(표준)"을 정·부양극성으로 각각 10회 인가하였을 때 모두 방전하고 또한, 정·부양극성의 뇌임펄스전압에 의하여 방전개시전압과 방전개시시간의 특성을 구할 때 0.5 ㎲에서의 전압 값은 같은 표의 "뇌 임펄스방전개시전압(0.5 ㎲)"의 값 이하일 것

⑤ 정·부양극성의 뇌 임펄스전류(파두장 0.5 ㎲ 이상 1.5 ㎲ 이하, 파미장 32 ㎲ 이상 48 ㎲ 이하의 파형인 것)에 의하여 제한전압과 방전전류와의 특성을 구할 때, 공칭방전전류에서의 전압 값은 표 136-3의 "제한전압"의 값 이하일 것

(5) 단서의 규정에 의한 전력선 반송용 결합리액터의 표준은 다음과 같다.

① 사용전압은 고압일 것

② 60 ㎐의 주파수에 대한 임피던스는 사용전압의 구분에 따라 전압을 가하였을

때에 표 136-4에서 정한 값 이상일 것

③ 권선과 철심 및 외함 간에 최대사용전압이 1.5배의 교류전압을 연속하여 10분간 가하였을 때에 (이에) 견딜 것

2. 특고압전로와 관련되는 절연내력은 설치하는 기기의 종류별 시험성적서 확인 또는 절연내력 확인방법에 적합한 시험 및 측정을 하고 결과가 적합한 경우에는 제1의 규정에 의하지 아니할 수 있다.

표 136-3 직렬 갭이 있는 피뢰기의 상용주파 방전개시전압

<table>
<tr><th rowspan="3">피뢰기
정격전압
(실효값)
[kV]</th><th rowspan="3">상용주파
방전
개시전압
(실효값)
[kV]</th><th colspan="3">내전압[kV]</th><th colspan="2" rowspan="2">충격방전
개시전압
(파고값)[kV]</th><th colspan="3" rowspan="2">제한전압(파고값)
[kV]</th></tr>
<tr><th rowspan="2">상용주파
전압
(실효값)
[kV]</th><th colspan="2">충격전압
(파고값)[kV]</th></tr>
<tr><th>1.2×
50 μs</th><th>250×
2500 μs</th><th>1.2×
50 μs</th><th>250×
2500 μs</th><th>10 kA</th><th>5 kA</th><th>2.5 kA</th></tr>
<tr><td>7.5</td><td>11.25</td><td>21(20)</td><td>60</td><td>–</td><td>27</td><td>–</td><td>27</td><td>27</td><td>27</td></tr>
<tr><td>9</td><td>13.5</td><td>27(24)</td><td>75</td><td>–</td><td>32.5</td><td>–</td><td>–</td><td>–</td><td>32.5</td></tr>
<tr><td>12</td><td>18</td><td>50(45)</td><td>110</td><td>–</td><td>43</td><td>–</td><td>43</td><td>43</td><td>–</td></tr>
<tr><td>18</td><td>27</td><td>42(36)</td><td>125</td><td>–</td><td>65</td><td>–</td><td>–</td><td>–</td><td>65</td></tr>
<tr><td>21</td><td>31.5</td><td>70(60)</td><td>120</td><td>–</td><td>76</td><td>–</td><td>76</td><td>76</td><td>–</td></tr>
<tr><td>24</td><td>26</td><td>70(60)</td><td>150</td><td>–</td><td>87</td><td>–</td><td>87</td><td>87</td><td>–</td></tr>
<tr><td>72
75</td><td>112.5</td><td>175
(145)</td><td>350</td><td>–</td><td>270</td><td>–</td><td>270</td><td>270</td><td>–</td></tr>
<tr><td>138
144</td><td>207</td><td>325
(325)</td><td>750</td><td>–</td><td>460</td><td>–</td><td>460</td><td>–</td><td>–</td></tr>
<tr><td>288</td><td>432</td><td>450
(450)</td><td>1175</td><td>950</td><td>725</td><td>695</td><td>690</td><td>–</td><td>–</td></tr>
</table>

[비고] ( ) 안의 숫자는 주수시험 시 적용

표 136-4 전력선 반송용 결합리액터의 판정 임피던스

사용전압의 구분	전압	임피던스
3.5 kV 이하	2 kV	500 kΩ
3.5 kV 초과	4 kV	1,000 kΩ

| 140 접지시스템 |

141 접지시스템의 구분 및 종류

1. 접지시스템은 계통접지, 보호접지, 피뢰시스템 접지 등으로 구분한다.
2. 접지시스템의 시설 종류에는 단독접지, 공통접지, 통합접지가 있다.

142 접지시스템의 시설

142.1 접지시스템의 구성요소 및 요구사항

142.1.1 접지시스템 구성요소

1. 접지시스템은 접지극, 접지도체, 보호도체 및 기타 설비로 구성하고, 140에 의하는 것 이외에는 KS C IEC 60364-5-54(저압전기설비-제5-54부 : 전기기기의 선정 및 설치-접지설비 및 보호도체)에 의한다.
2. 접지극은 접지도체를 사용하여 주 접지 단자에 연결하여야 한다.

142.1.2 접지시스템 요구사항

1. 접지시스템은 다음에 적합하여야 한다.
   (1) 전기설비의 보호 요구사항을 충족하여야 한다.
   (2) 지락전류와 보호도체 전류를 대지에 전달할 것. 다만, 열적, 열·기계적, 전기·기계적 응력 및 이러한 전류로 인한 감전 위험이 없어야 한다.
   (3) 전기설비의 기능적 요구사항을 충족하여야 한다.
2. 접지저항 값은 다음에 의한다.
   (1) 부식, 건조 및 동결 등 대지환경 변화에 충족하여야 한다.
   (2) 인체감전보호를 위한 값과 전기설비의 기계적 요구에 의한 값을 만족하여야 한다.

142.2 접지극의 시설 및 접지저항

1. 접지극은 다음에 따라 시설하여야 한다.
   (1) 토양 또는 콘크리트에 매입되는 접지극의 재료 및 최소 굵기 등은 KS C IEC 60364-5-54(저압전기설비-제5-54부 : 전기기기의 선정 및 설치-접지설비 및 보호도체)의 "표 54.1(토양 또는 콘크리트에 매설되는 접지극으로 부식방지 및 기계적 강도를 대비하여 일반적으로 사용되는 재질의 최소 굵기)"에 따라야 한다.
   (2) 피뢰시스템의 접지는 152.1.3을 우선 적용하여야 한다.
2. 접지극은 다음의 방법 중 하나 또는 복합하여 시설하여야 한다.
   (1) 콘크리트에 매입된 기초 접지극

(2) 토양에 매설된 기초 접지극

(3) 토양에 수직 또는 수평으로 직접 매설된 금속 전극(봉, 전선, 테이프, 배관, 판 등)

(4) 케이블의 금속외장 및 그 밖에 금속피복

(5) 지중 금속 구조물(배관 등)

(6) 대지에 매설된 철근콘크리트의 용접된 금속 보강재. 다만, 강화콘크리트는 제외한다.

3. 접지극의 매설은 다음에 의한다.

(1) 접지극은 매설하는 토양을 오염시키지 않아야 하며, 가능한 다습한 부분에 설치한다.

(2) 접지극은 동결 깊이를 감안하여 시설하되 고압 이상의 전기설비와 142.5에 의하여 시설하는 접지극의 매설깊이는 지표면으로부터 지하 0.75 m 이상으로 한다. 다만, 발전소·변전소·개폐소 또는 이에 준하는 곳에 접지극을 322.5의1의 "(1)"에 준하여 시설하는 경우에는 그러하지 아니하다.

(3) 접지도체를 철주 기타의 금속체를 따라서 시설하는 경우에는 (접지극을 철주의 밑면으로부터 0.3 m 이상의 깊이에 매설하는 경우 이외에는) 접지극을 지중에서 그 금속체로부터 1 m 이상 떼어 매설하여야 한다.

4. 접지시스템 부식에 대한 고려는 다음에 의한다.

(1) 접지극에 부식을 일으킬 수 있는 폐기물 집하장 및 번화한 장소에 접지극 설치는 피해야 한다.

(2) 서로 다른 재질의 접지극을 연결할 경우 전식을 고려하여야 한다.

(3) 콘크리트 기초 접지극에 접속하는 접지도체가 용융 아연도금강제인 경우 접속부를 토양에 직접 매설해서는 안 된다.

5. 접지극을 접속하는 경우에는 발열성 용접, 압착접속, 클램프 또는 그 밖의 적절한 기계적 접속장치로 접속하여야 한다.

6. 가연성 액체나 가스를 운반하는 금속제 배관은 접지설비의 접지극으로 사용 할 수 없다. 다만, 보호 등전위 본딩은 예외로 한다.

7. 수도관 등을 접지극으로 사용하는 경우는 다음에 의한다.

(1) 지중에 매설되어 있고 대지와의 전기저항 값이 3 Ω 이하의 값을 유지하고 있는 금속제 수도관로가 다음에 따르는 경우 접지극으로 사용이 가능하다.

① 접지도체와 금속제 수도관로의 접속은 안지름 75 mm 이상인 부분 또는 여기에서 분기한 안지름 75 mm 미만인 분기점으로부터 5 m 이내의 부분에서 하여야 한다. 다만, 금속제 수도관로와 대지 사이의 전기저항 값이 2 Ω 이하인 경우에는 분기점으로부터의 거리는 5 m를 넘을 수 있다.

② 접지도체와 금속제 수도관로의 접속부를 수도계량기로부터 수도 수용가 측에 설치하는 경우에는 수도계량기를 사이에 두고 양측 수도관로를 등전위 본딩 하여야 한다.

③ 접지도체와 금속제 수도관로의 접속부를 사람이 접촉할 우려가 있는 곳에 설치하는 경우에는 손상을 방지하도록 방호장치를 설치하여야 한다.

④ 접지도체와 금속제 수도관로의 접속에 사용하는 금속제는 접속부에 전기적 부식이 생기지 않아야 한다.

(2) 건축물·구조물의 철골 기타의 금속제는 이를 비접지식 고압전로에 시설하는 기계기구의 철대 또는 금속제 외함의 접지공사 또는 비접지식 고압전로와 저압전로를 결합하는 변압기의 저압전로의 접지공사의 접지극으로 사용할 수 있다. 다만, 대지와의 사이에 전기저항 값이 2 Ω 이하인 값을 유지하는 경우에 한한다.

142.3 접지도체·보호도체

142.3.1 접지도체

1. 접지도체의 선정

(1) 접지도체의 단면적은 142.3.2의 1에 의하며 큰 고장전류가 접지도체를 통하여 흐르지 않을 경우 접지도체의 최소 단면적은 다음과 같다.

① 구리는 6 mm^2 이상

② 철제는 50 mm^2 이상

(2) 접지도체에 피뢰시스템이 접속되는 경우, 접지도체의 단면적은 구리 16 mm^2 또는 철 50 mm^2 이상으로 하여야 한다.

2. 접지도체와 접지극의 접속은 다음에 의한다.

(1) 접속은 견고하고 전기적인 연속성이 보장되도록, 접속부는 발열성 용접, 압착접속, 클램프 또는 그 밖에 적절한 기계적 접속장치에 의해야 한다. 다만, 기계적인 접속장치는 제작자의 지침에 따라 설치하여야 한다.

(2) 클램프를 사용하는 경우, 접지극 또는 접지도체를 손상시키지 않아야 한다. 납땜에만 의존하는 접속은 사용해서는 안 된다.

3. 접지도체를 접지극이나 접지의 다른 수단과 연결하는 것은 견고하게 접속하고, 전기적, 기계적으로 적합하여야 하며, 부식에 대해 적절하게 보호되어야 한다. 또한, 다음과 같이 매입되는 지점에는 "안전 전기 연결" 라벨이 영구적으로 고정되도록 시설하여야 한다.

(1) 접지극의 모든 접지도체 연결지점

(2) 외부도전성 부분의 모든 본딩도체 연결지점

(3) 주 개폐기에서 분리된 주 접지단자

4. 접지도체는 지하 0.75 m 부터 지표상 2 m 까지 부분은 합성수지관(두께 2 mm 미만의 합성수지제 전선관 및 가연성 콤바인 덕트관은 제외한다) 또는 이와 동등 이상의 절연효과와 강도를 가지는 몰드로 덮어야 한다.
5. 특고압 · 고압 전기설비 및 변압기 중성점 접지시스템의 경우 접지도체가 사람이 접촉할 우려가 있는 곳에 시설되는 고정설비인 경우에는 다음에 따라야 한다. 다만, 발전소·변전소·개폐소 또는 이에 준하는 곳에서는 개별 요구사항에 의한다.
   (1) 접지도체는 절연전선(옥외용 비닐절연전선은 제외) 또는 케이블(통신용 케이블은 제외)을 사용하여야 한다. 다만, 접지도체를 철주 기타의 금속체를 따라서 시설하는 경우 이외에는 접지도체의 지표상 0.6 m를 초과하는 부분에 대하여는 절연전선을 사용하지 않을 수 있다.
   (2) 접지극 매설은 142.2의 3에 따른다.
6. 접지도체의 굵기는 제1의 "(1)"에서 정한 것 이외에 고장 시 흐르는 전류를 안전하게 통할 수 있는 것으로서 다음에 의한다.
   (1) 특고압 · 고압 전기설비용 접지도체는 단면적 6 mm^2 이상의 연동선 또는 동등 이상의 단면적 및 강도를 가져야 한다.
   (2) 중성점 접지용 접지도체는 공칭단면적 16 mm^2 이상의 연동선 또는 동등 이상의 단면적 및 세기를 가져야 한다. 다만, 다음의 경우에는 공칭단면적 6 mm^2 이상의 연동선 또는 동등 이상의 단면적 및 강도를 가져야 한다.
      ① 7 kV 이하의 전로
      ② 사용전압이 25 kV 이하인 특고압 가공전선로. 다만, 중성선 다중접지 방식의 것으로서 전로에 지락이 생겼을 때 2초 이내에 자동적으로 이를 전로로부터 차단하는 장치가 되어 있는 것
   (3) 이동하여 사용하는 전기기계기구의 금속제 외함 등의 접지시스템의 경우는 다음의 것을 사용하여야 한다.
      ① 특고압 · 고압 전기설비용 접지도체 및 중성점 접지용 접지도체는 클로로프렌 캡타이어 케이블(3종 및 4종) 또는 클로로설포네이트 폴리에틸렌 캡타이어 케이블(3종 및 4종)의 1개 도체 또는 다심 캡타이어 케이블의 차폐 또는 기타의 금속체로 단면적이 10 mm^2 이상인 것을 사용한다.
      ② 저압 전기설비용 접지도체는 다심 코드 또는 다심 캡타이어 케이블의 1개 도체의 단면적이 0.75 mm^2 이상인 것을 사용한다. 다만, 기타 유연성이 있는 연동연선은 1개 도체의 단면적이 1.5 mm^2 이상인 것을 사용한다.

142.3.2 보호도체

1. 보호도체의 최소 단면적은 다음에 의한다.

(1) 보호도체의 최소 단면적은 "(2)"에 따라 계산하거나 표 142.3-1에 따라 선정할 수 있다. 다만, "(3)"의 요건을 고려하여 선정한다.

표 142.3-1 보호도체의 최소 단면적

선 도체의 단면적 S (mm^2, 구리)	보호도체의 최소 단면적(mm^2, 구리)	
	보호도체의 재질	
	선 도체와 같은 경우	선 도체와 다른 경우
$S \leq 16$	S	$(k_1/k_2) \times S$
$16 < S \leq 35$	16[a]	$(k_1/k_2) \times 16$
$S > 35$	S[a]/2	$(k_1/k_2) \times (S/2)$

여기서,
k_1 : 도체 및 절연의 재질에 따라 KS C IEC 60364-5-54(저압전기설비-제5-54부 : 전기기기의 선정 및 설치-접지설비 및 보호도체)의 "표 A54.1(여러 가지 재료의 변수값)" 또는 KS C IEC 60364-4-43(저압전기설비-제4-43부 : 안전을 위한 보호-과전류에 대한 보호)의 "표 43A(도체에 대한 k값)"에서 선정된 선도체에 대한 k값
k_2 : KS C IEC 60364-5-54(저압전기설비-제5-54부 : 전기기기의 선정 및 설치-접지설비 및 보호도체)의 "표 A.54.2(케이블에 병합되지 않고 다른 케이블과 묶여 있지 않은 절연 보호도체의 k값) ~ 표 A.54.6(제시된 온도에서 모든 인접 물질에 손상 위험성이 없는 경우 나도체의 k값)"에서 선정된 보호도체에 대한 k값
a : PEN 도체의 최소 단면적은 중성선과 동일하게 적용한다[KS C IEC 60364-5-52(저압전기설비-제5-52부 : 전기기기의 선정 및 설치-배선설비) 참조].

(2) 차단시간이 5초 이하인 경우에만 다음 계산식을 적용한다.

$$S = \frac{\sqrt{I^2 t}}{k}$$

여기서, S : 단면적(mm^2)
I : 보호 장치를 통해 흐를 수 있는 예상 고장전류 실효값(A)
t : 자동차단을 위한 보호 장치의 동작시간(s)
k : 보호도체, 절연, 기타 부위의 재질 및 초기온도와 최종온도에 따라 정해지는 계수로 KS C IEC 60364-5-54(저압전기설비-제5-54부 : 전기기기의 선정 및 설치-접지설비 및 보호도체)의 "부속서 A(기본보호에 관한 규정)"에 의한다.

(3) 보호도체가 케이블의 일부가 아니거나 선 도체와 동일 외함에 설치되지 않으면 단면적은 다음의 굵기 이상으로 하여야 한다.

① 기계적 손상에 대해 보호가 되는 경우는 구리 2.5 mm^2, 알루미늄 16 mm^2 이상

② 기계적 손상에 대해 보호가 되지 않는 경우는 구리 4 mm^2, 알루미늄 16 mm^2 이상

③ 케이블의 일부가 아니라도 전선관 및 트렁킹 내부에 설치되거나, 이와 유사한

방법으로 보호되는 경우 기계적으로 보호되는 것으로 간주한다.

(4) 보호도체가 두 개 이상의 회로에 공통으로 사용되면 단면적은 다음과 같이 선정하여야 한다.

① 회로 중 가장 부담이 큰 것으로 예상되는 고장전류 및 동작시간을 고려하여 "(1)" 또는 "(2)"에 따라 선정한다.

② 회로 중 가장 큰 선 도체의 단면적을 기준으로 "(1)"에 따라 선정한다.

2. 보호도체의 종류는 다음에 의한다.

(1) 보호도체는 다음 중 하나 또는 복수로 구성하여야 한다.

① 다심케이블의 도체

② 충전도체와 같은 트렁킹에 수납된 절연도체 또는 나도체

③ 고정된 절연도체 또는 나도체

④ "(2)" ①, ② 조건을 만족하는 금속케이블 외장, 케이블 차폐, 케이블 외장, 전선묶음(편조전선), 동심도체, 금속관

(2) 전기설비에 저압개폐기, 제어반 또는 버스덕트와 같은 금속제 외함을 가진 기기가 포함된 경우, 금속함이나 프레임이 다음과 같은 조건을 모두 충족하면 보호도체로 사용이 가능하다.

① 구조·접속이 기계적, 화학적 또는 전기화학적 열화에 대해 보호할 수 있으며 전기적 연속성을 유지 하는 경우

② 도전성이 제1의 "(1)" 또는 "(2)"의 조건을 충족하는 경우

③ 연결하고자 하는 모든 분기 접속점에서 다른 보호도체의 연결을 허용하는 경우

(3) 다음과 같은 금속부분은 보호도체 또는 보호 본딩도체로 사용해서는 안 된다.

① 금속 수도관

② 가스·액체·분말과 같은 잠재적인 인화성 물질을 포함하는 금속관

③ 상시 기계적 응력을 받는 지지 구조물 일부

④ 가요성 금속배관. 다만, 보호도체의 목적으로 설계된 경우는 예외로 한다.

⑤ 가요성 금속전선관

⑥ 지지선, 케이블트레이 및 이와 비슷한 것

3. 보호도체의 전기적 연속성은 다음에 의한다.

(1) 보호도체의 보호는 다음에 의한다.

① 기계적인 손상, 화학적·전기화학적 열화, 전기역학적·열역학적 힘에 대해 보호되어야 한다.

② 나사접속·클램프접속 등 보호도체 사이 또는 보호도체와 타 기기 사이의 접속은 전기적 연속성 보장 및 충분한 기계적 강도와 보호를 구비하여야 한다.

③ 보호도체를 접속하는 나사는 다른 목적으로 겸용해서는 안 된다.

④ 접속부는 납땜(soldering)으로 접속해서는 안 된다.

(2) 보호도체의 접속부는 검사와 시험이 가능하여야 한다. 다만 다음의 경우는 예외로 한다.

① 화합물로 충전된 접속부

② 캡슐로 보호되는 접속부

③ 금속관, 덕트 및 버스 덕트에서의 접속부

④ 기기의 한 부분으로서 규정에 부합하는 접속부

⑤ 용접(welding)이나 경 납땜(brazing)에 의한 접속부

⑥ 압착 공구에 의한 접속부

4. 보호도체에는 어떠한 개폐장치를 연결해서는 안 된다. 다만, 시험목적으로 공구를 이용하여 보호도체를 분리할 수 있는 접속점을 만들 수 있다.

5. 접지에 대한 전기적 감시를 위한 전용장치(동작센서, 코일, 변류기 등)를 설치하는 경우, 보호도체 경로에 직렬로 접속하면 안 된다.

6. 기기·장비의 노출도전부는 다른 기기를 위한 보호도체의 부분을 구성하는데 사용할 수 없다. 다만, 제2의 "(2)"에서 허용하는 것은 제외한다.

142.3.3 보호도체의 단면적 보강

1. 보호도체는 정상 운전상태에서 전류의 전도성 경로(전기자기 간섭 보호용 필터의 접속 등으로 인한)로 사용되지 않아야 한다.

2. 전기설비의 정상 운전상태에서 보호도체에 10 mA를 초과하는 전류가 흐르는 경우, 다음에 의해 보호도체를 증강하여 사용하여야 한다.

(1) 보호도체가 하나인 경우 보호도체의 단면적은 전 구간에 구리 10 mm^2 이상 또는 알루미늄 16 mm^2 이상으로 하여야 한다.

(2) 추가로 보호도체를 위한 별도의 단자가 구비된 경우, 최소한 고장보호에 요구되는 보호도체의 단면적은 구리 10 mm^2, 알루미늄 16 mm^2 이상으로 한다.

142.3.4 보호도체와 계통도체 겸용

1. 보호도체와 계통도체를 겸용하는 겸용도체(중성선과 겸용, 선도체와 겸용, 중간도체와 겸용 등)는 해당하는 계통의 기능에 대한 조건을 만족하여야 한다.

2. 겸용도체는 고정된 전기설비에서만 사용할 수 있으며 다음에 의한다.

(1) 단면적은 구리 10 mm^2 또는 알루미늄 16 mm^2 이상이어야 한다.

(2) 중성선과 보호도체의 겸용도체는 전기설비의 부하 측으로 시설하여서는 안 된다.

(3) 폭발성 분위기 장소는 보호도체를 전용으로 하여야 한다.

3. 겸용도체의 성능은 다음에 의한다.
   (1) 공칭전압과 같거나 높은 절연성능을 가져야 한다.
   (2) 배선설비의 금속 외함은 겸용도체로 사용해서는 안 된다. 다만, KS C IEC 60439-2(저전압 개폐장치 및 제어장치 부속품-제2부 : 버스바 트렁킹 시스템의 개별 요구사항)에 의한 것 또는 KS C IEC 61534-1(전원 트랙-제1부 : 일반요구사항)에 의한 것은 제외한다.
4. 겸용도체는 다음 사항을 준수하여야 한다.
   (1) 전기설비의 일부에서 중성선 · 중간도체 · 선도체 및 보호도체가 별도로 배선되는 경우, 중성선 · 중간도체 · 선도체를 전기설비의 다른 접지된 부분에 접속해서는 안 된다. 다만, 겸용도체에서 각각의 중성선 · 중간도체 · 선도체와 보호도체를 구성하는 것은 허용한다.
   (2) 겸용도체는 보호도체용 단자 또는 바에 접속되어야 한다.
   (3) 계통외 도전부는 겸용도체로 사용해서는 안 된다.

142.3.5 보호접지 및 기능접지의 겸용도체

1. 보호접지와 기능접지 도체를 겸용하여 사용할 경우 142.3.2에 대한 조건과 143 및 153.2(피뢰시스템 등전위 본딩)의 조건에도 적합하여야 한다.
2. 전자통신기기에 전원공급을 위한 직류귀환 도체는 겸용도체(PEL 또는 PEM)로 사용 가능하고, 기능접지도체와 보호도체를 겸용할 수 있다.

142.3.6 감전보호에 따른 보호도체

과전류 보호 장치를 감전에 대한 보호용으로 사용하는 경우, 보호도체는 충전도체와 같은 배선설비에 병합시키거나 근접한 경로로 설치하여야 한다.

142.3.7 주 접지단자

1. 접지시스템은 주 접지단자를 설치하고, 다음의 도체들을 접속하여야 한다.
   (1) 등전위 본딩도체
   (2) 접지도체
   (3) 보호도체
   (4) 관련이 있는 경우, 기능성 접지도체
2. 여러 개의 접지단자가 있는 장소는 접지단자를 상호 접속하여야 한다.
3. 주 접지 단자에 접속하는 각 접지도체는 개별적으로 분리할 수 있어야 하며, 접지저항을 편리하게 측정할 수 있어야 한다. 다만, 접속은 견고해야 하며 공구에 의해서만 분리되는 방법으로 하여야 한다.

142.4 전기수용가 접지

142.4.1 저압수용가 인입구 접지

1. 수용장소 인입구 부근에서 다음의 것을 접지극으로 사용하여 변압기 중성점 접지를 한 저압전선로의 중성선 또는 접지 측 전선에 추가로 접지공사를 할 수 있다.
   (1) 지중에 매설되어 있고 대지와의 전기저항 값이 3 Ω 이하의 값을 유지하고 있는 금속제 수도관로
   (2) 대지 사이의 전기저항 값이 3 Ω 이하인 값을 유지하는 건물의 철골
2. 제1에 따른 접지도체는 공칭단면적 6 mm^2 이상의 연동선 또는 이와 동등 이상의 세기 및 굵기의 쉽게 부식하지 않는 금속선으로서 고장 시 흐르는 전류를 안전하게 통할 수 있는 것이어야 한다. 다만, 접지도체를 사람이 접촉할 우려가 있는 곳에 시설할 때에는 142.3.1의 6에 따른다.

142.4.2 주택 등 저압수용장소 접지

1. 저압수용장소에서 계통접지가 TN-C-S 방식인 경우에 보호도체는 다음에 따라 시설하여야 한다.
   (1) 보호도체의 최소 단면적은 142.3.2의 1에 의한 값 이상으로 한다.
   (2) 중성선 겸용 보호도체(PEN)는 고정 전기설비에만 사용할 수 있고, 그 도체의 단면적이 구리는 10 mm^2 이상, 알루미늄은 16 mm^2 이상이어야 하며, 그 계통의 최고전압에 대하여 절연되어야 한다.
2. 제1에 따른 접지의 경우에는 감전보호용 등전위 본딩을 하여야 한다. 다만, 이 조건을 충족시키지 못하는 경우에 중성선 겸용 보호도체를 수용장소의 인입구 부근에 추가로 접지하여야 하며, 그 접지저항 값은 접촉전압을 허용접촉전압 범위 내로 제한하는 값 이하로 하여야 한다.

142.5 변압기 중성점 접지

1. 변압기의 중성점 접지 저항값은 다음에 의한다.
   (1) 일반적으로 변압기의 고압·특고압 측 전로 1선 지락전류로 150을 나눈 값과 같은 저항값 이하
   (2) 변압기의 고압·특고압 측 전로 또는 사용전압이 35 kV 이하의 특고압 전로가 저압측 전로와 혼촉하고 저압전로의 대지전압이 150 V를 초과하는 경우 저항값은 다음에 의한다.
      ① 1초 초과 2초 이내에 고압·특고압 전로를 자동으로 차단하는 장치를 설치할 때는 300을 나눈 값 이하

② 1초 이내에 고압 · 특고압 전로를 자동으로 차단하는 장치를 설치할 때는 600을 나눈 값 이하

2. 전로의 1선 지락전류는 실측값에 의한다. 다만, 실측이 곤란한 경우에는 선로정수 등으로 계산한 값에 의한다.

142.6 공통접지 및 통합접지

1. 고압 및 특고압과 저압 전기설비의 접지극이 서로 근접하여 시설되어 있는 변전소 또는 이와 유사한 곳에서는 다음과 같이 공통접지시스템으로 할 수 있다.
   (1) 저압 전기설비의 접지극이 고압 및 특고압 접지극의 접지저항 형성영역에 완전히 포함되어 있다면 위험전압이 발생하지 않도록 이들 접지극을 상호 접속하여야 한다.
   (2) 접지시스템에서 고압 및 특고압 계통의 지락사고 시 저압계통에 가해지는 상용주파 과전압은 표 142.6-1 에서 정한 값을 초과해서는 안 된다.

표 142.6-1 저압설비 허용 상용주파 과전압

고압계통에서 지락고장시간(초)	저압설비 허용 상용주파 과전압(V)	비고
>5	U_0 + 250	중성선 도체가 없는 계통에서 U_0는 선간전압을 말한다.
≤5	U_0 + 1200	
1. 순시 상용주파 과전압에 대한 저압기기의 절연 설계기준과 관련된다. 2. 중성선이 변전소 변압기의 접지계통에 접속된 계통에서, 건축물 외부에 설치한 외함이 접지되지 않은 기기의 절연에는 일시적 상용주파 과전압이 나타날 수 있다.		

   (3) 고압 및 특고압을 수전 받는 수용가의 접지계통을 수전 전원의 다중 접지된 중성선과 접속하면 "(2)"의 요건은 충족하는 것으로 간주할 수 있다.
   (4) 기타 공통접지와 관련한 사항은 KS C IEC 61936-1(교류 1 kV 초과 전력설비-제1부 : 공통 규정)의 "10 접지시스템"에 의한다.

2. 전기설비의 접지설비, 건축물의 피뢰설비·전자통신설비 등의 접지극을 공용하는 통합접지시스템으로 하는 경우 다음과 같이 하여야 한다.
   (1) 통합접지시스템은 제1에 의한다.
   (2) 낙뢰에 의한 과전압 등으로부터 전기전자기기 등을 보호하기 위해 153.1의 규정에 따라 서지 보호 장치를 설치하여야 한다.

142.7 기계기구의 철대 및 외함의 접지

1. 전로에 시설하는 기계기구의 철대 및 금속제 외함(외함이 없는 변압기 또는 계기용 변성기는 철심)에는 140에 의한 접지공사를 하여야 한다.
2. 다음의 어느 하나에 해당하는 경우에는 제1의 규정에 따르지 않을 수 있다.
   (1) 사용전압이 직류 300 V 또는 교류 대지전압이 150 V 이하인 기계기구를 건조한 곳에 시설하는 경우
   (2) 저압용의 기계기구를 건조한 목재의 마루 기타 이와 유사한 절연성 물건 위에서 취급하도록 시설하는 경우
   (3) 저압용이나 고압용의 기계기구, 341.2에서 규정하는 특고압 전선로에 접속하는 배전용 변압기나 이에 접속하는 전선에 시설하는 기계기구 또는 333.32의 1과 4에서 규정하는 특고압 가공전선로의 전로에 시설하는 기계기구를 사람이 쉽게 접촉할 우려가 없도록 목주 기타 이와 유사한 것의 위에 시설하는 경우
   (4) 철대 또는 외함의 주위에 적당한 절연대를 설치하는 경우
   (5) 외함이 없는 계기용 변성기가 고무·합성수지 기타의 절연물로 피복한 것일 경우
   (6) 「전기용품 및 생활용품 안전관리법」의 적용을 받는 이중절연구조로 되어 있는 기계기구를 시설하는 경우
   (7) 저압용 기계기구에 전기를 공급하는 전로의 전원측에 절연 변압기(2차 전압이 300 V 이하이며, 정격용량이 3 kVA 이하인 것에 한한다)를 시설하고 또한 그 절연 변압기의 부하측 전로를 접지하지 않은 경우
   (8) 물기 있는 장소 이외의 장소에 시설하는 저압용의 개별 기계기구에 전기를 공급하는 전로에 「전기용품 및 생활용품 안전관리법」의 적용을 받는 인체감전보호용 누전 차단기(정격감도전류가 30 mA 이하, 동작시간이 0.03초 이하의 전류동작형에 한한다)를 시설하는 경우
   (9) 외함을 충전하여 사용하는 기계기구에 사람이 접촉할 우려가 없도록 시설하거나 절연대를 시설하는 경우

143 감전보호용 등전위 본딩

143.1 등전위 본딩의 적용

1. 건축물·구조물에서 접지도체, 주 접지단자와 다음의 도전성 부분은 등전위 본딩하여야 한다. 다만, 이들 부분이 다른 보호도체로 주 접지단자에 연결된 경우는 그러하지 아니하다.

(1) 수도관·가스관 등 외부에서 내부로 인입되는 금속배관

(2) 건축물·구조물의 철근, 철골 등 금속보강재

(3) 일상생활에서 접촉이 가능한 금속제 난방배관 및 공조 설비 등 계통외 도전부

2. 주 접지단자에 보호 등전위 본딩 도체, 접지도체, 보호도체, 기능성 접지도체를 접속하여야 한다.

143.2 등전위 본딩 시설

143.2.1 보호 등전위 본딩

1. 건축물·구조물의 외부에서 내부로 들어오는 각종 금속제 배관은 다음과 같이 하여야 한다.

(1) 1개소에 집중하여 인입하고, 인입구 부근에서 서로 접속하여 등전위 본딩 바에 접속하여야 한다.

(2) 대형건축물 등으로 1개소에 집중하여 인입하기 어려운 경우에는 본딩 도체를 1개의 본딩 바에 연결한다.

2. 수도관·가스관의 경우 내부로 인입된 최초의 밸브 후단에서 등전위 본딩을 하여야 한다.

3. 건축물·구조물의 철근, 철골 등 금속보강재는 등전위 본딩을 하여야 한다.

143.2.2 보조 보호 등전위 본딩

1. 보조 보호 등전위 본딩의 대상은 전원자동차단에 의한 감전보호방식에서 고장 시 자동차단시간이 211.2.3의 3에서 요구하는 계통별 최대차단시간을 초과하는 경우이다.

2. 제1의 차단시간을 초과하고 2.5 m 이내에 설치된 고정기기의 노출도전부와 계통외 도전부는 보조 보호 등전위 본딩을 하여야 한다. 다만, 보조 보호 등전위 본딩의 유효성에 관해 의문이 생길 경우 동시에 접근 가능한 노출도전부와 계통외 도전부 사이의 저항 값(R)이 다음의 조건을 충족하는지 확인하여야 한다.

교류 계통 : $R \le \dfrac{50\ V}{I_a}$ [Ω]

직류 계통 : $R \le \dfrac{120\ V}{I_a}$ [Ω]

I_a : 보호 장치의 동작전류(A)

(누전차단기의 경우 $I_{\triangle n}$(정격감도전류), 과전류 보호 장치의 경우 5초 이내 동작전류)

143.2.3 비접지 국부 등전위 본딩

1. 절연성 바닥으로 된 비접지 장소에서 다음의 경우 국부 등전위 본딩을 하여야 한다.
   (1) 전기설비 상호 간이 2.5 m 이내인 경우
   (2) 전기설비와 이를 지지하는 금속체 사이
2. 전기설비 또는 계통외 도전부를 통해 대지에 접촉하지 않아야 한다.

143.3 등전위 본딩 도체

143.3.1 보호 등전위 본딩 도체

1. 주 접지단자에 접속하기 위한 등전위 본딩 도체는 설비 내에 있는 가장 큰 보호접지도체 단면적의 $\frac{1}{2}$ 이상의 단면적을 가져야 하고 다음의 단면적 이상이어야 한다.
   (1) 구리도체 6 mm^2
   (2) 알루미늄 도체 16 mm^2
   (3) 강철 도체 50 mm^2
2. 주 접지단자에 접속하기 위한 보호 본딩 도체의 단면적은 구리도체 25 mm^2 또는 다른 재질의 동등한 단면적을 초과할 필요는 없다.
3. 등전위 본딩 도체의 상호접속은 153.2.1의 2를 따른다.

143.3.2 보조 보호 등전위 본딩 도체

1. 두 개의 노출도전부를 접속하는 경우 도전성은 노출도전부에 접속된 더 작은 보호도체의 도전성보다 커야 한다.
2. 노출도전부를 계통외 도전부에 접속하는 경우 도전성은 같은 단면적을 갖는 보호도체의 $\frac{1}{2}$ 이상이어야 한다.
3. 케이블의 일부가 아닌 경우 또는 선로도체와 함께 수납되지 않은 본딩 도체는 다음 값 이상이어야 한다.
   (1) 기계적 보호가 된 것은 구리도체 2.5 mm^2, 알루미늄 도체 16 mm^2
   (2) 기계적 보호가 없는 것은 구리도체 4 mm^2, 알루미늄 도체 16 mm^2

| 150 피뢰시스템 |

151 피뢰시스템의 적용범위 및 구성

151.1 적용범위

다음에 시설되는 피뢰시스템에 적용한다.

1. 전기전자설비가 설치된 건축물·구조물로서 낙뢰로부터 보호가 필요한 것 또는 지상으로부터 높이가 20 m 이상인 것
2. 전기설비 및 전자설비 중 낙뢰로부터 보호가 필요한 설비

151.2 피뢰시스템의 구성

1. 직격뢰로부터 대상물을 보호하기 위한 외부 피뢰시스템
2. 간접뢰 및 유도뢰로부터 대상물을 보호하기 위한 내부 피뢰시스템

151.3 피뢰시스템 등급선정

피뢰시스템 등급은 대상물의 특성에 따라 KS C IEC 62305-1(피뢰시스템-제1부 : 일반원칙)의 "8.2 피뢰레벨", KS C IEC 62305-2(피뢰시스템-제2부 : 리스크관리), KS C IEC 62305-3(피뢰시스템-제3부 : 구조물의 물리적 손상 및 인명위험)의 "4.1 피뢰시스템의 등급"에 의한 피뢰레벨 따라 선정한다. 다만, 위험물의 제조소 등에 설치하는 피뢰시스템은 Ⅱ 등급 이상으로 하여야 한다.

152 외부 피뢰시스템

152.1 수뢰부시스템

1. 수뢰부시스템의 선정은 다음에 의한다.
   (1) 돌침, 수평도체, 메시도체의 요소 중에 한 가지 또는 이를 조합한 형식으로 시설하여야 한다.
   (2) 수뢰부시스템 재료는 KS C IEC 62305-3(피뢰시스템-제3부 : 구조물의 물리적 손상 및 인명위험)의 "표 6(수뢰도체, 피뢰침, 대지 인입봉과 인하도선의 재료, 형상과 최소단면적)"에 따른다.
   (3) 자연적 구성부재가 KS C IEC 62305-3(피뢰시스템-제3부 : 구조물의 물리적 손상 및 인명위험)의 "5.2.5 자연적 구성부재"에 적합하면 수뢰부시스템으로 사용할 수 있다.

2. 수뢰부시스템의 배치는 다음에 의한다.

(1) 보호각법, 회전구체법, 메시법 중 하나 또는 조합된 방법으로 배치하여야 한다. 다만, 피뢰시스템의 보호각, 회전구체 반경, 메시 크기의 최댓값은 KS C IEC 62305-3(피뢰시스템-제3부 : 구조물의 물리적 손상 및 인명위험)의 "표 2(피뢰시스템의 등급별 회전구체 반지름, 메시 치수와 보호각의 최댓값)" 및 "그림 1(피뢰시스템의 등급별 보호각)"에 따른다.

(2) 건축물·구조물의 뾰족한 부분, 모서리 등에 우선하여 배치한다.

3. 지상으로부터 높이 60 m를 초과하는 건축물·구조물에 측뢰 보호가 필요한 경우에는 수뢰부시스템을 시설하여야 하며, 다음에 따른다.

(1) 전체 높이 60 m를 초과하는 건축물·구조물의 최상부로부터 20 % 부분에 한하며, 피뢰시스템 등급 Ⅳ의 요구사항에 따른다.

(2) 자연적 구성부재가 제1의 "(3)"에 적합하면, 측뢰 보호용 수뢰부로 사용할 수 있다.

4. 건축물·구조물과 분리되지 않은 수뢰부시스템의 시설은 다음에 따른다.

(1) 지붕 마감재가 불연성 재료로 된 경우 지붕표면에 시설할 수 있다.

(2) 지붕 마감재가 높은 가연성 재료로 된 경우 지붕재료와 다음과 같이 이격하여 시설한다.

① 초가지붕 또는 이와 유사한 경우 0.15 m 이상

② 다른 재료의 가연성 재료인 경우 0.1 m 이상

5. 건축물·구조물을 구성하는 금속판 또는 금속배관 등 자연적 구성부재를 수뢰부로 사용하는 경우 제1의 "(3)" 조건에 충족하여야 한다.

152.2 인하도선시스템

1. 수뢰부시스템과 접지시스템을 전기적으로 연결하는 것으로 다음에 의한다.

(1) 복수의 인하도선을 병렬로 구성해야 한다. 다만, 건축물·구조물과 분리된 피뢰시스템인 경우 예외로 할 수 있다.

(2) 도선경로의 길이가 최소가 되도록 한다.

(3) 인하도선시스템 재료는 KS C IEC 62305-3(피뢰시스템-제3부 : 구조물의 물리적 손상 및 인명위험)의 "표 6(수뢰도체, 피뢰침, 대지 인입봉과 인하도선의 재료, 형상과 최소단면적)"에 따른다.

2. 배치 방법은 다음에 의한다.

(1) 건축물·구조물과 분리된 피뢰시스템인 경우

① 뇌전류의 경로가 보호대상물에 접촉하지 않도록 하여야 한다.

② 별개의 지주에 설치되어 있는 경우 각 지주마다 1가닥 이상의 인하도선을 시설한다.

③ 수평도체 또는 메시도체인 경우 지지 구조물마다 1가닥 이상의 인하도선을 시설한다.

(2) 건축물·구조물과 분리되지 않은 피뢰시스템인 경우

① 벽이 불연성 재료로 된 경우에는 벽의 표면 또는 내부에 시설할 수 있다. 다만, 벽이 가연성 재료인 경우에는 0.1 m 이상 이격하고, 이격이 불가능 한 경우에는 도체의 단면적을 100 mm^2 이상으로 한다.

② 인하도선의 수는 2가닥 이상으로 한다.

③ 보호대상 건축물·구조물의 투영에 따른 둘레에 가능한 한 균등한 간격으로 배치한다. 다만, 노출된 모서리 부분에 우선하여 설치한다.

④ 병렬 인하도선의 최대 간격은 피뢰시스템 등급에 따라 Ⅰ·Ⅱ 등급은 10 m, Ⅲ 등급은 15 m, Ⅳ 등급은 20 m로 한다.

3. 수뢰부시스템과 접지극시스템 사이에 전기적 연속성이 형성되도록 다음에 따라 시설하여야 한다.

(1) 경로는 가능한 한 루프 형성이 되지 않도록 하고, 최단거리로 곧게 수직으로 시설하여야 하며, 처마 또는 수직으로 설치 된 홈통 내부에 시설하지 않아야 한다.

(2) 철근콘크리트 구조물의 철근을 자연적 구성부재의 인하도선으로 사용하기 위해서는 해당 철근 전체 길이의 전기저항 값은 0.2 Ω 이하가 되어야 하며, 전기적 연속성은 KS C IEC 62305-3(피뢰시스템-제3부 : 구조물의 물리적 손상 및 인명위험)의 "4.3 철근콘크리트 구조물에서 강제 철골조의 전기적 연속성"에 따라야 한다.

(3) 시험용 접속점을 접지극시스템과 가까운 인하도선과 접지극시스템의 연결부분에 시설하고, 이 접속점은 항상 폐로 되어야 하며 측정 시에 공구 등으로만 개방할 수 있어야 한다. 다만, 자연적 구성부재를 이용하거나, 자연적 구성부재 등과 본딩을 하는 경우에는 예외로 한다.

4. 인하도선으로 사용하는 자연적 구성부재는 KS C IEC 62305-3(피뢰시스템-제3부 : 구조물의 물리적 손상 및 인명위험)의 "4.3 철근콘크리트 구조물에서 강제 철골조의 전기적 연속성"과 "5.3.5 자연적 구성 부재"의 조건에 적합해야 하며 다음에 따른다.

(1) 각 부분의 전기적 연속성과 내구성이 확실하고, 제1의 "(3)"에서 인하도선으로 규정된 값 이상인 것

(2) 전기적 연속성이 있는 구조물 등의 금속제 구조체(철골, 철근 등)

(3) 구조물 등의 상호 접속된 강제 구조체

(4) 건축물 외벽 등을 구성하는 금속 구조재의 크기가 인하도선에 대한 요구사항에 부합하고 또한 두께가 0.5 mm 이상인 금속판 또는 금속관

(5) 인하도선을 구조물 등의 상호 접속된 철근·철골 등과 본딩하거나, 철근·철골 등을 인하도선으로 사용하는 경우 수평 환상도체는 설치하지 않아도 된다.

(6) 인하도선의 접속은 152.4에 따른다.

152.3 접지극시스템

1. 뇌전류를 대지로 방류시키기 위한 접지극시스템은 다음에 의한다.
   (1) A형 접지극(수평 또는 수직접지극) 또는 B형 접지극(환상도체 또는 기초접지극) 중 하나 또는 조합하여 시설할 수 있다.
   (2) 접지극시스템의 재료는 KS C IEC 62305-3(피뢰시스템-제3부 : 구조물의 물리적 손상 및 인명위험)의 "표 7(접지극의 재료, 형상과 최소치수)"에 따른다.
2. 접지극시스템 배치는 다음에 의한다.
   (1) A형 접지극은 최소 2개 이상을 균등한 간격으로 배치해야 하고, KS C IEC 62305-3(피뢰시스템-제3부 : 구조물의 물리적 손상 및 인명위험)의 "5.4.2.1 A형 접지극 배열"에 의한 피뢰시스템 등급별 대지 저항률에 따른 최소길이 이상으로 한다.
   (2) B형 접지극은 접지극 면적을 환산한 평균반지름이 KS C IEC 62305-3(피뢰시스템-제3부 : 구조물의 물리적 손상 및 인명위험)의 "그림 3(LPS 등급별 각 접지극의 최소길이)"에 의한 최소길이 이상으로 하여야 하며, 평균반지름이 최소길이 미만인 경우에는 해당하는 길이의 수평 또는 수직매설 접지극을 추가로 시설하여야 한다. 다만, 추가하는 수평 또는 수직매설 접지극의 수는 최소 2개 이상으로 한다.
   (3) 접지극시스템의 접지저항이 10 Ω 이하인 경우 제2의 "(1)"과 "(2)"에도 불구하고 최소 길이 이하로 할 수 있다.
3. 접지극은 다음에 따라 시설한다.
   (1) 지표면에서 0.75 m 이상 깊이로 매설 하여야 한다. 다만, 필요시는 해당 지역의 동결심도를 고려한 깊이로 할 수 있다.
   (2) 대지가 암반지역으로 대지저항이 높거나 건축물·구조물이 전자통신시스템을 많이 사용하는 시설의 경우에는 환상도체 접지극 또는 기초접지극으로 한다.
   (3) 접지극 재료는 대지에 환경오염 및 부식의 문제가 없어야 한다.
   (4) 철근콘크리트 기초 내부의 상호 접속된 철근 또는 금속제 지하구조물 등 자연적 구성부재는 접지극으로 사용할 수 있다.

152.4 부품 및 접속

1. 재료의 형상에 따른 최소단면적은 KS C IEC 62305-3(피뢰시스템-제3부 : 구조물의 물리적 손상 및 인명위험)의 "표 6(수뢰도체, 피뢰침, 대지 인입 봉과 인하도선의 재료, 형상과 최소단면적)"에 따른다.
2. 피뢰시스템용의 부품은 KS C IEC 62305-3(구조물의 물리적 손상 및 인명위험) 표 5(피뢰시스템의 재료와 사용조건)에 의한 재료를 사용하여야 한다. 다만, 기계적, 전기적, 화학적 특성이 동등 이상인 경우 다른 재료를 사용할 수 있다.
3. 도체의 접속부 수는 최소한으로 하여야 하며, 접속은 용접, 압착, 봉합, 나사 조임, 볼트 조임 등의 방법으로 확실하게 하여야 한다. 다만, 철근콘크리트 구조물 내부의 철골조의 접속은 152.2의 3의 "(2)"에 따른다.

152.5 옥외에 시설된 전기설비의 피뢰시스템

1. 고압 및 특고압 전기설비에 대한 피뢰시스템은 152.1 내지 152.4에 따른다.
2. 외부에 낙뢰차폐선이 있는 경우 이것을 접지하여야 한다.
3. 자연적 구성부재의 조건에 적합한 강철제 구조체 등을 자연적 구성부재 인하도선으로 사용할 수 있다.

153 내부 피뢰시스템

153.1 전기전자설비 보호

153.1.1 일반사항

1. 전기전자설비의 뇌 서지에 대한 보호는 다음에 따른다.
   (1) 피뢰구역의 구분은 KS C IEC 62305-4(피뢰시스템-제4부 : 구조물 내부의 전기전자시스템)의 "4.3 피뢰구역(LPZ)"에 의한다.
   (2) 피뢰구역 경계부분에서는 접지 또는 본딩을 하여야 한다. 다만, 직접 본딩이 불가능한 경우에는 서지 보호 장치를 설치한다.
   (3) 서로 분리된 구조물 사이가 전력선 또는 신호선으로 연결된 경우 각각의 피뢰구역은 153.1.3의 2의 "(3)"에 의한 방법으로 서로 접속한다.
2. 전기전자기기의 선정 시 정격 임펄스 내전압은 KS C IEC 60364-4-44(저압설비 제4-44부 : 안전을 위한 보호-전압 및 전기자기 방행에 대한 보호)의 표 44.B(기기에 요구되는 정격 임펄스 내전압)에서 제시한 값 이상이어야 한다.

153.1.2 전기적 절연

1. 수뢰부 또는 인하도선과 건축물·구조물의 금속부분, 내부시스템 사이의 전기적인 절연은 KS C IEC 62305-3(피뢰시스템-제3부 : 구조물의 물리적 손상 및 인명위험)의 "6.3 외부 피뢰시스템의 전기적 절연"에 의한 이격거리로 한다.
2. 제1에도 불구하고 건축물·구조물이 금속제 또는 전기적 연속성을 가진 철근콘크리트 구조물 등의 경우에는 전기적 절연을 고려하지 않아도 된다.

153.1.3 접지와 본딩

1. 전기. 전자설비를 보호하기 위한 접지와 피뢰 등전위 본딩은 다음에 따른다.
   (1) 뇌서지 전류를 대지로 방류시키기 위한 접지를 시설하여야 한다.
   (2) 전위차를 해소하고 자계를 감소시키기 위한 본딩을 구성하여야 한다.
2. 접지극은 152.3에 의하는 것 이외에는 다음에 적합하여야 한다.
   (1) 전자 · 통신설비(또는 이와 유사한 것)의 접지는 환상도체 접지극 또는 기초접지극으로 한다.
   (2) 개별 접지시스템으로 된 복수의 건축물·구조물 등을 연결하는 콘크리트덕트·금속제 배관의 내부에 케이블(또는 같은 경로로 배치된 복수의 케이블)이 있는 경우 각각의 접지 상호 간은 병행 설치된 도체로 연결하여야 한다. 다만, 차폐케이블인 경우는 차폐선을 양끝에서 각각의 접지시스템에 등전위 본딩 하는 것으로 한다.
3. 전자 · 통신설비(또는 이와 유사한 것)에서 위험한 전위차를 해소하고 자계를 감소시킬 필요가 있는 경우 다음에 의한 등전위 본딩 망을 시설하여야 한다.
   (1) 등전위 본딩 망은 건축물·구조물의 도전성 부분 또는 내부설비 일부분을 통합하여 시설한다.
   (2) 등전위 본딩 망은 메시 폭이 5 m 이내가 되도록 하여 시설하고 구조물과 구조물 내부의 금속부분은 다중으로 접속한다. 다만, 금속 부분이나 도전성 설비가 피뢰구역의 경계를 지나가는 경우에는 직접 또는 서지 보호 장치를 통하여 본딩한다.
   (3) 도전성 부분의 등전위 본딩은 방사형, 메시형 또는 이들의 조합형으로 한다.

153.1.4 서지 보호 장치 시설

1. 전기전자설비 등에 연결된 전선로를 통하여 서지가 유입되는 경우, 해당 선로에는 서지 보호 장치를 설치하여 한다.

2. 서지 보호 장치의 선정은 다음에 의한다.
   (1) 전기설비의 보호는 KS C IEC 61643-12(저 전압 서지 보호 장치-제12부 : 저 전압 배전 계통에 접속한 서지 보호 장치-선정 및 적용 지침)와 KS C IEC 60364-5-53(건축 전기 설비-제5-53부 : 전기 기기의 선정 및 시공-절연, 개폐 및 제어)에 따르며, KS C IEC 61643-11(저압 서지 보호 장치-제11부 : 저압 전력계통의 저압 서지 보호 장치-요구사항 및 시험방법)에 의한 제품을 사용하여야 한다.
   (2) 전자·통신설비(또는 이와 유사한 것)의 보호는 KS C IEC 61643-22(저 전압 서지 보호 장치-제22부 : 통신망과 신호망 접속용 서지 보호 장치-선정 및 적용 지침)에 따른다.
3. 지중 저압수전의 경우, 내부에 설치하는 전기전자기기의 과전압범주별 임펄스내전압이 규정값에 충족하는 경우는 서지 보호 장치를 생략할 수 있다.

153.2.2 금속제 설비의 등전위 본딩

1. 건축물·구조물과 분리된 외부 피뢰시스템의 경우, 등전위 본딩은 지표면 부근에서 시행하여야 한다.
2. 건축물·구조물과 접속된 외부 피뢰시스템의 경우, 피뢰 등전위 본딩은 다음에 따른다.
   (1) 기초부분 또는 지표면 부근 위치에서 하여야 하며, 등전위 본딩 도체는 등전위 본딩 바에 접속하고, 등전위 본딩 바는 접지시스템에 접속하여야 한다. 또한 쉽게 점검할 수 있도록 하여야 한다.
   (2) 153.1.2의 전기적 절연 요구조건에 따른 안전 이격거리를 확보할 수 없는 경우에는 피뢰시스템과 건축물·구조물 또는 내부설비의 도전성 부분은 등전위 본딩 하여야 하며, 직접 접속하거나 충전부인 경우는 서지 보호 장치를 경유하여 접속하여야 한다. 다만, 서지 보호 장치를 사용하는 경우 보호레벨은 보호구간 기기의 임펄스 내전압보다 작아야 한다.
3. 건축물 · 구조물에는 지하 0.5 m와 높이 20 m 마다 환상도체를 설치한다. 다만 철근콘크리트, 철골구조물의 구조체에 인하도선을 등전위 본딩하는 경우 환상도체는 설치하지 않아도 된다.

153.2.3 인입설비의 등전위 본딩

1. 건축물·구조물의 외부에서 내부로 인입되는 설비의 도전부에 대한 등전위 본딩은 다음에 의한다.

(1) 인입구 부근에서 143.1에 따라 등전위 본딩한다.
(2) 전원선은 서지 보호 장치를 사용하여 등전위 본딩한다.
(3) 통신 및 제어선은 내부와의 위험한 전위차 발생을 방지하기 위해 직접 또는 서지 보호 장치를 통해 등전위 본딩한다.

2. 가스관 또는 수도관의 연결부가 절연체인 경우, 해당설비 공급사업자의 동의를 받아 적절한 공법(절연 방전 갭 등 사용)으로 등전위 본딩하여야 한다.

153.2.4 등전위 본딩 바

1. 설치 위치는 짧은 도전성 경로로 접지시스템에 접속할 수 있는 위치이어야 한다.
2. 접지시스템(환상접지전극, 기초접지전극, 구조물의 접지보강재 등)에 짧은 경로로 접속하여야 한다.
3. 외부 도전성 부분, 전원선과 통신선의 인입점이 다른 경우 여러 개의 등전위 본딩 바를 설치할 수 있다.

2장 저압 전기설비

| 200 통칙 |

201 적용범위

교류 1 kV 또는 직류 1.5 kV 이하인 저압의 전기를 공급하거나 사용하는 전기설비에 적용하며 다음의 경우를 포함한다.

1. 전기설비를 구성하거나, 연결하는 선로와 전기기계기구 등의 구성품
2. 저압 기기에서 유도된 1 kV 초과 회로 및 기기(예 : 저압 전원에 의한 고압방전등, 전기집진기 등)

202 배전방식

202.1 교류 회로

1. 3상 4선식의 중성선 또는 PEN 도체는 충전도체는 아니지만 운전전류를 흘리는 도체이다.
2. 3상 4선식에서 파생되는 단상 2선식 배전방식의 경우 두 도체 모두가 선도체이거나 하나의 선 도체와 중성선 또는 하나의 선 도체와 PEN 도체이다.
3. 모든 부하가 선간에 접속된 전기설비에서는 중성선의 설치가 필요하지 않을 수 있다.

202.2 직류 회로

PEL과 PEM 도체는 충전도체는 아니지만 운전전류를 흘리는 도체이다. 2선식 배전방식이나 3선식 배전방식을 적용한다.

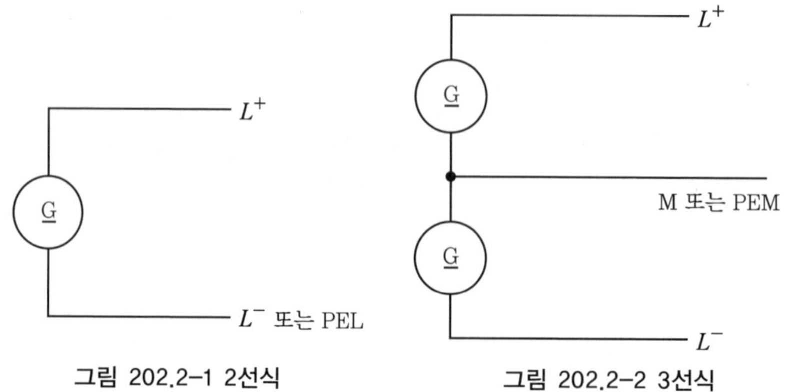

그림 202.2-1 2선식

그림 202.2-2 3선식

| 203 계통접지의 방식 |

203.1 계통접지 구성

1. 저압전로의 보호도체 및 중성선의 접속 방식에 따라 접지계통은 다음과 같이 분류한다.
   (1) TN 계통
   (2) TT 계통
   (3) IT 계통
2. 계통접지에서 사용되는 문자의 정의는 다음과 같다.
   (1) 제1문자 – 전원계통과 대지의 관계
      T : 한 점을 대지에 직접 접속
      I : 모든 충전부를 대지와 절연시키거나 높은 임피던스를 통하여 한 점을 대지에 직접 접속
   (2) 제2문자 – 전기설비의 노출도전부와 대지의 관계
      T : 노출도전부를 대지로 직접 접속. 전원계통의 접지와는 무관
      N : 노출도전부를 전원계통의 접지점(교류계통에서는 통상적으로 중성점, 중성점이 없을 경우는 선도체)에 직접 접속
   (3) 그 다음 문자(문자가 있을 경우) – 중성선과 보호도체의 배치
      S : 중성선 또는 접지된 선도체 외에 별도의 도체에 의해 제공되는 보호 기능
      C : 중성선과 보호 기능을 한 개의 도체로 겸용(PEN 도체)
3. 각 계통에서 나타내는 그림의 기호는 다음과 같다.

표 203.1-1 기호 설명

기호 설명	
	중성선(N), 중간도체(M)
	보호도체(PE)
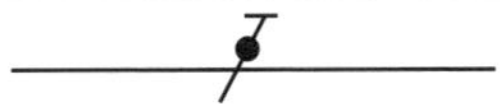	중성선과 보호도체 겸용(PEN)

203.2 TN 계통

전원 측의 한 점을 직접접지하고 설비의 노출도전부를 보호도체로 접속시키는 방식으로 중성선 및 보호도체(PE 도체)의 배치 및 접속방식에 따라 다음과 같이 분류한다.

1. TN-S 계통은 계통 전체에 대해 별도의 중성선 또는 PE 도체를 사용한다. 배전계통에서 PE 도체를 추가로 접지할 수 있다.

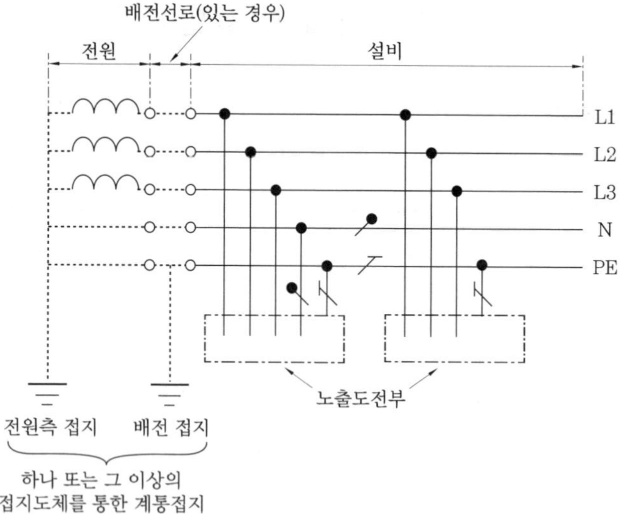

그림 203.2-1 계통 내에서 별도의 중성선과 보호도체가 있는 TN-S 계통

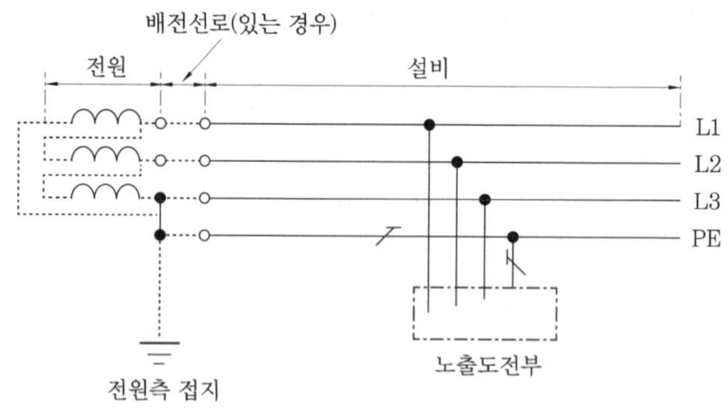

그림 203.2-2 계통 내에서 별도의 접지된 선도체와 보호도체가 있는 TN-S 계통

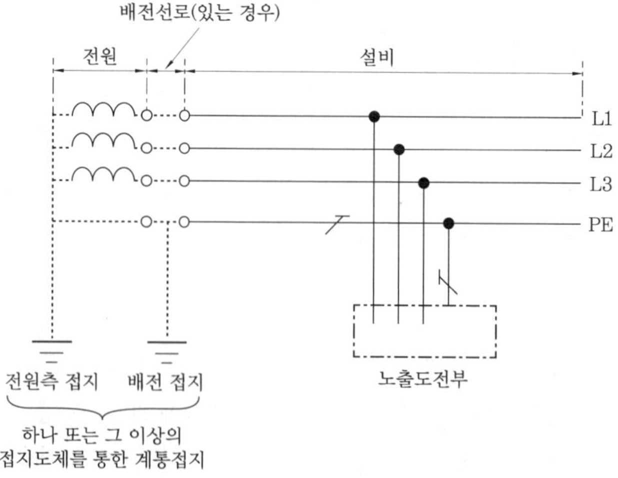

그림 203.2-3 계통 내에서 접지된 보호도체는 있으나 중성선의 배선이 없는 TN-S 계통

2. TN-C 계통은 그 계통 전체에 대해 중성선과 보호도체의 기능을 동일도체로 겸용한 PEN 도체를 사용한다. 배전계통에서 PEN 도체를 추가로 접지할 수 있다.

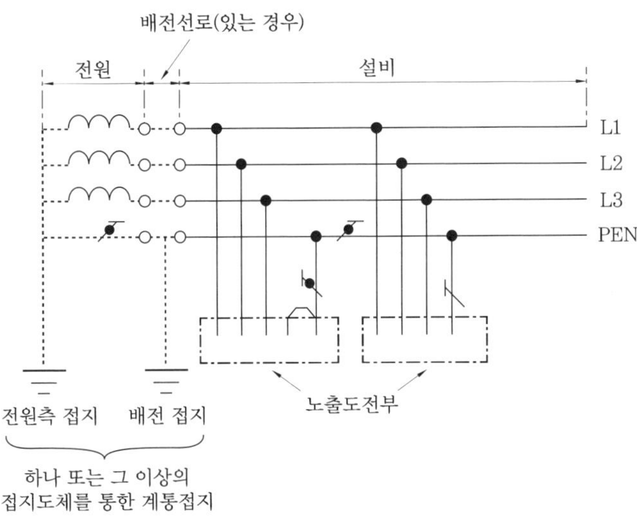

그림 203.2-4 TN-C 계통

3. TN-C-S계통은 계통의 일부분에서 PEN 도체를 사용하거나, 중성선과 별도의 PE 도체를 사용하는 방식이 있다. 배전계통에서 PEN 도체와 PE 도체를 추가로 접지할 수 있다.

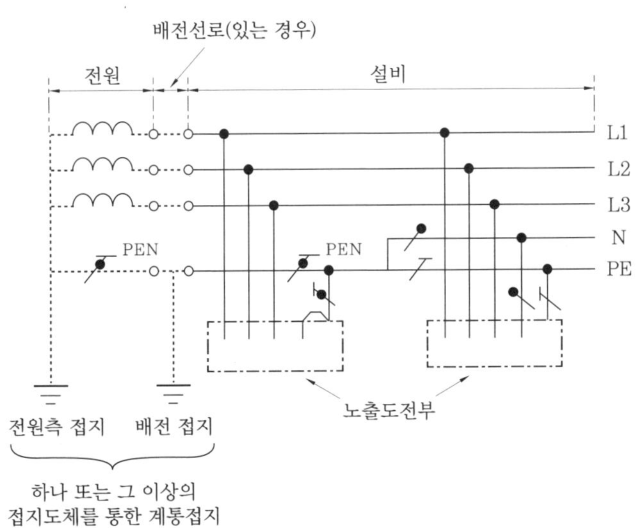

그림 203.2-5 설비의 어느 곳에서 PEN이 PE와 N으로 분리된 3상 4선식 TN-C-S 계통

203.3 TT 계통

전원의 한 점을 직접 접지하고 설비의 노출도전부는 전원의 접지전극과 전기적으로 독립적인 접지극에 접속시킨다. 배전계통에서 PE 도체를 추가로 접지할 수 있다.

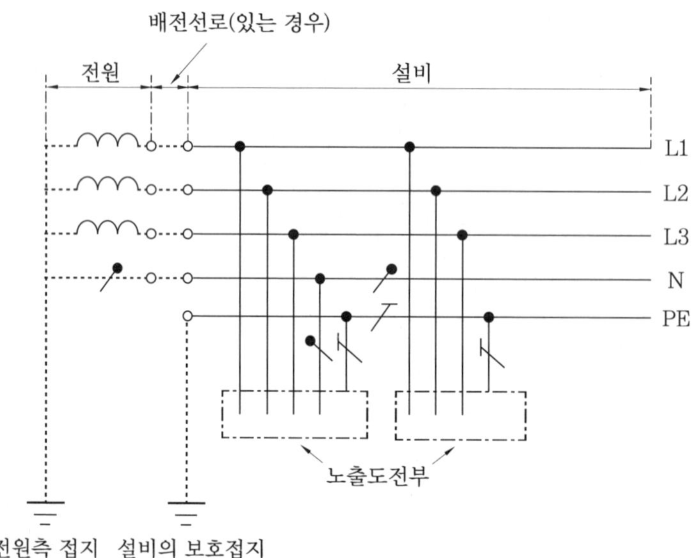

그림 203.3-1 설비 전체에서 별도의 중성선과 보호도체가 있는 TT 계통

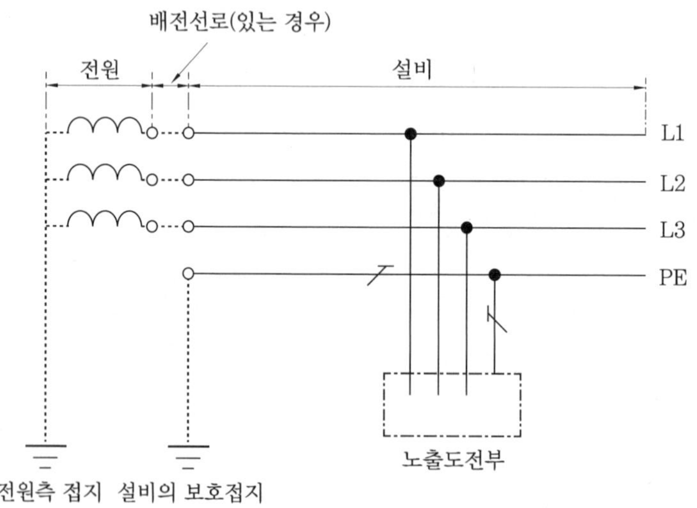

그림 203.3-2 설비 전체에서 접지된 보호도체가 있으나 배전용 중성선이 없는 TT 계통

203.4 IT 계통

1. 충전부 전체를 대지로부터 절연시키거나 한 점을 임피던스를 통해 대지에 접속시킨다. 전기설비의 노출도전부를 단독 또는 일괄적으로 계통의 PE 도체에 접속시킨다. 배전계통에서 추가접지가 가능하다.
2. 계통은 충분히 높은 임피던스를 통하여 접지할 수 있다. 이 접속은 중성점, 인위적 중성점, 선도체 등에서 할 수 있다. 중성선은 배선할 수도 있고, 배선하지 않을 수도 있다.

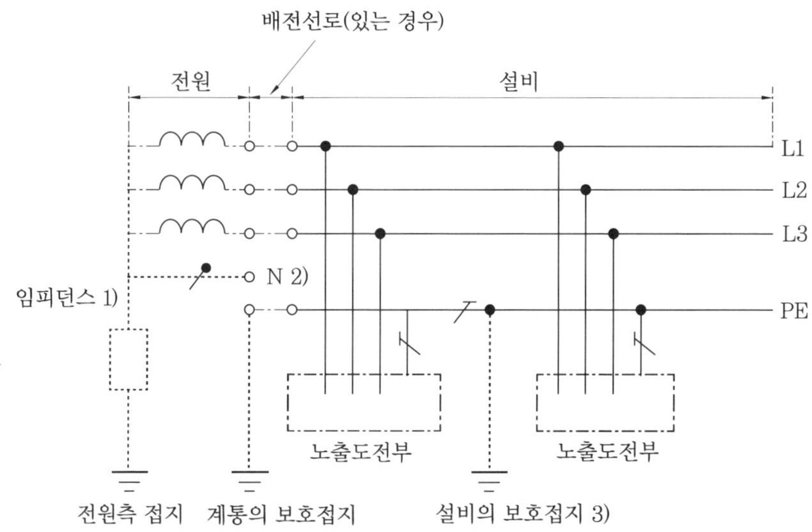

그림 203.4-1 계통 내의 모든 노출도전부가 보호도체에 의해 접속되어 일괄 접지된 IT 계통

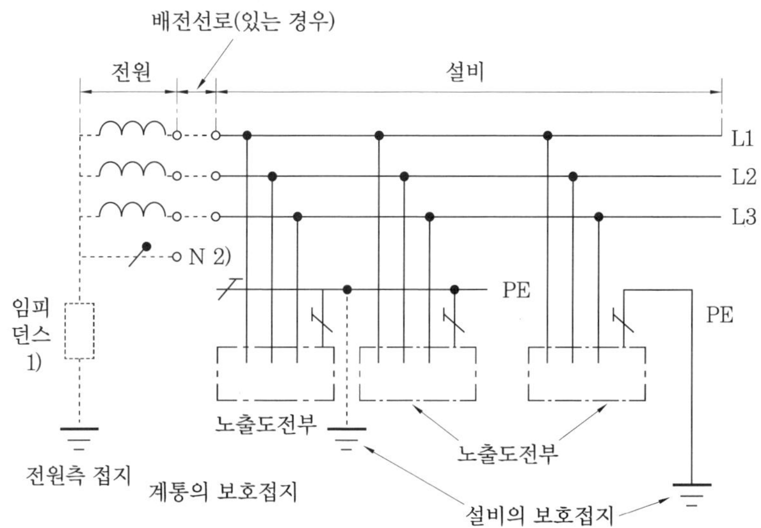

그림 203.4-2 노출도전부가 조합으로 또는 개별로 접지된 IT 계통

| 210 안전을 위한 보호 |

211 감전에 대한 보호

211.1 보호대책 일반 요구사항

211.1.1 적용범위

인축에 대한 기본보호와 고장보호를 위한 필수 조건을 규정하고 있다. 외부영향과 관련된 조건의 적용과 특수설비 및 특수 장소의 시설에 있어서의 추가적인 보호의 적용을 위한 조건도 규정한다.

211.1.2 일반 요구사항

1. 안전을 위한 보호에서 별도의 언급이 없는 한 다음의 전압 규정에 따른다.
   (1) 교류전압은 실횻값으로 한다.
   (2) 직류전압은 리플 프리로 한다.
2. 보호대책은 다음과 같이 구성하여야 한다.
   (1) 기본보호와 고장보호를 독립적으로 적절하게 조합
   (2) 기본보호와 고장보호를 모두 제공하는 강화된 보호 규정
   (3) 추가적 보호는 외부영향의 특정 조건과 특정한 특수 장소(240)에서의 보호대책의 일부로 규정
3. 설비의 각 부분에서 하나 이상의 보호대책은 외부영향의 조건을 고려하여 적용하여야 한다.
   (1) 다음의 보호대책을 일반적으로 적용하여야 한다.
      ① 전원의 자동차단(211.2)
      ② 이중절연 또는 강화절연(211.3)
      ③ 한 개의 전기사용기기에 전기를 공급하기 위한 전기적 분리(211.4)
      ④ SELV와 PELV에 의한 특별저압(211.5)
   (2) 전기기기의 선정과 시공을 할 때는 설비에 적용되는 보호대책을 고려하여야 한다.
4. 특수설비 또는 특수 장소의 보호대책은 240에 해당되는 특별한 보호대책을 적용하여야 한다.
5. 장애물을 두거나 접촉범위 밖에 배치하는 보호대책(211.8)은 다음과 같은 사람이 접근할 수 있는 설비에 사용하여야 한다.
   (1) 숙련자 또는 기능자
   (2) 숙련자 또는 기능자의 감독 아래에 있는 사람
6. 숙련자와 기능자의 통제 또는 감독이 있는 설비에 적용 가능한 보호대책(211.9)은

다음과 같다. 다만, 무단 변경이 발생하지 않도록 설비는 숙련자 또는 기능자의 감독 아래에 있는 경우에 적용하여야 한다.

(1) 비도전성 장소

(2) 비접지 국부 등전위 본딩

(3) 두 개 이상의 전기사용기기에 공급하기 위한 전기적 분리

7. 보호대책의 특정 조건을 충족시킬 수 없는 경우에는 보조대책을 적용하는 등 동등한 안전수준을 달성할 수 있도록 시설하여야 한다.

8. 동일한 설비, 설비의 일부 또는 기기 안에서 달리 적용하는 보호대책은 한 가지 보호대책의 고장이 다른 보호대책에 나쁜 영향을 줄 수 있으므로 상호 영향을 주지 않도록 하여야 한다.

9. 고장보호에 관한 규정은 다음 기기에서는 생략할 수 있다.

(1) 건물에 부착되고 접촉범위 밖에 있는 가공선 애자의 금속 지지물

(2) 가공선의 철근강화콘크리트주로서 그 철근에 접근할 수 없는 것

(3) 볼트, 리벳트, 명판, 케이블 클립 등과 같이 크기가 작은 경우(약 50 mm × 50 mm 이내) 또는 배치가 손에 쥘 수 없거나 인체의 일부가 접촉할 수 없는 노출도전부로서 보호도체의 접속이 어렵거나 접속의 신뢰성이 없는 경우

(4) 211.3에 따라 전기기기를 보호하는 금속관 또는 다른 금속제 외함

211.2 전원의 자동차단에 의한 보호대책

211.2.1 보호대책 일반 요구사항

1. 전원의 자동차단에 의한 보호대책

(1) 기본보호는 211.2.2에 따라 충전부의 기본절연 또는 격벽이나 외함에 의한다.

(2) 고장보호는 211.2.3부터 211.2.7까지에 따른 고장일 경우 보호 등전위 본딩 및 자동차단에 의한다.

(3) 추가적인 보호로 누전차단기를 시설할 수 있다.

2. 누설전류 감시 장치는 보호 장치는 아니지만 전기설비의 누설전류를 감시하는데 사용된다. 다만, 누설전류 감시 장치는 누설전류의 설정 값을 초과하는 경우 음향 또는 음향과 시각적인 신호를 발생시켜야 한다.

211.2.2 기본보호의 요구사항

모든 전기설비는 211.7의 조건에 따라야 한다. 숙련자 또는 기능자에 의해 통제 또는 감독되는 경우에는 211.8에서 규정하고 있는 조건에 따를 수 있다.

211.2.3 고장보호의 요구사항

1. 보호접지

(1) 노출도전부는 계통접지별로 규정된 특정조건에서 보호도체에 접속하여야 한다.

(2) 동시에 접근 가능한 노출도전부는 개별적 또는 집합적으로 같은 접지계통에 접속하여야 한다. 보호접지에 관한 도체는 140에 따라야하고, 각 회로는 해당 접지단자에 접속된 보호도체를 이용하여야 한다.

2. 보호 등전위 본딩

143.2.1에서 정하는 도전성 부분은 보호 등전위 본딩으로 접속하여야 하며, 건축물 외부로부터 인입된 도전부는 건축물 안쪽의 가까운 지점에서 본딩하여야 한다. 다만, 통신케이블의 금속외피는 소유자 또는 운영자의 요구사항을 고려하여 보호 등전위 본딩에 접속해야 한다.

3. 고장시의 자동차단

(1) "(5)" 및 "(6)"에서 규정하는 것을 제외하고 보호 장치는 회로의 선도체와 노출도전부 또는 선 도체와 기기의 보호도체 사이의 임피던스가 무시할 정도로 되는 고장의 경우"(2)", "(3)" 또는 "(4)"에 규정된 차단시간 내에서 회로의 선 도체 또는 설비의 전원을 자동으로 차단하여야 한다.

(2) 표 211.2-1에 최대 차단시간은 32 A 이하 분기회로에 적용한다.

표 211.2-1 32 A 이하 분기회로의 최대 차단시간

(단위 : 초)

계통	50 V< U_0≤120 V		120 V< U_0≤230 V		230 V< U_0≤400 V		U_0>400 V	
	교류	직류	교류	직류	교류	직류	교류	직류
TN	0.8	[비고1]	0.4	5	0.2	0.4	0.1	0.1
TT	0.3	[비고1]	0.2	0.4	0.07	0.2	0.04	0.1
TT 계통에서 차단은 과전류 보호 장치에 의해 이루어지고 보호 등전위 본딩은 설비 안의 모든 계통외 도전부와 접속되는 경우 TN 계통에 적용 가능한 최대차단시간이 사용될 수 있다. U_0는 대지에서 공칭교류전압 또는 직류 선간전압이다.								
[비고1] 차단은 감전보호 외에 다른 원인에 의해 요구될 수도 있다. [비고2] 누전차단기에 의한 차단은 211.2.4 참조.								

(3) TN 계통에서 배전회로(간선)와 "(2)"의 경우를 제외하고는 5초 이하의 차단시간을 허용한다.

(4) TT 계통에서 배전회로(간선)와 "(2)"의 경우를 제외하고는 1초 이하의 차단시간을 허용한다.

(5) 공칭대지전압 U_0가 교류 50 V 또는 직류 120 V를 초과하는 계통에서 "(2)", "(3)" 또는 "(4)"에 의해 요구되는 자동차단시간 요구사항은 전원의 출력전압이 5

초 이내에 교류 50 V로 또는 직류 120 V로 또는 더 낮게 감소된다면 보호도체나 대지로의 고장일 경우 요구되지 않는다. 이 경우 감전보호 외에 다른 차단요구사항에 관한 것을 고려하여야 한다.

(6) "(1)"에 따른 자동차단이 "(2)", "(3)" 또는 "(4)"에 의해 요구되는 시간에 적절하게 이루어질 수 없을 경우 211.6.2에 따라 추가적으로 보조 보호 등전위 본딩을 하여야 한다.

4. 추가적인 보호

다음에 따른 교류계통에서는 211.2.4에 따른 누전차단기에 의한 추가적 보호를 하여야 한다.

(1) 일반적으로 사용되며 일반인이 사용하는 정격전류 20 A 이하 콘센트

(2) 옥외에서 사용되는 정격전류 32 A 이하 이동용 전기기기

211.2.4 누전차단기의 시설

1. 전원의 자동차단에 의한 저압전로의 보호대책으로 누전차단기를 시설해야할 대상은 다음과 같다. 누전차단기의 정격 동작전류, 정격 동작시간 등은 211.2.6의 3 등과 같이 적용대상의 전로, 기기 등에서 요구하는 조건에 따라야 한다.

(1) 금속제 외함을 가지는 사용전압이 50 V를 초과하는 저압의 기계기구로서 사람이 쉽게 접촉할 우려가 있는 곳에 시설하는 것에 전기를 공급하는 전로이다. 다만, 다음의 어느 하나에 해당하는 경우에는 적용하지 않는다.

① 기계기구를 발전소·변전소·개폐소 또는 이에 준하는 곳에 시설하는 경우

② 기계기구를 건조한 곳에 시설하는 경우

③ 대지전압이 150 V 이하인 기계기구를 물기가 있는 곳 이외의 곳에 시설하는 경우

④ 「전기용품 및 생활용품 안전관리법」의 적용을 받는 이중절연구조의 기계기구를 시설하는 경우

⑤ 그 전로의 전원 측에 절연변압기(2차 전압이 300 V 이하인 경우에 한 한다)를 시설하고 또한 그 절연변압기의 부하 측의 전로에 접지하지 아니하는 경우

⑥ 기계기구가 고무·합성수지 기타 절연물로 피복된 경우

⑦ 기계기구가 유도전동기의 2차 측 전로에 접속되는 것일 경우

⑧ 기계기구가 131의 8에 규정하는 것일 경우

⑨ 기계기구 내에 「전기용품 및 생활용품 안전관리법」의 적용을 받는 누전차단기를 설치하고 또한 기계기구의 전원 연결선이 손상을 받을 우려가 없도록 시설하는 경우

(2) 주택의 인입구 등 이 규정에서 누전차단기 설치를 요구하는 전로

(3) 특고압전로, 고압전로 또는 저압전로와 변압기에 의하여 결합되는 사용전압 400 V 초과의 저압전로 또는 발전기에서 공급하는 사용전압 400 V 초과의 저압전로(발전소 및 변전소와 이에 준하는 곳에 있는 부분의 전로를 제외한다).

(4) 다음의 전로에는 전기용품안전기준 "K60947-2의 부속서 P"의 적용을 받는 자동복구 기능을 갖는 누전차단기를 시설할 수 있다.

① 독립된 무인 통신 중계소 · 기지국

② 관련법령에 의해 일반인의 출입을 금지 또는 제한하는 곳

③ 옥외의 장소에 무인으로 운전하는 통신 중계기 또는 단위기기 전용회로. 단, 일반인이 특정한 목적을 위해 지체하는(머물러 있는) 장소로서 버스정류장, 횡단보도 등에는 시설할 수 없다.

2. 저압용 비상용 조명장치 · 비상용승강기 · 유도등 · 철도용 신호장치, 비접지 저압전로, 322.5의 6에 의한 전로, 기타 그 정지가 공공의 안전 확보에 지장을 줄 우려가 있는 기계기구에 전기를 공급하는 전로의 경우, 그 전로에서 지락이 생겼을 때에 이를 기술원 감시소에 경보하는 장치를 설치한 때에는 제1에서 규정하는 장치를 시설하지 않을 수 있다.

3. IEC 표준을 도입한 누전차단기를 저압전로에 사용하는 경우 일반인이 접촉할 우려가 있는 장소(세대 내 분전반 및 이와 유사한 장소)에는 주택용 누전차단기를 시설하여야 한다.

211.2.5 TN 계통

1. TN 계통에서 설비의 접지 신뢰성은 PEN 도체 또는 PE 도체와 접지극과의 효과적인 접속에 의한다.

2. 접지가 공공계통 또는 다른 전원계통으로부터 제공되는 경우 그 설비의 외부 측에 필요한 조건은 전기공급자가 준수하여야 한다. 조건에 포함된 예는 다음과 같다.

(1) PEN 도체는 여러 지점에서 접지하여 PEN 도체의 단선위험을 최소화할 수 있도록 한다.

(2) $R_B/R_E \leq 50/(U_0-50)$

R_B : 병렬 접지극 전체의 접지저항 값(Ω)

R_E : 1선 지락이 발생할 수 있으며 보호도체와 접속되어 있지 않는 계통외 도전부의 대지와의 접촉저항의 최솟값(Ω)

U_0 : 공칭대지전압(실효값)

3. 전원 공급계통의 중성점이나 중간점은 접지하여야 한다. 중성점이나 중간점을 접지할 수 없는 경우에는 선 도체 중 하나를 접지하여야 한다. 설비의 노출도전부는 보호도체로 전원공급계통의 접지점에 접속하여야 한다.

4. 다른 유효한 접지점이 있다면, 보호도체(PE 및 PEN 도체)는 건물이나 구내의 인입구 또는 추가로 접지하여야 한다.
5. 고정설비에서 보호도체와 중성선을 겸하여(PEN 도체) 사용될 수 있다. 이러한 경우에는 PEN 도체에는 어떠한 개폐장치나 단로 장치가 삽입되지 않아야 하며, PEN 도체는 142.3.2의 조건을 충족하여야 한다.
6. 보호 장치의 특성과 회로의 임피던스는 다음 조건을 충족하여야 한다.

$$Z_s \times I_a \leq U_0$$

Z_s : 다음과 같이 구성된 고장루프임피던스(Ω)
- 전원의 임피던스
- 고장점까지의 선 도체 임피던스
- 고장점과 전원 사이의 보호도체 임피던스

I_a : 211.2.3의 3의 "(3)" 또는 표 211.2-1에서 제시된 시간 내에 차단장치 또는 누전차단기를 자동으로 동작하게 하는 전류(A)

U_0 : 공칭대지전압(V)

7. TN 계통에서 과전류 보호 장치 및 누전차단기는 고장보호에 사용할 수 있다. 누전차단기를 사용하는 경우 과전류보호 겸용의 것을 사용해야 한다.
8. TN-C 계통에는 누전차단기를 사용해서는 아니 된다. TN-C-S 계통에 누전차단기를 설치하는 경우에는 누전차단기의 부하 측에는 PEN 도체를 사용할 수 없다. 이러한 경우 PE 도체는 누전차단기의 전원 측에서 PEN 도체에 접속하여야 한다.

211.2.6 TT 계통

1. 전원계통의 중성점이나 중간점은 접지하여야 한다. 중성점이나 중간점을 이용할 수 없는 경우, 선 도체 중 하나를 접지하여야 한다.
2. TT 계통은 누전차단기를 사용하여 고장보호를 하여야 하며, 누전차단기를 적용하는 경우에는 211.2.4에 따라야 한다. 다만, 고장루프임피던스가 충분히 낮을 때는 과전류 보호 장치에 의하여 고장보호를 할 수 있다.
3. 누전차단기를 사용하여 TT 계통의 고장보호를 하는 경우에는 다음에 적합하여야 한다.
   (1) 211.2.3의 3의 "(4)" 또는 표 211.2-1에서 요구하는 차단시간
   (2) $R_A \times I_{\Delta n} \leq 50\ V$

   여기서, R_A : 노출도전부에 접속된 보호도체와 접지극 저항의 합(Ω)

   $I_{\Delta n}$: 누전차단기의 정격동작전류(A)

4. 과전류 보호 장치를 사용하여 TT 계통의 고장보호를 할 때에는 다음의 조건을 충족하여야 한다.

$$Z_s \times I_a \le U_0$$

여기서, Z_s : 다음과 같이 구성된 고장루프임피던스(Ω)

- 전원
- 고장점까지의 선 도체
- 노출도전부의 보호도체
- 접지도체
- 설비의 접지극
- 전원의 접지극

I_a : 211.2.3의 3의 "(3)" 또는 표 211.2-1에서 요구하는 차단시간 내에 차단장치가 자동 작동하는 전류(A)

U_0 : 공칭대지전압(V)

211.2.7 IT 계통

1. 노출도전부 또는 대지로 단일고장이 발생한 경우에는 고장전류가 작기 때문에 제2의 조건을 충족시키는 경우에는 211.2.3의 3에 따른 자동차단이 절대적 요구사항은 아니다. 그러나 두 곳에서 고장발생 시 동시에 접근이 가능한 노출도전부에 접촉되는 경우에는 인체에 위험을 피하기 위한 조치를 하여야 한다.
2. 노출도전부는 개별 또는 집합적으로 접지하여야 하며, 다음 조건을 충족하여야 한다.
   (1) 교류계통 : $R_A \times I_d \le 50\ V$
   (2) 직류계통 : $R_A \times I_d \le 120\ V$

   여기서, R_A : 접지극과 노출도전부에 접속된 보호도체 저항의 합

   I_d : 하나의 선 도체와 노출도전부 사이에서 무시할 수 있는 임피던스로 1차 고장이 발생했을 때의 고장전류(A)로 전기설비의 누설전류와 총 접지임피던스를 고려한 값
3. IT 계통은 다음과 같은 감시 장치와 보호 장치를 사용할 수 있으며, 1차 고장이 지속되는 동안 작동되어야 한다. 절연 감시 장치는 음향 및 시각신호를 갖추어야 한다.
   (1) 절연 감시 장치
   (2) 누설 전류 감시 장치
   (3) 절연 고장점 검출 장치
   (4) 과전류 보호 장치
   (5) 누전차단기
4. 1차 고장이 발생한 후 다른 충전도체에서 2차 고장이 발생하는 경우 전원자동차단 조건은 다음과 같다.
   (1) 노출도전부가 같은 접지계통에 집합적으로 접지된 보호도체와 상호 접속된 경우에는 TN 계통과 유사한 조건을 적용한다.

① 중성선과 중점선이 배선되지 않은 경우에는 다음의 조건을 충족해야 한다.

$$2I_aZ_s \leq U$$

② 중성선과 중점선이 배선된 경우에는 다음 조건을 충족해야 한다.

$$2I_aZ_s' \leq U_0$$

여기서, U_0 : 선 도체와 중성선 또는 중점선 사이의 공칭전압(V)
U : 선간 공칭전압(V)
Z_s : 회로의 선 도체와 보호도체를 포함하는 고장루프임피던스(Ω)
Z_s' : 회로의 중성선과 보호도체를 포함하는 고장루프임피던스(Ω)
I_a : TN 계통에 대한 211.2.3의 3의 "(2)" 또는 "(3)"에서 요구하는 차단시간 보호 장치를 동작 시키는 전류(A)

(2) 노출도전부가 그룹별 또는 개별로 접지되어 있는 경우 다음의 조건을 적용하여야 한다.

$$R_A \times I_d \leq 50\ V$$

여기서, R_A : 접지극과 노출도전부 접속된 보호도체와 접지극 저항의 합
I_d : TT 계통에 대한 211.2.3의 3의 "(2)"또는 "(4)"에서 요구하는 차단시간 내에 보호장치를 동작 시키는 전류(A)

5. IT 계통에서 누전차단기를 이용하여 고장보호를 하고자 할 때는 211.2.4를 준용하여야 한다.

211.2.8 기능적 특별저압(FELV)

기능상의 이유로 교류 50 V, 직류 120 V 이하인 공칭전압을 사용하지만, SELV 또는 PELV(211.5)에 대한 모든 요구조건이 충족되지 않고 SELV와 PELV가 필요하지 않은 경우에는 기본보호 및 고장보호의 보장을 위해 다음에 따라야 한다. 이러한 조건의 조합을 FELV라 한다.

1. 기본보호는 다음 중 어느 하나에 따른다.
   (1) 전원의 1차 회로의 공칭전압에 대응하는 211.7에 따른 기본절연
   (2) 211.7에 따른 격벽 또는 외함
2. 고장보호는 1차 회로가 211.2.3부터 211.2.7까지에 명시된 전원의 자동차단에 의한 보호가 될 경우 FELV 회로 기기의 노출도전부는 전원의 1차 회로의 보호도체에 접속하여야 한다.
3. FELV 계통의 전원은 최소한 단순 분리형 변압기 또는 211.5.3에 의한다. 만약 FELV 계통이 단권변압기 등과 같이 최소한의 단순 분리가 되지 않은 기기에 의해 높은 전압계통으로부터 공급되는 경우 FELV 계통은 높은 전압계통의 연장으로 간주되고 높은 전압계통에 적용되는 보호방법에 의해 보호해야 한다.

4. FELV 계통용 플러그와 콘센트는 다음의 모든 요구사항에 부합하여야 한다.
   (1) 플러그를 다른 전압 계통의 콘센트에 꽂을 수 없어야 한다.
   (2) 콘센트는 다른 전압 계통의 플러그를 수용할 수 없어야 한다.
   (3) 콘센트는 보호도체에 접속하여야 한다.

211.3 이중절연 또는 강화절연에 의한 보호

211.3.1 보호대책 일반 요구사항

1. 이중 또는 강화절연은 기본절연의 고장으로 인해 전기기기의 접근 가능한 부분에 위험전압이 발생하는 것을 방지하기 위한 보호대책으로 다음에 따른다.
   (1) 기본보호는 기본절연에 의하며, 고장보호는 보조절연에 의한다.
   (2) 기본 및 고장보호는 충전부의 접근 가능한 부분의 강화절연에 의한다.
2. 이중 또는 강화절연에 의한 보호대책은 240의 몇 가지 제한 사항 이외에는 모든 상황에 적용 할 수 있다.
3. 이 보호대책이 유일한 보호대책으로 사용될 경우, 관련 설비 또는 회로가 정상 사용 시 보호대책의 효과를 손상시킬 수 있는 변경이 일어나지 않도록 실효성 있는 감시가 되는 것이 입증되어야 한다. 따라서, 콘센트를 사용하거나 사용자가 허가 없이 부품을 변경 할 수 있는 기기가 포함된 어떠한 회로에도 적용해서는 안 된다.

211.3.2 기본보호와 고장보호를 위한 요구사항

1. 전기기기
   (1) 이중 또는 강화절연을 사용하는 보호대책이 설비의 일부분 또는 전체 설비에 사용될 경우, 전기기기는 다음 중 어느 하나에 따라야 한다.
      ① 제1의 "(2)"
      ② 제1의 "(3)"와 제2
      ③ 제1의 "(4)"와 제2
   (2) 전기기기는 관련 표준에 따라 형식시험을 하고 관련표준이 표시된 다음과 같은 종류의 것이어야 한다.
      ① 이중 또는 강화절연을 갖는 전기기기(2종 기기)
      ② 2종 기기와 동등하게 관련 제품표준에서 공시된 전기기기로 전체 절연이 된 전기기기의 조립품과 같은 것[KS C IEC 60439-1(저 전압 개폐 장치 및 제어 장치 부속품-제1부 : 형식시험 및 부분 형식시험 부속품을 참조)]
   (3) 제1의 "(2)"의 조건과 동등한 전기기기의 안전등급을 제공하고, 제2의"가"에서 "다"까지의 조건을 충족하기 위해서는 기본 절연만을 가진 전기기기는 그 기기의 설치과정에서 보조절연을 하여야 한다.

(4) 제1의 “(2)”의 조건과 동등한 전기기기의 안전등급을 제공하고, 제2의 “(2)”에서 “(3)”까지의 조건을 충족하기 위해서는 절연되지 않은 충전부를 가진 전기기기는 그 기기의 설치과정에서 강화절연을 하여야 한다. 다만, 이러한 절연은 그 구조의 특성상 이중 절연의 적용이 어려운 경우에만 인정된다.

2. 외함

(1) 모든 도전부가 기본절연만으로 충전부로부터 분리되어 작동하도록 되어 있는 전기기기는 최소한 보호등급 IPXXB 또는 IP2X 이상의 절연 외함 안에 수용해야 한다.

(2) 다음과 같은 요구사항을 적용한다.

① 전위가 나타날 우려가 있는 도전부가 절연 외함을 통과하지 않아야 한다.

② 절연 외함은 설치 및 유지보수를 하는 동안 제거될 필요가 있거나 제거될 수도 있는 절연재로 된 나사 또는 다른 고정수단을 포함해서는 안 되며, 이들은 외함의 절연성을 손상시킬 수 있는 금속제의 나사 또는 다른 고정수단으로 대체될 수 있는 것이어서는 안 된다. 또한, 기계적 접속부 또는 연결부(예 : 고정형 기기의 조작핸들)가 절연 외함을 관통해야 하는 경우에는 고장 시 감전에 대한 보호의 기능이 손상되지 않는 구조로 한다.

(3) 절연 외함의 덮개나 문을 공구 또는 열쇠를 사용하지 않고도 열 수 있다면, 덮개나 문이 열렸을 때 접근 가능한 전체 도전부는 사람이 무심코 접촉되는 것을 방지하기 위해 절연 격벽(IPXXB 또는 IP2X이상 제공)의 뒷부분에 배치하여야 한다. 이러한 절연 격벽은 공구 또는 열쇠를 사용해서만 제거할 수 있어야 한다.

(4) 절연 외함으로 둘러싸인 도전부를 보호도체에 접속해서는 안 된다. 그러나 외함 내 다른 품목의 전기기기의 전원회로가 외함을 관통하며 이 기기의 사용을 위해 필요한 경우 보호도체의 외함 관통 접속을 위한 시설이 가능하다. 다만, 외함 내에서 이들 도체 및 단자는 모두 충전부로 간주하여 절연하고 단자들은 PE 단자라고 표시하여야 한다.

(5) 외함은 이와 같은 방법으로 보호되는 기기의 작동에 나쁜 영향을 주어서는 안 된다.

3. 설치

(1) 제1에 따른 기기의 설치(고정, 도체의 접속 등)는 기기 설치 시방서에 따라 보호 기능이 손상되지 않는 방법으로 시설하여야 한다.

(2) 211.3.1의 3이 적용되는 경우를 제외하고 2종기기에 공급하는 회로는 각 배선점과 부속품까지 배선되어 단말 접속되는 회로 보호도체를 가져야 한다.

4. 배선계통

232에 따라 설치된 배선계통은 다음과 같은 경우 211.3.2의 요구사항을 충족하는 것으로 본다.

(1) 배선계통의 정격전압은 계통의 공칭전압 이상이며, 최소 300/500 V이어야 한다.

(2) 기본절연의 적절한 기계적 보호는 다음의 하나 이상이 되어야 한다.

① 비금속 외피케이블

② 비금속 트렁킹 및 덕트[KS C IEC 61084(전기설비용 케이블 트렁킹 및 덕트 시스템) 시리즈] 또는 비금속 전선관[KS C IEC 60614(전선관) 시리즈 또는 KS C IEC 61386(전기설비용 전선관 시스템) 시리즈]

(3) 배선계통은 ⧈ 기호나 ⏚ 기호에 의해 식별을 하여서는 안 된다.

211.4 전기적 분리에 의한 보호

211.4.1 보호대책 일반 요구사항

1. 전기적 분리에 의한 보호대책은 다음과 같다.

(1) 기본보호는 충전부의 기본절연 또는 211.7에 따른 격벽과 외함에 의한다.

(2) 고장보호는 분리된 다른 회로와 대지로부터 단순한 분리에 의한다.

2. 이 보호대책은 단순 분리된 하나의 비 접지 전원으로부터 한 개의 전기사용기기에 공급되는 전원으로 제한된다.(제3에서 허용되는 것은 제외한다)

3. 두 개 이상의 전기사용기기가 단순 분리된 비접지 전원으로부터 전력을 공급받을 경우 211.9.3을 충족하여야 한다.

211.4.2 기본보호를 위한 요구사항

모든 전기기기는 211.7 중 하나 또는 211.3에 따라 보호대책을 하여야 한다.

211.4.3 고장보호를 위한 요구사항

1. 전기적 분리에 의한 고장보호는 다음에 따른다.

(1) 분리된 회로는 최소한 단순 분리된 전원을 통하여 공급되어야 하며, 분리된 회로의 전압은 500 V 이하이어야 한다.

(2) 분리된 회로의 충전부는 어떤 곳에서도 다른 회로, 대지 또는 보호도체에 접속되어서는 안 되며, 전기적 분리를 보장하기 위해 회로 간에 기본절연을 하여야 한다.

(3) 가요 케이블과 코드는 기계적 손상을 받기 쉬운 전체 길이에 대해 육안으로 확인이 가능하여야 한다.

(4) 분리된 회로들에 대해서는 분리된 배선계통의 사용이 권장된다. 다만, 분리된 회로와 다른 회로가 동일 배선계통 내에 있으면 금속외장이 없는 다심케이블, 절연전선관 내의 절연전선, 절연 덕팅 또는 절연 트렁킹에 의한 배선이 되어야 하

며 다음의 조건을 만족하여야 한다.

① 정격전압은 최대 공칭전압 이상일 것

② 각 회로는 과전류에 대한 보호를 할 것

(5) 분리된 회로의 노출도전부는 다른 회로의 보호도체, 노출도전부 또는 대지에 접속되어서는 아니 된다.

211.5 SELV와 PELV를 적용한 특별저압에 의한 보호

211.5.1 보호대책 일반 요구사항

1. 특별저압에 의한 보호는 다음의 특별저압 계통에 의한 보호대책이다.
   (1) SELV (Safety Extra-Low Voltage)
   (2) PELV (Protective Extra-Low Voltage)
2. 보호대책의 요구사항
   (1) 특별저압 계통의 전압한계는 KS C IEC 60449(건축전기설비의 전압밴드)에 의한 전압밴드 I의 상한 값인 교류 50 V 이하, 직류 120 V 이하이어야 한다.
   (2) 특별저압 회로를 제외한 모든 회로로부터 특별저압 계통을 보호 분리하고, 특별저압 계통과 다른 특별저압 계통 간에는 기본절연을 하여야 한다.
   (3) SELV 계통과 대지간의 기본절연을 하여야 한다.

211.5.2 기본보호와 고장보호에 관한 요구사항

1. 다음의 조건들을 충족할 경우에는 기본보호와 고장보호가 제공되는 것으로 간주한다.
   (1) 전압밴드 I의 상한 값을 초과하지 않는 공칭전압인 경우
   (2) 211.5.3 중 하나에서 공급되는 경우
   (3) 211.5.4의 조건에 충족하는 경우

211.5.3 SELV와 PELV용 전원

1. 특별저압 계통에는 다음의 전원을 사용해야 한다.
   (1) 안전절연변압기 전원[KS C IEC 61558-2-6(전력용 변압기, 전원 공급 장치 및 유사 기기의 안전-제2부 : 범용 절연 변압기의 개별 요구 사항에 적합한 것)]
   (2) "(1)"의 안전절연변압기 및 이와 동등한 절연의 전원
   (3) 축전지 및 디젤발전기 등과 같은 독립전원
   (4) 내부고장이 발생한 경우에도 출력단자의 전압이 211.5.1에 규정된 값을 초과하지 않도록 적절한 표준에 따른 전자장치
   (5) 안전절연변압기, 전동발전기 등 저압으로 공급되는 이중 또는 강화 절연된 이동용 전원

211.5.4 SELV와 PELV 회로에 대한 요구사항

1. SELV 및 PELV 회로는 다음을 포함하여야 한다.
   (1) 충전부와 다른 SELV와 PELV 회로 사이의 기본절연
   (2) 이중절연 또는 강화절연 또는 최고전압에 대한 기본절연 및 보호차폐에 의한 SELV 또는 PELV 이외의 회로들의 충전부로부터 보호 분리
   (3) SELV 회로는 충전부와 대지 사이에 기본절연
   (4) PELV 회로 및 PELV 회로에 의해 공급되는 기기의 노출도전부는 접지
2. 기본절연이 된 다른 회로의 충전부로부터 특별저압 회로 배선계통의 보호분리는 다음의 방법 중 하나에 의한다.
   (1) SELV와 PELV 회로의 도체들은 기본절연을 하고 비금속외피 또는 절연된 외함으로 시설하여야 한다.
   (2) SELV와 PELV 회로의 도체들은 전압밴드 I 보다 높은 전압 회로의 도체들로부터 접지된 금속시스 또는 접지된 금속 차폐물에 의해 분리하여야 한다.
   (3) SELV와 PELV 회로의 도체들이 사용 최고전압에 대해 절연된 경우 전압밴드 I 보다 높은 전압의 다른 회로 도체들과 함께 다심케이블 또는 다른 도체그룹에 수용할 수 있다.
   (4) 다른 회로의 배선계통은 211.3.2의 4에 의한다.
3. SELV와 PELV 계통의 플러그와 콘센트는 다음에 따라야 한다.
   (1) 플러그는 다른 전압 계통의 콘센트에 꽂을 수 없어야 한다.
   (2) 콘센트는 다른 전압 계통의 플러그를 수용할 수 없어야 한다.
   (3) SELV 계통에서 플러그 및 콘센트는 보호도체에 접속하지 않아야 한다.
4. SELV 회로의 노출도전부는 대지 또는 다른 회로의 노출도전부나 보호도체에 접속하지 않아야 한다.
5. 공칭전압이 교류 25 V 또는 직류 60 V를 초과하거나 기기가 (물에)잠겨 있는 경우 기본보호는 특별저압 회로에 대해 다음의 사항을 따라야 한다.
   (1) 211.7.1에 따른 절연
   (2) 211.7.2에 따른 격벽 또는 외함
6. 건조한 상태에서 다음의 경우는 기본보호를 하지 않아도 된다.
   (1) SELV 회로에서 공칭전압이 교류 25 V 또는 직류 60 V를 초과하지 않는 경우
   (2) PELV 회로에서 공칭전압이 교류 25 V 또는 직류 60 V를 초과하지 않고 노출도전부 및 충전부가 보호도체에 의해서 주 접지단자에 접속된 경우
7. SELV 또는 PELV 계통의 공칭전압이 교류 12 V 또는 직류 30 V를 초과하지 않는 경우에는 기본보호를 하지 않아도 된다.

211.6 추가적 보호

211.6.1 누전차단기

1. 기본보호 및 고장보호를 위한 대상 설비의 고장 또는 사용자의 부주의로 인하여 설비에 고장이 발생한 경우에는 사용 조건에 적합한 누전차단기를 사용하는 경우에는 추가적인 보호로 본다.
2. 누전차단기의 사용은 단독적인 보호대책으로 인정하지 않는다. 누전차단기는 211.2부터 211.5까지에 규정된 보호대책 중 하나를 적용할 때 추가적인 보호로 사용할 수 있다.

211.6.2 보조 보호 등전위 본딩

동시접근 가능한 고정기기의 노출도전부와 계통외 도전부에 143.2.2의 보조 보호 등전위 본딩을 한 경우에는 추가적인 보호로 본다.

211.7 기본보호 방법

211.7.1 충전부의 기본절연

1. 절연은 충전부에 접촉하는 것을 방지하기 위한 것으로 다음과 같이 하여야 한다.
   (1) 충전부는 파괴하지 않으면 제거될 수 없는 절연물로 완전히 보호되어야 한다.
   (2) 기기에 대한 절연은 그 기기에 관한 표준을 적용하여야 한다.

211.7.2 격벽 또는 외함

1. 격벽 또는 외함은 인체가 충전부에 접촉하는 것을 방지하기 위한 것으로 다음과 같이 하여야 한다.
   (1) 램프홀더 및 퓨즈와 같은 부품을 교체하는 동안 발생할 수 있는 큰 개구부 또는 기기의 관련 요구사항에 따른 적절한 기능에 필요한 큰 개구부를 제외하고 충전부는 최소한 IPXXB 또는 IP2X 보호등급의 외함 내부 또는 격벽 뒤쪽에 있어야 한다.
      ① 인축이 충전부에 무의식적으로 접촉하는 것을 방지하기 위한 충분한 예방대책을 강구하여야 한다.
      ② 사람들이 개구부를 통하여 충전부에 접촉할 수 있음을 알 수 있도록 하며 의도적으로 접촉하지 않도록 하여야 한다.
      ③ 개구부는 적절한 기능과 부품교환의 요구사항에 맞는 한 최소한으로 하여야 한다.
   (2) 쉽게 접근 가능한 격벽 또는 외함의 상부 수평면의 보호등급은 최소한 IPXXD 또는 IP4X 등급 이상으로 한다.

(3) 격벽 및 외함은 완전히 고정하고 필요한 보호등급을 유지하기 위해 충분한 안정성과 내구성을 가져야 하며, 정상 사용조건에서 관련된 외부영향을 고려하여 충전부로부터 충분히 격리하여야 한다.

(4) 격벽을 제거 또는 외함을 열거나, 외함의 일부를 제거할 필요가 있을 때에는 다음과 같은 경우에만 가능하도록 하여야 한다.

① 열쇠 또는 공구를 사용하여야 한다.

② 보호를 제공하는 외함이나 격벽에 대한 충전부의 전원 차단 후 격벽이나 외함을 교체 또는 다시 닫은 후에만 전원복구가 가능하도록 한다.

③ 최소한 IPXXB 또는 IP2X 보호등급을 가진 중간격벽에 의해 충전부와 접촉을 방지하는 경우에는 열쇠 또는 공구의 사용에 의해서만 중간 격벽의 제거가 가능하도록 한다.

(5) 격벽의 뒤쪽 또는 외함의 안에서 개폐기가 개로 된 후에도 위험한 충전상태가 유지되는 기기(커패시터 등)가 설치된다면 경고 표지를 해야 한다. 다만, 아크소거, 계전기의 지연 동작 등을 위해 사용하는 소 용량의 커패시터는 위험한 것으로 보지 않는다.

211.8 장애물 및 접촉범위 밖에 배치

211.8.1 목적

장애물을 두거나 접촉범위 밖에 배치하는 보호대책은 기본보호만 해당한다. 이 방법은 숙련자 또는 기능자에 의해 통제 또는 감독되는 설비에 적용한다.

211.8.2 장애물

1. 장애물은 충전부에 무의식적인 접촉을 방지하기 위해 시설하여야 한다. 다만, 고의적 접촉까지 방지하는 것은 아니다.
2. 장애물은 다음에 대한 보호를 하여야 한다.

(1) 충전부에 인체가 무의식적으로 접근하는 것

(2) 정상적인 사용상태에서 충전된 기기를 조작하는 동안 충전부에 무의식적으로 접촉하는 것

3. 장애물은 열쇠 또는 공구를 사용하지 않고 제거될 수 있지만, 비 고의적인 제거를 방지하기 위해 견고하게 고정하여야 한다.

211.8.3 접촉범위 밖에 배치

1. 접촉범위 밖에 배치하는 방법에 의한 보호는 충전부에 무의식적으로 접촉하는 것을 방지하기 위함이다.

2. 서로 다른 전위로 동시에 접근 가능한 부분이 접촉범위 안에 있으면 안 된다. 두 부분의 거리가 2.5 m 이하인 경우에는 동시 접근이 가능한 것으로 간주한다.

211.9 숙련자와 기능자의 통제 또는 감독이 있는 설비에 적용 가능한 보호대책

211.9.1 비도전성 장소

1. 충전부의 기본절연 고장으로 인하여 서로 다른 전위가 될 수 있는 부분들에 대한 동시접촉을 방지하기 위한 것으로 다음과 같이 하여야 한다.
   (1) 모든 전기기기는 211.7의 어느 하나에 적합하여야 한다.
   (2) 다음의 노출도전부는 일반적인 조건에서 사람이 동시에 접촉되지 않도록 배치해야 한다. 다만, 이 부분들이 충전부의 기본절연의 고장에 따라 서로 다른 전위로 되기 쉬운 경우에 한 한다.
      ① 두 개의 노출도전부
      ② 노출도전부와 계통외 도전부
   (3) 비도전성 장소에는 보호도체가 없어야 한다.
   (4) 절연성 바닥과 벽이 있는 장소에서 다음의 배치들 중 하나 또는 그 이상이 적용되면 211.9.1의 "(2)"를 충족시킨다.
      ① 노출도전부 상호 간, 노출도전부와 계통외 도전부 사이의 상대적 간격은 두 부분 사이의 거리가 2.5 m 이상으로 한다.
      ② 노출도전부와 계통외 도전부 사이에 유효한 장애물을 설치한다. 이 장애물의 높이가 ①에 규정된 값까지 연장되면 충분하다.
      ③ 계통외 도전부의 절연 또는 절연 배치. 절연은 충분한 기계적 강도와 2 kV 이상의 시험전압에 견딜 수 있어야 하며, 누설전류는 통상적인 사용 상태에서 1 mA를 초과하지 말아야 한다.
   (5) KS C IEC 60364-6(검증)에 규정된 조건으로 매 측정 점에서의 절연성 바닥과 벽의 저항 값은 다음 값 이상으로 하여야 한다. 어떤 점에서의 저항이 규정된 값 이하이면 바닥과 벽은 감전보호 목적의 계통외 도전부로 간주된다.
      ① 설비의 공칭전압이 500 V 이하인 경우 50 kΩ
      ② 설비의 공칭전압이 500 V를 초과하는 경우 100 kΩ
   (6) 배치는 영구적이어야 하며, 그 배치가 유효성을 잃을 가능성이 없어야 한다. 이동용 또는 휴대용기기의 사용이 예상되는 곳에서의 보호도 보장하여야 한다.
   (7) 계통외 도전부에 의해 관련 장소의 외부로 전위가 발생하지 않도록 확실한 예방대책을 강구하여야 한다.

211.9.2 비 접지 국부 등전위 본딩에 의한 보호

1. 비 접지 국부 등전위 본딩은 위험한 접촉전압이 나타나는 것을 방지하기 위한 것으로 다음과 같이 한다.
   (1) 모든 전기기기는 211.7의 어느 하나에 적합하여야 한다.
   (2) 등전위 본딩용 도체는 동시에 접근이 가능한 모든 노출도전부 및 계통외 도전부와 상호 접속하여야 한다.
   (3) 국부 등전위 본딩 계통은 노출도전부 또는 계통외 도전부를 통해 대지와 직접 전기적으로 접촉되지 않아야 한다.
   (4) 대지로부터 절연된 도전성 바닥이 비접지 등전위 본딩 계통에 접속된 곳에서는 등전위 장소에 들어가는 사람이 위험한 전위차에 노출되지 않도록 주의하여야 한다.

211.9.3 두 개 이상의 전기사용기기에 전원 공급을 위한 전기적 분리

1. 개별회로의 전기적 분리는 회로의 기본절연의 고장으로 인해 충전될 수 있는 노출도전부에 접촉을 통한 감전을 방지하기 위한 것으로 다음과 같이 한다.
   (1) 모든 전기기기는 211.7의 어느 하나에 적합하여야 한다.
   (2) 두 개 이상의 장비에 전원을 공급하기 위한 전기적 분리에 따른 보호는 211.4(211.4.1의 2는 제외한다)와 다음의 조건을 준수하여야 한다.
      ① 분리된 회로가 손상 및 절연고장으로부터 보호될 수 있는 조치를 해야 한다.
      ② 분리된 회로의 노출도전부들은 절연된 비 접지 등전위 본딩 도체에 의해 함께 접속하여야 한다. 이러한 도체는 보호도체, 다른 회로의 노출도전부 또는 어떠한 계통외 도전부에도 접속되어서는 안 된다.
      ③ 모든 콘센트는 보호용 접속점이 있어야 하며 이 보호용 접속점은 (2)에 따라 시설된 등전위 본딩 계통에 연결하여야 한다.
      ④ 이중 또는 강화 절연된 기기에 공급하는 경우를 제외하고, 모든 가요케이블은 (2)의 등전위 본딩용 도체로 사용하기 위한 보호도체를 갖추어야 한다.
      ⑤ 2개의 노출도전부에 영향을 미치는 2개의 고장이 발생하고, 이들이 극성이 다른 도체에 의해 전원이 공급되는 경우 보호 장치에 의해 표 211.2-1에 제시된 제한 시간 내에 전원이 차단되도록 하여야 한다.

212 과전류에 대한 보호

212.1 일반사항

212.1.1 적용범위

과전류의 영향으로부터 회로도체를 보호하기 위한 요구사항으로서 과부하 및 단락고장이 발생할 때 전원을 자동으로 차단하는 하나 이상의 장치에 의해서 회로도체를 보호하기 위한 방법을 규정한다. 다만, 플러그 및 소켓으로 고정 설비에 기기를 연결하는 가요성 케이블(또는 가요성 전선)은 이 기준의 적용범위가 아니므로 과전류에 대한 보호가 반드시 이루어지지는 않는다.

212.1.2 일반 요구사항

과전류로 인하여 회로의 도체, 절연체, 접속부, 단자부 또는 도체를 감싸는 물체 등에 유해한 열적 및 기계적인 위험이 발생되지 않도록, 그 회로의 과전류를 차단하는 보호장치를 설치해야 한다.

212.2 회로의 특성에 따른 요구사항

212.2.1 선 도체의 보호

1. 과전류 검출기의 설치
   (1) 과전류의 검출은 제2를 적용하는 경우를 제외하고 모든 선도체에 대하여 과전류 검출기를 설치하여 과전류가 발생할 때 전원을 안전하게 차단해야 한다. 다만, 과전류가 검출된 도체 이외의 다른 선 도체는 차단하지 않아도 된다.
   (2) 3상 전동기 등과 같이 단상 차단이 위험을 일으킬 수 있는 경우 적절한 보호 조치를 해야 한다.
2. 과전류 검출기 설치 예외

   TT 계통 또는 TN 계통에서, 선 도체만을 이용하여 전원을 공급하는 회로의 경우, 다음 조건들을 충족하면 선 도체 중 어느 하나에는 과전류 검출기를 설치하지 않아도 된다.
   (1) 동일 회로 또는 전원 측에서 부하 불평형을 감지하고 모든 선 도체를 차단하기 위한 보호 장치를 갖춘 경우
   (2) "(1)"에서 규정한 보호 장치의 부하 측에 위치한 회로의 인위적 중성점으로부터 중성선을 배선하지 않는 경우

212.2.2 중성선의 보호

1. TT 계통 또는 TN 계통

(1) 중성선의 단면적이 선 도체의 단면적과 동등 이상의 크기이고, 그 중성선의 전류가 선도체의 전류보다 크지 않을 것으로 예상될 경우, 중성선에는 과전류 검출기 또는 차단장치를 설치하지 않아도 된다. 중성선의 단면적이 선 도체의 단면적보다 작은 경우 과전류 검출기를 설치할 필요가 있다. 검출된 과전류가 설계전류를 초과하면 선 도체를 차단해야 하지만, 중성선을 차단할 필요까지는 없다.

(2) "(1)"의 2가지 경우 모두 단락전류로부터 중성선을 보호해야 한다.

(3) 중성선에 관한 요구사항은 차단에 관한 것을 제외하고 중성선과 보호도체 겸용(PEN) 도체에도 적용한다.

2. IT 계통

중성선을 배선하는 경우 중성선에 과전류 검출기를 설치해야 하며, 과전류가 검출되면 중성선을 포함한 해당 회로의 모든 충전 도체를 차단해야 한다. 다음의 경우에는 과전류 검출기를 설치하지 않아도 된다.

(1) 설비의 전력 공급점과 같은 전원 측에 설치된 보호 장치에 의해 그 중성선이 과전류에 대해 효과적으로 보호되는 경우

(2) 정격감도전류가 해당 중성선 허용전류의 0.2배 이하인 누전차단기로 그 회로를 보호하는 경우

212.2.3 중성선의 차단 및 재폐로

중성선을 차단 및 재폐로 하는 회로의 경우에 설치하는 개폐기 및 차단기는 차단 시에는 중성선이 선 도체보다 늦게 차단되어야 하며, 재폐로 시에는 선도체와 동시 또는 그 이전에 재폐로 되는 것을 설치하여야 한다.

212.3 보호 장치의 종류 및 특성

212.3.1 과부하전류 및 단락전류 겸용 보호 장치

과부하전류 및 단락전류 모두를 보호하는 장치는 그 보호 장치 설치점에서 예상되는 단락전류를 포함한 모든 과전류를 차단 및 투입할 수 있는 능력이 있어야 한다.

212.3.2 과부하전류 전용 보호 장치

과부하전류 전용 보호 장치는 212.4의 요구사항을 충족하여야 하며, 차단용량은 그 설치점에서의 예상 단락전류 값 미만으로 할 수 있다.

212.3.3 단락전류 전용 보호 장치

단락전류 전용 보호 장치는 과부하 보호를 별도의 보호 장치에 의하거나, 212.4에서

과부하 보호 장치의 생략이 허용되는 경우에 설치할 수 있다.
이 보호 장치는 예상 단락전류를 차단할 수 있어야 하며, 차단기인 경우에는 이 단락전류를 투입할 수 있는 능력이 있어야 한다.

212.3.4 보호 장치의 특성

1. 과전류 보호 장치는 KS C 또는 KS C IEC 관련 표준(배선 차단기, 누전 차단기, 퓨즈 등의 표준)의 동작특성에 적합하여야 한다.
2. 과전류 차단기로 저압전로에 사용하는 범용의 퓨즈(「전기용품 및 생활용품 안전관리법」에서 규정하는 것을 제외한다)는 표 212.3-1에 적합한 것이어야 한다.

표 212.3-1 퓨즈(gG)의 용단특성

정격전류의 구분	시간	정격전류의 배수	
		불용단전류	용단전류
4 A 이하	60분	1.5배	2.1배
4 A 초과 16 A 미만	60분	1.5배	1.9배
16 A 이상 63 A 이하	60분	1.25배	1.6배
63 A 초과 160 A 이하	120분	1.25배	1.6배
160 A 초과 400 A 이하	180분	1.25배	1.6배
400 A 초과	240분	1.25배	1.6배

3. 과전류차단기로 저압전로에 사용하는 산업용 배선차단기(「전기용품 및 생활용품 안전관리법」에서 규정하는 것을 제외한다.)는 표 212.3-2에 주택용 배선차단기는 표 212.3-3 및 표 212.3-4에 적합한 것이어야 한다. 다만, 일반인이 접촉할 우려가 있는 장소(세대내 분전반 및 이와 유사한 장소)에는 주택용 배선차단기를 시설하여야 한다.

표 212.3-2 과전류 트립 동작시간 및 특성(산업용 배선차단기)

정격전류의 구분	시간	정격전류의 배수 (모든 극에 통전)	
		부동작 전류	동작 전류
63 A 이하	60분	1.05배	1.3배
63 A 초과	120분	1.05배	1.3배

표 212.3-3 순시트립에 따른 구분(주택용 배선차단기)

형	순시트립 범위
B	$3I_n$ 초과 ~ $5I_n$ 이하
C	$5I_n$ 초과 ~ $10I_n$ 이하
D	$10I_n$ 초과 ~ $20I_n$ 이하
비고 1. B, C, D : 순시트립 전류에 따른 차단기 분류 2. I_n : 차단기 정격전류	

표 212.3-4 과전류 트립 동작시간 및 특성(주택용 배선차단기)

정격전류의 구분	시간	정격전류의 배수 (모든 극에 통전)	
		부동작 전류	동작 전류
63 A 이하	60분	1.13배	1.45배
63 A 초과	120분	1.13배	1.45배

212.4 과부하전류에 대한 보호

212.4.1 도체와 과부하 보호장치 사이의 협조

과부하에 대해 케이블(전선)을 보호하는 장치의 동작특성은 다음 조건을 충족해야 한다.

$$I_B \le I_n \le I_Z \quad \text{(식 212.4-1)}$$

$$I_2 \le 1.45 \times I_Z \quad \text{(식 212.4-2)}$$

여기서, I_B : 회로의 설계전류
I_Z : 케이블의 허용전류
I_n : 보호 장치의 정격전류
I_2 : 보호 장치가 규약시간 이내에 유효하게 동작하는 것을 보장하는 전류

1. 조정할 수 있게 설계 및 제작된 보호 장치의 경우, 정격전류 I_n은 사용현장에 적합하게 조정된 전류의 설정 값이다.
2. 보호 장치의 유효한 동작을 보장하는 전류 I_2는 제조자로부터 제공되거나 제품 표준에 제시되어야 한다.
3. 식 212.4-2에 따른 보호는 조건에 따라서는 보호가 불확실한 경우가 발생할 수 있다. 이러한 경우에는 식 212.4-2에 따라 선정된 케이블 보다 단면적이 큰 케이블을 선정하여야 한다.
4. I_B는 선 도체를 흐르는 설계전류이거나, 함유율이 높은 영상분 고조파(특히 제3고조파)가 지속적으로 흐르는 경우 중성선에 흐르는 전류이다.

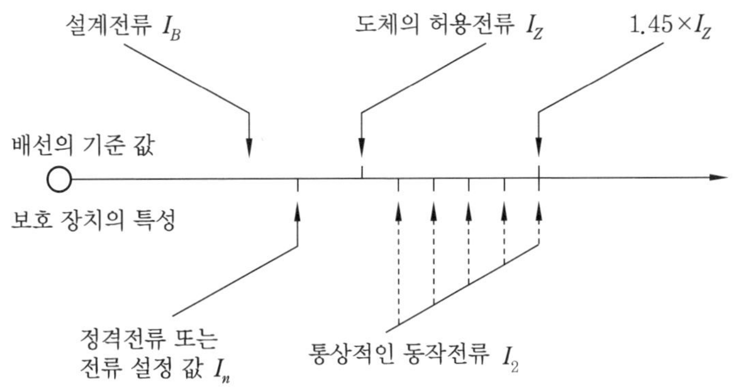

그림 212.4-1 과부하 보호 설계 조건도

212.4.2 과부하 보호 장치의 설치 위치

1. 설치 위치

과부하 보호 장치는 전로 중 도체의 단면적, 특성, 설치방법, 구성의 변경으로 도체의 허용전류 값이 줄어드는 곳(이하 분기점이라 함)에 설치해야 한다.

2. 설치 위치의 예외

과부하 보호 장치는 분기점(O)에 설치해야 하나, 분기점(O)과 분기회로의 과부하 보호 장치의 설치점 사이의 배선 부분에 다른 분기회로나 콘센트 회로가 접속되어 있지 않고, 다음 중 하나를 충족하는 경우에는 변경이 있는 배선에 설치할 수 있다.

(1) 그림 212.4-2와 같이 분기회로(S_2)의 과부하 보호 장치(P_2)의 전원 측에 다른 분기회로 또는 콘센트의 접속이 없고 212.5의 요구사항에 따라 분기회로에 대한 단락 보호가 이루어지고 있는 경우, P_2는 분기회로의 분기점(O)으로부터 부하 측으로 거리에 구애 받지 않고 이동하여 설치할 수 있다.

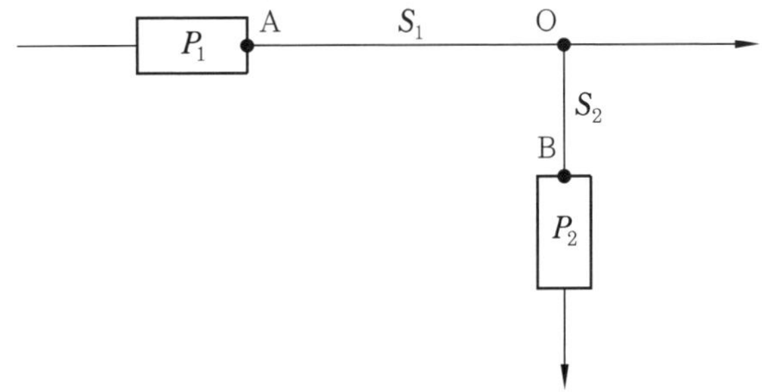

그림 212.4-2 분기회로(S_2)의 분기점(O)에 설치되지 않은 분기회로 과부하 보호 장치(P_2)

(2) 그림 212.4-3과 같이 분기회로 (S_2)의 보호 장치(P_2)는 (P_2)의 전원 측에서 분기점(O) 사이에 다른 분기회로 또는 콘센트의 접속이 없고, 단락의 위험과 화재 및 인체에 대한 위험성이 최소화 되도록 시설된 경우, 분기회로의 보호 장치

(P_2)는 분기회로의 분기점(O)으로부터 3 m 까지 이동하여 설치할 수 있다.

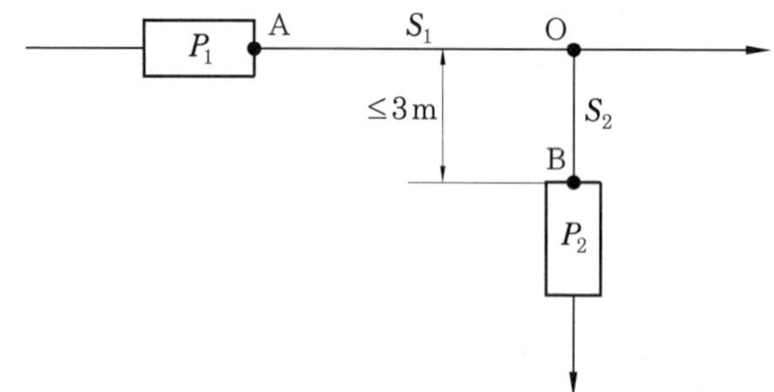

그림 212.4-3 분기회로(S_2)의 분기점(O)에서 3 m 이내에 설치된 과부하 보호 장치(P_2)

212.4.3 과부하 보호 장치의 생략

1. 다음과 같은 경우에는 과부하 보호 장치를 생략할 수 있다. 다만, 화재 또는 폭발 위험성이 있는 장소에 설치되는 설비 또는 특수설비 및 특수 장소의 요구사항들을 별도로 규정하는 경우에는 과부하 보호 장치를 생략할 수 없다.

(1) 일반사항

다음의 어느 하나에 해당되는 경우에는 과부하 보호장치 생략이 가능하다.

① 분기회로의 전원 측에 설치된 보호장치에 의하여 분기회로에서 발생하는 과부하에 대해 유효하게 보호되고 있는 분기회로

② 212.5의 요구사항에 따라 단락 보호가 되고 있으며, 분기점 이후의 분기회로에 다른 분기회로 및 콘센트가 접속되지 않는 분기회로 중, 부하에 설치된 과부하 보호 장치가 유효하게 동작하여 과부하전류가 분기회로에 전달되지 않도록 조치를 하는 경우

③ 통신회로용, 제어회로용, 신호회로용 및 이와 유사한 설비

(2) IT 계통에서 과부하 보호 장치 설치 위치 변경 또는 생략

① 과부하에 대해 보호가 되지 않은 각 회로가 다음과 같은 방법 중 어느 하나에 의해 보호될 경우, 설치 위치 변경 또는 생략이 가능하다.

㈎ 211.3에 의한 보호수단 적용

㈏ 2차 고장이 발생할 때 즉시 작동하는 누전차단기로 각 회로를 보호

㈐ 지속적으로 감시되는 시스템의 경우 다음 중 어느 하나의 기능을 구비한 절연 감시 장치의 사용

㉮ 최초 고장이 발생한 경우 회로를 차단하는 기능

㉯ 고장을 나타내는 신호를 제공하는 기능이며 이 고장은 운전 요구사항 또는 2차 고장에 의한 위험을 인식하고 조치가 취해져야 한다.

② 중성선이 없는 IT 계통에서 각 회로에 누전 차단기가 설치된 경우에는 선도체 중의 어느 1개에는 과부하 보호 장치를 생략할 수 있다.

(3) 안전을 위해 과부하 보호 장치를 생략할 수 있는 경우

사용 중 예상치 못한 회로의 개방이 위험 또는 큰 손상을 초래할 수 있는 다음과 같은 부하에 전원을 공급하는 회로에 대해서는 과부하 보호 장치를 생략할 수 있다.

① 회전기의 여자회로

② 전자석 크레인의 전원회로

③ 전류변성기의 2차 회로

④ 소방설비의 전원회로

⑤ 안전설비(주거침입경보, 가스누출경보 등)의 전원회로

212.4.4 병렬 도체의 과부하 보호

하나의 보호 장치가 여러 개의 병렬도체를 보호할 경우, 병렬도체는 분기회로, 분리, 개폐장치를 사용할 수 없다.

212.5 단락전류에 대한 보호

이 기준은 동일회로에 속하는 도체 사이의 단락인 경우에만 적용하여야 한다.

212.5.1 예상 단락전류의 결정

설비의 모든 관련 지점에서의 예상 단락전류를 결정해야 한다. 이는 계산 또는 측정에 의하여 수행할 수 있다.

212.5.2 단락 보호 장치의 설치 위치

1. 단락전류 보호 장치는 분기점(O)에 설치해야 한다. 다만, 그림 212.5-1과 같이 분기회로의 단락 보호 장치 설치점(B)과 분기점(O) 사이에 다른 분기회로 또는 콘센트의 접속이 없고 단락, 화재 및 인체에 대한 위험이 최소화될 경우, 분기회로의 단락 보호 장치 P_2는 분기점(O)으로부터 3 m까지 이동하여 설치할 수 있다.

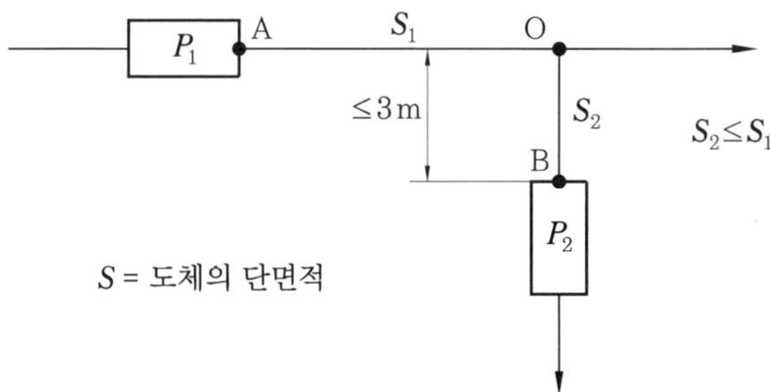

그림 212.5-1 분기회로 단락 보호 장치(P_2)의 제한된 위치 변경

2. 도체의 단면적이 줄어들거나 다른 변경이 이루어진 분기회로의 시작점(O)과 이 분기회로의 단락 보호 장치(P_2) 사이에 있는 도체가 전원 측에 설치되는 보호 장치(P_1)에 의해 단락 보호가 되는 경우에, P_2의 설치 위치는 분기점(O)로부터 거리제한이 없이 설치할 수 있다. 단, 전원 측 단락 보호 장치(P_1)는 부하 측 배선(S_2)에 대하여 212.5.5에 따라 단락 보호를 할 수 있는 특성을 가져야 한다.

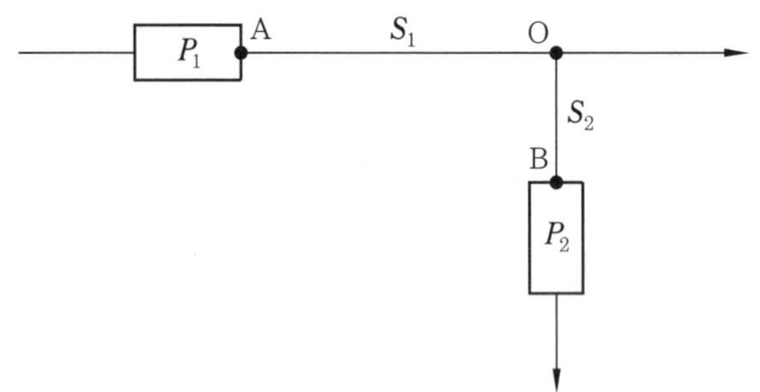

그림 212.5-2 분기회로 단락 보호 장치(P_2)의 설치 위치

212.5.3 단락 보호 장치의 생략

1. 배선을 단락위험이 최소화할 수 있는 방법과 가연성 물질 근처에 설치하지 않는 조건이 모두 충족되면 다음과 같은 경우 단락 보호 장치를 생략할 수 있다.
   (1) 발전기, 변압기, 정류기, 축전지와 보호 장치가 설치된 제어반을 연결하는 도체
   (2) 212.4.3의 "(3)"과 같이 전원차단이 설비의 운전에 위험을 가져올 수 있는 회로다. 특정 측정 회로이다.

212.5.4 병렬도체의 단락 보호

1. 여러 개의 병렬도체를 사용하는 회로의 전원 측에 1개의 단락 보호 장치가 설치되어 있는 조건에서, 어느 하나의 도체에서 발생한 단락고장이라도 효과적인 동작이 보증되는 경우, 해당 보호 장치 1개를 이용하여 그 병렬도체 전체의 단락 보호 장치로 사용할 수 있다.
2. 1개의 보호 장치에 의한 단락 보호가 효과적이지 못하면, 다음 중 1가지 이상의 조치를 취해야 한다.
   (1) 배선은 기계적인 손상 보호와 같은 방법으로 병렬도체에서의 단락위험을 최소화할 수 있는 방법으로 설치하고, 화재 또는 인체에 대한 위험을 최소화 할 수 있는 방법으로 설치하여야 한다.
   (2) 병렬도체가 2가닥인 경우 단락 보호 장치를 각 병렬도체의 전원 측에 설치해야 한다.
   (3) 병렬도체가 3가닥 이상인 경우 단락 보호 장치는 각 병렬도체의 전원 측과 부하 측에 설치해야 한다.

212.5.5 단락 보호 장치의 특성

1. 차단용량

정격차단용량은 단락전류 보호 장치 설치 점에서 예상되는 최대 크기의 단락전류 보다 커야한다. 다만, 전원 측 전로에 단락고장전류 이상의 차단능력이 있는 과전류차단기가 설치되는 경우에는 그러하지 아니하다. 이 경우에 두 장치를 통과하는 에너지가 부하 측 장치와 이 보호 장치로 보호를 받는 도체가 손상을 입지 않고 견뎌낼 수 있는 에너지를 초과하지 않도록 양쪽 보호 장치의 특성이 협조되도록 해야 한다.

2. 케이블 등의 단락전류

회로의 임의의 지점에서 발생한 모든 단락전류는 케이블 및 절연도체의 허용 온도를 초과하지 않는 시간 내에 차단되도록 해야 한다. 단락지속시간이 5초 이하인 경우, 통상 사용조건에서의 단락전류에 의해 절연체의 허용온도에 도달하기까지의 시간 t는 식 212.5-1과 같이 계산할 수 있다.

$$t = \left(\frac{kS}{I}\right)^2 \quad \text{.......................................} \quad (\text{식 } 212.5\text{-}1)$$

여기서, t : 단락전류 지속시간(초)

S : 도체의 단면적(mm^2)

I : 유효 단락전류(A, rms)

k : 도체 재료의 저항률, 온도계수, 열용량, 해당 초기온도와 최종온도를 고려한 계수로서, 일반적인 도체의 절연물에서 선도체에 대한 k 값은 표 212.5-1과 같다.

표 212.5-1 도체에 대한 k 값

구분	도체절연 형식							
	PVC (열가소성)		PVC (열가소성) 90℃		에틸렌프로필렌 고무/가교폴리에틸렌(열경화성)	고무 (열경화성) 60℃	무기재료	
							PVC 외장	노출 비외장
단면적 (mm^2)	≦300	>300	≦300	>300				
초기온도 (℃)	70		90		90	60	70	105
최종온도 (℃)	160	140	160	140	250	200	160	250
도체재료 : 구리	115	103	100	86	143	141	115	135/115 *
알루미늄	76	68	66	57	94	93	-	-

구리의 납땜접속	115	-			-	-	-	-
* 이 값은 사람이 접촉할 우려가 있는 노출 케이블에 적용되어야 한다.								
1) 다음 사항에 대한 다른 k 값은 검토 중이다. - 가는 도체 (특히, 단면적이 10 mm² 미만) - 기타 다른 형식의 전선 접속 - 노출 도체 2) 단락보호장치의 정격전류는 케이블의 허용전류보다 클 수도 있다. 3) 위의 계수는 KS C IEC 60724(정격전압 1 kV 및 3 kV 전기케이블의 단락 온도 한계)에 근거한다. 4) 계수 k의 계산방법에 대해서는 IEC 60364-5-54(전기기기의 선정 및 설치-접지설비 및 보호도체)의 "부속서 A" 참조								

212.6 저압전로 중의 개폐기 및 과전류차단장치의 시설

212.6.1 저압전로 중의 개폐기의 시설

1. 저압전로 중에 개폐기를 시설하는 경우(이 규정에서 개폐기를 시설하도록 정하는 경우에 한 한다)에는 그 곳의 각 극에 설치하여야 한다.
2. 사용전압이 다른 개폐기는 상호 식별이 용이하도록 시설하여야 한다.

212.6.2 저압 옥내전로 인입구에서의 개폐기의 시설

1. 저압 옥내전로(242.5.1의 1에 규정하는 화약류 저장소에 시설하는 것을 제외한다. 이하 같다)에는 인입구에 가까운 곳으로서 쉽게 개폐할 수 있는 곳에 개폐기(개폐기의 용량이 큰 경우에는 적정 회로로 분할하여 각 회로별로 개폐기를 시설할 수 있다. 이 경우에 각 회로별 개폐기는 집합하여 시설하여야 한다)를 각 극에 시설하여야 한다.
2. 사용전압이 400 V 이하인 옥내 전로로서 다른 옥내전로(정격전류가 16 A 이하인 과전류 차단기 또는 정격전류가 16 A를 초과하고 20 A 이하인 배선차단기로 보호되고 있는 것에 한 한다)에 접속하는 길이 15 m 이하의 전로에서 전기의 공급을 받는 것은 제1의 규정에 의하지 아니할 수 있다.
3. 저압 옥내전로에 접속하는 전원측의 전로(그 전로에 가공 부분 또는 옥상 부분이 있는 경우에는 그 가공 부분 또는 옥상 부분보다 부하 측에 있는 부분에 한 한다)의 그 저압 옥내전로의 인입구에 가까운 곳에 전용의 개폐기를 쉽게 개폐할 수 있는 곳의 각 극에 시설하는 경우에는 제1의 규정에 의하지 아니할 수 있다.

212.6.3 저압전로 중의 전동기 보호용 과전류 보호 장치의 시설

1. 과전류차단기로 저압전로에 시설하는 과부하 보호 장치(전동기가 손상될 우려가 있는 과전류가 발생했을 경우에 자동적으로 이것을 차단하는 것에 한 한다)와 단락 보호 전용차단기 또는 과부하 보호 장치와 단락 보호 전용 퓨즈를 조합한 장치는 전동

기에만 연결하는 저압전로에 사용하고 다음 각각에 적합한 것이어야 한다.

(1) 과부하 보호 장치, 단락 보호 전용 차단기 및 단락 보호 전용 퓨즈는 「전기용품 및 생활용품 안전관리법」에 적용을 받는 것 이외에는 한국산업표준(이하 "KS"라 한다)에 적합하여야 하며, 다음에 따라 시설하여야 한다.

① 과부하 보호 장치로 전자접촉기를 사용할 경우에는 반드시 과부하계전기가 부착되어 있을 것

② 단락보호전용 차단기의 단락동작설정 전류 값은 전동기의 기동방식에 따른 기동돌입전류를 고려할 것

③ 단락보호전용 퓨즈는 표 212.6-5의 용단특성에 적합한 것일 것

표 212.6-5 단락 보호 전용 퓨즈(aM)의 용단특성

정격전류의 배수	불용단시간	용단시간
4배	60초 이내	-
6.3배	-	60초 이내
8배	0.5초 이내	-
10배	0.2초 이내	-
12.5배	-	0.5초 이내
19배	-	0.1초 이내

(2) 과부하 보호 장치와 단락 보호 전용 차단기 또는 단락 보호 전용 퓨즈를 하나의 전용함 속에 넣어 시설한 것일 것

(3) 과부하 보호 장치가 단락전류에 의하여 손상되기 전에 그 단락전류를 차단하는 능력을 가진 단락 보호 전용 차단기 또는 단락 보호 전용 퓨즈를 시설한 것일 것

(4) 과부하 보호 장치와 단락 보호 전용 퓨즈를 조합한 장치는 단락 보호 전용 퓨즈의 정격전류가 과부하 보호 장치의 설정 전류(setting current) 값 이하가 되도록 시설한 것(그 값이 단락 보호 전용 퓨즈의 표준 정격에 해당하지 아니하는 경우는 단락 보호 전용 퓨즈의 정격전류가 그 값의 바로 상위의 정격이 되도록 시설한 것을 포함한다)일 것

2. 저압 옥내 시설하는 보호 장치의 정격전류 또는 전류 설정 값은 전동기 등이 접속되는 경우에는 그 전동기의 기동방식에 따른 기동전류와 다른 전기사용기계기구의 정격전류를 고려하여 선정하여야 한다.

3. 옥내에 시설하는 전동기(정격 출력이 0.2 kW 이하인 것을 제외한다. 이하 여기에서 같다)에는 전동기가 손상될 우려가 있는 과전류가 생겼을 때에 자동적으로 이를 저지하거나 이를 경보하는 장치를 하여야 한다. 다만, 다음의 어느 하나에 해당하는 경우에는 그러하지 아니하다.

① 전동기를 운전 중 상시 취급자가 감시할 수 있는 위치에 시설하는 경우
② 전동기의 구조나 부하의 성질로 보아 전동기가 손상될 수 있는 과전류가 생길 우려가 없는 경우
(3) 단상전동기[KS C 4204(2013)의 표준정격의 것을 말한다]로써 그 전원측 전로에 시설하는 과전류 차단기의 정격전류가 16 A(배선차단기는 20 A) 이하인 경우

212.6.4 분기회로의 시설

분기회로는 212.4.2, 212.4.3, 212.5.2, 212.5.3에 준하여 시설하여야 한다.

212.7 과부하 및 단락 보호의 협조

212.7.1 한 개의 보호 장치를 이용한 보호

과부하 및 단락전류 보호 장치는 212.4 및 212.5의 관련 요구사항을 만족하여야 한다.

212.7.2 개별 장치를 이용한 보호

212.4 및 212.5의 요구사항을 과부하 보 호장치와 단락 보호 장치에 각각 적용한다. 단락 보호 장치의 통과에너지가 과부하 보호 장치에 손상을 주지 않고 견딜 수 있는 값을 초과하지 않도록 보호 장치의 특성을 협조시켜야 한다.

212.8 전원 특성을 이용한 과전류 제한

도체의 허용전류를 초과하는 전류를 공급할 수 없는 전원으로부터 전류를 공급받은 도체의 경우 과부하 및 단락 보호가 적용된 것으로 간주한다.

213 과전압에 대한 보호

213.1 고압계통의 지락고장으로 인한 저압설비 보호

213.1.1 고압계통의 지락고장 시 저압계통에서의 과전압

1. 변전소에서 고압 측 지락고장의 경우, 다음 과전압의 유형들이 저압설비에 영향을 미칠 수 있다.
   (1) 상용주파 고장전압(U_f)
   (2) 상용주파 스트레스전압(U_1 및 U_2)

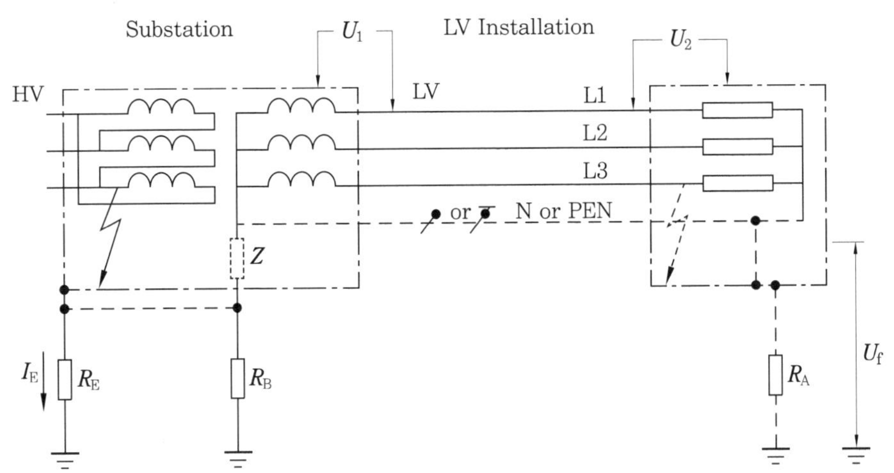

그림 213.1-1 고압계통의 지락고장 시 저압계통에서의 과전압 발생도

213.1.2 상용주파 스트레스전압의 크기와 지속시간

고압계통에서의 지락으로 인한 저압설비 내의 저압기기의 상용주파 스트레스전압(U_1과 U_2)의 크기와 지속시간은 표 142.6-1에 주어진 요구사항들을 초과하지 않아야 한다.

213.2 낙뢰 또는 개폐에 따른 과전압 보호

213.2.1 일반사항

이 절은 배전 계통으로부터 전달되는 기상현상에 기인한 과도 과전압 및 설비 내 기기에 의해 발생하는 개폐 과전압에 대한 전기설비의 보호를 다룬다.

213.2.2 기기에 요구되는 임펄스 내전압

기기의 정격 임펄스 내전압이 최소한 표 213.2-1에 제시된 필수 임펄스 내전압보다 작지 않도록 기기를 선정하여야 한다.

표 213.2-1 기기에 요구되는 정격 임펄스 내전압

<table>
<tr><th rowspan="3">설비의 공칭전압 (V)</th><th rowspan="3">교류 또는 직류 공칭전압에서 산출한 상전압(V)</th><th colspan="4">요구되는 정격 임펄스 내전압[a](kV)</th></tr>
<tr><th>과전압 범주 IV (매우 높은 정격 임펄스 전압 장비)</th><th>과전압 범주 III (높은 정격 임펄스 전압 장비)</th><th>과전압 범주 II (통상 정격 임펄스 전압 장비)</th><th>과전압 범주 I (감축 정격 임펄스 전압 장비)</th></tr>
<tr><th>예) 계기, 원격 제어 시스템</th><th>예) 배전반, 개폐기, 콘센트</th><th>예) 가전용 배전전기기기 및 도구</th><th>예) 민감한 전자 장비</th></tr>
<tr><td>120/208</td><td>150</td><td>4</td><td>2.5</td><td>1.5</td><td>0.8</td></tr>
<tr><td>(220/380)[b]
230/400
277/480</td><td>300</td><td>6</td><td>4</td><td>2.5</td><td>1.5</td></tr>
<tr><td>400/690</td><td>600</td><td>8</td><td>6</td><td>4</td><td>2.5</td></tr>
<tr><td>1000</td><td>1000</td><td>12</td><td>8</td><td>6</td><td>4</td></tr>
<tr><td>1500 D.C.</td><td>1500 D.C.</td><td></td><td></td><td>8</td><td>6</td></tr>
<tr><td colspan="6">a : 임펄스 내전압은 충전도체와 보호도체 사이에 적용된다.
b : 현재 국내 사용 전압이다.</td></tr>
</table>

214 열 영향에 대한 보호

214.1 적용범위

1. 다음과 같은 영향으로부터 인축과 재산의 보호방법을 전기설비에 적용하여야 한다.
   (1) 전기기기에 의한 열적인 영향, 재료의 연소 또는 기능저하 및 화상의 위험
   (2) 화재 재해의 경우, 전기설비로부터 격벽으로 분리된 인근의 다른 화재 구획으로 전파되는 화염
   (3) 전기기기 안전 기능의 손상

214.2 화재 및 화상방지에 대한 보호

214.2.1 전기기기에 의한 화재방지

1. 전기기기에 의해 발생하는 열은 근처에 고정된 재료나 기기에 화재 위험을 주지 않아야 한다.
2. 고정기기의 온도가 인접한 재료에 화재의 위험을 줄 온도까지 도달할 우려가 있는 경우에 이 기기에는 다음과 같은 조치를 취하여야 한다.

(1) 이 온도에 견디고 열전도율이 낮은 재료 위나 내부에 기기를 설치

(2) 이 온도에 견디고 열전도율이 낮은 재료를 사용하여 건축구조물로부터 기기를 차폐

(3) 이 온도에서 열이 안전하게 발산되도록 유해한 열적 영향을 받을 수 있는 재료로부터 충분히 거리를 유지하고 열전도율이 낮은 지지대에 의한 설치

3. 정상 운전 중에 아크 또는 스파크가 발생할 수 있는 전기기기에는 다음 중 하나의 보호조치를 취하여야 한다.

(1) 내 아크 재료로 기기 전체를 둘러싼다.

(2) 분출이 유해한 영향을 줄 수 있는 재료로부터 내 아크 재료로 차폐

(3) 분출이 유해한 영향을 줄 수 있는 재료로부터 충분한 거리에서 분출을 안전하게 소멸시키도록 기기를 설치

4. 열의 집중을 야기하는 고정기기는 어떠한 고정물체나 건축부재가 정상조건에서 위험한 온도에 노출되지 않도록 충분한 거리를 유지하도록 하여야 한다.

5. 단일 장소에 있는 전기기기가 상당한 양의 인화성 액체를 포함하는 경우에는 액체, 불꽃 및 연소 생성물의 전파를 방지하는 충분한 예방책을 취하여야 한다.

(1) 누설된 액체를 모을 수 있는 저유조를 설치하고 화재 시 소화를 확실히 한다.

(2) 기기를 적절한 내화성이 있고 연소 액체가 건물의 다른 부분으로 확산되지 않도록 방지턱 또는 다른 수단이 마련된 방에 설치한다. 이러한 방은 외부공기로만 환기되는 것이어야 한다.

6. 설치 중 전기기기의 주위에 설치하는 외함의 재료는 그 전기기기에서 발생할 수 있는 최고온도에 견디어야 한다. 이외 함의 구성 재료는 열전도율이 낮고 불연성 또는 난연성 재료로 덮는 등 발화에 대한 예방조치를 하지 않는 한 가연성 재료는 부적합하다.

7. 화재의 위험성이 높은 20 A 이하의 분기회로에는 전기 아크로 인한 화재의 우려가 없도록 KS C IEC 62606에 적합한 장치를 각각 시설할 수 있다.

214.2.2 전기기기에 의한 화상 방지

접촉범위 내에 있고, 접촉 가능성이 있는 전기기기의 부품 류는 인체에 화상을 일으킬 우려가 있는 온도에 도달해서는 안 되며, 표 214.2-1에 제시된 제한 값을 준수하여야 한다. 이 경우 우발적 접촉도 발생하지 않도록 보호를 하여야 한다.

표 214.2-1 접촉범위 내에 있는 기기에 접촉 가능성이 있는 부분에 대한 온도 제한

접촉할 가능성이 있는 부분	접촉할 가능성이 있는 표면의 재료	최고 표면온도(℃)
손으로 잡고 조작시키는 것	금속 비금속	55 65
손으로 잡지 않지만 접촉하는 부분	금속 비금속	70 80
통상 조작 시 접촉할 필요가 없는 부분	금속 비금속	80 90

214.3 과열에 대한 보호

214.3.1 강제 공기 난방시스템

1. 강제 공기 난방시스템에서 중앙 축열기의 발열체가 아닌 발열체는 정해진 풍량에 도달할 때까지는 동작할 수 없고, 풍량이 정해진 값 미만이면 정지되어야 한다. 또한 공기 덕트 내에서 허용온도가 초과하지 않도록 하는 2개의 서로 독립된 온도 제한 장치가 있어야 한다.
2. 열소자의 지지부, 프레임과 외함은 불연성 재료이어야 한다.

214.3.2 온수기 또는 증기발생기

1. 온수 또는 증기를 발생시키는 장치는 어떠한 운전 상태에서도 과열 보호가 되도록 설계 또는 공사를 하여야 한다. 보호 장치는 기능적으로 독립된 자동 온도조절장치로부터 독립적 기능을 하는 비자동 복귀형 장치이어야 한다. 다만, 관련된 표준 모두에 적합한 장치는 제외한다.
2. 장치에 개방 입구가 없는 경우에는 수압을 제한하는 장치를 설치하여야 한다.

214.3.3 공기난방설비

1. 공기난방설비의 프레임 및 외함은 불연성 재료이어야 한다.
2. 열복사에 의해 접촉되지 않는 복사 난방기의 측벽은 가연성 부분으로부터 충분한 간격을 유지하여야 한다. 불연성 격벽으로 간격을 감축하는 경우, 이 격벽은 복사 난방기의 외함 및 가연성 부분에서 0.01 m 이상의 간격을 유지하여야 한다.
3. 제작자의 별도 표시가 없으며, 복사 난방기는 복사 방향으로 가연성 부분으로부터 2 m 이상의 안전거리를 확보할 수 있도록 부착하여야 한다.

| 220 전선로 |

221 구내·옥측·옥상·옥내 전선로의 시설

221.1 구내인입선

221.1.1 저압 인입선의 시설

1. 저압 가공인입선은 222.16, 222.18, 222.19 및 332.11부터 332.15까지의 규정에 준하여 시설하는 이외에 다음에 따라 시설하여야 한다.
   (1) 전선은 절연전선 또는 케이블일 것
   (2) 전선이 케이블인 경우 이외에는 인장강도 2.30 kN 이상의 것 또는 지름 2.6 mm 이상의 인입용 비닐절연전선일 것 다만, 경간이 15 m 이하인 경우는 인장강도 1.25 kN 이상의 것 또는 지름 2 mm 이상의 인입용 비닐절연전선일 것
   (3) 전선이 옥외용 비닐절연전선인 경우에는 사람이 접촉할 우려가 없도록 시설하고, 옥외용 비닐절연전선 이외의 절연전선인 경우에는 사람이 쉽게 접촉할 우려가 없도록 시설할 것
   (4) 전선이 케이블인 경우에는 332.2(1의 "(3)"은 제외한다)의 규정에 준하여 시설할 것 다만, 케이블의 길이가 1 m 이하인 경우에는 조가하지 않아도 된다.
   (5) 전선의 높이는 다음에 의할 것
      ① 도로(차도와 보도의 구별이 있는 도로인 경우에는 차도)를 횡단하는 경우에는 노면상 5 m(기술상 부득이한 경우에 교통에 지장이 없을 때에는 3 m) 이상
      ② 철도 또는 궤도를 횡단하는 경우에는 레일면상 6.5 m 이상
      ③ 횡단보도교의 위에 시설하는 경우에는 노면상 3 m 이상
      ④ ①에서 ③까지 이외의 경우에는 지표상 4 m(기술상 부득이한 경우에 교통에 지장이 없을 때에는 2.5 m) 이상
2. 저압 가공인입선을 직접 인입한 조영물에 대하여는 위험의 우려가 없을 경우에 한하여 제1에서 준용하는 222.18의 1 및 332.11의 1의 "(2)"의 규정은 적용하지 아니한다.
3. 기술상 부득이한 경우는 저압 가공인입선을 직접 이입한 조영물 이외의 시설물(도로·횡단보도 교·철도·궤도·삭도, 교류 및 저압/고압의 전차선, 저압/고압 및 특고압 가공전선은 제외한다)에 대하여는 위험의 우려가 없는 경우에 한하여 제1에서 준용하는 332.11(3은 제외한다)부터 332.15까지·222.16·222.18(4는 제외한다)의 규정은 적용하지 아니한다. 이 경우에 저압 가공인입선과 다른 시설물 사이의 이격거리는 표 221.1-1에서 정한 값 이상이어야 한다.

기준 및 법규

표 221.1-1 저압 가공인입선 조영물의 구분에 따른 이격거리

시설물의 구분		이격거리
조영물의 상부 조영재	위쪽	2 m (전선이 옥외용 비닐절연전선 이외의 저압 절연전선인 경우는 1.0 m, 고압 절연전선, 특고압 절연전선 또는 케이블인 경우는 0.5 m)
	옆쪽 또는 아래쪽	0.3 m (전선이 고압 절연전선, 특고압 절연전선 또는 케이블인 경우는 0.15 m)
조영물의 상부 조영재 이외의 부분 또는 조영물 이외의 시설물	-	0.3 m (전선이 고압 절연전선, 특고압 절연전선 또는 케이블인 경우는 0.15 m)

4. 저압 인입선의 옥측 부분 또는 옥상부분은 221.2의 2부터 4까지의 규정에 준하여 시설하여야 한다.
5. 222.23에서 규정하는 저압 가공전선에 직접 접속하는 가공인입선은 제1의 규정에 불구하고 222.23의 규정에 준하여 시설할 수 있다.

221.1.2 연접 인입선의 시설

1. 저압 연접(이웃 연결) 인입선은 221.1.1의 규정에 준하여 시설하는 이외에 다음에 따라 시설하여야 한다.
   (1) 인입선에서 분기하는 점으로부터 100 m를 초과하는 지역에 미치지 아니할 것
   (2) 폭 5 m를 초과하는 도로를 횡단하지 아니할 것
   (3) 옥내를 통과하지 아니할 것

221.2 옥측 전선로

1. 저압 옥측 전선로는 다음의 어느 하나에 해당하는 경우에 한하여 시설할 수 있다.
   (1) 1구내 또는 동일 기초구조물 및 여기에 구축된 복수의 건물과 구조적으로 일체화된 하나의 건물(이하 "1구내 등"이라 한다)에 시설하는 전선로의 전부 또는 일부로 시설하는 경우
   (2) 1구내 등 전용의 전선로 중 그 구내에 시설하는 부분의 전부 또는 일부로 시설하는 경우
2. 저압 옥측 전선로는 다음에 따라 시설하여야 한다.
   (1) 저압 옥측 전선로는 다음의 공사방법에 의할 것
      ① 애자공사(전개된 장소에 한 한다.)

② 합성수지관 공사
③ 금속관공사(목조 이외의 조영물에 시설하는 경우에 한 한다.)
④ 버스 덕트 공사[목조 이외의 조영물(점검할 수 없는 은폐된 장소는 제외한다)에 시설하는 경우에 한 한다.]
⑤ 케이블공사(연피 케이블, 알루미늄 피 케이블 또는 무기물절연(MI) 케이블을 사용하는 경우에는 목조 이외의 조영물에 시설하는 경우에 한 한다.)

(2) 애자공사에 의한 저압 옥측 전선로는 다음에 의하고 또한 사람이 쉽게 접촉될 우려가 없도록 시설할 것
① 전선은 공칭단면적 4 mm^2 이상의 연동 절연전선(옥외용 비닐절연전선 및 인입용 절연전선은 제외한다)일 것
② 전선 상호 간의 간격 및 전선과 그 저압 옥측 전선로를 시설하는 조영재 사이의 이격거리는 표 221.2-1에서 정한 값 이상일 것

표 221.2-1 시설 장소별 조영재 사이의 이격거리

시설 장소	전선 상호 간의 간격		전선과 조영재 사이의 이격거리	
	사용전압이 400 V 이하인 경우	사용전압이 400 V 초과인 경우	사용전압이 400 V 이하인 경우	사용전압이 400 V 초과인 경우
비나 이슬에 젖지 않는 장소	0.06 m	0.06 m	0.025 m	0.025 m
비나 이슬에 젖는 장소	0.06 m	0.12 m	0.025 m	0.045 m

③ 전선의 지지점 간의 거리는 2 m 이하일 것
④ 전선에 인장강도 1.38 kN 이상의 것 또는 지름 2 mm 이상의 경동선을 사용하고 또한 전선 상호 간의 간격을 0.2 m 이상, 전선과 저압 옥측 전선로를 시설한 조영재 사이의 이격거리를 0.3 m 이상으로 하여 시설하는 경우에 한하여 옥외용 비닐절연전선을 사용하거나 지지점 간의 거리를 2 m를 초과하고 15 m 이하로 할 수 있다.
⑤ 사용전압이 400 V 이하인 경우에 다음에 의하고 또한 전선을 손상할 우려가 없도록 시설할 때에는 ① 및 ②(전선 상호 간의 간격에 관한 것에 한 한다)에 의하지 아니할 수 있다.
㈎ 전선은 공칭단면적 4 mm^2 이상의 연동 절연전선 또는 지름 2 mm 이상의 인입용 비닐절연전선일 것
㈏ 전선을 바인드 선에 의하여 애자에 붙이는 경우에는 각각의 선심을 애자의 다른 흠에 넣고 또한 다른 바인드 선으로 선심 상호 간 및 바인드선 상호 간

이 접촉하지 않도록 견고하게 시설할 것

㈐ 전선을 접속하는 경우에는 각각의 선심의 접속점은 0.05 m 이상 띄울 것

㈑ 전선과 그 저압 옥측 전선로를 시설하는 조영재 사이의 이격거리는 0.03 m 이상일 것

⑥ ⑤에 의하는 경우로 전선과 그 저압 옥측 전선로를 시설하는 조영재 사이의 이격거리를 0.3 m 이상으로 시설하는 경우에는 지지점 간의 거리를 2 m를 초과하고 15 m 이하로 할 수 있다.

⑦ 애자는 절연성·난연성 및 내수성이 있는 것일 것

(3) 합성수지관공사에 의한 저압 옥측 전선로는 232.11 규정에 준하여 시설할 것

(4) 금속관공사에 의한 저압 옥측 전선로는 232.12의 규정에 준하여 시설할 것

(5) 버스 덕트 공사에 의한 저압 옥측 전선로는 232.61의 규정에 준하여 시설하는 이외의 덕트는 물이 스며들어 고이지 않는 것일 것

(6) 케이블공사에 의한 저압 옥측 전선로는 다음의 어느 하나에 의하여 시설할 것

① 케이블을 조영재에 따라서 시설할 경우에는 232.51의 규정에 준하여 시설할 것

② 케이블을 조가용선에 조가하여 시설할 경우에는 332.2(1의 “라” 및 3을 제외한다)의 규정에 준하여 시설하고 또한 저압 옥측 전선로에 시설하는 전선은 조영재에 접촉하지 않도록 시설할 것

3. 저압 옥측 전선로의 전선이 그 저압 옥측 전선로를 시설하는 조영물에 시설하는 다른 저압 옥측 전선(저압 옥측 전선로의 전선·저압의 인입선 및 연접 인입선의 옥측 부분과 저압 옥측 배선을 말한다. 이하 같다)·관등회로의 배선·약 전류전선 등 또는 수관·가스관이나 이들과 유사한 것과 접근하거나 교차하는 경우에는 232.3.7의 2의 “(4)”에서 “(6)”의 규정에 준하여 시설하여야 한다.

4. 제3의 경우 이외에는 애자공사에 의한 저압 옥측 전선로의 전선이 다른 시설물[그 저압 옥측 전선로를 시설하는 조영재·가공전선·고압 옥측 전선(고압 옥측 전선로의 전선·고압 인입선의 옥측 부분 및 고압 옥측 배선을 말한다. 이하 같다.)·특고압 옥측 전선(특고압 옥측 전선로의 전선·특고압 인입선의 옥측 부분 및 특고압 옥측 배선을 말한다. 이하 같다) 및 옥상전선은 제외한다. 이하 같다]과 접근하는 경우 또는 애자공사에 의한 저압 옥측 전선로의 전선이 다른 시설물의 위나 아래에 시설되는 경우에 저압 옥측 전선로의 전선과 다른 시설물 사이의 이격거리는 표 221.2-2에서 정한 값 이상이어야 한다.

표 221.2-2 저압 옥측 전선로 조영물의 구분에 따른 이격거리

다른 시설물의 구분	접근 형태	이격거리
조영물의 상부 조영재	위쪽	2 m (전선이 고압 절연전선, 특고압 절연전선 또는 케이블인 경우는 1 m)
	옆쪽 또는 아래쪽	0.6 m (전선이 고압 절연전선, 특고압 절연전선 또는 케이블인 경우는 0.3 m)
조영물의 상부 조영재 이외의 부분 또는 조영물 이외의 시설물	-	0.6 m (전선이 고압 절연전선, 특고압 절연전선 또는 케이블인 경우는 0.3 m)

5. 애자공사에 의한 저압 옥측 전선로의 전선과 식물 사이의 이격거리는 0.2 m 이상이어야 한다. 다만, 저압 옥측 전선로의 전선이 고압 절연전선 또는 특고압 절연전선인 경우에 그 전선을 식물에 접촉하지 않도록 시설하는 경우에는 적용하지 아니한다.

221.3 옥상전선로

1. 저압 옥상전선로(저압의 인입선 및 연접인입선의 옥상부분은 제외한다. 이하 같다)는 다음의 어느 하나에 해당하는 경우에 한하여 시설할 수 있다.
   (1) 1구내 또는 동일 기초 구조물 및 여기에 구축된 복수의 건물과 구조적으로 일체화 된 하나의 건물(이하 "1구내 등"이라 한다)에 시설하는 전선로의 전부 또는 일부로 시설하는 경우
   (2) 1구내 등 전용의 전선로 중 그 구내에 시설하는 부분의 전부 또는 일부로 시설하는 경우
2. 저압 옥상전선로는 전개된 장소에 다음에 따르고 또한 위험의 우려가 없도록 시설하여야 한다.
   (1) 전선은 인장강도 2.30 kN 이상의 것 또는 지름 2.6 mm 이상의 경동선을 사용할 것
   (2) 전선은 절연전선(OW전선을 포함한다) 또는 이와 동등 이상의 절연성능이 있는 것을 사용할 것
   (3) 전선은 조영재에 견고하게 붙인 지지주 또는 지지대에 절연성·난연성 및 내수성이 있는 애자를 사용하여 지지하고 또한 그 지지점 간의 거리는 15 m 이하일 것
   (4) 전선과 그 저압 옥상 전선로를 시설하는 조영재와의 이격거리는 2 m(전선이 고압 절연전선, 특고압 절연전선 또는 케이블인 경우에는 1 m) 이상일 것

3. 전선이 케이블인 저압 옥상전선로는 다음의 어느 하나에 해당할 경우에 한하여 시설할 수 있다.
   (1) 전선을 전개된 장소에 332.2(1의 “라”는 제외한다)의 규정에 준하여 시설하는 외에 조영재에 견고하게 붙인 지지주 또는 지지대에 의하여 지지하고 또한 조영재 사이의 이격거리를 1 m 이상으로 하여 시설하는 경우
   (2) 전선을 조영재에 견고하게 붙인 견고한 관 또는 트라프에 넣고 또한 트라프에는 취급자 이외의 자가 쉽게 열 수 없는 구조의 철제 또는 철근 콘크리트제 기타 견고한 뚜껑을 시설하는 외에 232.51.1의 4의 규정에 준하여 시설하는 경우
4. 저압 옥상전선로의 전선이 저압 옥측 전선, 고압 옥측 전선, 특고압 옥측 전선, 다른 저압 옥상전선로의 전선, 약 전류 전선 등, 안테나·수관·가스관 또는 이들과 유사한 것과 접근하거나 교차하는 경우에는 저압 옥상전선로의 전선과 이들 사이의 이격거리는 1 m(저압 옥상전선로의 전선 또는 저압 옥측 전선이나 다른 저압 옥상전선로의 전선이 저압 방호구에 넣은 절연전선 등·고압 절연전선·특고압 절연전선 또는 케이블인 경우에는 0.3 m) 이상이어야 한다.
5. 제4의 경우 이외에는 저압 옥상전선로의 전선이 다른 시설물(그 저압 옥상전선로를 시설하는 조영재·가공전선 및 고압의 옥상전선로의 전선은 제외한다)과 접근하거나 교차하는 경우에는 그 저압 옥상전선로의 전선과 이들 사이의 이격거리는 0.6 m(전선이 고압 절연전선, 특고압 절연전선 또는 케이블인 경우에는 0.3 m) 이상이어야 한다.
6. 저압 옥상전선로의 전선은 상시 부는 바람 등에 의하여 식물에 접촉하지 아니하도록 시설하여야 한다.

221.4 옥내전선로

옥내에 시설하는 전선로는 335.9에 따라 시설하여야 한다.

221.5 지상전선로

지상에 시설하는 전선로는 335.5에 따라 시설하여야 한다.

222 저압 가공전선로

222.1 목주의 강도 계산

가공전선로의 지지물로 사용하는 목주의 가공전선로와 직각 방향의 풍압하중에 대한 강도 계산 방법은 331.10에 준하여야 한다.

222.2 지선의 시설

지선은 331.11에 준하여 시설하여야 한다.

222.3 가공 약 전류 전선로의 유도장해 방지

가공 약 전류 전선로의 유도장해 방지는 332.1에 준하여야 한다.

222.4 가공케이블의 시설

가공케이블은 332.2에 준하여 시설하여야 한다.

222.5 저압 가공전선의 굵기 및 종류

1. 저압 가공전선은 나전선(중성선 또는 다중 접지된 접지 측 전선으로 사용하는 전선에 한 한다), 절연전선, 다심형 전선 또는 케이블을 사용하여야 한다.
2. 사용전압이 400 V 이하인 저압 가공전선은 케이블인 경우를 제외하고는 인장강도 3.43 kN 이상의 것 또는 지름 3.2 mm(절연전선인 경우는 인장강도 2.3 kN 이상의 것 또는 지름 2.6 mm 이상의 경동선) 이상의 것이어야 한다.
3. 사용전압이 400 V 초과인 저압 가공전선은 케이블인 경우 이외에는 시가지에 시설하는 것은 인장강도 8.01 kN 이상의 것 또는 지름 5 mm 이상의 경동선, 시가지 외에 시설하는 것은 인장강도 5.26 kN 이상의 것 또는 지름 4 mm 이상의 경동선이어야 한다.
4. 사용전압이 400 V 초과인 저압 가공전선에는 인입용 비닐절연전선을 사용하여서는 안 된다.

222.6 저압 가공전선의 안전율

저압 가공전선이 다음의 어느 하나에 해당하는 경우에는 332.4의 규정에 준하여 시설하여야 한다.

(1) 다심형 전선인 경우

(2) 사용전압이 400 V 초과인 경우

222.7 저압 가공전선의 높이

1. 저압 가공전선의 높이는 다음에 따라야 한다.

(1) 도로[농로 기타 교통이 번잡하지 않은 도로 및 횡단 보도 교(도로·철도·궤도 등의 위를 횡단하여 시설하는 다리모양의 시설물로서 보행용으로만 사용되는 것

을 말한다. 이하 같다)를 제외한다. 이하 같다]를 횡단하는 경우에는 지표상 6 m 이상

(2) 철도 또는 궤도를 횡단하는 경우에는 레일면상 6.5 m 이상

(3) 횡단보도교의 위에 시설하는 경우에는 저압 가공전선은 그 노면상 3.5 m[전선이 저압 절연전선(인입용 비닐절연전선·450/750 V 비닐절연전선·450/750 V 고무절연전선·옥외용 비닐절연전선을 말한다. 이하 같다)·다심형 전선 또는 케이블인 경우에는 3 m] 이상

(4) "(1)"부터 "(3)"까지 이외의 경우에는 지표상 5 m 이상. 다만, 저압 가공전선을 도로 이외의 곳에 시설하는 경우 또는 절연전선이나 케이블을 사용한 저압 가공전선으로서 옥외 조명용에 공급하는 것으로 교통에 지장이 없도록 시설하는 경우에는 지표상 4 m 까지로 감할 수 있다.

2. 다리의 하부 기타 이와 유사한 장소에 시설하는 저압의 전기철도용 급전선은 제1의 "(4)"의 규정에도 불구하고 지표상 3.5 m까지로 감할 수 있다.

3. 저압 가공전선을 수면상에 시설하는 경우에는 전선의 수면상의 높이를 선박의 항해 등에 위험을 주지 않도록 유지하여야 한다.

222.8 저압 가공전선로의 지지물의 강도

저압 가공전선로의 지지물은 목주인 경우에는 풍압하중의 1.2배의 하중, 기타의 경우에는 풍압하중에 견디는 강도를 가지는 것이어야 한다.

222.9 저·고압 가공전선 등의 병행설치

저압 가공전선(다중 접지된 중성선은 제외한다)과 고압 가공전선을 동일 지지물에 시설하는 경우에는 332.8에 따라야 한다.

222.10 저압 보안공사

1. 저압 보안공사는 다음에 따라야 한다.

(1) 전선은 케이블인 경우 이외에는 인장강도 8.01 kN 이상의 것 또는 지름 5 mm (사용전압이 400 V 이하인 경우에는 인장강도 5.26 kN 이상의 것 또는 지름 4 mm 이상의 경동선) 이상의 경동선이어야 하며, 또한 이를 222.6의 규정에 준하여 시설할 것

(2) 목주는 다음에 의할 것

① 풍압하중에 대한 안전율은 1.5 이상일 것

② 목주의 굵기는 말구(末口)의 지름 0.12 m 이상일 것

(3) 경간은 표 222.10-1에서 정한 값 이하일 것 다만, 전선에 인장강도 8.71 kN 이상의 것 또는 단면적 22 mm^2 이상의 경동연선을 사용하는 경우에는 332.20의 1 또는 3의 규정에 준할 수 있다.

표 222.10-1 지지물 종류에 따른 경간

지지물의 종류	경간
목주·A종 철주 또는 A종 철근 콘크리트주	100 m
B종 철주 또는 B종 철근 콘크리트주	150 m
철탑	400 m

222.11 저압 가공전선과 건조물의 접근

저압 가공전선이 건조물과 접근상태로 시설되는 경우에는 332.11에 준하여 시설하여야 한다.

222.12 저압 가공전선과 도로 등의 접근 또는 교차

저압 가공전선이 도로 등과 접근 또는 교차상태로 시설되는 경우에는 332.12에 준하여 시설하여야 한다.

222.13 저압 가공전선과 가공 약 전류전선 등의 접근 또는 교차

저압 가공전선이 가공 약 전류전선 등과 접근 또는 교차상태로 시설되는 경우에는 332.13에 준하여 시설하여야 한다.

222.14 저압 가공전선과 안테나의 접근 또는 교차

저압 가공전선이 안테나와 접근 또는 교차상태로 시설되는 경우에는 332.14에 준하여 시설하여야 한다.

222.15 저압 가공전선과 교류전차선 등의 접근 또는 교차

저압 가공전선이 교류전차선 등과 접근 또는 교차상태로 시설되는 경우에는 332.15에 준하여 시설하여야 한다.

222.16 저압 가공전선 상호 간의 접근 또는 교차

저압 가공전선이 다른 저압 가공전선과 접근상태로 시설되거나 교차하여 시설되는 경우에는 저압 가공전선 상호 간의 이격거리는 0.6 m(어느 한 쪽의 전선이 고압 절연전선, 특고압 절연전선 또는 케이블인 경우에는 0.3 m) 이상, 하나의 저압 가공전선과 다른 저압 가공전선로의 지지물 사이의 이격거리는 0.3 m 이상이어야 한다.

222.17 고압 가공전선 등과 저압 가공전선 등의 접근 또는 교차

고압 가공전선이 저압 가공전선 또는 고압 전차선과 접근상태로 시설되거나 교차하는 경우 또는 고압 가공전선 등의 위에 시설되는 때에는 332.16에 준하여 시설하여야 한다.

222.18 저압 가공전선과 다른 시설물의 접근 또는 교차

1. 저압 가공전선이 건조물·도로·횡단 보도 교·철도·궤도·삭도, 가공 약 전류 전선로 등, 안테나, 교류 전차선, 저압/고압 전차선, 다른 저압 가공전선, 고압 가공전선 및 특고압 가공전선 이외의 시설물(이하 "다른 시설물"이라 한다)과 접근상태로 시설되는 경우에는 저압 가공전선과 다른 시설물 사이의 이격거리는 표 222.18-1에서 정한 값 이상이어야 한다.

표 222.18-1 저압 가공전선과 조영물의 구분에 따른 이격거리

다른 시설물의 구분		이격거리
조영물의 상부 조영재	위쪽	2 m (전선이 고압 절연전선, 특고압 절연전선 또는 케이블인 경우는 1.0 m)
	옆쪽 또는 아래쪽	0.6 m (전선이 고압 절연전선, 특고압 절연전선 또는 케이블인 경우는 0.3 m)
조영물의 상부 조영재 이외의 부분 또는 조영물 이외의 시설물		0.6 m (전선이 고압 절연전선, 특고압 절연전선 또는 케이블인 경우는 0.3 m)

2. 저압 가공전선이 다른 시설물의 위에서 교차하는 경우에는 제1의 규정에 준하여 시설하여야 한다.
3. 저압 가공전선이 다른 시설물과 접근하는 경우에 저압 가공전선이 다른 시설물의 아래쪽에 시설되는 때에는 상호 간의 이격거리를 0.6 m(전선이 고압 절연전선, 특고압 절연전선 또는 케이블인 경우에 0.3 m) 이상으로 하고 또한 위험의 우려가 없도록 시설하여야 한다.
4. 저압 가공전선을 다음의 어느 하나에 따라 시설하는 경우에는 제1부터 제3까지(이

격거리에 관한 부분에 한 한다)의 규정에 의하지 아니할 수 있다.

(1) 저압 방호 구에 넣은 저압 가공 나전 선을 건축 현장의 비계틀 또는 이와 유사한 시설물에 접촉하지 않도록 시설하는 경우

(2) 저압 방호구에 넣은 저압 가공절연전선 등을 조영물에 시설된 간이한 돌출간판 기타 사람이 올라갈 우려가 없는 조영재 또는 조영물 이외의 시설물에 접촉하지 않도록 시설하는 경우

(3) 저압 절연전선 또는 저압 방호구에 넣은 저압 가공 나전선을 조영물에 시설된 간이한 돌출간판 기타 사람이 올라갈 우려가 없는 조영재에 0.3 m 이상 이격하여 시설하는 경우

222.19 저압 가공전선과 식물의 이격거리

저압 가공전선은 상시 부는 바람 등에 의하여 식물에 접촉하지 않도록 시설하여야 한다. 다만, 저압 가공절연전선을 방호구에 넣어 시설하거나 절연내력 및 내마모성이 있는 케이블을 시설하는 경우는 그러하지 아니하다.

222.20 저압 옥측 전선로 등에 인접하는 가공전선의 시설

저압 옥측 전선로 또는 335.9의 2의 규정에 의하여 시설하는 저압 전선로에 인접하는 1경간의 가공전선은 221.1.1의 규정에 준하여 시설하여야 한다.

222.21 저압 가공전선과 가공 약 전류 전선 등의 공용설치

저압 가공전선과 가공 약 전류전선 등(전력보안 통신용의 가공 약 전류전선은 제외한다)을 동일 지지물에 시설하는 경우에는 332.21에 준하여 시설하여야 한다.

222.22 농사용 저압 가공전선로의 시설

1. 농사용 전등·전동기 등에 공급하는 저압 가공전선로는 그 저압 가공전선이 건조물의 위에 시설되는 경우, 도로·철도·궤도·삭도, 가 공약 전류전선 등, 안테나, 다른 가공전선 또는 전차선과 교차하여 시설되는 경우 및 수평거리로 이와 그 저압 가공전선로의 지지물의 지표상 높이에 상당하는 거리 안에 접근하여 시설되는 경우 이외의 경우에 한하여 다음에 따라 시설하는 때에는 222.7 및 332.2의 1의 규정에 의하지 아니할 수 있다.

(1) 사용전압은 저압일 것

(2) 저압 가공전선은 인장강도 1.38 kN 이상의 것 또는 지름 2 mm 이상의 경동선일 것

(3) 저압 가공전선의 지표상의 높이는 3.5 m 이상일 것 다만, 저압 가공전선을 사람이 쉽게 출입하지 못하는 곳에 시설하는 경우에는 3 m까지로 감할 수 있다.
(4) 목주의 굵기는 말구 지름이 0.09 m 이상일 것
(5) 전선로의 지지점 간 거리는 30 m 이하일 것
(6) 다른 전선로에 접속하는 곳 가까이에 그 저압 가공전선로 전용의 개폐기 및 과전류차단기를 각 극(과전류차단기는 중성극을 제외한다)에 시설할 것

222.23 구내에 시설하는 저압 가공전선로

1. 1구내에만 시설하는 사용전압이 400 V 이하인 저압 가공전선로의 전선이 건조물의 위에 시설되는 경우, 도로(폭이 5 m를 초과하는 것에 한 한다)·횡단보도 교·철도·궤도·삭도, 가공 약 전류전선 등, 안테나, 다른 가공전선 또는 전차선과 교차하여 시설되는 경우 및 이들과 수평거리로 그 저압 가공전선로의 지지물의 지표상 높이에 상당하는 거리 이내에 접근하여 시설되는 경우 이외에 한하여 다음에 따라 시설하는 때에는 222.5 및 222.18의 1부터 3까지의 규정에 의하지 아니할 수 있다.
(1) 전선은 지름 2 mm 이상의 경동선의 절연전선 또는 이와 동등 이상의 세기 및 굵기의 절연전선일 것 다만, 경간이 10 m 이하인 경우에 한하여 공칭단면적 4 mm^2 이상의 연동 절연전선을 사용할 수 있다.
(2) 전선로의 경간은 30 m 이하일 것
(3) 전선과 다른 시설물과의 이격거리는 표 222.23-1에서 정한 값 이상일 것

표 222.23-1 구내에 시설하는 저압 가공전선로 조영물의 구분에 따른 이격거리

다른 시설물의 구분		이격거리
조영물의 상부 조영재	위쪽	1 m
	옆쪽 또는 아래쪽	0.6 m (전선이 고압 절연전선, 특고압 절연전선 또는 케이블인 경우는 0.3 m)
조영물의 상부 조영재 이외의 부분 또는 조영물 이외의 시설물		0.6 m (전선이 고압 절연전선, 특고압 절연전선 또는 케이블인 경우는 0.3 m)

2. 1구내에만 시설하는 사용전압이 400 V 이하인 저압 가공전선로의 전선은 그 저압 가공전선이 도로(폭이 5 m를 초과하는 것에 한정한다)·횡단보도교·철도 또는 궤도를 횡단하여 시설하는 경우 이외의 경우에 한하여 다음에 따라 시설하는 때에는 222.7의 1의 규정에 의하지 아니할 수 있다.
(1) 도로를 횡단하는 경우에는 4 m 이상이고 교통에 지장이 없는 높이일 것

(2) 도로를 횡단하지 않는 경우에는 3 m 이상의 높이일 것

222.24 저압 직류 가공전선로

사용전압 1.5 kV 이하인 직류 가공전선로는 다음과 같이 시설하여야 하며 이 조에서 정하지 않은 사항은 관련 KEC를 준용하여 시설하여야 한다.

1. 전로의 전선 상호 간 및 전로와 대지 사이의 절연저항은 기술기준 제52조의 표에서 정한 값 이상이어야 한다.
2. 가공전선로의 접지시스템은 KS C IEC 60364-5-54에 따라 시설하여야 한다.
3. 전로에 지락이 생겼을 때에는 자동으로 전선로를 차단하는 장치를 시설하여야 하며 IT 계통인 경우에는 다음 각 호에 따라 시설하여야 한다.
   (1) 전로의 절연상태를 지속적으로 감시할 수 있는 장치를 설치하고 지락 발생 시 전로를 차단하거나 고장이 제거되기 전까지 관리자가 확인할 수 있는 음향 또는 시각적인 신호를 지속적으로 보낼 수 있도록 시설하여야 한다.
   (2) 한 극의 지락고장이 제거되지 않은 상태에서 다른 상의 전로에 지락이 발생했을 때에는 전로를 자동적으로 차단하는 장치를 시설하여야 한다.
4. 전로에는 과전류차단기를 설치하여야 하고 이를 시설하는 곳을 통과하는 단락전류를 차단하는 능력을 가지는 것이어야 한다.
5. 낙뢰 등의 서지로부터 전로 및 기기를 보호하기 위해 서지 보호 장치를 설치하여야 한다.
6. 기기 외함은 충전부에 일반인이 쉽게 접촉하지 못하도록 공구 또는 열쇠에 의해서만 개방할 수 있도록 설치하고, 옥외에 시설하는 기기 외함은 충분한 방수 보호등급(IPX4 이상)을 갖는 것이어야 한다.
7. 교류 전로와 동일한 지지물에 시설되는 경우 직류 전로를 구분하기 위한 표시를 하고, 모든 전로의 종단 및 접속점에서 극성을 식별하기 위한 표시(양극 - 적색, 음극 - 백색, 중점선/중성선 - 청색)를 하여야 한다.

223 지중전선로

223.1 지중전선로의 시설

지중전선로는 334.1에 준하여 시설하여야 한다.

223.2 지중함의 시설

지중함은 334.2에 준하여 시설하여야 한다.

223.3 케이블 가압장치의 시설

케이블 가압장치는 334.3에 준하여 시설하여야 한다.

223.4 지중전선의 피복 금속체(被覆金屬體)의 접지

지중전선의 피복 금속체의 접지는 334.4에 준하여 시설하여야 한다.

223.5 지중 약 전류전선의 유도장해 방지(誘導障害防止)

지중 약 전류전선의 유도장해 방지는 334.5에 준하여 시설하여야 한다.

223.6 지중전선과 지중 약 전류전선 등 또는 관과의 접근 또는 교차

지중전선과 지중 약 전류전선 등 또는 관과의 접근 또는 교차 시에는 334.6에 준하여 시설하여야 한다.

223.7 지중전선 상호 간의 접근 또는 교차

지중전선 상호 간의 접근 또는 교차 시에는 334.7에 준하여 시설하여야 한다.

| 230 배선 및 조명설비 등 |

231 일반사항

231.1 공통사항

231은 다음사항에 대한 공통 요구사항을 규정한다.

1. 전기설비의 안전을 위한 보호 방식
2. 전기설비의 적합한 기능을 위한 요구사항
3. 예상되는 외부 영향에 대한 요구사항

231.2 운전조건 및 외부영향

231.2.1 운전조건

1. 전압
   (1) 전기설비는 해당 사용기기의 표준전압에 적합한 것이어야 한다.
   (2) IT 계통 설비에서 중성선이 배선된 경우에는 상과 중성선 사이에 접속된 기기는 상간 전압에 대해 절연되어야 한다.
2. 전류
   (1) 전기설비는 정상 사용상태에서 설계 전류에 적합하도록 선정하여야 한다.
   (2) 전기설비는 보호 장치의 특성에 따라 비정상 조건에서 발생할 수 있는 고장전류를 흘려보낼 수 있어야 한다.
3. 주파수
   주파수가 전기설비의 특성에 영향을 미치는 경우, 전기설비의 정격 주파수는 관련 회로의 정격 주파수와 일치하여야 한다.
4. 전력
   전기설비는 부하율을 고려한 정상 운전조건에서 부하 특성이 적합하도록 선정하여야 한다.
5. 적합성
   전기설비의 시공 단계에서 적절한 예방 조치를 취하지 않은 경우, 개폐 조작을 포함한 정상 사용상태 동안 기타 다른 기기에 유해한 영향을 미치거나 전원을 손상시키지 않도록 하여야 한다.
6. 임펄스내전압
   전기설비는 설치 지점의 과전압 범주에 따라 213.2에서 규정한 최소 임펄스내전압을 견디는 것으로 선정하여야 한다.

231.2.2 외부 영향

1. 전기설비의 외부 영향과 특성의 요구사항은 KS C IEC 60364-5-51(전기기기의 선정 및 시공-공통 규칙)의 "표 51A"에 따라 시설하여야 한다.
2. 전기설비가 구조상의 이유로 설치 장소의 외부 영향 관련 조건을 만족하지 못한다면 이를 보완하기 위한 적절한 보호조치가 추가로 적용되어야 한다. 이러한 보호조치가 보호대상기기의 운전에 영향을 미쳐서는 안 된다.
3. 서로 다른 외부 영향이 동시에 발생할 경우 이 영향은 개별적으로 또는 상호적으로 영향을 미칠 수 있기 때문에 그에 맞는 안전 보호 등급을 제공하여야 한다.
4. 이 규정에서 명시하고 있는 외부 영향에 따른 전기설비를 선정하는 것은 설비가 적절한 기능을 수행하고 안전 보호 대책에 대한 신뢰성을 확보하는데 필요하다. 설비의 구성으로부터 만족하는 보호방식은 해당 설비가 외부 영향에 대한 성능시험을 만족하는 경우에만 주어진 조건의 외부 영향에 대해서 유효하다.

231.2.3 접근용이성

배선을 포함한 모든 전기설비는 운전, 검사 및 유지보수가 쉽고, 접속부에 접근이 용이하도록 설치하여야 한다. 이러한 설비는 외함 또는 구획 내에 기기를 설치함으로써 심각하게 손상되지 않도록 한다.

231.2.4 식별

1. 일반
   (1) 혼동 가능성이 있는 곳은 개폐장치 및 제어장치에 표찰이나 기타 적절한 식별 수단을 적용하여 그 용도를 표시하여야 한다.
   (2) 운전자가 개폐장치 및 제어장치의 동작을 감시할 수 없고, 이로 인하여 위험을 야기할 수 있는 경우에는 KS C IEC 60073(인간-컴퓨터 간 인터페이스, 표시와 확인을 위한 기본과 안전 지침-표시기와 작용기를 위한 코딩) 및 KS C IEC 60447[인간과 기계간 인터페이스(MMI), 표시, 식별의 기본 및 안전 원칙-작동 원칙]에 적합한 표시기를 운전자가 볼 수 있는 위치에 부착하여야 한다.
2. 배선 계통

   배선은 설비의 검사, 시험, 수리 또는 교체 시 식별할 수 있도록 121.2에 적합하게 표시하여야 한다.
3. 중성선 및 보호도체의 식별

   중성선 및 보호도체의 식별은 121.2에 따른다.
4. 식별

   보호 장치는 보호되는 회로를 쉽게 알아볼 수 있도록 배치하고 식별할 수 있도록 배치하여야 한다.

5. 도식 및 문서

(1) 다음에 해당하는 사항은 판독 가능한 도형, 차트, 표 또는 동등한 정보 형식 등을 사용하여 표시하여야 한다.

① 각 회로의 종류 및 구성(공급점, 도체의 수와 굵기, 배선의 종류)

② 211.1.2의 2의 규정 적용

③ 보호, 분리 및 개폐 기능을 수행하는 각 장치의 식별과 그 위치에 대해 필요한 정보

④ KS C IEC 60364-6(검증)에서 요구하는 검증에 취약한 모든 회로나 장비

(2) 사용되는 기호는 IEC 60617 시리즈에 따라야 한다.

231.2.5 유해한 상호 영향의 방지

1. 전기설비는 다른 설비에 유해한 영향을 미치지 않도록 시설하여야 하며, 해당 설비 뒤쪽에 안전판(backplate)이 설치되어 있지 않은 경우는 다음 요구사항이 충족되지 않는 한 건물의 표면에 설치해서는 안 된다.

(1) 건물 표면을 통하여 전압의 전이가 발생하지 않도록 조치를 취한 경우

(2) 전기설비와 건물의 가연성 표면 사이에 방화 구획이 설치된 경우

2. 건물 표면이 비금속이고 불연성인 경우에는 추가 조치가 필요하지 않다. 그렇지 않을 경우, 다음 중 하나로 이들 요구사항을 충족시켜야 한다.

(1) 건물 표면이 금속인 경우 금속부는 143.2.2 및 140에 따라 설비의 보호도체(PE) 또는 등전위 본딩 도체에 접속하여야 한다.

(2) 건물의 표면이 가연성인 경우 KS C IEC 60707(화염 노출 시 고체 비금속재료의 연소성-시험방법목록)에 따른 재료성능 등급 HF-1을 갖는 단열재를 이용하여 적절한 중간층을 두어 기기를 건물 표면에서 분리한다.

3. 전류의 종류 또는 사용 전압이 상이한 설비를 시설하는 경우 상호 영향을 방지하기 위해 조치를 취하여야 한다.

4. 전자기적합성(EMC)

(1) 내성 및 방출 수준의 선정

① 전기설비의 내성 수준은 정상운전조건에서 시설 할 경우에 KS C IEC 60364-5-51(전기기기의 선정 및 시공－공통규칙)의 "표 51A"의 전자기의 영향을 고려하여야 한다.

② 전기설비는 건물의 내부 또는 외부의 다른 전기설비에 무선 전도 및 전파로 전자적 간섭을 일으키지 않도록 충분히 낮은 방출 수준을 갖도록 선정해야 한다. 필요한 경우에는 213을 참조하여 방출을 최소화하기 위한 완화 수단을 설치하여야 한다.

231.2.6 보호도체 전류와 관련 조치사항

1. 정상운전과 전기설비 설계의 조건하에 전기설비에서 발생하는 보호도체의 전류는 안전보호 및 정상운전에 적합하여야 한다.
2. 제작자 정보를 활용할 수 없는 경우 전기설비의 보호도체 허용전류는 KS C IEC 61140(감전보호－설비 및 기기의 공통사항)의 "7.5.2 보호도체전류" 및 "부속서 B"의 규정을 준용해야 한다.
3. 절연변압기로 제한된 지역에만 전원을 공급함으로써 전기설비에서 보호도체 전류를 제한할 수 있다.
4. 보호도체는 어떠한 활선도체와 함께 신호용 귀로로 사용할 수 없다.

231.3 저압 옥내 배선의 사용전선 및 중성선의 굵기

231.3.1 저압 옥내 배선의 사용전선

1. 저압 옥내 배선의 전선은 단면적 2.5 mm^2 이상의 연동선 또는 이와 동등 이상의 강도 및 굵기의 것
2. 옥내 배선의 사용 전압이 400 V 이하인 경우로 다음중 어느 하나에 해당하는 경우에는 제1을 적용하지 않는다.
   (1) 전광표시장치 기타 이와 유사한 장치 또는 제어 회로 등에 사용하는 배선에 단면적 1.5 mm^2 이상의 연동선을 사용하고 이를 합성수지관 공사·금속관공사·금속몰드공사·금속덕트공사·플로어 덕트공사 또는 셀룰러 덕트공사에 의하여 시설하는 경우
   (2) 전광표시장치 기타 이와 유사한 장치 또는 제어회로 등의 배선에 단면적 0.75 mm^2 이상인 다심케이블 또는 다심 캡타이어케이블을 사용하고 또한 과전류가 생겼을 때에 자동적으로 전로에서 차단하는 장치를 시설하는 경우
   (3) 234.8 및 234.11.5의 규정에 의하여 단면적 0.75 mm^2 이상인 코드 또는 캡타이어케이블을 사용하는 경우
   (4) 242.11의 규정에 의하여 리프트 케이블을 사용하는 경우
   (5) 특별저압 조명용 특수 용도에 대해서는 KS C IEC 60364-7-715(특수설비 또는 특수장소에 관한 요구사항-특별 조명설비) 참조한다.

231.3.2 중성선의 단면적

1. 다음의 경우는 중성선의 단면적은 최소한 선도체의 단면적 이상이어야 한다.
   (1) 2선식 단상회로
   (2) 선 도체의 단면적이 구리선 16 mm^2, 알루미늄선 25 mm^2 이하인 다상 회로

(3) 제3고조파 및 제3고조파의 홀수배수의 고조파 전류가 흐를 가능성이 높고 전류 종합 고조파 왜형률이 15 ~ 33 %인 3상회로

2. 제3고조파 및 제3고조파 홀수배수의 전류 종합 고조파 왜형률이 33 %를 초과하는 경우, KS C IEC 60364-5-52(저압전기설비-제5-52부 : 전기 기기의 선정 및 설치-배선설비)의 "부속서 E(고조파 전류가 평형3상 계통에 미치는 영향)"를 고려하여 아래와 같이 중성선의 단면적을 증가시켜야 한다.

(1) 다심케이블의 경우 선 도체의 단면적은 중성선의 단면적과 같아야 하며, 이 단면적은 선 도체의 $1.45 \times I_B$(회로 설계전류)를 흘릴 수 있는 중성선을 선정한다.

(2) 단심케이블은 선 도체의 단면적이 중성선 단면적보다 작을 수도 있다. 계산은 다음과 같다.

① 선 : I_B(회로 설계전류)

② 중성선 : 선 도체의 $1.45 I_B$와 동등 이상의 전류

3. 다상 회로의 각 선 도체 단면적이 구리선 16 mm^2 또는 알루미늄선 25 mm^{2}를 초과하는 경우 다음 조건을 모두 충족한다면 그 중성선의 단면적을 선도체 단면적보다 작게 해도 된다.

(1) 통상적인 사용 시에 상(phase)과 제3고조파 전류 간에 회로 부하가 균형을 이루고 있고, 제3고조파 홀수배수 전류가 선도체 전류의 15 %를 넘지 않는다.

(2) 중성선은 212.2.2에 따라 과전류 보호된다.

(3) 중성선의 단면적은 구리선 16 mm^2, 알루미늄선 25 mm^2 이상이다.

231.4 나전선의 사용 제한

1. 옥내에 시설하는 저압전선에는 나전선을 사용하여서는 아니 된다. 다만, 다음 중 어느 하나에 해당하는 경우에는 그러하지 아니하다.

(1) 232.56의 규정에 준하는 애자공사에 의하여 전개된 곳에 다음의 전선을 시설하는 경우

① 전기로용 전선

② 전선의 피복 절연물이 부식하는 장소에 시설하는 전선

③ 취급자 이외의 자가 출입할 수 없도록 설비한 장소에 시설하는 전선

(2) 232.61의 규정에 준하는 버스 덕트공사에 의하여 시설하는 경우

(3) 232.71의 규정에 준하는 라이팅 덕트공사에 의하여 시설하는 경우

(4) 232.81의 규정에 준하는 접촉 전선을 시설하는 경우

(5) 241.8.3의 "가" 규정에 준하는 접촉 전선을 시설하는 경우

231.5 고주파 전류에 의한 장해의 방지

1. 전기기계기구가 무선설비의 기능에 계속적이고 또한 중대한 장해를 주는 고주파 전류를 발생시킬 우려가 있는 경우에는 이를 방지하기 위하여 다음 각 호에 따라 시설하여야 한다.
   (1) 형광 방전등에는 적당한 곳에 정전용량이 0.006 ㎌ 이상 0.5 ㎌ 이하[예열시동식(豫熱始動式)의 것으로 글로우 램프에 병렬로 접속할 경우에는 0.006 ㎌ 이상 0.01 ㎌ 이하]인 커패시터를 시설할 것
   (2) 사용전압이 저압으로서 정격출력이 1 kW 이하인 교류직권전동기(전기드릴용의 것을 제외한다. 이하 이 조에서 "소형교류직권전동기"라 한다)는 다음 중 어느 하나에 의할 것
      ① 단자 상호 간 및 각 단자의 소형교류직권전동기를 사용하는 전기기계기구(이하 이 조에서 "기계기구"라 한다)의 금속제 외함이나 소형교류직권전동기의 외함 또는 대지 사이에 각각 정전용량이 0.1 ㎌ 및 0.003 ㎌ 인 커패시터를 시설할 것
      ② 금속제 외함·철대 등 사람이 접촉할 우려가 있는 금속제 부분으로부터 소형교류직권전동기의 외함이 절연되어 있는 기계기구는 단자 상호 간 및 각 단자와 외함 또는 대지 사이에 각각 정전용량이 0.1 ㎌ 인 커패시터 및 정전용량이 0.003 ㎌을 초과하는 커패시터를 시설할 것
      ③ 각 단자와 대지와의 사이에 정전용량이 0.1 ㎌인 커패시터를 시설할 것
      ④ 기계기구에 근접할 곳에 기계기구에 접속하는 전선 상호 간 및 각 전선과 기계기구의 금속제 외함 또는 대지 사이에 각각 정전 용량이 0.1 ㎌ 및 0.003 ㎌ 인 커패시터를 시설할 것
   (3) 사용전압이 저압이고 정격 출력이 1 kW 이하인 전기드릴용의 소형교류직권전동기에는 단자 상호 간에 정전용량이 0.1 ㎌ 무유도형 커패시터를, 각 단자와 대지와의 사이에 정전용량이 0.003 ㎌인 충분한 측로효과가 있는 관통형 커패시터를 시설할 것
   (4) 네온점멸기에는 전원단자 상호 간 및 각 접점에 근접하는 곳에서 이 들에 접속하는 전로에 고주파전류의 발생을 방지하는 장치를 할 것
2. 제1의 "(1)"부터 "(3)"까지의 규정에 의하여 시설하여도 무선설비의 기능에 계속적이고 또한 중대한 장해를 주는 고주파전류를 발생시킬 우려가 있는 경우에는 그 전기기계기구에 근접한 곳에, 이에 접속하는 전로에는 고주파전류의 발생을 방지하는 장치를 하여야 한다. 이 경우에 고주파전류의 발생을 방지하는 장치의 접지 측 단자는 접지공사를 하지 아니한 전기기계기구의 금속제 외함·철대 등 사람이 접촉할 우려가 있는 금속제 부분과 접속하여서는 아니 된다.

3. 제1의 "(2)" 및 "(3)"의 커패시터(전로와 대지 사이에 시설하는 것에 한 한다)와 제1의 "(4)" 및 제2의 고주파 발생을 방지하는 장치의 접지 측 단자에는 140 및 211의 규정에 준하여 접지공사를 하여야 한다.
4. 제1의 "(1)"부터 "(3)"까지의 커패시터는 표 231.5-1에서 정하는 교류전압을 커패시터의 양단자 상호 간 및 각 단자와 외함 간에 연속하여 1분간 가하여 절연내력을 시험하였을 때에 이에 견디는 것이어야 한다.

표 231.5-1 커패시터의 시험전압

정격전압(V)	시험전압(V)	
	단자 상호 간	인출단자 및 일괄과 접지단자 및 케이스 사이
110	253	1,000
220	506	1,000

5. 제1의 "(4)" 및 제2의 고주파전류의 발생을 방지하는 장치의 표준은 다음에 적합한 것일 것
   (1) 네온점멸기의 각 접점에 근접하는 곳에서 이들에 접속하는 전로에 시설하는 경우에는 SPS-KTC-C6104-6553(C형 표준방송 수신 장해방지기)의 "4.구조" 및 "5.성능"의 DCR 2-10 또는 DCR 3-10에 관한 것에 적합한 것일 것
   (2) 네온점멸기의 전원단자 상호 간에 시설하는 경우에는 SPS-KTC-C6104-6553(C형 표준방송 수신 장해방지기)의 "4.구조" 및 "5.성능"의 DCB 3-66에 관한 것 또는 SPS-KTC-C6105-6552(F형 표준방송 수신 장해방지기)의 "4.구조" 및 "5.성능"에 적합한 것일 것
   (3) 예열기동열음극형광방전등(豫熱起動熱陰極螢光放電燈) 또는 교류직권전동기에 근접하는 곳에서 이들에 접속하는 전로에 시설하는 경우에는 SPS-KTC-C6104-6553(C형 표준방송 수신 장해방지기)에 "5.7 연속 내용성(連續耐用性)"에 적합한 것일 것

231.6 옥내전로의 대지 전압의 제한

1. 백열전등(전기스탠드 및 「전기용품 및 생활용품 안전관리법」의 적용을 받는 장식용의 전등기구를 제외한다. 이하 231.6에서 같다) 또는 방전등(방전관방전등용 안정기 및 방전관의 점등에 필요한 부속품과 관등회로의 배선을 말하며 전기스탠드 기타 이와 유사한 방전등 기구를 제외한다. 이하 같다)에 전기를 공급하는 옥내(전기사용장소의 옥내의 장소를 말한다. 이하 이 장에서 같다)의 전로(주택의 옥내 전로를 제외한다)의 대지전압은 300 V 이하여야 하며 다음에 따라 시설하여야 한다. 다만, 대지

전압 150 V 이하의 전로인 경우에는 다음에 따르지 않을 수 있다.

(1) 백열전등 또는 방전등 및 이에 부속하는 전선은 사람이 접촉할 우려가 없도록 시설하여야 한다.

(2) 백열전등(기계 장치에 부속하는 것을 제외한다) 또는 방전등용 안정기는 저압의 옥내 배선과 직접 접속하여 시설하여야 한다.

(3) 백열전등의 전구소켓은 키나 그 밖의 점멸기구가 없는 것이어야 한다.

2. 주택의 옥내전로(전기기계기구내의 전로를 제외한다)의 대지전압은 300 V 이하이어야 하며 다음 각 호에 따라 시설하여야 한다. 다만, 대지전압 150 V 이하의 전로인 경우에는 다음에 따르지 않을 수 있다.

(1) 사용전압은 400 V 이하여야 한다.

(2) 주택의 전로 인입구에는 「전기용품 및 생활용품 안전관리법」에 적용을 받는 감전보호용 누전차단기를 시설하여야 한다. 다만, 전로의 전원 측에 정격용량이 3 kVA 이하인 절연변압기(1차 전압이 저압이고 2차 전압이 300 V 이하인 것에 한한다)를 사람이 쉽게 접촉할 우려가 없도록 시설하고 또한 그 절연변압기의 부하측 전로를 접지하지 않는 경우에는 예외로 한다.

(3) "(2)"의 누전차단기를 자연재해대책법에 의한 자연재해위험개선지구의 지정 등에서 지정되어진 지구 안의 지하주택에 시설하는 경우에는 침수 시 위험의 우려가 없도록 지상에 시설하여야 한다.

(4) 전기기계기구 및 옥내의 전선은 사람이 쉽게 접촉할 우려가 없도록 시설하여야 한다. 다만, 전기기계기구로서 사람이 쉽게 접촉할 우려가 있는 부분이 절연성이 있는 재료로 견고하게 제작되어 있는 것 또는 건조한 곳에서 취급하도록 시설된 것 및 142.7의 2의 "아"에 준하여 시설된 것은 예외로 한다.

(5) 백열전등의 전구소켓은 키나 그 밖의 점멸기구가 없는 것이어야 한다.

(6) 정격 소비 전력 3 kW 이상의 전기기계기구에 전기를 공급하기 위한 전로에는 전용의 개폐기 및 과전류 차단기를 시설하고 그 전로의 옥내 배선과 직접 접속하거나 적정 용량의 전용콘센트를 시설하여야 한다.

(7) 주택의 옥내를 통과하여 그 주택 이외의 장소에 전기를 공급하기 위한 옥내 배선은 사람이 접촉할 우려가 없는 은폐된 장소에 232.11에 준하는 합성수지관 공사 232.12에 준하는 금속관 공사 또는 232.51에 준하는 케이블 공사에 의하여 시설하여야 한다.

(8) 주택의 옥내를 통과하여 335.9에 의하여 시설하는 전선로는 사람이 접촉할 우려가 없는 은폐된 장소에 232.11에 준하는 합성수지관 공사 232.12에 준하는 금속관 공사나 232.51(232.51.3을 제외한다)에 준하는 케이블 공사에 의하여 시설하여야 한다.

3. 주택 이외의 곳의 옥내(여관, 호텔, 다방, 사무소, 공장 등 또는 이와 유사한 곳의 옥내를 말한다. 이하 같다)에 시설하는 가정용 전기기계기구(소형 전동기·전열기·라디오 수신기·전기스탠드·「전기용품 및 생활용품 안전관리법」의 적용을 받는 장식용 전등기구 기타의 전기기계기구로서 주로 주택 그 밖에 이와 유사한 곳에서 사용하는 것을 말하며 백열전등과 방전등을 제외한다. 이하 같다)에 전기를 공급하는 옥내전로의 대지전압은 300 V 이하이어야 하며, 가정용 전기기계기구와 이에 전기를 공급하기 위한 옥내 배선과 배선기구(개폐기·차단기·접속기 그 밖에 이와 유사한 기구를 말한다. 이하 같다)를 231.6의 2의 "(1)", "(3)"부터 "(5)"까지의 규정에 준하여 시설하거나 또는 취급자 이외의 자가 쉽게 접촉할 우려가 없도록 시설하여야 한다.

232 배선설비

232.1 적용범위

이 규정은 배선설비의 선정 및 설치에 대하여 적용한다.

232.2 배선설비 공사의 종류

1. 사용하는 전선 또는 케이블의 종류에 따른 배선설비의 설치방법(버스바트렁킹 시스템 및 파워트랙시스템은 제외)은 표 232.2-1에 따르며, 232.4의 외부적인 영향을 고려하여야 한다.

표 232.2-1 전선 및 케이블의 구분에 따른 배선설비의 공사방법

전선 및 케이블		공사방법							
		케이블공사			전선관 시스템	케이블 트렁킹 시스템 (몰드형, 바닥 매입형 포함)	케이블 덕팅 시스템	케이블 트레이 시스템 (래더, 브래킷 등 포함)	애자 공사
		비고정	직접 고정	지지선					
나전선		–	–	–	–	–	–	–	+
절연전선[b]		–	–	–	+	+[a]	+	–	+
케이블 (외장 및 무기질 절연물을 포함)	다심	+	+	+	+	+	+	+	0
	단심	0	+	+	+	+	+	+	0

+ : 사용할 수 있다. - : 사용할 수 없다. 0 : 적용할 수 없거나 실용상 일반적으로 사용할 수 없다.
a : 케이블 트렁킹시스템이 IP4X 또는 IPXXD급의 이상의 보호조건을 제공하고, 도구 등을 사용하여 강제적으로 덮개를 제거할 수 있는 경우에 한하여 절연전선을 사용할 수 있다. b : 보호 도체 또는 보호 본딩도체로 사용되는 절연전선은 적절하다면 어떠한 절연 방법이든 사용할 수 있고 전선관시스템, 트렁킹시스템 또는 덕팅시스템에 배치하지 않아도 된다.

2. 시설상태에 따른 배선설비의 설치방법은 표 232.2-2를 따르며 이 표에 포함되어 있지 않는 케이블이나 전선의 다른 설치방법은 이 규정에서 제시된 요구사항을 충족할 경우에만 허용하며 또한 표 232.2-2의 33, 40 등 번호는 KS C IEC 60364-5-52(전기기기의 선정 및 시공－배선설비) "부속서 A(설치방법)"에 따른 설치방법을 말한다.

표 232.2-2 시설 상태를 고려한 배선설비의 공사방법

시설 상태		공사방법							
		케이블공사			전선관 시스템	케이블 트렁킹 시스템 (몰드형, 바닥 매입형 포함)	케이블 덕팅 시스템	케이블 트레이 시스템 (래더, 브래킷 등 포함)	애자 공사
		비고정	직접 고정	지지선					
건물의 빈공간	접근 가능	40	33	0	41, 42	6, 7, 8, 9, 12	43, 44	30, 31, 32, 33, 34	-
	접근 불가	40	0	0	41, 42	0	43	0	0
케이블채널		56	56	-	54, 55	0		30, 31, 32, 34	-
지중 매설		72, 73	0	-	70, 71	-	70, 71	0	-
구조체 매입		57, 58	3	-	1, 2, 59, 60	50, 51, 52, 53	46, 45	0	-
노출표면에 부착		-	20, 21, 22, 23, 33	-	4, 5	6, 7, 8, 9, 12	6, 7, 8, 9	30, 31, 32, 34	36
가공/기중		-	33	35	0	10, 11	10, 11	30, 31, 32, 34	36
창틀 내부		16	0	-	16	0	0	0	-

문틀 내부	15	0	–	15	0	0	0	–
수중(물속)	+	+	–	+	–	+	0	–

–：사용할 수 없다.
0：적용할 수 없거나 실용상 일반적으로 사용할 수 없다.
+：제조자 지침에 따름

3. 표 232.2-1 및 표232.2-2의 설치방법에는 아래와 같은 배선 방법이 있다.

표 232.2-3 공사방법의 분류

종류	공사방법
전선관시스템	합성수지관 공사, 금속관공사, 가요전선관 공사
케이블 트렁킹시스템	합성수지몰드 공사, 금속몰드공사, 금속 트렁킹 공사[a]
케이블 덕팅시스템	플로어 덕트공사, 셀룰러 덕트 공사, 금속 덕트 공사[b]
애자공사	애자공사
케이블트레이시스템 (래더, 브래킷 포함)	케이블트레이공사
케이블공사	고정하지 않는 방법, 직접 고정하는 방법, 지지선 방법

a：금속본체와 커버가 별도로 구성되어 커버를 개폐할 수 있는 금속 덕트 공사를 말한다.
b：본체와 커버 구분 없이 하나로 구성된 금속 덕트 공사를 말한다.

232.3 배선설비 적용 시 고려사항

232.3.1 회로 구성

1. 하나의 회로도체는 다른 다심케이블, 다른 전선관, 다른 케이블 덕팅시스템 또는 다른 케이블 트렁킹시스템을 통해 배선해서는 안 된다. 또한 다심 케이블을 병렬로 포설하는 경우 각 케이블은 각상의 1가닥의 도체와 중성선이 있다면 중성선도 포함하여야 한다.
2. 여러 개의 주 회로에 공통 중성선을 사용하는 것은 허용되지 않는다. 다만, 단상 교류 최종 회로는 하나의 선 도체와 한 다상 교류회로의 중성선으로부터 형성될 수도 있다. 이 다상회로는 모든 선 도체를 단로하도록 단로장치에 의해 설치하여야 한다.
3. 여러 회로가 하나의 접속 상자에서 단자 접속되는 경우 각 회로에 대한 단자는 KS C IEC 60998(가정용 및 이와 유사한 용도의 저 전압용 접속기구) 시리즈에 따른 접속기 및 KS C IEC 60947-7-1(저 전압 개폐장치 및 제어장치)에 따른 단자블록에 관한 것을 제외하고 절연 격벽으로 분리해야 한다.
4. 모든 도체가 최대공칭전압에 대해 절연되어 있다면 여러 회로를 동일한 전선관시스템, 케이블 덕팅시스템 또는 케이블 트렁킹시스템의 분리된 구획에 설치할 수 있다.

232.3.2 병렬접속

두 개 이상의 선 도체(충전도체) 또는 PEN 도체를 계통에 병렬로 접속하는 경우, 다음에 따른다.

1. 병렬도체 사이에 부하전류가 균등하게 배분될 수 있도록 조치를 취한다. 도체가 같은 재질, 같은 단면적을 가지고, 거의 길이가 같고, 전체 길이에 분기회로가 없으며 다음과 같을 경우 이 요구사항을 충족하는 것으로 본다.
   (1) 병렬도체가 다심케이블, 트위스트(twist) 단심케이블 또는 절연전선인 경우
   (2) 병렬도체가 비트위스트(non-twist) 단심케이블 또는 삼각형태(trefoil) 혹은 직사각형(flat) 형태의 절연전선이고 단면적이 구리 50 mm^2, 알루미늄 70 mm^2 이하인 것
   (3) 병렬도체가 비트위스트(non-twist) 단심케이블 또는 삼각형태(trefoil) 혹은 직사각형(flat) 형태의 절연전선이고 단면적이 구리 50 mm^2, 알루미늄 70 mm^2를 초과하는 것으로 이 형상에 필요한 특수 배치를 적용한 것. 특수한 배치법은 다른 상 또는 극의 적절한 조합과 이격으로 구성한다.
2. 232.5.1에 적합하도록 부하전류를 배분하는데 특별히 주의한다. 적절한 전류분배를 할 수 없거나 4가닥 이상의 도체를 병렬로 접속하는 경우에는 버스바트렁킹시스템의 사용을 고려한다.

232.3.3 전기적 접속

1. 도체 상호 간, 도체와 다른 기기와의 접속은 내구성이 있는 전기적 연속성이 있어야 하며, 적절한 기계적 강도와 보호를 갖추어야 한다.
2. 접속 방법은 다음 사항을 고려하여 선정한다.
   (1) 도체와 절연재료
   (2) 도체를 구성하는 소선의 가닥수와 형상
   (3) 도체의 단면적
   (4) 함께 접속되는 도체의 수
3. 접속부는 다음의 경우를 제외하고 검사, 시험과 보수를 위해 접근이 가능하여야 한다.
   (1) 지중 매설용으로 설계된 접속부
   (2) 충전재 채움 또는 캡슐 속의 접속부
   (3) 실링 히팅시스템(천정난방설비), 플로어 히팅시스템(바닥난방설비) 및 트레이스 히팅시스템(열선난방설비) 등의 발열체와 리드선과의 접속부
   (4) 용접(welding), 연 납땜(soldering), 경 납땜(brazing) 또는 적절한 압착공구로 만든 접속부
   (5) 적절한 제품표준에 적합한 기기의 일부를 구성하는 접속부

4. 통상적인 사용 시에 온도가 상승하는 접속부는 그 접속부에 연결하는 도체의 절연물 및 그 도체 지지물의 성능을 저해하지 않도록 주의해야 한다.
5. 도체접속(단말뿐 아니라 중간 접속도)은 접속함, 인출함 또는 제조자가 이 용도를 위해 공간을 제공한 곳 등의 적절한 외함 안에서 수행되어야 한다. 이 경우, 기기는 고정접속장치가 있거나 접속장치의 설치를 위한 조치가 마련되어 있어야 한다. 분기회로 도체의 단말부는 외함 안에서 접속되어야 한다.
6. 전선의 접속점 및 연결점은 기계적 응력이 미치지 않아야 한다. 장력(스트레스) 완화장치는 전선의 도체와 절연체에 기계적인 손상이 가지 않도록 설계되어야 한다.
7. 외함 안에서 접속되는 경우 외함은 충분한 기계적 보호 및 관련 외부 영향에 대한 보호가 이루어져야 한다.
8. 다중선, 세선, 극세선의 접속
   (1) 다중선, 세선, 극세선의 개별 전선이 분리되거나 분산되는 것을 막기 위해서 적합한 단말부를 사용하거나 도체 끝을 적절히 처리하여야 한다.
   (2) 적절한 단말 부를 사용한다면 다중선, 세선, 극세선의 전체 도체의 말단을 연납땜(soldering)하는 것이 허용된다.
   (3) 사용 중 도체의 연납땜(soldering)한 부위와 연납땜(soldering)하지 않은 부위의 상대적인 위치가 움직이게 되는 연결점에서는 세선 및 극세선 도체의 말단을 납땜하는 것이 허용되지 않는다.
   (4) 세선과 극세선은 KS C IEC 60228(절연케이블용 도체)의 5등급과 6등급의 요구사항에 적합하여야 한다.
9. 전선관, 덕트 또는 트렁킹의 말단에서 시스를 벗긴 케이블과 시스 없는 케이블의 심선은 제5의 요구사항대로 외함 안에 수납하여야 한다.
10. 전선 및 케이블 등의 접속방법에 대하여는 123에 적합하도록 한다.

232.3.4 교류회로-전기자기적 영향(맴돌이 전류 방지)

1. 강자성체(강제금속관 또는 강제덕트 등) 안에 설치하는 교류회로의 도체는 보호도체를 포함하여 각 회로의 모든 도체를 동일한 외함에 수납하도록 시설하여야 한다. 이러한 도체를 철제 외함에 수납하는 도체는 집합적으로 금속물질로 둘러싸이도록 시설하여야 한다.
2. 강선외장 또는 강대외장 단심케이블은 교류회로에 사용해서는 안 된다. 이러한 경우 알루미늄 외장케이블을 권장한다.

232.3.5 하나의 다심케이블 속의 복수회로

모든 도체가 최대공칭전압에 대해 절연되어 있는 경우, 동일한 케이블에 복수의 회로를 구성할 수 있다.

232.3.6 화재의 확산을 최소화하기 위한 배선설비의 선정과 공사

1. 화재의 확산위험을 최소화하기 위해 적절한 재료를 선정하고 다음에 따라 공사하여야 한다.
   (1) 배선설비는 건축구조물의 일반 성능과 화재에 대한 안정성을 저해하지 않도록 설치하여야 한다.
   (2) 최소한 KS C IEC 60332-1-2(화재 조건에서의 전기/광섬유케이블 시험)에 적합한 케이블 및 자소 성(自燒性)으로 인정받은 제품은 특별한 예방조치 없이 설치할 수 있다.
   (3) KS C IEC 60332-1-2(화재 조건에서의 전기/광섬유케이블 시험)의 화염 확산을 저지하는 요구사항에 적합하지 않은 케이블을 사용하는 경우는 기기와 영구적 배선설비의 접속을 위한 짧은 길이에만 사용할 수 있으며, 어떠한 경우에도 하나의 방화구획에서 다른 구획으로 관통시켜서는 안 된다.
   (4) KS C IEC 60439-2(저 전압 개폐장치 및 제어장치 부속품), KS C IEC 61537(케이블 관리 - 케이블 트레이시스템 및 케이블 래더시스템), KS C IEC 61084(전기설비용 케이블 트렁킹 및 덕트시스템) 시리즈 및 KS C IEC 61386(전기설비용 전선관시스템) 시리즈 표준에서 자소성으로 분류되는 제품은 특별한 예방조치 없이 시설할 수 있다. 화염 전파를 저지하는 유사 요구사항이 있는 표준에 적합한 그 밖의 제품은 특별한 예방조치 없이 시설할 수 있다.
   (5) KS C IEC 60439-2(저 전압 개폐장치 및 제어장치 부속품), KS C IEC 60570(등기구 전원 공급용 트랙시스템), KS C IEC 61537-A(케이블 관리 - 케이블 트레이시스템 및 케이블 래더시스템), KS C IEC 61084(전기설비용 케이블 트렁킹 및 덕트시스템) 시리즈 및 KS C IEC 61386(전기설비용 전선관시스템) 시리즈 및 KS C IEC 61534(파워트랙시스템) 시리즈 표준에서 자소성으로 분류되지 않은 케이블 이외의 배선설비의 부분은 그들의 개별 제품표준의 요구사항에 모든 다른 관련 사항을 준수하여 사용하는 경우 적절한 불연성 건축 부재로 감싸야 한다.
2. 배선설비 관통부의 밀봉
   (1) 배선설비가 바닥, 벽, 지붕, 천장, 칸막이, 중공벽 등 건축구조물을 관통하는 경우, 배선설비가 통과한 후에 남는 개구부는 관통 전의 건축구조 각 부재에 규정된 내화등급에 따라 밀폐하여야 한다.
   (2) 내화성능이 규정된 건축구조부재를 관통하는 배선설비는 제1에서 요구한 외부의 밀폐와 마찬가지로 관통 전에 각 부의 내화등급이 되도록 내부도 밀폐하여야 한다.
   (3) 관련 제품 표준에서 자소성으로 분류되고 최대 내부단면적이 710 mm^2 이하인 전선관, 케이블 트렁킹 및 케이블 덕팅시스템은 다음과 같은 경우라면 내부적으로 밀폐하지 않아도 된다.

① 보호등급 IP33에 관한 KS C IEC 60529(외곽의 방진 보호 및 방수 보호 등급) 의 시험에 합격한 경우

② 관통하는 건축 구조 체에 의해 분리된 구획의 하나 안에 있는 배선설비의 단말이 보호등급 IP33에 관한 KS C IEC 60529(외함의 밀폐 보호등급 구분(IP코드))의 시험에 합격한 경우

(4) 배선설비는 그 용도가 하중을 견디는데 사용되는 건축구조부재를 관통해서는 안된다. 다만, 관통 후에도 그 부재가 하중에 견딘다는 것을 보증할 수 있는 경우는 제외한다.

(5) "(1)" 또는 "(2)"를 충족시키기 위한 밀폐 조치는 그 밀폐가 사용되는 배선설비와 같은 등급의 외부영향에 대해 견디고, 다음 요구사항을 모두 충족하여야 한다.

① 연소 생성물에 대해서 관통하는 건축구조부재와 같은 수준에 견딜 것

② 물의 침투에 대해 설치되는 건축구조부재에 요구되는 것과 동등한 보호등급을 갖출 것

③ 밀폐 및 배선설비는 밀폐에 사용된 재료가 최종적으로 결합 조립되었을 때 습성을 완벽하게 막을 수 있는 경우가 아닌 한 배선설비를 따라 이동하거나 밀폐 주위에 모일 수 있는 물방울로부터의 보호 조치를 갖출 것

④ 다음의 어느 한 경우라면 ③의 요구사항이 충족될 수 있다.

㈎ 케이블 클리트, 케이블 타이 또는 케이블 지지 재는 밀폐재로부터 750 mm 이내에 설치하고 그것들이 밀폐 재에 인장력을 전달하지 않을 정도까지 밀폐부의 화재측의 지지재가 손상되었을 때 예상되는 기계적 하중에 견딜 수 있다.

㈏ 밀폐방식 그 자체가 충분한 지지 기능을 갖도록 설계한다.

232.3.7 배선설비와 다른 공급설비와의 접근

1. 다른 전기 공급설비의 접근

KS C IEC 60449(건축전기설비의 전압 밴드)에 의한 전압밴드Ⅰ과 전압밴드Ⅱ 회로는 다음의 경우를 제외하고는 동일한 배선설비 중에 수납하지 않아야 한다.

(1) 모든 케이블 또는 도체가 존재하는 최대 전압에 대해 절연되어 있는 경우

(2) 다심케이블의 각 도체가 케이블에 존재하는 최대 전압에 절연되어 있는 경우

(3) 케이블이 그 계통의 전압에 대해 절연되어 있으며, 케이블이 케이블 덕팅시스템 또는 케이블 트렁킹시스템의 별도 구획에 설치되어 있는 경우

(4) 케이블이 격벽을 써서 물리적으로 분리되는 케이블 트레이시스템에 설치되어 있는 경우

(5) 별도의 전선관, 케이블 트렁킹시스템 또는 케이블 덕팅시스템을 이용하는 경우

(6) 저압 옥내 배선이 다른 저압 옥내 배선 또는 관등회로의 배선과 접근하거나 교차하는 경우에 애자공사에 의하여 시설하는 저압 옥내 배선과 다른 저압 옥내 배선 또는 관등회로의 배선 사이의 이격거리는 0.1 m(애자공사에 의하여 시설하는 저압 옥내 배선이 나전선인 경우에는 0.3 m) 이상이어야 한다. 다만, 다음의 어느 하나에 해당하는 경우에는 그러하지 아니하다.

① 애자공사에 의하여 시설하는 저압 옥내 배선과 다른 애자공사에 의하여 시설하는 저압 옥내 배선 사이에 절연성의 격벽을 견고하게 시설하거나 어느 한쪽의 저압 옥내 배선을 충분한 길이의 난연성 및 내수성이 있는 견고한 절연관에 넣어 시설하는 경우

② 애자공사에 의하여 시설하는 저압 옥내 배선과 애자공사에 의하여 시설하는 다른 저압 옥내 배선 또는 관등회로의 배선이 병행하는 경우에 상호 간의 이격거리를 60 mm 이상으로 하여 시설할 때

③ 애자공사에 의하여 시설하는 저압 옥내 배선과 다른 저압 옥내 배선(애자공사에 의하여 시설하는 것을 제외한다) 또는 관등회로의 배선 사이에 절연성의 격벽을 견고하게 시설하거나 애자공사에 의하여 시설하는 저압 옥내 배선이나 관등회로의 배선을 충분한 길이의 난연성 및 내수성이 있는 견고한 절연관에 넣어 시설하는 경우

2. 통신 케이블과의 접근

지중 통신케이블과 지중 전력케이블이 교차하거나 접근하는 경우 100 mm 이상의 간격을 유지하거나 "(1)" 또는 "(2)"의 요구사항을 충족하여야 한다.

(1) 케이블 사이에 예를 들어 벽돌, 케이블 보호 캡(점토, 콘크리트), 성형블록(콘크리트) 등과 같은 내화격벽을 갖추거나, 케이블 전선관 또는 내화물질로 만든 트로프(troughs)에 의해 추가보호 조치를 하여야 한다.

(2) 교차하는 부분에 대해서는, 케이블 사이에 케이블 전선관, 콘크리트 제 케이블 보호 캡, 성형블록 등과 같은 기계적인 보호 조치를 하여야 한다.

(3) 지중 전선이 지중 약 전류전선 등과 접근하거나 교차하는 경우에 상호 간의 이격거리가 저압 지중 전선은 0.3 m 이하인 때에는 지중 전선과 지중 약전류전선 등 사이에 견고한 내화성(콘크리트 등의 불연 재료로 만들어진 것으로 케이블의 허용온도 이상으로 가열시킨 상태에서도 변형 또는 파괴되지 않는 재료를 말한다)의 격벽(隔壁)을 설치하는 경우 이외에는 지중 전선을 견고한 불연성(不燃性) 또는 난연성(難燃性)의 관에 넣어 그 관이 지중 약 전류전선 등과 직접 접촉하지 아니하도록 하여야 한다. 다만, 다음의 어느 하나에 해당하는 경우에는 그러하지 아니하다.

① 지중 약 전류전선 등이 전력보안 통신선인 경우에 불연성 또는 자소성이 있는 난연성의 재료로 피복한 광섬유케이블인 경우 또는 불연성 또는 자소성이 있는 난연성의 관에 넣은 광섬유케이블인 경우
② 지중 약 전류전선 등이 전력보안 통신선인 경우
③ 지중 약 전류전선 등이 불연성 또는 자소성이 있는 난연성의 재료로 피복한 광섬유케이블인 경우 또는 불연성 또는 자소성이 있는 난연성의 관에 넣은 광섬유케이블로서 그 관리자와 협의한 경우

(4) 저압 옥내 배선이 약 전류전선 등 또는 수관·가스관이나 이와 유사한 것과 접근하거나 교차하는 경우에 저압 옥내 배선을 애자공사에 의하여 시설하는 때에는 저압 옥내 배선과 약 전류전선 등 또는 수관·가스관이나 이와 유사한 것과의 이격거리는 0.1 m(전선이 나전선인 경우에 0.3 m) 이상이어야 한다. 다만, 저압 옥내 배선의 사용전압이 400 V 이하인 경우에 저압 옥내 배선과 약 전류전선 등 또는 수관·가스관이나 이와 유사한 것과의 사이에 절연성의 격벽을 견고하게 시설하거나 저압 옥내 배선을 충분한 길이의 난연성 및 내수성이 있는 견고한 절연관에 넣어 시설하는 때에는 그러하지 아니하다.

(5) 저압 옥내 배선이 약 전류전선 또는 수관·가스관이나 이와 유사한 것과 접근하거나 교차하는 경우에 저압 옥내 배선을 합성수지몰드 공사·합성수지관 공사·금속관 공사·금속몰드 공사·가요전선관 공사·금속 덕트 공사·버스덕트 공사·플로어덕트 공사·셀룰러덕트 공사·케이블 공사·케이블 트레이 공사 또는 라이팅덕트 공사에 의하여 시설할 때에는 "(6)"의 항목의 경우 이외에는 저압 옥내 배선이 약 전류전선 또는 수관·가스관이나 이와 유사한 것과 접촉하지 아니하도록 시설하여야 한다.

(6) 저압 옥내 배선을 합성수지몰드 공사·합성수지관 공사·금속관 공사·금속몰드 공사·가요전선관 공사·금속덕트 공사·버스덕트 공사·플로어 덕트 공사·케이블 트레이 공사 또는 셀룰러 덕트 공사에 의하여 시설하는 경우에는 다음의 어느 하나에 해당하는 경우 이외에는 전선과 약 전류전선을 동일한 관·몰드·덕트·케이블 트레이나 이들의 박스 기타의 부속품 또는 풀 박스 안에 시설하여서는 아니 된다.
① 저압 옥내 배선을 합성수지관 공사·금속관 공사·금속몰드 공사 또는 가요전선관 공사에 의하여 시설하는 전선과 약 전류전선을 각각 별개의 관 또는 몰드에 넣어 시설하는 경우에 전선과 약 전류전선 사이에 견고한 격벽을 시설하고 또한 금속제 부분에 접지공사를 한 박스 또는 풀박스 안에 전선과 약 전류전선을 넣어 시설할 때

② 저압 옥내 배선을 금속 덕트 공사·플로어 덕트 공사 또는 셀룰러 덕트 공사에 의하여 시설하는 경우에 전선과 약 전류전선 사이에 견고한 격벽을 시설하고 또한 접지공사를 한 덕트 또는 박스 안에 전선과 약 전류전선을 넣어 시설할 때

③ 저압 옥내 배선을 버스덕트 공사 및 케이블트레이공사 이외의 공사에 의하여 시설하는 경우에 약 전류전선이 제어회로 등의 약 전류전선이고 또한 약 전류전선에 절연전선과 동등 이상의 절연성능이 있는 것(저압 옥내 배선과 식별이 쉽게 될 수 있는 것에 한 한다)을 사용할 때

④ 저압 옥내 배선을 버스덕트 공사 및 케이블 트레이 공사 이외에 공사에 의하여 시설하는 경우에 약 전류전선에 접지공사를 한 금속제의 전기적 차폐층이 있는 통신용 케이블을 사용할 때

⑤ 저압 옥내 배선을 케이블 트레이 공사에 의하여 시설하는 경우에 약 전류전선이 제어회로 등의 약 전류전선이고 또한 약 전류전선을 금속관 또는 합성수지관에 넣어 케이블 트레이에 시설할 때

3. 비 전기 공급설비와의 접근

(1) 배선설비는 배선을 손상시킬 우려가 있는 열, 연기, 증기 등을 발생시키는 설비에 접근해서 설치하지 않아야 한다. 다만, 배선에서 발생한 열의 발산을 저해하지 않도록 배치한 차폐물을 사용하여 유해한 외적 영향으로부터 적절하게 보호하는 경우는 제외한다. 각종 설비의 빈 공간(cavity)이나 비어있는 지지대(service shaft) 등과 같이 특별히 케이블 설치를 위해 설계된 구역이 아닌 곳에서는 통상적으로 운전하고 있는 인접 설비(가스관, 수도관, 스팀관 등)의 해로운 영향을 받지 않도록 케이블을 포설하여야 한다.

(2) 응결을 일으킬 우려가 있는 공급설비(예를 들면 가스, 물 또는 증기공급 설비) 아래에 배선설비를 포설하는 경우는 배선설비가 유해한 영향을 받지 않도록 예방조치를 마련하여야 한다.

(3) 전기 공급설비를 다른 공급설비와 접근하여 설치하는 경우는 다른 공급설비에서 예상할 수 있는 어떠한 운전을 하더라도 전기공급설비에 손상을 주거나 그 반대의 경우가 되지 않도록 각 공급설비사이의 충분한 이격을 유지하거나 기계적 또는 열적 차폐물을 사용하는 등의 방법으로 전기공급 설비를 배치한다.

(4) 전기공급설비가 다른 공급설비와 매우 접근하여 배치가 된 경우는 다음 두 조건을 충족하여야 한다.

① 다른 공급설비의 통상 사용 시 발생할 우려가 있는 위험에 대해 배선설비를 적절히 보호한다.

② 금속제의 다른 공급설비는 계통외 도전부로 간주하고, 211.4에 의한 보호에 따른 고장보호를 한다.

(5) 배선설비는 승강기(또는 호이스트)설비의 일부를 구성하지 않는 한 승강기(또는 호이스트) 통로를 지나서는 안 된다.

(6) 가스계량기 및 가스관의 이음부(용접 이음매를 제외한다)와 전기설비의 이격거리는 다음에 따라야 한다.

① 가스계량기 및 가스관의 이음부와 전력량계 및 개폐기의 이격거리는 0.6 m 이상

② 가스계량기와 점멸기 및 접속기의 이격거리는 0.3 m 이상

③ 가스관의 이음부와 점멸기 및 접속기의 이격거리는 0.15 m 이상

232.3.8 금속외장 단심케이블

동일 회로의 단심케이블의 금속 시스 또는 비자성체 강대외장은 그 배선의 양단에서 모두 접속하여야 한다. 또한 통전용량을 향상시키기 위해 단면적 50 mm^2 이상의 도체를 가진 케이블의 경우는 시스 또는 비전도성 강대외장은 접속하지 않는 한쪽 단에서 적절한 절연을 하고, 전체 배선의 한쪽 단에서 함께 접속해도 된다. 이 경우 다음과 같이 시스 또는 강대외장의 대지전압을 제한하기 위해 접속지점으로부터의 케이블 길이를 제한하여야 한다.

1. 최대 전압을 25 V로 제한하는 등으로 케이블에 최대부하의 전류가 흘렀을 때 부식을 일으키지 않을 것
2. 케이블에 단락전류가 발생했을 때 재산피해(설비손상)나 위험을 초래하지 않을 것

232.3.9 수용가 설비에서의 전압강하

1. 다른 조건을 고려하지 않는다면 수용가 설비의 인입구로부터 기기까지의 전압강하는 표 232.3-1의 값 이하이어야 한다.

표 232.3-1 수용가설비의 전압강하

설비의 유형	조명(%)	기타(%)
A – 저압으로 수전하는 경우	3	5
B – 고압 이상으로 수전하는 경우[a]	6	8
a : 가능한 한 최종회로 내의 전압강하가 A 유형의 값을 넘지 않도록 하는 것이 바람직하다. 사용자의 배선설비가 100 m를 넘는 부분의 전압강하는 미터 당 0.005 % 증가할 수 있으나 이러한 증가분은 0.5 %를 넘지 않아야 한다.		

2. 다음의 경우에는 표 232.3-1보다 더 큰 전압강하를 허용할 수 있다.

(1) 기동 시간 중의 전동기

(2) 돌입전류가 큰 기타 기기

3. 다음과 같은 일시적인 조건은 고려하지 않는다.
   (1) 과도과전압
   (2) 비정상적인 사용으로 인한 전압 변동

232.4 배선설비의 선정과 설치에 고려해야 할 외부 영향

배선설비는 예상되는 모든 외부 영향에 대한 보호가 이루어져야 한다.

232.4.1 주위온도

1. 배선설비는 그 사용 장소의 최고와 최저온도 범위에서 통상 운전의 최고허용온도(표 232.5-1 참조)를 초과하지 않도록 선정하여 시공하여야 한다.
2. 케이블과 배선기구 류 등의 배선설비의 구성품은 해당 제품표준 또는 제조자가 제시하는 한도 내의 온도에서만 시설하거나 취급하여야 한다.

232.4.2 외부 열원

외부 열원으로부터의 악영향을 피하기 위해 다음 대책 중의 하나 또는 이와 동등한 유효한 방법을 사용하여 배선설비를 보호하여야 한다.

1. 차폐
2. 열원으로부터의 충분한 이격
3. 발생할 우려가 있는 온도상승을 고려한 구성품의 선정
4. 단열 절연슬리브접속(sleeving) 등과 같은 절연재료의 국부적 강화

232.4.3 물의 존재(AD) 또는 높은 습도(AB)

1. 배선설비는 결로 또는 물의 침입에 의한 손상이 없도록 선정하고 설치하여야 한다. 설치가 완성된 배선설비는 개별 장소에 알맞은 IP 보호등급에 적합하여야 한다.
2. 배선설비 안에 물의 고임 또는 응결될 우려가 있는 경우는 그것을 배출하기 위한 조치를 마련하여야 한다.
3. 배선설비가 파도에 움직일 우려가 있는 경우(AD6)는 기계적 손상에 대해 보호하기 위해 충격(AG), 진동(AH), 및 기계적 응력(AJ)의 조치 중 한 가지 이상의 대책을 세워야 한다.

232.4.4 침입고형물의 존재(AE)

1. 배선설비는 고형물의 침입으로 인해 일어날 수 있는 위험을 최소화할 수 있도록 선정하고 설치하여야 한다. 완성한 배선설비는 개별 장소에 맞는 IP 보호등급에 적합하여야 한다.

2. 영향을 미칠 수 있는 정도의 먼지가 존재하는 장소(AE4)는 추가 예방 조치를 마련하여 배선설비의 열 발산을 저해할 수 있는 먼지나 기타의 물질이 쌓이는 것을 방지하여야 한다.
3. 배선설비는 먼지를 쉽게 제거할 수 있어야 한다.

232.4.5 부식 또는 오염 물질의 존재(AF)

1. 물을 포함한 부식 또는 오염 물질로 인해 부식이나 열화의 우려가 있는 경우 배선설비의 해당 부분은 이들 물질에 견딜 수 있는 재료로 적절히 보호하거나 제조하여야 한다.
2. 상호 접촉에 의한 영향을 피할 수 있는 특별 조치가 마련되지 않았다면 전해작용이 일어날 우려가 있는 서로 다른 금속은 상호 접촉하지 않도록 배치하여야 한다.
3. 상호 작용으로 인해 또는 개별적으로 열화 또는 위험한 상태가 될 우려가 있는 재료는 상호 접속시키지 않도록 배치하여야 한다.

232.4.6 충격(AG)

1. 배선설비는 설치, 사용 또는 보수 중에 충격, 관통, 압축 등의 기계적 응력 등에 의해 발생하는 손상을 최소화하도록 선정하고 설치하여야 한다.
2. 고정 설비에 있어 중간 가혹도(AG2) 또는 높은 가혹도(AG3)의 충격이 발생할 수 있는 경우는 다음을 고려하여야 한다.
   (1) 배선설비의 기계적 특성
   (2) 장소의 선정
   (3) 부분적 또는 전체적으로 실시하는 추가 기계적 보호 조치
   (4) 위 고려사항들의 조합
3. 바닥 또는 천장 속에 설치하는 케이블은 바닥, 천장, 또는 그 밖의 지지물과의 접촉에 의해 손상을 받지 않는 곳에 설치하여야 한다.
4. 케이블과 전선의 설치 후에도 전기설비의 보호등급이 유지되어야 한다.

232.4.7 진동(AH)

1. 중간 가혹도(AH2) 또는 높은 가혹도(AH3)의 진동을 받은 기기의 구조체에 지지 또는 고정하는 배선설비는 이들 조건에 적절히 대비해야 한다.
2. 고정형 설비로 조명기기 등 현수형 전기기기는 유연성 심선을 갖는 케이블로 접속해야 한다. 다만, 진동 또는 이동의 위험이 없는 경우는 예외로 한다.

232.4.8 그 밖의 기계적 응력(AJ)

1. 배선설비는 공사 중, 사용 중 또는 보수 시에 케이블과 절연전선의 외장이나 절연물과 단말에 손상을 주지 않도록 선정하고 설치하여야 한다.

2. 전선관시스템, 덕팅시스템, 트렁킹시스템, 트레이 및 래더 시스템에 케이블 및 전선을 설치하기 위해 실리콘유를 함유한 윤활유를 사용해서는 안 된다.
3. 구조체에 매입하는 전선관 시스템, 케이블 덕팅시스템, 그 밖에 설비를 위해 특별히 설계된 전선관 조립품은 절연전선 또는 케이블을 설치하기 전에 그 연결구간이 완전하게 시공되어야 한다.
4. 배선설비의 모든 굴곡 부는 전선과 케이블이 손상을 받지 않으며 단말부가 응력을 받지 않는 반지름을 가져야 한다.
5. 전선과 케이블이 연속적으로 지지되지 않은 공사방법인 경우는 전선과 케이블이 그 자체의 무게나 단락전류로 인한 전자력(단면적이 $50\,\mathrm{mm}^2$ 이상의 단심케이블인 경우)에 의해 손상을 받지 않도록 적절한 간격과 적절한 방법으로 지지하여야 한다.
6. 배선설비가 영구적인 인장 응력을 받는 경우(수직 포설에서의 자기 중량 등)는 전선과 케이블이 자체 중량에 의해 손상되지 않도록 필요한 단면적을 갖는 적절한 종류의 케이블이나 전선 등의 설치방법을 선정하여야 한다.
7. 전선 또는 케이블을 인입 또는 인출이 가능하도록 의도된 배선설비는 그 작업을 위해 설비에 접근할 수 있는 적절한 방법을 갖추고 있어야 한다.
8. 바닥에 매입한 배선설비는 바닥 용도에 따른 사용에 의해 발생하는 손상을 방지하기 위해 충분히 보호하여야 한다.
9. 벽속에 견고하게 고정하여 매입하는 배선설비는 수평 또는 수직으로 벽의 가장자리와 평행하게 포설하여야 한다. 다만, 천장속이나 바닥속의 배선설비는 실용적인 최단 경로를 취할 수 있다.
10. 배선설비는 도체 및 접속부에 기계적응력이 걸리는 것을 방지하도록 시설하여야 한다.
11. 지중에 매설되는 케이블, 전선관 또는 덕팅 시스템 등은 기계적인 손상에 대한 보호를 하거나 그러한 손상의 위험을 최소화할 수 있는 깊이로 매설하여야 한다. 매설케이블은 덮개 또는 적당한 표시 테이프로 표시하여야 한다. 매설 전선관과 덕트는 적절하게 식별할 수 있는 조치를 취하여야 한다.
12. 케이블 지지대 및 외함은 케이블 또는 절연전선의 피복 손상이 용이한 날카로운 가장자리가 없어야 한다.
13. 케이블 및 전선은 고정방법에 의해 손상을 입지 않아야 한다.
14. 신축 이음부를 통과하는 케이블, 버스 바 및 그 밖의 전기적 도체는 가요성 배선방식을 사용하는 등 예상되는 움직임으로 인해 전기설비가 손상되지 않도록 선정 및 시공하여야 한다.
15. 배선이 고정 칸막이(파티션 등)를 통과하는 장소에는 금속시스케이블, 금속외장케이블 또는 전선관이나 그로미트(고리)를 사용하여 기계적인 손상에 대해 배선을 보

호하여야 한다.

16. 배선설비는 건축물의 내 하중을 받는 구조체 요소를 관통하지 않도록 한다. 다만, 관통배선 후 내 하중 요소를 보증하는 경우에는 예외로 한다.

232.4.9 식물과 곰팡이의 존재(AK)

1. 경험 또는 예측에 의해 위험조건(AK2)이 되는 경우, 다음을 고려하여야 한다.
   (1) 폐쇄형 설비(전선관, 케이블 덕트 또는 케이블 트렁킹)
   (2) 식물에 대한 이격거리 유지
   (3) 배선설비의 정기적인 청소

232.4.10 동물의 존재(AL)

1. 경험 또는 예측을 통해 위험 조건(AL2)이 되는 경우, 다음을 고려하여야 한다.
   (1) 배선설비의 기계적 특성 고려
   (2) 적절한 장소의 선정
   (3) 부분적 또는 전체적인 기계적 보호조치의 추가
   (4) 위 고려사항들의 조합

232.4.11 태양 방사(AN) 및 자외선 방사

경험 또는 예측에 의해 영향을 줄 만한 양의 태양방사(AN2) 또는 자외선이 있는 경우 조건에 맞는 배선설비를 선정하여 시공하거나 적절한 차폐를 하여야 한다. 다만, 이온 방사선을 받는 기기는 특별한 주의가 필요하다.

232.4.12 지진의 영향(AP)

1. 해당 시설이 위치하는 장소의 지진 위험을 고려하여 배선설비를 선정하고 설치하여야 한다.
2. 지진 위험도가 낮은 위험도(AP2) 이상인 경우, 특히 다음 사항에 주의를 기울여야 한다.
   (1) 배선설비를 건축물 구조에 고정 시 가요성을 고려하여야 한다. 예를 들어, 비상설비 등 모든 중요한 기기와 고정 배선 사이의 접속은 가요성을 고려하여 선정하여야 한다.

232.4.13 바람(AR)

진동(AH)과 그 밖의 기계적 응력(AJ)에 준하여 보호조치를 취하여야 한다.

232.4.14 가공 또는 보관된 자재의 특성(BE)

232.3.6 화재의 확산을 최소화하기 위한 조치를 참조한다.

232.4.15 건축물의 설계(CB)

1. 구조체 등의 변위에 의한 위험(CB3)이 존재하는 경우는 그 상호변위를 허용하는 케이블의 지지와 보호 방식을 채택하여 전선과 케이블에 과도한 기계적 응력이 실리지 않도록 하여야 한다.
2. 가요성 구조체 또는 비고정 구조체(CB4)에 대해서는 가요성 배선방식으로 한다.

232.5 허용전류

232.5.1 절연물의 허용온도

1. 정상적인 사용 상태에서 내용기간 중에 전선에 흘러야 할 전류는 통상적으로 표 232.5-1에 따른 절연물의 허용온도 이하이어야 한다. 그 전류값은 232.5.2의 1에 따라 선정하거나 232.5.2의 3에 따라 결정하여야 한다.

표 232.5-1 절연물의 종류에 대한 최고허용온도

절연물의 종류	최고허용온도(℃)[a,d]
열가소성 물질[폴리염화비닐(PVC)]	70(도체)
열경화성 물질[가교폴리에틸렌(XLPE) 또는 에틸렌프로필렌고무(EPR) 혼합물]	90(도체)[b]
무기물(열가소성 물질 피복 또는 나도체로 사람이 접촉할 우려가 있는 것)	70(시스)
무기물(사람의 접촉에 노출되지 않고, 가연성 물질과 접촉할 우려가 없는 나도체)	105(시스)[b,c]

a : 이 표에서 도체의 최고허용온도(최대연속운전온도)는 KS C IEC 60364-5-52(저압전기설비-제5-52부 : 전기기기의 선정 및 설치-배선설비)의 "부속서 B(허용전류)"에 나타낸 허용전류값의 기초가 되는 것으로서 KS C IEC 60502(정격전압 1 kV ~ 30 kV 압출 성형 절연 전력 케이블 및 그 부속품) 및 IEC 60702(정격전압 750 V 이하 무기물 절연 케이블 및 단말부) 시리즈에서 인용하였다.
b : 도체가 70℃를 초과하는 온도에서 사용될 경우, 도체에 접속되어 있는 기기가 접속 후에 나타나는 온도에 적합한지 확인하여야 한다.
c : 무기절연(MI) 케이블은 케이블의 온도정격, 단말처리, 환경조건 및 그 밖의 외부 영향에 따라 더 높은 허용온도로 할 수 있다.
d : (공인)인증 된 경우, 도체 또는 케이블 제조자의 규격에 따라 최대허용온도 한계(범위)를 가질 수 있다.

2. 표 232.5-1은 KS C IEC 60439-2(저 전압 개폐장치 및 제어장치 부속품-제2부 : 부스 바 트렁킹 시스템의 개별 요구사항), KS C IEC 61534-1(전원 트랙-제1부 : 일반 요구사항) 등에 따라 제조자가 허용전류 범위를 제공해야 하는 버스 바 트렁킹 시스템, 전원 트랙시스템 및 라이팅 트랙시스템에는 적용하지 않는다.
3. 다른 종류의 절연물에 대한 허용온도는 케이블 표준 또는 제조자 시방에 따른다.

232.5.2 허용전류의 결정

1. 절연도체와 비 외장 케이블에 대한 전류가 KS C IEC 60364-5-52(저압전기설비-제5-52부 : 전기기기의 선정 및 설치-배선설비)의 "부속서 B(허용전류)"에 주어진 필요한 보정 계수를 적용하고, KS C IEC 60364-5-52(저압전기설비-제5-52부 : 전기 기기의 선정 및 설치-배선설비)의 "부속서 A(공사방법)"를 참조하여 KS C IEC 60364-5-52(저압전기설비-제5-52부 : 전기 기기의 선정 및 설치-배선설비)의 "부속서 B(허용전류)"의 표(공사방법, 도체의 종류 등을 고려 허용전류)에서 선정된 적절한 값을 초과하지 않는 경우 232.5.1의 요구사항을 충족하는 것으로 간주한다.
2. 허용전류의 적정 값은 KS C IEC 60287(전기 케이블-전류 정격 계산) 시리즈에서 규정한 방법, 시험 또는 방법이 정해진 경우 승인된 방법을 이용한 계산을 통해 결정할 수도 있다. 이것을 사용하려면 부하 특성 및 토양 열 저항의 영향을 고려하여야 한다.
3. 주위온도는 해당 케이블 또는 절연전선이 무부하일 때 주위 매체의 온도이다.

232.5.3 복수회로로 포설된 그룹

1. KS C IEC 60364-5-52(저압전기설비-제5-52부 : 전기 기기의 선정 및 설치-배선설비)의 "부속서 B(허용전류)"의 그룹감소계수는 최고허용온도가 동일한 절연전선 또는 케이블의 그룹에 적용한다.
2. 최고허용온도가 다른 케이블 또는 절연전선이 포설된 그룹의 경우 해당 그룹의 모든 케이블 또는 절연전선의 허용전류용량은 그룹의 케이블 또는 절연전선 중에서 최고허용온도가 가장 낮은 것을 기준으로 적절한 집합감소계수를 적용하여야 한다.
3. 사용조건을 알고 있는 경우, 1가닥의 케이블 또는 절연전선이 그룹 허용전류의 30 % 이하를 유지하는 경우는 해당 케이블 또는 절연전선을 무시하고 그 그룹의 나머지에 대하여 감소계수를 적용할 수 있다.

232.5.4 통전도체의 수

1. 한 회로에서 고려해야 하는 전선의 수는 부하 전류가 흐르는 도체의 수이다. 다상 회로 도체의 전류가 평형상태로 간주되는 경우는 중성선을 고려할 필요는 없다. 이 조건에서 4심 케이블의 허용전류는 각 상이 동일 도체 단면적인 3심 케이블의 허용전류와 같다. 4심, 5심 케이블에서 3도체만이 통전도체일 때 허용전류를 더 크게 할 수 있다. 이것은 15 % 이상의 THDi(전류 종합 고조파 왜형률)가 있는 제3고조파 또는 3의 홀수(기수) 배수 고조파가 존재하는 경우에는 별도로 고려해야 한다.
2. 선전류의 불평 형으로 인해 다심케이블의 중성선에 전류가 흐르는 경우, 중성선 전류에 의한 온도 상승은 1가닥 이상의 선 도체에 발생한 열이 감소함으로써 상쇄된다. 이 경우, 중성선의 굵기는 가장 많은 선 전류에 따라 선택하여야 한다. 중성선

은 어떠한 경우에도 제1에 적합한 단면적을 가져야 한다.

3. 중성선 전류 값이 도체의 부하전류보다 커지는 경우는 회로의 허용전류를 결정하는 데 있어서 중성선도 고려하여야 한다. 중선선의 전류는 3상회로의 3배수 고조파(영상분 고조파) 전류를 무시할 수 없는 데서 기인한다. 고조파 함유율이 기본파 선 전류의 15 %를 초과하는 경우 중성선의 굵기는 선 도체 이상이어야 한다. 고조파 전류에 의한 열의 영향 및 고차 고조파 전류에 대응하는 감소계수를 KS C IEC 60364-5-52(저압전기설비-제5-52부 : 전기 기기의 선정 및 설치-배선설비)의 "부속서 E(고조파 전류가 평형3상 계통에 미치는 영향)"에 나타내었다.
4. 보호도체로만 사용되는 도체(PE 도체)는 고려하지 않는다. PEN 도체는 중성선과 같은 방법으로 취급한다.

232.5.5 배선경로 중 설치조건의 변화

배선경로 중의 일부에서 다른 부분과 방열조건이 다른 경우 배선경로 중 가장 나쁜 조건의 부분을 기준으로 허용전류를 결정하여야 한다(단, 배선이 0.35 m 이하인 벽을 관통하는 장소에서만 방열조건이 다른 경우에는 이 요구사항을 무시할 수 있다).

232.10 전선관시스템

232.11 합성수지관 공사

232.11.1 시설조건

1. 전선은 절연전선(옥외용 비닐절연전선을 제외한다)일 것
2. 전선은 연선일 것 다만, 다음의 것은 적용하지 않는다.
   (1) 짧고 가는 합성수지관에 넣은 것
   (2) 단면적 10 mm^2(알루미늄 선은 단면적 16 mm^2) 이하의 것
3. 전선은 합성수지관 안에서 접속점이 없도록 할 것
4. 중량물의 압력 또는 현저한 기계적 충격을 받을 우려가 없도록 시설할 것

232.11.2 합성수지관 및 부속품의 선정

1. 합성수지관 공사에 사용하는 경질비닐 전선관 및 합성수지제 전선관, 기타 부속품 등(관 상호 간을 접속하는 것 및 관의 끝에 접속하는 것에 한하며 리듀서를 제외한다)은 다음에 적합한 것이어야 한다.
   (1) 합성수지제의 전선관 및 박스 기타의 부속품은 다음 (1)에 적합한 것일 것 다만, 부속품 중 금속제의 박스 및 다음 (2)에 적합한 분진방폭형(粉塵防爆型) 가요성 부속은 그러하지 아니하다.
      ① 합성수지제의 전선관 및 박스 기타의 부속품

㈎ 합성수지제의 전선관은 KS C 8431(경질 폴리염화비닐 전선관)의 "7. 성능" 및 "8. 구조" 또는 KS C 8454[합성 수지 제 휨(가요)전선관]의 "4. 일반 요구사항", "7. 성능", "8. 구조" 및 "9. 치수" 또는 KS C 8455(파상형 경질 폴리에틸렌 전선관)의 "7. 재료 및 제조방법", "8. 치수", "10. 성능" 및 "11. 구조"를 따른다.

㈏ 박스는 KS C 8436(합성수지제 박스 및 커버)의 "5. 성능", "6. 겉모양 및 모양", "7. 치수" 및 "8. 재료"를 따른다.

㈐ 부속품은 KS C IEC 61386-21-A(전기설비용 전선관 시스템-제21부 : 경질 전선관 시스템의 개별 요구사항)의 "4. 일반요구사항", "6. 분류", "9. 구조" 및 "10. 기계적 특성", "11. 전기적 특성", "12. 내열 특성"을 따른다.

② 분진방폭형(粉塵防爆型) 가요성 부속

㈎ 구조

이음매 없는 단동(丹銅), 인청동(隣靑銅)이나 스테인리스의 가요 관에 단동·황동이나 스테인리스의 편조피복을 입힌 것 또는 232.13.2의 1에 적합한 2종 금속제의 가요전선관에 두께 0.8 mm 이상의 비닐 피복을 입힌 것의 양쪽 끝에 커넥터 또는 유니온 커플링을 견고히 접속하고 안쪽 면은 전선을 넣거나 바꿀 때에 전선의 피복을 손상하지 아니하도록 매끈한 것일 것

㈏ 완성품

실온에서 그 바깥지름의 10배의 지름을 가지는 원통의 주위에 180° 구부린 후 직선상으로 환원시키고 다음에 반대방향으로 180° 구부린 후 직선상으로 환원시키는 조작을 10회 반복하였을 때에 금이 가거나 갈라지는 등의 이상이 생기지 아니하는 것일 것

(2) 관의 끝부분 및 안쪽 면은 전선의 피복을 손상하지 아니하도록 매끈한 것일 것

(3) 관[합성수지제 휨(가요)전선관을 제외한다]의 두께는 2 mm 이상일 것 다만, 전개된 장소 또는 점검할 수 있는 은폐된 장소로서 건조한 장소에 사람이 접촉할 우려가 없도록 시설한 경우(옥내 배선의 사용전압이 400 V 이하인 경우에 한 한다)에는 그러하지 아니하다.

232.11.3 합성수지관 및 부속품의 시설

1. 관 상호 간 및 박스와는 관을 삽입하는 깊이를 관의 바깥지름의 1.2배(접착제를 사용하는 경우에는 0.8배) 이상으로 하고 또한 꽂음 접속에 의하여 견고하게 접속할 것
2. 관의 지지점 간의 거리는 1.5 m 이하로 하고, 또한 그 지지 점은 관의 끝·관과 박스의 접속점 및 관 상호 간의 접속점 등에 가까운 곳에 시설할 것

3. 습기가 많은 장소 또는 물기가 있는 장소에 시설하는 경우에는 방습 장치를 할 것
4. 합성수지관을 금속제의 박스에 접속하여 사용하는 경우 또는 232.11.2의 1의 단서에 규정하는 분진방폭형 가요성 부속을 사용 하는 경우에는 박스 또는 분진 방폭형 가요성 부속에 211과 140에 준하여 접지공사를 할 것 다만, 사용전압이 400 V 이하로서 다음 중 하나에 해당하는 경우에는 그러하지 아니하다.
   (1) 건조한 장소에 시설하는 경우
   (2) 옥내 배선의 사용전압이 직류 300 V 또는 교류 대지 전압이 150 V 이하로서 사람이 쉽게 접촉할 우려가 없도록 시설하는 경우
5. 합성수지관을 풀 박스에 접속하여 사용하는 경우에는 제1의 규정에 준하여 시설할 것 다만, 기술상 부득이한 경우에 관 및 풀 박스를 건조한 장소에서 불연성의 조영재에 견고하게 시설하는 때에는 그러하지 아니하다.
6. 난연성이 없는 콤바인 덕트 관은 직접 콘크리트에 매입하여 시설하는 경우 이외에는 전용의 불연성 또는 난연성의 관 또는 덕트에 넣어 시설할 것
7. 합성수지제 휨(가요)전선관 상호 간은 직접 접속하지 말 것

232.12 금속관공사

232.12.1 시설조건

1. 전선은 절연전선(옥외용 비닐절연전선을 제외한다)일 것
2. 전선은 연선일 것 다만, 다음의 것은 적용하지 않는다.
   (1) 짧고 가는 금속관에 넣은 것
   (2) 단면적 10 mm^2(알루미늄 선은 단면적 16 mm^2) 이하의 것
3. 전선은 금속관 안에서 접속점이 없도록 할 것

232.12.2 금속관 및 부속품의 선정

1. 금속관공사에 사용하는 금속관과 박스 기타의 부속품(관 상호 간을 접속하는 것 및 관의 끝에 접속하는 것에 한하며 리듀서를 제외한다)은 다음에 적합한 것이어야 한다.
   (1) ①에 정하는 표준에 적합한 금속제의 전선관(가요전선관을 제외한다) 및 금속제 박스 기타의 부속품 또는 황동이나 동으로 견고하게 제작한 것일 것 다만, 분진 방폭형 가요성 부속 기타의 방폭형의 부속품으로서 (2)와 (3)에 적합한 것과 절연 부싱은 그러하지 아니하다.
      ① 금속제의 전선관 및 금속제 박스 기타의 부속품은 다음에 적합한 것일 것
         ㈎ 강제 전선관
         KS C 8401(강제전선관)의 "4. 굽힘 성", "5. 내식성", "7. 치수, 무게 및 유효

나사부의 길이와 바깥지름 및 무게의 허용차"의 "표 1", "표 2" 및 "표 3"의 호칭 방법, 바깥지름, 바깥지름의 허용차, 두께, 유효나사부의 길이(최소치), "8. 겉모양", "9.1 재료"와 "9.2 제조방법"의 9.2.2, 9.2.3 및 9.2.4

(나) 알루미늄 전선관

KS C IEC 60614-2-1-A(전선관-제2-1부 : 금속 제 전선관의 개별규정)의 "7. 치수", "8. 구조", "9. 기계적 특성", "10. 내열성", "11. 내화성"

(다) 금속제 박스

KS C 8458(금속제 박스 및 커버)의 "4. 성능", "5. 구조", "6. 모양 및 치수" 및 "7. 재료"

(라) 부속품

KS C 8460(금속제 전선관용 부속품)의 "7. 성능", "8. 구조", "9. 모양 및 치수", 및 "10. 재료"

② 금속관의 방폭형 부속품 중 가요성 부속의 표준은 다음에 적합한 것일 것

(가) 분진방폭형의 가요성 부속의 구조는 이음매 없는 단동·인청동이나 스테인리스의 가요 관에 단동·황동이나 스테인레스의 편조 피복을 입힌 것 또는 표 232.12-1에 적합한 2종 금속제의 가요전선관에 두께 0.8 mm 이상의 비닐 피복을 입힌 것의 양쪽 끝에 커넥터 또는 유니온 커플링을 견고히 접속하고 안쪽 면은 전선을 넣거나 바꿀 때에 전선의 피복을 손상하지 아니하도록 매끈한 것일 것

(나) 분진방폭형의 가요성 부속의 완성품은 실온에서 그 바깥지름의 10배의 지름을 가지는 원통의 주위에 180° 구부린 후 직선상으로 환원시키고 다음에 반대방향으로 180° 구부린 후 직선상으로 환원시키는 조작을 10회 반복하였을 때에 금이 가거나 갈라지는 등의 이상이 생기지 아니하는 것일 것

(다) 내압(耐壓)방폭형의 가요성 부속의 구조는 이음매 없는 단동·인청동이나 스테인리스의 가요 관에 단동·황동이나 스테인리스의 편 조피복을 입힌 것의 양쪽 끝에 커넥터 또는 유니온 커플링을 견고히 접속하고 안쪽 면은 전선을 넣거나 바꿀 때에 전선의 피복을 손상하지 아니하도록 매끈한 것일 것

(라) 내압(耐壓)방폭형의 가요성 부속의 완성품은 실온에서 그 바깥지름의 10배의 지름을 가지는 원통의 주위에 180° 구부린 후 직선상으로 환원시키고 다음에 반대방향으로 180° 구부린 후 직선상으로 환원시키는 조작을 10회 반복한 후 196 N/cm^{2}의 수압을 내부에 가하였을 때에 금이 가거나 갈라지는 등의 이상이 생기지 아니하는 것일 것

(마) 안전증 방폭형의 가요성 부속의 구조는 표 232.12-1에 적합한 1종 금속제의 가요전선관에 단동·황동이나 스테인레스의 편조 피복을 입힌 것 또는 표

232.12-1에 적합한 2종 금속제의 가요전선관에 두께 0.8 mm 이상의 비닐을 피복한 것의 양쪽 끝에 커넥터 또는 유니온 커플링을 견고히 접속하고 안쪽 면은 전선을 넣거나 바꿀 때에 전선의 피복을 손상하지 아니하도록 매끈한 것일 것

(바) 안전증 방폭형의 가요성 부속의 완성품은 실온에서 그 바깥지름의 10배의 지름을 가지는 원통의 주위에 180° 구부린 후 직선상으로 환원시키고 다음에 반대방향으로 180° 구부린 후 직선상으로 환원시키는 조작을 10회 반복하였을 때 금이 가거나 갈라지는 등의 이상이 생기지 아니하는 것일 것

표 232.12-1 금속제 가요전선관 및 박스 기타의 부속품

1종 금속제 가요전선관	KS C 8422(금속제 가요전선관)의 "7. 성능" 표 1의 "내식성, 인장, 굽힘", "8.1 가요관의 내면", "9. 치수" 표 2의 "1종 가요관의 호칭, 재료의 최소두께, 최소 안지름, 바깥지름, 바깥지름의 허용차" 및 "10. 재료 a"의 규정에 적합한 것이어야 하며 조편의 이음매는 심하게 두께가 늘어나지 아니하고 1종 금속제 가요전선관의 세기를 감소시키지 아니하는 것일 것
2종 금속제 가요전선관	KS C 8422(금속제 가요전선관)의 "7. 성능" 표 1의 "내식성, 인장, 압축, 전기저항, 굽힘, 내수", "8.1 가요관의 내면", "9. 치수" 표 3 "2종 가요관의 호칭, 최소 안지름, 바깥지름, 바깥지름의 허용차" 및 "10. 재료 b"의 규정에 적합한 것일 것
금속제 가요전선관용 부속품	KS C 8459(금속제 가요전선관용 부속품)의 "7. 성능", "8. 구조", "9. 모양 및 치수", "그림 4 ~ 15" 및 "10. 재료"에 적합한 것일 것

③ 금속관의 방폭형 부속품 중 ②에 규정하는 것 이외의 것은 다음의 표준에 적합할 것

(가) 재료는 건식 아연도금 법에 의하여 아연도금을 한 위에 투명한 도료를 칠하거나 기타 적당한 방법으로 녹이 스는 것을 방지하도록 한 강(鋼) 또는 가단주철(可鍛鑄鐵)일 것

(나) 안쪽 면 및 끝부분은 전선을 넣거나 바꿀 때에 전선의 피복을 손상하지 아니하도록 매끈한 것일 것

(다) 전선관과의 접속부분의 나사는 5턱 이상 완전히 나사결합이 될 수 있는 길이일 것

(라) 접합면(나사의 결합부분을 제외한다)은 KS C IEC 60079-1(폭발성 분위기-제1부 : 내압 방폭 구조"d") "5. 방폭 접합"의 "5.1 일반 요구사항"에 적합한 것일 것. 다만, 금속·합성고무 등의 난연성 및 내구성이 있는 패킹을 사용하고 이를 견고히 접합면에 붙일 경우에 그 틈새가 있을 경우 이 틈새는 KS C

IEC 60079-1(폭발성 분위기-제1부 : 내압 방폭 구조"d") "5.2.2 틈새"의 "표 1" 및 "표 2"의 최댓값을 넘지 않아야 한다.

(마) 접합면 중 나사의 접합은 KS C IEC 60079-1(폭발성 분위기-제1부 : 내압 방폭 구조"d")의 "5.3 나사 접합"의 "표 3" 및 "표 4"에 적합한 것일 것

(바) 완성품은 KS C IEC 60079-1(폭발성 분위기-제1부 : 내압 방폭구 조"d")의 "15.1.2 폭발압력(기준압력)측정" 및 "15.1.3 압력시험"에 적합한 것일 것

(2) 관의 두께는 다음에 의할 것

① 콘크리트에 매입하는 것은 1.2 mm 이상

② ① 이외의 것은 1 mm 이상. 다만, 이음매가 없는 길이 4 m 이하인 것을 건조하고 전개된 곳에 시설하는 경우에는 0.5 mm까지로 감할 수 있다.

(3) 관의 끝부분 및 안쪽 면은 전선의 피복을 손상하지 아니하도록 매끈한 것일 것

232.12.3 금속관 및 부속품의 시설

1. 관 상호 간 및 관과 박스 기타의 부속품과는 나사접속 기타 이와 동등 이상의 효력이 있는 방법에 의하여 견고하고 또한 전기적으로 완전하게 접속할 것
2. 관의 끝 부분에는 전선의 피복을 손상하지 아니하도록 적당한 구조의 부싱을 사용할 것 다만, 금속관공사로부터 애자사용공사로 옮기는 경우에는 그 부분의 관의 끝부분에는 절연부싱 또는 이와 유사한 것을 사용하여야 한다.
3. 습기가 많은 장소 또는 물기가 있는 장소에 시설하는 경우에는 방습 장치를 할 것
4. 관에는 211과 140에 준하여 접지공사를 할 것 다만, 사용전압이 400 V 이하로서 다음 중 하나에 해당하는 경우에는 그러하지 아니하다.

(1) 관의 길이(2개 이상의 관을 접속하여 사용하는 경우에는 그 전체의 길이를 말한다. 이하 같다)가 4 m 이하인 것을 건조한 장소에 시설하는 경우

(2) 옥내 배선의 사용전압이 직류 300 V 또는 교류 대지 전압 150 V 이하로서 그 전선을 넣는 관의 길이가 8 m 이하인 것을 사람이 쉽게 접촉할 우려가 없도록 시설하는 경우 또는 건조한 장소에 시설하는 경우

5. 금속관을 금속제의 풀 박스에 접속하여 사용하는 경우에는 제1의 규정에 준하여 시설하여야 한다. 다만, 기술상 부득이한 경우에는 관 및 풀 박스를 건조한 곳에서 불연성의 조영재에 견고하게 시설하고 또한 관과 풀 박스 상호 간을 전기적으로 접속하는 때에는 그러하지 아니하다.

232.13 금속제 가요전선관공사

232.13.1 시설조건

1. 전선은 절연전선(옥외용 비닐절연전선을 제외한다)일 것

2. 전선은 연선일 것 다만, 단면적 10 mm^2(알루미늄 선은 단면적 16 mm^2) 이하인 것은 그러하지 아니하다.
3. 가요전선관 안에는 전선에 접속점이 없도록 할 것
4. 가요전선관은 2종 금속제 가요전선관일 것 다만, 전개된 장소 또는 점검할 수 있는 은폐된 장소(옥내 배선의 사용전압이 400 V 초과인 경우에는 전동기에 접속하는 부분으로서 가요성을 필요로 하는 부분에 사용하는 것에 한 한다)에는 1종 가요전선관(습기가 많은 장소 또는 물기가 있는 장소에는 비닐 피복 1종 가요전선관에 한 한다)을 사용할 수 있다.

232.13.2 가요전선관 및 부속품의 선정
1. 표 232.12-1에 적합한 금속제 가요전선관 및 박스 기타의 부속품일 것
2. 안쪽 면은 전선의 피복을 손상하지 아니하도록 매끈한 것일 것

232.13.3 가요전선관 및 부속품의 시설
1. 관 상호 간 및 관과 박스 기타의 부속품과는 견고하고 또한 전기적으로 완전하게 접속할 것
2. 가요전선관의 끝부분은 피복을 손상하지 아니하는 구조로 되어 있을 것
3. 2종 금속제 가요전선관을 사용하는 경우에 습기 많은 장소 또는 물기가 있는 장소에 시설하는 때에는 비닐 피복 2종 가요전선관일 것
4. 1종 금속제 가요전선관에는 단면적 2.5 mm^2 이상의 나연 동선을 전체 길이에 걸쳐 삽입 또는 첨가하여 그 나연 동선과 1종 금속제가요전선관을 양쪽 끝에서 전기적으로 완전하게 접속할 것 다만, 관의 길이가 4 m 이하인 것을 시설하는 경우에는 그러하지 아니하다.
5. 가요전선관공사는 211과 140에 준하여 접지공사를 할 것

232.20 케이블 트렁킹 시스템

232.21 합성수지몰드 공사

232.21.1 시설조건
1. 전선은 절연전선(옥외용 비닐절연전선을 제외한다)일 것
2. 합성수지몰드 안에는 전선에 접속점이 없도록 할 것 다만, 합성수지몰드 안의 전선을 KS C 8436(합성수지제 박스 및 커버)의“5 성능”, “6 겉모양 및 모양”, “7 치수” 및 “8 재료”에 적합한 합성 수지제의 조인트 박스를 사용하여 접속할 경우에는 그러하지 아니하다.
3. 합성수지몰드 상호 간 및 합성수지 몰드와 박스 기타의 부속품과는 전선이 노출되

지 아니하도록 접속할 것

232.21.2 합성수지몰드 및 박스 기타의 부속품의 선정

1. 합성수지몰드 공사에 사용하는 합성수지몰드 및 박스 기타의 부속품(몰드 상호 간을 접속하는 것 및 몰드 끝에 접속하는 것에 한 한다)은 KS C 8436(합성수지제 박스 및 커버)에 적합한 것일 것 다만, 부속품 중 콘크리트 안에 시설하는 금속제의 박스에 대하여는 그러하지 아니하다.
2. 합성수지몰드는 홈의 폭 및 깊이가 35 mm 이하, 두께는 2 mm 이상의 것일 것 다만, 사람이 쉽게 접촉할 우려가 없도록 시설하는 경우에는 폭이 50 mm 이하, 두께 1 mm 이상의 것을 사용할 수 있다.

232.22 금속몰드공사

232.22.1 시설조건

1. 전선은 절연전선(옥외용 비닐절연 전선을 제외한다)일 것
2. 금속몰드 안에는 전선에 접속점이 없도록 할 것 다만, 「전기용품 및 생활용품 안전관리법」에 의한 금속제 조인트 박스를 사용할 경우에는 접속할 수 있다.
3. 금속몰드의 사용전압이 400 V 이하로 옥내의 건조한 장소로 전개된 장소 또는 점검할 수 있는 은폐장소에 한하여 시설할 수 있다

232.22.2 금속몰드 및 박스 기타 부속품의 선정

금속몰드공사에 사용하는 금속몰드 및 박스 기타의 부속품(몰드 상호 간을 접속하는 것 및 몰드의 끝에 접속하는 것에 한 한다)은 다음에 적합한 것이어야 한다.

1. 「전기용품 및 생활용품 안전관리법」에서 정하는 표준에 적합한 금속제의 몰드 및 박스 기타 부속품 또는 황동이나 동으로 견고하게 제작한 것으로서 안쪽면이 매끈한 것일 것
2. 황동제 또는 동제의 몰드는 폭이 50 mm 이하, 두께 0.5 mm 이상인 것일 것

232.22.3 금속몰드 및 박스 기타 부속품의 시설

1. 몰드 상호 간 및 몰드 박스 기타의 부속품과는 견고하고 또한 전기적으로 완전하게 접속할 것
2. 몰드에는 211 및 140의 규정에 준하여 접지공사를 할 것 다만, 다음 중 하나에 해당하는 경우에는 그러하지 아니하다.
   (1) 몰드의 길이(2개 이상의 몰드를 접속하여 사용하는 경우에는 그 전체의 길이를 말한다. 이하 같다)가 4 m 이하인 것을 시설하는 경우
   (2) 옥내 배선의 사용전압이 직류 300 V 또는 교류 대지 전압이 150 V 이하로서 그

전선을 넣는 관의 길이가 8 m 이하인 것을 사람이 쉽게 접촉할 우려가 없도록 시설하는 경우 또는 건조한 장소에 시설하는 경우

232.23 금속 트렁킹 공사

본체부와 덮개가 별도로 구성되어 덮개를 열고 전선을 교체하는 금속 트렁킹 공사방법은 232.31의 규정을 준용한다.

232.24 케이블트렌치공사

1. 케이블트렌치(옥내 배선공사를 위하여 바닥을 파서 만든 도랑 및 부속설비를 말하며 수용가의 옥내 수전설비 및 발전설비 설치장소에만 적용한다)에 의한 옥내 배선은 다음에 따라 시설하여야 한다.
   (1) 케이블트렌치 내의 사용 전선 및 시설방법은 232.41을 준용한다. 단, 전선의 접속부는 방습 효과를 갖도록 절연 처리하고 점검이 용이하도록 할 것
   (2) 케이블은 배선 회로별로 구분하고 2 m 이내의 간격으로 받침대등을 시설할 것
   (3) 케이블트렌치에서 케이블트레이, 덕트, 전선관 등 다른 공사방법으로 변경되는 곳에는 전선에 물리적 손상을 주지 않도록 시설할 것
   (4) 케이블트렌치 내부에는 전기배선설비 이외의 수관·가스관 등 다른 시설물을 설치하지 말 것
2. 케이블트렌치는 다음에 적합한 구조이어야 한다.
   (1) 케이블트렌치의 바닥 또는 측면에는 전선의 하중에 충분히 견디고 전선에 손상을 주지 않는 받침대를 설치할 것
   (2) 케이블트렌치의 뚜껑, 받침대 등 금속재는 내식성의 재료이거나 방식 처리를 할 것
   (3) 케이블트렌치 굴곡부 안쪽의 반경은 통과하는 전선의 허용곡률반경 이상이어야 하고 배선의 절연피복을 손상시킬 수 있는 돌기가 없는 구조일 것
   (4) 케이블트렌치의 뚜껑은 바닥 마감 면과 평평하게 설치하고 장비의 하중 또는 통행 하중 등 충격에 의하여 변형되거나 파손되지 않도록 할 것
   (5) 케이블트렌치의 바닥 및 측면에는 방수처리하고 물이 고이지 않도록 할 것
   (6) 케이블트렌치는 외부에서 고형물이 들어가지 않도록 IP2X 이상으로 시설할 것
3. 케이블트렌치가 건축물의 방화구획을 관통하는 경우 관통 부는 불연성의 물질로 충전(充塡)하여야 한다.
4. 케이블트렌치의 부속설비에 사용되는 금속재는 211과 140에 준하여 접지공사를 하여야 한다.

232.30 케이블 덕팅 시스템

232.31 금속 덕트공사

232.31.1 시설조건

1. 전선은 절연전선(옥외용 비닐절연전선을 제외한다)일 것
2. 금속 덕트에 넣은 전선의 단면적(절연피복의 단면적을 포함한다)의 합계는 덕트의 내부 단면적의 20 %(전광표시장치 기타 이와 유사한 장치 또는 제어회로 등의 배선만을 넣는 경우에는 50 %) 이하일 것
3. 금속 덕트 안에는 전선에 접속점이 없도록 할 것 다만, 전선을 분기하는 경우에는 그 접속점을 쉽게 점검할 수 있는 때에는 그러하지 아니하다.
4. 금속 덕트 안의 전선을 외부로 인출하는 부분은 금속 덕트의 관통부분에서 전선이 손상될 우려가 없도록 시설할 것
5. 금속 덕트 안에는 전선의 피복을 손상할 우려가 있는 것을 넣지 아니할 것
6. 금속 덕트에 의하여 저압 옥내 배선이 건축물의 방화 구획을 관통하거나 인접 조영물로 연장되는 경우에는 그 방화벽 또는 조영 물 벽면의 덕트 내부는 불연성의 물질로 차폐하여야 함.

232.31.2 금속 덕트의 선정

1. 폭이 40 mm 이상, 두께가 1.2 mm 이상인 철판 또는 동등 이상의 기계적 강도를 가지는 금속제의 것으로 견고하게 제작한 것일 것
2. 안쪽 면은 전선의 피복을 손상시키는 돌기(突起)가 없는 것일 것
3. 안쪽 면 및 바깥 면에는 산화 방지를 위하여 아연도금 또는 이와 동등 이상의 효과를 가지는 도장을 한 것일 것

232.31.3 금속 덕트의 시설

1. 덕트 상호 간은 견고하고 또한 전기적으로 완전하게 접속할 것
2. 덕트를 조영 재에 붙이는 경우에는 덕트의 지지 점 간의 거리를 3 m(취급자 이외의 자가 출입할 수 없도록 설비한 곳에서 수직으로 붙이는 경우에는 6 m) 이하로 하고 또한 견고하게 붙일 것
3. 덕트의 본체와 구분하여 뚜껑을 설치하는 경우에는 쉽게 열리지 아니하도록 시설할 것
4. 덕트의 끝부분은 막을 것
5. 덕트 안에 먼지가 침입하지 아니하도록 할 것
6. 덕트는 물이 고이는 낮은 부분을 만들지 않도록 시설할 것
7. 덕트는 211과 140에 준하여 접지공사를 할 것

8. 옥내에 연접하여 설치되는 등 기구(서로 다른 끝을 연결하도록 설계된 등기구로서 내부에 전원공급용 관통배선을 가지는 것 "연접설치 등기구"라 한다)는 다음에 따라 시설할 것
   (1) 등 기구는 레이스웨이(raceway, KS C 8465)로 사용할 수 없다. 다만, 「전기용품 및 생활용품 안전관리법」에 의한 안전인증을 받은 등기구로서 다음에 의하여 시설하는 경우는 예외로 한다.
      ① 연접설치 등 기구는 KS C IEC 60598-1(등기구 – 제1부 : 일반 요구사항 및 시험)의 "12. 내구성 시험과 열 시험"에 적합한 것일 것
      ② 현수형 연접설치 등 기구는 개별 등 기구에 대해 KS C 8465(레이스웨이)에 규정된 "6.3 정하중"에 적합한 것일 것
      ③ 연접설치 등 기구에는 "연접설치 적합" 표시와 "최대연접설치 가능한 등기구의 수"를 표기할 것
      ④ 232.31.1 및 232.31.3에 따라 시설할 것
      ⑤ 연접설치 등 기구는 KS C IEC 61084-1(전기설비용 케이블 트렁킹 및 덕트 시스템 – 제1부 : 일반 요구사항)의 "12. 전기적 특성"에 적합하거나, 접지도체로 연결할 것
   (2) 그 밖에 설치장소의 환경조건을 고려하여 감전화재 위험의 우려가 없도록 시설하여야 한다.

232.32 플로어 덕트공사

232.32.1 시설조건

1. 전선은 절연전선(옥외용 비닐절연전선을 제외한다)일 것
2. 전선은 연선일 것 다만, 단면적 $10\ mm^2$(알루미늄 선은 단면적 $16\ mm^2$) 이하인 것은 그러하지 아니하다.
3. 플로어 덕트 안에는 전선에 접속점이 없도록 할 것 다만, 전선을 분기하는 경우에 접속점을 쉽게 점검할 수 있을 때에는 그러하지 아니하다.

232.32.2 플로어 덕트 및 부속품의 선정

플로어 덕트 및 박스 기타의 부속품(플로어 덕트 상호 간을 접속하는 것 및 플로어 덕트의 끝에 접속하는 것에 한 한다)은 KS C 8457(플로어 덕트용의 부속품)에 적합한 것이어야 한다.

232.32.3 플로어 덕트 및 부속품의 시설

1. 덕트 상호 간 및 덕트와 박스 및 인출구와는 견고하고 또한 전기적으로 완전하게 접속할 것

2. 덕트 및 박스 기타의 부속품은 물이 고이는 부분이 없도록 시설하여야 한다.
3. 박스 및 인출구는 마루 위로 돌출하지 아니하도록 시설하고 또한 물이 스며들지 아니하도록 밀봉할 것
4. 덕트의 끝부분은 막을 것
5. 덕트는 211과 140에 준하여 접지공사를 할 것

232.33 셀룰러 덕트공사

232.33.1 시설조건

1. 전선은 절연전선(옥외용 비닐절연전선을 제외한다)일 것
2. 전선은 연선일 것 다만, 단면적 10 mm²(알루미늄 선은 단면적 16 mm²) 이하의 것은 그러하지 아니하다.
3. 셀룰러 덕트 안에는 전선에 접속점을 만들지 아니할 것 다만, 전선을 분기하는 경우 그 접속점을 쉽게 점검할 수 있을 때에는 그러하지 아니하다.
4. 셀룰러 덕트 안의 전선을 외부로 인출하는 경우에는 그 셀룰러 덕트의 관통 부분에서 전선이 손상될 우려가 없도록 시설할 것

232.33.2 셀룰러 덕트 및 부속품의 선정

1. 강판으로 제작한 것일 것
2. 덕트 끝과 안쪽 면은 전선의 피복이 손상하지 아니하도록 매끈한 것일 것
3. 덕트의 안쪽 면 및 외면은 방청을 위하여 도금 또는 도장을 한 것일 것 다만, KS D 3602(강제갑판) 중 SDP 3에 적합한 것은 그러하지 아니하다.
4. 셀룰러 덕트의 판 두께는 표 232.33-1에서 정한 값 이상일 것

표 232.33-1 셀룰러 덕트의 선정

덕트의 최대 폭	덕트의 판 두께
150 mm 이하	1.2 mm
150 mm 초과 200 mm 이하	1.4 mm[KS D 3602(강제 갑판) 중 SDP2, SDP3 또는 SDP2G에 적합한 것은 1.2 mm]
200 mm 초과하는 것	1.6 mm

5. 부속품의 판 두께는 1.6 mm 이상일 것
6. 저판을 덕트에 붙인 부분은 다음 계산식에 의하여 계산한 값의 하중을 저판에 가할 때 덕트의 각부에 이상이 생기지 않을 것

$$P=5.88D$$

여기서, P : 하중(N/m), D : 덕트의 단면적(cm²)

232.33.3 셀룰러 덕트 및 부속품의 시설

1. 덕트 상호 간, 덕트와 조영물의 금속 구조 체, 부속품 및 덕트에 접속하는 금속체와는 견고하게 또한 전기적으로 완전하게 접속할 것
2. 덕트 및 부속품은 물이 고이는 부분이 없도록 시설할 것
3. 인출 구는 바닥 위로 돌출하지 아니하도록 시설하고 또한 물이 스며들지 아니하도록 할 것
4. 덕트의 끝부분은 막을 것
5. 덕트는 211과 140에 준하여 접지공사를 할 것

232.40 케이블트레이시스템

232.41 케이블트레이공사

케이블트레이공사는 케이블을 지지하기 위하여 사용하는 금속재 또는 불연성 재료로 제작된 유닛 또는 유닛의 집합체 및 그에 부속하는 부속 재 등으로 구성된 견고한 구조물을 말하며 사다리형, 펀칭형, 메시형, 바닥밀폐형 기타 이와 유사한 구조물을 포함하여 적용한다.

232.41.1 시설 조건

1. 전선은 연피케이블, 알루미늄 피 케이블 등 난연성 케이블(334.7의 1의 "가"에서 (1) -㈎의 시험방법에 의한 시험에 합격한 케이블) 또는 기타 케이블(적당한 간격으로 연소(延燒)방지 조치를 하여야 한다) 또는 금속관 혹은 합성수지관 등에 넣은 절연전선을 사용하여야 한다.
2. 제1의 각 전선은 관련되는 각 규정에서 사용이 허용되는 것에 한하여 시설할 수 있다.
3. 케이블트레이 안에서 전선을 접속하는 경우에는 전선 접속부분에 사람이 접근할 수 있고 또한 그 부분이 측면 레일 위로 나오지 않도록 하고 그 부분을 절연처리 하여야 한다.
4. 수평으로 포설하는 케이블 이외의 케이블은 케이블 트레이의 가로대에 견고하게 고정시켜야 한다.
5. 저압 케이블과 고압 또는 특고압 케이블은 동일 케이블 트레이 안에 포설하여서는 아니 된다. 다만, 견고한 불연성의 격벽을 시설하는 경우 또는 금속외장 케이블인 경우에는 그러하지 아니하다.
6. 수평 트레이에 다심케이블을 포설 시 다음에 적합하여야 한다.
   (1) 사다리형, 바닥밀폐형, 펀칭형, 메시형 케이블 트레이 내에 다심케이블을 포설하는 경우 이들 케이블의 지름(케이블의 완성품의 바깥지름을 말한다. 이하 같다)의

합계는 트레이의 내측 폭 이하로 하고 단층으로 시설하여야 한다.

(2) 벽면과의 간격은 20 mm 이상 이격하여 설치하여야 한다.

(3) 트레이 설치 및 케이블 허용전류의 저감계수는 KS C IEC 60364-5-52(전기기기의 선정 및 설치-배선설비) 표 B.52.20을 적용한다.

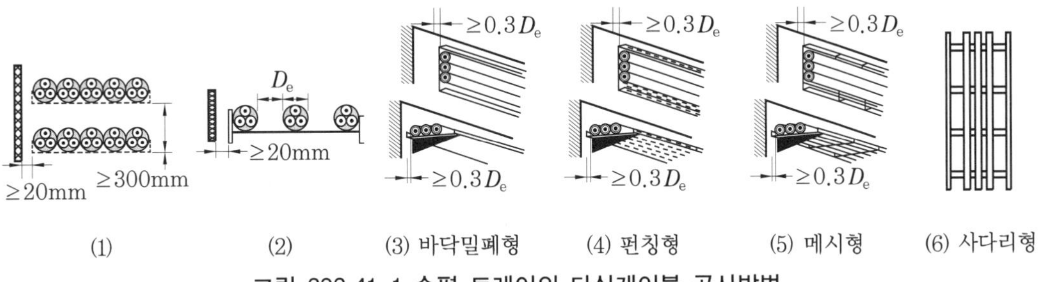

그림 232.41-1 수평 트레이의 다심케이블 공사방법

7. 수평 트레이에 단심케이블을 포설 시 다음에 적합하여야 한다.

(1) 사다리형, 바닥밀폐형, 펀칭형, 메시형 케이블 트레이 내에 단심케이블을 포설하는 경우 이들 케이블의 지름의 합계는 트레이의 내측 폭 이하로 하고 단층으로 포설하여야 한다. 단, 삼각포설 시에는 묶음단위 사이의 간격은 단심케이블 지름의 2배 이상 이격하여 포설하여야 한다(그림 232.41-2 참조).

(2) 벽면과의 간격은 20 mm 이상 이격하여 설치하여야 한다.

(3) 트레이 설치 및 케이블 허용전류의 저감계수는 KS C IEC 60364-5-52(전기기기의 선정 및 설치-배선설비) 표 B.52.21을 적용한다.

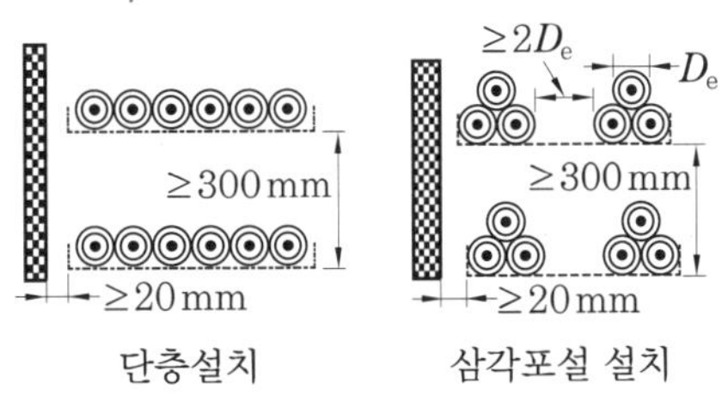

그림 232.41-2 수평 트레이의 단심케이블 공사방법

8. 수직 트레이에 다심케이블을 포설 시 다음에 적합하여야 한다.

(1) 사다리형, 바닥밀폐형, 펀칭형, 메시형 케이블트레이 내에 다심케이블을 포설하는 경우 이들 케이블의 지름의 합계는 트레이의 내측 폭 이하로 하고 단층으로 포설하여야 한다.

(2) 벽면과의 간격은 가장 굵은 케이블의 바깥지름의 0.3배 이상 이격하여 설치하여야 한다.

(3) 트레이 설치 및 케이블 허용전류의 저감계수는 KS C IEC 60364-5-52(전기기기의 선정 및 설치-배선설비) 표 B.52.20을 적용한다.

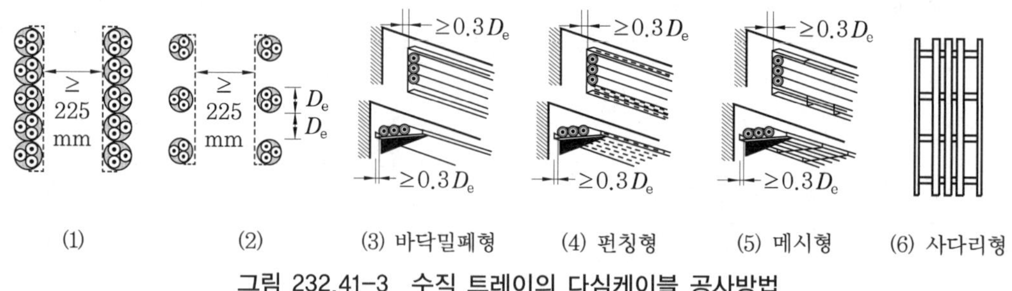

그림 232.41-3 수직 트레이의 다심케이블 공사방법

9. 수직 트레이에 단심케이블을 포설 시 다음에 적합하여야 한다.
  (1) 사다리형, 바닥밀폐형, 펀칭형, 메시형 케이블 트레이 내에 단심케이블을 포설하는 경우 이들 케이블 지름의 합계는 트레이의 내측 폭 이하로 하고 단층으로 포설하여야 한다. 단, 삼각포설 시에는 묶음단위 사이의 간격은 단심케이블 지름의 2배 이상 이격하여 설치하여야 한다.
  (2) 벽면과의 간격은 가장 굵은 단심케이블 바깥지름의 0.3배 이상 이격하여 설치하여야 한다.
  (3) 트레이 설치 및 케이블 허용전류의 저감계수는 KS C IEC 60364-5-52(전기기기의 선정 및 설치-배선설비) 표 B.52.21을 적용한다.

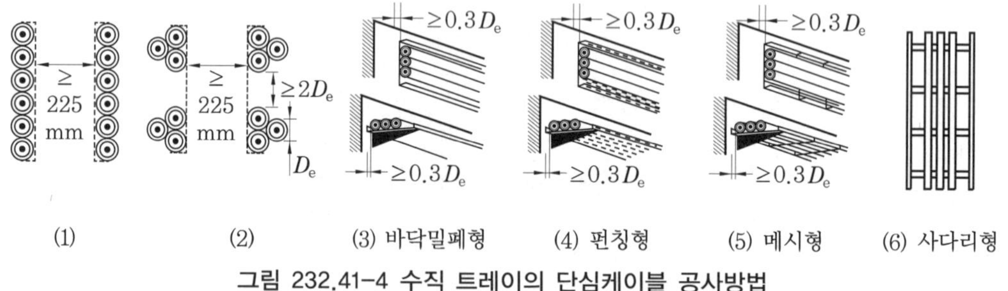

그림 232.41-4 수직 트레이의 단심케이블 공사방법

232.41.2 케이블트레이의 선정

1. 수용된 모든 전선을 지지할 수 있는 적합한 강도의 것이어야 한다. 이 경우 케이블트레이의 안전율은 1.5 이상으로 하여야 한다.
2. 지지대는 트레이 자체 하중과 포설된 케이블 하중을 충분히 견딜 수 있는 강도를 가져야 한다.
3. 전선의 피복 등을 손상시킬 돌기 등이 없이 매끈하여야 한다.
4. 금속재의 것은 적절한 방식처리를 한 것이거나 내식성 재료의 것이어야 한다.

5. 측면 레일 또는 이와 유사한 구조 재를 부착하여야 한다.
6. 배선의 방향 및 높이를 변경하는데 필요한 부속 재 기타 적당한 기구를 갖춘 것이어야 한다.
7. 비금속제 케이블 트레이는 난연성 재료의 것이어야 한다.
8. 금속제 케이블트레이시스템은 기계적 및 전기적으로 완전하게 접속하여야 하며 금속제 트레이는 211과 140에 준하여 접지공사를 하여야 한다.
9. 케이블이 케이블트레이시스템에서 금속관, 합성수지관 등 또는 함으로 옮겨가는 개소에는 케이블에 압력이 가하여지지 않도록 지지하여야 한다.
10. 별도로 방호를 필요로 하는 배선부분에는 필요한 방호력이 있는 불연성의 커버 등을 사용하여야 한다.
11. 케이블트레이가 방화구획의 벽, 마루, 천장 등을 관통하는 경우에 관통부는 불연성의 물질로 충전(充塡)하여야 한다.
12. 케이블트레이 및 그 부속재의 표준은 KS C 8464(케이블 트레이) 또는「전력산업기술기준(KEPIC)」ECD 3100을 준용하여야 한다.

232.51 케이블공사

232.51.1 시설조건

케이블공사에 의한 저압 옥내 배선(232.51.2 및 232.51.3에서 규정하는 것을 제외한다)은 다음에 따라 시설하여야 한다.

1. 전선은 케이블 및 캡타이어케이블일 것
2. 중량물의 압력 또는 현저한 기계적 충격을 받을 우려가 있는 곳에 포설하는 케이블에는 적당한 방호 장치를 할 것
3. 전선을 조영재의 아랫면 또는 옆면에 따라 붙이는 경우에는 전선의 지지 점 간의 거리를 케이블은 2 m(사람이 접촉할 우려가 없는 곳에서 수직으로 붙이는 경우에는 6 m) 이하 캡타이어케이블은 1 m 이하로 하고 또한 그 피복을 손상하지 아니하도록 붙일 것
4. 관 기타의 전선을 넣는 방호 장치의 금속제 부분·금속제의 전선 접속함 및 전선의 피복에 사용하는 금속 체에는 211과 140에 준하여 접지공사를 할 것 다만, 사용전압이 400 V 이하로서 다음 중 하나에 해당할 경우에는 관 기타의 전선을 넣는 방호 장치의 금속제 부분에 대하여는 그러하지 아니하다.
   (1) 방호 장치의 금속제 부분의 길이가 4 m 이하인 것을 건조한 곳에 시설하는 경우
   (2) 옥내 배선의 사용전압이 직류 300 V 또는 교류 대지 전압이 150 V 이하로서 방호 장치의 금속제 부분의 길이가 8 m 이하인 것을 사람이 쉽게 접촉할 우려가 없도록 시설하는 경우 또는 건조한 것에 시설하는 경우

232.51.2 콘크리트 직매용 포설

저압 옥내 배선은 232.51.1의 4의 규정에 준하여 시설하는 이외에 다음에 따라 시설하여야 한다.

1. 전선은 콘크리트 직매용(直埋用) 케이블 또는 334.1의 4의 "마"에서 "사"까지 정하는 구조의 개장을 한 케이블일 것
2. 공사에 사용하는 박스는 「전기용품 및 생활용품 안전관리법」의 적용을 받는 금속제이거나 합성 수지제의 것 또는 황동이나 동으로 견고하게 제작한 것일 것
3. 전선을 박스 또는 풀 박스 안에 인입하는 경우는 물이 박스 또는 풀박스 안으로 침입하지 아니하도록 적당한 구조의 부싱 또는 이와 유사한 것을 사용할 것
4. 콘크리트 안에는 전선에 접속점을 만들지 아니할 것

232.51.3 수직 케이블의 포설

1. 전선을 건조물의 전기 배선용의 파이프 샤프트 안에 수직으로 매어 달아 시설하는 저압 옥내 배선은 232.51.1의 2 및 4의 규정에 준하여 시설하는 이외의 다음에 따라 시설하여야 한다.
   (1) 전선은 다음 중 하나에 적합한 케이블일 것
      ① KS C IEC 60502(정격전압 1 kV ~ 30 kV 압출 성형 절연 전력케이블 및 그 부속품)에 적합한 비닐외장케이블 또는 클로로프렌외장케이블(도체에 연알루미늄선, 반경 알루미늄선 또는 알루미늄 성형단선을 사용하는 것 및 ②에 규정하는 강심알루미늄 도체 케이블을 제외한다)로서 도체에 동을 사용하는 경우는 공칭단면적 25 mm^2 이상, 도체에 알루미늄을 사용한 경우는 공칭단면적 35 mm^2 이상의 것
      ② 강심알루미늄 도체 케이블은 「전기용품 및 생활용품 안전관리법」에 적합할 것
      ③ 수직조가용선 부(付) 케이블로서 다음에 적합할 것
         ㈎ 케이블은 인장강도 5.93 kN 이상의 금속선 또는 단면적이 22 mm^2 아연도강연선으로서 단면적 5.3 mm^2 이상의 조가용선을 비닐외장케이블 또는 클로로프렌외장케이블의 외장에 견고하게 붙인 것일 것
         ㈏ 조가용선은 케이블의 중량(조가용선의 중량을 제외한다)의 4배의 인장강도에 견디도록 붙인 것일 것
      ④ KS C IEC 60502(정격전압 1 kV ~ 30 kV 압출 성형 절연 전력케이블 및 그 부속품)에 적합한 비닐외장케이블 또는 클로로프렌외장케이블의 외장 위에 그 외장을 손상하지 아니하도록 좌상(座床)을 시설하고 또 그 위에 아연도금을 한 철선으로서 인장강도 294 N 이상의 것 또는 지름 1 mm 이상의 금속선을 조밀하게 연합한 철선 개장 케이블

(2) 전선 및 그 지지부분의 안전율은 4 이상일 것
(3) 전선 및 그 지지부분은 충전부분이 노출되지 아니하도록 시설할 것
(4) 전선과의 분기부분에 시설하는 분기선은 케이블일 것
(5) 분기선은 장력이 가하여지지 아니하도록 시설하고 또한 전선과의 분기부분에는 진동 방지장치를 시설할 것
(6) "(5)"의 규정에 의하여 시설하여도 전선에 손상을 입힐 우려가 있을 경우에는 적당한 개소에 진동 방지장치를 더 시설할 것

2. 제1에서 규정하는 케이블은 242.2부터 242.5에서 규정하는 장소에 시설하여서는 아니 된다.

232.56 애자공사

232.56.1 시설조건

1. 전선은 다음의 경우 이외에는 절연전선(옥외용 비닐절연전선 및 인입용 비닐절연전선을 제외한다)일 것
   (1) 전기로용 전선
   (2) 전선의 피복 절연물이 부식하는 장소에 시설하는 전선
   (3) 취급자 이외의 자가 출입할 수 없도록 설비한 장소에 시설하는 전선
2. 전선 상호 간의 간격은 0.06 m 이상일 것
3. 전선과 조영재 사이의 이격거리는 사용전압이 400 V 이하인 경우에는 25 mm 이상, 400 V 초과인 경우에는 45 mm(건조한 장소에 시설하는 경우에는 25 mm) 이상일 것
4. 전선의 지지점 간의 거리는 전선을 조영재의 윗면 또는 옆면에 따라 붙일 경우에는 2 m 이하일 것
5. 사용전압이 400 V 초과인 것은 제4의 경우 이외에는 전선의 지지점 간의 거리는 6 m 이하일 것
6. 저압 옥내 배선은 사람이 접촉할 우려가 없도록 시설할 것 다만, 사용전압이 400 V 이하인 경우에 사람이 쉽게 접촉할 우려가 없도록 시설하는 때에는 그러하지 아니하다.
7. 전선이 조영재를 관통하는 경우에는 그 관통하는 부분의 전선을 전선마다 각각 별개의 난연성 및 내수성이 있는 절연관에 넣을 것 다만, 사용전압이 150 V 이하인 전선을 건조한 장소에 시설하는 경우로서 관통하는 부분의 전선에 내구성이 있는 절연테이프를 감을 때에는 그러하지 아니하다.

232.56.2 애자의 선정

사용하는 애자는 절연성·난연성 및 내수성의 것이어야 한다.

232.60 버스 바 트렁킹 시스템

232.61 버스 덕트 공사

232.61.1 시설조건

1. 덕트 상호 간 및 전선 상호 간은 견고하고 또한 전기적으로 완전하게 접속할 것
2. 덕트를 조영재에 붙이는 경우에는 덕트의 지지점 간의 거리를 3 m(취급자 이외의 자가 출입할 수 없도록 설비한 곳에서 수직으로 붙이는 경우에는 6 m) 이하로 하고 또한 견고하게 붙일 것
3. 덕트(환기형의 것을 제외한다)의 끝부분은 막을 것
4. 덕트(환기형의 것을 제외한다)의 내부에 먼지가 침입하지 아니하도록 할 것
5. 덕트는 211과 140에 준하여 접지공사를 할 것
6. 습기가 많은 장소 또는 물기가 있는 장소에 시설하는 경우에는 옥외용 버스 덕트를 사용하고 버스 덕트 내부에 물이 침입하여 고이지 아니하도록 할 것

232.61.2 버스덕트의 선정

1. 도체는 단면적 20 mm^2 이상의 띠 모양, 지름 5 mm 이상의 관모양이나 둥글고 긴 막대 모양의 동 또는 단면적 30 mm^2 이상의 띠 모양의 알루미늄을 사용한 것일 것
2. 도체 지지물은 절연성·난연성 및 내수성이 있는 견고한 것일 것
3. 덕트는 표 232.61-1의 두께 이상의 강판 또는 알루미늄 판으로 견고히 제작한 것일 것

표 232.61-1 버스 덕트의 선정

덕트의 최대 폭(mm)	덕트의 판 두께(mm)		
	강판	알루미늄판	합성수지판
150 이하	1.0	1.6	2.5
150 초과 300 이하	1.4	2.0	5.0
300 초과 500 이하	1.6	2.3	-
500 초과 700 이하	2.0	2.9	-
700 초과하는 것	2.3	3.2	-

4. 구조는 KS C IEC 60439-2(버스 바 트렁킹 시스템의 개별 요구사항)의 구조에 적합할 것
5. 완성품은 KS C IEC 60439-2(버스 바 트렁킹 시스템의 개별 요구사항)의 시험방법에 의하여 시험하였을 때에 "8. 시험 표준서"에 적합한 것일 것

232.70 파워트랙시스템

232.71 라이팅 덕트 공사

232.71.1 시설조건

1. 덕트 상호 간 및 전선 상호 간은 견고하게 또한 전기적으로 완전히 접속할 것
2. 덕트는 조영재에 견고하게 붙일 것
3. 덕트의 지지점 간의 거리는 2 m 이하로 할 것
4. 덕트의 끝부분은 막을 것
5. 덕트의 개구부(開口部)는 아래로 향하여 시설할 것 다만, 사람이 쉽게 접촉할 우려가 없는 장소에서 덕트의 내부에 먼지가 들어가지 아니하도록 시설하는 경우에 한하여 옆으로 향하여 시설할 수 있다.
6. 덕트는 조영재를 관통하여 시설하지 아니할 것
7. 덕트에는 합성수지 기타의 절연물로 금속재 부분을 피복한 덕트를 사용한 경우 이외에는 211과 140에 준하여 접지공사를 할 것 다만, 대지 전압이 150 V 이하이고 또한 덕트의 길이(2본 이상의 덕트를 접속하여 사용할 경우에는 그 전체 길이를 말한다)가 4 m 이하인 때는 그러하지 아니하다.
8. 덕트를 사람이 용이하게 접촉할 우려가 있는 장소에 시설하는 경우에는 전로에 지락이 생겼을 때에 자동적으로 전로를 차단하는 장치를 시설할 것

232.71.2 라이팅 덕트 및 부속품의 선정

라이팅 덕트 공사에 사용하는 라이팅 덕트 및 부속품은 KS C IEC 60570(등기구전원공급용트랙시스템)에 적합할 것

232.81 옥내에 시설하는 저압 접촉전선 배선

1. 이동기중기 · 자동청소기 그 밖에 이동하며 사용하는 저압의 전기기계기구에 전기를 공급하기 위하여 사용하는 접촉전선(전차선 및 241.8.3의 “가”에 규정하는 접촉전선을 제외한다. 이하 이 조에서 “저압 접촉전선”이라 한다)을 옥내에 시설하는 경우에는 기계기구에 시설하는 경우 이외에는 전개된 장소 또는 점검할 수 있는 은폐된 장소에 애자공사 또는 버스 덕트공사 또는 절연트롤리공사에 의하여야 한다.
2. 저압 접촉전선을 애자공사에 의하여 옥내의 전개된 장소에 시설하는 경우에는 기계기구에 시설하는 경우 이외에는 다음에 따라야 한다.
   (1) 전선의 바닥에서의 높이는 3.5 m 이상으로 하고 또한 사람이 접촉할 우려가 없도록 시설할 것 다만, 전선의 최대 사용전압이 60 V 이하이고 또한 건조한 장소

에 시설하는 경우로서 사람이 쉽게 접촉할 우려가 없도록 시설하는 경우에는 그러하지 아니하다.

(2) 전선과 건조물 또는 주행 크레인에 설치한 보도·계단·사다리·점검대(전선 전용 점검대로서 취급자 이외의 자가 쉽게 들어갈 수 없도록 자물쇠 장치를 한 것은 제외한다)이거나 이와 유사한 것 사이의 이격거리는 위쪽 2.3 m 이상, 옆쪽 1.2 m 이상으로 할 것 다만, 전선에 사람이 접촉할 우려가 없도록 적당한 방호장치를 시설한 경우는 그러하지 아니하다.

(3) 전선은 인장강도 11.2 kN 이상의 것 또는 지름 6 mm의 경동선으로 단면적이 28 mm^2 이상인 것일 것 다만, 사용전압이 400 V 이하인 경우에는 인장강도 3.44 kN 이상의 것 또는 지름 3.2 mm 이상의 경동선으로 단면적이 8 mm^2 이상인 것을 사용할 수 있다.

(4) 전선은 각 지지 점에 견고하게 고정시켜 시설하는 것 이외에는 양쪽 끝을 장력에 견디는 애자 장치에 의하여 견고하게 인류(引留)할 것

(5) 전선의 지지점간의 거리는 6 m 이하일 것 다만, 전선에 구부리기 어려운 도체를 사용하는 경우 이외에는 전선 상호 간의 거리를, 전선을 수평으로 배열하는 경우에는 0.28 m 이상, 기타의 경우에는 0.4 m 이상으로 하는 때에는 12 m 이하로 할 수 있다.

(6) 전선 상호 간의 간격은 전선을 수평으로 배열하는 경우에는 0.14 m 이상, 기타의 경우에는 0.2 m 이상일 것 다만, 다음에 해당하는 경우에는 그러하지 아니하다.

① 전선 상호 간 및 집전장치(集電裝置)의 충전부분과 극성이 다른 전선 사이에 절연성이 있는 견고한 격벽을 시설하는 경우

② 전선을 표 232.81-1에서 정한 값 이하의 간격으로 지지하고 또한 동요하지 아니하도록 시설하는 이외에 전선 상호 간의 간격을 60 mm 이상으로 하는 경우

표 232.81-1 전선 상호 간의 간격 판정을 위한 전선의 지지점 간격

단면적의 구분	지지점 간격
1 cm^2 미만	1.5 m(굴곡 반지름이 1 m 이하인 곡선 부분에서는 1 m)
1 cm^2 이상	2.5 m(굴곡 반지름이 1 m 이하인 곡선 부분에서는 1 m)

③ 사용전압이 150 V 이하인 경우로서 건조한 곳에 전선을 0.5 m 이하의 간격으로 지지하고 또한 집전장치의 이동에 의하여 동요하지 아니하도록 시설하는 이외에 전선 상호 간의 간격을 30 mm 이상으로 하고 또한 그 전선에 전기를 공급하는 옥내 배선에 정격전류가 60 A 이하인 과전류 차단기를 시설하는 경우

(7) 전선과 조영재 사이의 이격거리 및 그 전선에 접촉하는 집전장치의 충전부분과 조영재 사이의 이격거리는 습기가 많은 곳 또는 물기가 있는 곳에 시설하는 것은

45 mm 이상, 기타의 곳에 시설하는 것은 25 mm 이상일 것 다만, 전선 및 그 전선에 접촉하는 집전장치의 충전부분과 조영재 사이에 절연성이 있는 견고한 격벽을 시설하는 경우에는 그러하지 아니하다.

(8) 애자는 절연성, 난연성 및 내수성이 있는 것일 것

3. 저압 접촉전선을 애자공사에 의하여 옥내의 점검할 수 있는 은폐된 장소에 시설하는 경우에는 기계기구에 시설하는 경우 이외에는 제2의 "(3)", "(4)" 및 "(8)"의 규정에 준하여 시설하는 이외에 다음에 따라 시설하여야 한다.

(1) 전선에는 구부리기 어려운 도체를 사용하고 또한 이를 표 232.81-1에서 정한 값 이하의 지지 점 간격으로 동요하지 아니하도록 견고하게 고정시켜 시설할 것

(2) 전선 상호 간의 간격은 0.12 m 이상일 것

(3) 전선과 조영재 사이의 이격거리 및 그 전선에 접촉하는 집전장치의 충전부분과 조영재 사이의 이격거리는 45 mm 이상일 것 다만, 전선 및 그 전선에 접촉하는 집전장치의 충전부분과 조영재 사이에 절연성이 있는 견고한 격벽을 시설하는 경우에 그러하지 아니하다.

4. 저압 접촉전선을 버스 덕트 공사에 의하여 옥내에 시설하는 경우에, 기계기구에 시설하는 경우 이외에는 232.61.1의 1 및 2의 규정에 준하여 시설하는 이외에 다음에 따라 시설하여야 한다.

(1) 버스 덕트는 다음에 적합한 것일 것

① 도체는 단면적 20 mm^2 이상의 띠 모양 또는 지름 5 mm 이상의 관모양이나 둥글고 긴 막대 모양의 동 또는 황동을 사용한 것일 것

② 도체 지지물은 절연성·난연성 및 내수성이 있는 견고한 것일 것

③ 덕트는 그 최대 폭에 따라 표 232.61-1의 두께 이상의 강판·알루미늄 판 또는 합성수지판(최대 폭이 300 mm 이하의 것에 한 한다)으로 견고히 제작한 것일 것

④ 구조는 KS C 8449(2007)(트롤리버스관로)의 "6. 구조"에 적합한 것일 것

⑤ 완성품은 KS C 8449(2007)(트롤리버스관로)의 "8. 시험방법"에 의하여 시험하였을 때에 "5. 성능"에 적합한 것일 것

(2) 덕트의 개구부는 아래를 향하여 시설할 것

(3) 덕트의 끝 부분은 충전부분이 노출하지 아니하는 구조로 되어 있을 것

(4) 사용전압이 400 V 이하인 경우에는 금속제 덕트에 접지공사를 할 것

(5) 사용전압이 400 V 초과인 경우에는 금속제 덕트에 특별 접지공사를 할 것 다만, 사람이 접촉할 우려가 없도록 시설하는 경우에는 접지공사에 의할 수 있다.

5. 제4의 경우에 전선의 사용전압이 직류 30 V(사람이 전선에 접촉할 우려가 없도록 시설하는 경우에는 60 V) 이하로서 덕트 내부에 먼지가 쌓이는 것을 방지하기 위한

조치를 강구하고 또한 다음에 따라 시설할 때에는 제4의 규정에 따르지 아니할 수 있다.

(1) 버스 덕트는 다음에 적합한 것일 것

① 도체는 단면적 20 mm^2 이상의 띠 모양 또는 지름 5 mm 이상의 관모양이나 둥글고 긴 막대 모양의 동 또는 황동을 사용한 것일 것

② 도체 지지물은 절연성·난연성 및 내수성이 있고 견고한 것일 것

③ 덕트는 그 최대 폭에 따라 표 232.61-1의 두께 이상의 강판 또는 알루미늄판으로 견고하게 제작한 것일 것

④ 구조는 다음에 적합한 것일 것

㈎ KS C 8449(2002)(트롤리버스관로)의 "6. 구조[나충전 부와 비충전 금속 부 및 이극 나충전 부(異極裸充電部) 상호 간의 거리에 관한 부분은 제외한다]"에 적합한 것일 것

㈏ 나충전 부 상호 간 및 나충전 부와 비충전 금속부 간의 연면거리 및 공간거리는 각각 4 mm 및 2.5 mm 이상일 것

㈐ 사람이 쉽게 접촉할 우려가 있는 장소에 덕트를 시설할 경우는 도체 상호 간에 절연성이 있는 견고한 격벽을 만들고 또한 덕트와 도체간에 절연성이 있는 개재물이 있을 것

⑤ 완성품은 KS C 8449(2002)(트롤리버스관로)의 "8 시험방법(금속제 관로와 트롤리의 금속 프레임간의 접촉저항 시험에 관한 부분은 제외한다)"에 의하여 시험하였을 때에 "5. 성능"에 적합한 것일 것

(2) 덕트는 건조한 장소에 시설할 것

(3) 버스 덕트에 전기를 공급하기 위해서 1차측 전로의 사용전압이 400 V 이하인 절연변압기를 사용할 것

(4) "(3)"의 절연 변압기의 2차측 전로는 접지하지 아니할 것

(5) "(3)"의 절연 변압기는 1차권선과 2차권선 사이에 금속제 혼촉 방지판을 설치하고 또한 이것에 140의 규정을 준용하여 접지공사를 할 것

(6) "(3)"의 절연 변압기 교류 2 kV의 시험전압을 하나의 권선과 다른 권선, 철심 및 외함 간에 연속하여 1분간 가하여 절연내력을 시험하였을 때 이에 견디는 것일 것

6. 저압 접촉전선을 절연 트롤리 공사에 의하여 시설하는 경우에는 기계기구에 시설하는 경우 이외에는 다음에 따라 시설하여야 한다.

(1) 절연 트롤리선은 사람이 쉽게 접할 우려가 없도록 시설할 것

(2) 절연 트롤리 공사에 사용하는 절연 트롤리선 및 그 부속품(절연 트롤리선을 상호 접속하는 것 절연 트롤리선의 끝에 붙이는 것 및 행거에 한 한다)과 콜렉터는 다음에 적합한 것일 것

① 절연트롤리선의 도체는 지름 6 mm의 경동선 또는 이와 동등 이상의 세기의 것으로서 단면적이 28 mm^2 이상의 것일 것

② 재료는 KS C 3134(2008)(절연트롤리장치)의 "7. 재료"에 적합할 것

③ 구조는 KS C 3134(2008)(절연트롤리장치)의 "6. 구조"에 적합할 것

④ 완성품은 KS C 3134(2008)(절연트롤리장치)의 "8. 시험방법"에 의하여 시험하였을 때에 "5. 성능"에 적합할 것

(3) 절연 트롤리선의 개구부는 아래 또는 옆으로 향하여 시설할 것

(4) 절연 트롤리선의 끝 부분은 충전부분이 노출되지 아니하는 구조의 것일 것

(5) 절연 트롤리선은 각 지지 점에서 견고하게 시설하는 것 이외에 그 양쪽 끝을 내장 인류장치에 의하여 견고하게 인류할 것

(6) 절연 트롤리선 지지점간의 거리는 표 232.81-2에서 정한 값 이상일 것 다만, 절연 트롤리선을 "(5)"의 규정에 의하여 시설하는 경우에는 6 m를 넘지 아니하는 범위 내의 값으로 할 수 있다.

표 232.81-2 절연 트롤리선의 지지점 간격

도체 단면적의 구분	지지점 간격
500 mm^2 미만	2 m (굴곡 반지름이 3 m 이하의 곡선 부분에서는 1 m)
500 mm^2 이상	3 m (굴곡 반지름이 3 m 이하의 곡선 부분에서는 1 m)

(7) 절연 트롤리선 및 그 절연 트롤리선에 접촉하는 집전장치는 조영재와 접촉되지 아니하도록 시설할 것

(8) 절연 트롤리선을 습기가 많은 장소 또는 물기가 있는 장소에 시설하는 경우에는 "나"에서 정하는 표준에 적합한 옥외용 행거 또는 옥외용 내장 인류장치를 사용할 것

7. 옥내에서 사용하는 기계기구에 시설하는 저압 접촉전선은 다음에 따라야 하며 또한 위험의 우려가 없도록 시설하여야 한다.

(1) 전선은 사람이 쉽게 접촉할 우려가 없도록 시설할 것 다만, 취급자 이외의 자가 쉽게 접근할 수 없는 곳에 취급자가 쉽게 접촉할 우려가 없도록 시설하는 경우에는 그러하지 아니하다.

(2) 전선은 절연성·난연성 및 내수성이 있는 애자로 기계기구에 접촉할 우려가 없도록 지지할 것 다만, 건조한 목재의 마루 또는 이와 유사한 절연성이 있는 것 위에서 취급하도록 시설된 기계기구에 시설되는 주행 레일을 저압 접촉전선으로 사용하는 경우에 다음에 의하여 시설하는 경우에는 그러하지 아니하다.

① 사용전압은 400 V 이하일 것
② 전선에 전기를 공급하기 위하여 변압기를 사용하는 경우에는 절연 변압기를 사용할 것 이 경우에 절연 변압기의 1차 측의 사용전압은 대지전압 300 V 이하이어야 한다.
③ 전선에는 140의 규정에 의하여 접지공사를 할 것

8. 옥내에 시설하는 접촉전선(기계기구에 시설하는 것을 제외한다)이 다른 옥내전선(342.3에서 규정하는 고압 접촉전선을 제외한다. 이하 이 항에서 같다), 약 전류전선 등 또는 수관·가스관이나 외와 유사한 것(여기에서 "다른 옥내전선 등"이라 한다)과 접근하거나 교차하는 경우에는 상호 간의 이격거리는 0.3 m(가스계량기 및 가스관의 이음부와는 0.6 m) 이상이어야 한다. 다만, 저압 접촉전선을 절연 트롤리 공사에 의하여 시설하는 경우에 상호 간의 이격거리는 0.1 m(가스계량기 및 가스관의 이음부는 제외) 이상으로 할 때, 또는 저압 접촉전선을 버스 덕트 공사에 의하여 시설하는 경우 버스 덕트 공사에 사용하는 덕트가 다른 옥내전선 등(가스계량기 및 가스관의 이음부는 제외)과 접촉하지 아니하도록 시설하는 때에는 그러하지 아니하다.
9. 옥내에 시설하는 저압 접촉전선에 전기를 공급하기 위한 전로에는 접촉전선 전용의 개폐기 및 과전류 차단기를 시설하여야 한다. 이 경우에 개폐기는 저압 접촉전선에 가까운 곳에 쉽게 개폐할 수 있도록 시설하고, 과전류 차단기는 각 극(다선식 전로의 중성극을 제외한다)에 시설하여야 한다.
10. 저압 접촉전선은 242.2(242.2의 3은 제외한다)부터 242.5에서 규정하는 옥내에 시설하여서는 아니 된다.
11. 저압 접촉전선은 옥내의 전개된 곳에 저압 접촉전선 및 그 주위에 먼지가 쌓이는 것을 방지하기 위한 조치를 강구하고 또한 면·마·견 그 밖의 타기 쉬운 섬유의 먼지가 있는 곳에서는 저압 접촉전선과 그 접촉전선에 접촉하는 집전장치가 사용 상태에서 떨어지지 아니하도록 시설하는 경우 이외에는 242.2.3에 규정하는 곳에 시설하여서는 아니 된다.
12. 옥내에 시설하는 저압 접촉전선(제7의 "나" 단서의 규정에 의하여 시설하는 것을 제외한다)과 대지 사이의 절연저항은 기술기준 제52조 표에서 정한 값 이상이어야 한다.

232.82 작업선 등의 실내 배선

1. 수상 또는 수중에 있는 작업선 등의 저압 옥내 배선 및 저압 관등회로 배선의 케이블 배선에는 다음의 표준에 적합한 선박용 케이블을 사용할 수 있다.
(1) 정격전압은 600 V일 것

(2) 재료 및 구조는 KS C IEC 60092-350(2006)(선박용 전기설비-제350부 : 선박용 케이블의 구조 및 시험에 관한 일반 요구사항)의 "제2부 구조"에 적합할 것
(3) 완성품은 KS C IEC 60092-350(2006)(선박용 전기설비-제350부 : 선박용 케이블의 구조 및 시험에 관한 일반 요구사항)의 "제3부 시험요구사항"에 적합한 것일 것

232.84 옥내에 시설하는 저압용 배분전반 등의 시설

1. 옥내에 시설하는 저압용 배·분전반의 기구 및 전선은 쉽게 점검할 수 있도록 하고 다음에 따라 시설할 것
(1) 노출된 충전부가 있는 배전반 및 분전반은 취급자 이외의 사람이 쉽게 출입할 수 없도록 설치하여야 한다.
(2) 한 개의 분전반에는 한 가지 전원(1회선의 간선)만 공급하여야 한다. 다만, 안전확보가 충분하도록 격벽을 설치하고 사용전압을 쉽게 식별할 수 있도록 그 회로의 과전류 차단기 가까운 곳에 그 사용전압을 표시하는 경우에는 그러하지 아니하다.
(3) 주택용 분전반은 노출된 장소(신발장, 옷장 등의 은폐된 장소에는 시설할 수 없다)에 시설하며 구조는 KS C 8326 "7. 구조, 치수 및 재료"에 의한 것일 것
(4) 옥내에 설치하는 배전반 및 분전반은 불연성 또는 난연성(KS C 8326의 "8.10 캐비닛의 내연성 시험"에 합격한 것을 말한다)이 있도록 시설할 것
2. 옥내에 시설하는 저압용 전기계량기와 이를 수납하는 계기함을 사용할 경우는 쉽게 점검 및 보수할 수 있는 위치에 시설하고, 계기함은 KS C 8326 "7.20 재료"와 동등 이상의 것으로서 KS C 8326 "6.8 내연성"에 적합한 재료일 것

232.85 옥내에서의 전열 장치의 시설

1. 옥내에는 다음의 경우 이외에는 발열체를 시설하여서는 아니 된다.
(1) 기계기구의 구조상 그 내부에 안전하게 시설할 수 있는 경우
(2) 241.12(241.12.3을 제외한다), 241.11 또는 241.5의 규정에 의하여 시설하는 경우
2. 옥내에 시설하는 저압의 전열장치에 접속하는 전선은 열로 인하여 전선의 피복이 손상되지 아니하도록 시설하여야 한다.

233 전기기기

234 조명설비

234.1 등기구의 시설

234.1.1 적용범위

저압 조명설비 등을 일반장소에 시설 시 적용한다.

234.1.2 설치 요구사항

1. 등 기구는 제조사의 지침과 관련 KS 표준(KS C IEC 60598) 및 아래 항목을 고려하여 설치하여야 한다.
   (1) 등 기구는 다음을 고려하여 설치하여야 한다.
      ① 시동 전류
      ② 고조파 전류
      ③ 보상
      ④ 누설 전류
      ⑤ 최초 점화 전류
      ⑥ 전압강하
   (2) 램프에서 발생되는 모든 주파수 및 과도전류에 관련된 자료를 고려하여 보호방법 및 제어장치를 선정하여야 한다.

234.1.3 열 영향에 대한 주변의 보호

1. 등기구의 주변에 발광과 대류 에너지의 열 영향은 다음을 고려하여 선정 및 설치하여야 한다.
   (1) 램프의 최대 허용 소모전력
   (2) 인접 물질의 내열성
      ① 설치 지점
      ② 열 영향이 미치는 구역
   (3) 등 기구 관련 표시
   (4) 가연성 재료로부터 적절한 간격을 유지하여야 하며, 제작자에 의해 다른 정보가 주어지지 않으면, 스포트라이트나 프로젝터는 모든 방향에서 가연성 재료로부터 다음의 최소 거리를 두고 설치하여야 한다.
      ① 정격용량 100 W 이하 : 0.5 m
      ② 정격용량 100 W 초과 300 W 이하 : 0.8 m
      ③ 정격용량 300 W 초과 500 W 이하 : 1.0 m
      ④ 정격용량 500 W 초과 : 1.0 m 초과

3장 고압·특고압 전기설비

| 300 통칙 |

301 적용범위

교류 1 kV 초과 또는 직류 1.5 kV를 초과하는 고압 및 특고압 전기를 공급하거나 사용하는 전기설비에 적용한다. 고압 및 특고압 전기설비에서 적용하는 전압의 구분은 111.1의 2에 따른다.

302 기본원칙

302.1 일반사항

설비 및 기기는 그 설치장소에서 예상되는 전기적, 기계적, 환경적인 영향에 견디는 능력이 있어야 한다.

302.2 전기적 요구사항

1. 중성점 접지방법
   중성점 접지방식의 선정 시 다음을 고려하여야 한다.
   (1) 전원공급의 연속성 요구사항
   (2) 지락고장에 의한 기기의 손상제한
   (3) 고장부위의 선택적 차단
   (4) 고장위치의 감지
   (5) 접촉 및 보폭전압
   (6) 유도 성 간섭
   (7) 운전 및 유지보수 측면
2. 전압 등급
   사용자는 계통 공칭전압 및 최대운전전압을 결정하여야 한다.
3. 정상 운전 전류
   설비의 모든 부분은 정의된 운전조건에서의 전류를 견딜 수 있어야 한다.

4. 단락전류
   (1) 설비는 단락전류로부터 발생하는 열적 및 기계적 영향에 견딜 수 있도록 설치되어야 한다.
   (2) 설비는 단락을 자동으로 차단하는 장치에 의하여 보호되어야 한다.
   (3) 설비는 지락을 자동으로 차단하는 장치 또는 지락상태 자동표시장치에 의하여 보호되어야 한다.
5. 정격 주파수
   설비는 운전될 계통의 정격주파수에 적합하여야 한다.
6. 코로나
   코로나에 의하여 발생하는 전자기장으로 인한 전파 장해는 331.1에 범위를 초과하지 않도록 하여야 한다.
7. 전계 및 자계
   가압된 기기에 의해 발생하는 전계 및 자계의 한도가 인체에 허용 수준 이내로 제한되어야 한다.
8. 과전압
   기기는 낙뢰 또는 개폐동작에 의한 과전압으로부터 보호되어야 한다.
9. 고조파
   고조파 전류 및 고조파 전압에 의한 영향이 고려되어야 한다.

302.3 기계적 요구사항

1. 기기 및 지지구조물
   기기 및 지지구조물은 그 기초를 포함하며, 예상되는 기계적 충격에 견디어야 한다.
2. 인장하중
   인장하중은 현장의 가혹한 조건에서 계산된 최대도체인장력을 견딜 수 있어야 한다.
3. 빙설하중
   전선로는 빙설로 인한 하중을 고려하여야 한다.
4. 풍압하중
   풍압하중은 그 지역의 지형적인 영향과 주변 구조물의 높이를 고려하여야 한다.
5. 개폐전자기력
   지지물을 설계할 때에는 개폐전자기력이 고려되어야 한다.
6. 단락전자기력
   단락 시 전자기력에 의한 기계적 영향을 고려하여야 한다.

7. 도체 인장력의 상실
   인장애자련이 설치된 구조물은 최악의 하중이 가해지는 애자나 도체(케이블)의 손상으로 인한 도체인장력의 상실에 견딜 수 있어야 한다.
8. 지진하중
   지진의 우려성이 있는 지역에 설치하는 설비는 지진하중을 고려하여 설치하여야 한다.

302.4 기후 및 환경조건

설비는 주어진 기후 및 환경조건에 적합한 기기를 선정하여야 하며, 정상적인 운전이 가능하도록 설치하여야 한다.

302.5 특별요구사항

설비는 작은 동물과 미생물의 활동으로 인한 안전에 영향이 없도록 설치하여야 한다.

| 310 안전을 위한 보호 |

311 안전보호

311.1 절연수준의 선정

절연수준은 기기최고전압 또는 충격내전압을 고려하여 결정하여야 한다.

311.2 직접 접촉에 대한 보호

1. 전기설비는 충전부에 무심코 접촉하거나 충전부 근처의 위험구역에 무심코 도달하는 것을 방지하도록 설치되어져야 한다.
2. 계통의 도전성 부분(충전부, 기능상의 절연부, 위험전위가 발생할 수 있는 노출 도전성 부분 등)에 대한 접촉을 방지하기 위한 보호가 이루어져야 한다.
3. 보호는 그 설비의 위치가 출입제한 전기운전구역 여부에 의하여 다른 방법으로 이루어질 수 있다.

311.3 간접 접촉에 대한 보호

전기설비의 노출도전성 부분은 고장 시 충전으로 인한 인축의 감선을 방지하여야 하며, 그 보호방법은 320을 따른다.

311.4 아크고장에 대한 보호

전기설비는 운전 중에 발생되는 아크고장으로부터 운전자가 보호될 수 있도록 시설해야 한다.

311.5 직격뢰에 대한 보호

낙뢰 등에 의한 과전압으로부터 전기설비 등을 보호하기 위해 피뢰시스템을 시설하고, 그 밖의 적절한 조치를 하여야 한다.

311.6 화재에 대한 보호

전기기기의 설치 시에는 공간분리, 내화벽, 불연재료의 시설 등 화재예방을 위한 대책을 고려하여야 한다.

311.7 절연유 누설에 대한 보호

1. 환경보호를 위하여 절연유를 함유한 기기의 누설에 대한 대책이 있어야 한다.

2. 옥내기기의 절연유 유출방지설비
  (1) 옥내기기가 위치한 구역의 주위에 누설되는 절연유가 스며들지 않는 바닥에 유출방지 턱을 시설하거나 건축물 안에 지정된 보존구역으로 집유한다.
  (2) 유출방지 턱의 높이나 보존구역의 용량을 선정할 때 기기의 절연유량뿐만 아니라 화재보호시스템의 용수량을 고려하여야 한다.
3. 옥외설비의 절연유 유출방지설비
  (1) 절연유 유출방지설비의 선정은 기기에 들어 있는 절연유의 양, 우수 및 화재보호시스템의 용수량, 근접 수로 및 토양조건을 고려하여야 한다.
  (2) 집유 조 및 집수탱크가 시설되는 경우 집수탱크는 최대 용량 변압기의 유량에 대한 집유 능력이 있어야 한다.
  (3) 벽, 집유 조 및 집수탱크에 관련된 배관은 액체가 침투하지 않는 것이어야 한다.
  (4) 절연유 및 냉각액에 대한 집유 조 및 집수탱크의 용량은 물의 유입으로 지나치게 감소되지 않아야 하며, 자연배수 및 강제배수가 가능하여야 한다.
  (5) 다음의 추가적인 방법으로 수로 및 지하수를 보호하여야 한다.
    (1) 집유조 및 집수탱크는 바닥으로부터 절연유 및 냉각액의 유출을 방지하여야 한다.
    (2) 배출된 액체는 유수분리장치를 통하여야 하며 이 목적을 위하여 액체의 비중을 고려하여야 한다.

311.8 SF_6의 누설에 대한 보호

1. 환경보호를 위하여 SF_6가 함유된 기기의 누설에 대한 대책이 있어야 한다.
2. SF_6 가스 누설로 인한 위험성이 있는 구역은 환기가 되어야 하며, 세부 사항은 IEC 62271-4 : 2013(고압 개폐 및 제어 장치-제4부 : SF_6 및 그 혼합물의 취급절차)을 따른다.

311.9 식별 및 표시

1. 표시, 게시판 및 공고는 내구성과 내 부식성이 있는 물질로 만들고 지워지지 않는 문자로 인쇄되어야 한다.
2. 개폐기반 및 제어반의 운전 상태는 주 접점을 운전자가 쉽게 볼 수 있는 경우를 제외하고 표시기에 명확히 표시되어야 한다.
3. 케이블 단말 및 구성품은 확인되어야 하고 배선목록 및 결선도에 따라서 확인할 수 있도록 관련된 상세 사항이 표시되어야 한다.
4. 모든 전기기기실에는 바깥쪽 및 각 출입구의 문에 전기기기실임과 어떤 위험성을 확인할 수 있는 안내판 또는 경고판과 같은 정보가 표시되어야 한다.

| 320 접지설비 |

321 고압·특고압 접지계통

321.1 일반사항

1 고압 또는 특고압 기기는 접촉전압 및 보폭전압의 허용 값 이내의 요건을 만족하도록 시설하여야 한다.

2. 고압 또는 특고압 기기가 출입제한 된 전기설비 운전구역 이외의 장소에 설치되었다면 KS C IEC 61936-1(교류 1kV 초과 전력설비-제1부 : 공통 규정)의 "10. 접지시스템"에 의한다.

3. 모든 케이블의 금속시스(sheath) 부분은 접지를 하여야 한다.

4. 고압 또는 특고압 전기설비 접지는 140 및 321의 해당 부분을 적용한다.

321.2 접지시스템

1. 고압 또는 특고압 전기설비의 접지는 원칙적으로 142.6에 적합하여야 한다.

2. 고압 또는 특고압과 저압 접지시스템이 서로 근접한 경우에는 다음과 같이 시공하여야한다.

   (1) 고압 또는 특고압 변전소 내에서만 사용하는 저압전원이 있을 때 저압 접지시스템이 고압 또는 특고압 접지시스템의 구역 안에 포함되어 있다면 각각의 접지시스템은 서로 접속하여야 한다.

   (2) 고압 또는 특고압 변전소에서 인입 또는 인출되는 저압전원이 있을 때, 접지시스템은 다음과 같이 시공하여야 한다.

      ① 고압 또는 특고압 변전소의 접지시스템은 공통 및 통합접지의 일부분이거나 또는 다중 접지된 계통의 중성선에 접속되어야 한다. 다만, 공통 및 통합접지 시스템이 아닌 경우 표 321.2-1에 따라 각각의 접지시스템 상호 접속 여부를 결정하여야 한다.

      ② 고압 또는 특고압과 저압 접지시스템을 분리하는 경우의 접지극은 고압 또는 특고압 계통의 고장으로 인한 위험을 방지하기 위해 접촉전압과 보폭전압을 허용 값 이내로 하여야 한다.

      ③ 고압 및 특고압 변전소에 인접하여 시설된 저압전원의 경우, 기기가 너무 가까이 위치하여 접지계통을 분리하는 것이 불가능한 경우에는 공통 또는 통합접지로 시공하여야 한다.

표 321.2-1 접지전위상승(EPR, Earth Potential Rise) 제한 값에 의한 고압 또는 특고압 및 저압 접지시스템의 상호접속의 최소요건

<table>
<tr><th colspan="2" rowspan="3">저압계통의 형태(a,b)</th><th colspan="3">대지전위상승(EPR) 요건</th></tr>
<tr><th rowspan="2">접촉전압</th><th colspan="2">스트레스 전압c</th></tr>
<tr><th>고장지속시간
$t_f \leq 5$ s</th><th>고장지속시간
$t_f > 5$ s</th></tr>
<tr><td colspan="2">TT</td><td>해당 없음</td><td>EPR≤1200 V</td><td>EPR≤250 V</td></tr>
<tr><td colspan="2">TN</td><td>EPR≤$F \cdot U_{Tp}$
(d,e)</td><td>EPR≤1200 V</td><td>EPR≤250 V</td></tr>
<tr><td rowspan="2">IT</td><td>보호도체 있음</td><td>TN 계통에 따름</td><td>EPR≤1200 V</td><td>EPR≤250 V</td></tr>
<tr><td>보호도체 없음</td><td>해당 없음</td><td>EPR≤1200 V</td><td>EPR≤250 V</td></tr>
</table>

a : 저압계통은 142.5.2를 참조한다.
b : 통신기기는 ITU 추천사항을 적용 한다.
c : 적절한 저압기기가 설치되거나 EPR이 측정이나 계산에 근거한 국부전위차로 치환된다면 한계값은 증가할 수 있다.
d : F의 기본 값은 2이다. PEN 도체를 대지에 추가 접속한 경우보다 높은 F 값이 적용될 수 있다. 어떤 토양구조에서는 F 값은 5까지 될 수도 있다. 이 규정은 표토 층이 보다 높은 저항률을 가진 경우 등 층별 저항률의 차이가 현저한 토양에 적용 시 주의가 필요하다. 이 경우의 접촉전압은 EPR의 50 %로 한다. 단, PEN 또는 저압 중간도체가 고압 또는 특고압접지계통에 접속되었다면 F의 값은 1로 한다.
e : U_{Tp} 는 허용접촉전압을 의미한다[KS C IEC 61936-1(교류 1 kV 초과 전력설비－공통규정) "그림 12(허용접촉전압 U_{Tp})" 참조]

322 혼촉에 의한 위험방지 시설

322.1 고압 또는 특고압과 저압의 혼촉에 의한 위험방지 시설

1. 고압전로 또는 특고압전로와 저압전로를 결합하는 변압기(322.2에 규정하는 것 및 철도 또는 궤도의 신호용 변압기를 제외한다)의 저압 측의 중성점에는 142.5의 규정에 의하여 접지공사(사용전압이 35 kV 이하의 특고압전로로서 전로에 지락이 생겼을 때에 1초 이내에 자동적으로 이를 차단하는 장치가 되어 있는 것 및 333.32의 1 및 4에 규정하는 특고압 가공전선로의 전로 이외의 특고압전로와 저압전로를 결합하는 경우에 계산된 접지저항 값이 10 Ω을 넘을 때에는 접지저항 값이 10 Ω 이하인 것에 한 한다)를 하여야 한다. 다만, 저압전로의 사용전압이 300 V 이하인 경우에 그 접지공사를 변압기의 중성점에 하기 어려울 때에는 저압 측의 1단자에 시행할 수 있다.
2. 제1의 접지공사는 변압기의 시설장소마다 시행하여야 한다. 다만, 토지의 상황에 의하여 변압기의 시설장소에서 142.5의 규정에 의한 접지저항 값을 얻기 어려운 경

우, 인장강도 5.26 kN 이상 또는 지름 4 mm 이상의 가공 접지도체를 332.4의 2, 332.5, 332.6, 332.8, 332.11부터 332.15까지 및 222.18의 저압가공전선에 관한 규정에 준하여 시설할 때에는 변압기의 시설장소로부터 200 m까지 떼어놓을 수 있다.

3. 제1의 접지공사를 하는 경우에 토지의 상황에 의하여 제2의 규정에 의하기 어려울 때에는 다음에 따라 가공공동지선(架空共同地線)을 설치하여 2 이상의 시설장소에 142.5의 규정에 의하여 접지공사를 할 수 있다.
   (1) 가공공동지선은 인장강도 5.26 kN 이상 또는 지름 4 mm 이상의 경동선을 사용하여 332.4의 2, 332.5, 332.8, 332.11부터 332.15까지 및 222.18의 저압가공전선에 관한 규정에 준하여 시설할 것
   (2) 접지공사는 각 변압기를 중심으로 하는 지름 400 m 이내의 지역으로서 그 변압기에 접속되는 전선로 바로 아래의 부분에서 각 변압기의 양쪽에 있도록 할 것 다만, 그 시설장소에서 접지공사를 한 변압기에 대하여는 그러하지 아니하다.
   (3) 가공공동지선과 대지 사이의 합성 전기저항 값은 1 km를 지름으로 하는 지역 안마다 142.6에 의해 접지저항 값을 가지는 것으로 하고 또한 각 접지도체를 가공공동지선으로부터 분리하였을 경우의 각 접지도체와 대지 사이의 전기저항 값은 300 Ω 이하로 할 것
4. 제3의 가공공동지선에는 인장강도 5.26 kN 이상 또는 지름 4 mm의 경동선을 사용하는 저압 가공전선의 1선을 겸용할 수 있다.
5. 직류단선 식 전기철도용 회전변류기·전기로·전기보일러 기타 상시 전로의 일부를 대지로부터 절연하지 아니하고 사용하는 부하에 공급하는 전용의 변압기를 시설한 경우에는 제1의 규정에 의하지 아니할 수 있다.

322.2 혼촉 방지 판이 있는 변압기에 접속하는 저압 옥외전선의 시설 등

1. 고압전로 또는 특고압전로와 비접지식의 저압전로를 결합하는 변압기(철도 또는 궤도의 신호용변압기를 제외한다)로서 그 고압권선 또는 특고압권선과 저압권선 간에 금속제의 혼촉 방지 판(混囑防止板)이 있고 또한 그 혼촉 방지 판에 142.5의 규정에 의하여 접지공사(사용전압이 35 kV 이하의 특고압전로로서 전로에 지락이 생겼을 때 1초 이내에 자동적으로 이것을 차단하는 장치를 한 것과 333.32의 1 및 4에 규정하는 특고압 가공전선로의 전로 이외의 특고압전로와 저압전로를 결합하는 경우에 계산된 접지저항 값이 10 Ω을 넘을 때에는 접지저항 값이 10 Ω 이하인 것에 한 한다)를 한 것에 접속하는 저압전선을 옥외에 시설할 때에는 다음에 따라 시설하여야 한다.
   (1) 저압전선은 1구내에만 시설할 것
   (2) 저압 가공전선로 또는 저압 옥상전선로의 전선은 케이블일 것

(3) 저압 가공전선과 고압 또는 특고압의 가공전선을 동일 지지물에 시설하지 아니할 것 다만, 고압 가공전선로 또는 특고압 가공전선로의 전선이 케이블인 경우에는 그러하지 아니하다.

322.3 특고압과 고압의 혼촉 등에 의한 위험방지 시설

1. 변압기(322.1의 5에 규정하는 변압기를 제외한다)에 의하여 특고압전로(333.32의 1에 규정하는 특고압 가공전선로의 전로를 제외한다)에 결합되는 고압전로에는 사용전압의 3배 이하인 전압이 가하여진 경우에 방전하는 장치를 그 변압기의 단자에 가까운 1극에 설치하여야 한다. 다만, 사용전압의 3배 이하인 전압이 가하여진 경우에 방전하는 피뢰기를 고압전로의 모선의 각상에 시설하거나 특고압권선과 고압권선 간에 혼촉 방지 판을 시설하여 접지저항 값이 10 Ω 이하 또는 142.5의 규정에 따른 접지공사를 한 경우에는 그러하지 아니하다.
2. 제1에서 규정하고 있는 장치의 접지는 140의 규정에 따라 시설하여야 한다.

322.4 계기용변성기의 2차 측 전로의 접지

1. 고압의 계기용변성기의 2차 측 전로에는 140의 규정에 의하여 접지공사를 하여야 한다.
2. 특고압 계기용변성기의 2차 측 전로에는 140의 규정에 의하여 접지공사를 하여야 한다.

322.5 전로의 중성점의 접지

1. 전로의 보호 장치의 확실한 동작의 확보, 이상 전압의 억제 및 대지전압의 저하를 위하여 특히 필요한 경우에 전로의 중성점에 접지공사를 할 경우에는 다음에 따라야 한다.
   (1) 접지극은 고장 시 그 근처의 대지 사이에 생기는 전위차에 의하여 사람이나 가축 또는 다른 시설물에 위험을 줄 우려가 없도록 시설할 것
   (2) 접지도체는 공칭단면적 $16\,mm^2$ 이상의 연동선 또는 이와 동등 이상의 세기 및 굵기의 쉽게 부식하지 아니하는 금속선(저압 전로의 중성점에 시설하는 것은 공칭단면적 $6\,mm^2$ 이상의 연동선 또는 이와 동등 이상의 세기 및 굵기의 쉽게 부식하지 않는 금속선)으로서 고장 시 흐르는 전류가 안전하게 통할 수 있는 것을 사용하고 또한 손상을 받을 우려가 없도록 시설할 것
   (3) 접지도체에 접속하는 저항기·리액터 등은 고장 시 흐르는 전류를 안전하게 통할 수 있는 것을 사용할 것

(4) 접지도체·저항기·리액터 등은 취급자 이외의 자가 출입하지 아니하도록 설비한 곳에 시설하는 경우 이외에는 사람이 접촉할 우려가 없도록 시설할 것

2. 제1에 규정하는 경우 이외의 경우로서 저압전로에 시설하는 보호 장치의 확실한 동작을 확보하기 위하여 특히 필요한 경우에 전로의 중성점에 접지공사를 할 경우(저압전로의 사용전압이 300 V 이하의 경우에 전로의 중성점에 접지공사를 하기 어려울 때에 전로의 1단자에 접지공사를 시행할 경우를 포함한다) 접지도체는 공칭단면적 $6\ \mathrm{mm}^2$ 이상의 연동선 또는 이와 동등 이상의 세기 및 굵기의 쉽게 부식하지 않는 금속선으로서 고장 시 흐르는 전류가 안전하게 통할 수 있는 것을 사용하고 또한 140의 규정에 준하여 시설하여야 한다.

3. 변압기의 안정권선(安定卷線)이나 유휴권선(遊休卷線) 또는 전압조정기의 내장권선(內藏卷線)을 이상전압으로부터 보호하기 위하여 특히 필요할 경우에 그 권선에 접지공사를 할 때에는 140의 규정에 의하여 접지공사를 하여야 한다.

4. 특고압의 직류전로의 보호 장치의 확실한 동작의 확보 및 이상전압의 억제를 위하여 특히 필요한 경우에 대해 그 전로에 접지공사를 시설할 때에는 제1에 따라 시설하여야 한다.

5. 연료전지에 대하여 전로의 보호 장치의 확실한 동작의 확보 또는 대지전압의 저하를 위하여 특히 필요할 경우에 연료전지의 전로 또는 이것에 접속하는 직류전로에 접지공사를 할 때에는 제1에 따라 시설하여야 한다.

6. 계속적인 전력공급이 요구되는 화학공장·시멘트공장·철강공장 등의 연속공정설비 또는 이에 준하는 곳의 전기설비로서 지락전류를 제한하기 위하여 저항기를 사용하는 중성점 고저항 접지설비는 다음에 따를 경우 300 V 이상 1 kV 이하의 3상 교류계통에 적용할 수 있다.

(1) 자격을 가진 기술원("계통 운전에 필요한 지식 및 기능을 가진 자"를 말한다)이 설비를 유지관리 할 것

(2) 계통에 지락검출장치가 시설될 것

(3) 전압선과 중성선 사이에 부하가 없을 것

(4) 고저항 중성점접지계통은 다음에 적합할 것

① 접지저항기는 계통의 중성점과 접지극 도체와의 사이에 설치할 것 중성점을 얻기 어려운 경우에는 접지변압기에 의한 중성점과 접지극 도체 사이에 접지저항기를 설치한다.

② 변압기 또는 발전기의 중성점에서 접지저항기에 접속하는 점까지의 중성선은 동선 $10\ \mathrm{mm}^2$ 이상, 알루미늄선 또는 동복 알루미늄 선은 $16\ \mathrm{mm}^2$ 이상의 절연전선으로서 접지저항기의 최대정격전류이상일 것

③ 계통의 중성점은 접지 저항기를 통하여 접지할 것

④ 변압기 또는 발전기의 중성점과 접지저항기 사이의 중성선은 별도로 배선할 것

⑤ 최초 개폐장치 또는 과전류 보호 장치와 접지저항기의 접지 측 사이의 기기 본딩 점퍼(기기 접지도체와 접지저항기 사이를 잇는 것)는 도체에 접속점이 없어야 한다.

⑥ 접지극 도체는 접지저항기의 접지 측과 최초 개폐장치의 접지 접속점 사이에 시설할 것

⑦ 기기 접지 점퍼의 굵기는 다음의 ㈎ 또는 ㈏에 의할 것

㈎ 접지극 도체를 접지저항기에 연결할 때 기기 접지 점퍼는 다음 ㉮, ㉯, ㉰의 예외사항을 제외하고 표 322.5-1에 의한 굵기일 것

㉮ 접지극 전선이 접지봉, 관, 판으로 연결될 때는 16 mm^2 이상일 것

㉯ 콘크리트 매입 접지극으로 연결될 때는 25 mm^2 이상일 것

㉰ 접지링으로 연결되는 접지극 전선은 접지링과 같은 굵기 이상일 것

표 322.5-1 기기 접지 점퍼의 굵기

상전선 최대 굵기(mm^2)	접지극 전선(mm^2)
30 이하	10
38 또는 50	16
60 또는 80	25
80 초과 175까지	35
175 초과 300까지	50
300 초과 550까지	70
550 초과	95

㈏ 접지극 도체가 최초 개폐장치 또는 과전류장치에 접속될 때는 기기 접지점퍼의 굵기는 10 mm^2 이상으로서 접지저항기의 최대전류 이상의 허용전류를 갖는 것일 것

5장 분산형 전원설비

| 500 통칙 |

501 일반사항

501.1 목적

5장은 전기설비기술기준(이하 "기술기준"이라한다)에서 정하는 분산형 전원설비의 안전성능에 대한 구체적인 기술적 사항을 정하는 것을 목적으로 한다.

501.2 적용범위

1. 5장은 기술기준에서 정한 안전성능에 대하여 구체적인 실현 수단을 규정한 것으로 분산형 전원설비의 설계, 제작, 시설 및 검사하는데 적용한다.
2. 5장에서 정하지 않은 사항은 관련 한국전기설비규정을 준용하여 시설하여야 한다.

501.3 안전원칙

1. 분산형 전원설비 주위에는 위험하다는 표시를 하여야 하며 또한 취급자가 아닌 사람이 쉽게 접근할 수 없도록 351.1에 따라 시설하여야 한다.
2. 분산형 전원 발전장치의 보호기준은 212.6.3의 보호 장치를 적용한다.
3. 급경사지 붕괴위험구역 내에 시설하는 분산형 전원설비는 해당구역 내의 급경사지의 붕괴를 조장하거나 또는 유발할 우려가 없도록 시설하여야 한다.
4. 분산형 전원설비의 인체 감전보호 등 안전에 관한 사항은 113에 따른다.
5. 분산형 전원의 피뢰설비는 150에 따른다.
6. 분산형 전원설비 전로의 절연저항 및 절연내력은 132에 따른다.
7. 연료전지 및 태양전지 모듈의 절연내력은 134에 따른다.

502 용어의 정의

1. "**풍력터빈**"이란 바람의 운동에너지를 기계적 에너지로 변환하는 장치(가동부 베어링, 나셀, 블레이드 등의 부속물을 포함)를 말한다.
2. "**풍력터빈을 지지하는 구조물**"이란 타워와 기초로 구성된 풍력터빈의 일부분을 말한다.

3. "**풍력발전소**"란 단일 또는 복수의 풍력터빈(풍력터빈을 지지하는 구조물을 포함)을 원동기로 하는 발전기와 그 밖의 기계기구를 시설하여 전기를 발생시키는 곳을 말한다.
4. "**자동정지**"란 풍력터빈의 설비보호를 위한 보호 장치의 작동으로 인하여 자동적으로 풍력터빈을 정지시키는 것을 말한다.
5. "**MPPT**"란 태양광발전이나 풍력발전 등이 현재 조건에서 가능한 최대의 전력을 생산할 수 있도록 인버터 제어를 이용하여 해당 발전원의 전압이나 회전속도를 조정하는 최대출력추종(MPPT, Maximum Power Point Tracking) 기능을 말한다.
6. 기타 용어는 112에 따른다.

503 분산형 전원 계통 연계설비의 시설

503.1 계통 연계의 범위

분산형 전원설비 등을 전력계통에 연계하는 경우에 적용하며, 여기서 전력계통이라 함은 전기판매사업자의 계통, 구내계통 및 독립전원계통 모두를 말한다.

503.2 시설기준

503.2.1 전기 공급방식 등

분산형 전원설비의 전기 공급방식, 측정 장치 등은 다음에 따른다.

(1) 분산형 전원설비의 전기 공급방식은 전력계통과 연계되는 전기 공급방식과 동일할 것
(2) 분산형 전원설비 사업자의 한 사업장의 설비 용량 합계가 250 kVA 이상일 경우에는 송·배전계통과 연계지점의 연결 상태를 감시 또는 유효전력, 무효전력 및 전압을 측정할 수 있는 장치를 시설할 것

503.2.2 저압계통 연계 시 직류유출방지 변압기의 시설

분산형 전원설비를 인버터를 이용하여 전기판매사업자의 저압 전력계통에 연계하는 경우 인버터로부터 직류가 계통으로 유출되는 것을 방지하기 위하여 접속점(접속설비와 분산형 전원설비 설치자 측 전기설비의 접속점을 말한다)과 인버터 사이에 상용주파수 변압기(단권변압기를 제외한다)를 시설하여야 한다. 다만, 다음을 모두 충족하는 경우에는 예외로 한다.

(1) 인버터의 직류 측 회로가 비접지인 경우 또는 고주파 변압기를 사용하는 경우
(2) 인버터의 교류출력 측에 직류 검출기를 구비하고, 직류 검출 시에 교류출력을 정지하는 기능을 갖춘 경우

503.2.3 단락전류 제한장치의 시설

분산형 전원을 계통 연계하는 경우 전력계통의 단락용량이 다른 자의 차단기의 차단용량 또는 전선의 순시허용전류 등을 상회할 우려가 있을 때에는 그 분산형 전원 설치자가 전류제한리액터 등 단락전류를 제한하는 장치를 시설하여야 하며, 이러한 장치로도 대응할 수 없는 경우에는 그 밖에 단락전류를 제한하는 대책을 강구하여야 한다.

503.2.4 계통 연계용 보호 장치의 시설

1. 계통 연계하는 분산형 전원설비를 설치하는 경우 다음에 해당하는 이상 또는 고장 발생 시 자동적으로 분산형 전원설비를 전력계통으로부터 분리하기 위한 장치 시설 및 해당 계통과의 보호협조를 실시하여야 한다.
   (1) 분산형 전원설비의 이상 또는 고장
   (2) 연계한 전력계통의 이상 또는 고장
   (3) 단독운전 상태
2. 제1의 "(2)"에 따라 연계한 전력계통의 이상 또는 고장 발생 시 분산형 전원의 분리시점은 해당 계통의 재폐로 시점 이전이어야 하며, 이상 발생 후 해당 계통의 전압 및 주파수가 정상범위 내에 들어올 때까지 계통과의 분리 상태를 유지하는 등 연계한 계통의 재 폐로방식과 협조를 이루어야 한다.
3. 단순 병렬운전 분산형 전원설비의 경우에는 역 전력 계전기를 설치한다. 단, 「신에너지 및 재생에너지 개발·이용·보급 촉진법」 제2조 제1호 및 제2호의 규정에 의한 신·재생에너지를 이용하여 동일 전기 사용 장소에서 전기를 생산하는 합계 용량이 50 kW 이하의 소규모 분산형 전원(단, 해당 구내계통 내의 전기사용 부하의 수전계약전력이 분산형 전원 용량을 초과하는 경우에 한 한다)으로서 제1의 "(3)"에 의한 단독운전 방지기능을 가진 것을 단순 병렬로 연계하는 경우에는 역 전력계전기 설치를 생략할 수 있다.

503.2.5 특고압 송전계통 연계 시 분산형 전원 운전제어장치의 시설

분산형 전원설비를 송전사업자의 특고압 전력계통에 연계하는 경우 계통안정화 또는 조류억제 등의 이유로 운전제어가 필요할 때에는 그 분산형 전원설비에 필요한 운전제어장치를 시설하여야 한다.

503.2.6 연계용 변압기 중성점의 접지

분산형 전원설비를 특고압 전력계통에 연계하는 경우 연계용 변압기 중성점의 접지는 전력계통에 연결되어 있는 다른 전기설비의 정격을 초과하는 과전압을 유발하거나 전력계통의 지락고장 보호협조를 방해하지 않도록 시설하여야 한다.

| 510 전기저장장치 |

511 일반사항

이차전지를 이용한 전기저장장치(이하 "전기저장장치"라 한다)는 다음에 따라 시설하여야 한다.

511.1 시설장소의 요구사항

1. 전기저장장치의 이차전지, 제어반, 배전반의 시설은 기기 등을 조작 또는 보수·점검할 수 있는 충분한 공간을 확보하고 조명 설비를 설치하여야 한다.
2. 전기저장장치를 시설하는 장소는 폭발성 가스의 축적을 방지하기 위한 환기시설을 갖추고 제조사가 권장하는 온도·습도·수분·분진 등 적정 운영환경을 상시 유지하여야 한다.
3. 침수의 우려가 없도록 시설하여야 한다.
4. 전기저장장치 시설장소에는 기술기준 제21조제1항과 같이 외벽 등 확인하기 쉬운 위치에 "전기저장장치 시설장소" 표지를 하고, 일반인의 출입을 통제하기 위한 잠금장치 등을 설치하여야 한다.

511.2 설비의 안전 요구사항

1. 충전부분은 노출되지 않도록 시설하여야 한다.
2. 고장이나 외부 환경요인으로 인하여 비상상황 발생 또는 출력에 문제가 있을 경우 전기저장장치의 비상정지 스위치 등 안전하게 작동하기 위한 안전시스템이 있어야 한다.
3. 모든 부품은 충분한 내열성을 확보하여야 한다.

511.3 옥내전로의 대지전압 제한

주택의 전기저장장치의 축전지에 접속하는 부하 측 옥내 배선을 다음에 따라 시설하는 경우에 주택의 옥내전로의 대지전압은 직류 600 V 까지 적용할 수 있다.

(1) 전로에 지락이 생겼을 때 자동적으로 전로를 차단하는 장치를 시설할 것

(2) 사람이 접촉할 우려가 없는 은폐된 장소에 합성수지관배선, 금속관배선 및 케이블배선에 의하여 시설하거나, 사람이 접촉할 우려가 없도록 케이블배선에 의하여 시설하고 전선에 적당한 방호장치를 시설할 것

512 전기저장장치의 시설

512.1 시설기준

512.1.1 전기배선

전기배선은 다음에 의하여 시설하여야 한다.

(1) 전선은 공칭단면적 2.5 mm^2 이상의 연동선 또는 이와 동등 이상의 세기 및 굵기의 것일 것
(2) 배선설비 공사는 옥내에 시설할 경우에는 232.11, 232.12, 232.13, 232.51 또는 232.3.7의 규정에 준하여 시설할 것
(3) 옥측 또는 옥외에 시설할 경우에는 232.11, 232.12, 232.13 또는 232.51(232.51.3은 제외할 것)의 규정에 준하여 시설할 것

512.1.2 단자와 접속

1. 단자의 접속은 기계적, 전기적 안전성을 확보하도록 하여야 한다.
2. 단자를 체결 또는 잠글 때 너트나 나사는 풀림방지 기능이 있는 것을 사용하여야 한다.
3. 외부터미널과 접속하기 위해 필요한 접점의 압력이 사용기간 동안 유지되어야 한다.
4. 단자는 도체에 손상을 주지 않고 금속표면과 안전하게 체결되어야 한다.

512.1.3 지지물의 시설

이차전지의 지지물은 부식성 가스 또는 용액에 의하여 부식되지 아니하도록 하고 적재하중 또는 지진 기타 진동과 충격에 대하여 안전한 구조이어야 한다.

512.2 제어 및 보호 장치 등

512.2.1 충전 및 방전 기능

1. 충전기능
   (1) 전기저장장치는 배터리의 SOC 특성(충전상태 : State of Charge)에 따라 제조자가 제시한 정격으로 충전할 수 있어야 한다.
   (2) 충전할 때에는 전기저장장치의 충전상태 또는 배터리 상태를 시각화하여 정보를 제공해야 한다.
2. 방전기능
   (1) 전기저장장치는 배터리의 SOC 특성에 따라 제조자가 제시한 정격으로 방전할 수 있어야 한다.

(2) 방전할 때에는 전기저장장치의 방전상태 또는 배터리 상태를 시각화하여 정보를 제공해야 한다.

512.2.2 제어 및 보호 장치

1. 전기저장장치를 계통에 연계하는 경우 503.2.4의 1 및 2에 따라 시설하여야 한다.
2. 전기저장장치가 비상용 예비전원 용도를 겸하는 경우에는 다음에 따라 시설하여야 한다.
   (1) 상용전원이 정전되었을 때 비상용 부하에 전기를 안정적으로 공급할 수 있는 시설을 갖출 것
   (2) 관련 법령에서 정하는 전원유지시간 동안 비상용 부하에 전기를 공급할 수 있는 충전용량을 상시 보존하도록 시설할 것
3. 전기저장장치의 접속점에는 쉽게 개폐할 수 있는 곳에 개방상태를 육안으로 확인할 수 있는 전용의 개폐기를 시설하여야 한다.
4. 전기저장장치의 이차전지는 다음에 따라 자동으로 전로로부터 차단하는 장치를 시설하여야 한다.
   (1) 과전압 또는 과전류가 발생한 경우
   (2) 제어장치에 이상이 발생한 경우
   (3) 이차전지 모듈의 내부 온도가 급격히 상승할 경우
5. 212.3.4에 의하여 직류 전로에 과전류차단기를 설치하는 경우 직류 단락전류를 차단하는 능력을 가지는 것이어야 하고 "직류용" 표시를 하여야 한다.
6. 기술기준 제14조에 의하여 전기저장장치의 직류 전로에는 지락이 생겼을 때에 자동적으로 전로를 차단하는 장치를 시설하여야 한다.
7. 발전소 또는 변전소 혹은 이에 준하는 장소에 전기저장장치를 시설하는 경우 전로가 차단되었을 때에 경보하는 장치를 시설하여야 한다.

512.2.3 계측장치

전기저장장치를 시설하는 곳에는 다음의 사항을 계측하는 장치를 시설하여야 한다.

(1) 축전지 출력 단자의 전압, 전류, 전력 및 충방전 상태
(2) 주요변압기의 전압, 전류 및 전력

512.2.4 접지 등의 시설

금속제 외함 및 지지대 등은 140의 규정에 따라 접지공사를 하여야 한다.

515 특정 기술을 이용한 전기저장장치의 시설

515.1 적용범위

20 kWh를 초과하는 리튬·나트륨·레독스플로우 계열의 이차전지를 이용한 전기저장장치의 경우 기술기준 제53조의3제2항의 "적절한 보호 및 제어장치를 갖추고 폭발의 우려가 없도록 시설"하는 것은 511, 512 및 515에서 정한 사항을 말한다.

515.2 시설장소의 요구사항

515.2.1 전용건물에 시설하는 경우

1. 515.1의 전기저장장치를 일반인이 출입하는 건물과 분리된 별도의 장소에 시설하는 경우에는 515.2.1에 따라 시설하여야 한다.
2. 전기저장장치 시설장소의 바닥, 천장(지붕), 벽면 재료는 「건축물의 피난·방화구조 등의 기준에 관한 규칙」에 따른 불연 재료이어야 한다. 단, 단열재는 준 불연 재료 또는 이와 동등 이상의 것을 사용할 수 있다.
3. 전기저장장치 시설장소는 지표면을 기준으로 높이 22 m 이내로 하고 해당 장소의 출구가 있는 바닥면을 기준으로 깊이 9 m 이내로 하여야 한다.
4. 이차전지는 전력변환장치(PCS) 등의 다른 전기설비와 분리된 격실(이하 515에서 '이차전지실')에 설치하고 다음에 따라야 한다.
   (1) 이차전지실의 벽면 재료 및 단열재는 제2의 것과 같아야 한다.
   (2) 이차전지는 벽면으로부터 1 m 이상 이격하여 설치하여야 한다. 단, 옥외의 전용 컨테이너에서 적정 거리를 이격한 경우에는 규정에 의하지 아니할 수 있다.
   (3) 이차전지와 물리적으로 인접 시설해야 하는 제어장치 및 보조설비(공조설비 및 조명설비 등)는 이차전지 실내에 설치할 수 있다.
   (4) 이차전지 실 내부에는 가연성 물질을 두지 않아야 한다.
5. 511.1의 2에도 불구하고 인화성 또는 유독성 가스가 축적되지 않는 근거를 제조사에서 제공하는 경우에는 이차전지 실에 한하여 환기시설을 생략할 수 있다.
6. 전기저장장치가 차량에 의해 충격을 받을 우려가 있는 장소에 시설되는 경우에는 충돌방지장치 등을 설치하여야 한다.
7. 전기저장장치 시설장소는 주변 시설(도로, 건물, 가연물질 등)로부터 1.5 m 이상 이격하고 다른 건물의 출입구나 피난계단 등 이와 유사한 장소로부터는 3 m 이상 이격하여야 한다.

515.2.2 전용건물 이외의 장소에 시설하는 경우

1. 515.1의 전기저장장치를 일반인이 출입하는 건물의 부속공간에 시설(옥상에는 설치할 수 없다)하는 경우에는 515.2.1 및 515.2.2에 따라 시설하여야 한다.
2. 전기저장장치 시설장소는 「건축물의 피난방화구조 등의 기준에 관한 규칙」에 따른 내화구조이어야 한다.
3. 이차전지모듈의 직렬 연결체(이하 515에서 '이차전지 랙')의 용량은 50 kWh 이하로 하고 건물 내 시설 가능한 이차전지의 총 용량은 600 kWh 이하이어야 한다.
4. 이차전지 랙과 랙 사이 및 랙과 벽면 사이는 각각 1 m 이상 이격하여야 한다. 다만, 제2에 의한 벽이 삽입된 경우 이차 전지 랙과 랙 사이의 이격은 예외로 할 수 있다.
5. 이차전지 실은 건물 내 다른 시설(수전설비, 가연물질 등)로부터 1.5 m 이상 이격하고 각 실의 출입구나 피난계단 등 이와 유사한 장소로부터 3 m 이상 이격하여야 한다.
6. 배선설비가 이차 전지 실 벽면을 관통하는 경우 관통 부는 해당 구획부재의 내화성능을 저하시키지 않도록 충전(充塡)하여야 한다.

515.3 제어 및 보호 장치 등

1. 낙뢰 및 서지 등 과도과전압으로부터 주요 설비를 보호하기 위해 직류 전로에 직류서지 보호 장치(SPD)를 설치하여야 한다.
2. 제조사가 정하는 정격 이상의 과충전, 과방전, 과전압, 과전류, 지락전류 및 온도상승, 냉각장치 고장, 통신 불량 등 긴급 상황이 발생한 경우에는 관리자에게 경보하고 즉시 전기저장장치를 자동 및 수동으로 정지시킬 수 있는 비상정지장치를 설치하여야 하며 수동 조작을 위한 비상정지장치는 신속한 접근 및 조작이 가능한 장소에 설치하여야 한다.
3. 전기저장장치의 상시 운영정보 및 제2호의 긴급상황 관련 계측정보 등은 이차전지실 외부의 안전한 장소에 안전하게 전송되어 최소 1개월 이상 보관될 수 있도록 하여야 한다.
4. 전기저장장치의 제어장치를 포함한 주요 설비 사이의 통신장애를 방지하기 위한 보호대책을 고려하여 시설하여야 한다.
5. 전기저장장치는 정격 이내의 최대 충전범위를 초과하여 충전하지 않도록 하여야 하고 만(滿)충전 후 추가 충전은 금지하여야 한다.

| 520 태양광발전설비 |

521 일반사항

521.1 설치장소의 요구사항

1. 인버터, 제어반, 배전반 등의 시설은 기기 등을 조작 또는 보수점검 할 수 있는 충분한 공간을 확보하고 필요한 조명 설비를 시설하여야 한다.
2. 인버터 등을 수납하는 공간에는 실내온도의 과열 상승을 방지하기 위한 환기시설을 갖추어야하며 적정한 온도와 습도를 유지하도록 시설하여야 한다.
3. 배전반, 인버터, 접속장치 등을 옥외에 시설하는 경우 침수의 우려가 없도록 시설하여야 한다.
4. 태양전지 모듈을 지붕에 시설하는 경우 취급자에게 추락의 위험이 없도록 점검통로를 안전하게 시설하여야 한다.
5. 태양전지 모듈의 직렬군 최대개방전압이 직류 750 V 초과 1500 V 이하인 시설 장소는 다음에 따라 울타리 등의 안전조치를 하여야 한다.
   (1) 태양전지 모듈을 지상에 설치하는 경우는 351.1의 1에 의하여 울타리·담 등을 시설하여야 한다.
   (2) 태양전지 모듈을 일반인이 쉽게 출입할 수 있는 옥상 등에 시설하는 경우는 "(1)" 또는 341.8의 1의 "바"에 의하여 시설하여야 하고 식별이 가능하도록 위험 표시를 하여야 한다.
   (3) 태양전지 모듈을 일반인이 쉽게 출입할 수 없는 옥상·지붕에 설치하는 경우는 모듈 프레임 등 쉽게 식별할 수 있는 위치에 위험 표시를 하여야 한다.
   (4) 태양전지 모듈을 주차장 상부에 시설하는 경우는 "(2)"와 같이 시설하고 차량의 출입 등에 의한 구조물, 모듈 등의 손상이 없도록 하여야 한다.
   (5) 태양전지 모듈을 수상에 설치하는 경우는 "(3)"과 같이 시설하여야 한다.

521.2 설비의 안전 요구사항

1. 태양전지 모듈, 전선, 개폐기 및 기타 기구는 충전부분이 노출되지 않도록 시설하여야 한다.
2. 모든 접속함에는 내부의 충전부가 인버터로부터 분리된 후에도 여전히 충전상태일 수 있음을 나타내는 경고가 붙어 있어야 한다.
3. 태양광설비의 고장이나 외부 환경요인으로 인하여 계통연계에 문제가 있을 경우 회로분리를 위한 안전시스템이 있어야 한다.

521.3 옥내전로의 대지전압 제한

주택의 태양전지모듈에 접속하는 부하 측 옥내 배선(복수의 태양전지모듈을 시설하는 경우에는 그 집합체에 접속하는 부하 측의 배선)의 대지전압 제한은 511.3에 따른다.

522 태양광설비의 시설

522.1 간선의 시설기준

522.1.1 전기배선

1. 전선은 다음에 의하여 시설하여야 한다.
   (1) 모듈 및 기타 기구에 전선을 접속하는 경우는 나사로 조이고, 기타 이와 동등 이상의 효력이 있는 방법으로 기계적·전기적으로 안전하게 접속하고, 접속점에 장력이 가해지지 않도록 할 것
   (2) 배선시스템은 바람, 결빙, 온도, 태양방사와 같이 예상되는 외부 영향을 견디도록 시설할 것
   (3) 모듈의 출력배선은 극성별로 확인할 수 있도록 표시할 것
   (4) 직렬 연결된 태양전지모듈의 배선은 과도과전압의 유도에 의한 영향을 줄이기 위하여 스트링 양극간의 배선간격이 최소가 되도록 배치할 것
   (5) 기타 사항은 512.1.1에 따를 것
2. 단자와 접속은 512.1.2에 따른다.

522.2 태양광설비의 시설기준

522.2.1 태양전지 모듈의 시설

태양광설비에 시설하는 태양전지 모듈(이하 "모듈"이라 한다)은 다음에 따라 시설하여야 한다.

(1) 모듈은 자중, 적설, 풍압, 지진 및 기타의 진동과 충격에 대하여 탈락하지 아니하도록 지지물에 의하여 견고하게 설치할 것

(2) 모듈의 각 직렬군은 동일한 단락전류를 가진 모듈로 구성하여야 하며 1대의 인버터(멀티스트링 인버터의 경우 1대의 MPPT 제어기)에 연결된 모듈 직렬 군이 2병렬 이상일 경우에는 각 직렬군의 출력전압 및 출력전류가 동일하게 형성되도록 배열할 것

522.2.2 전력변환장치의 시설

인버터, 절연변압기 및 계통 연계 보호 장치 등 전력변환장치의 시설은 다음에 따라 시설하여야 한다.

(1) 인버터는 실내·실외용을 구분할 것
(2) 각 직렬군의 태양전지 개방전압은 인버터 입력전압 범위 이내일 것
(3) 옥외에 시설하는 경우 방수등급은 IPX4 이상일 것

522.2.3 모듈을 지지하는 구조물

모듈의 지지물은 다음에 의하여 시설하여야 한다.

(1) 자중, 적재하중, 적설 또는 풍압, 지진 및 기타의 진동과 충격에 대하여 안전한 구조일 것
(2) 부식 환경에 의하여 부식되지 아니하도록 다음의 재질로 제작할 것
① 용융아연 또는 용융아연-알루미늄-마그네슘합금 도금된 형강
② 스테인리스 스틸(STS)
③ 알루미늄합금
④ 상기와 동등이상의 성능(인장강도, 항복강도, 압축강도, 내구성 등)을 가지는 재질로서 KS제품 또는 동등이상의 성능의 제품일 것
(3) 모듈 지지대와 그 연결부재의 경우 용융아연도금처리 또는 녹 방지 처리를 하여야 하며, 절단가공 및 용접부위는 방식처리를 할 것
(4) 설치 시에는 건축물의 방수 등에 문제가 없도록 설치하여야 하며 볼트조립은 헐거움이 없이 단단히 조립하여야 하며, 모듈-지지대의 고정 볼트에는 스프링 와셔 또는 풀림방지너트 등으로 체결할 것

522.3 제어 및 보호 장치 등

522.3.1 어레이 출력 개폐기

1. 어레이 출력 개폐기는 다음과 같이 시설하여야 한다.
(1) 태양전지 모듈에 접속하는 부하 측의 태양전지 어레이에서 전력변환장치에 이르는 전로(복수의 태양전지 모듈을 시설한 경우에는 그 집합체에 접속하는 부하 측의 전로)에는 그 접속점에 근접하여 개폐기 기타 이와 유사한 기구(부하전류를 개폐할 수 있는 것에 한 한다)를 시설할 것
(2) 어레이 출력개폐기는 점검이나 조작이 가능한 곳에 시설할 것

522.3.2 과전류 및 지락 보호 장치

1. 모듈을 병렬로 접속하는 전로에는 그 전로에 단락전류가 발생할 경우에 전로를 보호하는 과전류차단기 또는 기타 기구를 시설하여야 한다. 단, 그 전로가 단락전류에 견딜 수 있는 경우에는 그러하지 아니하다.

2. 태양전지 발전설비의 직류 전로에 지락이 발생했을 때 자동적으로 전로를 차단하는 장치를 시설하고 그 방법 및 성능은 IEC 60364-7-712(2017) 712.42 또는 712.53에 따를 수 있다.

522.3.3 상주감시를 하지 아니하는 태양광발전소의 시설

상주감시를 하지 아니하는 태양광발전소의 시설은 351.8에 따른다.

522.3.4 접지설비

1. 태양전지 모듈의 프레임은 지지물과 전기적으로 완전하게 접속하여야 한다.
2. 수상에 시설하는 태양전지 모듈 등의 금속제는 접지를 해야하고, 접지 시 접지극을 수중에 띄우거나, 수중 바닥에 노출된 상태로 시설하여서는 아니 된다.
3. 기타 접지시설은 140의 규정에 따른다.

522.3.5 피뢰설비

태양광설비의 외부 피뢰시스템은 150의 규정에 따라 시설한다.

522.3.6 태양광설비의 계측장치

태양광설비에는 전압과 전류 또는 전압과 전력을 계측하는 장치를 시설하여야 한다.

| 530 풍력발전설비 |

531 일반사항

531.1 나셀 등의 접근 시설

나셀 등 풍력발전기 상부시설에 접근하기 위한 안전한 시설물을 강구하여야 한다.

531.2 항공장애 표시등 시설

발전용 풍력설비의 항공장애등 및 주간장애표지는 「항공법」 제83조(항공장애 표시등의 설치 등)의 규정에 따라 시설하여야 한다.

531.3 화재방호설비 시설

500 kW 이상의 풍력터빈은 나셀 내부의 화재 발생 시, 이를 자동으로 소화할 수 있는 화재방호설비를 시설하여야 한다.

532 풍력설비의 시설

532.1 간선의 시설기준

1. 간선은 다음에 의해 시설하여야 한다.
   (1) 풍력발전기에서 출력배선에 쓰이는 전선은 CV선 또는 TFR-CV선을 사용하거나 동등 이상의 성능을 가진 제품을 사용하여야 하며, 전선이 지면을 통과하는 경우에는 피복이 손상되지 않도록 별도의 조치를 취할 것
   (2) 기타 사항은 512.1.1에 따를 것
2. 단자와 접속은 512.1.2에 따른다.

532.2 풍력설비의 시설기준

532.2.1 풍력터빈의 구조

기술기준 제169조에 의한 풍력터빈의 구조에 적합한 것은 다음의 요구사항을 충족하는 것을 말한다.

1. 풍력터빈의 선정에 있어서는 시설장소의 풍황(風況)과 환경, 적용규모 및 적용형태 등을 고려하여 선정하여야 한다.
2. 풍력터빈의 유지, 보수 및 점검 시 작업자의 안전을 위한 다음의 잠금장치를 시설하여야 한다.

(1) 풍력터빈의 로터, 요 시스템 및 피치 시스템에는 각각 1개 이상의 잠금장치를 시설하여야 한다.

(2) 잠금장치는 풍력터빈의 정지장치가 작동하지 않더라도 로터, 나셀, 블레이드의 회전을 막을 수 있어야 한다.

3. 풍력터빈의 강도계산은 다음 사항을 따라야 한다.

(1) 최대풍압하중 및 운전 중의 회전력 등에 의한 풍력터빈의 강도계산에는 다음의 조건을 고려하여야 한다.

① 사용조건

㈎ 최대풍속 ㈏ 최대회전수

② 강도조건

㈎ 하중조건 ㈏ 강도계산의 기준 ㈐ 피로하중

(2) "(1)"의 강도계산은 다음 순서에 따라 계산하여야 한다.

① 풍력터빈의 제원(블레이드 직경, 회전수, 정격출력 등)을 결정

② 자중, 공기력, 원심력 및 이들에서 발생하는 모멘트를 산출

③ 풍력터빈의 사용조건(최대풍속, 풍력터빈의 제어)에 의해 각부에 작용하는 하중을 계산

④ 각부에 사용하는 재료에 의해 풍력터빈의 강도조건

⑤ 하중, 강도조건에 의해 각부의 강도계산을 실시하여 안전함을 확인

(3) "(2)"의 강도 계산개소에 가해진 하중의 합계는 다음 순서에 의하여 계산하여야 한다.

① 바람에너지를 흡수하는 블레이드의 강도계산

② 블레이드를 지지하는 날개 축, 날개 축을 유지하는 회전축의 강도계산

③ 블레이드, 회전축을 지지하는 나셀과 타워를 연결하는 요 베어링의 강도계산

532.2.2 풍력터빈을 지지하는 구조물의 구조 등

기술기준 제172조에 의한 풍력터빈을 지지하는 구조물은 다음과 같이 시설한다.

1. 풍력터빈을 지지하는 구조물의 구조, 성능 및 시설조건은 다음을 따른다.

(1) 풍력터빈을 지지하는 구조물은 자중, 적재하중, 적설, 풍압, 지진, 진동 및 충격을 고려하여야 한다. 다만, 해상 및 해안가 설치시는 염해 및 파랑하중에 대해서도 고려하여야 한다.

(2) 동결, 착설 및 분진의 부착 등에 의한 비정상적인 부식 등이 발생하지 않도록 고려하여야 한다.

(3) 풍속변동, 회전수변동 등에 의해 비정상적인 진동이 발생하지 않도록 고려하여야 한다.

2. 풍력터빈을 지지하는 구조물의 강도계산은 다음을 따른다.

(1) 제1에 의한 풍력터빈 및 지지물에 가해지는 풍하중의 계산방식은 다음 식과 같다.

$$P = CqA$$

여기서, P : 풍압력(N), C : 풍력계수, q : 속도압(N/m^2), A : 수풍면적(m^2)

① 풍력계수 C는 풍동실험 등에 의해 규정되는 경우를 제외하고, [건축구조설계기준]을 준용한다.

② 풍속압 q는 다음의 계산식 혹은 풍동실험 등에 의해 구하여야 한다.

(가) 풍력터빈 및 지지물의 높이가 16 m 이하인 부분

$$q = 60\left(\frac{V}{60}\right)^2 \sqrt{h}$$

(나) 풍력터빈 및 지지물의 높이가 16 m 초과하는 부분

$$q = 120\left(\frac{V}{60}\right)^2 \sqrt[4]{h}$$

여기서, V는 지표면상의 높이 10 m에서의 재현기간 50년에 상당하는 순간최대풍속(m/s)으로 하고 관측 자료에서 산출한다. h는 풍력터빈 및 지지물의 지표에서의 높이(m)로 하고 풍력터빈을 기타 시설물 지표면에서 돌출한 것의 상부에 시설하는 경우에는 주변의 지표면에서의 높이로 한다.

③ 수풍면적 A는 수풍면의 수직투영면적으로 한다.

(2) 풍력터빈 지지물의 강도계산에 이용하는 지진하중은 지역계수를 고려하여야 한다.

(3) 풍력터빈의 적재하중은 컷 아웃 시, 공진풍속 시, 폭풍 시 하중을 고려하여야 한다.

3. 풍력터빈을 지지하는 구조물 기초는 당해 구조물에 제1의 "(1)"에 의해 견디어야하는 하중에 대하여 충분한 안전율을 적용하여 시설하여야 한다.

532.3 제어 및 보호 장치 등

532.3.1 제어 및 보호 장치 시설의 일반 요구사항

기술기준 제174조에서 요구하는 제어 및 보호 장치는 다음과 같이 시설하여야 한다.

(1) 제어장치는 다음과 같은 기능 등을 보유하여야 한다.

① 풍속에 따른 출력 조절

② 출력제한

③ 회전속도제어

④ 계통과의 연계

⑤ 기동 및 정지

⑥ 계통 정전 또는 부하의 손실에 의한 정지

⑦ 요잉에 의한 케이블 꼬임 제한

(2) 보호 장치는 다음의 조건에서 풍력발전기를 보호하여야 한다.

① 과풍속

② 발전기의 과출력 또는 고장

③ 이상 진동

④ 계통 정전 또는 사고

⑤ 케이블의 꼬임 한계

532.3.2 주전원 개폐장치

풍력터빈은 작업자의 안전을 위하여 유지, 보수 및 점검 시 전원 차단을 위해 풍력터빈 타워의 기저부에 개폐장치를 시설하여야 한다.

532.3.3 상주감시를 하지 아니하는 풍력발전소의 시설

상주감시를 하지 아니하는 풍력발전소의 시설은 351.8에 따른다.

532.3.4 접지설비

1. 접지설비는 풍력발전설비 타워기초를 이용한 통합접지공사를 하여야 하며, 설비 사이의 전위차가 없도록 등전위 본딩을 하여야 한다.
2. 기타 접지시설은 140의 규정에 따른다.

532.3.5 피뢰설비

1. 기술기준 제175조의 규정에 준하여 다음에 따라 피뢰설비를 시설하여야 한다.

(1) 피뢰설비는 KS C IEC 61400-24(풍력발전기-낙뢰보호)에서 정하고 있는 피뢰구역(Lightning Protection Zones)에 적합하여야 하며, 다만 별도의 언급이 없다면 피뢰레벨(Lightning Protection Level : LPL)은 I 등급을 적용하여야 한다.

(2) 풍력터빈의 피뢰설비는 다음에 따라 시설하여야 한다.

① 수뢰부를 풍력터빈 선단부분 및 가장자리 부분에 배치하되 뇌격전류에 의한 발열에 용손(溶損)되지 않도록 재질, 크기, 두께 및 형상 등을 고려할 것

② 풍력터빈에 설치하는 인하도선은 쉽게 부식되지 않는 금속선으로서 뇌격전류를 안전하게 흘릴 수 있는 충분한 굵기여야 하며, 가능한 직선으로 시설할 것

③ 풍력터빈 내부의 계측 센서용 케이블은 금속관 또는 차폐케이블 등을 사용하여 뇌유도과전압으로부터 보호할 것

④ 풍력터빈에 설치한 피뢰설비(리셉터, 인하도선 등)의 기능저하로 인해 다른 기능에 영향을 미치지 않을 것

(3) 풍향·풍속계가 보호범위에 들도록 나셀 상부에 피뢰침을 시설하고 피뢰도선은 나셀프레임에 접속하여야 한다.

(4) 전력·제어기기 등의 피뢰설비는 다음에 따라 시설하여야 한다.
① 전력기기는 금속시스케이블, 내뢰변압기 및 서지 보호 장치(SPD)를 적용할 것
② 제어기기는 광케이블 및 포토커플러를 적용할 것
(5) 기타 피뢰설비시설은 150의 규정에 따른다.

532.3.6 풍력터빈 정지장치의 시설

기술기준 제170조에 따른 풍력터빈 정지장치는 표 532.3-1과 같이 자동으로 정지하는 장치를 시설하는 것을 말한다.

표 532.3-1 풍력터빈 정지장치

이상상태	자동정지장치	비고
풍력터빈의 회전속도가 비정상적으로 상승	○	
풍력터빈의 컷 아웃 풍속	○	
풍력터빈의 베어링 온도가 과도하게 상승	○	정격 출력이 500 kW 이상인 원동기(풍력터빈은 시가지 등 인가가 밀집해 있는 지역에 시설된 경우 100 kW 이상)
풍력터빈 운전 중 나셀진동이 과도하게 증가	○	시가지 등 인가가 밀집해 있는 지역에 시설된 것으로 정격출력 10 kW 이상의 풍력 터빈
제어용 압유장치의 유압이 과도하게 저하된 경우	○	용량 100 kVA 이상의 풍력발전소를 대상으로 함
압축공기장치의 공기압이 과도하게 저하된 경우	○	
전동식 제어장치의 전원전압이 과도하게 저하된 경우	○	

532.3.7 계측장치의 시설

풍력터빈에는 설비의 손상을 방지하기 위하여 운전 상태를 계측하는 다음의 계측장치를 시설하여야 한다.

(1) 회전속도계
(2) 온도계
(3) 풍속계
(4) 압력계
(5) 나셀(nacelle) 내의 진동을 감시하기 위한 진동계

Ⅲ. 분산형 전원 배전계통연계기술기준

제1장 총칙

1. 제1조(목적)

이 기준은 아래의 근거에 의거하여 분산형 전원을 한전계통에 연계하기 위한 표준적인 기술요건을 정하는 것을 목적으로 한다.

(1) 전기사업법 제15조(송·배전용 전기설비의 이용요금 등)에 의해 제정된 송·배전용 전기설비의 이용규정의 제39조(배전용 전기설비의 접속 및 성능기준)에 따라 전력시장운영규칙에 정해지지 않은 사항을 적용하기 위해 운영한다.

(2) 전기사업법 제18조(전기 품질의 유지) 및 전기사업법 제27조의2(전력계통의 신뢰도 유지)에 따라 고시된 전력계통 신뢰도 및 전기 품질 유지기준 제3조(전력계통 신뢰도 및 전기 품질 유지) 2항에 의거하여 고시에서 요구되는 세부 기술적인 사항에 대한 별도의 기준을 마련하기 위해 운영한다.

2. 제2조 범위(적용)

이 기준은 분산형 전원을 설치한 자(이하 "분산형 전원 설치자"라 한다)가 해당 분산형 전원을 한국전력공사(이하 "한전"이라 한다)의 배전계통(이하 "계통"이라 한다)에 연계하고자 하는 경우에 적용한다.

3. 제3조(용어정의)

이 기준에서 사용하는 용어는 다음 각 호와 같이 정의한다.

(1) 분산형 전원(DER, Distributed Energy Resources)

대규모 집중형 전원과는 달리 소규모로 전력소비지역 부근에 분산하여 배치가 가능한 전원으로서 다음 각 목의 하나에 해당하는 발전설비를 말한다.

① 전기사업법 제2조 제4호의 규정에 의한 발전사업자(신에너지 및 재생에너지 개발·이용·보급 촉진법 제2조 제1, 2호의 규정에 의한 신·재생에너지를 이용하여 전기를 생산하는 발전사업자와 집단에너지사업법 제48조의 규정에 의한 발전사업의 허가를 받은 집단에너지사업자를 포함한다) 또는 전기사업법 제2조 제12호의 규정에 의한 구역전기사업자의 발전설비로서 전기사업법 제43조의 규정에 의한 전력시장운영규칙

제1.1.2조 제1호에서 정항 중앙급전발전기가 아닌 발전설비 또는 전력시장운영규칙을 적용받지 않는 발전설비

② 전기사업법 제2조 제19호의 규정에 의한 자가용 전기설비에 해당하는 발전설비(이하 "자가용 발전설비"라 한다) 또는 전기사업법 시행규칙 제3조 제1항 제2호의 규정에 의해 일반용 전기설비에 해당하는 저압 10 kW 이하 발전기(이하 "저압 소용량 일반용 발전설비"라 한다)

③ 양방향 분산형 전원은 아래와 같이 전기를 저장하거나 공급할 수 있는 시스템을 말한다.

㈎ 전기저장장치(ESS : Energy Storage System) : 전기설비기술기준 제3조 제1항 제28호의 규정에 의한 전기를 저장하거나 공급할 수 있는 시스템을 말한다.

㈏ 전기자동차 충·방전시스템(V2G : Vehicle to Grid) : 전기설비기술기준 제53조의 2에 따른 전기자동차와 고정식 충·방전설비를 갖추어, 전기자동차에 전기를 저장하거나 공급할 수 있는 시스템을 말한다.

(2) Hybrid 분산형 전원

Hybrid 분산형 전원은 태양광, 풍력발전 등의 분산형 전원에 ESS 설비(배터리, PCS 등 포함)를 혼합하여 발전하는 유형을 말한다.

(3) 한전계통(Area EPS : Electric Power System)

구내계통에 전기를 공급하거나 그로부터 전기를 공급받는 한전의 계통을 말하는 것으로 접속설비를 포함한다.(그림 1 참조)

(4) 구내계통(Local EPS : Electric Power System)

분산형 전원 설치자 또는 전기사용자의 단일 구내(담, 울타리, 도로 등으로 구분되고, 그 내부의 토지 또는 건물들의 소유자나 사용자가 동일한 구역을 말한다. 이하 같다) 또는 제4조 제2항 제4호 단서에 규정된 경우와 같이 여러 구내의 집합 내에 완전히 포함되는 계통을 말한다.(그림 1 참조)

(5) 연계(interconnection)

분산형 전원을 한전계통과 병렬운전하기 위하여 계통에 전기적으로 연결하는 것을 말한다.

(6) 연계 시스템(interconnection System)

분산형 전원을 한전계통에 연계하기 위해 사용되는 모든 연계 설비 및 기능들의 집합체를 말한다.(그림 2 참조)

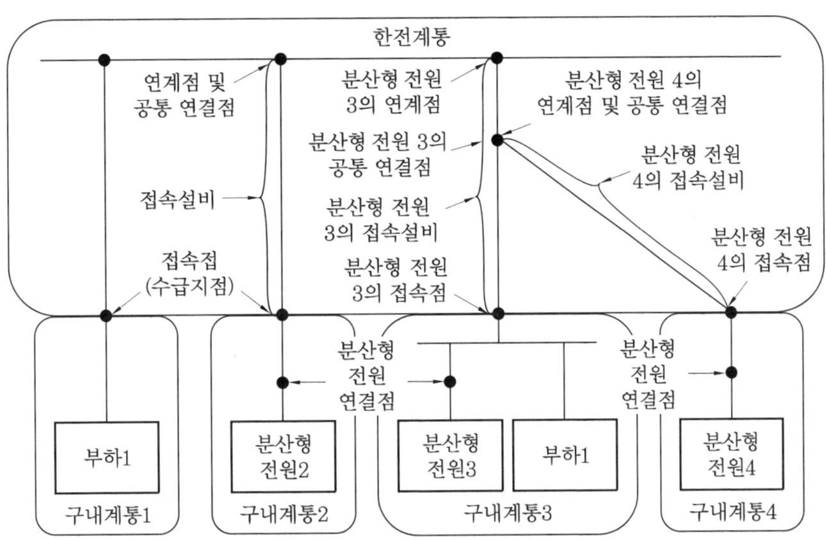

비고 1. 점선은 계통의 경계를 나타냄(다수의 구내계통 존재 가능)
2. 연계시점 : 분산형 전원3 → 분산형 전원4

[그림 1] 연계관련 용어 간의 관계

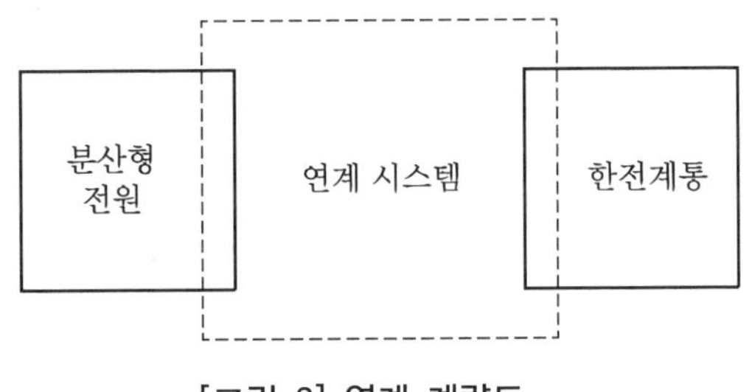

[그림 2] 연계 계략도

(7) 연계점

제4조에 따라 접속설비를 일반선로로 할 때에는 접속 설비가 검토 대상 분산형 전원 연계 시점의 공용 한전계통(다른 분산형 전원 설치자 또는 전기사용자와 공용하는 한전계통의 부분을 말한다. 이하 같다)에 연결되는 지점을 말하며, 접속설비를 전용선로로 할 때에는 특고압의 경우 접속설비가 한전의 변전소 내 분산형 전원 설치자 측 인출 개폐장치(CB : Circuit Breaker)의 분산형 전원 설치자 측 단자에 연결되는 지점, 저압의 경우 접속설비가 가공배전용 변압기(P.Tr)의 2차 인하선 또는 지중배전용 변압기의 2차측 단자에 연결되는 지점을 말한다.(그림 1 참조)

(8) 접속설비

제6호에 의한 연계점으로부터 검토 대상 분산형 전원 설치자의 전기설비에 이르기까지의 전선로와 이에 부속하는 개폐장치 및 기타 관련 설비를 말한다.(그림 1 참조)

(9) 접속점

접속설비와 분산형 전원 설치자 측 전기설비가 연결되는 지점을 말한다. 한전계통과 구내계통의 경계가 되는 책임한계점으로서 수급지점이라고도 한다.(그림 1 참조)

(10) 공통 연결점(PCC : Point of Common Coupling)

한전계통상에서 검토 대상 분산형 전원으로부터 전기적으로 가장 가까운 지점으로서 다른 분산형 전원 또는 전기사용 부하가 존재하거나 연결될 수 있는 지점을 말한다. 검토 대상 분산형 전원으로부터 생산된 전력이 한전계통에 연결된 다른 분산형 전원 또는 전기사용 부하에 영향을 미치는 위치로도 정의할 수 있다.(그림 1 참조)

(11) 분산형 전원 연결점(Point of DR Connection)

구내계통 내에서 검토 대상 분산형 전원이 존재하거나 연결될 수 있는 지점을 말한다. 분산형 전원이 해당 구내계통에 전기적으로 연결되는 분전반 등을 분산형 전원 연결점으로 볼 수 있다.(그림 1 참조)

(12) 검토점(POE : Point of Evaluation)

분산형 전원 연계 시 이 기준에서 정한 기술요건들이 충족되는지를 검토하는데 있어 기준이 되는 지점을 말한다.

(13) 단순병렬

제1호 나목에 의한 자가용 발전설비 또는 저압 소용량 일반용 발전설비를 한전계통에 연계하여 운전하되, 생산한 전력의 전부를 구내계통 내에서 자체적으로 소비하기 위한 것으로서 생산한 전력이 한전계통으로 송전되지 않는 병렬 형태를 말한다.

(14) 역송병렬

분산형 전원을 한전계통에 연계하여 운전하되, 생산한 전력의 전부 또는 일부가 한전계통으로 송전되는 병렬 형태를 말한다.

(15) 단독운전(Islanding)

한전계통의 일부가 한전계통의 전원과 전기적으로 분리된 상태에서 분산형 전원에 의해서만 가압되는 상태를 말한다.

(16) 연계용량

계통에 연계하과 하는 단위 분산형 전원에 속한 발전설비 정격출력(교류 발전설비의 경우에는 발전기의 정격출력, 직류 발전설비의 경우에는 사용 전 검사필증 용량을 말한다. 이하 같다)의 합계와 발전용 변압기 설비용량의 합계 중에서 작은 것을 말한다. 단, Hybrid 분산형 전원의 경우 최대출력 가능용량을 연계용량으로 한다.(Hybrid 풍력은 풍력발전 설비용량에 PCS 정격용량을 더한 값과 발전용 변압기 총용량 중 작은 것을, Hybrid 태양광은 태양광발전 설비용량과 발전용 변압기 총용량 중 작은 것)

(17) ESS 설비용량

ESS 설비용량은 ESS의 직류전력으로 변환하는 장치(PCS)의 정격출력을 말한다.

(18) 주변압기 누적연계용량

해당 주변압기에서 공급되는 특고압 일반선로 및 전용선로에 역송병렬 형태로 연계된 모든 분산형 전원(기존 연계된 분산형 전원과 신규로 연계 예정인 분산형 전원 포함)과 전용변압기(상계거래용 변압기 포함)를 통해 저압계통에 연계된 모든 분산형 전원 연계용량의 누적 합을 말한다.

(19) 특고압 일반선로 누적연계용량

해당 특고압 일반선로에 역송병렬 형태로 연계된 모든 분산형 전원(기존 연계된 분산형 전원과 신규로 연계 예정인 분산형 전원 포함)과 해당 특고압 일반선로에서 공급되는 전용변압기(상계거래용 변압기 포함)를 통해 저압계통에 연계된 모든 분산형 전원 연계용량의 누적 합을 말한다.

(20) 배전용 변압기 누적연계용량

해당 배전용 변압기(주상변압기 및 지상변압기)에서 공급되는 저압 일반선로 및 전용선로에 역송병렬 형태로 연계된 모든 분산형 전원(기존 연계된 분산형 전원과 신규로 연계 예정인 분산형 전원 포함) 연계용량의 누적 합을 말한다.

(21) 저압 일반선로 누적연계용량

해당 저압 일반선로에 역송병렬 형태로 연계된 모든 분산형 전원(기존 연계된 분산형 전원과 신규로 연계 예정인 분산형 전원 포함) 연계용량의 누적 합을 말한다.

(22) 간소검토용량

상세한 기술평가 없이 제2장 제2절의 기술요건을 만족하는 것으로 간주할 수 있는 분산형 전원의 연계가능 최소용량으로 제2장 제1절의 기술요건만을 만족하는 경우 연계가 가능한 용량기준을 의미하며, 분산형 전원이 연계되는 대상 계통의 설비용량(주변압기 및 배전용 변압기 용량, 선로운전용량 등)에 대한 분산형 전원의 누적연계용량의 비율로 정의한다.

(23) 상시운전용량

22,900 V 일반 배전선로(전선 ACSR-OC 160 mm^2 및 CNCV 325 mm^2, 3분할 3연계 적용)의 상시운전용량은 10,000 kVA, 22,900 V 특수 배전선로(ACSR-OC 240 mm^2 및 CNCV 325 mm^2「전력구 구간」, CNCV 600 mm^2「관로 구간」, 3분할 3연계 적용)의 상시운전용량은 15,000 kVA로 평상시의 운전 최대용량을 의미하며, 변전소 주변압기의 용량, 전선의 열적허용전류, 선로 전압강하, 비상 시 부하전환능력, 선로의 분할 및 연계 등 해당 배전계통 운전여건에 따라 하향 조정될 수 있다.

(24) 일반선로

일반 다수의 전기사용자에게 전기를 공급하기 위하여 설치한 배전선로를 말한다.

(25) 전용선로

특정 분산형 전원 설치자가 전용(專用)하기 위한 배전선로로서 한전이 소유하는 선로를 말한다.

(26) 전압요동(電壓搖動, voltage fluctuation)

연속적이거나 주기적인 전압변동[voltage change, 어느 일정한 지속시간(duration) 동안 유지되는 연속적인 두 레벨 사이의 전압 실횻값 또는 최댓값의 변화를 말한다. 이하 같다]을 말한다.

(27) 플리커(flicker)

입력 전압의 요동(fluctuation)에 기인한 전등 조면 강도의 인지 가능한 변화를 말한다.

(28) 상시전압 변동률

분산형 전원 연계 전 계통의 안전상태 전압 실횻값과 연계 후 분산형 전원 정격출력을 기준으로 한 계통의 안정 상태 전압 실횻값 간의 차이(steady-state voltage change)를 계통의 공칭전압에 대한 백분율로 나타낸 것을 말한다.

(29) 순시전압 변동률

분산형 전원의 기동, 탈락 혹은 빈번한 출력변동 등으로 인해 과도상태가 지속되는 동안 발생하는 기폰파 계통전압 실횻값의 급격한 변동(rapid voltage change, 예를 들어 실횻값의 최댓값과 최솟값의 차이 등을 말한다)을 계통의 공칭전압에 대한 백분율로 나타낸 것을 말한다.

(30) 전압 상한여유도

배전선로의 최소부하 조건에서 산정한 특고압 계통의 임의의 지점의 전압과 전기사업법 제18조 및 동법 시향규칙 제18조에서 정한 표준전압 및 허용오차의 상한치(220 V + 13 V)를 특고압으로 환산한 전압의 차이를 공칭전압에 대한 백분율로 표시한 값을 말한다. 즉, 특고압 계통의 임의의 지점에서 산출한 전압 상한여유도는 해당 배전선로에서 분산형 전원에 의한 전압변동(전압 상승)을 허용할 수 있는 여유를 의미한다.

(31) 전압 하한여유도

배전선로의 최대부하 조건에서 산정한 특고압 계통의 임의의 지점의 전압과 전기사업법 제18조 및 동법 시행규칙 제18조에서 정한 표준전압 및 허용오차의 하한치(220 V−13 V)를 특고압으로 환산한 전압의 차이를 공칭전압에 대한 백분율로 표시한 값을 말한다. 즉, 특고압 계통의 임의의 지점에서 산출한 전압 하한여유도는 해당 배전선로에서 분산형 전원에 의한 전압변동(전압강하)을 허용할 수 있는 여유를 의미한다.

(32) 전자기 장해(EMI, ElectroMagnetic Interference)

전자기기의 동작을 방해, 중지 또는 약화시키는 외란을 말한다.

(33) 서지(surge)

전기기기나 계통 운영 중에 발생하는 과도 전압 또는 전류로서, 일반적으로 최댓값까지 급격히 상승하고 하강 시에는 상승 시보다 서서히 떨어지는 수 ms 이내의 지속시간을 갖는 파형의 것을 말한다.

(34) OLTC

On Load Tap Changer의 머리글자로, 부하공급 상태에서 TAP 위치를 변화시켜 전압조정이 가능한 장치를 말한다.

(35) 자동전압조정장치

주변압기 OLTC에 부가된 부속장치로서 부하의 크기에 따라 적정한 전압을 자동으로 조정할 수 있도록 신호를 공급하는 장치를 말한다.

(36) 전용 변압기

저압 분산형 전원의 배전 계통연계를 위해 일반 전기사용자가 연결되지 않은 발전 전용 배전용 변압기를 말하며 한전이 소유한다.

(37) 상계거래용 변압기

상계거래 연계용량이 배전용 변압기 용량의 50 %를 초과하는 경우로 상계거래를 신청하는 고객이 전기공급과 발전을 동시에 하기 위해 설치하는 전용 배전용 변압기를 말하며, 한전이 소유한다. 단, 상계거래용 변압기의 경우 다른 고객의 전기공급에는 활용 가능하나, 추가 발전설비 연계는 불가하다.

(38) 발전구역

분산형 전원 연계의 기준이 되는 구역으로 전기공급약관 제18조에 규정한 전기사용장소와 동일한 장소를 의미한다.

4. 제4조(연계 요건 및 연계의 구분)

(1) 분산형 전원을 계통에 연계하고자 할 경우, 공공 인축과 설비의 안전, 전력 공급 신뢰도 및 전기 품질을 확보하기 위한 기술적인 제반 요건이 충족되어야 한다.

(2) 제2장 제1절의 기술요건을 만족하고 한전계통 저압 배전용 변압기의 분산형 전원 연계가능용량에 여유가 있을 경우, 저압 한전계통에 연계할 수 있는 분산형 전원은 다음과 같다.

① 분산형 전원의 연계용량이 500 kW 미만이고 배전용 변압기 누적연계용량이 해당 배전용 변압기 용량의 50 % 이하인 경우, 다음 각 목에 따라 해당 저압계통에 연계할 수 있다. 다만, 분산형 전원의 출력전류의 합은 해당 저압 전선의 허용전류를 초과할 수 없다.

㈎ 분산형 전원의 연계용량이 연계하고자 하는 해당 배전용 변압기(지상 또는 주상) 용량의 25 % 이하인 경우 다음 각 목에 따라 간소검토 또는 연계용량 평가를 통해 저압 일반선로로 연계할 수 있다.

㉮ 간소검토 : 저압 일반선로 누적연계용량이 해당 변압기 용량의 25 % 이하인 경우

㉯ 연계용량 평가 : 저압 일반선로 누적연계용량이 해당 변압기 용량의 25 % 초과 시, 제2장 제2절에서 정한 기술요건을 만족하는 경우

㈏ 분산형 전원의 연계용량이 연계하고자 하는 해당 배전용 변압기(주상 또는 지상) 용량의 25 %를 초과하거나, 제2장 제2절에서 정한 기술요건에 적합하지 않은 경우 접속설비를 저압 전용선로로 할 수 있다.

② 배전용 변압기 누적연계용량이 해당 변압기 용량의 50 %를 초과하는 경우 전용변압기(상계거래용 변압기 포함)를 설치하여 연계할 수 있다. 단, 아래의 조건에서는 예외로 한다.

㈎ 4 kW 이하 상계거래의 경우는 배전용 변압기 누적연계용량이 해당 배전용 변압

기 용량의 50 % 초과 시 배전용 변압기의 직전 1년간 평균 상시이용률 이내에서 해당 배전용 변압기를 통해 저압에 연계할 수 있다. 단, 평균 상시이용률이 50 % 이상인 경우만 적용 가능하며, 배전용 변압기 누적연계용량이 상시이용률을 초과하는 경우에는 상계거래용 변압기를 설치하여 연계한다.

㈏ 4 kW 이하 단상 상계거래에 한해 현재 연계 예정인 배전용 변압기가 3상인이고, 해당 배전용 변압기의 누적연계용량이 변압기 용량 50 %를 초과하는 경우 다른 상 배전용 변압기 누적연계용량이 변압기 용량의 50 % 이내에서 상분리를 통해 연계할 수 있다.

③ 분산형 전원의 연계용량이 500 kW 미만인 경우라도 분산형 전원 설치자가 희망하고 한전이 이를 타당하다고 인정하는 경우에는 특고압 한전계통에 연계할 수 있다.

④ 동일한 발전구역 내에서 개별 분산형 전원의 연계용량은 500 kW미만이나 그 연계용량의 총합은 500 kW 이상이고, 그 명의나 회계주체(법인)가 각기 다른 복수의 단위 분산형 전원이 존재할 경우에는 제2항 제1호, 제2호에 따라 각각의 단위 분산형 전원을 저압 한전계통에 연계할 수 있다. 다만, 각 분산형 전원 설치자가 희망하고, 계통의 효율적 이용, 유지보수 편의성 등 경제적, 기술적으로 타당한 경우에는 대표 분산형 전원 설치자의 발전용 변압기 설비를 공용하여 제3항에 따라 특고압 한전계통에 연계할 수 있다.

⑤ 저압 한전계통에 연계하는 분산형 전원의 연계용량이 150 kW 이상 500 kW 미만인 경우 기본공급약관시행세칙 제14조 3항에 따라, 분산형 전원 설치자의 발전구역 내에 한전 지중공급설비 설치장소를 제공받아 전용으로 공급함을 원칙으로 한다. 다만, 가공공급지역에 한해 하나의 공통연결점에서 단위 또는 합산 분산형 전원 연계용량이 500 kW 미만인 경우 발전구역 밖 주상변압기에서 연계가 가능하다.

⑥ 전기방식이 교류 단상 220 V인 분산형 전원을 저압 한전계통에 연계할 수 있는 용량은 100 kW 미만으로 한다.

⑦ 회전형 분산형 전원을 저압 한전계통에 연계할 경우 단순병렬 또는 전용변압기를 통하여 연계할 수 있다.

⑧ 저압 분산형 전원 연계용 전용 변압기는 무부하 손실이 적은 신품변압기로 주상은 아몰퍼스 변압기, 지상은 Compact형 변압기를 신설함을 원칙으로 한다. 단, 상계거래용 변압기는 주상의 경우 고효율 변압기를 신설한다.

(3) 제2장 제1절의 기술요건을 만족하고 한전계통 변전소 주변압기의 분산형 전원 연계 가능용량에 여유가 있을 경우, 특고압 한전계통 또는 전용변압기(상계거래용 변압기 포함)를 통해 저압 한전계통에 연계할 수 있는 분산형 정원은 다음과 같다.

① 분산형 전원의 연계용량이 10,000 kW 이하로 특고압 한전계통에 연계되거나 500 kW 미만으로 전용변압기(상계거래용 변압기 포함)를 통해 저압 한전계통에 연계되고

해당 특고압 일반선로 누적연계용량이 상시운전용량 이하인 경우 다음 각 목애 따라 해당 한전계통에 연계할 수 있다. 다만, 분산형 전원의 출력전류의 합은 해당 특고압 전선의 허용전류를 초과할 수 없다.

㈎ 간소검토 : 주 변압기 누적연계용량이 해당 주 변압기 용량의 15 % 이하이고, 특고압 일반선로 누적연계용량이 해당 특고압 일반선로 상시운전용량의 15 % 이하인 경우 간소검토 용량으로 하여 특고압 일반선로에 연계할 수 있다.

㈏ 연계용량 평가 : 주 변압기 누적연계용량이 해당 주 변압기 용량의 15 %를 초과하거나, 특고압 일반설로 누적연계용량이 해당 특고압 일반선로 상시운전용량의 15 %를 초과하는 경우에 대해서는 제2장 제2절에서 정한 기술요건을 만족하는 경우에 한하여 해당 특고압 일반선로에 연계할 수 있다.

㈐ 분산형 전원의 연계로 인해 제2장 제1절 및 제2절에서 정한 기술요건을 만족하지 못하는 경우 원칙적으로 전용선로로 연계하여야 한다. 단, 기술적 문제를 해결할 수 있는 보완 대책이 있고 설비보강 등의 합의가 있는 경우에 한하여 특고압 일반선로에 연계할 수 있다.

(2) 분산형 전원의 연계용량이 10,000 kW를 초과하거나 특고압 일반설로 누적연계용량이 해당 선로의 상시운전용량을 초과하는 경우 다음 각 목에 따른다.

① 개별 분산형 전원의 연계용량이 10,000 kW 이하라도 특고압 일반선로 누적연계용량이 해당 특고압 일반선로 상시운전용량을 초과하는 경우에는 접속설비를 특고압 전용선로로 함을 원칙으로 한다.

② 개별 분산형 전원의 연계용량이 14,000 kW 초과 20,000 kW 이하인 경우에는 접속설비를 대용량 배전방식에 의해 연계함을 원칙으로 한다.

③ 접속설비를 전용선로로 하는 경우, 향후 불특정 다수의 다른 일반 전기사용자에게 전기를 공급하기 위한 선로경과지 확보에 현저한 지장이 발생하거나 발생할 우려가 있다고 한전이 인정하는 경우에는 접속설비를 지중 배전선로로 구성함을 원칙으로 한다.

④ 접속설비를 전용선로로 연계하는 분산형 전원은 제2장 제2절 제23조에서 정한 단락용량 기술요건을 만족해야 한다.

(3) 제1, 2항에도 불구하고 다음 각 목을 모두 만족하는 경우에 한하여 특고압 일반선로의 연계되는 분산형 전원을 상시운전용량의 20 % 범위 내에서 추가로 연계할 수 있다.

① 특고압 공용 배전선로에 연계된 태양광(ESS 연계 태양광 포함)을 제외한 분산형 전원의 누적연계용량이 2,000 kW를 초과하지 않는 경우

② 연계하고자 하는 분산형 전원의 연계용량이 10,000 kW를 초과하지 않는 경우

(4) 단순병렬로 연계되는 분산형 전원의 경우 제2장 제1절의 기술요건을 만족하는 경우 배전용 변압기 및 저압 일반선로 누적연계용량과 주 변압기 및 특고압 일반선로 누적연계

용량 합산 대상에서 제외할 수 있다.

(5) 기술기준 제2장 제1절의 기술요건 만족여부를 검토할 때, 분산형 전원 용량은 해당 단위 분산형 전원에 속한 발전설비 정격 출력의 합계(Hybrid 분산형 전원의 경우 최대출력을 기준으로 산정한 연계용량)를 기준으로 하며, 검토점은 특별히 달리 규정된 내용이 없는 한 제3조 제9호에 의한 공통 연결점으로 함을 원칙으로 하나, 측정이나 시험수행 시 편의상 제3조 제8호에 의한 접속점 또는 제10호에 의한 분산형 전원 연결점 등을 검토점으로 할 수 있다.

(6) 기술기준 제2장 제2절의 기술요건 만족여부를 검토할 때, 분산형 전원 용량은 저압연계의 경우 해당 배전용 변압기 및 저압 일반선로 누적연계용량을 기준으로 하며, 특고압 연계의 경우 해당 주변압기 및 특고압 일반선로 누적연계용량을 기준으로 한다. 다만, 전용변압기(상계거래용 변압기 포함)를 통해 연계하는 분산형 전원의 경우 특고압 연계에 준하여 검토한다.

(7) Hybrid 분산형 전원의 ESS 충전은 분산형 전원의 발전전력에 의해서만 이루어져야 하며, 소내 부하공급용 전력에 의한 충전은 허용되지 않는다. 이때 ESS 정격용량은 풍력·태양광 등 분산형 전원의 발전과 동시 또는 각각 가능하다. 단, 아래 조건 하에서 ESS의 PCS 용량이 설비용량을 초과할 수 있다.

① PCS의 정격용량이 발전설비 용량의 110 % 이하이고, PCS 입출력을 발전 설비용량 이하로 운전하도록 설정할 경우

② PCS 연계변압기의 정격용량을 발전 설비용량 이하로 설치하고, PCS 입출력을 발전 설비용량 이하로 운전하도록 설정할 경우

※ 위 기준 1호 및 2호에 해당하는 사업자는 PCS 운전 확약서 제출

5. 제5조(협의 등)

(1) 이 기준에 명시되지 않은 사항은 관련 법령, 규정 등에서 정하는 바에 따라 분산형 전원 설치자와 한전이 협의하여 결정한다.

(2) 한전은 이 기준에서 정한 기술요건의 만족여부 검토·확인, 연계계통의 운영 등을 위하여 필요할 때에는 이 기준의 취지에 따라 세부 시행 지침, 절차 등을 정하여 운영할 수 있다.

(3) 분산형 전원 사업자의 합의가 있는 경우, 분산형 전원에 대한 운전역률, 유효전력 및 무효전력 제어 등에 관한 기술적 내용을 한전과 분산형 전원 사업자간 상호 협의하여 체결할 수 있다.

(4) 분산형 전원의 연계가 배전계통 운영 및 전기사용자의 전력품질에 영향을 미친다고 판단되는 경우, 분산형 전원에 대한 한전의 원격제어 및 탈락 기능에 대한 기술적 협의를 거쳐 계통연계를 검토할 수 있다.

제 2 장 연계기술기준

제1절 기본사항

1. 제6조(전기방식)

(1) 분산형 전원의 전기방식은 연계하고자 하는 계통의 전기방식과 동일해야 함을 원칙으로 한다. 단, 3상 수전고객이 단상인버터를 설치하여 분산형 전원을 계통에 연계하는 경우는 다음 표 2.1에 의한다.

표 2.1 3상 수전 단상 인버터 설치기준

구분	인버터 용량
1상 또는 2상 설치 시	각 상에 4 kW 이하로 설치
3상 설치 시	상별 동일 용량 설치

(2) 분산형 전원의 연계 구분에 따른 연계계통의 전기방식은 다음 표 2.2에 의한다.

표 2.2 연계 구분에 따른 계통의 전기방식

구분	연계계통의 전기방식
저압 한전계통연계	교류 단상 220 V 또는 교류 3상 380 V 중 기술적으로 타당하다고 한전이 정한 1가지 전기방식
특고압 한전계통연계	교류 3상 22,900 V

2. 제7조(한전계통 접지와의 협조)

(1) 역송병렬 형태의 분산형 전원 연계 시 그 접지방식은 해당 한전계통에 연결되어 있는 타 설비의 정격을 초과하는 과전압을 유발하거나 한전계통의 지락고장 보호협조를 방해해서는 안 된다. 단, 분산형 전원 설치자가 비접지방식을 사용하여 연계하고자 하는 경우 한전계통 접지와의 협조를 만족할 수 있는 별도의 대책을 수립하여야 한다.

3. 제8조(동기화)

(1) 분산형 전원의 계통연계 또는 가압된 구내계통의 가압된 한전계통에 대한 연계에 대하여 병렬연계 장치의 투입 순간에 표 2.3의 모든 동기화 변수들이 제시된 제한범위 이내에 있어야 하며, 만일 어느 하나의 변수라도 제시된 범위를 벗어날 경우에는 병렬연계 장치가 투입되지 않아야 한다.

표 2.3 계통연계를 위한 동기화 변수 제한범위

분산형 전원 정격용량 합계(kW)	주파수 차 (Δf, Hz)	전압 차 (ΔV, %)	위상각 차 ($\Delta \Phi$, °)
0 ~ 500 이하	0.3	10	20
500 초과 ~ 1,500 이하	0.2	5	15
1,500 초과 ~ 20,000 미만	0.1	3	10

4. 제9조(비의도적인 한전계통 가압)

분산형 전원은 한전계통이 가압되어 있지 않을 때 한전계통을 가압해서는 안 된다.

5. 제10조(감시설비)

(1) 특고압 또는 전용 변압기를 통해 저압 한전계통에 연계하는 역송병렬의 분산형 전원이 하나의 공통 연결점에서 단위 분산형 전원의 용량 또는 분산형 전원 용량의 총합이 250 kW 이상일 경우 분산형 전원 설치자는 분산형 전원 연결점에 연계상태, 유·무효전력 출력, 운전 역률 및 전압 등의 전력품질을 감시하기 위한 설비를 갖추어야 한다.

(2) 한전계통 운영상 필요할 경우 한전은 분산형 전원 설치자에게 제1항에 의한 감시설비와 한전계통 운영시스템의 실시간 연계를 요구하거나 실시간 연계가 기술적으로 불가할 경우 감시기록 제출을 요구할 수 있으며, 분산형 전원 설치자는 이에 응하여야 한다.

6. 제11조(분리장치)

(1) 접속점에는 접근이 용이하고 잠금이 가능하며 개방상태를 육안으로 확인할 수 있는 분리장치를 설치하여야한다.(단, 단순병렬 분산형 전원은 1항의 조건을 만족하는 경우 책임분계점 개폐기로 대체 가능하다.)

(2) 제4조 제3항에 따라 역송병렬 형태의 분산형 전원이 특고압 한전계통에 연계되는 경우 제1항에 의한 분리장치는 연계용량에 관계없이 전압·전류 감시기능, 고장표시(FI, Fault Indication) 기능 등을 구비한 자동개폐기를 설치하여야 한다. 다만, 전용변압기를 통해 한전계통에 연계하는 단독 또는 합산용량 100 kW 이상 저압 분산형 전원의 경우 변압기 1차측에 전압·전류 감시기능, 고장표시(FI, Fault Indication) 기능, 고장전류 감지 및 자동차단 기능 등을 구비한 자동차단기를 설치하여야 한다.

7. 제12조(연계 시스템의 건전성)

(1) 전자기 장해로부터의 보호 : 연계 시스템은 전자기 장해 환경에 견딜 수 있어야 하며, 전자기 장해의 영향으로 인하여 연계 시스템이 오동작하거나 그 상태가 변화되어서는 안 된다.

(2) 내서지 성능 : 연계 시스템은 서지를 견딜 수 있는 능력을 갖추어야 한다.

8. 제13조(한전계통 이상 시 분산형 전원 분리 및 재병입)

(1) 한전계통의 고장 : 분산형 전원은 연계된 한전계통 선로의 고장 시 해당 한전계통에 대한 가압을 즉시 중지하여야 한다.

(2) 한전계통 재폐로와의 협조 : 제1항에 의한 분산형 전원 분리시점은 해당 한전계통의 재폐로 시점 이전이어야 한다.

(3) 전압

① 연계 시스템의 보호장치는 각 선간전압의 실횻값 또는 기본파 값을 감지해야 한다. 단, 구내계통을 한전계통에 연결하는 변압기가 Y-Y 결선 접지방식의 것 또는 단상 변압기일 경우에는 각 상전압을 감지해야 한다.

② 제1호의 전압 중 어느 값이나 표 2.4와 같은 비정상 범위 내에 있을 경우 분산형 전원은 해당 분리시간(clearing time) 내에 한전계통에 대한 가압을 중지하여야 한다.

③ 다음 각 목의 하나에 해당하는 경우에는 분산형 전원 연결점에서 제1호에 의한 전압을 검출할 수 있다.

㈎ 하나의 구내계통에서 분산형 전원 용량의 총합이 30 kW 이하인 경우

㈏ 연계 시스템 설비가 단독운전 방지시험을 통과한 것으로 확인될 경우

㈐ 분산형 전원용량의 총합이 구내계통의 15분간 최대수요전력 연간 최솟값의 50 % 미만이고, 한전계통으로의 유·무효전력 역송이 허용되지 않는 경우

(4) 주파수

계통 주파수가 표 2.5와 같은 비정상 범위 내에 있을 경우 분산형 전원은 해당 분리시간 내에 한전계통에 대한 가압을 중지하여야 한다.

표 2.5 비정상 주파수에 대한 분산형 전원 분리시간

분산형 전원 용량	주파수 범위[주](Hz)	분리시간[주](초)
용량무관	$f > 61.5$	0.16
	$f < 57.5$	300
	$f < 57.0$	0.16

주) 분리시간이란 비정상 상태의 시작부터 분산형 전원의 계통가압 중지까지의 시간을 말하며, 필요할 경우 주파수 범위 정정치와 분리시간을 현장에서 조정할 수 있어야 한다. 저주파수 계전기 정정치 조정 시에는 한전계통 운영과의 협조를 고려하여야 한다.

(5) 한전계통에의 재병입(再並入, reconnection)

① 한전계통에서 이상 발생 후 해당 한전계통의 전압 및 주파수가 정상범위 내에 들어올 때까지 분산형 전원의 재병입이 발생해서는 안 된다.

② 분산형 전원 연계 시스템은 안정상태의 한전계통 전압 및 주파수가 정상범위로 복원된 후 그 범위 내에서 5분간 유지되지 않는 한 분산형 전원의 재병입이 발생하지 않도록 하는 지연기능을 갖추어야 한다.

Ⅳ. 신에너지 및 재생에너지 개발 · 이용 · 보급 촉진법(일부 발췌)

1. 제1조(목적)

이 법은 신에너지 및 재생에너지의 기술개발 및 이용 · 보급 촉진과 신에너지 및 재생에너지 산업의 활성화를 통하여 에너지원을 다양화하고, 에너지의 안정적인 공급, 에너지 구조의 환경 친화 적 전환 및 온실가스 배출의 감소를 추진함으로써 환경의 보전, 국가경제의 건전하고 지속적인 발전 및 국민복지의 증진에 이바지함을 목적으로 한다.

2. 제2조(정의) 이 법에서 사용하는 용어의 뜻은 다음과 같다.

(1) "**신에너지**"란 기존의 화석연료를 변환시켜 이용하거나 수소 · 산소 등의 화학 반응을 통하여 전기 또는 열을 이용하는 에너지로서 다음 각 목의 어느 하나에 해당하는 것을 말한다.

① 수소에너지

② 연료전지

③ 석탄을 액화 · 가스화한 에너지 및 중질잔사유(重質殘渣油)를 가스화한 에너지로서 대통령령으로 정하는 기준 및 범위에 해당하는 에너지

④ 그 밖에 석유 · 석탄 · 원자력 또는 천연가스가 아닌 에너지로서 대통령령으로 정하는 에너지

(2) "**재생에너지**"란 햇빛 · 물 · 지열(地熱) · 강수(降水) · 생물유기체 등을 포함하는 재생 가능한 에너지를 변환시켜 이용하는 에너지로서 다음 각 목의 어느 하나에 해당하는 것을 말한다.

① 태양에너지

② 풍력

③ 수력

④ 해양에너지

⑤ 지열에너지

⑥ 생물자원을 변환시켜 이용하는 바이오에너지로서 대통령령으로 정하는 기준 및 범위에 해당하는 에너지

⑦ 폐기물에너지(비재생폐기물로부터 생산된 것은 제외한다)로서 대통령령으로 정하는 기준 및 범위에 해당하는 에너지

⑧ 그 밖에 석유 · 석탄 · 원자력 또는 천연가스가 아닌 에너지로서 대통령령으로 정하는

에너지

(3) **"신에너지 및 재생에너지 설비"**(이하 "신 · 재생에너지 설비"라 한다)란 신에너지 및 재생에너지(이하 "신 · 재생에너지"라 한다)를 생산 또는 이용하거나 신 · 재생에너지의 전력계통 연계조건을 개선하기 위한 설비로서 산업통상자원부령으로 정하는 것을 말한다.

(4) **"신 · 재생에너지 발전"**이란 신 · 재생에너지를 이용하여 전기를 생산하는 것을 말한다.

(5) **"신 · 재생에너지 발전사업자"**란 「전기사업법」 제2조제4호에 따른 발전사업자 또는 같은 조 제19호에 따른 자가용전기설비를 설치한 자로서 신 · 재생에너지 발전을 하는 사업자를 말한다.

3. 제4조(시책과 장려 등)

(1) 정부는 신 · 재생에너지의 기술개발 및 이용 · 보급의 촉진에 관한 시책을 마련하여야 한다.

(2) 정부는 지방자치단체, 「공공기관의 운영에 관한 법률」 제4조에 따른 공공기관(이하 "공공기관"이라 한다), 기업체 등의 자발적인 신 · 재생에너지 기술개발 및 이용 · 보급을 장려하고 보호 · 육성하여야 한다.

4. 제5조(기본계획의 수립)

(1) 산업통상자원부장관은 관계 중앙행정기관의 장과 협의를 한 후 제8조에 따른 신 · 재생에너지정책심의회의 심의를 거쳐 신 · 재생에너지의 기술개발 및 이용 · 보급을 촉진하기 위한 기본계획(이하 "기본계획"이라 한다)을 5년마다 수립하여야 한다.

(2) 기본계획의 계획기간은 10년 이상으로 하며, 기본계획에는 다음 각 호의 사항이 포함되어야 한다.

① 기본계획의 목표 및 기간

② 신 · 재생에너지원별 기술개발 및 이용 · 보급의 목표

③ 총 전력생산량 중 신 · 재생에너지 발전량이 차지하는 비율의 목표

④ 「에너지법」 제2조제10호에 따른 온실가스의 배출 감소 목표

⑤ 기본계획의 추진방법

⑥ 신 · 재생에너지 기술수준의 평가와 보급전망 및 기대효과

⑦ 신 · 재생에너지 기술개발 및 이용 · 보급에 관한 지원 방안

⑧ 신 · 재생에너지 분야 전문인력 양성계획

⑨ 직전 기본계획에 대한 평가

⑩ 그 밖에 기본계획의 목표달성을 위하여 산업통상자원부장관이 필요하다고 인정하는 사항

(3) 산업통상자원부장관은 신·재생에너지의 기술개발 동향, 에너지 수요·공급 동향의 변화, 그 밖의 사정으로 인하여 수립된 기본계획을 변경할 필요가 있다고 인정하면 관계 중앙행정기관의 장과 협의를 한 후 제8조에 따른 신·재생에너지정책심의회의 심의를 거쳐 그 기본계획을 변경할 수 있다.

5. 제6조(연차별 실행계획)

(1) 산업통상자원부장관은 기본계획에서 정한 목표를 달성하기 위하여 신·재생에너지의 종류별로 신·재생에너지의 기술개발 및 이용·보급과 신·재생에너지 발전에 의한 전기의 공급에 관한 실행계획(이하 "실행계획"이라 한다)을 매년 수립·시행하여야 한다.
(2) 산업통상자원부장관은 실행계획을 수립·시행하려면 미리 관계 중앙행정기관의 장과 협의하여야 한다.
(3) 산업통상자원부장관은 실행계획을 수립하였을 때에는 이를 공고하여야 한다.

6. 제7조(신·재생에너지 기술개발 등에 관한 계획의 사전협의)

국가기관, 지방자치단체, 공공기관, 그 밖에 대통령령으로 정하는 자가 신·재생에너지 기술개발 및 이용·보급에 관한 계획을 수립·시행하려면 대통령령으로 정하는 바에 따라 미리 산업통상자원부장관과 협의하여야 한다.

7. 제8조(신·재생에너지정책심의회)

(1) 신·재생에너지의 기술개발 및 이용·보급에 관한 중요 사항을 심의하기 위하여 산업통상자원부에 신·재생에너지정책심의회(이하 "심의회"라 한다)를 둔다.
(2) 심의회는 다음 각 호의 사항을 심의한다.
  ① 기본계획의 수립 및 변경에 관한 사항. 다만, 기본계획의 내용 중 대통령령으로 정하는 경미한 사항을 변경하는 경우는 제외한다.
  ② 신·재생에너지의 기술개발 및 이용·보급에 관한 중요 사항
  ③ 신·재생에너지 발전에 의하여 공급되는 전기의 기준가격 및 그 변경에 관한 사항
  ④ 신·재생에너지 이용·보급에 필요한 관계 법령의 정비 등 제도개선에 관한 사항
  ⑤ 그 밖에 산업통상자원부장관이 필요하다고 인정하는 사항
(3) 심의회의 구성·운영과 그 밖에 필요한 사항은 대통령령으로 정한다.

8. 제9조(신·재생에너지 기술개발 및 이용·보급 사업비의 조성)

정부는 실행계획을 시행하는 데에 필요한 사업비를 회계연도마다 세출예산에 계상(計上)하여야 한다.

9. 제12조의5(신 · 재생에너지 공급의무화 등)

(1) 산업통상자원부장관은 신 · 재생에너지의 이용 · 보급을 촉진하고 신 · 재생에너지산업의 활성화를 위하여 필요하다고 인정하면 다음 각 호의 어느 하나에 해당하는 자 중 대통령령으로 정하는 자(이하 “공급의무자”라 한다)에게 발전량의 일정량 이상을 의무적으로 신 · 재생에너지를 이용하여 공급하게 할 수 있다.

① 「전기사업법」 제2조에 따른 발전사업자

② 「집단에너지사업법」 제9조 및 제48조에 따라 「전기사업법」 제7조제1항에 따른 발전사업의 허가를 받은 것으로 보는 자

③ 공공기관

(2) 제1항에 따라 공급의무자가 의무적으로 신 · 재생에너지를 이용하여 공급하여야 하는 발전량(이하 “의무공급량”이라 한다)의 합계는 총전력생산량의 25％ 이내의 범위에서 연도별로 대통령령으로 정한다. 이 경우 균형 있는 이용 · 보급이 필요한 신 · 재생에너지에 대하여는 대통령령으로 정하는 바에 따라 총의무공급량 중 일부를 해당 신 · 재생에너지를 이용하여 공급하게 할 수 있다.

(3) 공급의무자의 의무공급량은 산업통상자원부장관이 공급의무자의 의견을 들어 공급의무자별로 정하여 고시한다. 이 경우 산업통상자원부장관은 공급의무자의 총발전량 및 발전원(發電源) 등을 고려하여야 한다.

(4) 공급의무자는 의무공급량의 일부에 대하여 3년의 범위에서 그 공급의무의 이행을 연기할 수 있다.

(5) 공급의무자는 제12조의7에 따른 신 · 재생에너지 공급인증서를 구매하여 의무공급량에 충당할 수 있다.

(6) 산업통상자원부장관은 제1항에 따른 공급의무의 이행 여부를 확인하기 위하여 공급의무자에게 대통령령으로 정하는 바에 따라 필요한 자료의 제출 또는 제5항에 따라 구매하여 의무공급량에 충당하거나 제12조의7제1항에 따라 발급받은 신 · 재생에너지 공급인증서의 제출을 요구할 수 있다.

(7) 제4항에 따라 공급의무의 이행을 연기할 수 있는 총량과 연차별 허용량, 그 밖에 필요한 사항은 대통령령으로 정한다.

10. 제12조의6(신 · 재생에너지 공급 불이행에 대한 과징금)

(1) 산업통상자원부장관은 공급의무자가 의무공급량에 부족하게 신 · 재생에너지를 이용하여 에너지를 공급한 경우에는 대통령령으로 정하는 바에 따라 그 부족분에 제12조의 7에 따른 신 · 재생에너지 공급인증서의 해당 연도 평균거래 가격의 100분의 150을 곱한 금액의 범위에서 과징금을 부과할 수 있다.

(2) 제1항에 따른 과징금을 납부한 공급의무자에 대하여는 그 과징금의 부과기간에 해당하

는 의무공급량을 공급한 것으로 본다.

(3) 산업통상자원부장관은 제1항에 따른 과징금을 납부하여야 할 자가 납부기한까지 그 과징금을 납부하지 아니한 때에는 국세 체납처분의 예를 따라 징수한다.

(4) 제1항 및 제3항에 따라 징수한 과징금은 「전기사업법」에 따른 전력산업기반기금의 재원으로 귀속된다.

11. 제12조의7(신·재생에너지 공급인증서 등)

(1) 신·재생에너지를 이용하여 에너지를 공급한 자(이하 "신·재생에너지 공급자"라 한다)는 산업통상자원부장관이 신·재생에너지를 이용한 에너지 공급의 증명 등을 위하여 지정하는 기관(이하 "공급인증기관"이라 한다)으로부터 그 공급 사실을 증명하는 인증서(전자문서로 된 인증서를 포함한다. 이하 "공급인증서"라 한다)를 발급받을 수 있다. 다만, 제17조에 따라 발전차액을 지원받은 신·재생에너지 공급자에 대한 공급인증서는 국가에 대하여 발급한다.

(2) 공급인증서를 발급받으려는 자는 공급인증기관에 대통령령으로 정하는 바에 따라 공급인증서의 발급을 신청하여야 한다.

(3) 공급인증기관은 제2항에 따른 신청을 받은 경우에는 신·재생에너지의 종류별 공급량 및 공급기간 등을 확인한 후 다음 각 호의 기재사항을 포함한 공급인증서를 발급하여야 한다. 이 경우 균형 있는 이용·보급과 기술개발 촉진 등이 필요한 신·재생에너지에 대하여는 대통령령으로 정하는 바에 따라 실제 공급량에 가중치를 곱한 양을 공급량으로 하는 공급인증서를 발급할 수 있다.

① 신·재생에너지 공급자

② 신·재생에너지의 종류별 공급량 및 공급기간

③ 유효기간

(4) 공급인증서의 유효기간은 발급받은 날부터 3년으로 하되, 제12조의5제5항 및 제6항에 따라 공급의무자가 구매하여 의무공급량에 충당하거나 발급받아 산업통상자원부장관에게 제출한 공급인증서는 그 효력을 상실한다. 이 경우 유효기간이 지나거나 효력을 상실한 해당 공급인증서는 폐기하여야 한다.

(5) 공급인증서를 발급받은 자는 그 공급인증서를 거래하려면 제12조의9제2항에 따른 공급인증서 발급 및 거래시장 운영에 관한 규칙으로 정하는 바에 따라 공급인증기관이 개설한 거래시장(이하 "거래시장"이라 한다)에서 거래하여야 한다.

(6) 산업통상자원부장관은 다른 신·재생에너지와의 형평을 고려하여 공급인증서가 일정 규모 이상의 수력을 이용하여 에너지를 공급하고 발급된 경우 등 산업통상자원부령으로 정하는 사유에 해당할 때에는 거래시장에서 해당 공급인증서가 거래될 수 없도록 할 수 있다.

(7) 산업통상자원부장관은 거래시장의 수급조절과 가격안정화를 위하여 대통령령으로 정하는 바에 따라 국가에 대하여 발급된 공급인증서를 거래할 수 있다. 이 경우 산업통상자원부장관은 공급의무자의 의무공급량, 의무이행실적 및 거래시장 가격 등을 고려하여야 한다.

(8) 신·재생에너지 공급자가 신·재생에너지 설비에 대한 지원 등 대통령령으로 정하는 정부의 지원을 받은 경우에는 대통령령으로 정하는 바에 따라 공급인증서의 발급을 제한할 수 있다.

12. 제12조의8(공급인증기관의 지정 등)

(1) 산업통상자원부장관은 공급인증서 관련 업무를 전문적이고 효율적으로 실시하고 공급인증서의 공정한 거래를 위하여 다음 각 호의 어느 하나에 해당하는 자를 공급인증기관으로 지정할 수 있다.

① 제31조에 따른 신·재생에너지센터

② 「전기사업법」 제35조에 따른 한국전력거래소

③ 제12조의9에 따른 공급인증기관의 업무에 필요한 인력·기술능력·시설·장비 등 대통령령으로 정하는 기준에 맞는 자

(2) 제1항에 따라 공급인증기관으로 지정받으려는 자는 산업통상자원부장관에게 지정을 신청하여야 한다.

(3) 공급인증기관의 지정방법·지정절차, 그 밖에 공급인증기관의 지정에 필요한 사항은 산업통상자원부령으로 정한다.

13. 제12조의9(공급인증기관의 업무 등)

(1) 제12조의8에 따라 지정된 공급인증기관은 다음 각 호의 업무를 수행한다.

① 공급인증서의 발급, 등록, 관리 및 폐기

② 국가가 소유하는 공급인증서의 거래 및 관리에 관한 사무의 대행

③ 거래시장의 개설

④ 공급의무자가 제12조의5에 따른 의무를 이행하는데 지급한 비용의 정산에 관한 업무

⑤ 공급인증서 관련 정보의 제공

⑥ 그 밖에 공급인증서의 발급 및 거래에 딸린 업무

(2) 공급인증기관은 업무를 시작하기 전에 산업통상자원부령으로 정하는 바에 따라 공급인증서 발급 및 거래시장 운영에 관한 규칙(이하 "운영규칙"이라 한다)을 제정하여 산업통상자원부장관의 승인을 받아야 한다. 운영규칙을 변경하거나 폐지하는 경우(산업통상자원부령으로 정하는 경미한 사항의 변경은 제외한다)에도 또한 같다.

(3) 산업통상자원부장관은 공급인증기관에 제1항에 따른 업무의 계획 및 실적에 관한 보고를 명하거나 자료의 제출을 요구할 수 있다.

(4) 산업통상자원부장관은 다음 각 호의 어느 하나에 해당하는 경우에는 공급인증기관에 시정기간을 정하여 시정을 명할 수 있다.
① 운영규칙을 준수하지 아니한 경우
② 제3항에 따른 보고를 하지 아니하거나 거짓으로 보고한 경우
③ 제3항에 따른 자료의 제출 요구에 따르지 아니하거나 거짓의 자료를 제출한 경우

14. 제23조의2(신·재생에너지 연료 혼합의무 등)

(1) 산업통상자원부장관은 신·재생에너지의 이용·보급을 촉진하고 신·재생에너지 산업의 활성화를 위하여 필요하다고 인정하는 경우 대통령령으로 정하는 바에 따라 「석유 및 석유대체연료 사업법」 제2조에 따른 석유정제업자 또는 석유수출입업자(이하 "혼합의무자"라 한다)에게 일정 비율(이하 "혼합의무비율"이라 한다) 이상의 신·재생에너지 연료를 수송용 연료에 혼합하게 할 수 있다.

(2) 산업통상자원부장관은 제1항에 따른 혼합의무의 이행 여부를 확인하기 위하여 혼합의무자에게 대통령령으로 정하는 바에 따라 필요한 자료의 제출을 요구할 수 있다.

V. 신·재생에너지법 시행령(일부 발췌)

1. 제1조(목적)

이 영은 「신에너지 및 재생에너지 개발·이용·보급 촉진법」에서 위임된 사항과 그 시행에 필요한 사항을 규정함을 목적으로 한다.

2. 제2조(석탄을 액화·가스화한 에너지 등의 기준 및 범위)

(1) 「신에너지 및 재생에너지 개발·이용·보급 촉진법」(이하 "법"이라 한다) 제2조제1호다목에서 "대통령령으로 정하는 기준 및 범위에 해당하는 에너지"란 별표 1 제1호 및 제2호에 따른 석탄을 액화·가스화한 에너지 및 중질잔사유(重質殘渣油)를 가스화한 에너지를 말한다.

(2) 법 제2조 제2호 바목에서 "대통령령으로 정하는 기준 및 범위에 해당하는 에너지"란 별표 1 제3호에 따른 바이오에너지를 말한다.

(3) 법 제2조 제2호 사목에서 "대통령령으로 정하는 기준 및 범위에 해당하는 에너지"란 별표 1 제4호에 따른 폐기물에너지를 말한다.

(4) 법 제2조 제2호 아목에서 "대통령령으로 정하는 에너지"란 별표 1 제5호에 따른 수열에너지를 말한다.

3. 제3조(신·재생에너지 기술개발 등에 관한 계획의 사전협의)

(1) 법 제7조에서 "대통령령으로 정하는 자"란 다음 각 호의 어느 하나에 해당하는 자를 말한다.

① 정부로부터 출연금을 받은 자

② 정부출연기관 또는 제1호에 따른 자로부터 납입자본금의 100분의 50이상을 출자 받은 자

(2) 법 제7조에 따라 신에너지 및 재생에너지(이하 "신·재생에너지"라 한다) 기술개발 및 이용·보급에 관한 계획을 협의하려는 자는 그 시행 사업연도 개시 4개월 전까지 산업통상자원부장관에게 계획서를 제출하여야 한다.

(3) 산업통상자원부장관은 제2항에 따라 계획서를 받았을 때에는 다음 각 호의 사항을 검토하여 협의를 요청한 자에게 그 의견을 통보하여야 한다.

① 법 제5조에 따른 신·재생에너지의 기술개발 및 이용·보급을 촉진하기 위한 기본계획(이하 "기본계획"이라 한다)과의 조화성

② 시의성(時宜性)
③ 다른 계획과의 중복성
④ 공동연구의 가능성

4. 제4조(신·재생에너지정책심의회의 구성)

(1) 법 제8조 제1항에 따른 신·재생에너지정책심의회(이하 "심의회"라 한다)는 위원장 1명을 포함한 20명 이내의 위원으로 구성한다.
(2) 심의회의 위원장은 산업통상자원부 소속 에너지 분야의 업무를 담당하는 고위공무원단에 속하는 일반직공무원 중에서 산업통상자원부장관이 지명하는 사람으로 하고, 위원은 다음 각 호의 사람으로 한다.
① 기획재정부, 과학기술정보통신부, 농림축산식품부, 산업통상자원부, 환경부, 국토교통부, 해양수산부의 3급 공무원 또는 고위공무원단에 속하는 일반직공무원 중 해당 기관의 장이 지명하는 사람 각 1명
② 신·재생에너지 분야에 관한 학식과 경험이 풍부한 사람 중 산업통상자원부장관이 위촉하는 사람

5. 제4조의2(심의회위원의 해촉 등)

(1) 제4조 제2항 제1호에 따라 위원을 지명한 자는 위원이 다음 각 호의 어느 하나에 해당하는 경우에는 그 지명을 철회할 수 있다.
① 심신장애로 인하여 직무를 수행할 수 없게 된 경우
② 직무와 관련된 비위사실이 있는 경우
③ 직무태만, 품위손상이나 그 밖의 사유로 인하여 위원으로 적합하지 아니하다고 인정되는 경우
④ 위원 스스로 직무를 수행하는 것이 곤란하다고 의사를 밝히는 경우
(2) 산업통상자원부장관은 제4조 제2항 제2호에 따른 위원이 제1항 각 호의 어느 하나에 해당하는 경우에는 해당 위원을 해촉(解囑)할 수 있다.

6. 제5조(심의회의 운영)

(1) 심의회의 위원장은 심의회의 회의를 소집하고 그 의장이 된다.
(2) 심의회의 회의는 재적위원 과반수의 출석으로 개의(開議)하고, 출석위원 과반수의 찬성으로 의결한다.

7. 제6조(간사 등)

(1) 심의회에 간사 및 서기 각 1명을 둔다.
(2) 간사 및 서기는 산업통상자원부 소속 공무원 중에서 산업통상자원부장관이 지명하는 사람으로 한다.

8. 제7조(신 · 재생에너지 전문위원회)

(1) 심의회의 원활한 심의를 위하여 필요한 경우에는 심의회에 신 · 재생에너지전문위원회(이하 "전문위원회"라 한다)를 둘 수 있다.

(2) 전문위원회의 위원은 신 · 재생에너지 분야에 관한 전문지식을 가진 사람으로서 산업통상자원부장관이 위촉하는 사람으로 한다.

9. 제7조의2(전문위원회 위원의 해촉)

산업통상자원부장관은 제7조 제2항에 따른 전문위원회의 위원이 제4조의 2제 1항 각 호의 어느 하나에 해당하는 경우에는 해당 위원을 해촉할 수 있다.

10. 제8조(수당 등)

심의회 또는 전문위원회의 위원 중 회의에 참석한 위원에게는 예산의 범위에서 수당과 여비를 지급할 수 있다. 다만, 공무원인 위원이 그 소관 업무와 직접 관련되어 심의회에 출석하는 경우에는 그러하지 아니하다.

11. 제9조(운영세칙)

제4조, 제4조의2, 제5조부터 제7조까지, 제7조의2 및 제8조에서 규정한 사항 외에 심의회 또는 전문위원회의 운영에 필요한 사항은 심의회의 의결을 거쳐 심의회의 위원장이 정한다.

12. 제10조(심의회의 심의사항에서 제외되는 기본계획의 경미한 변경)

법 제8조 제2항 제1호 단서에서 "대통령령으로 정하는 경미한 사항을 변경하는 경우"란 기본계획에서 정한 예산의 규모에 영향을 미치지 아니하는 범위에서 기본계획의 내용 중 그 계획의 집행을 위한 세부 사항을 변경하는 경우를 말한다.

13. 제11조(조성된 사업비를 사용하는 사업)

법 제10조 제16호에서 "대통령령으로 정하는 사업"이란 다음 각 호의 사업을 말한다.

(1) 신 · 재생에너지 기술개발 및 이용 · 보급에 관한 학술활동의 지원

(2) 법 제31조 제1항에 따른 신 · 재생에너지센터(이하 "센터"라 한다)의 신 · 재생에너지 기술개발 및 이용 · 보급사업에 대한 지원 및 관리

(3) 신 · 재생에너지 관련 사업자에 대한 융자, 보증 등 금융 지원

14. 제12조(기술료의 징수 등)

(1) 법 제11조 제1항에 따라 산업통상자원부장관과 협약을 맺은 자(이하 이 조에서 "사업주관기관"이라 한다)의 장 또는 대표자는 신 · 재생에너지 연구 · 개발사업의 성과를 생산과정에 이용하려는 자로부터 신청을 받아 이용하게 할 수 있다.

(2) 제1항에 따라 신·재생에너지 연구·개발사업의 성과를 생산과정에 이용한 자가 신제품 생산·원가 절감 또는 품질 향상의 효과를 얻을 경우에는 사업주관 기관의 장 또는 대표자는 해당 이용자로부터 협약의 내용에 따라 기술료를 징수할 수 있다. 다만, 그 이용자가 해당 신·재생에너지 연구·개발사업에 참여한 자로서 「중소기업기본법」 제2조에 따른 중소기업자에 해당하는 경우에는 기술료를 감면할 수 있다.

15. 제15조(신·재생에너지 공급의무비율 등)

(1) 법 제12조 제2항에 따른 예상 에너지 사용량에 대한 신·재생에너지 공급의무비율은 다음 각 호와 같다.
  ① 「건축법 시행령」 별표 1 제5호부터 제16호까지, 제23호 가목부터 다목까지, 제24호 및 제26호부터 제28호까지의 용도의 건축물로서 신축·증축 또는 개축하는 부분의 연면적이 1천 제곱미터 이상인 건축물(해당 건축물의 건축 목적, 기능, 설계 조건 또는 시공 여건상의 특수성으로 인하여 신·재생에너지 설비를 설치하는 것이 불합리하다고 인정되는 경우로서 산업통상자원부장관이 정하여 고시하는 건축물은 제외한다) : 별표 2에 따른 비율 이상
  ② 제1호 외의 건축물 : 산업통상자원부장관이 용도별 건축물의 종류로 정하여 고시하는 비율 이상
(2) 제1항 제1호에서 "연면적"이란 「건축법 시행령」 제119조제1항제4호에 따른 연면적을 말하되, 하나의 대지(垈地)에 둘 이상의 건축물이 있는 경우에는 동일한 건축허가를 받은 건축물의 연 면적 합계를 말한다.
(3) 제1항에 따른 건축물의 예상 에너지사용량의 산정기준 및 산정방법 등은 신·재생에너지의 균형 있는 보급과 기술개발의 촉진 및 산업 활성화 등을 고려하여 산업통상자원부장관이 정하여 고시한다.

16. 제16조(신·재생에너지 설비 설치의무기관)

(1) 법 제12조 제2항 제3호에서 "대통령령으로 정하는 금액 이상"이란 연간 50억 원 이상을 말한다.
(2) 법 제12조 제2항 제5호에서 "대통령령으로 정하는 비율 또는 금액 이상을 출자한 법인"이란 다음 각 호의 어느 하나에 해당하는 법인을 말한다.
  ① 납입자본금의 100의 50 이상을 출자한 법인
  ② 납입자본금으로 50억 원 이상을 출자한 법인

17. 제17조(신·재생에너지 설비의 설치계획서 제출 등)

(1) 법 제12조 제2항에 따라 같은 항 각 호의 어느 하나에 해당하는 자(이하 "설치의무기관"이라 한다)의 장 또는 대표자가 제15조 제1항 각 호의 어느 하나에 해당하는 건축물을

신축·증축 또는 개축하려는 경우에는 신·재생에너지 설비의 설치계획서(이하 "설치계획서"라 한다)를 해당 건축물에 대한 건축허가를 신청하기 전에 산업통상자원부장관에게 제출하여야 한다.

(2) 산업통상자원부장관은 설치계획서를 받은 날부터 30일 이내에 타당성을 검토한 후 그 결과를 해당 설치의무기관의 장 또는 대표자에게 통보하여야 한다.

(3) 산업통상자원부장관은 설치계획서를 검토한 결과 제15조 제1항에 따른 기준에 미달한다고 판단한 경우에는 미리 그 내용을 설치의무기관의 장 또는 대표자에게 통지하여 의견을 들을 수 있다.

18. 제18조(신·재생에너지 설비의 설치 및 확인 등)

(1) 설치의무기관의 장 또는 대표자는 제17조 제2항에 따른 검토결과를 반영하여 신·재생에너지 설비를 설치하여야 하며, 설치를 완료하였을 때에는 30일 이내에 신·재생에너지 설비 설치확인신청서를 산업통상자원부장관에게 제출하여야 한다.

(2) 산업통상자원부장관은 제1항에 따른 신·재생에너지 설비 설치확인신청서를 받았을 때에는 제17조 제2항에 따른 검토 결과를 반영하였는지 확인한 후 신·재생에너지 설비 설치확인서를 발급하여야 한다.

(3) 산업통상자원부장관은 설치의무기관의 신·재생에너지 설비 설치 및 신·재생에너지 이용 현황을 주기적으로 점검하여 공표할 수 있다.

19. 제18조의3(신·재생에너지 공급의무자)

(1) 법 제12조의5 제1항에서 "대통령령으로 정하는 자"란 다음 각 호의 어느 하나에 해당하는 자를 말한다.

① 법 제12조의5 제1항 제1호 및 제2호에 해당하는 자로서 50만 kW 이상의 발전설비(신·재생에너지 설비는 제외한다)를 보유하는 자

② 「한국수자원공사법」에 따른 한국수자원공사

③ 「집단에너지사업법」 제29조에 따른 한국지역난방공사

(2) 산업통상자원부장관은 제1항 각 호에 해당하는 자(이하 "공급의무자"라 한다)를 공고하여야 한다.

20. 제18조의4(연도별 의무공급량의 합계 등)

(1) 법 제12조의5 제2항 전단에 따른 의무공급량(이하 "의무공급량"이라 한다)의 연도별 합계는 공급의무자의 다음 계산식에 따른 총전력생산량에 별표 3에 따른 비율을 곱한 발전량 이상으로 한다. 이 경우 의무공급량은 법 제12조의7에 따른 공급인증서(이하 "공급인증서"라 한다)를 기준으로 산정한다.

총 전력생산량 = 지난 연도 총 전력생산량 − (신·재생에너지 발전량 +「전기사업법」 제2조 제16호 '나'목 중 산업통상자원부장관이 정하여 고시하는 설비에서 생산된 발전량)

(2) 산업통상자원부장관은 3년마다 신·재생에너지 관련 기술 개발의 수준 등을 고려하여 별표 3에 따른 비율을 재검토하여야 한다. 다만, 신·재생에너지의 보급 목표 및 그 달성 실적과 그 밖의 여건 변화 등을 고려하여 재검토 기간을 단축할 수 있다.

(3) 법 제12조의5 제2항 후단에 따라 공급하게 할 수 있는 신·재생에너지의 종류 및 의무공급량에 대하여 2015년 12월 31일까지 적용하는 기준은 별표 4와 같다. 이 경우 공급의무자별 의무공급량은 산업통상자원부장관이 정하여 고시한다.

(4) 제3항에 따라 공급하는 신·재생에너지에 대해서는 산업통상자원부장관이 정하여 고시하는 비율 및 방법 등에 따라 공급인증서를 구매하여 의무공급량에 충당할 수 있다.

(5) 공급의무자는 법 제12조의5 제4항에 따라 연도별 의무공급량(공급의무의 이행이 연기된 의무공급량은 포함하지 아니한다. 이하 같다)의 100분의 20을 넘지 아니하는 범위에서 공급의무의 이행을 연기할 수 있다. 이 경우 공급의무자는 연기된 의무공급량의 공급이 완료되기까지는 그 연기된 의무공급량 중 매년 100분의 20 이상을 연도별 의무공급량에 우선하여 공급하여야 한다.

(6) 공급의무자는 법 제12조의5 제4항에 따라 공급의무의 이행을 연기하려는 경우에는 연기할 의무공급량, 연기 사유 등을 산업통상자원부장관에게 다음 연도 2월 말일까지 제출하여야 한다.

21. 제18조의6(과징금의 부과 및 납부)

(1) 산업통상자원부장관은 법 제12조의6 제1항에 따라 과징금을 부과하기 위하여 과징금 부과 통지를 할 때에는 공급 불이행분과 과징금의 금액을 분명하게 적은 문서로 하여야 한다.

(2) 제1항에 따라 통지를 받은 자는 통지를 받은 날부터 30일 이내에 과징금을 산업통상자원부장관이 정하는 수납기관에 내야 한다. 다만, 천재지변이나 그 밖의 부득이한 사유로 그 기간에 과징금을 낼 수 없을 때에는 그 사유가 해소된 날부터 7일 이내에 내야 한다.

(3) 제2항에 따라 과징금을 받은 수납기관은 과징금을 낸 자에게 영수증을 내주어야 한다.

(4) 과징금의 수납기관은 제2항에 따라 과징금을 받았을 때에는 지체 없이 그 사실을 산업통상자원부장관에게 통보하여야 한다.

(5) 과징금은 분할하여 낼 수 없다.

22. 제18조의7(신·재생에너지 공급인증서의 발급 제한 등)

(1) 산업통상자원부장관은 법 제12조의7 제7항에 따라 국가에 대하여 발급된 공급인증서의 거래가격과 거래물량 등을 포함한 거래계획을 수립하고, 그 계획에 따라 공급인증서를 거래할 수 있다.

(2) 법 제12조의7 제8항에서 "신·재생에너지 설비에 대한 지원 등 대통령령으로 정하는 정부의 지원을 받은 경우"란 법 제10조 각 호의 사업 또는 다른 법령에 따라 지원된 신·재생에너지 설비로서 그 설비에 대하여 국가나 지방자치단체로부터 무상지원금을 받은 경우를 말한다.

(3) 제2항에 따른 무상지원금을 받은 신·재생에너지 공급자(신·재생에너지를 이용하여 에너지를 공급한 자를 말한다)에 대해서는 지원받은 무상지원금에 해당하는 비율을 제외한 부분에 대한 공급인증서를 발급하되, 무상지원금에 해당하는 부분에 대한 공급인증서는 국가 또는 지방자치단체에 대하여 그 지원 비율에 따라 발급한다.

(4) 법 제12조의7 제1항 단서 및 이 조 제3항에 따라 발급된 공급인증서의 거래 및 관리에 관한 사무는 산업통상자원부장관이 담당하되, 산업통상자원부장관이 지정하는 기관으로 하여금 대행하게 할 수 있다.

(5) 제4항에 따라 공급인증서를 거래하여 얻은 수익금은 「전기사업법」에 따른 전력산업기반기금의 재원(財源)으로 한다.

23. 제18조의8(신·재생에너지 공급인증서의 발급 신청 등)

(1) 법 제12조의7 제2항에 따라 공급인증서를 발급받으려는 자는 법 제12조의9 제2항에 따른 공급인증서 발급 및 거래시장 운영에 관한 규칙에서 정하는 바에 따라 신·재생에너지를 공급한 날부터 90일 이내에 발급 신청을 하여야 한다.

(2) 제1항에 따른 신청기간 내에 공급인증서 발급을 신청하지 못했으나 법 제12조의7 제1항에 따른 공급인증기관(이하 이 조에서 "공급인증기관"이라 한다)이 그 신청기간 내에 신·재생에너지 공급 사실을 확인한 경우에는 제1항에도 불구하고 제1항에 따른 신청기간이 만료되는 날에 공급인증서 발급을 신청한 것으로 본다.

(3) 제1항 및 제2항에 따라 발급 신청을 받은 공급인증기관은 발급 신청을 한 날부터 30일 이내에 공급인증서를 발급해야 한다.

24. 제18조의9(신·재생에너지의 가중치)

법 제12조의7 제3항 후단에 따른 신·재생에너지의 가중치는 해당 신·재생에너지에 대한 다음 각 호의 사항을 고려하여 산업통상자원부장관이 정하여 고시하는 바에 따른다.

(1) 환경, 기술개발 및 산업 활성화에 미치는 영향

(2) 발전 원가
(3) 부존(賦存) 잠재량
(4) 온실가스 배출 저감(低減)에 미치는 효과
(5) 전력 수급의 안정에 미치는 영향
(6) 지역주민의 수용(受容) 정도

25. 제26조의2(신·재생에너지 연료 혼합의무)

「석유 및 석유대체연료 사업법」 제2조에 따른 석유정제업자 또는 석유수출입업자(이하 "혼합의무자"라 한다)는 법 제23조의2 제1항에 따라 연도별로 별표 6의 계산식에 의하여 산정하는 양 이상의 신·재생에너지 연료를 수송용 연료에 혼합하여야 한다.

※ [별표 6] 신·재생에너지 연료의 혼합량 산정 계산식 [2021년 7월 1일부터 시행]

「석유 및 석유대체연료 사업법」 제2조에 따른 석유정제업자 또는 석유수출입업자가 수송용 연료에 혼합하여야 하는 신·재생에너지 연료의 연도별 의무혼합량은 다음 계산식에 따라 산정한다.

연도별 의무혼합량 = (연도별 혼합의무비율) × [수송용 연료(혼합된 신·재생에너지 연료를 포함한다)의 내수판매량]

비고 1. 연도별 혼합의무비율은 다음과 같다.

해당연도		수송용 연료에 대한 신·재생에너지 연료 혼합의무비율
2021년	1월 1일부터 6월 30일까지	0.03
	7월 1일부터 12월 31일까지	0.035
2022 ~ 2023년		0.035
2024 ~ 2026년		0.04
2027 ~ 2029년		0.045
2030년 이후		0.05

※ 산업통상자원부장관은 신·재생에너지 기술개발 수준, 연료 수급 상황 등을 고려하여 2021년 7월 1일을 기준으로 3년마다(매 3년이 되는 해의 7월 1일 전까지를 말한다) 연도별 혼합의무비율을 재검토한다. 다만, 신·재생에너지 연료 혼합의무의 이행실적과 국내외 시장여건 변화 등을 고려하여 재검토기간을 단축할 수 있다.

2. 수송용 연료의 종류 : 자동차용 경유
3. 신·재생에너지 연료의 종류 : 바이오디젤
4. 내수 판매량 : 해당연도의 내수 판매량 [2022년 1월 1일부터 시행]
5. 그 밖에 신·재생에너지 연료의 혼합량 산정에 필요한 사항은 산업통상자원부장관이 정하여 고시한다.

부록 2

1. 모의고사
2. 과년도 출제문제

1. 모의고사

제1회 실전 모의고사

신재생에너지 발전설비기사(태양광)

01. 전기사업법 시행규칙 제44조에 따라 정해진 안전관리 규정에 의해 실시되어야 할 전기 안전점검의 종류 3가지를 쓰시오.

02. 다음은 보호기기의 설명이다. 이들의 영문 명칭(약자)을 쓰시오.

영문 약호	설명
①	전력설비의 기기를 낙뢰 등으로부터 보호하는 장치
②	저압의 전력설비 또는 부하단에 설치하여 이상전압으로부터 기기를 보호하는 장치
③	특고압 VCB 2차 측에 설치하여 개폐 서지로부터 기기를 보호하는 장치

03. 다음은 시공감리의 순서이다. (　) 안에 들어갈 내용을 쓰시오.

(①) → 공사업자 → (②)

04. ESS의 구성요소 4가지를 쓰시오.

05. 다음 기호의 명칭을 쓰시오.

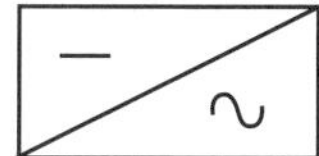

06. 태양광발전시스템 설계 시 다음의 [조건]에서 독립형 납축전지의 용량(Ah)을 구하시오. (단, 납축전지의 전압은 2.0 V이다.)

|조건|

- 불일조일수 : 3일
- 보수율 : 0.8
- 방전심도 : 0.6
- 납축전지의 개수 : 20개
- 부하의 1일 수요전력 : 100 kW

07. 태양광발전시스템의 기초형식에서 고려사항 4가지를 쓰시오.

08. 태양광발전 어레이 설치에서 어레이 길이가 6 m, 경사각 및 고도각이 각각 30°, 25°일 때 이격거리 d를 구하시오. (단, 계산식을 함께 서술하시오.)

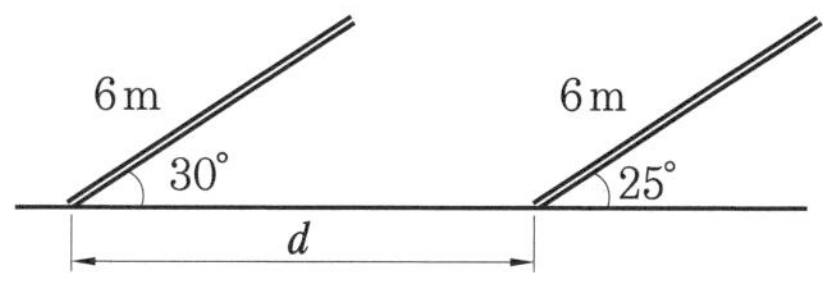

09. 태양광발전시스템의 계통연계 보호장치 4가지를 쓰시오.

10. 2030년 국내 신·재생에너지 공급 목표(%)를 쓰시오.

11. 다음은 발전 허가 처리 절차이다. ( ) 안에 알맞은 내용을 쓰시오.

신청서 작성 → (①) → (②) → (③) → 허가증 발급

12. 다음과 같은 태양광전지 어레이에서 총 전압은 몇 V인지 쓰시오.

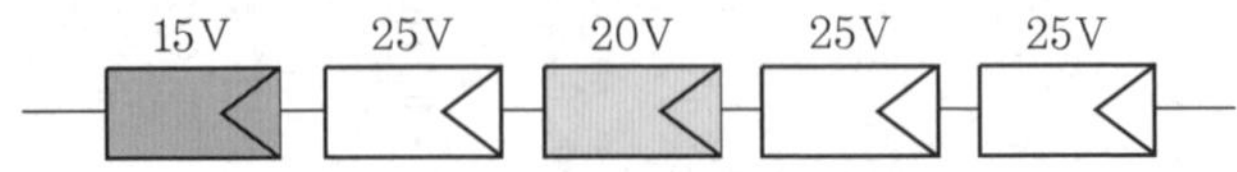

13. 다음과 같은 모듈의 특성곡선에서 각 물음에 답하시오.

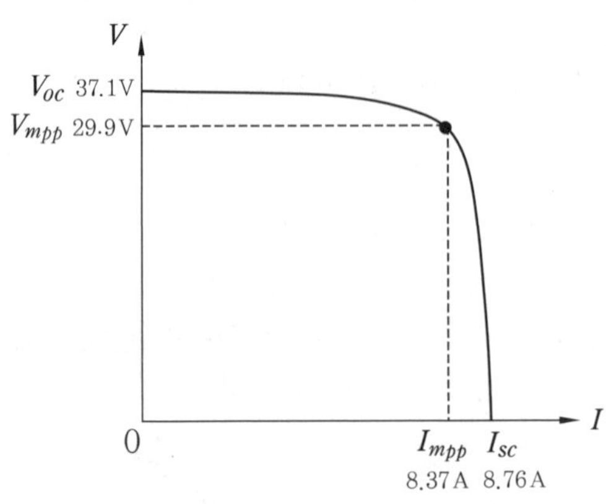

(1) 충진율(F.F.)을 구하시오.

(2) 모듈의 크기가 1.75×0.85 m일 때 모듈의 변환효율을 구하시오.

14. 분산형 전원을 계통에 연계할 경우 전기 품질의 검토항목 4가지를 쓰시오.

15. 태양광발전설비 중 변압기 정기검사 항목 5가지를 쓰시오.

16. 전기안전 대행 사업자의 수행범위를 쓰시오.

17. 다음 저압선로에서 각 물음에 답하시오.

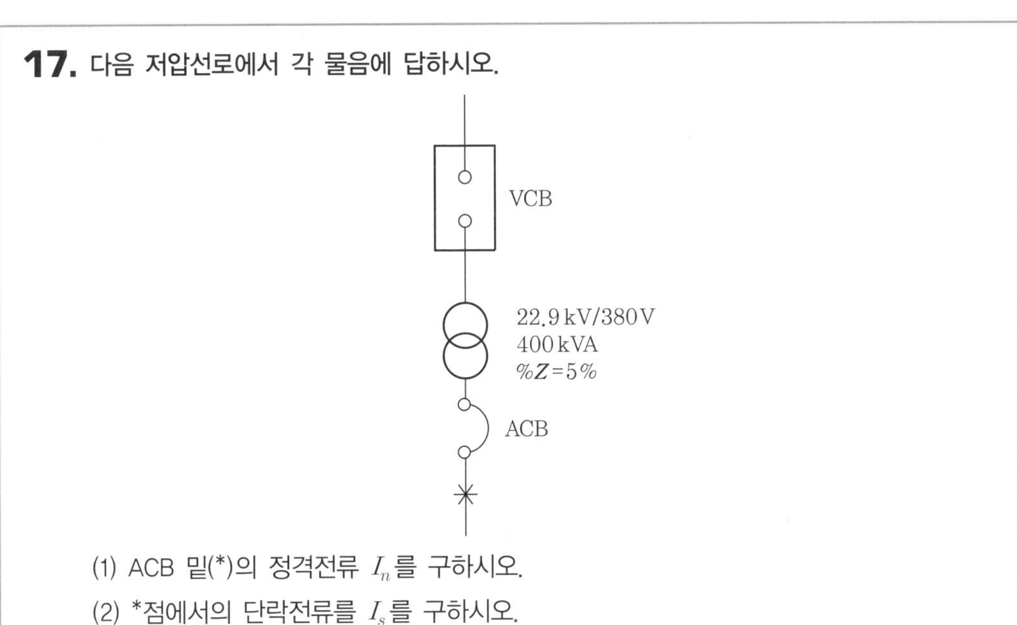

(1) ACB 밑(*)의 정격전류 I_n를 구하시오.

(2) *점에서의 단락전류를 I_s를 구하시오.

18. 1,000 kW 수상 태양광발전소의 RPS 가중치는 얼마인가?

19. 신·재생에너지 공급의무자 3명을 쓰시오.

20. 다음 조건일 때 태양광발전 용량이 100 kW, 최저온도 −15℃, 최고온도 38℃에 적합한 직·병렬 어레이 수를 구하시오. (단, 직류 측 전압강하는 3 %이다.)

모듈 특성	
최대전력 P_{max} [W]	340
개방전압 V_{oc} [V]	46.4
최대전압 V_{mpp} [V]	37.7
단락전류 I_{sc} [A]	9.54
최대전류 I_{mpp} [A]	9.02
전압 온도 변화율 [%/℃]	−0.30

인버터 특성	
최대 입력전력 [kW]	100
MPPT 전압범위 [V]	470 ~ 850
최대 입력전압 [V]	900
최대 입력전류 [A]	152
정격출력 [kW]	100
주파수 [Hz]	60

(1) 최저온도일 때 태양전지 모듈의 V_{oc}, V_{mpp}를 구하시오. (단, 소수 셋째 자리에서 반올림한다.)

| 답 |

| 계산과정 |

① V_{oc}(−15℃) =

② V_{mpp}(−15℃) =

(2) 최대 직렬 모듈 수를 구하시오.

| 답 |

| 계산과정 |

(3) 최대 병렬 모듈 수를 구하시오.

| 답 |

| 계산과정 |

제1회 실전 모의고사 답안

01. ① 일상점검, ② 정기점검, ③ 정밀점검

02. ① LA, ② SPD, ③ SA

03. ① 발주자, ② 감리원

04. ① 2차 전지, ② BMS, ③ PCS, ④ EMS

05. 인버터(PCS)

06. $C = \dfrac{\text{불일조일수} \times \text{1일 소비전력량(W)}}{\text{보수율} \times \text{전지 수} \times \text{전지 전압} \times \text{방전심도}}$

$= \dfrac{3 \times 100{,}000}{0.8 \times 20 \times 2 \times 0.6} = 15{,}625\ \text{Ah}$

07. ① 지반 조건
② 상부 구조물의 특성
③ 상부 구조물의 하중
④ 경제성 비교 검토

08. $d = \text{어레이 길이} \times \dfrac{\sin(\text{경사각} + \text{고도각})}{\sin(\text{고도각})} = 6 \times \dfrac{\sin(30° + 25°)}{\sin 25°}$

$= 6 \times \dfrac{0.819}{0.423} \fallingdotseq 11.62\ \text{m}$

09. ① 과전압 계전기(OVR), ② 저전압 계전기(UVR),
③ 과주파수 계전기(OFR), ④ 저주파수 계전기(UFR),

10. 40 % 주 2020.10.01 개정

11. ① 접수, ② 관련 부서 검토, ③ 전기위원회 심의

12. 모든 모듈은 가장 낮은 전압을 따르므로 15 V×5=75 V

13. (1) $\text{충진율} = \dfrac{29.9 \times 8.37}{37.1 \times 8.76} \fallingdotseq 0.77$

(2) $\text{변환효율} = \dfrac{V_{mpp} \times I_{mpp}}{1.75 \times 0.85 \times 1{,}000} \times 100 = \dfrac{29.9 \times 8.37}{1.75 \times 0.85 \times 1{,}000} \times 100 \fallingdotseq 16.82\ \%$

14. ① 직류유입 제한, ② 역률, ③ 플리커, ④ 고조파

15. ① 규격확인, ② 외관검사, ③ 조작용 전원 및 회로점검,
④ 보호장치 및 계전기 점검, ⑤ 절연저항,
⑥ 그 밖에 제어회로 및 경보장치, 절연유 내압시험

16. ① 1 MW 미만의 전기수용설비
② 1 MW 미만의 태양광발전설비
③ 300 kW 미만의 발전설비
* 둘 이상의 합계가 1,050 kW 미만

17. (1) $I_n = \dfrac{P_n}{\sqrt{3} \times V_n} = \dfrac{400 \times 1{,}000}{\sqrt{3} \times 380} \fallingdotseq 607.737\ \mathrm{A}$

(2) $I_s = \dfrac{100 I_n}{\% Z_T} = \dfrac{100 \times 607.737}{5} \fallingdotseq 12{,}155\ \mathrm{A}$

18. 1.5

19. ① 한국지역난방공사
② 한국수자원공사
③ 50만 kW 이상의 발전설비를 보유한 자(단, 신·재생에너지 설비는 제외)

20. (1) 최저온도일 때 V_{oc}, V_{mpp}

| 답 | ① 51.97 V, ② 42.22 V

| 계산과정 |

① $V_{oc}(-15℃) = 46.4 \times \{1 + (-0.003) \times (-15 - 25)\} = 46.4 \times (1 + 0.12) \fallingdotseq 51.97\ \mathrm{V}$

② $V_{mpp}(-15℃) = 37.7 \times \{1 + (-0.003) \times (-15 - 25)\} = 37.7 \times 1.12 \fallingdotseq 42.22\ \mathrm{V}$

(2) 최대 직렬 모듈 수

| 답 | 17직렬

| 계산과정 | $N_s = \dfrac{\text{인버터 최대 입력전압}}{V_{oc}(-15℃)} \times \left(1 + \dfrac{\text{전압강하율}}{100}\right)$

$= \dfrac{900}{51.97} \times 1.03 \fallingdotseq 17.84$

→ 17직렬(절사)

(3) 최대 병렬 모듈 수

| 답 | 17병렬

| 계산과정 | $N_p = \dfrac{\text{발전용량}}{\text{최대 직렬 수} \times \text{모듈 최대전력}} = \dfrac{100{,}000}{17 \times 340} \fallingdotseq 17.3$

제2회 실전 모의고사

신재생에너지 발전설비기사(태양광)

01. 다음 그림에서 L은 태양전지 어레이의 길이이다. $\theta = 35°$일 때 그림자의 길이 d를 구하시오. (단, $L = 2$ m이고, 계산값은 소수점 셋째 자리에서 반올림한다.)

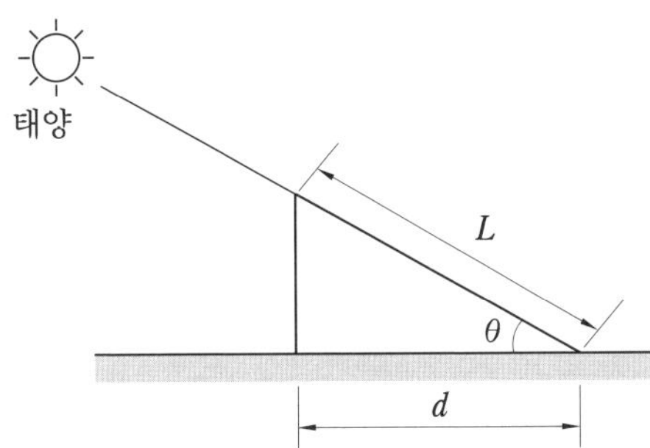

02. 태양전지 어레이 설계 시 발전량을 고려해야 할 사항 3가지를 쓰시오.

03. 전기적 보호등급 3가지를 쓰시오.

04. 경사 지붕형의 적설하중 계산 시 고려사항 2가지를 쓰시오.

05. 태양광발전시스템에서 인버터의 구성방식 5가지를 쓰시오.

06. 일반부지의 태양광발전소 설비용량이 2,000 kW, SMP가 64.5원, 가중치 적용 전 REC가 45원일 때 판매단가를 구하시오.

07. 교류 단상 200 V, 4 kW 전열기의 아웃렛을 전선의 굵기 25 mm^{2}을 사용하여 분전반에서 50 m 떨어진 위치에 설치할 때의 전압강하를 구하시오.

08. 뇌의 침입경로 3가지를 쓰시오.

09. 계통연계형 축전지 3가지의 용도 및 그 동작을 설명하시오.

10. 감리원의 공사시행 단계에서 수행하는 다음 감리 업무에 관한 내용에서 ( ) 안에 알맞은 내용을 쓰시오.

> 감리원은 해당 공사가 공사계약문서, 예정공정표, 발주자의 지시사항, 그 밖에 관련 법령의 내용대로 시공되는가를 공사 시행 시 수시로 확인하여 (①)에 임하여야 하고, 공사업자에게 품질·시공·안전·공정관리 등에 대한 (②)와 (③)을 하여야 한다.

11. 5년 동안의 발전수익 및 비용이 다음과 같을 때 NPV(순 현재가치 분석법)에 의한 사업의 경제성 유무를 판정하시오. (단, 할인율은 3 %이며, 금액은 백만 원 단위로 절사한다.)

단위 : 백만 원

구분	2020	2021	2022	2023	2024	2025
발전수익(B_i)	0	450	440	430	420	410
발전비용(C_i)	2,100	50	45	40	35	30

12. 인버터의 직류 입력전류 180 A, 방전 종지전압은 1.8 V/셀, 축전지 용량환산시간은 3.2시간, 보수율은 0.8이다. 이때 부하 평준화 축전지의 용량을 구하시오.

13. 22.9 kV 수용가에서 LBS 1차 측에 사용되는 전선을 쓰시오.

(1) 지중 :

(2) 가공 :

14. 신·재생에너지의 기술개발 및 이용의 기본계획 및 계획기간을 쓰시오.

15. 다음은 태양전지의 사양과 태양광발전소 부지 및 조건사항이다. 이들을 참고하여 각 물음에 답하시오. (단, 어레이의 경사각은 32°, 태양의 입사각은 24.5°이고, 모듈의 크기는 1,950 mm×1,000 mm이다.)

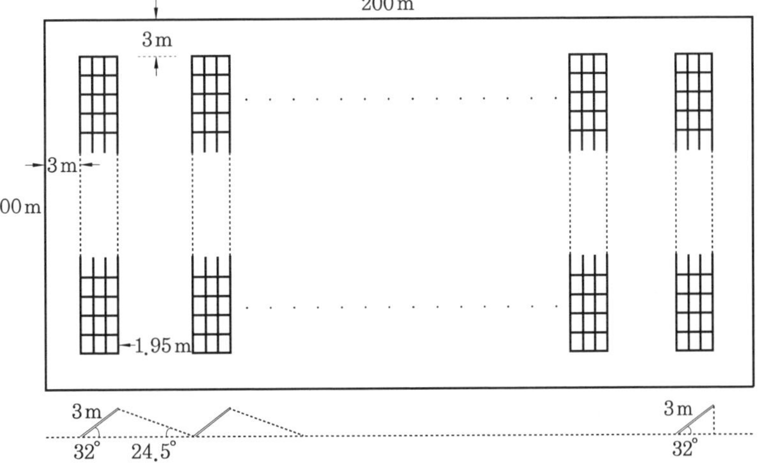

태양전지 모듈의 특성	
최대전력 P_{max} [W]	200
개방전압 V_{oc} [V]	37
단락전류 I_{sc} [A]	8.2
최대 동작전압 V_{mpp} [V]	27.8
최대 동작전류 I_{mpp} [A]	7.2
전압 온도 변화율 [%/℃]	−0.3
NOCT [℃]	46

인버터의 특성	
최대 입력전력 [kW]	600
MPPT 전압범위 [V]	450 ~ 800
최대 입력전압 [V]	1,000
주파수 [Hz]	60
효율 [%]	98.2

|조건|

1. 태양광 부지의 사방 경계선에서 3 m의 거리를 두고 어레이를 설치한다.
2. 어레이는 3단 가로 깔기로, 한 열은 모듈의 긴 쪽(1.95 m)을 세로로, 짧은 쪽(1 m)을 가로로 설치하며, 경사각과 고도각은 각각 32°, 24.5°이다.
3. 태양전지 측과 인버터 간의 전압강하는 없으며, 인버터의 최대 입력전압은 MPPT 전압범위의 상한 값 및 하한 값을 적용한다.
4. 모든 계산은 소수점 셋째 자리 이하를 절사한다.

(1) 발전부지에 설치할 수 있는 총 모듈 수와 총 전력량을 구하시오. (단, 계산과정도 기술하시오.)

(2) 주어진 최저온도 −25℃, 최고온도 65℃에서의 V_{oc}, V_{mpp}를 구하시오. (단, 계산과정도 기술하시오.)

① $V_{oc}(-25℃)=$

② $V_{mpp}(-25℃)=$

③ $V_{oc}(65℃)=$

④ $V_{mpp}(65℃)=$

(3) 최대출력을 얻을 수 있는 직렬 모듈 수 및 병렬 모듈 수를 결정하시오. (단, 계산과정도 기술하시오.)

16. 시공 계획서에 포함되는 내용 5가지를 쓰시오.

17. 감리용역 완료 시 "공사감리 완료 보고서"를 시·도지사에게 며칠 이내에 제출해야 하는가?

18. 축 방향력은 35 t, 기초자중이 5 t일 때 허용 지내력이 10 t/m^{2}이면 정방향 독립기초의 가로(W)×세로(L)를 얼마로 해야 하는가?

19. 태양전지에서 최대출력을 얻기 위해 중요한 요소 4가지를 쓰시오.

20. 얕은 기초방식 3가지를 쓰시오.

제2회 실전 모의고사 답안

01. $\cos\theta = \dfrac{d}{L}$ 로부터 $d = L \times \cos\theta = 2 \times \cos 35° = 2 \times 0.819 ≒ 1.64$ m

02. ① 고도각, ② 경사각, ③ 이격거리

03. ① 등급 Ⅰ(장치 접지)
② 등급 Ⅱ(보호 절연)
③ 등급 Ⅲ(안전 특별 저전압 AC 50 V, DC 120 V 이하)

04. ① 평지붕 하중의 적설하중
② 지붕 경사도계수

05. ① 병렬방식
② 중앙 집중형 인버터 방식
③ 마스터 슬레이브 방식
④ 모듈 인버터 방식
⑤ 스트링 인버터 방식

06. 2,000 kW의 가중치

$$= \frac{99.999 \times 1.2 + (2{,}000 - 99.999) \times 1.0}{2{,}000} = \frac{119.9988 + 1{,}900.001}{2{,}000} ≒ 1.01$$ 이므로,

(REC×가중치) 값은 45×1.01 ≒ 45.5원
따라서 kW당 판매단가는 SMP+(가중치×REC) = 64.5+45.5 = 110원이다.

07. $I = \dfrac{P}{V} = \dfrac{4{,}000\text{ W}}{200\text{ V}} = 20\text{ A}$,

전압강하 $e = \dfrac{35.6LI}{1{,}000A} = \dfrac{35.6 \times 50 \times 20}{1{,}000 \times 25} ≒ 1.424\text{ V}$

08. ① 한전 배전계통, ② 태양전지 어레이, ③ 접지극

09. ① 방재 대응 : 정전 시 비상부하, 평상 시 계통연계 시스템으로 동작하지만, 정전 시 인버터 자립운전, 복전 후 재충전한다.
② 부하 평준화 : 전력부하 피크 억제, 태양전지 출력과 축전지 출력을 병행, 부하 피크 시 기본 전력요금이 절감된다.
③ 계통 안정화 : 계통부하 급증 시 축전지 방전, 태양전지 출력 증대로 계통전압 상승 시 축전지로 충전하며 역전류 감소, 전압상승 방지를 통해 계통전압이 안정화된다.

10. ① 품질관리
② 기술지도
③ 지원

11.

구분	발전수익 $=\sum\frac{B_i}{(1+0.03)^i}$		발전비용 $=\sum\frac{C_i}{(1+0.03)^i}$	
2020	$\frac{0}{(1+0.03)^0}=\frac{0}{1}=0$	0	$\frac{2,100}{(1+0.03)^0}=\frac{2,100}{1}=2,100$	2,100
2021	$\frac{450}{(1+0.03)^1}=\frac{450}{1.03}\fallingdotseq 436.89$	436	$\frac{50}{(1+0.03)^1}=\frac{50}{1.03}\fallingdotseq 48.54$	48
2022	$\frac{440}{(1+0.03)^2}\fallingdotseq\frac{440}{1.061}\fallingdotseq 414.70$	414	$\frac{45}{(1+0.03)^2}\fallingdotseq\frac{45}{1.061}\fallingdotseq 42.41$	42
2023	$\frac{430}{(1+0.03)^3}\fallingdotseq\frac{430}{1.093}\fallingdotseq 393.41$	393	$\frac{40}{(1+0.03)^3}\fallingdotseq\frac{40}{1.093}\fallingdotseq 36.60$	36
2024	$\frac{420}{(1+0.03)^4}\fallingdotseq\frac{420}{1.126}\fallingdotseq 373.00$	373	$\frac{35}{(1+0.03)^4}\fallingdotseq\frac{35}{1.126}\fallingdotseq 31.08$	31
2025	$\frac{410}{(1+0.03)^5}\fallingdotseq\frac{410}{1.159}\fallingdotseq 353.75$	353	$\frac{30}{(1+0.03)^5}\fallingdotseq\frac{30}{1.159}\fallingdotseq 25.88$	25
합계	1,969		2,282	

$\sum\frac{B_i}{(1+0.03)^i}-\sum\frac{C_i}{(1+0.03)^i}=1,969-2,282=-313<0$이므로 경제성이 없다.

12. $C=\frac{KI}{L}=\frac{3.2\times 180}{0.8}=720\text{ Ah}$

13. (1) 지중 : CNCV-W 케이블
(2) 가공 : ACSR-OC 케이블

14. ① 기본계획 : 5년마다 수립
② 계획기간 : 20년

15. (1) 총 모듈 수와 총 전력량

㉠ 어레이 간의 이격거리를 모듈의 짧은 쪽(1 m)을 3단 가로로 하여 어레이의 구성을 한다면

$$d=(3\times 1)\times\frac{\sin(32^\circ+24.5^\circ)}{\sin 24.5^\circ}=3\times\frac{\sin 56.5^\circ}{\sin 24.5^\circ}=3\times\frac{0.8339}{0.4147}\fallingdotseq 6.03\text{ m}$$

* 가로의 맨 끝 어레이의 이격거리 $d_2=3\times\cos 32^\circ=3\times 0.848\fallingdotseq 2.54\text{ m}$

㉡ 가로 모듈 수 $=\frac{200-(2\times 3)-2.54}{6.03}+1=\frac{191.46}{6.03}+1\fallingdotseq 32.75\rightarrow 32$,

3단이므로 $3\times 32=96$

㉢ 세로 모듈 수 $=\frac{100-(2\times 3)}{1.95}\fallingdotseq 48.20\rightarrow 48$

따라서 총 모듈 수 $=96\times 48=4,608$

총 전력량 $=4,608\times 0.2\text{ kW}=921.6\text{ kW}$

(2) 주어진 최저온도 −25℃, 최고온도 65℃에서의 V_{oc}, V_{mpp}

① $V_{oc}(-25℃) = 37 \times \{1 + (-0.003) \times (-25 - 25)\}$
$= 37 \times \{1 + (-0.003) \times (-50)\}$
$= 37 \times (1 + 0.15) = 37 \times 1.15$
$= 42.55\,\text{V}$

② $V_{mpp}(-25℃) = 27.8 \times \{1 + (-0.003) \times (-25 - 25)\}$
$= 27.8 \times (1 + 0.15) = 27.8 \times 1.15 = 31.97\,\text{V}$

③ $V_{oc}(65℃) = 37 \times \{1 + (-0.003) \times (65 - 25)\}$
$= 37 \times \{1 + (-0.003) \times (40)\}$
$= 37 \times (1 - 0.12) = 37 \times 0.88$
$= 32.56\,\text{V}$

④ $V_{mpp}(65℃) = 27.8 \times \{1 + (-0.003) \times (65 - 25)\}$
$= 27.8 \times (1 - 0.12) = 27.8 \times 0.88 \fallingdotseq 24.46\,\text{V}$

(3) 최대출력을 얻을 수 있는 직렬 모듈 수 및 병렬 모듈 수

① 최대 직렬 수(절사)

$$N_{oc} = \frac{\text{인버터 최대 입력전압}}{V_{oc}(-25℃)} = \frac{1,000}{42.55} \fallingdotseq 23.5 \rightarrow 23$$

$$N_{mpp} = \frac{\text{인버터 MPPT 전압범위의 상한 값}}{V_{oc}(-25℃)} = \frac{800}{31.97} \fallingdotseq 25.02 \rightarrow 25$$

$N_{oc} = 23$, $N_{mpp} = 25$ 중 작은 쪽 23을 직렬 최대 모듈 수로 선정한다.

② 최소 직렬 수(절상)

$$N_{\min} = \frac{\text{인버터 MPPT 전압범위의 하한 값}}{V_{mmp}(65℃)} = \frac{450}{24.46} \fallingdotseq 18.40 \rightarrow 19$$

③ 직렬 수 19 ~ 23 중에 적합한 병렬 수를 구하기 위해

$\dfrac{\text{부지면적으로 구한 총 전력}}{\text{직렬 수} \times \text{모듈 1개의 출력}}$을 대입하면

- 직렬 19일 때 $\dfrac{921.6}{19 \times 0.2} \fallingdotseq 242.53 \rightarrow 242$이며, $19 \times 242 \times 0.2 = 919.6\,\text{kW}$
- 직렬 20일 때 $\dfrac{921.6}{20 \times 0.2} \fallingdotseq 230.4 \rightarrow 230$이며, $20 \times 230 \times 0.2 = 920\,\text{kW}$
- 직렬 21일 때 $\dfrac{921.6}{21 \times 0.2} \fallingdotseq 219.43 \rightarrow 219$이며, $21 \times 219 \times 0.2 = 919.8\,\text{kW}$
- 직렬 22일 때 $\dfrac{921.6}{22 \times 0.2} \fallingdotseq 209.45 \rightarrow 209$이며, $22 \times 209 \times 0.2 = 919.6\,\text{kW}$
- 직렬 23일 때 $\dfrac{921.6}{23 \times 0.2} \fallingdotseq 200.35 \rightarrow 200$이며, $23 \times 200 \times 0.2 = 920\,\text{kW}$

따라서 직렬 20, 병렬 230 또는 직렬 23, 병렬 200일 때 최대출력 920 kW를 얻을 수 있다.

16. ① 현장 조직표
② 공사 세부 공정표
③ 시공일정
④ 주요 공정의 시공절차 및 방법
⑤ 주요 장비동원계획
⑥ 그 밖에 주요 기자재 및 인력투입계획 등

17. 30일

18. $L=\sqrt{\dfrac{\text{축 방향력}+\text{기초자중}}{\text{허용 지내력}}}=\sqrt{\dfrac{35+5}{10}}=\sqrt{\dfrac{40}{10}}=\sqrt{4}=2\text{ m}$
따라서 가로×세로=2 m×2 m로 한다.

19. ① 일사강도
② 모듈의 주위 온도
③ 분광분포
④ 모듈 주변의 습도

20. ① 독립기초
② 복합기초
③ 연속기초

제3회 실전 모의고사

신재생에너지 발전설비기사(태양광)

01. 변환효율이 20 %인 태양전지 모듈을 사용하여 6 kW 규모의 어레이를 옥상에 설치하려 할 때 필요한 태양전지의 면적을 구하시오.

02. 태양광발전시스템 건설 시 현장여건 분석항목이 다음과 같을 때 각 물음에 해당하는 쪽에 분류하여 쓰시오.

방위각, 경사각, 음영 유무, 배전용량, 건축 안정성, 수전전력, 연계점, 공해 유무

(1) 설치조건 :
(2) 환경여건 :
(3) 전력여건 :

03. 배관, 케이블 트레이 등이 바닥, 벽 등 방화구획된 벽체를 관통 시 관통부의 틈새를 법적 요구사항에 맞도록 충진해야 하는데 그 목적이 무엇인지 쓰시오.

04. 접지설비의 사용 목적 2가지를 쓰시오.

05. 태양광발전시스템에서 생산된 전력을 상용 전력망과 병렬운전하기 위해 인버터가 계통과 일치시켜야 하는 조건 3가지를 쓰시오.

06. 다음은 태양전지 용량에 따른 접지선의 굵기 표이다. 용량에 따른 접지선의 단면적을 쓰시오.

태양전지 어레이 출력	접지선의 굵기(mm^2)
500 W 이하	①
500 W 초과 2 kW 이하	②
2 kW 초과	③

07. 다음은 태양광발전시스템의 전기공사 절차도이다. ①～③에 알맞은 내용을 쓰시오.

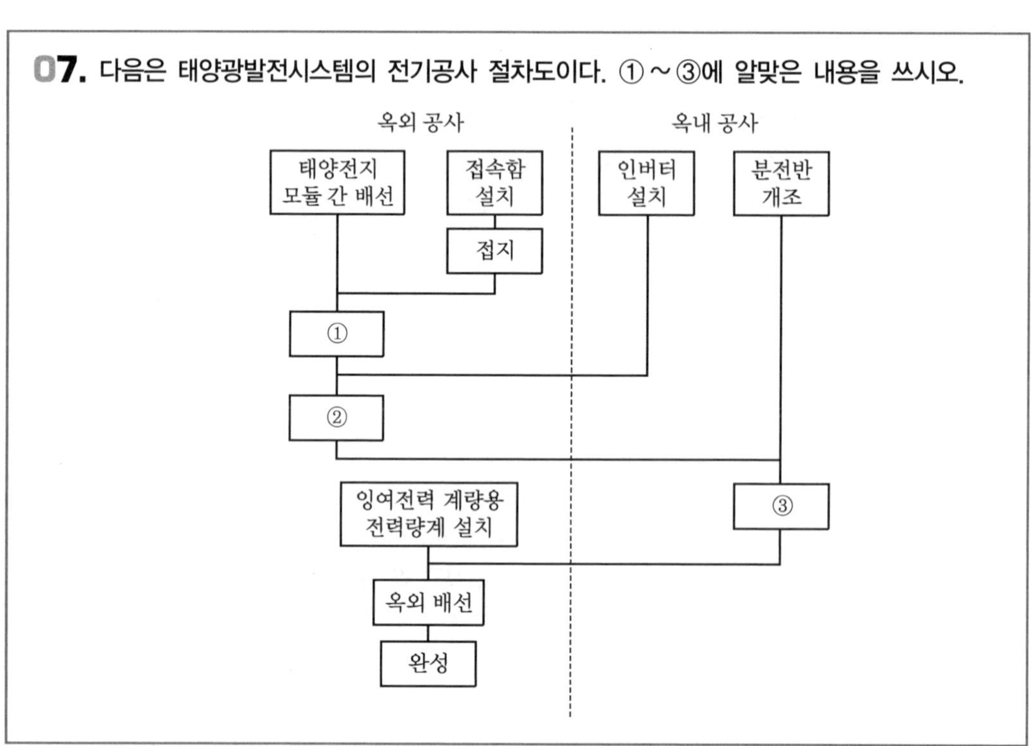

08. SPD의 구비조건 3가지를 쓰시오.

09. 태양광발전시스템 준공 후 현장문서 인수·인계 시 서류 5가지를 쓰시오.

10. 태양전지에 태양광이 조사되면 광에너지에 의한 전자-정공 쌍이 여기되고, 전자와 정공이 이동하여 전류가 흐르는 현상을 무엇이라고 하는지 쓰시오.

11. 계측기나 표시장치의 설치 목적 4가지를 쓰시오.

12. 다음은 연료전지, 태양전지 모듈의 절연내력시험 기준이다. ①~④에 알맞은 내용을 쓰시오.

> 연료전지 및 태양전지 모듈은 최대 사용전압의 (①)배의 직류전압 또는 (②)배의 교류전압(500 V 미만으로 되는 경우에는 (③) V)을 충전 부분과 대지 사이에 연속하여 (④)분간 가하여 절연내력시험을 하였을 때 이에 견디는 것이어야 한다.

13. 태양광발전 구조물에서 프레임과 철골 구조물 간을 절연하는 이유를 쓰시오.

14. 다음 그림은 태양전지 어레이의 전기회로 계통을 나타낸 것이다. ①~③의 소자 명칭을 쓰시오.

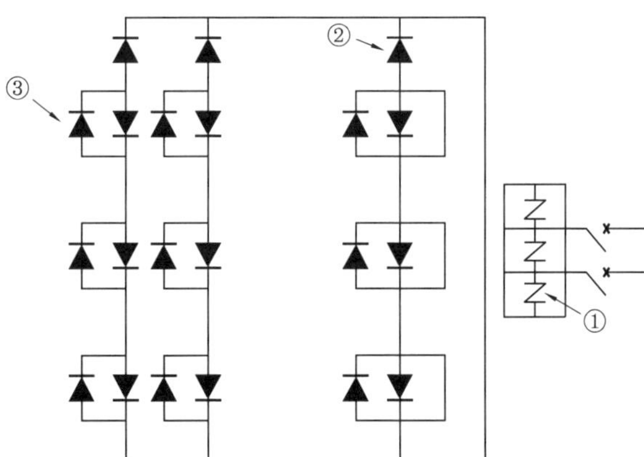

15. 지중전선로의 시설에서 사용되는 케이블 매설방식 3가지를 쓰시오.

16. 다음과 같은 조건에서 임야에 설비용량이 300 kWp인 태양광발전설비를 설치하고자할 때 각 물음에 답하시오. (단, 1년은 365일로 계산한다.)

SMP	80 원/kW	발전시간	3.6시간
REC	50 원/kW	모듈전력 초년도 감소율	0.2 %

(1) 가중치가 적용된 REC의 판매단가를 구하시오.
(2) kWh당 판매단가를 구하시오.
(3) 시스템 이용률을 구하시오.
(4) 연간 발전량을 구하시오. (단, 소수점 이하는 절사한다.)
(5) 시스템 이용률을 이용한 연간 전력 판매수익을 구하시오.

17. 태양광 어레이 설치방향으로 1.32 m 높이의 장애물이 있는 경우 장애물로부터 어레이의 그림자 길이 d와 어레이 길이 L을 계산하시오. (단, 어레이의 경사각은 30°이며, 답은 소수 셋째 자리에서 반올림한다.)

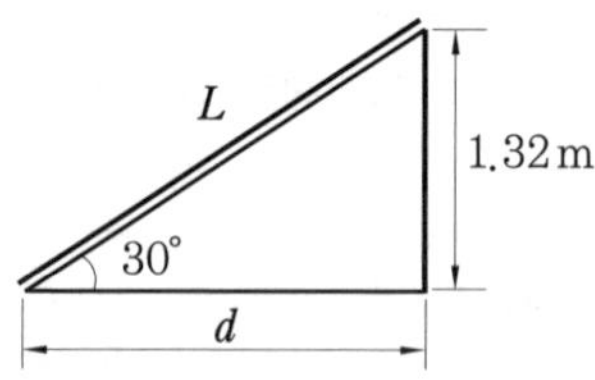

18. 다음은 태양광발전시스템의 가대 설계 절차이다. ①, ②에 적합한 내용을 쓰시오.

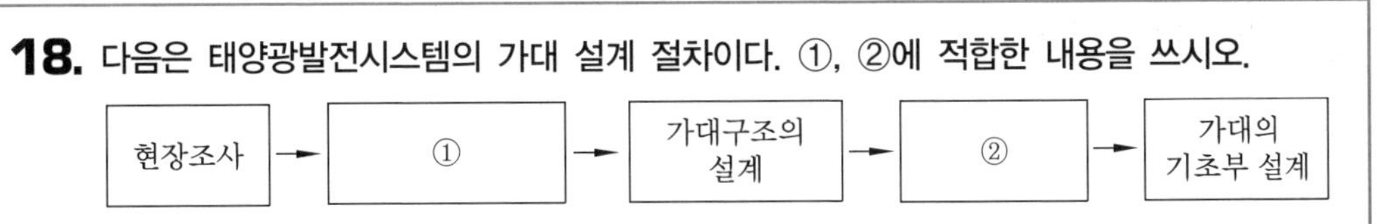

19. 다음은 공사원가에 대한 공사비 산출 다이어그램이다. ①~⑤에 알맞은 용어를 쓰시오.

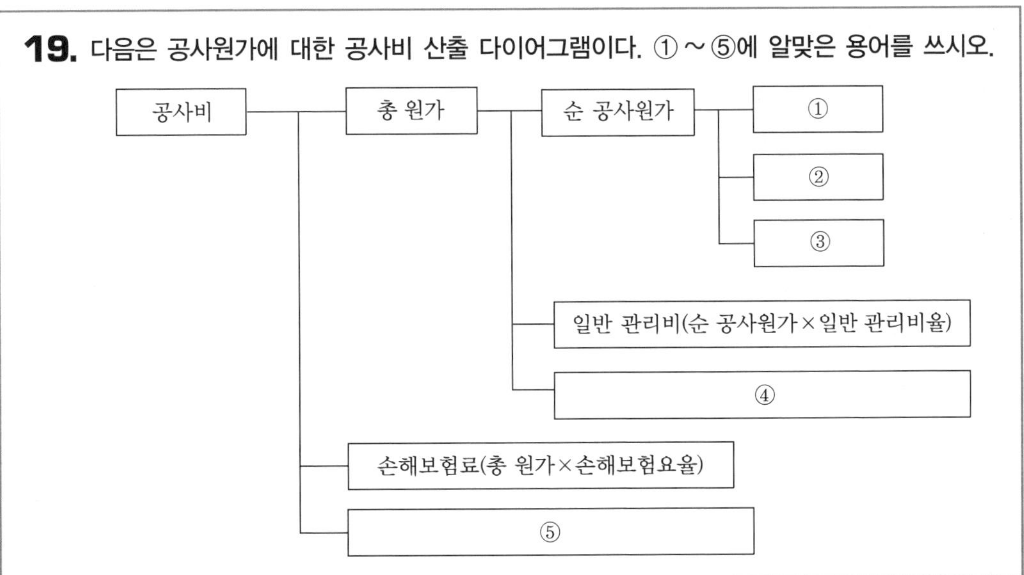

20. 태양광발전설비의 하자보증기간과 하자보수점검은 1년에 몇 회 하는가?

제3회 실전 모의고사 답안

01. 면적 $A = \dfrac{\text{어레이 규모용량(kW)}}{\text{표준 일사강도(kW/m}^2\text{)} \times \text{변환효율}} = \dfrac{6}{1 \times 0.2} = 30\ \text{m}^2$

02. (1) 설치조건 : 방위각, 경사각, 건축 안정성
(2) 환경여건 : 음영 유무, 공해 유무
(3) 전력여건 : 배전용량, 연계점, 수전전력

03. 화재 확산의 방지

04. ① 인축에 대한 안전
② 설비 및 기기에 대한 안전

05. ① 전압, ② 주파수, ③ 위상각

06. ① 1.5, ② 2.5, ③ 4

07. ① 태양광 어레이와 접속함 간 배선
② 접속함과 인버터 간 배선
③ 인버터와 분전반 간 배선

08. ① 뇌 서지 동작전압이 낮을 것
② 응답시간이 빠를 것
③ 병렬 정전용량 및 직렬저항이 작을 것

09. ① 준공 사진첩, ② 준공도면, ③ 준공 내역서,
④ 시방서, ⑤ 시험 성적서

10. 광전현상

11. ① 운전상태를 감시
② 발전전력량의 계측
③ 시스템 종합평가
④ 운전상태의 견학(시스템 홍보)

12. ① 1.5, ② 1, ③ 500, ④ 10

13. 이종금속 접촉 시 이온화 정도가 다름에 따라 발생하는 갈바닉 부식을 방지하기 위해서이다.

14. ① SPD, ② 역류방지 다이오드, ③ 바이패스 다이오드

15. ① 직접 매설식, ② 관로식, ③ 암거식

16. (1) 가중치가 적용된 REC의 판매단가 : 임야의 가중치가 0.7이므로 $50 \times 0.7 = 35$원

(2) kWh당 판매단가= SMP+REC의 판매단가 $= 80 + 35 = 115$원

(3) 시스템 이용률 $= \dfrac{1\text{일 발전시간}}{24\text{시간}} \times 100 = \dfrac{3.6}{24} \times 100 = 15\,\%$

(4) 연간 발전량= 발전용량×24×시스템 이용률×365일×(1− 초년도 감소율)

$= 300 \times 24 \times 0.15 \times 365 \times (1 - 0.002) \fallingdotseq 393,411\,\text{kW}$

(5) 연간 전력 판매수익=연간 발전량×판매단가= $393,411 \times 115 = 45,242,265$원

17. ① 어레이의 높이를 h, 경사각을 θ라 할 때

$$d = \frac{h}{\tan\theta} = \frac{1.32}{\tan 30°} = \frac{1.32}{0.5774} \fallingdotseq 2.29\,\text{m}$$

② 어레이의 길이를 L이라 할 때

$$L = \frac{h}{\sin\theta} = \frac{1.32}{\sin 30°} = \frac{1.32}{0.5} \fallingdotseq 2.64\,\text{m}$$

18. ① 태양전지 모듈의 배열 확정

② 가대의 강도 계산

19. ① 재료비

② 노무비

③ 경비

④ 이윤[(노무비+경비+일반 관리비)×이윤요율]

⑤ 부가가치세[(총 원가+손해보험료)×10 %]

20. ① 하자보증기간 : 3년

② 1년 점검횟수 : 2회 이상

2. 과년도 출제문제

2018년도 출제문제(1회차) 및 해설

신재생에너지 발전설비기사(태양광)

01. 태양광발전설비의 구조물 중 콘크리트 기초의 종류 5가지를 쓰시오.

정답 ① 직접기초
② 말뚝기초
③ 주춧돌 기초
④ 케이슨 기초
⑤ 연속기초

해설 ① 직접기초 : 지지층이 얕을 경우 자주 쓰인다.
② 말뚝기초 : 지지층이 깊을 경우 자주 쓰인다.
③ 주춧돌 기초 : 칠탑 등의 기초에 자주 쓰인다.
④ 케이슨 기초 : 하천 내의 교량 등에 자주 쓰인다.
⑤ 연속기초 : 벽, 기둥을 연속적으로 받치는 기초로 쓰인다.

02. 건축물 설치 부위에 따른 분류에서 벽 건재형의 특징 4가지를 쓰시오.

정답 ① 태양전지가 벽재로서의 기능을 하는 타입이다.
② 셀의 배치에 따라서 개구율을 바꿀 수 있다.
③ 알루미늄 새시 등 다양한 지지공법을 사용할 수 있다.
④ 주로 커텐월 등으로 설치되어 있다.

해설 어레이 설치형식 중 벽 설치 방법에는 벽 설치형과 벽 건재형이 있다.
※ 벽 설치형의 특징은 다음과 같다.
- 벽에 가대(지지 금속물) 등을 설치하고, 그 위에 태양전지 모듈을 설치하는 타입이다.
- 중·고층 건물의 벽면을 유효하게 이용할 수 있다.

03. 절연저항의 측정 시 전로전압에 대한 절연저항으로 ①, ②, ③에 알맞은 값을 쓰시오. (KEC 개정으로 문제 대체)

구분	절연저항(MΩ)
SELV 및 PELV	①
FELV, 500 V 이하	②
500 V 초과	③

정답 ① 0.5, ② 1.0, ③ 1.0

해설 2021.1.1부터 개정된 KEC를 적용하면 다음과 같다.

구분	DC 시험전압(V)	절연저항(MΩ)
SELV 및 PELV	250	0.5
FELV, 500 V 이하	500	1.0
500 V 초과	1,000	1.0

04. 다음은 태양전지 어레이의 전기회로 계통을 나타낸 회로도이다. ①~③의 소자 명칭을 쓰시오.

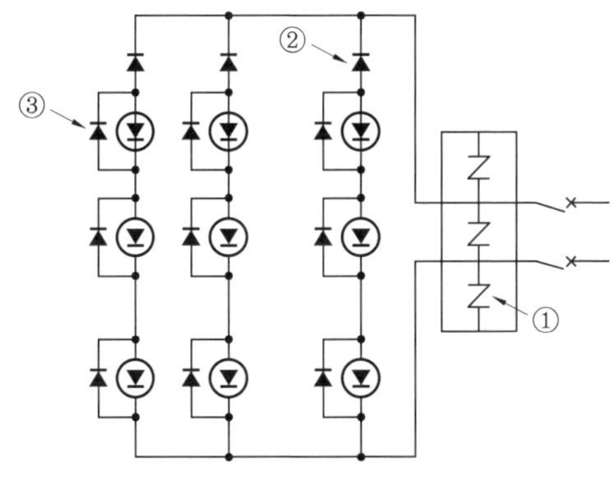

정답 ① SPD(피뢰소자 또는 서지 보호장치)
② 역저지 다이오드(역류방지 다이오드)
③ 바이패스 다이오드

해설 ① SPD(피뢰소자 또는 서지 보호장치) : 뇌뢰를 보호하는 장치
② 역저지 다이오드(역류방지 다이오드) : 태양전지 어레이나 스트링의 병렬연결에서 발생할 수 있는 역전류를 저지하기 위해 각 스트링마다 설치하는 다이오드
③ 바이패스 다이오드 : 태양광 모듈을 구성하는 일부 태양전지 셀에 음영이 생길 경우 발생하는 출력 저하 및 발열을 억제하기 위한 다이오드

05. 위도 37°, 경도 128° 대청호 주변에 모듈길이(L) 1.5 m, 태양전지 모듈 경사각(α) 30°, 태양 고도각(β) 25°로 하여 태양광발전시스템을 설치하려고 한다. 다음 물음에 답하시오. (단, 소수점 넷째 자리에서 반올림하여 셋째 자리까지 계산한다.)

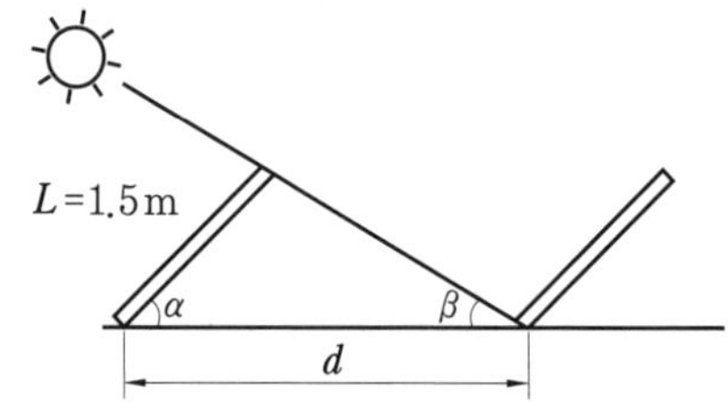

(1) 설계 모듈 간 최소 이격거리(D)를 구하시오.
(2) 대지 이용률(f)을 구하시오.

풀이 (1) 이격거리$(D) = L \times \dfrac{\sin(\alpha+\beta)}{\sin\beta} = 1.5 \times \dfrac{\sin(30°+25°)}{\sin 25°}$

$$\fallingdotseq 1.5 \times \frac{0.8192}{0.4226} \fallingdotseq 2.908\,\text{m}$$

(2) 대지 이용률$(f) = \dfrac{L}{D} = \dfrac{1.5}{2.908} = 0.516$

정답 (1) 이격거리(D) = 2.908 m
(2) 대지 이용률(f) = 0.516

06. 태양광발전설비의 구조물 구조계산에 적용되는 설계하중 4가지를 쓰시오.

정답 ① 고정하중, ② 풍하중,
③ 적설하중, ④ 지진하중

해설
- 고정하중 : 모듈의 질량과 지지물 등의 합계
- 풍하중 : 태양전지 모듈에 가해지는 풍압력과 지지물에 가해지는 풍압력의 합계
- 적설하중 : 모듈면의 수직 적설하중
- 지진하중 : 지지물에 가해지는 수평 지진력
- 온도하중 : 용접구조의 길이가 긴 경우 이외의 지지물에서는 다른 하중보다 작으므로 제외한다.

07. 독립형 전원 시스템 축전지 용량 산출식을 쓰시오.

정답 $C = \dfrac{L_d \times D_f \times 1000}{L \times V_b \times \text{DOD} \times N}$

해설 L_d : 1일 적산 부하전력량(kWh)

D_f : 일조가 없는 날(일)

L : 보수율

V_b : 공칭 축전지 전압(V)

N : 축전지 개수(개)

DOD : 방전심도

08. 태양전지 모듈의 표준 시험(STC) 조건 3가지를 쓰시오.

정답 ① 온도 : 25℃

② 대기질량지수 : AM 1.5

③ 일사강도 : 1,000 W/m^2

해설 STC는 Standard Test Conditions의 약자이다.

09. 다음 그림은 누전 차단기의 구조를 나타낸 결선도이다. 다음 물음에 답하시오.

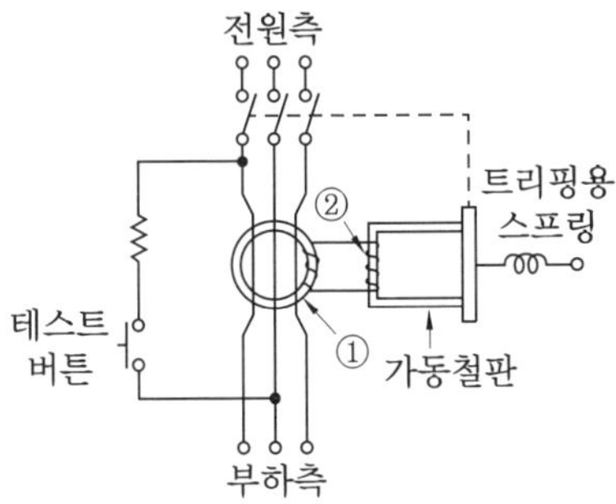

(1) 그림 ①의 명칭을 쓰시오.

(2) 그림 ②의 명칭을 쓰시오.

(3) 그림은 어떤 형의 누전 차단기인지 쓰시오.

정답 (1) 영상 변류기(ZCT)

(2) 트립 코일(감자 코일)

(3) 전류 동작형(전자형)

해설 누전 차단기는 감전이나 누전으로 인한 화재를 방지하고, 전기기기 보호 및 다른 기기로의 고장 파급을 방지하는 목적으로 설치된다.

10. 다음은 전압강하에 관련된 사항이다. ( ) 안에 알맞은 내용을 쓰시오.

(1) 태양 전지판에서 인버터 입력단 간 및 인버터 출력단과 계통 연계점 간의 전압강하는 각 (①)을(를) 초과하여서는 안 된다.

(2) 전선길이가 60 m를 초과할 경우에는 아래 표에 따라 시공할 수 있다. 전압강하 계산서(또는 측정치)를 설치 확인 신청 시에 제출한다.

전선길이	전압강하
120 m 이하	(②) 이하
200 m 이하	(③) 이하
200 m 초과	(④) 이하

(3) 전압강하 계산식을 ①, ②, ③에 맞게 써 넣으시오.

구분	전압강하(V)	전선 단면적(mm^2)
직류 2선식, 단상 2선식	(①)	$A = \dfrac{35.6 \times L \times I}{1,000 \times e}$
단상 3선식, 직류 3선식, 3상 4선식	(②)	$A = \dfrac{17.8 \times L \times I}{1,000 \times e}$
3상 3선식	(③)	$A = \dfrac{30.8 \times L \times I}{1,000 \times e}$

정답 (1) ① 3 % 이하

(2) ② 5 %, ③ 6 %, ④ 7 %

(3) ① $e = \dfrac{35.6 \times L \times I}{1,000 \times A}$, ② $e = \dfrac{17.8 \times L \times I}{1,000 \times A}$, ③ $e = \dfrac{30.8 \times L \times I}{1,000 \times A}$

11. 다음은 태양전지 모듈의 절연내력검사 기준에 관한 내용이다. ( ) 안에 알맞은 내용을 쓰시오.

> 연료전지 및 태양전지 모듈은 최대 사용전압의 (①)배의 직류전압 또는 1배의 교류전압(500 V 미만으로 되는 경우에는 500 V)을 충전 부분과 (②) 사이에 연속하여 (③)분간 가하여 절연내력을 시험하였을 때에 이에 견디는 것이어야 한다.

정답 ① 1.5, ② 대지, ③ 10

해설 판단기준 제18조[연료전지 및 태양전지 모듈의 절연내력]

연료전지 및 태양전지 모듈은 최대 사용전압의 1.5배의 직류전압 또는 1배의 교류전압(500 V 미만으로 되는 경우에는 500 V)을 충전 부분과 대지 사이에 연속하여 10

분간 가하여 절연내력을 시험하였을 때에 이에 견디는 것이어야 한다. 다만, 태양전지 모듈에 대해 특별한 이유에 의하여 시·도지사의 인가를 받는 경우에는 그러하지 아니하다.

12. 태양광발전시스템에 사용되는 인버터 회로에 대한 입력 측 절연저항을 측정하기 위한 순서를 4단계로 구분하여 쓰시오.

정답 ① 태양전지 회로를 접속함에서 분리한다.
② 분전반 내의 분기 차단기를 개방한다.
③ 직류 측의 모든 입력단자 및 교류 측 전체의 출력단자를 각각 단락한다.
④ 직류단자와 대지 사이의 절연저항을 측정한다.

해설 출력 측 절연저항을 측정하는 순서는 다음과 같다.
① 태양전지 회로를 접속함에서 분리한다.
② 분전반 내의 분기 차단기를 개방한다.
③ 직류 측의 모든 입력단자 및 교류 측 전체의 출력단자를 각각 단락한다.
④ 교류단자와 대지 사이의 절연저항을 측정한다.

2018년

13. 다음과 같은 조건은 태양광발전설비의 1차 년도 전력 판매수익을 구하기 위한 것이다. 다음 물음에 답하시오. (단, 시스템 이용률을 이용하여 계산하고, 태양전지 모듈의 경년 변화율은 고려하지 않는다.)

소내전력비율	1.0 %	발전방식	수상
시설용량	500 kWp	SMP	100 원/kWh
발전시간	3.6 h	REC	90 원/kWh

(1) 시스템 이용률을 구하시오.
(2) 전력 판매단가를 구하시오.
(3) 1차 년도 전력 판매수익을 구하시오.

풀이 (1) 시스템 이용률 $= \dfrac{1\text{일 발전시간}}{24\text{시간}} = \dfrac{3.6}{24} \times 100 = 15\ \%$

(2) 전력 판매단가 = SMP + (가중치 × REC) = 100 + (1.5 × 90) = 235원
※ 수상 태양광발전인 경우 가중치는 1.5이다.

(3) 연간 발전량 = 500 × 3.6 × 365 = 657,000 kW/년
소내 연 소비전력 = 657,000 × 0.01 = 6,570 kW/년
연간 전력 판매수익 = (657,000 − 6,570) × 235 = 152,851,050원

14. 다음은 전기사업을 신고하는 경우 전기사업법에 따른 신고사항이다. ( ) 안에 알맞은 내용을 쓰시오.

> 전기사업자가 사업을 시작한 경우에는 지체 없이 (㉠)를 (㉡) 또는 (㉢)에게 제출해야 한다.

정답 ㉠ 사업개시 신고서, ㉡ 산업통상자원부장관, ㉢ 시·도지사

15. 위도가 27.5°일 때, 하지 시의 남중고도를 구하시오.

풀이 90°− 위도 + 23.5°= 90°− 27.5°+ 23.5°= 86°

정답 86°

16. 태양광발전시스템용 인버터의 주요 기능 5가지를 쓰시오.

정답 ① 단독운전 방지(검출)기능, ② 계통연계 보호기능,
③ 최대전력 추종제어(MPPT)기능, ④ 자동전압 조정기능,
⑤ 자동운전 정지기능, 그 밖에 직류검출, 지락검출기능

17. 태양전지 모듈의 사양이 다음과 같을 때 충진율을 구하시오.

개방전압(V_{oc})	42 V	최대출력 동작전류(I_{max})	8.5 A
단락전류(I_{sc})	9.5 A	시간당 입사에너지(E)	1,000 W/m^2
최대출력 동작전압(V_{max})	36 V	모듈 크기($L \times W \times H$)	1.0×2.0×0.35 m

풀이 충진율 $= \dfrac{V_{max} \times I_{max}}{V_{oc} \times I_{sc}} = \dfrac{36 \times 8.5}{42 \times 9.5} = \dfrac{306}{399} \fallingdotseq 0.77$

정답 0.77

18. 다음 모듈에 대한 태양전지 모듈 변환효율을 구하시오.

구분	특성
개방전압(V_{oc})	38.0 V
단락전류(I_{sc})	9.0 A
최대출력 동작전압(V_{mpp})	30.6 V
최대출력 동작전류(I_{mpp})	8.5 A
모듈 치수	1,640(L)×1,000(W)×35(D) [mm]

풀이 변환효율 $= \dfrac{V_{mpp} \times I_{mpp}\,[\mathrm{W}]}{A \times 1{,}000\,\mathrm{W/m^2}} \times 100 = \dfrac{30.6 \times 8.5}{(1.64 \times 1) \times 1{,}000} \times 100 \fallingdotseq 15.86\,\%$

정답 15.86 %

19. 다음 정의는 무엇을 설명한 것인지 (   ) 안에 알맞은 용어를 쓰시오.

용어	정의
(①)	일정 규모(500만 kW) 이상의 발전설비(신·재생에너지 설비는 제외)를 보유한 발전사업자(공급의무자)에게 총 발전량의 일정비율 이상을 신·재생에너지를 이용하여 공급하도록 의무화한 제도를 말한다.
(②)	공급인증서의 발급 및 거래단위로서 공급인증서 발급대상설비에서 공급된(MWh) 기준의 신·재생에너지 전력량에 대해 가중치를 곱하여 부여하는 단위를 말한다.
(③)	신·재생에너지로 생산한 전기의 거래가격이 정부가 고시한 기준가격보다 낮은 경우 그 차액을 정부가 지원하는 제도를 말한다.
(④)	생산인증서의 발급 및 거래단위로서 생산인증서 발급대상설비에서 생산된(MWh) 기준의 신·재생에너지 전력량에 대해 부여하는 단위를 말한다.

정답 ① RPS(신·재생에너지 공급의무화)
② REC(신·재생에너지 공급인증서)
③ FIT(발전차액 지원제도)
④ REP(신·재생에너지 생산인증서)

2018년

2018년도 출제문제(2회차) 및 해설

신재생에너지 발전설비기사(태양광)

01. 다음 조건에 해당하는 경기지역 의료시설의 예상 에너지 사용량을 구하시오. (단, 건축 연면적은 1,000 m^2이다.)

의료시설 단위 에너지 사용량 ($kWh/m^2 \cdot year$)	용도별 보정계수	경기지역 지역계수
643.53	1.00	0.99

풀이 예상 에너지＝건축 연면적 × 단위 에너지 사용량 × 용도별 보정계수 × 지역계수

＝ 1,000 × 643.53 × 1.00 × 0.99＝637.095 MWh/년

정답 637.095 MWh/년

02. 수전실 등의 시설과 관련하여 수전설비의 변압기, 배전반 등의 최소 유지거리(m)를 ① ~ ⑩까지 쓰시오.

기기별 \ 위치별	앞면 또는 조작·계측면	뒷면 또는 점검면	열 상호 간 (점검하는 면)	기타의 면
특고압 배전반	①	④	⑦	－
고압 배전반	②	⑤	⑧	－
저압 배전반	1.5 m	0.6 m	1.2 m	－
변압기 등	③	⑥	⑨	⑩

정답

기기별 \ 위치별	앞면 또는 조작·계측면	뒷면 또는 점검면	열 상호 간 (점검하는 면)	기타의 면
특고압 배전반	1.7 m	0.8 m	1.4 m	－
고압 배전반	1.5 m	0.6 m	1.2 m	－
저압 배전반	1.5 m	0.6 m	1.2 m	－
변압기 등	1.5 m	0.6 m	1.2 m	0.3 m

03. 다음 일사량 15 MJ/m^2를 (kWh/m^2)로 환산하시오.

풀이 1 W = 1 J/s 따라서 1 J = 1 Ws = 1/3600 Wh

여기서 1 Wh = 3600 J = 3.6 kJ이므로 1 kWh = 3.6 MJ

따라서 15 MJ = 15/3.6 kWh = 4.16 kWh = 4.16 kWh/m^2

정답 4.16 kWh/m^2

04. 화재 시 연소방지 효과를 향상시키기 위해 태양광발전소 건설에서 사용되는 케이블은?

정답 CV 케이블

해설 CV 케이블은 가교 폴리에틸렌 절연 비닐시스 케이블을 말하며, 난연성 케이블이다.

05. 80 kWp 태양광발전설비가 경사각 33°로 설치되어 있는 경우 연 평균 일 발전시간(kWh/kWp/day)과 연 총 발전량은? (단, 수평면 월별 일사량은 아래 표와 같고, 발전효율[PR, Performance Ratio]은 82 %이며 경사각 33°의 일사량은 수평면보다 연평균 12 % 증가한다.)

월	1	2	3	4	5	6	7	8	9	10	11	12
수평면 일사량 (kWh/m^2)	72	90	127	151	165	146	141	146	127	116	79	66

(1) 연 평균 일 발전시간(kWh/kWp/day) :

(2) 연 총 발전량(MWh) :

풀이 (1) 연 평균 일 발전시간

㉠ 연간 수평면 일사량

= 72 + 90 + 127 + 151 + 165 + 146 + 141 + 146 + 127 + 116 + 79 + 66

= 1,426 kWh/m^2

㉡ 연간 경사면 일사량 = 1,426 × 1.12 = 1,597.12 kWh/m^2

㉢ 연 평균 발전시간 = 1,597.12 × 0.82 = 1,309.64 kWh/kWp

㉣ 연 평균 일 발전시간 = 1,309.64/365 = 3.59 kWh/kWp/day

(2) 연 총 발전량은 발전소 공칭 발전용량에 연 평균 일 발전시간과 1년간의 발전시간을 적용하면 된다.

∴ 80 kWp × 3.59 kWh/kWp/day × 365 day = 104.83 MWh

정답 (1) 3.59 kWh/kWp/day

(2) 104.83 MWh

2018년

06. 태양광발전 부지의 기후 조건은 태양전지 모듈 최저온도 −8℃, 최고온도 72℃, 최대풍속 30 m/s이다. 60 kW 태양광 인버터에 적합한 직·병렬 어레이를 설계하고자 할 때 다음 물음에 답하시오. (단, 소수점 셋째 자리에서 반올림 하시오.)

태양전지 모듈 특성	
최대전력 P_{max} [W]	300
개방전압 V_{oc} [V]	45
단락전류 I_{sc} [A]	8.8
최대전압 V_{mpp} [V]	36.1
최대전류 I_{mpp} [A]	8.3
전압 온도 변화 [mV/℃]	−160
시스템 전압 [V]	950
NOCT [℃]	45

인버터 특성	
최대 입력전력 [kW]	60
MPP 범위 [V]	450 ~ 800
최대 입력전압 [V]	950
최대 입력전류 [A]	150
정격출력 [kW]	60
주파수 [Hz]	60

(1) 태양전지 모듈의 V_{oc}, V_{mpp}를 구하시오.

① V_{oc}(최저 cell 온도) =

② V_{mpp}(최저 cell 온도) =

③ V_{oc}(최고 cell 온도) =

④ V_{mpp}(최고 cell 온도) =

(2) 최대, 최소 직렬 모듈 수를 구하시오.

① 연중 최저 모듈 표면온도에서

- V_{oc}의 모듈 수 =
- V_{mpp}의 모듈 수 =

② 연중 최고 모듈 표면온도에서

V_{mpp}의 모듈 수 =

(3) 최대 태양광발전이 가능한 직·병렬 수는?

풀이 (1) 태양전지 모듈 온도별 V_{oc}, V_{mpp}

① $V_{oc}(-8℃) = 45\text{ V} + \{(-8℃ - 25℃) \times (-0.160\text{ V/℃})\} = 50.28\text{ V}$

② $V_{mpp}(-8℃) = 36.1\text{ V} + \{(-8℃ - 25℃) \times (-0.160\text{ V/℃})\} = 41.38\text{ V}$

③ $V_{oc}(72℃) = 45\text{ V} + \{(72℃ - 25℃) \times (-0.160\text{ V/℃})\} = 37.48\text{ V}$

④ $V_{mpp}(72℃) = 36.1\text{ V} + \{(72℃ - 25℃) \times (-0.160\text{ V/℃})\} = 28.58\text{ V}$

(2) 직렬 모듈 수량 선정

① 최대 직렬 모듈 수(절사)

- 연중 최저 -8℃에서 V_{oc}의 모듈 수

  $= V_{\max(Inverter)} \div V_{oc(Module)}$ = 950 ÷ 50.28 = 18.89 =18장

- 연중 최저 -8℃에서 V_{mpp}의 모듈 수

  $= V_{\max-mpp(Inverter)} \div V_{mpp(Module)}$ = 800 ÷ 41.38 = 19.33 = 19장

② 최소 직렬 모듈 수(절상)

연중 최고 72℃에서 V_{mpp}의 모듈 수

$= V_{\min-mpp(Inverter)} \div V_{mpp(Module)}$ = 450 ÷ 28.58 = 15.75 = 16장

(3) 직·병렬 수 결정

- 16직렬일 경우 $\frac{60,000\,\text{W}}{300\,\text{W} \times 16} ≒ 12.5 \rightarrow 12$이며, $16 \times 12 \times 300\,\text{W} = 57,600\,\text{W}$
- 17직렬일 경우 $\frac{60,000\,\text{W}}{300\,\text{W} \times 17} ≒ 11.76 \rightarrow 11$이며, $17 \times 11 \times 300\,\text{W} = 56,100\,\text{W}$
- 18직렬일 경우 $\frac{60,000\,\text{W}}{300\,\text{W} \times 18} ≒ 11.11 \rightarrow 11$이며, $18 \times 11 \times 300\,\text{W} = 59,400\,\text{W}$

따라서, 출력이 최대가 되는 최적 직·병렬 수는 18직렬, 11병렬이므로 발전시스템에 적합하게 적용할 수 있다.

정답 (1) ① V_{oc}(-8℃) = 50.28 V

② V_{mpp}(-8℃) = 41.38 V

③ V_{oc}(72℃) = 37.48 V

④ V_{mpp}(72℃) = 28.58 V

(2) ① • V_{oc}(-8℃)의 모듈 수 = 18장

• V_{mpp}(-8℃)의 모듈 수 = 19장

② V_{mpp}(72℃)의 모듈 수 = 16장

(3) 18직렬, 11병렬

07. 총 공사비가 35억 원이고, 공사기간이 13개월인 전기공사의 간접 노무비율(%)을 다음 참고자료에 의거하여 계산하시오.

구분		간접 노무비율(%)
공사 종류별	건축공사	14.5
	토목공사	15
	특수공사(포장, 준설 등)	15.5
	기타(전기, 통신 등)	15
공사 규모별 품셈에 의하여 산출되는 공사원가 기준	50억 원 미만	14
	50 ~ 300억 원 미만	15
	300억 원 이상	16
공사 기간별	6개월 미만	13
	6 ~ 12개월 미만	15
	12개월 이상	17

풀이 간접 노무비율 $= \dfrac{15+14+17}{3} = 15.33\,\%$

정답 15.33 %

08. 다음 그림과 같은 태양광발전시스템의 개방전압을 측정하려고 한다. 측정 순서를 4단계로 구분하여 쓰시오.

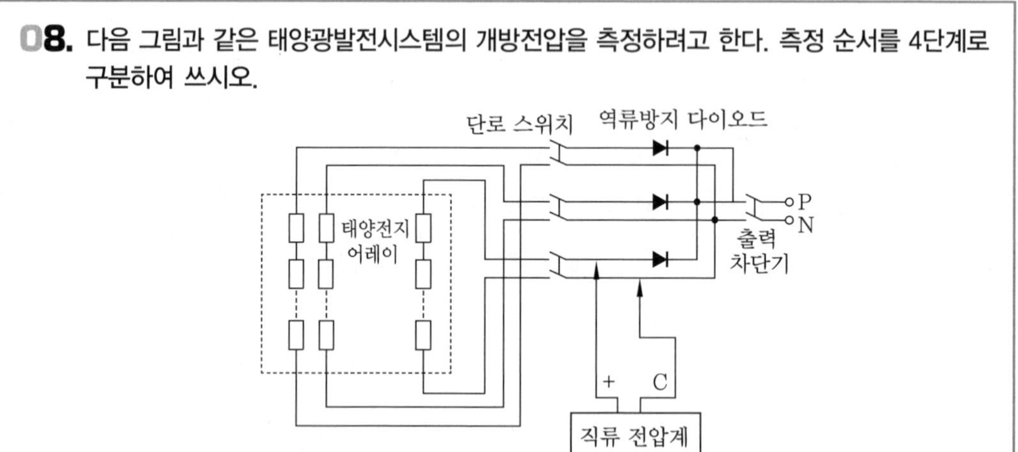

정답 ① 접속함의 출력 개폐기를 OFF

② 접속함의 각 스트링 단로 스위치를 모두 OFF

③ 각 모듈에 음영이 있는지 확인

④ 측정하는 스트링의 단로 스위치만 ON, 직류 전압계로 각 스트링의 P-N 단자 전압 측정

09. 태양광 인버터에는 단독운전 방지기능이 내장되어 있다. 단독운전 방지기능 중 능동적 방식 4가지를 쓰시오.

정답 ① 주파수 시프트 방식
② 유효전력 변동방식
③ 무효전력 변동방식
④ 부하 변동방식

10. 태양광발전시스템의 전기공사는 태양광 모듈의 설치와 동시에 진행하고, 태양광 모듈 간의 배선을 비롯한 분전함, 인버터 등의 기기설치를 순차적으로 연결한 것이다. 다음 전기공사의 절차를 보고 ①, ②, ③에 해당하는 절차를 쓰시오.

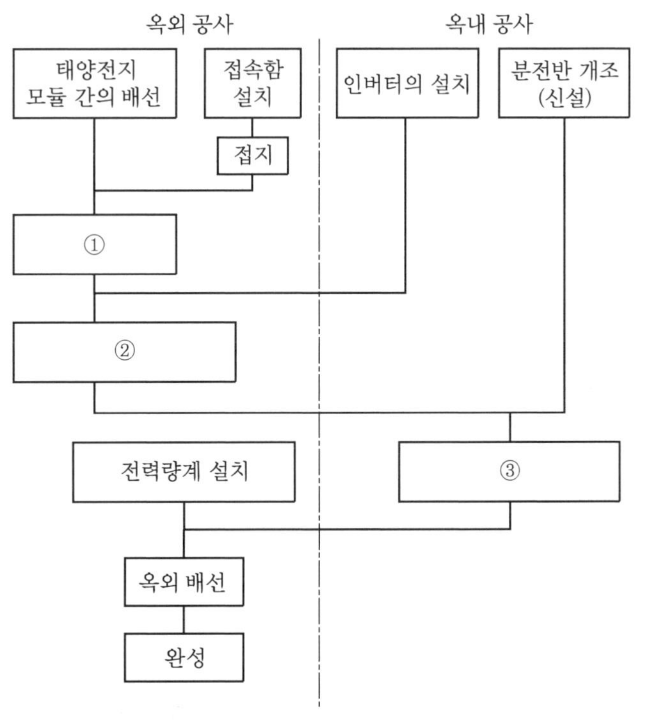

정답 ① 태양광 어레이와 접속함의 배선
② 접속함에서 인버터까지의 배선
③ 인버터에서 분전반까지의 배선

11. 지붕 위에 설치한 태양전지 어레이에서 접속함으로 복수의 케이블을 배선하는데 그림과 같이 지붕 환기구 및 처마 밑에 배선하려고 한다. 이 경우 케이블 곡률 반경은 지름의 몇 배로 하여야 하는지 쓰시오.

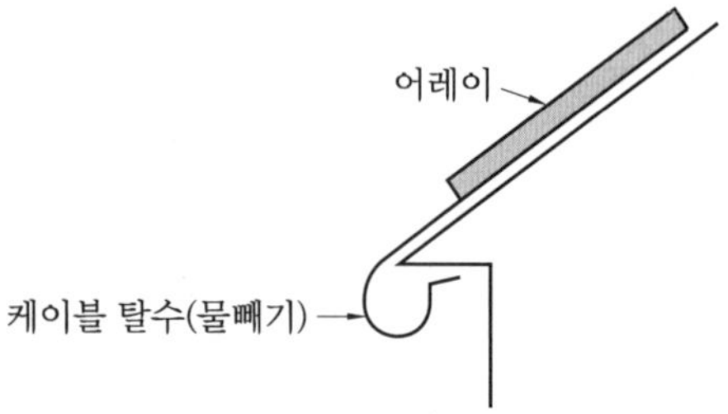

정답 6배 이상

해설 케이블의 물빼기 배선 시에는 원칙적으로 케이블 외경의 6배 이상으로 구부려 배선한다.

12. 다음은 가대 설계의 절차를 나타낸 것이다. 이 중 가대의 강도계산에 해당하는 업무 2가지를 쓰시오.

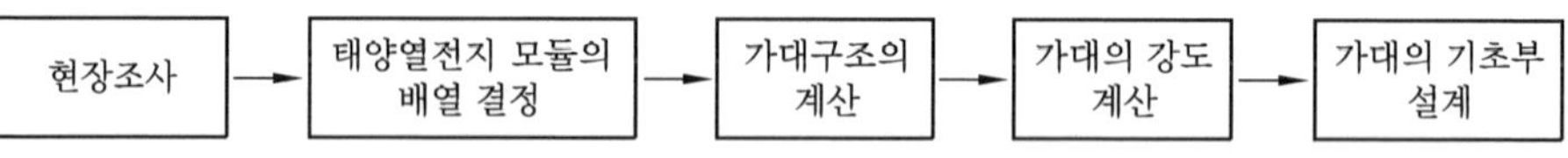

정답 ① 상정하중 산출, ② 각 부재의 강도 계산

13. 인버터 선정 시 고려해야 할 사항에서 전력 품질·공급 안전성에 관한 사항 4가지를 쓰시오.

정답 ① 잡음 발생이 적을 것
② 고조파 발생이 적을 것
③ 기동·정지가 안정적일 것
④ 직류성분이 적을 것

14. 다음 [조건]에 맞는 독립형 전원 시스템용 축전지 용량(Ah)을 구하시오.

조건

L_d : 2.4 kWh, D_f : 10일, L : 0.8, V_b : 2 V, N : 48개, DOD : 0.65

풀이 $C = \dfrac{L_d \times D_f \times 1{,}000}{L \times N \times V_b \times \text{DOD}} = \dfrac{2.4 \times 10 \times 1{,}000}{0.8 \times 48 \times 2 \times 0.65} ≒ 481\,\text{Ah}$

정답 481 Ah

15. 태양광 어레이 분전반에서 25 m 거리에 4.4 kW의 교류 단상 220 V 전열기를 설치하였다. 배선 방법을 금속관 공사로 하고 전압강하를 2 % 이하로 하기 위한 전선의 굵기를 얼마로 선정하는 것이 적당한가? (단, 감소계수는 0.7이다.)

풀이 $I = \dfrac{P}{V} = \dfrac{4{,}400}{220} = 20\,\text{A}$, 전압강하율 $= 220 \times 0.02 = 4.4\,\text{V}$

전선의 단면적 $A = \dfrac{35.6 \times 25 \times 20}{1{,}000 \times 4.4 \times 0.7} ≒ 5.78\,\text{mm}^2$

따라서, 규격치는 $6\,\text{mm}^2$이다.

정답 $6\,\text{mm}^2$

16. 건축물에 설치하는 태양전지 모듈은 설치 부위, 설치방식, 부가기능 등으로 분류되어 있다. 벽에 설치하는 방식 2가지를 쓰시오.

정답 ① 벽 설치형
② 벽 건재형

17. 뇌뢰를 보호하는 장치(surge protect device) 3가지를 쓰시오.

정답 ① 어레스터, ② 서지 업서버, ③ 내뢰트랜스

해설 ① 어레스터 : 낙뢰에 의한 충격성 과전압에 대하여 전기설비의 단자전압을 규정치 이내로 저감시켜 정전을 일으키지 않고 원상태로 복구하는 장치이다.
② 서지 업서버 : 전선로에 침입하는 이상전압의 높이를 완화하고, 파고치를 저하시키는 장치이다.
③ 내뢰트랜스 : 실드부 절연트랜스를 주체로 이에 어레스터 및 콘덴서를 부가시킨 것으로서 뇌 서지가 침입한 경우 내부에 내장된 SPD에서의 제어 및 1차 측과 2차 측 간의 고절연화 및 차폐(shield)에 의해 뇌 서지의 흐름을 완전히 차단할 수 있게 만든 장치이다.

18. 태양전지 모듈의 표준 시험 조건(STC) 3가지를 쓰시오.

일사량	모듈 표면온도	대기질량지수
①	②	③

정답 ① 1,000 W/m^2, ② 25℃, ③ AM 1.5

19. 연간 발전량이 1,300 MWh인 태양광발전소의 초기 투자비가 40억 원으로 20년간 운영하고, 연간 유지보수비용이 3억/년일 때 발전원가(원/kWh)를 구하시오.

풀이

$$발전원가 = \frac{\dfrac{초기\ 투자비}{설비\ 수명연한} + 연간\ 유지\ 관리비}{연간\ 총\ 발전량}$$

$$= \frac{\dfrac{4,000,000,000}{20} + 300,000,000}{1,300,000} ≒ 384.62\ 원/kWh$$

정답 384.62 원/kWh

2018년도 출제문제(4회차) 및 해설

신재생에너지 발전설비기사(태양광)

01. 태양광발전설비를 설치하기 위한 부지 선정 시 고려해야 할 사항을 5가지만 쓰시오.

정답 ① 일사량이 좋은 남향일 것
② 음영이 없을 것
③ 적설량이 적을 것
④ 부지가격이 저렴할 것
⑤ 토목 공사비가 적게 드는 곳

해설 그 밖에 접근성이 좋을 것, 주민의 민원제기가 없는 곳 등이 있다.

02. 독립형 전원 시스템용 축전지 선정 시 고려사항을 4가지만 쓰시오.

정답 ① 충·방전 사이클이 우수할 것
② 자기 방전율이 낮을 것
③ 에너지 저장밀도가 높을 것
④ 과충전 및 과방전에 강할 것

03. 다음과 같은 [표 1], [표 2] 조건으로 임야에 태양광발전소를 시설하고자 한다. 다음 물음에 답하시오. (단, 단가 및 금액은 소수 첫째 자리에서 반올림하여 정수로 나타내시오.)

[표 1]

SMP (원/kWh)	130	모듈 경년 감소율 (%)	0.3
REC (원/kWh)	100	할인율 (%)	3
전력 판매단가 (원/kWh)	①	발전시간 (h)	3.6
설치용량 (kW)	200	시스템 이용률 (%)	②

[표 2] 단위 : 만원

구분	2018년	2019년	2020년	2021년	2022년	2023년
발전수익	0	5,500	5,490	5,480	5,470	5,460
발전비용	15,000	1,600	1,500	1,400	1,300	1,200

(1) REC 가중치가 적용된 전력 판매단가 ①을 구하시오.
(2) 태양광발전시스템의 이용률 ②를 구하시오.

(3) 다음 5년간의 발전수익과 발전비용을 활용하여 비용/편익비(B/C ratio)를 구하시오.
(단, 태양광 시공기간은 1차 년도 기준으로 한다.)

구분	계산과정	
	편익(B_i)	비용(C_i)
2018년도		
2019년도		
2020년도		
2021년도		
2022년도		
2023년도		

• 비용 편익비 =

(4) 계산된 비용 편익비를 근거로 사업의 경제성을 판단하시오.

풀이 (1) 전력 판매단가 = SMP + (REC × 가중치)

$$= 130 + (100 \times 0.7) = 200\text{원}$$

* 임야의 경우 가중치는 0.7이다.

(2) 시스템 이용률 $= \dfrac{\text{1일 발전시간}}{24} \times 100 = 15\,\%$

(3) 비용 편익비(B/C)

구분	계산과정	
	편익(B_i)	비용(C_i)
2018년도	$\dfrac{0}{(1+0.03)^0} = 0$	$\dfrac{15,000}{(1+0.03)^0} = \dfrac{15,000}{1} = 15,000$
2019년도	$\dfrac{5,500}{(1+0.03)^1} = \dfrac{5,500}{1.03} = 5,340$	$\dfrac{1,600}{(1+0.03)^1} = \dfrac{1,600}{1.03} = 1,553$
2020년도	$\dfrac{5,490}{(1+0.03)^2} = \dfrac{5,490}{1.061} = 5,174$	$\dfrac{1,500}{(1+0.03)^2} = \dfrac{1,500}{1.061} = 1,414$
2021년도	$\dfrac{5,480}{(1+0.03)^3} = \dfrac{5,480}{1.093} = 5,014$	$\dfrac{1,400}{(1+0.03)^3} = \dfrac{1,400}{1.093} = 1,281$
2022년도	$\dfrac{5,470}{(1+0.03)^4} = \dfrac{5,470}{1.126} = 4,858$	$\dfrac{1,300}{(1+0.03)^4} = \dfrac{1,300}{1.126} = 1,155$
2023년도	$\dfrac{5,460}{(1+0.03)^5} = \dfrac{5,460}{1.159} = 4,711$	$\dfrac{1,200}{(1+0.03)^5} = \dfrac{1,200}{1.159} = 1,035$
합계	25,097	21,438

• 비용 편익비 = 1.17

(4) $\dfrac{\sum B_i}{\sum C_i} = \dfrac{25,097}{21,438} ≒ 1.17 > 1$이므로 수익성이 있다.

정답 (1) 200원

(2) 15 %

(3) 풀이참조

(4) 비용 편익비가 1.17 > 1이므로 수익성이 있다.

04. 태양전지시스템의 부하 평준화 대응형 축전지의 설치용량을 산출하려고 한다. 다음 [조건]을 참고하여 물음에 답하시오.

조건

- 평균 부하 용량(P) : 100 kW(kW · h/방전시간)
- PCS 직류 입력전압(V_i) : 250 V
- PCS 축전지 간 전압강하(V_d) : 2 V
- PCS 효율(E_f) : 92 %
- 보수율 : 0.8
- 용량환산시간 : 3.3
- 축전지 방전 종지전압 : 1.8 V/셀
- 축전지 최저 동작온도 : 5℃

(1) 부하의 평균 용량(kW)으로 PCS의 직류 입력전류(I_d)를 구하시오.

(2) 축전지 직렬 개수(N)를 구하시오.

(3) 축전지 용량(C)을 구하시오.

풀이 (1) I_d(직류 입력전류) $= P \times \dfrac{1,000}{E_f \times (V_i + V_d)}$

$$= 100 \times \frac{1,000}{0.92 \times (250 + 2)} = 431.33 \text{ A}$$

(2) N(축전지 직렬 개수) $= \dfrac{V_i + V_d}{1.8} = \dfrac{250 + 2}{1.8} = 140$개

(3) C(축전지 용량) $= \dfrac{KI}{L} = \dfrac{3.3 \times 431.33}{0.8} = 1,779.24 \text{ Ah}$

정답 (1) 431.33 A

(2) 140개

(3) 1,779.24 Ah

2018년

05. 인버터 기능을 4가지만 쓰시오.

정답 ① 자동운전 정지기능, ② 최대전력 추종제어기능,
③ 단독운전 방지기능, ④ 자동전압 조정기능

해설 그 밖에 계통연계 보호기능, 직류검출기능, 지락검출기능 등이 있다.

06. 태양광발전에서 하이브리드형 시스템(hybrid system)에 대하여 설명하시오.

정답 하이브리드 시스템은 태양광발전시스템에 풍력, 수력 및 지열발전 등을 혼합하여 전력을 공급하는 시스템이다.

07. 태양전지의 모듈을 선정할 때 고려사항을 4가지만 쓰시오.

정답 ① 효율, ② 신뢰성, ③ 출력허용오차, ④ 경제성

해설 태양전지의 모듈은 효율과 신뢰성, 출력 허용오차(power tolerace), 경제성, 곡선인자, 결정질과 비결정 모듈, 유지보수 등을 고려하여 선정하여야 한다.

08. 태양광발전소 현장조사 중 환경 조건 4가지를 쓰시오.

정답 ① 빛 장애의 유무
② 염해 및 공해의 유무
③ 겨울철 적설, 결빙 및 뇌해 상태
④ 자연재해

해설 그 밖에 집중호우, 태풍, 홍수의 피해 여부, 새의 분비물 피해 등이 있다.

09. 건축물에 설치하는 태양전지 모듈은 설치 부위, 설치방식, 부가기능 등으로 분류되어 있다. 지붕에 설치하는 방식 3가지를 쓰시오.

정답 ① 지붕 설치형, ② 지붕 건재형, ③ 톱 라이트형

해설 ① 지붕 설치형(경사 지붕형, 평지붕형)
② 지붕 건재형(지붕재 일체형, 지붕재형)

10. 셀 전압이 0.6 V, 전류가 8 A인 태양전지 셀을 72직렬로 구성한 모듈을 20병렬로 접속한 경우의 총 전압(①)과 총 전류(②)를 구하시오.

풀이 ① 총 전압 : 0.6 V × 72 = 43.2 V

② 총 전류 : 8 A × 20 = 160 A

정답 ① 43.2 V, ② 160 A

11. 다음 그림과 같이 태양전지의 전류－전압 특성을 나타낼 때, 이 태양전지의 충진율(fill factor)은 얼마인가?

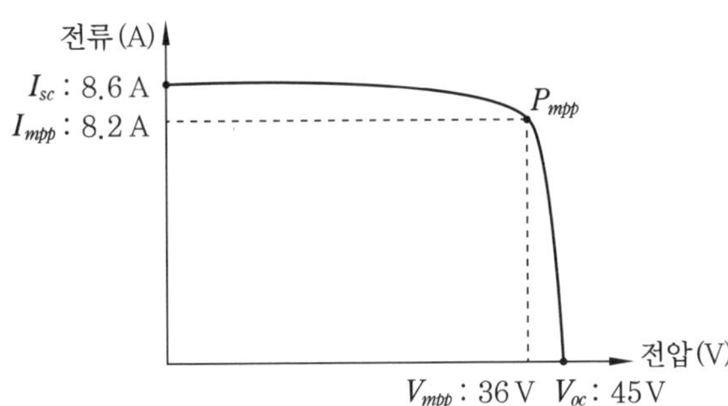

풀이 충진율 $= \dfrac{V_{mpp} \times I_{mpp}}{V_{oc} \times I_{sc}} = \dfrac{36 \times 8.2}{45 \times 8.6} \fallingdotseq 0.76$

정답 0.76

12. 인버터 단독운전 방지기능에서 능동적 방식 4가지를 쓰시오.

정답 ① 유효전력 변동방식, ② 무효전력 변동방식,

③ 주파수 시프트 방식, ④ 부하 변동방식

해설

종류	특징
유효전력 변동방식	• 인버터의 출력에 주기적인 유효전력 변동을 주었을 때, 단독운전 시에 나타나는 전압, 전류, 또는 주파수 변동을 검출한다. • 상시출력의 변동 가능성이 있다.
무효전력 변동방식	인버터의 출력에 주기적인 무효전력 변동을 주었을 때, 단독운전 시 나타나는 주파수 변동 등을 검출한다.
주파수 시프트 방식	인버터의 내부 발진기에 주파수 바이어스를 주었을 때, 단독운전 시에 나타나는 주파수 변동을 검출한다.
부하 변동방식	인버터의 출력과 병렬로 임피던스를 순간적 또는 주기적으로 삽입하여 전압 또는 전류의 급변을 검출한다.

2018년

13. 인버터의 회로방식 중에서 고주파 변압기 절연방식에 관한 사항을 3가지만 쓰시오.

정답 ① 소형이고, 경량이다.
② 회로가 복잡하다.
③ 직류출력을 교류출력으로 변환한 후 소형의 고주파 변압기로 절연한다.

14. 태양광발전시스템의 피뢰 시스템은 내부 피뢰 시스템과 외부 피뢰 시스템으로 나누어진다. 외부 피뢰 시스템을 구성하는 것 3가지를 쓰시오.

정답 ① 수뢰부 시스템, ② 인하도선 시스템, ③ 접지 시스템

해설 외부 피뢰 시스템 구성
① 수뢰부 시스템(air-termination system) : 낙뢰를 받아들일 목적으로 피뢰침, 메시도체, 가공지선 등과 같은 금속 물체를 이용한 외부 피뢰 시스템의 일부이다.
② 인하도선 시스템(down-conductor system) : 뇌격전류를 수뢰부 시스템에서 접지 시스템으로 흘리기 위한 외부 피뢰 시스템의 일부이다.
③ 접지 시스템(earth-termination system) : 뇌격전류를 대지로 흘려 방출시키기 위한 외부 피뢰 시스템의 일부이다.

15. 축전지의 기대수명은 무엇에 의해 결정하는지 3가지만 쓰시오.

정답 ① 방전심도(DOD), ② 방전횟수, ③ 사용온도

16. 다음 각 설명에 대한 소자의 이름을 쓰시오.
(1) 고 저항이 된 태양전지 셀 또는 모듈에 흐르는 전류를 우회할 목적으로 설치하는 것은 무엇인가?
(2) 태양전지 모듈에 다른 태양전지 회로와 축전지의 전류가 흘러 들어오는 것을 방지하기 위해 설치하는 것은 무엇인가?
(3) 인덕터에 흐르는 전류가 단방향일 때, 인덕터 또는 인덕터를 포함한 부하와 병렬로 접속되어 있는 다이오드는 무엇인가?

정답 (1) 바이패스 다이오드
(2) 역류방지 다이오드
(3) 환류 다이오드

17. 태양광발전과 태양열발전의 차이점을 간단히 쓰시오.

정답 태양열은 태양의 열에너지를 이용하여 난방이나 온수를 위해 주로 사용하고, 태양광은 태양의 빛 에너지를 이용하여 전기를 만드는데 주로 사용한다.

18. 태양광발전시스템 설치 후 점검 및 검사항목 4가지를 쓰시오.

정답 ① 어레이 검사
② 어레이의 출력 확인
③ 절연저항 측정
④ 접지저항 측정

19. 태양광발전설비의 사용 전 검사 중 인버터 세부검사 항목의 규격 확인과 외관검사를 제외한 세부검사 항목 4가지만 쓰시오.

정답 ① 절연저항
② 절연내력
③ 단독운전 방지시험
④ 제어회로 및 경보장치

해설 그 밖에 충전기능시험, 역방향 운전제어시험, 전력조절부/static 스위치, 자동·수동 절체시험이 있다.

2019년도 출제문제(1회차) 및 해설

신재생에너지 발전설비기사(태양광)

01. 다음 각각의 그림은 태양광발전 구조물의 어떤 기초방식이며, 그 특징은 무엇인지 간단히 쓰시오.

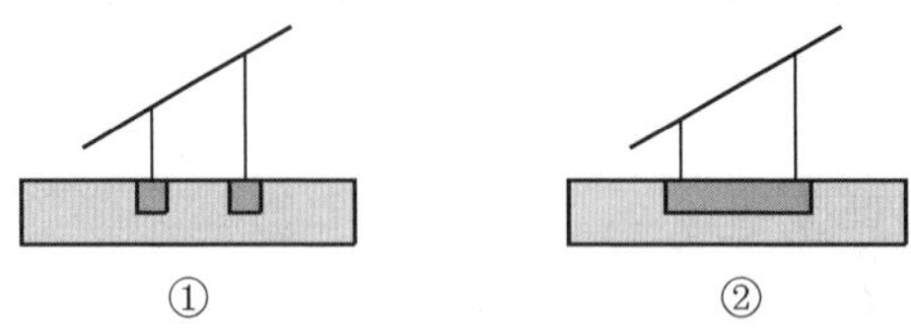

정답

번호	명칭	특징
①	독립기초	기초판 위의 단일 기둥으로 지지하는 기초
②	복합기초	기초판 위의 2개의 기둥으로 지지하는 기초로, 독립기초를 적용하기 어려운 경우에 사용한다.

02. 독립형 태양광발전시스템을 구성하는 요소 4가지를 쓰시오.

정답 ① 태양전지 모듈, ② 축전지
③ 인버터, ④ 충·방전 제어장치(DC – DC 컨버터)

해설

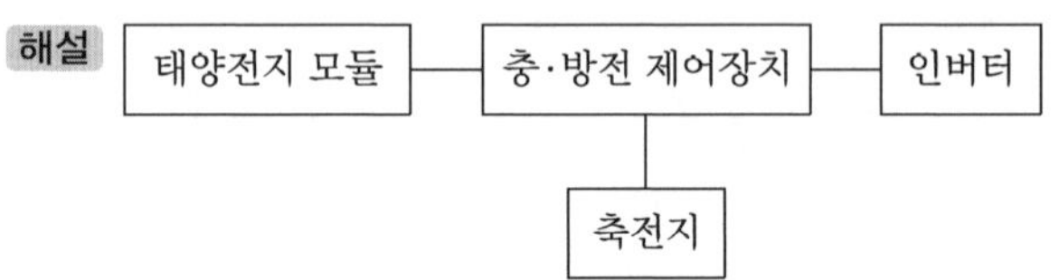

03. 다음 그림은 지상설치 시 기초형식에 대한 그림이다. 어떤 기초형식인지 쓰고 설명하시오.

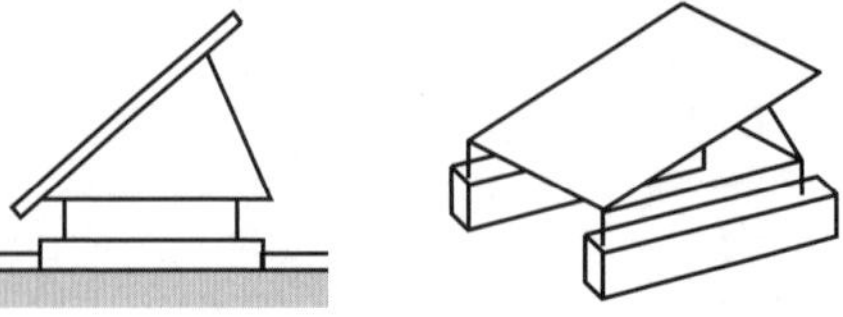

정답 복합푸팅 기초, 복합푸팅 기초란 2개 이상의 기둥으로부터의 응력을 단일기초로 지지한 것이다.

04. 다음은 발전 허가신청 처리 절차이다. 절차 순서에 맞게 (   ) 안에 들어갈 사항을 쓰시오.

신청서 작성 및 제출 → (①) → (②) → (③) → (④) → 신청인에 통지

정답 ① 접수, ② 검토, ③ 전기위원회 심의, ④ 허가증 발급

05. 태양광발전의 구조물을 설치하는 방법은 고정형, 경사 가변형, 추적식 등이 있다. 이 중 경사 가변형의 특징을 쓰시오.

정답 경사 가변형은 계절에 따라 구조물로 어레이를 상하로 움직이게 하여 경사각을 바꾸는 방법으로 1년에 2번 내지 3번 가변시켜서 일사량을 증가시키며, 고정식에 비해 연간 발전량을 높일 수 있는 방식이다.

해설 경사 가변을 사용할 경우에 최대 발전량을 얻을 수 있지만, 경사각을 조정하기 위해 인력이 투입되며 이에 따른 경비도 또한 증가된다.

06. 태양광발전시스템과 같이 역송전이 있는 저압연계 시스템에 사용되는 계전기 4가지를 쓰시오.

정답 ① 과전압 계전기(OVR), ② 저전압 계전기(UVR),
③ 과주파수 계전기(OFR), ④ 저주파수 계전기(UFR)

해설 ㉠ 저압연계 시스템 : 과주파수 계전기(OFR), 저주파수 계전기(UFR), 과전압 계전기(OVR), 저전압 계전기(UVR)
㉡ 고압연계에서는 지락 과전류 계전기(OCGR)를 설치한다.

07. 다음과 같은 [조건]을 참고하여 태양광발전설비의 전압강하율(%)을 구하시오. (단, 어레이 직렬 수는 10개, 병렬 수 30개, 전선길이 50 m, 전선 단면적 50 mm^2 이다.)

조건
- 태양전지 모듈 전압(V_{mpp}) : 33 V
- 태양전지 모듈 전류(I_{mpp}) : 5 A

풀이 ㉠ 총 직렬 모듈 전압 = 33 × 10 = 330 V, 총 전류 = 5 × 30 = 150 A

㉡ 전압강하 $= \dfrac{35.6 \times L \times I}{1{,}000 \times A} = \dfrac{35.6 \times 50 \times 150}{1{,}000 \times 50} = 5.34\ \text{V}$

2019년

㉢ 수전전압 = 330 − 5.34 = 324.66 V

따라서 전압강하율 $= \frac{5.34}{324.66} \times 100 ≒ 1.64\,\%$

정답 1.64 %

08. 다음 태양전지 모듈 종류에 대하여 충진율이 높은 제품에서 낮은 제품 순으로 나열하시오.

① CdTe	② CIS
③ 다결정 실리콘 태양전지	④ 단결정 실리콘 태양전지

정답 ④ → ③ → ② → ①

해설 충진율
- 실리콘 태양전지 : 0.7 ~ 0.8
  * 단결정이 0.8 전후이고, 다결정이 0.7 ~ 0.75이다.
- CdTe : 0.5 ~ 0.7
- CIS : 0.65 ~ 0.7

09. 태양광발전시스템의 손실인자 4가지를 쓰시오.

정답 ① 음영에 의한 손실, ② 오염에 의한 손실,
③ 대기전력손실, ④ 반사막에 대한 손실

10. 100 kW 태양광발전 부지에 태양전지 모듈 최저온도 −15℃, 주변 온도 42℃에서 최대 입력전압이 900 V인 인버터에 적합한 직·병렬 어레이를 설계하고자 한다. 다음 [조건]을 참고로 하여 물음에 답하시오. (단, 소수점 세 번째 자리에서 절사하시오.)

조건
- 온도계수 β = −0.32 %/℃
- 개방전압 V_{oc} = 37.6 V
- 주변 온도 T_{air} = 40℃
- NOCT = 45℃
- 일사강도는 1,000 W/m^2으로 한다.

(1) 모듈의 주변 온도가 최고온도일 때, 모듈의 표면온도를 구하시오.
(2) 온도 −15℃에서의 V_{oc}를 구하시오.
(3) 최대 직렬 모듈 수를 구하시오.

풀이 (1) $T_{cell} = T_{air} + \frac{\text{NOCT} - 20}{800\,\text{W/m}^2} \times 1{,}000\,\text{W/m}^2$

$$= 40 + \frac{45 - 20}{800} \times 1{,}000 = 71.25℃$$

(2) $V_{oc}(-15℃) = V_{oc} \times \{1 + \beta \times (-15 - 25)\}$

$$= 37.6 \times \{1 + (-0.0032) \times (-40)\} ≒ 42.41\ \text{V}$$

(3) 최대 직렬 수 $= \frac{\text{인버터 최대 입력전압}}{V_{oc}(-15℃)} = \frac{900}{42.41} ≒ 21.22 \rightarrow 21$개

정답 (1) 71.25℃ (2) 42.41 V (3) 21개

11. 다음은 태양광발전시스템의 절연내력시험에 대한 설명이다. 각각의 ( ) 안에 알맞은 내용을 쓰시오.

> 태양전지 모듈은 최대 사용전압의 (①)배의 (②)전압 또는 (③)배의 (④)전압(500 V 미만으로 되는 경우에는 500 V)을 충전 부분과 대지 사이에 연속하여 (⑤)분간 가하여 절연내력을 시험하였을 때에 이에 견디는 것이어야 한다.

정답 ① 1.5, ② 직류, ③ 1, ④ 교류, ⑤ 10

12. 다음은 태양광발전 공급인증서 가중치 적용 기준이다. ①～⑦에 표시된 공급인증서 가중치를 쓰시오. (개정 전 출제문제)

구분	공급인증서 가중치	대상 에너지 및 기준	
		설치유형	세부 기준
태양광 에너지	①	일반부지에 설치하는 경우	100 kW 미만
	②		100 kW부터
	③		3,000 kW 초과부터
	④	임야	
	⑤	건축물 등 기존 시설물을 이용하는 경우	3,000 kW 이하
	⑥		3,000 kW 초과부터
	⑦	유지의 수면에 부유하여 설치하는 경우	

정답 ① 1.2, ② 1.0, ③ 0.7, ④ 0.7, ⑤ 1.5, ⑥ 1.0, ⑦ 1.5

13. 다음과 같은 조건에서 태양광발전설비의 1차 년도 전력 판매수익(원)을 구하려고 한다. 다음 물음에 답하시오.

조건			
소내전력비율	1.0 %	발전방식	건물 지붕
시설용량	200 kWp	SMP	110 원/kWh
발전시간	3.6 h/day	REC	120 원/kWh

(1) 시스템 이용률을 구하시오.
(2) 연간 발전량을 구하시오.
(3) 연간 소내전력량을 구하시오.
(4) 전력 판매단가를 구하시오.
(5) 전력 판매수익을 구하시오.

풀이 (1) 시스템 이용률 $= \dfrac{1일\ 발전시간}{24} \times 100 = 15\ \%$

(2) 연간 발전량 $= 200 \times 3.6 \times 365 = 262{,}800\ \mathrm{kW}$

(3) 연간 소내전력량 $= 262{,}800 \times 0.01 = 2{,}628\ \mathrm{kW}$

(4) 전력 판매단가 $= 110 + (120 \times 1.5) = 290$원

(5) 전력 판매수익 $= (262{,}800 - 2{,}628) \times 290 = 75{,}449{,}880$원

정답 (1) 15 %
(2) 262,800 kW
(3) 2,628 kW
(4) 290원
(5) 75,449,880원

14. 다음과 같은 [조건]에 만족하는 태양전지의 출력(W)을 구하시오.

조건
- 모듈 면적 : 400 $\mathrm{cm^2}$
- 변환효율 : 15 %
- 측정 일사량 : 1,000 W

풀이 ㉠ $\eta(효율) = \dfrac{P[W]}{면적(\mathrm{m^2}) \times 1{,}000\ \mathrm{W/m^2}} \times 100\ \%$

㉡ $P(출력) = \eta(효율) \times 면적(\mathrm{m^2}) \times 1{,}000\ \mathrm{W/m^2}(일사량)$
$= 0.15 \times 0.04 \times 1{,}000 = 6\ \mathrm{W}$

정답 6 W

15. 적설하중에서 경사지붕의 적설하중 계산 시 고려사항 2가지를 쓰시오.

정답 ① 평지붕 하중의 적설하중
② 지붕 경사도계수

해설 $S_s = S_f \times C_s$ [kN/m^2]
S_s : 경사지붕의 적설하중
S_f : 평지붕 하중의 적설하중
C_s : 지붕 경사도계수

16. 감리원의 기본임무 2가지를 쓰시오.

정답 ① 설계 용역 계약 및 설계감리 용역 계약내용을 충실히 이행하여야 한다.
② 설계 용역의 관련 법령 및 전기설비기술기준 등에 적합한 내용대로 설계되었는지의 여부를 확인하고, 기술지도 등을 하여야 한다.

해설 그 밖에 설계공정의 진척에 따라 설계자로부터 필요한 자료를 제출받아 설계 용역이 원활히 추진될 수 있도록 설계감리 업무를 수행하여야 한다. 또한, 과업 지시서에 따라 업무를 성실히 수행하고, 설계의 품질향상에 노력하여야 한다.

17. 다음 그림과 같은 조건에서 길이(d)를 구하시오.

L=1.8 m
α
α=30°
β
β=15°
d

풀이 $d = L \times \dfrac{\sin(\alpha+\beta)}{\sin\beta} = L \times \dfrac{\sin(30° + 15°)}{\sin 15°} = 1.8 \times \dfrac{0.7071}{0.2588} \fallingdotseq 4.92$ m

정답 4.92 m

2019년

18. 지중전선로를 직접 매설식에 의하여 시설하는 경우에 매설깊이가 차량 기타 중량물의 압력을 받을 우려가 있는 장소에서는 몇 m 이상의 깊이로 매설하여야 하는가?

정답 1.2 m

해설 중량물의 압력을 받을 우려가 있는 장소에서는 1.2 m, 중량물의 압력을 받지 않는 장소에서는 0.6 m 이상의 깊이로 매설하여야 한다.

19. 다음 그림과 같은 인버터 방식의 종류와 장·단점을 각각 쓰시오.

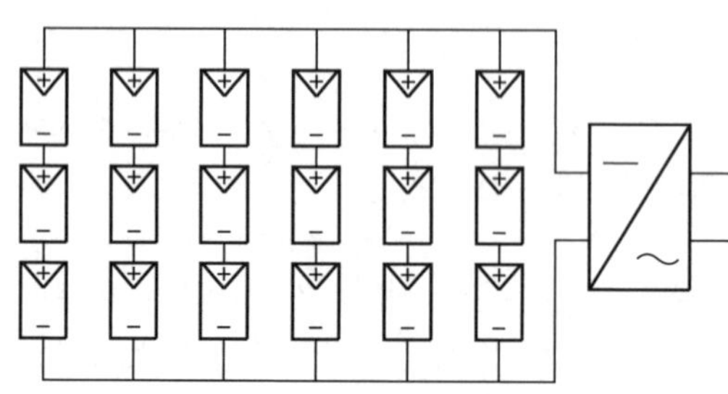

정답 중앙 집중형 인버터 방식

장점 : 음영의 영향 및 설치면적을 최소화한다.

단점 : • 낮은 복사량일 때 효율이 저하된다.

• 고장 시 시스템 전체가 동작 불가상태로 된다.

20. 분산형 전원을 인버터를 이용하여 배전사업자의 저압 전력계통에 연계하는 경우 인버터로부터 직류가 계통으로 유출되는 것을 방지하기 위하여 접속점(접속설비와 분산형 전원 설치자 측 전기설비의 접속점을 말한다)과 인버터 사이에 상용 주파수 변압기(단권 변압기를 제외한다)를 시설하여야 한다. 이때 상용 주파수 변압기를 생략해도 되는 조건 2가지를 쓰시오.

정답 ① 인버터의 직류 측 회로가 비접지인 경우 또는 고주파 변압기를 사용하는 경우

② 인버터의 교류출력 측에 직류 검출기를 구비하고, 직류 검출 시에 교류출력을 정지하는 기능을 갖춘 경우

2019년도 출제문제(2회차) 및 해설

신재생에너지 발전설비기사(태양광)

01. 3,000 kW 이하의 발전사업 허가에 필요한 서류 3가지만 쓰시오.

정답 ① 전기사업 허가 신청서
② 사업 계획서
③ 송전관계 일람도

02. 태양전지의 출력은 일사강도나 태양전지 표면온도에 의해서 변동한다. 인버터 입력의 변화에 따라 최대출력을 발생하도록 하는 제어는?

정답 최대전력 추종(MPPT : Maximum Power Point Tracking)제어

해설 태양전지의 출력은 일사강도와 태양전지 표면온도에 따라 변동하며, 이러한 변화 요소에도 태양전지의 동작점이 항상 최대출력점을 추종하도록 변화시켜 태양전지에서 최대출력을 얻을 수 있는 제어를 최대전력 추종(MPPT : Maximum Power Point Tracking)제어라고 한다.

03. 태양광발전시스템 구조물 시공에서 건축물 설치 부위에 따른 분류 중 기타에 해당하는 설치 부위 방식 4가지를 쓰시오. (단, 지붕, 벽은 제외한다.)

정답 ① 창재형
② 차양형
③ 루버형
④ 난간형

해설 지붕과 벽은 다음과 같다.
㉠ 지붕 : 지붕 설치형, 지붕 건재형, 톱 라이트형
㉡ 벽 : 벽 설치형, 벽 건재형

04. 다음은 태양광발전시스템 설치공사의 절차이다. ①~③에 들어갈 알맞은 내용을 쓰시오.

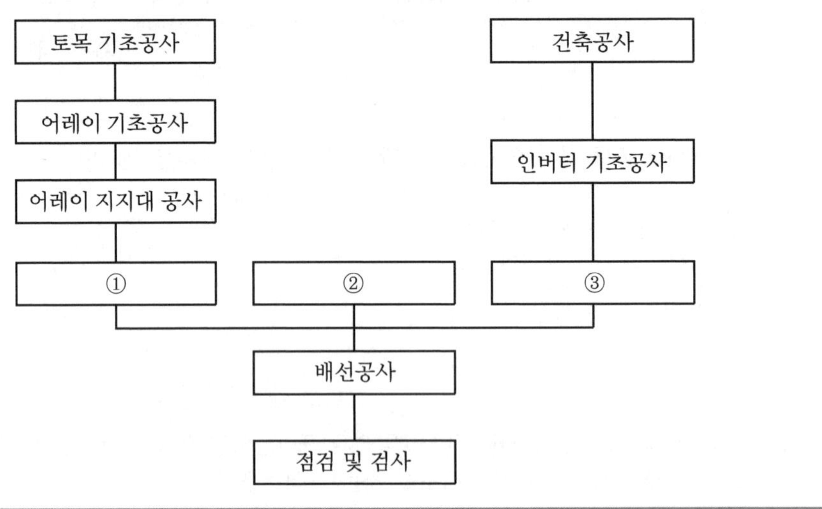

정답 ① 어레이 설치공사
② 접속함 설치공사
③ 인버터 설치공사

05. 보수 점검계획의 수립에 있어서 고려해야 할 사항을 4가지만 쓰시오.

정답 ① 설비의 사용기간
② 설비의 중요도
③ 환경 조건
④ 고장이력

06. 태양광발전설비의 구조물 구조계산에 적용되는 설계하중 4가지를 쓰시오.

정답 ① 고정하중, ② 풍하중,
③ 적설하중, ④ 지진하중

해설 ① 고정하중 : 모듈의 질량과 지지물 등의 합계
② 풍하중 : 태양전지 모듈에 가해지는 풍압력과 지지물에 가해지는 풍압력의 합계
③ 적설하중 : 모듈면에 수직하게 작용하는 적설하중
④ 지진하중 : 지지물에 전달되는 수평 지진력

07. 주변 온도 35℃에서 다음 태양전지 모듈 특성에 대한 V_{oc}, V_{mpp}를 구하시오. (단, 표준 일사강도는 1,000 W/m^{2}이며, NOTC를 적용하여 소수점 두 번째 자리까지 계산한다.)

[조건 : 태양전지 모듈 특성]

최대전력 P_{max} [W]	150
개방전압 V_{oc} [V]	32.6
단락전류 I_{sc} [A]	8.64
최대전압 V_{mpp} [V]	29.2
최대전류 I_{mpp} [A]	8.33
전압 온도 변화 [%/℃]	−0.32
NOCT [℃]	45

풀이 $T_{cell}(\text{NOCT}) = 35℃ + \dfrac{45℃ - 20℃}{800} \times 1{,}000\ \text{W/m}^2 = 66.25℃$

① $V_{oc}(66.25℃) = 32.6 \times \left\{1 + \left(-\dfrac{0.32}{100}\right) \times (66.25 - 25)\right\} ≒ 28.30\,\text{V}$

② $V_{mpp}(66.25℃) = 29.2 \times \left\{1 + \left(-\dfrac{0.32}{100}\right) \times (66.25 - 25)\right\} ≒ 25.35\,\text{V}$

정답 ① $V_{oc}(66.25℃) = 28.30\,\text{V}$

② $V_{mpp}(66.25℃) = 25.35\,\text{V}$

08. 2년 동안의 할인율이 2.5 %, 첫해(B_1)의 편익이 6억 원, 다음 해(B_2)의 편익이 5억 8천만 원이다. 할인율을 고려한 2년 동안의 총 비용이 11억 원이라 할 때 다음 물음에 답하시오. (단, 비용 편익비 분석기법에서 연차별 총 편익을 B_i, 연차별 총 비용을 C_i, 할인율을 r, 기간을 i라고 한다. 시공기준은 0차 년도 기준으로 한다.)

(1) B/C Ratio를 구하시오.

(2) 계산된 비용 편익비를 근거로 사업의 경제성 여부를 판단하시오.

풀이 $\sum B_i = \dfrac{600 \times 10^6}{(1+0.025)^1} + \dfrac{580 \times 10^6}{(1+0.025)^2} = 1{,}137 \times 10^6$

$\sum C_i = \dfrac{1{,}100 \times 10^6}{(1+0.025)^0} = 1{,}100 \times 10^6$

$\dfrac{\sum B_i}{\sum C_i} = \dfrac{1{,}137 \times 10^6}{1{,}100 \times 10^6} ≒ 1.03 > 1$ 이므로 경제성이 있다.

정답 (1) 1.03

(2) 1.03>1이므로 사업의 경제성이 있다.

2019년

09. 태양광발전시스템 운영 시 비치하여야 할 목록을 5가지만 쓰시오.

정답 ① 계약서 사본
② 운영 매뉴얼
③ 시방서
④ 일반 점검표
⑤ 핵심기기의 매뉴얼

해설 그 밖에 한전계통연계 관련 서류, 기기 및 부품의 카탈로그, 긴급복구 안내문 등이 있다.

10. 태양전지 모듈을 설치하려고 한다. 태양전지 모듈의 경사각이 30°, 겨울철 태양 고도각이 18°, 태양전지 모듈의 길이가 2 m일 때 최소 이격거리(D)를 구하시오.

풀이 $$\text{이격거리}(D) = L \times \frac{\sin(\text{경사각} + \text{고도각})}{\sin(\text{고도각})} = 2 \times \frac{\sin(30° + 18°)}{\sin 18°}$$

$$\fallingdotseq 2 \times \frac{0.7431}{0.3090} \fallingdotseq 4.81\,\text{m}$$

정답 4.81 m

11. 인버터 회로 절연방식 3가지의 접속도를 그리고, 각각 설명하시오.

정답

구분	접속도	동작 설명
상용주파 절연방식	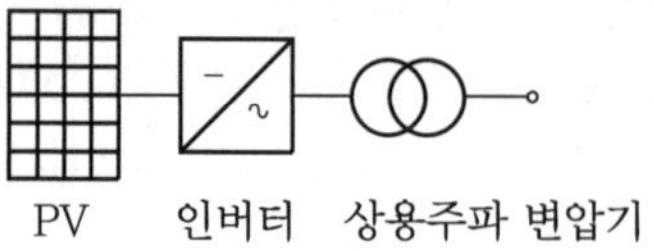 PV 인버터 상용주파 변압기	태양전지의 직류출력을 상용주파의 교류로 변환한 뒤, 변압기로 절연한다.
고주파 절연방식	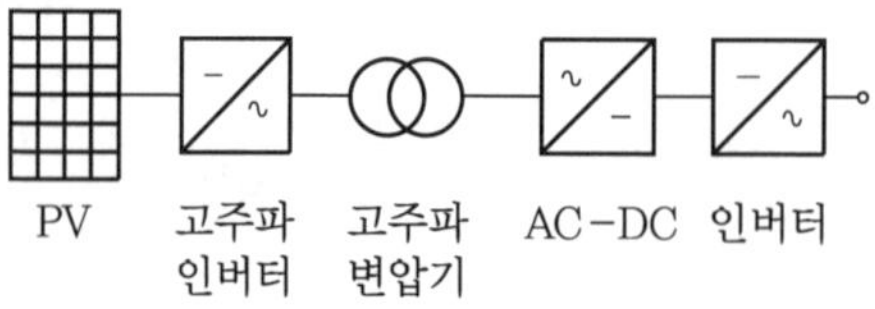 PV 고주파 인버터 고주파 변압기 AC-DC 인버터	태양전지의 직류출력을 고주파 교류로 변환한 뒤에 소형의 고주파 변압기로 절연한다. 그 다음 직류로 변환하고, 다시 상용주파의 교류로 변환한다.
무변압기(트랜스리스) 방식	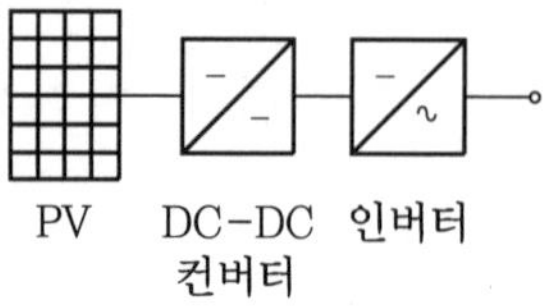 PV DC-DC 컨버터 인버터	태양전지의 직류출력을 DC-DC 컨버터로 승압한 뒤, DC-AC 인버터로 상용주파의 교류로 변환한다.

12. 태양광발전시스템 설비 시공 중 시공된 공사가 품질 확보 미흡 또는 중대한 위해를 발생시킬 우려가 있다고 판단되는 경우 감리원은 공사 중지를 지시할 수 있다. 공사 전면 중지에 해당하는 사항을 3가지만 쓰시오.

정답 ① 공사업자가 고의로 공사의 추진을 지연시키거나, 공사의 부실 발생 우려가 짙은 상황에서 적절한 조치를 취하지 않은 채 공사를 계속 진행하는 경우
② 부분 중지가 이행되지 않음으로써 전체 공정에 영향을 끼칠 것으로 판단된 경우
③ 지진 · 해일 · 폭풍 등 불가항력적인 사태가 발생하여 시공을 계속할 수 없다고 판단된 경우

13. 100 kWp 태양광발전설비가 경사각 28°로 설치되어 있을 경우 다음 물음에 답하시오. (단, 수평면 월별 일사량은 아래 표와 같고, 발전효율[PR, Performance Ratio]은 80 %이며, 경사각 30°의 일사량은 수평면보다 연평균 6 % 증가한다.)

구분	1월	2월	3월	4월	5월	6월	7월	8월	9월	10월	11월	12월
수평면 일사량 (kWh/m^2)	120	100	130	110	130	100	120	130	140	110	100	90

(1) 연 평균 발전시간(kWh/kWp/일)을 구하시오.
(2) 연 총 발전량(MWh)을 구하시오.
(3) 시스템 이용률을 구하시오.
(4) 1차 년도 전력 판매수익(백만 원 단위로 표시)을 구하시오. (단, 일반부지이며 SMP : 120원, REC : 100원이다.)

풀이 연간 수평면 일사량 = 120 + 100 + 130 + 110 + 130 + 100 + 120 + 130 + 140 + 110 + 100 + 90 = 1,380 kWh/m^2

연간 경사면 일사량 = 1,380 × 1.06 = 1,463 kWh/m^2

(1) 연 평균 발전시간 = (1,463 × 0.80) ÷ 365 ≒ 3.21 kWh/kWp/일

(2) 연 총 발전량 = 100 × 3.21 × 365 = 117,165 kWh = 117.165 MWh

(3) 시스템 이용률 = $\dfrac{3.21}{24} \times 100 \fallingdotseq 13.38\ \%$

(4) 판매단가 = 120 + (100 × 1.0) = 220원이므로,
1차 년도 전력 판매수익 = 117,165 × 220 = 26백만 원

정답 (1) 3.21 kWh/kWp/일
(2) 117.165 MWh
(3) 13.38 %
(4) 26백만 원

14. 유지 관리비의 구성요소 4가지를 쓰시오.

정답 ① 일반 관리비, ② 유지비, ③ 보수비와 개량비, ④ 운영 지원비

15. 인버터에서 옥내 분전반 간의 배선을 할 경우, 모듈에서 접속함 직류배선이 100 m이다. 태양전지 모듈 어레이 전압 610 V, 전류 9 A일 때 전압강하를 계산하시오. (단, 전선의 단면적은 10 mm^2이다.)

풀이 전압강하 $e = \frac{35.6 \times L \times I}{1,000 \times A} = \frac{35.6 \times 100 \times 9}{1,000 \times 10} \fallingdotseq 3.20\,\text{V}$

정답 3.2 V

16. 경제성 분석에 사용되는 내부 수익률이 무엇인지 설명하시오.

정답 내부 수익률은 편익과 비용의 현재가치를 동일하게 할 경우의 비용에 대한 이자율을 산정하는 기법을 말한다.

해설 내부 수익률법(IRR) : 총 편익 현가와 총 비용 현가의 차가 0이 되도록 하는 경제성 분석 방법으로 NPV나 B/C비 적용 시 할인율이 불분명할 경우에 이용한다.

$$\sum \frac{B_i}{(1+r)^i} - \sum \frac{C_i}{(1+r)^i} = 0$$

17. 태양광발전소의 변전소 면적에 영향을 주는 요소 4가지를 쓰시오.

정답 ① 수전전압 및 수전방식
② 기기의 배치 방법 및 유지보수 필요면적
③ 변전설비 변압방식, 변압기 용량, 수량 및 형식
④ 설치기기와 큐비클의 종류 및 사양

해설 그 밖에 건축물의 구조적 여건이 있다.

18. 눈이 20 ~ 30 cm 쌓이는 적설지대에서 자연적으로 눈이 흘러 내리도록 하려고 한다. 태양광 어레이 경사각을 몇 도 이상으로 하여야 하는가?

정답 45°

19. 다음 [보기]에서 독립형 태양광발전용 축전지의 설계 절차를 순서대로 쓰시오.

보기

① 부하에 필요한 직류 입력 전력량을 상세하게 파악한다.
② 설치예정 장소의 일사량 데이터를 입수한다.
③ 축전지 용량을 계산한다.
④ 방전심도(DOD)를 설정한다.
⑤ 일사량 최저 월에도 충전량이 방전량보다 많은지를 검토한다.
⑥ 불일조일수를 결정한다.

정답 ① → ② → ⑥ → ④ → ⑤ → ③

해설 부하에 필요한 직류 입력 전력량을 상세하게 파악한다. → 설치예정 장소의 일사량 데이터를 입수한다. → 불일조일수를 결정한다. → 방전심도(DOD)를 설정한다. → 일사량 최저 월에도 충전량이 방전량보다 많은지를 검토한다. → 축전지 용량을 계산한다.

20. 태양광발전설비의 전기공사는 태양전지 모듈의 설치와 동시에 진행된다. 시공 시 작업자가 지켜야 할 기본적인 안전사항에서 작업 중 감전 방지대책 4가지를 쓰시오.

정답 ① 작업 전 태양광 모듈의 표면에 차광시트를 붙여 태양광을 차단한다.
② 저압선로용 절연장갑을 낀다.
③ 절연처리가 된 공구를 사용한다.
④ 강우 시 작업을 하지 않는다.

2019년

2019년도 출제문제(4회차) 및 해설

신재생에너지 발전설비기사(태양광)

01. 태양이 대지와 수직으로 있을 때의 AM(Air Mass)의 값을 구하시오.

정답 AM 1

해설 $AM = \frac{1}{\sin\theta}$, 여기서, θ : 고도각

㉠ AM 0 : 대기권 밖의 스펙트럼
㉡ AM 1 : 태양이 수직일 때 스펙트럼, $\theta = 90°$
㉢ AM 1.5 : STC 조건일 때 스펙트럼, $\theta = 41.8°$
㉣ AM 2 : $\theta = 30°$

02. 태양광발전소 부지 및 조건이 다음과 같을 때, 각 물음에 답하시오. (단, 모듈은 사방에 3 m의 이격을 두고 설치하는 것으로 하며, 기타 조건은 무시한다.)

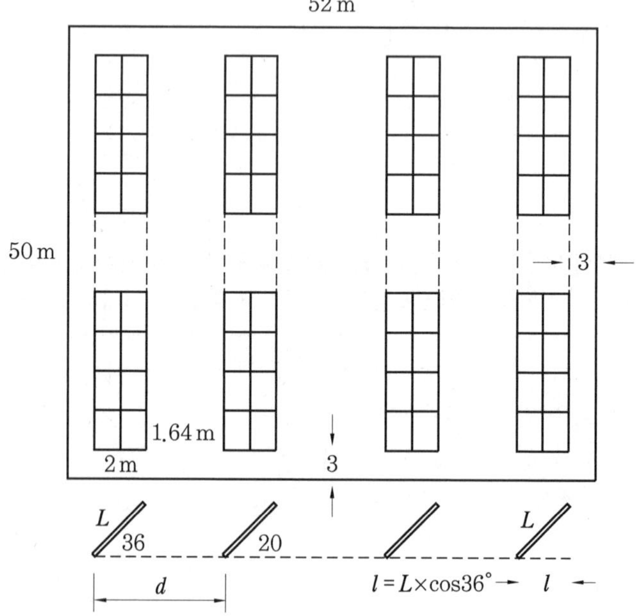

모듈 사양		인버터 사양	
모듈 정격용량	260 Wp	정격출력	200 kW
V_{oc}	38.5 V	효율	98.4 %
I_{sc}	9.3 A	전류	420 A
V_{mpp}	31.5 V	주파수	60 Hz
I_{mpp}	8.6 A	입력전압 범위(V_{dc})	500 ~ 850 V
전압 온도계수	−0.3 %/℃	최대 입력전압	1,000 V
NOCT	47	최대 입력전력	200 kW
모듈 크기	1.64×1.00 m	인버터 회로방식	무변압기
경사각 및 발전 한계각			
모듈 경사각	36°	태양의 고도각 (발전 한계각)	20°

(1) 다음 물음에 답하시오. (단, 소수점 셋째 자리에서 절사한다.)

① 모듈의 공칭효율을 구하시오. (단, 일사강도는 1,000 W/m^{2}이다.)

| 답 | | 계산과정 |

② 모듈 간 이격거리(2단 가로 깔기)를 구하시오.

| 답 | | 계산과정 |

③ 가로 배치 가능 수를 구하시오.

| 답 | | 계산과정 |

④ 세로 배치 가능 수를 구하시오.

| 답 | | 계산과정 |

⑤ 총 발전량(kW)을 계산하시오.

| 답 | | 계산과정 |

(2) 주변 최저온도 −10℃, 최고온도 40℃일 때, 다음 물음에 답하시오. (단, 소수점 셋째 자리에서 절사한다.)

1) 최고온도에서 모듈의 표면온도를 구하시오.

| 답 | | 계산과정 |

2) 모듈의 최저, 최고온도에서 V_{oc}, V_{mpp}을 구하시오.

① V_{oc}(−10℃) = ② V_{mpp}(−10℃) =

③ V_{oc}(T_{cell}℃) = ④ V_{mpp}(T_{cell}℃) =

3) 최대, 최소 직렬 모듈 수를 구하시오.

① 인버터 입력전압을 고려한 최대 직렬 수 =

② 인버터 MPP 전압을 고려한 최대 직렬 수 =

③ 최소 직렬 모듈 수 =

4) 최대출력을 얻을 수 있는 직·병렬 수를 구하시오.

| 답 | | 계산과정 |

정답 (1) ① 15.85 %, ② 4.84 m, ③ 18개, ④ 44개, ⑤ 205.92 kW

(2) 1) NOCT 모듈 표면온도 = 73.75℃

2) ① 42.54 V, ② 34.80 V, ③ 32.86 V, ④ 26.89 V

3) ① 23개, ② 24개, ③ 19개

4) 최적 직렬 모듈 수 22개, 병렬 모듈 수 36개

계산과정 (1) ① 모듈의 효율$=\dfrac{\text{모듈 정격용량}}{1{,}000\times A}\times 100$

$$=\frac{260}{1{,}000\times(1.64\times 1)}\times 100 \fallingdotseq 15.85\ \%$$

② $L=1\,\text{m}\times 2\text{단}=2\,\text{m}$, 이격거리$=L\times\dfrac{\sin(36°+20°)}{\sin 20°}=2\times\dfrac{0.829}{0.342}\fallingdotseq 4.84\,\text{m}$

③ 그림에서 가로 맨 우측 어레이의 그림자$=L\times\cos 36°=2\times 0.809\fallingdotseq 1.62\,\text{m}$

가로 배치 모듈 수$=\dfrac{\text{가로길이}-(2\times 3)-l}{d}$

$$=\frac{52-(2\times 3)-1.62}{4.84}$$

$\fallingdotseq 9.16\rightarrow 9$열, 2단이므로 $2\times 9=18$개

④ 세로 배치 모듈 수 $=\dfrac{\text{세로길이}-(2\times 3)}{\text{모듈 짧은 길이}}=\dfrac{50-6}{1}=44$개

※ 총 모듈 수 = 18 × 44 = 792개

⑤ 총 발전량 : 총 모듈 수 × 모듈 정격용량 = 792 × 0.26 kW = 205.92 kW

(2) 주변 최저, 최고온도 계산

1) $T_{cell}(\text{NOCT})=40+\dfrac{\text{NOCT}-20}{800}\times 1{,}000=40+\dfrac{47-20}{800}\times 1{,}000=73.75℃$

2) ① $V_{oc}(-10℃)=38.5\times\left\{1+\left(-\dfrac{0.3}{100}\right)\times(-10-25)\right\}$

$$=38.5\times 1.105\fallingdotseq 42.54\,\text{V}$$

② $V_{mpp}(-10℃)=31.5\times 1.105\fallingdotseq 34.80\,\text{V}$

③ $V_{oc}(73.75℃)=38.5\times\left\{1+\left(-\dfrac{0.3}{100}\right)\times(73.75-25)\right\}$

$$=38.5\times 0.85375\fallingdotseq 32.86\,\text{V}$$

④ $V_{mpp}(73.75℃)=31.5\times 0.85375\fallingdotseq 26.89\,\text{V}$

3) 최대, 최소 직렬 모듈 수

① 인버터 입력전압을 고려한 최대 직렬 수 $=\dfrac{\text{인버터 최대 입력전압}}{V_{oc}(-10℃)}=\dfrac{1{,}000}{42.54}$

$\fallingdotseq 23.50\rightarrow 23$개

② 인버터 MPP 전압을 고려한 최대 직렬 수 $=\dfrac{\text{인버터 MPPT 최대전압}}{V_{mpp}(-10℃)}=\dfrac{850}{34.80}$

$\fallingdotseq 24.42\rightarrow 24$개

※ ①, ②는 소수점 절사하였으며, 작은 쪽 23개를 최대 직렬 수로 선정한다.

③ 최소 직렬 수 $= \dfrac{\text{인버터 MPPT 최소전압}}{V_{mpp}(73.75℃)} = \dfrac{500}{26.89} ≒ 18.59 \rightarrow 19$(절상)

따라서 (1)에서 구한 총 출력을 P라 할 때 직렬 수 19, 20, 21, 22, 23에 대해 $\dfrac{P}{\text{직렬 수} \times \text{모듈 정격용량}}$ 식에 의하여 출력이 큰 쪽을 최적 병렬 수로 선정한다.

4) 최대출력을 얻을 수 있는 직·병렬 수

- 19직렬일 경우 $\dfrac{205.92}{19 \times 0.26} ≒ 41.68 \rightarrow 41$이며, $19 \times 41 \times 0.26 = 202.54\,\text{kW}$
- 20직렬일 경우 $\dfrac{205.92}{20 \times 0.26} ≒ 39.6 \rightarrow 39$이며, $20 \times 39 \times 0.26 = 202.8\,\text{kW}$
- 21직렬일 경우 $\dfrac{205.92}{21 \times 0.26} ≒ 37.71 \rightarrow 37$이며, $21 \times 37 \times 0.26 = 202.02\,\text{kW}$
- 22직렬일 경우 $\dfrac{205.92}{22 \times 0.26} ≒ 36 \rightarrow 36$이며, $22 \times 36 \times 0.26 = 205.92\,\text{kW}$
- 23직렬일 경우 $\dfrac{205.92}{23 \times 0.26} ≒ 34.43 \rightarrow 34$이며, $23 \times 34 \times 0.26 = 203.32\,\text{kW}$

따라서 직렬 22, 병렬 36일 때 최대출력 205.92 kW를 얻는다.

03. 다음은 기계기구의 철대 및 외함의 접지이다. 각각의 번호에 해당하는 접지공사와 접지저항 값을 쓰시오.

기계기구의 구분	접지공사 및 접지저항 값
400 V 미만의 저압용	①
400 V 이상의 저압용	②
고압용 또는 특고압용	③

정답 ① 제3종 접지공사, 100 Ω
② 특별 제3종 접지공사, 10 Ω
③ 제1종 접지공사, 10 Ω

해설 판단기준 제33조(기계기구의 철대 및 외함의 접지)

기계기구의 구분	접지공사 및 접지저항 값
400 V 미만의 저압용	제3종 접지공사, 100 Ω
400 V 이상의 저압용	특별 제3종 접지공사, 10 Ω
고압용 또는 특고압용	제1종 접지공사, 10 Ω

04. 다음은 태양광발전시스템의 외부 피뢰 시스템에 대한 설명이다. 다음 물음에 답하시오.

(1) 구조물을 받아들이는 것은?

(2) 뇌격을 안전하게 받아들여 대지로 전송하는 것은?

(3) 뇌격전류를 대지로 방류시키는 것은?

정답 (1) 수뢰부 시스템 (2) 인하도선 시스템 (3) 접지 시스템

05. 감리원이 착공 신고서의 적정 여부를 검토한 내용이다. 다음 내용에 해당하는 것은?

- 작업 간 선행·동시 및 완료 등 공사 전·후 간의 연관성이 명시되어 작성되었는지 확인
- 예정 공정률에 따라 적정하게 작성되었는지 확인

정답 공사예정 공정표

06. 다음 그림을 보고 물음에 답하시오.

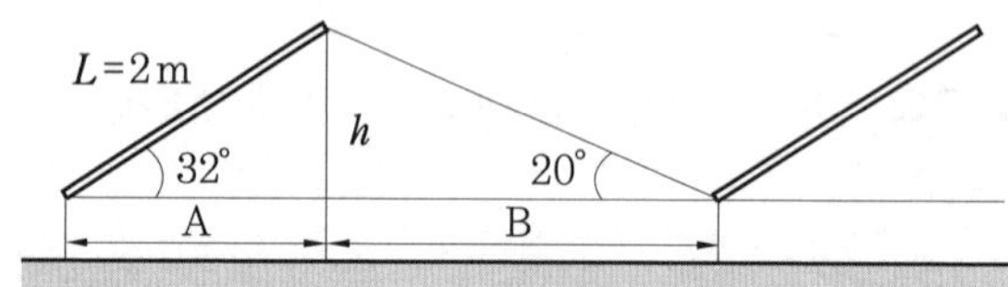

(1) 태양전지 어레이 간격 A, B를 각각 구하시오.

(2) 어레이 간격을 이용하여 이격거리를 구하시오.

풀이 (1) ① $A = 2 \times \cos 32° = 2 \times 0.848 ≒ 1.70\,m$

② $h = A \times \tan 32° = 1.70 \times 0.625 ≒ 1.06\,m$,

$$B = \frac{h}{\tan 20°} = \frac{1.06}{0.364} ≒ 2.91\,m$$

(2) 이격거리 $= A + B = 1.70 + 2.91 = 4.61\,m$

정답 (1) ① A = 1.70 m, ② B = 2.91 m

(2) 이격거리 = 4.61 m

07. 태양광 어레이를 구성하기 위해 태양전지 모듈의 직·병렬을 구성하는 순서를 바르게 나열하시오.

㉠ 태양전지 모듈 결정	㉡ 태양광 직렬 모듈 수 산정
㉢ 태양광 병렬 모듈 수 산정	㉣ 직·병렬 모듈 수량 산정
㉤ 인버터 용량 산정	㉥ 설비 면적 산정

정답 ㉥ → ㉠ → ㉤ → ㉡ → ㉢ → ㉣

해설 설비 면적 산정 → 태양전지 모듈 결정 → 인버터 용량 산정 → 태양광 직렬 모듈 수 산정 → 태양광 병렬 모듈 수 산정 → 직·병렬 모듈 수량 산정

08. 다음은 전력망에 대한 설명이다. ①, ②에 알맞은 내용을 쓰시오.

설명	명칭
기존의 전력망에 IT 기술을 접목하여 공급자와 소비자가 양방향으로 실시간 전력정보를 교환함으로써 에너지 효율을 최적화시키는 차세대 전력망	①
태양광발전시설로 생산된 전력을 효율적으로 소비하는 시스템	②

정답 ① 스마트 그리드
② 마이크로 그리드

09. 다음 그림을 참고하여 터파기량을 계산하시오.

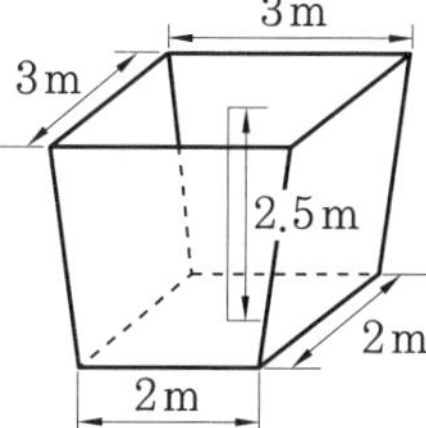

풀이 터파기량 $= \dfrac{h}{6}\{(2a+a')b+(2a'+a)b'\}$

$= \dfrac{2.5}{6}\{(2\times3+2)\times3+(2\times2+3)\times2\} = 15.83\ \text{m}^3$

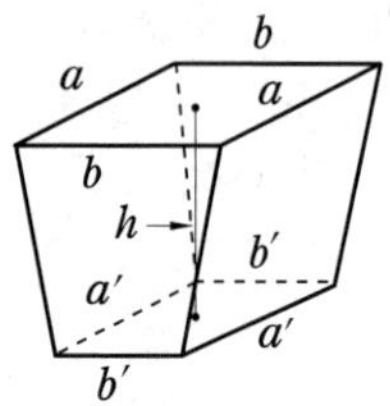

정답 15.83 m³

10. 태양광전지 어레이 접속함의 성능 검사를 위한 평가 기준 및 시험 방법에 따라 접속함 출력회로의 정격전압보다 몇 배 이상의 전압정격을 갖는가?

정답 1.2배

해설 접속함 출력회로의 정격전압보다 1.2배 이상의 전압정격을 갖는다.

11. 태양전지 모듈에 다른 태양전지 회로와 축전지의 전류가 유입되는 것을 방지하기 위해 분전함 내에 설치하는 것은?

정답 역류방지 다이오드 또는 역저지 다이오드(소자)

해설 태양전지 모듈에 그늘이 지면 대부분 발전능력이 없어진다. 이때 태양전지 어레이나 스트링의 병렬회로를 구성하면 태양전지 어레이의 스트링 사이에 출력전압의 불균형이 발생하여 출력전류의 분담이 변화한다. 이 불균형 전압이 일정값 이상이 되면 다른 스트링에서 전류의 공급을 받아 인버터 방향으로 전류가 흐르기 때문에 이 역전류를 방지하기 위해 각 스트링마다 역류방지 다이오드(소자)를 설치한다.

12. 분산형 전원계통에서 특고압 계통의 순시전압 변동률 허용 기준으로 ①, ②, ③에 알맞은 내용을 쓰시오.

변동 빈도	순시전압 변동률(%)
1시간에 2회 초과 10회 이하	①
1일 4회 초과 1시간에 2회 이하	②
1일 4회 이하	③

정답 ① 3, ② 4, ③ 5

13. 태양광 어레이에 다음과 같이 음영이 발생하였을 경우 출력값을 구하시오.

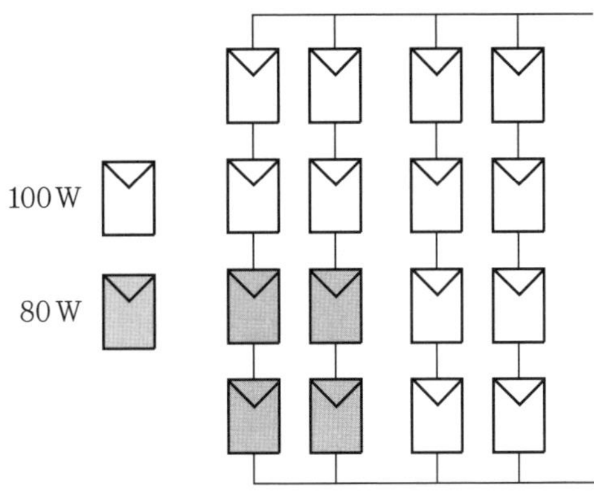

풀이 (80 W × 8) + (100 W × 8) = 640 W + 800 W = 1,440 W

정답 1,440 W

14. 태양광발전설비의 유지보수계획 수립 시 고려사항 5가지를 쓰시오.

정답 ① 설비의 사용기간, ② 설비의 중요도, ③ 환경 조건, ④ 고장이력, ⑤ 부하상태

15. 다음 그림에서 표현하는 효과는 무엇인지 쓰시오.

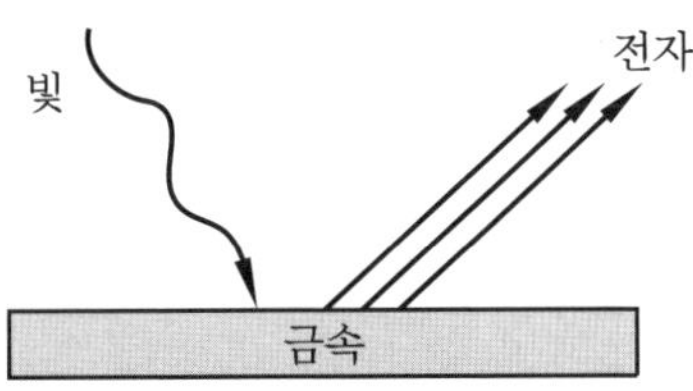

정답 광전효과

16. 다음은 신·재생에너지 측정위치 및 모니터링 항목이다. ①~③에 들어갈 적합한 내용을 쓰시오.

구분	모니터링 항목	데이터(누적치)	측정항목
태양광, 풍력, 수력, 폐기물, 바이오	1일 발전량(kWh)	① 개(시간당)	③
	생산시간(분)	② 개(1일)	

2019년

정답 ① 24, ② 1, ③ 인버터 출력

해설 측정위치 및 모니터링 항목

구분	모니터링 항목	누적치	측정항목
태양광, 풍력, 수력, 바이오, 폐기물	1일 발전량(kWh)	24개/시간	인버터 출력
	생산시간(분)	1개/일	
태양열	1일 발전량(kWh)	24개/시간	• 열교환기－축열조 입출구 온도 • 축열부 유량(열량)
	생산시간(분)	1개/일	
폐기물, 바이오	1일 열 생산량(kW)	24개/시간	부하 측 입출구 온도차, 유량
	생산시간(분)	1개/일	
지열	1일 열 생산량(kW)	24개/시간	• 물－물 방식 : 부하측 입출구 온도차, 유량 • 물－공기(냉매) 방식 : 지열원 측 입출구 온도차, 유량 • 전력소비량 : 히트펌프, 축열 & 지중펌프
	생산시간(분)	1개/일	
	전력소비량(kWh)	24개/시간	
수소·연료전지	1일 발전량(kWh)	24개/시간	인버터 출력
	1일 열 생산량(kW)	24개/시간	
	생산시간(분)	1개/일	
해수 온도차	1일 열 생산량(kW)	24개/시간	• 물－물 방식 : 부하측 입출구 온도차, 유량 • 물－공기(냉매) 방식 : 해수열원측 입출구 온도차, 유량 • 전력소비량 : 히트펌프, 해수 취수펌프
	생산시간(분)	1개/일	
	전력소비량(kWh)	24개/시간	

17. 태양광발전 시공 시 태양전지 모듈 배선이 끝난 후, 어레이 검사항목을 3가지 쓰시오.

정답 ① 전압·극성 확인
② 단락전류 측정
③ 비접지 확인

해설 ① 전압·극성 확인 : 태양전지 모듈의 전압이 올바른지, 정극·부극의 극성 연결의 실수가 없는지 확인한다.
② 단락전류 측정 : 태양전지 모듈의 사양서에 기재된 전류가 흐르는지 확인한다.
③ 비접지 확인 : 접지와 양극단을 테스터, 검전기 등으로 측정한다.

18. 축전지 부착 계통연계 시스템에서 이용되는 발전방식 3가지를 쓰고, 설명하시오.

① 발전방식 :
설명 :
② 발전방식 :
설명 :
③ 발전방식 :
설명 :

정답 ① 방재 대응형 : 보통 계통연계 시스템으로 동작하고 재해 등의 정전 시에 인버터 자립운전으로 절환함과 동시에 특정 재해 대응 부하로 전력을 공급하는 방식이다.

② 부하 평준화 대응형 : 태양전지 출력과 축전지 출력을 병용하여 부하의 피크 시에 인버터를 필요한 출력으로 운전하여 수전전력의 증대를 억제하고 기본 전력요금을 절감시키는 시스템이다.

③ 계통 안정화 대응형 : 태양전지와 축전지를 병렬운전하여 기후의 급변 시나 계통부하가 급변하는 경우에는 축전지를 방전하고, 태양전지 출력이 증대하여 계통전압이 상승할 때에는 축전지를 충전하여 역전류를 줄이고 전압의 상승을 방지하는 방식이다.

2019년

19. 태양전지 모듈에 입사된 빛 에너지가 변화되어 발생하는 전기적 출력 특성 $I-V$ 특성곡선의 요소 5가지를 쓰시오.

정답 ① 최대출력 동작점($P_{\max}$), ② 개방전압(V_{oc}), ③ 단락전류(I_{sc}),
④ 최대출력 동작전압(V_{mpp}), ⑤ 최대출력 동작전류(I_{mpp})

해설 ① 최대출력 동작점($P_{\max}$) : 최대출력 동작전압(V_{mpp}) × 최대출력 동작전류(I_{mpp})
② 개방전압(V_{oc}) : 태양전지 모듈 개방 시 전압
③ 단락전류(I_{sc}) : 태양전지 모듈 단락 시 전류
④ 최대출력 동작전압(V_{mpp}) : 출력 최대 시 동작전압
⑤ 최대출력 동작전류(I_{mpp}) : 출력 최대 시 동작전류

20. solar cell OV/UV fault의 원인과 조치내용을 쓰시오.

정답 ① 원인 : 태양전지의 전압이 규격을 넘거나(OV : Over Voltage) 모자란(UV : Under Voltage) 경우일 때

② 조치내용 : 태양전지 전압 점검 후 정상 시 5분 후에 재기동한다.

2020년도 출제문제(1회차) 및 해설

신재생에너지 발전설비기사(태양광)

01. 다음 내용에 알맞은 용어의 명칭을 쓰시오.

> 전력시설물의 설치·보수공사의 계획·조사 및 설계가 전력기술기준과 관계 법령에 따라 적정하게 시행되도록 관리하는 것

정답 설계감리

02. 다음은 결정질 실리콘 태양광발전 모듈의 성능 측정에 사용되는 솔라 시뮬레이터에 대한 설명이다. 각각의 ( ) 안에 알맞은 내용을 쓰시오. (단, '±' 표시가 있는 경우, '±'까지 포함하여 쓰시오.)

> 솔라 시뮬레이터는 태양광발전 모듈의 발전성능을 옥내에서 시험하기 위한 인공 광원이며, KS C IEC 60904-9에서 규정하는 방사조도 (①) % 이내, 광원 균일도 (②) % 이내의 (③)등급 이상으로 한다.

정답 ① ±2, ② ±2, ③ A

03. 다음 [조건]과 같은 수상 태양광발전설비의 1차 년도 전력 판매수익을 구하시오.

조건

- 시설용량 : 150 kW
- 발전시간 : 3.3 h/day
- 소내전력비율 : 1.5 %
- 발전단가 종류 : 수상 태양광발전단가(원/kWh)
- SMP : 120 원/kWh
- REC : 100 원/kWh

(1) 시스템 이용률

| 답 |

| 계산과정 |

(2) 연간 발전량

| 답 |

| 계산과정 |

(3) 연간 소내전력량
| 답 |
| 계산과정 |
(4) 전력 판매단가
| 답 |
| 계산과정 |
(5) 전력 판매수익
| 답 |
| 계산과정 |

정답 (1) 13.75 % (2) 180,675 kWh (3) 2,710 kWh (4) 270원 (5) 48,050,550원

계산과정 (1) 시스템 이용률 $= \dfrac{1\text{일 발전시간}}{24} \times 100 = \dfrac{3.3}{24} \times 100 \fallingdotseq 13.75\ \%$

(2) 연간 발전량 = 발전 설비용량×발전시간×365 = 150×3.3×365 = 180,675 kWh

(3) 연간 소내전력량 = 180,675×0.015 ≒ 2,710 kWh

(4) 전력판매 단가 = 120+(100×1.5) = 270원
 * 수상 태양광발전이므로 가중치는 1.5를 적용한다.

(5) 전력 판매수익 = (180,675−2,710)×270 ≒ 48,050,550원

04. 3상 3선식 배전선로의 각 선간 전압강하 계산식을 다음 [조건]을 이용하여 유도하시오.

| 조건 |

- L : 배전선로의 길이(m)
- A : 전선의 굵기(mm^2)
- I : 선로의 전류(A)
- 20℃에서 표준 연동선의 고유저항 : $\dfrac{1}{58}(\Omega \cdot mm^2/m)$
- 경동선의 도전율 : 97 %
- 선로의 역률은 1이고, 리액턴스는 무시한다.

| 유도과정 |

정답 유도과정

- 3상 3선식 배전선로의 각 선간 전압강하(e)
 $e = \sqrt{3} \times I(R\cos\theta + X\sin\theta)$ … ㉠식
- ㉠식의 조건에서 제시된 역률($\cos\theta$) = 1, 리액턴스(X) = 0을 대입하면,
 $e = \sqrt{3} \times I \times R$ … ㉡식

 여기서, 고유저항 $R = \rho\dfrac{L}{A}$ 이고,

표준 경동선의 고유저항 $R=$ 표준 연동선의 고유저항 $\times \dfrac{100}{경동선의 도전율} \times \dfrac{L}{A}$

$$= \frac{1}{58} \times \frac{100}{97} \times \frac{L}{A} = 0.01777 \times \frac{L}{A} \fallingdotseq \frac{0.0178 \times L}{A} \quad \cdots \text{ ㉢식}$$

• ㉢식을 ㉡식에 대입하고, 분모 및 분자에 각각 1,000을 곱하여 정리하면,

$$e = \frac{\sqrt{3} \times 0.0178 \times L \times I \times 1,000}{1,000 \times A} \fallingdotseq \frac{30.8 \times L \times I}{1,000 \times A} [\text{V}]$$

05. 태양광발전시스템에서 활용하고 있는 인버터 회로방식 3가지를 쓰고, 각각의 방식에 대하여 설명하시오.

회로방식	설명

정답

회로방식	설명
상용주파 절연방식	태양전지의 직류출력을 상용주파의 교류로 변환한 뒤, 상용주파 변압기로 절연한다.
고주파 절연방식	태양전지의 직류출력을 고주파 교류로 변환한 뒤에 소형의 고주파 변압기로 절연한다. 그 다음 직류로 바꾼 뒤, 다시 상용주파 교류로 변환하여 출력한다.
무변압기(트랜스리스)방식	태양전지의 직류출력을 DC－DC 컨버터로 승압한 뒤, DC－AC 인버터를 통해 상용주파 교류로 출력한다.

해설

회로방식	접속도
상용주파 절연방식	PV 인버터 상용주파 변압기
고주파 절연방식	PV 고주파 인버터 고주파 변압기 AC－DC 인버터
무변압기(트랜스리스) 방식	PV DC－DC 컨버터 인버터

06. 다음은 태양광발전 설비용량 200 kW 전기설비의 단선 결선도이다. 아래의 각 물음에 답하시오.

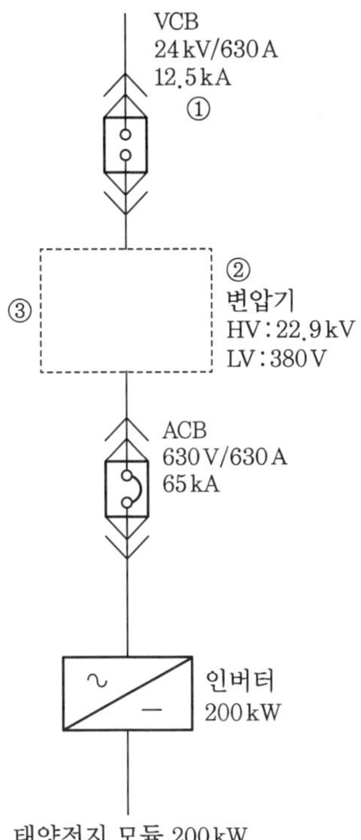

(1) ①의 VCB 정격차단용량(MVA)을 계산하여 다음 표의 표준 정격용량을 쓰시오.

차단기 정격차단용량(MVA)						
150	250	310	410	520	600	750

| 답 |

| 계산과정 |

(2) ②의 변압기 용량(kVA)을 계산하시오. (단, 변압기의 여유율은 1.25이며, 인버터는 무변압기 방식이다.)

| 답 |

| 계산과정 |

(3) ③의 점선 안에 들어갈 변압기의 단선도를 그리고, 접지하여야 하는 경우에는 그림기호로 접지공사의 종류를 표시하시오. (단, 변압기는 1차, 2차 권선의 결선방식을 그리시오.)

정답 (1) 520 MVA

(2) 250 kVA

(3) ③의 변압기 단선도

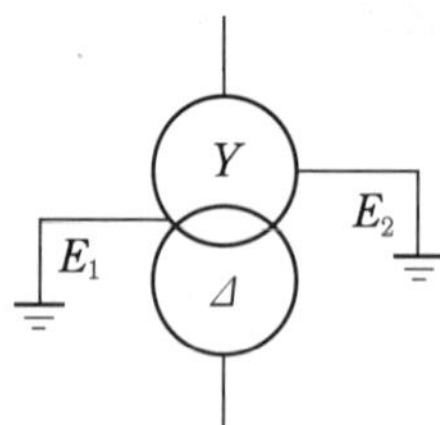

계산과정 (1) $P_s = \sqrt{3}\,V_s I_s = 1.732 \times 24 \times 12.5 = 519.6 \rightarrow 520$ MVA

(2) 변압기 용량은 여유율이 1.25이므로

∴ 인버터 용량×1.25 = 200×1.25 = 250 kVA

07. 다음 [조건]의 태양광발전 모듈의 변환효율을 계산하시오. (단, 표준 시험 조건[STC]이다.)

| 조건 |

- P_{mpp} : 300 W
- V_{oc} : 30 V
- I_{sc} : 8.5 A
- 사이즈 : 1,000 mm(W)×1,700 mm(L)×40 mm(H)

| 답 |

| 계산과정 |

정답 17.65 %

계산과정 모듈의 변환효율 $= \dfrac{P_{mpp}}{1{,}000 \times A} \times 100 = \dfrac{300}{1{,}000 \times (1 \times 1.7)} \times 100 \fallingdotseq 17.65\ \%$

08. 다음은 신·재생에너지 설비의 지원 등에 관한 지침내용이다. 각각의 ( ) 안에 알맞은 내용을 쓰시오.

- 설치의무기관의 장은 건축 허가 신청 전 「신·재생에너지 설비 설치 계획서」를 (①)에게 제출하여야 한다.
- 위의 내용에 해당하는 자는 제출받은 설치 계획서를 접수받은 날로부터 (②)일 이내에 그 타당성을 검토하여 「신·재생에너지 설비 설치계획 검토 결과서」를 제출한 자에게 통보하여야 한다.

정답 ① 신·재생에너지센터장

② 30

09. 다음 그래프는 2개 수용가의 일부하 곡선이다. 아래의 각 물음에 답하시오. (단, 실선 : A 수용가, 점선 : B 수용가)

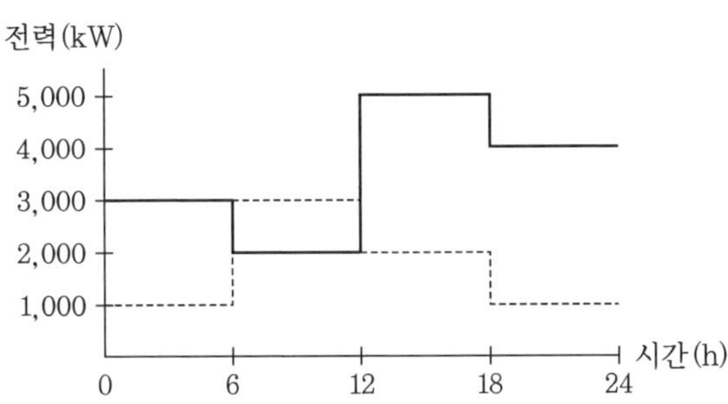

(1) A, B 수용가의 수용률(%)을 각각 계산하시오. (단, A, B 수용가 모두 설비용량은 10,000 kW이다.)

| 답 |

| 계산과정 |

(2) A, B 수용가의 부하율(%)을 각각 계산하시오.

| 답 |

| 계산과정 |

(3) A, B 수용가 상호 간의 부등률을 계산하시오.

| 답 |

| 계산과정 |

정답 (1) A : 50 %, B : 30 %

(2) A : 70 %, B : 58.33 %

(3) 1.14

계산과정 (1) $\text{수용률} = \dfrac{\text{최대 수용전력}}{\text{설비용량}} \times 100\ \%$

$$A : \frac{5,000}{10,000} \times 100 = 50\ \%,\quad B : \frac{3,000}{10,000} \times 100 = 30\ \%$$

(2) $\text{부하율} = \dfrac{\text{평균 수용전력}}{\text{최대 수용전력}} \times 100\ \%$

$$A : \frac{\dfrac{(3,000+2,000+5,000+4,000)\times 6}{24}}{5,000} \times 100 = 70\ \%$$

$$B : \frac{\dfrac{(1,000+3,000+2,000+1,000)\times 6}{24}}{3,000} \times 100 = 58.33\ \%$$

(3) $\text{A, B 간의 부등률} = \dfrac{\text{각 수용가의 최대 수용전력의 합}}{\text{합성 최대 수용전력}}$

$$= \frac{5,000+3,000}{5,000+2,000} \fallingdotseq 1.14$$

2020년

10. 다음 시방서에 대한 설명을 건축전기설비공사 일반사항(KC S 31 10 21)에 따라 설명하시오.

① 표준 시방서 :

② 전문 시방서 :

③ 공사 시방서 :

정답 ① 표준 시방서 : 시설물의 안전 및 공사시행의 적정성과 품질 확보 등을 위하여 시설물별로 정한 표준적인 시공기준

② 전문 시방서 : 시설물별 표준 시방서를 기본으로 모든 공종을 대상으로 하여 특정한 공사의 시공 또는 공사 시방서의 작성에 활용하기 위한 종합적인 시공기준

③ 공사 시방서 : 공사별로 건설공사 시행에 필요한 공사 방법 등을 고려하여 표준 및 전문 시방서를 기본으로 하여 계획 및 실시 설계도에 구체적으로 표시할 수 없는 내용과 공사수행을 위한 시공 방법 등을 작성한 시방서

11. 전기사업법 시행규칙에 따라 발전 설비용량이 1,000 kW 이하인 경우 전기(발전)사업의 허가를 받으려는 자가 허가 신청서에 첨부하는 서류를 3가지만 쓰시오. (단, 200 kW 이하인 전기[발전]사업은 제외한다.)

정답 ① 전기사업 허가 신청서

② 사업 계획서

③ 송전관계 일람도

12. 전기공사업법령에 따라 전기공사업 등록을 위한 등록 신청서를 제출 시 서면심사를 진행하는 경유기관을 쓰시오. (단, 전기공사업법령에 따른 정확한 명칭을 쓰시오.)

정답 시·도

해설 처리기관 및 경유기관

처리기관	경유기관
지정공사업자단체	시·도

13. 신·재생에너지 설비의 지원 등에 관한 지침에 따라 다음 용어의 내용을 쓰시오. (단, 신·재생에너지 설비의 지원 등에 관한 지침에 표현된 문구를 활용하여 쓰시오.)

(1) 스파이럴(spiral) 공법 :

(2) 스크류(scerw) 공법 :

(3) 레이밍 파일(ramming pile) 공법 :

정답 (1) 스파이럴(spiral) 공법 : 콘크리트 기초와 다르게 토지에 직접 스파이럴 파일(나선형 구조물)을 삽입하는 공법

(2) 스크류(scerw) 공법 : 토지에 직접 스크류 파일을 삽입하는 공법

(3) 레이밍 파일(ramming pile) 공법 : 토지에 직접 U형, C형, H형 단면 등의 파일 기초를 삽입하는 공법

14. 국민의 생명과 재산을 보호하기 위하여 전기사업법 및 「전기안전관리법」에서 정하는 바에 따라 전기설비의 공사·유지 및 운용에 필요한 조치를 하는 것을 무엇이라고 하는지 쓰시오.

정답 안전관리

15. 다음 표에서 모니터링 설비의 설치 기준에 따른 계측설비별 요구사항을 각각 알맞게 쓰시오. (단, '±' 표시가 있는 경우, '±'까지 포함하여 쓰시오.)

계측설비	요구사항
인버터	CT 정확도 (①) % 이내
온도센서	정확도 (②) ℃ (−20 ~ 100℃) 미만
	정확도 (③) ℃ (100 ~ 1,000℃) 이내
유량계, 열량계	정확도 (④) % 이내
전력량계	정확도 (⑤) % 이내

정답 ① 3, ② ±0.3, ③ ±1, ④ ±1.5, ⑤ 1

16. 다음은 한국전기설비규정에 의한 가요전선관 공사에 대한 시설 기준이다. 각각의 ( ) 안에 알맞은 내용을 쓰시오.

- 전선은 절연전선[(①)을 제외한다]일 것
- 전선은 (②)일 것. 다만, 단면적 (③) mm^2[알루미늄선은 단면적 (④) mm^2] 이하인 것은 그러하지 아니하다.
- 가요전선관 안에는 전선에 (⑤)이 없도록 할 것

정답 ① 옥외용 비닐절연전선, ② 연선,
③ 10, ④ 16, ⑤ 접속점

17. 공사규모가 4억 원, 공사기간이 5개월인 전기공사의 간접 노무비율(%)을 다음 표를 사용하여 구하시오.

구분		간접 노무비율(%)
공사 종류별	건축공사	14.5
	토목공사	15
	특수공사(포장·준설 등)	15.5
	기타(전기·통신 등)	15
공사 규모별	5억 원 미만	14
	5억~30억 원 미만	15
	30억 원 이상	16
공사 기간별	6개월 미만	13
	6개월~12개월 미만	15
	12개월 이상	17

풀이 표를 통해 전기·통신은 15 %, 4억 원은 14 %, 5개월은 13 %임을 알 수 있으므로
$\frac{15+14+13}{3} = 14$ %이다.

정답 14 %

18. 다음 표에서 태양광발전 접속함(KS C 8567 : 2019)에 따라 병렬 스트링 수에 의한 분류별 설치장소에 따른 IP 등급을 각각 알맞게 쓰시오.

병렬 스트링 수에 의한 분류	설치장소에 의한 분류
소형(3회로 이하)	실내형 : (①) 이상
	실외형 : (②) 이상
중대형(4회로 이상)	실내형 : (③) 이상
	실외형 : IP54 이상

정답 ① IP54, ② IP54, ③ IP20

19. 전기사업법령에 따라 다음 ( ) 안에 들어갈 알맞은 내용을 쓰시오. (단, 태양광발전소 허가지역은 서울특별시이다.)

전기(발전)사업의 허가권자는 3,000 kW 초과 설비의 경우 (①), 3,000 kW 이하인 설비의 경우 (②)이다.

정답 ① 산업통상자원부장관, ② 서울특별시장

20. 태양광발전 어레이의 출력이 3,000 W이고, 7월의 월 적산 어레이 경사면 일사량이 142 kWh/m^2 · 월일 때, 월간 발전량을 계산하시오. (단, 종합설계계수는 0.8을 적용한다.)

| 답 |

| 계산과정 |

정답 340.8 kWh

계산과정 월간 발전량 $E_{PM} = P_{AS} \times \frac{H_{AM}}{1\,\text{kW/m}^2} \times K = 3 \times \frac{142}{1} \times 0.8 = 340.8\ \text{kWh}$

2020년

2020년도 출제문제(2회차) 및 해설

신재생에너지 발전설비기사(태양광)

01. 태양광발전용 인버터(PCS)의 입·출력 단자전압이 380 V인 경우 접지저항 값은 최대 몇 Ω으로 하여야 하는지 쓰시오.

정답 100 Ω 이하

* 2020.12.31까지 적용된 내용이다.

02. 다음 그림과 같이 앞열의 어레이에 의해 뒷열의 어레이 하단 2열 전체에 음영(그림자)이 발생된 경우 어떻게 되는지 설명하시오. (단, 1～36은 태양전지 셀이고, 음영이 없을 시 전체 출력 200 W이며, 음영 부분의 출력은 0이다.)

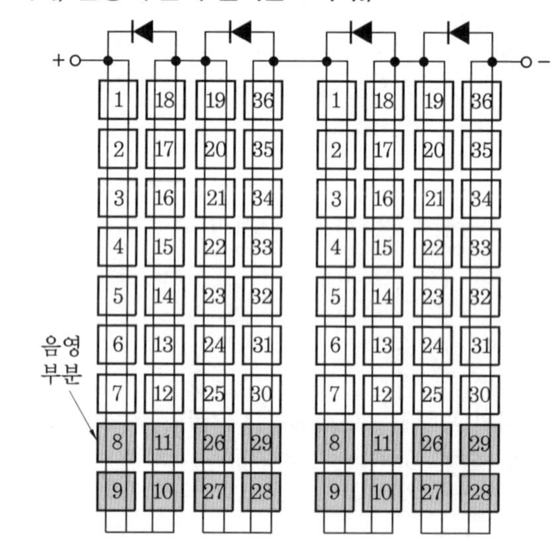

정답 직렬 18개 단위로 1개의 바이패스 다이오드가 병렬로 연결되어 있으므로 직렬연결 태양전지 모듈 중 어느 1개라도 음영이 발생하면 전체 18개의 출력(전압 또는 전력)은 0이 된다.

03. 모니터링 설비(KS C 8576 : 2015)에 따른 전송장치의 하위 통신기능을 3가지만 쓰시오.

정답 ① 데이터의 수집기능
② 데이터의 변환기능
③ 데이터의 저장기능

해설 그 밖에 계측설비와 실시간 통신기능이 있다.

04. 얕은 기초 설계기준(일반설계법)(KD S 11 50 05 : 2016)의 용어정의에 따라 다음 기초에 대하여 설명하시오.
① 전면기초 :
② 줄기초 :
③ 확대기초 :

정답 ① 전면기초 : 상부 구조물의 여러 개의 기둥을 하나의 넓은 기초 슬래브로 지지시킨 기초형식
② 줄기초 : 벽체를 자중으로 연장한 기초로서 길이 방향으로 긴 기초
③ 확대기초 : 기초 저면의 단면을 확대한 기초형식

해설 얕은 기초 : 직접기초(연속기초, 독립기초, 복합기초), 전면기초

05. 절연저항의 측정 시 전로전압에 대한 절연저항으로 ①, ②, ③에 알맞은 값을 쓰시오. (KEC 개정으로 문제 대체)

구분	절연저항(MΩ)
SELV 및 PELV	①
FELV, 500 V 이하	②
500 V 초과	③

정답 ① 0.5, ② 1.0, ③ 1.0

해설 2021.1.1부터 개정된 KEC를 적용하면 다음과 같다.

구분	DC 시험전압(V)	절연저항(MΩ)
SELV 및 PELV	250	0.5
FELV, 500 V 이하	500	1.0
500 V 초과	1,000	1.0

06. 다음 [표 1], [표 2]와 같은 조건으로 태양광발전설비를 설치하고자 할 때 아래의 각 물음에 답하시오. (단, 부지는 일반부지이다.)

[표 1]

설치용량(kW)	200	발전시간	3.6
SPM(원/kW)	100	할인율(%)	3
REC(원/kW)	100	모듈 경년 감소율(%)	0.7
전력 판매단가(원/kW)	①	시스템 이용률	②

[표 2]

단위 : 백만 원

구분	2020	2021	2022	2023	2024	2025
발전수익	0	65	64	63	62	61
발전비용	150	25	24	23	22	21

(1) REC 가중치가 적용된 전력 판매단가 ①을 구하시오.

(2) 태양광발전시스템의 이용률 ②를 구하시오.

(3) 다음 5년간의 데이터를 활용하여 비용/편익비(B/C ratio)를 구하시오. (단, 기타비용은 생략한다.)

〈연도별 편익과 비용〉 단, 연도별 금액에서 백만 원 미만은 절사하며, 0차 년도를 기준으로 한다.

구분	$\frac{B_i}{(1+r)^i}$	$\frac{C_i}{(1+r)^i}$
2020년도		
2021년도		
2022년도		
2023년도		
2024년도		
2025년도		

• 비용/편익비(B/C비) 계산과정 :

(4) 비용/편익비를 근거하여 사업의 경제성을 판단하시오.

풀이 (1) 가중치 $= \dfrac{(99.999)\times 1.2 + (200-99.999)\times 1.0}{200} \fallingdotseq 1.1$이므로,

전력 판매단가 = SMP + (가중치 × REC)
= 100 + (1.1×100) = 210원

(2) 시스템 이용률 $= \dfrac{3.6}{24}\times 100 = 15\,\%$

(3) 연도별 편익과 비용

구분	$\dfrac{B_i}{(1+r)^i}$	$\dfrac{C_i}{(1+r)^i}$
2020년도	$\dfrac{0}{(1+0.03)^0} = 0$	$\dfrac{150}{(1+0.03)^0} = 150$
2021년도	$\dfrac{65}{(1+0.03)^1} = 63$	$\dfrac{25}{(1+0.03)^1} = 24$
2022년도	$\dfrac{64}{(1+0.03)^2} = 60$	$\dfrac{24}{(1+0.03)^2} = 22$
2023년도	$\dfrac{63}{(1+0.03)^3} = 57$	$\dfrac{23}{(1+0.03)^3} = 21$
2024년도	$\dfrac{62}{(1+0.03)^4} = 55$	$\dfrac{22}{(1+0.03)^4} = 19$
2025년도	$\dfrac{61}{(1+0.03)^5} = 52$	$\dfrac{21}{(1+0.03)^5} = 18$

$\sum B_i = 0+63+60+57+55+52 = 287,$

$\sum C_i = 150+24+22+21+19+18 = 254$

$\dfrac{\sum B_i}{\sum C_i} = \dfrac{287}{254} \fallingdotseq 1.13$

(4) 1.13 > 1이므로 사업의 경제성이 있다.

정답 (1) 210원

(2) 15 %

(3) 풀이참조

(4) 비용 편익비가 1.13 > 1이므로 사업의 경제성이 있다.

07. 다음 그림은 태양광발전 모듈 용량 200 kW, 인버터 용량 200 kW로 설계된 단선 결선도이다. 아래의 각 물음에 답하시오.

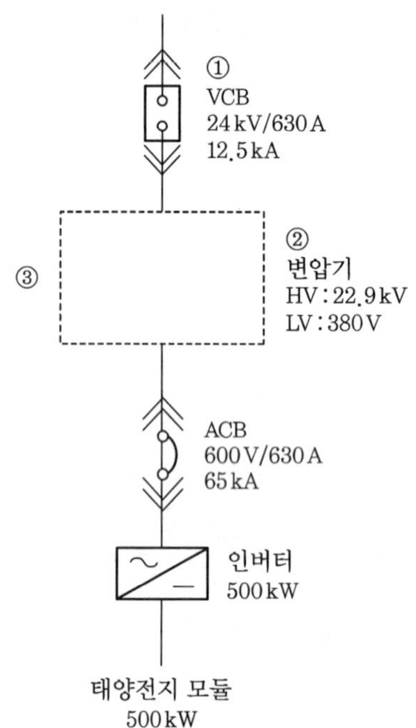

(1) ①의 VCB 정격차단용량(MVA)을 계산하여 다음 표에서 정격차단용량을 선정하시오.

차단기 정격차단용량(MVA)						
150	250	310	410	520	600	750

| 답 |

| 계산과정 |

(2) ②의 변압기 용량(kVA)을 계산하여 다음 표에서 변압기의 정격용량을 선정하시오. (단, 변압기의 여유율은 1.25이며, 인버터는 무변압기 방식이다.)

변압기 정격용량(kVA)						
150	250	300	500	750	1,000	1,500

| 답 |

| 계산과정 |

(3) ③의 점선 안에 들어갈 변압기의 단선도를 그리고, 2가지 접지 종류를 표시하시오. (단, 변압기는 1차, 2차 권선의 결선방식을 그리시오.)

정답 (1) 520 MVA

(2) 750 kVA

(3) ③의 변압기 단선도

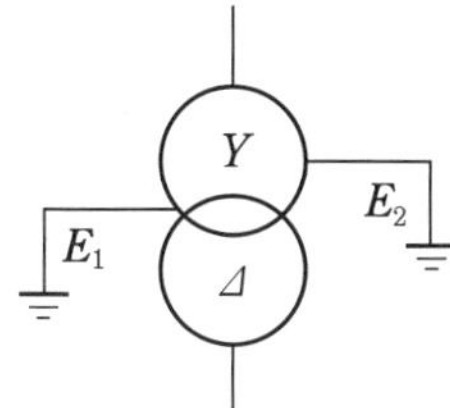

계산과정 (1) $P_s = \sqrt{3}\,V_s I_s = 1.732 \times 24 \times 12.5 = 519.6 \rightarrow 520$ MVA

(2) 변압기 용량 = 인버터 용량 × 여유율 = 500 × 1.25 = 625 kVA → 750 kVA

08. 건축전기설비공사 일반사항(KC S 31 10 21 : 2019)에 의거하여 표준 시방서의 정의를 쓰시오.

정답 시설물의 안전 및 공사시행의 적정성과 품질 확보 등을 위하여 시설물별로 정한 표준적인 시공기준

09. 태양광발전 모듈의 최대 출력전압이 300 W인 경우 직렬 구성이 18 ~ 22개 가능하였다. 이 경우에 인버터 용량 200 kW을 사용하여 최적의 직·병렬 수와 그 발전량을 구하시오.

| 답 |

| 계산과정 |

정답 직렬 18, 병렬 37, 199.8 kW

계산과정
- 18직렬일 경우 $\dfrac{200}{18 \times 0.3} \fallingdotseq 37.04 \rightarrow 37$이며, $18 \times 37 \times 0.3 = 199.8$ kW
- 19직렬일 경우 $\dfrac{200}{19 \times 0.3} \fallingdotseq 35.09 \rightarrow 35$이며, $19 \times 35 \times 0.3 = 199.5$ kW
- 20직렬일 경우 $\dfrac{200}{20 \times 0.3} \fallingdotseq 33.33 \rightarrow 33$이며, $20 \times 33 \times 0.3 = 198$ kW
- 21직렬일 경우 $\dfrac{200}{21 \times 0.3} \fallingdotseq 31.75 \rightarrow 31$이며, $21 \times 31 \times 0.3 = 195.3$ kW
- 22직렬일 경우 $\dfrac{200}{22 \times 0.3} \fallingdotseq 30.30 \rightarrow 30$이며, $22 \times 30 \times 0.3 = 198$ kW

따라서, 최적의 직렬 수는 18, 병렬 수는 37이며, 발전량은 199.8 kW이다.

10. 국토의 계획 및 이용에 관한 법률 시행령 제55조(개발행위 허가의 규모)에 따른 도시지역의 토지 형질변경 면적을 ( ) 안에 쓰시오.

(1) 주거지역 · 상업지역 · 자연녹지지역 · 생산녹지지역 : ( ) m^2 미만
(2) 공업지역 : ( ) m^2 미만
(3) 보전녹지지역 : ( ) m^2 미만

정답 (1) 1만 (2) 3만 (3) 5천

11. 뇌 서지(surge) 등으로부터 태양광발전시스템을 보호하기 위한 대책을 3가지만 쓰시오.

정답 ① 접지와 본딩, ② 자기차폐, ③ 협조된 SPD

12. 분산형 전원 배전계통연계기술기준에 의거한 3상 수전 수용가 단상 인버터의 설치 기준 인버터 용량을 쓰시오.

구분	인버터 용량
1상 또는 2상 설치 시	①
3상 설치 시	②

정답 ① 각 상에 4 kW 이하로 설치
② 상별 동일 용량 설치

13. 다음은 전력 시설물 공사감리 업무 수행지침에 따라 주요 기자재 공급원의 검토 및 승인과 관련된 내용이다. ( ) 안에 알맞은 내용을 쓰시오.

- 감리원은 공사업자에게 공정계획에 따라 사전에 주요 기자재(KS 의무화 품목 등) (①)을(를) 기자재 반입 (②)일 전까지 제출하도록 하여야 한다. 다만, 관련 법령에 따라 품질검사를 받았거나, 품질을 인정받은 기자재에 대하여는 예외로 한다.
- 감리원은 공사업자에게 (③)가 표시된 양질의 기자재를 선정하도록 감리하여야 한다.

정답 ① 공급원 승인 신청서, ② 7, ③ KS

14. 다음 표의 정의에서 설명하는 내용에 대하여 알맞은 용어를 쓰시오.

정의	용어
공급인증서의 발급 및 거래단위로서 공급인증서 발급대상 설비에서 공급된 MWh 기준의 신·재생에너지 전력량에 대해 가중치를 곱하여 부여하는 단위	①
생산인증서의 발급 및 거래단위로서 생산인증서 발급대상설비에서 생산된 MWh 기준의 신·재생에너지 전력량에 대해 부여하는 단위	②
일정 규모(50만 kW) 이상의 발전사업자(공급의무자)에게 총 발전량의 일정 비율 이상을 신·재생에너지로 공급하도록 의무화한 제도	③
거래 시간대별로 일반 발전기의 전력량에 대해 전력거래소에서 적용하는 전력시장 가격	④

정답 ① REC, ② REP, ③ RPS, ④ SMP

15. 태양광발전 모듈의 광전 변환효율에 대한 관계식을 쓰시오. (단, P_{max} : 최대출력[W], A : 모듈 전 면적[m^2], G : 조사강도[W/m^2]이다.)

정답 변환효율(%) $= \dfrac{P_{max}}{G[W/m^2] \times A[m^2]} \times 100$

16. 전기사업법령에 따른 3,000 kW 초과 시 전기(발전)사업 허가 신청서 처리 절차를 순서대로 쓰시오.

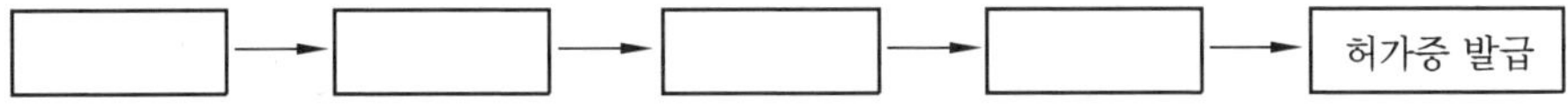

정답 신청서 작성 및 제출(신청인) → 접수(산업통상자원부) → 검토(산업통상자원부) → 전기위원회 심의 → 허가증 발급(산업통상자원부)

※ 20.9.29 개정된 전기사업 허가 신청서 처리 절차

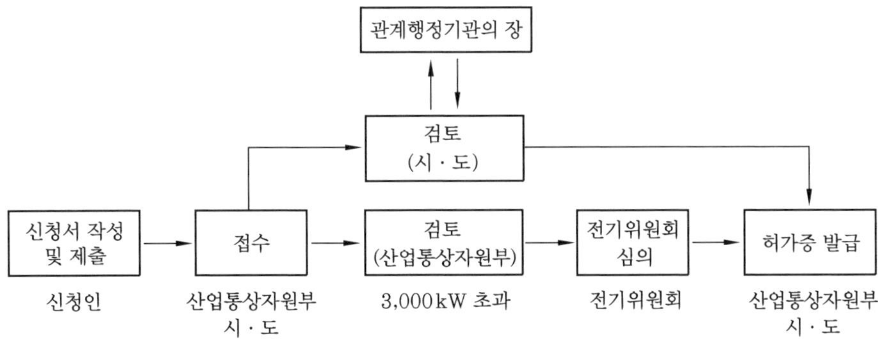

17. **태양광발전시스템 부지 선정 시 고려사항을 각 조건별로 쓰시오.**

(1) 지정학적 조건 :
(2) 행정상 조건 :
(3) 건설상 조건 :
(4) 계통연계 조건 :
(5) 경제성 조건 :

정답 (1) 지정학적 조건 : 일조량 및 일조시간, 최대풍속, 적설량, 부지의 경사도
(2) 행정상 조건 : 부지의 소유권 정보, 개발 허가 취득 조건, 사전환경성 검토
(3) 건설상 조건 : 부지의 접근성, 교통의 편리성
(4) 계통연계 조건 : 근접한 전선로, 연계용량 확보 가능성, 연계점 위치
(5) 경제성 조건 : 부지가격, 토목 공사비
※ 지리적 조건 : 토지의 방향, 지반 조건, 배수 조건

18. **태양광 어레이 배치 시 앞열에 의한 뒷열의 음영대책을 위해 다음 그림과 같은 조건에서 모듈의 설치간격(d)을 구하는 계산식을 쓰시오. (단, L : 모듈의 길이[m], d : 열 사이의 거리[m], α : 경사각[°], β : 태양 고도각[°]이다.)**

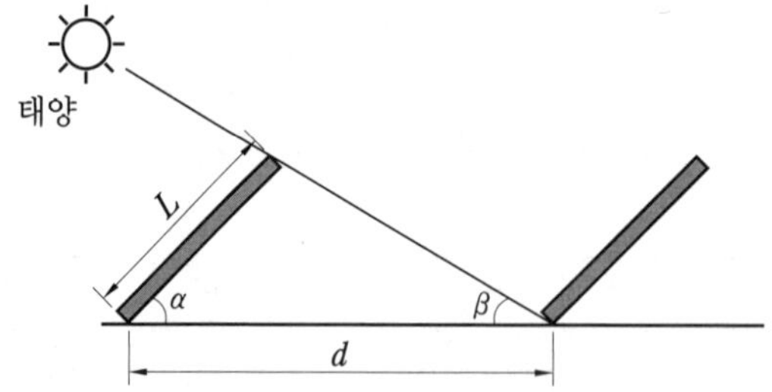

정답 $d = L \times \dfrac{\sin(\alpha + \beta)}{\sin\beta}$[m] 또는 $d = L \times \{\cos\alpha + \sin\alpha \times \tan(90° - \beta)\}$[m]

19. 전력시설물 공사감리 업무 수행지침에 따라 공사업자가 해당 공사현장에서 공사업무 수행상 필요한 서식을 비치하고 기록·보관하여야 할 서류를 3가지만 쓰시오.

정답 ① 하도급 현황
② 주요 인력 및 장비투입 현황
③ 작업 계획서

해설 그 밖에 기자재 공급원 승인 현황, 주간 공정계획 및 실적 보고서, 안전관리비 사용실적 현황이 있다.

20. 자가용 전기설비 검사 업무 처리규정에 따라 사용 전 검사 시 전력변환장치 본체의 검사항목을 5가지만 쓰시오.

정답 ① 외관검사
② 절연저항
③ 절연내력
④ 제어회로 및 경보장치
⑤ 역방향 운전제어시험

해설 그 밖에 전력 조절부/static 스위치, 자동·수동 절체시험, 단독운전 방지시험, 충전기능시험이 있다.

2020년도 출제문제(3회차) 및 해설

신재생에너지 발전설비기사(태양광)

01. 태양광발전 접속함(KS C 8567 : 2019)의 서지 보호장치(SPD)에 대한 내용이다. 다음 ( ) 안에 알맞은 숫자를 쓰시오.

- 중대형 접속함(스트링 4회로 이상)의 경우, 출력회로에 근접하여 서지 보호장치(SPD, Surge Protective Device)를 설치하여야 한다.
- 서지 보호장치(SPD) 최대 연속 사용전압(U_c)은 접속회로 정격전압의 (①)배 이상이어야 하며, 공칭 방전전류(I_n, 8/20)는 모든 경우에 (②) kA 이상이어야 한다.

정답 ① 1.2, ② 10

02. 태양광발전시스템 설계를 위하여 어레이의 설계하중 검토 시 수평하중과 수직하중에 공통으로 적용되는 하중은 무엇인지 쓰시오.

정답 적설하중

03. 다음은 경계측량을 하기 위하여 측정한 지점 A, B이다. 이 A, B의 방위각을 계산하시오. (단, X는 종선, Y는 횡선이다.)

측정지점	X[m]	Y[m]
A	15	15
B	20	20

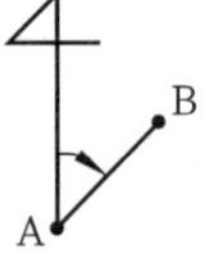

| 답 |

| 계산과정 |

정답 45°

계산과정 $\Delta x = 20-15=5$, $\Delta y = 20-15=5$,

AB의 방위각 $= \tan^{-1}\left(\dfrac{\Delta y}{\Delta x}\right) = \tan^{-1}\left(\dfrac{5}{5}\right) = \tan^{-1}(1) = 45°$

04. 전력시설물 공사감리 업무 수행지침에 따른 감리원의 설계도서 등의 검토에 관한 내용이다. 다음의 ( ) 안에 알맞은 내용을 쓰시오. (단, ①~⑤의 순서에 관계없이 작성하되, 지침에서 표현하는 단어로 답하시오.)

> 감리원은 (①), (②), (③), (④), (⑤)의 계약내용과 해당 공사의 조사, 설계 보고서 등의 내용을 완전히 숙지하여 새로운 방향의 공법 개선, 예산 절감을 도모하도록 노력하여야 한다.

정답 ① 설계 설명서, ② 설계도면, ③ 공사 계획서,
④ 기술 계산서, ⑤ 공사비 산출 내역서

05. 일사량이 13 MJ/m^2인 경우 이것을 (kWh/m^2)로 환산하시오.

| 답 |

| 계산과정 |

정답 3.61 kWh/m^2

계산과정 1 kWh=3.6 MJ이므로 $\frac{13}{3.6} \fallingdotseq 3.61$ kWh/m^2이다.

06. 총 공사비가 310억 원이고, 공사기간이 9개월인 전기공사의 간접 노무비(%)를 다음 표를 참조하여 계산하시오.

구분		간접 노무비율(%)
공사 종류별	건축공사	14.5
	토목공사	15
	특수공사(포장, 준설 등)	15.5
	기타(전기, 통신 등)	15
공사 규모별	50억 원 미만	14
	50억~300억 원 미만	15
	300억 원 이상	16
공사 기간별	6개월 미만	13
	6개월~12개월 미만	15
	12개월 이상	17

| 답 |

| 계산과정 |

2020년

정답 15.33 %

계산과정 전기·통신 : 15 %, 300억 원 이상 : 16 %, 6개월 ~ 12개월 : 15 %이므로

$$\text{간접 노무비} = \frac{15+16+15}{3} \fallingdotseq 15.33\ \%$$

07. 분산형 전원 배전계통연계기술기준에서 정의하는 전기를 저장하거나 공급할 수 있는 시스템인 양방향 분산형 전원의 종류를 2가지 쓰시오.

정답 ① ESS, ② V2G

해설 양방향 분산형 전원은 ESS(Energy Storage System)와 V2G(Vehicle To Grid)가 있다.

08. 다음은 태양광발전소 부지의 월별 수평면 일사량과 외부 손실요소이다. 아래의 물음에 답하시오.

• 태양광발전소 부지의 월별 수평면 일사량(kWh/m^2)

구분	1월	2월	3월	4월	5월	6월	7월	8월	9월	10월	11월	12월
수평면 일사량	80.3	89.4	110.1	127.8	140.4	120.0	127.4	136.1	96.3	86.8	73.2	71.9

• 손실요소

① 음영에 의한 손실 : 0.7 %

② 태양광발전 모듈 표면 먼지에 의한 손실 : 3.0 %

(1) 실제 태양광발전 모듈에 입사되는 연간 일사량을 계산하시오. (단, 경사각은 15°이고, 이에 따른 일사량의 증가율은 9.2 %이다.)

| 답 |

| 계산과정 |

(2) 태양광발전소의 전체 설치용량은 998 kWp이고, 태양광발전 모듈의 면적이 6,079 m^{2}일 경우 변환효율(%)을 계산하시오.

| 답 |

| 계산과정 |

(3) 발전소 전체 효율(PR, Performance Ratio)이 85.5 %일 경우, 연간 발전량을 계산하시오.

| 답 |

| 계산과정 |

정답 (1) 1,375.59 kWh/m^2

(2) 16.42 %

(3) 1,123.74 kWh

계산과정 (1) $(80.3+89.4+110.1+127.8+140.4+120.0+127.4+136.1+96.3+86.8+73.2+71.9)\times 1.092 \fallingdotseq 1,375.59\ kWh/m^2$

(2) $\text{변환효율} = \frac{998}{1\times 6,079}\times 100 \fallingdotseq 16.42\ \%$

(3) 연간 발전량

$$= P_{AS}\times \frac{H_{AS}}{G}\times K = 998\times \frac{1,375.59\times(1-0.037)}{1}\times 0.85 \fallingdotseq 1,123.74\ kWh$$

09. **신에너지 및 재생에너지 개발·이용·보급 촉진법령에 따라 다음 물음에 답하시오. (단, 법령에서 제시하는 내용 중 '그 밖에 석유·석탄·원자력 또는 천연가스가 아닌 에너지로서 대통령령으로 정하는 에너지'는 제외한다.)**

(1) 신에너지의 종류를 2가지만 쓰시오.

(2) 재생에너지의 종류를 3가지만 쓰시오.

정답 (1) ① 수소에너지, ② 연료에너지

(2) ① 태양에너지, ② 풍력에너지, ③ 수력에너지

해설 (1) 그 밖에 석탄을 액화·가스화한 에너지 및 중질잔사유를 가스화한 에너지로서 대통령령으로 정하는 기준 및 범위에 해당하는 에너지가 있다.

(2) 그 밖에 지열에너지, 해양에너지, 폐기물에너지, 바이오에너지가 있다.

2020년

10. **한국전기설비규정(전기설비기술기준의 판단 기준)에 따라 태양광발전소에서 전선을 옥내에서 시설할 경우 시설공사 방법을 3가지만 쓰시오.**

정답 ① 합성수지관 공사

② 금속관 공사

③ 가요전선관 공사

해설 그 밖에 케이블 공사가 있다.

11. 단락전류를 계산하는 방법 중 다음 설명에 알맞은 종류를 각각 쓰시오.

설명	종류
단락전원으로부터 고장점까지의 각 임피던스 값을 옴(ohm)으로 환산하여 단락전류를 산출	①
각 임피던스를 기준량, 기준전압에 대한 임피던스로 환산하고 전기 계산에 필요로 하는 양을 퍼센트로 표시한 후에 옴의 법칙을 적용	②
어떤 기준량(base)을 정하고, 그 기준전압 또는 기준전류의 배수로 환산하여 표시하는 것	③

정답 ① 옴법
② 퍼센트 임피던스법
③ 단위법

12. 부하 설비용량 800 kW, 부등률 1.2, 수용률 60 %일 때, 변전시설 용량을 계산하여 다음 표에서 변압기의 최소 표준용량을 선정하시오. (단, 부하역률은 90 % 이상 유지되는 조건이다.)

변압기 표준용량(kVA)				
300	350	400	450	500

| 답 |
| 계산과정 |

정답 450 kVA

계산과정 변전시설 용량 $= \dfrac{\text{수용률} \times \text{설비용량(kW)}}{\text{부등률} \times \text{역률}} = \dfrac{0.6 \times 800}{1.2 \times 0.9} \fallingdotseq 444.44\ \text{kVA} \rightarrow 450\ \text{kVA}$

13. 사업용 전기설비의 검사 업무 처리규정에 따라 태양광발전설비의 사용 전 검사 시 부하운전시험에서 일사량을 기준으로 가능 출력을 확인하고, 발전량의 이상 유무를 확인하기 위하여 몇 분간 운전하여야 하는지 쓰시오.

정답 30분

14. 다음은 태양광발전시스템의 부지 선정 시 고려해야 할 일반적인 사항이다. 각 구분에 따른 구체적인 조건 내용을 쓰시오.

구분	구체적인 조건 내용
지정학적 조건	
행정상의 조건	
건설 환경적 조건	
전력계통과의 연계 조건	
경제성 조건	

정답

구분	구체적인 조건 내용
지정학적 조건	일조량 및 일조시간, 최대풍속, 적설량, 부지의 경사도
행정상의 조건	부지의 소유권 정보, 개발 허가 취득 조건, 사전환경성 검토
건설 환경적 조건	부지의 접근성, 교통의 편리성
전력계통과의 연계 조건	근접한 전선로, 연계용량 확보 가능성, 연계점 위치
경제성 조건	부지가격, 토목 공사비

※ 지리적 조건 : 토지의 방향, 지반 조건, 배수 조건

2020년

15. 다음 전기공사업법령에 따른 용어의 정의에 대한 명칭을 쓰시오.

(1) "전기공사를 공사업자에게 도급을 주는 자"를 무엇이라고 하는지 쓰시오. (단, 수급인으로서 도급받은 전기공사를 하도급 주는 자는 제외한다.)
(2) "발주자로부터 전기공사를 도급받은 공사업자"를 무엇이라고 하는지 쓰시오.
(3) "전기공사업법 제4조 제1항에 따라 공사업의 등록을 한 자"를 무엇이라고 하는지 쓰시오.

정답 (1) 발주자
(2) 수급인
(3) 공사업자

16. 태양광발전 부지의 기후 조건은 태양광발전 모듈 최저온도 −11℃, 주변 최고온도 40℃, 최대풍속 25 m/s이다. 30 kW 태양광발전용 인버터에 적합한 직·병렬 어레이를 구성하고자 할 때, 다음 각 물음에 대해 답하시오. (단, 전압강하는 무시한다.)

태양광발전 모듈 특성	
최대전력 P_{max} [W]	250
개방전압 V_{oc} [V]	37.3
단락전류 I_{sc} [A]	8.7
최대전압 V_{mpp} [V]	30.5
최대전류 I_{mpp} [A]	8.2
전압 온도 변화율 [mV/℃]	−114
NOCT [℃]	45

태양광발전용 인버터 특성	
최대 입력전력 [kW]	30
MPP 범위 [V]	300 ~ 600
최대 입력전압 [V]	650
최대 입력전류 [A]	106
정격출력 [kW]	30
주파수 [Hz]	60

(1) 셀의 온도 T_{cell}(cell 온도)를 계산하시오.

|답| |계산과정|

(2) 태양광발전 모듈 온도별 V_{oc}, V_{mpp}를 계산하시오.

① 최저 셀 온도

- $V_{oc}(-11℃)$

|답| |계산과정|

- $V_{mpp}(-11℃)$

|답| |계산과정|

② 최고 셀 온도

- $V_{oc}(T_{cell}℃)$

|답| |계산과정|

- $V_{mpp}(T_{cell}℃)$

|답| |계산과정|

(3) 최대, 최소 직렬 모듈 수를 구하시오.

① 연중 최저 −11℃ 에서 직렬 모듈 수

- $V_{oc}(-11℃)$

|답| |계산과정|

② 연중 최저 −11℃ 에서 모듈 수

- $V_{mpp}(-11℃)$

|답| |계산과정|

③ 연중 최고 T_{cell}℃에서 모듈 수

- $V_{mpp}(T_{cell}℃)$

|답| |계산과정|

(4) 병렬 회로 수를 구하여 최대전력을 생산하기 위한 직·병렬 수를 결정하시오.

정답 (1) 71.25℃

(2) ① $V_{oc}(-11℃)=41.40$ V,　$V_{mpp}(-11℃)=34.60$ V

② $V_{oc}(71.25℃)=32.03$ V,　$V_{mpp}(71.25℃)=25.23$ V

(3) ① $V_{oc}(-11℃)$에서의 직렬 모듈 수는 15개이다. (소수점 절사)

② $V_{mpp}(-11℃)$에서의 직렬 모듈 수는 17개이다. (소수점 절사)

③ $V_{mpp}(71.25℃)$에서의 직렬 모듈 수는 12개이다. (소수점 절상)

(4) 직렬 12개, 병렬 10개 또는 직렬 15개, 병렬 8개

계산과정 (1) $T_{cell}(\text{NOCT}) = T_{air} + \dfrac{\text{NOCT}-20}{800\,\text{W/m}^2} \times 1{,}000\ \text{W/m}^2$

$$= 40 + \frac{45-20}{800} \times 1{,}000 = 71.25℃$$

(2) 태양광발전 모듈 온도별 V_{oc}, V_{mpp} 계산

① • $V_{oc}(-11℃) = 37.3 + \left\{\left(-\dfrac{114}{1{,}000}\right) \times (-11-25)\right\} \fallingdotseq 37.3 + 4.10$

$= 41.40$ V

• $V_{mpp}(-11℃) = 30.5 + 4.10 = 34.60$ V

② • $V_{oc}(71.25℃) = 37.3 + \left\{\left(-\dfrac{114}{1{,}000}\right) \times (71.25-25)\right\} \fallingdotseq 37.3 - 5.27$

$= 32.03$ V

• $V_{mpp}(71.25℃) = 30.5 - 5.27 = 25.23$ V

(3) ① $V_{oc}(-11℃)$에서의 직렬 모듈 수

$= \dfrac{\text{인버터 최대 입력전압}}{V_{oc}(-11℃)} = \dfrac{650}{41.40} \fallingdotseq 15.70 \to 15$개 (소수점 절사)

② $V_{mpp}(-11℃)$에서의 직렬 모듈 수

$= \dfrac{\text{인버터 MPPT 최대전압}}{V_{mpp}(-11℃)} = \dfrac{600}{34.60} \fallingdotseq 17.34 \to 17$개 (소수점 절사)

둘 중 작은 쪽 15개를 최대 직렬 수로 선정한다.

③ 최소 직렬 수

$= \dfrac{\text{인버터 MPPT 최소전압}}{V_{mpp}(71.25℃)} = \dfrac{300}{25.23} \fallingdotseq 11.89 \to 12$개 (소수점 절상)

(4) 병렬 수는 $\dfrac{\text{인버터 최대 입력전력}}{\text{직렬 수} \times \text{모듈 최대전력}}$에 직렬 수 12 ~ 15를 대입하여 최대출력을 얻을 수 있는 직·병렬 수를 선정할 수 있다.

• 12직렬일 경우 $\dfrac{30}{12 \times 0.25} = 10$이며, $12 \times 10 \times 0.25 = 30$ kW

• 13직렬일 경우 $\dfrac{30}{13 \times 0.25} \fallingdotseq 9.23 \to 9$이며, $13 \times 9 \times 0.25 = 29.25$ kW

• 14직렬일 경우 $\frac{30}{14\times0.25} \fallingdotseq 8.57 \rightarrow 8$이며, $14\times8\times0.25=28$ kW

• 15직렬일 경우 $\frac{30}{15\times0.25}=8$이며, $15\times8\times0.25=30$ kW

따라서 직렬 12개, 병렬 10개 또는 직렬 15개, 병렬 8개일 때 최대출력 30 kW를 얻을 수 있다.

17. 태양광발전 용량이 200 kW이고, 이용률이 10 %일 때 연간 발전량을 구하시오.

풀이 1일 발전시간=이용률×24시간=0.1×24=2.4시간
연간 발전량=발전용량×1일 발전시간×365일
=200×2.4×365=175,200 kW

정답 175,200 kW

18. 다음은 인버터 출력전력별 효율 측정값이다. 이를 이용하여 출력전력별 유로효율(η_{EU})을 계산하시오.

출력전력(%)	효율 측정값 η [%]	출력전력별 유로효율 η_{EU} [%]
5	97.21	① 답 : 계산과정 :
10	97.45	② 답 : 계산과정 :
20	97.82	③ 답 : 계산과정 :
30	98.01	④ 답 : 계산과정 :
50	97.92	⑤ 답 : 계산과정 :
100	96.30	⑥ 답 : 계산과정 :

정답 ① 2.92 %, ② 5.85 %, ③ 12.72 %, ④ 9.80 %, ⑤ 47.00 %, ⑥ 19.26 %
총 유로효율=97.55 %

계산 과정 ① 출력전력 5 % 시 : 97.21×0.03 = 2.916 ≒ 2.92 %
② 출력전력 10 % 시 : 97.45×0.06 = 5.847 ≒ 5.85 %
③ 출력전력 20 % 시 : 97.82×0.13 = 12.716 ≒ 12.72 %
④ 출력전력 30 % 시 : 98.01×0.10 = 9.801 ≒ 9.80 %
⑤ 출력전력 50 % 시 : 97.92×0.48 = 47.001 ≒ 47.00 %
⑥ 출력전력 100 % 시 : 96.30×0.20 = 19.26 ≒ 19.26 %
총 유로효율 = 2.92 + 5.85 + 12.72 + 9.80 + 47.00 + 19.26 = 97.55 %

19. **다음은 태양광발전시스템 시공 중 지반계측에 사용되는 계측기기에 대한 설명이다. 각 물음에 답하시오.**

(1) 지반이 연약하여 지반변위가 예상되거나, 공사로 인해 영향을 주는 범위 내에 중요한 구조물이 있는 경우에 적용하는 계측기기는?

(2) 지하수의 변화가 예상되어 계측 결과 분석에 지하수위를 반영하여야 하는 경우에 적용하는 계측기기는?

정답 (1) 지중경사계 (2) 지하수위계

20. **결정질 실리콘 태양광발전 모듈(성능)(KS C 8561 : 2020)에 따른 최대출력 결정시험에 대한 내용이다. 다음 ( ) 안에 알맞은 숫자를 쓰시오.**

6.2 최대출력 결정시험
6.2.1 결정 방법
이 시험은 환경시험 전후에 모듈의 최대출력을 결정하는 시험으로 인공 광원법에 의해 태양광발전의 모듈의 $I-V$ 특성시험을 수행하며, AM (①), 방사조도 (②)kW/m^{2}이다. 온도 (③)℃ 조건에서 기준 태양전지를 이용하여 시험을 실시하여 개방전압(V_{oc}), 단락전류(I_{sc}), 최대전압($V_{\max}$), 최대전류($I_{\max}$), 최대출력($P_{\max}$), 곡선율(FF) 및 효율(E_{ff})을 측정한다. KS C IEC 61215에서 정하는 KS C IEC 60904-9의 솔라 시뮬레이터를 사용하여 KS C IEC 60904-1의 시험 방법에 따라 시험한다.

정답 ① 1.5, ② 1, ③ 25

2020년

2020년도 출제문제(4회차) 및 해설

신재생에너지 발전설비기사(태양광)

01. 계통연계형 태양광발전용 인버터의 단독운전 방지기능 중 수동적 방식의 종류 3가지를 쓰시오.

정답 ① 전압위상 도약 검출방식
② 주파수 변화율 검출방식
③ 제3고조파 전압급증 검출방식

02. 환경영향평가법령에 따른 소규모 환경영향평가 대상 사업의 종류·규모에 대한 내용이다. 다음 ( ) 안에 알맞은 내용을 쓰시오.

> 1. 「국토의 계획 및 이용에 관한 법률」 제6조 제2호에 따른 관리지역의 경우 사업계획 면적이 다음의 면적 이상인 것
> (1) 보전관리지역 : (①) m^2
> (2) 생산관리지역 : (②) m^2
> (3) 계획관리지역 : (③) m^2

정답 ① 5,000, ② 7,500, ③ 10,000

03. 다음 그림과 같은 독립기초의 터파기 시 터파기량을 계산하시오.

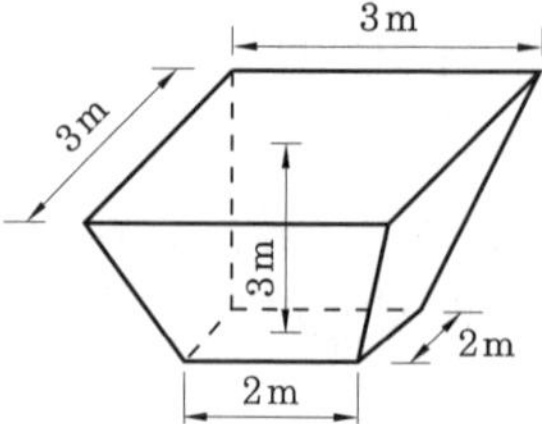

| 답 |
| 계산과정 |

정답 19 m^3

계산과정 $\frac{h}{6}\{(2a+a')b+(2a'+a)b'\}=\frac{3}{6}\times\{(2\times3+2)\times3+(2\times2+3)\times2\}=19\ \text{m}^3$

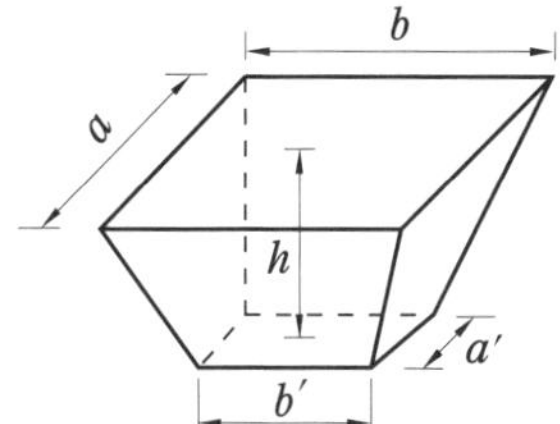

04. 전력시설물 공사감리 업무 수행지침에 따라 감리업자가 감리용역 착수 시 발주자에게 제출하는 착수 신고서에 첨부되는 서류를 3가지만 쓰시오.

정답 ① 감리업무 수행 계획서
② 감리비 산출 내역서
③ 상주·비상주 감리원의 배치 계획서와 감리원의 경력 확인서

해설 그 밖에 감리원 조직 구성내용과 감리원별 투입기간 및 담당업무가 있다.

05. 축방향력 $N=20$ tf이고, 기초자중이 2.5 tf, 허용 지내력 $f_e=10$ tf/m^{2}일 때, 가장 경제적인 정방향 독립기초의 크기를 계산하시오. (단, 독립기초의 크기를 '한 변[m]×한 변[m]' 형식으로 답하시오.)

| 답 |

| 계산과정 |

정답 1.5 m × 1.5 m

계산과정 $L\geq\sqrt{\frac{\text{축방향력}+\text{기초자중}}{\text{허용 지내력}}}=\sqrt{\frac{20+2.5}{10}}=1.5\ \text{m}$

06. 트랜스리스(무변압기) 방식을 사용하는 경우 일반적으로 직류 측 회로를 비접지로 하고 있다. 직류 측 회로의 비접지를 확인하는 방법을 2가지만 쓰시오.

정답 ① 테스터로 P(+) 단자 및 N(−) 단자와 접지 사이에 직류전압을 측정하여 0 V이면 비접지상태이다.
② 저압 직류 검전기로 P(+) 단자 및 N(−) 단자와 접지 사이에 접촉하여 소리가 발생하지 않으면 비접지상태이다.

2020년

07. 태양광발전설비의 설치용량이 500 kW, 설비의 이용률이 15.5 %인 경우 1일 발전시간과 연간 발전량을 계산하시오. (단, 기타 조건은 무시한다.)

(1) 1일 발전시간

| 답 |

| 계산과정 |

(2) 연간 발전량

| 답 |

| 계산과정 |

정답 (1) 3.72시간

(2) 678,900 kWh

계산과정 (1) 1일 발전시간 $= \dfrac{24\text{시간} \times \text{시스템 이용률}}{100} = \dfrac{24 \times 15.5}{100} = 3.72$시간

(2) 연간 발전량 $=$ 설치용량 $\times$ 1일 발전시간 $\times 365$

$= 500 \times 3.72 \times 365 = 678,900$ kWh

08. 태양광발전소의 연간 발전량이 111,000 kWh일 때, 연간 전력 판매액을 계산하시오. (단, 연 평균 계통한계가격(SMP)은 150 원/kWh, 공급인증서가격(REC)은 140 원/kWh, 가중치는 1.5를 적용한다.)

| 답 |

| 계산과정 |

정답 39,960,000원

계산과정 전력 판매단가 $= 150 + (140 \times 1.5) = 360$원

연간 전력 판매액 $= 111,000 \times 360 = 39,960,000$원

09. 전기안전관리자의 직무 고시에 따라 안전관리 업무를 대행하는 전기안전관리자는 전기설비가 설치된 장소 또는 사업장을 방문하여 점검을 실시해야 한다. 다음 표에 제시된 용량에 대하여 전기안전관리자가 점검해야 하는 전기설비 용량별 점검횟수와 점검간격을 쓰시오.

용량별		점검횟수	점검간격
저압	1 ~ 300 kW 이하	월 (①)회	(②)일 이상
	300 kW 초과	월 (③)회	(④)일 이상

정답

용량별		점검횟수	점검간격
저압	1 ~ 300 kW 이하	월 1회	20일 이상
	300 kW 초과	월 2회	10일 이상

10. 기획재정부 계약예규의 예정 가격 작성 기준에 따라 공사원가 계산서 작성 시 순공사원가 계산의 비목을 3가지만 쓰시오.

정답 ① 재료비
② 노무비
③ 경비

11. 자가용 태양광발전설비 정기검사 항목 중 태양광발전 어레이의 절연저항 측정 회로이다. 다음 각 물음에 답하시오.

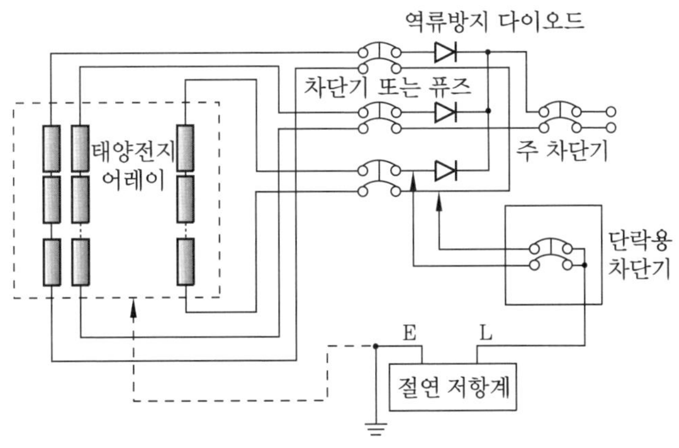

(1) 전로의 사용전압에 따른 절연저항 값(MΩ)의 기준을 쓰시오.

전로의 사용전압 구분		절연저항 값(MΩ)
400 V 미만	대지전압 150 V 이하	(①)
	대지전압 150 V 초과 300 V 이하	(②)
	사용전압 300 V 초과 400 V 미만	(③)
400 V 이상		(④)

(2) 태양광발전 어레이의 절연저항 측정 순서를 상기 그림을 참조하여 ③ ~ ⑦까지 단계별로 나누어 쓰시오.

① 주 차단기를 개방(OFF), SA 또는 SPD가 있는 경우 접지단자 분리
② 단락용 차단기를 개방(OFF)

정답 (1) ① 0.1, ② 0.1, ③ 0.2, ④ 0.4

(2) ③ 모든 스트링의 단로 스위치를 개방(OFF)한다.

④ 단락용 개폐기의 1차 측 (+), (-)극의 클립을 역류방지 다이오드에서 태양전지 측과 단로 스위치 사이에 접속한다.

⑤ 대상으로 하는 스트링 단로 스위치를 ON으로 하고, 단락용 개폐기를 ON 한다.

⑥ 절연 저항계의 E측을 접지단자에, L측을 단락용 개폐기의 2차 측에 접속하고, 절연 저항계를 ON하여 절연저항을 측정한다.

⑦ 측정 종료 후에는 단락용 개폐기, 단로 스위치 순으로 OFF하고, 스트링의 클립을 제거한다.

12. 다음은 인버터 출력전력별 효율 측정값이다. 이를 이용하여 출력전력별 유로(Euro)효율을 계산하시오.

출력전력(%)	효율 측정값 η [%]	출력전력별 Euro효율 η_{EU} [%]
5	95.82	① 답 : 계산과정 :
10	97.63	② 답 : 계산과정 :
20	98.33	③ 답 : 계산과정 :
30	98.51	④ 답 : 계산과정 :

정답 ① 2.87 %, ② 5.86 %, ③ 12.78 %, ④ 9.85 %

계산과정 ① 출력전력 5 % 시 : $95.82 \times 0.03 = 2.8746 ≒ 2.87$ %

② 출력전력 10 % 시 : $97.63 \times 0.06 = 5.8578 ≒ 5.86$ %

③ 출력전력 20 % 시 : $98.33 \times 0.13 = 12.7829 ≒ 12.78$ %

④ 출력전력 30 % 시 : $98.51 \times 0.10 = 9.851 ≒ 9.85$ %

13. 다음 [조건]에서의 전압강하율(%)을 구하시오.

조건

- 태양광발전 어레이 : 250 W 태양전지 모듈(8.3 A, 29.7 V)을 직렬로 6개, 병렬로 2개 설치
- 인버터 설치 위치까지의 거리 : 100 m
- 전선의 단면적 : 28 mm^2

| 답 |

| 계산과정 |

정답 1.20 %

계산과정 총 전류=8.3×2=16.6 A,

총 전압=29.7×6=178.2 V일 때,

$$e = \frac{35.6LI}{1,000A} = \frac{35.6\times100\times16.6}{1,000\times28} \fallingdotseq 2.11\,\text{V}$$ 이므로

$$\text{전압강하율} = \frac{2.11}{178.2-2.11}\times100 \fallingdotseq 1.20\ \%$$

14. 간이 콘크리트 공사(KC S 41 30 05 : 2018)에 따른 양생에 대한 설명이다. 다음 ( ) 안에 알맞은 내용을 쓰시오.

3.3 양생

(1) 타설한 콘크리트는 적어도 5일 이상 살수 등의 방법으로 (①)를 유지하고, 급격한 건조는 피한다.

(2) 콘크리트가 초기 동해를 받을 우려가 있을 때에는 적절한 (②)을 실시한다.

(3) 콘크리트를 타설한 후 (③)일간은 원칙적으로 그 위를 보행하거나 충격을 주어서는 안 된다. 다만 부득이하게 보행하거나 무거운 짐을 두게 될 때에는 필요한 곳을 판 등으로 덮어 콘크리트가 손상되지 않도록 한다.

정답 ① 습기상태, ② 보온양생, ③ 1

2020년

15. 태양광발전시스템에 설치되는 변압기 외부의 일반적인 점검내용에 대하여 5가지만 쓰시오.

정답 ① 코로나 등에 의한 이상한 소리는 없는지
② 코로나 방전 또는 과열에 의한 이상한 냄새는 없는지
③ 절연유의 누출은 없는지
④ 온도계 지시가 소정의 범위 내에 들어가 있는지
⑤ 유면이 적당한 위치에 있는지

16. 태양광발전 용량 100 kW 설치부지에 태양광발전 모듈 최저온도 −10℃, 주변 온도 최고 45℃에서 발전량을 최대로 하기 위한 직·병렬 회로 수를 구하고자 한다. 다음 각 물음에 대하여 답하시오. (단, 직류 측 전압강하는 무시하며, 인버터 및 모듈은 실제용량의 100 %를 적용한다.)

태양광발전 모듈 특성	
최대전력 P_{max} [W]	270
개방전압 V_{oc} [V]	38.1
단락전류 I_{sc} [A]	8.97
최대전압 V_{mpp} [V]	31.5
최대전류 I_{mpp} [A]	8.52
전압 온도 변화율 [V/℃]	−0.133
NOCT [℃]	46
최대 시스템 전압 [V]	1,000

태양광발전용 인버터 특성	
최대 입력전력 [kW]	100
MPP 범위 [V]	450 ~ 900
최대 입력전압 [V]	1,100
최대 입력전류 [A]	200
정격출력 [kW]	100
주파수 [Hz]	60

(1) 모듈의 주변 온도가 최고 45℃일 때, 셀(cell)의 표면온도(T_{cell})를 계산하시오.

| 답 |

| 계산과정 |

(2) 태양광발전 모듈의 최저, 최고온도별 V_{oc}, V_{mpp}를 계산하시오.

① 최저 셀 온도

- $V_{oc}(-10℃)$

| 답 |

| 계산과정 |

- $V_{mpp}(-10℃)$

| 답 |

| 계산과정 |

② 최고 셀 온도

• $V_{oc}(T_{cell}℃)$

| 답 |

| 계산과정 |

• $V_{mpp}(T_{cell}℃)$

| 답 |

| 계산과정 |

(3) 최대, 최소 직렬 모듈 수를 구하시오.

① 연중 최저 −10℃ 에서 직렬 모듈 수

• $V_{oc}(-10℃)$

| 답 |

| 계산과정 |

② 연중 최저 −10℃ 에서 직렬 모듈 수

• $V_{mpp}(-10℃)$

| 답 |

| 계산과정 |

③ 연중 최고 T_{cell}℃ 에서 직렬 모듈 수

• $V_{mpp}(T_{cell}℃)$

| 답 |

| 계산과정 |

(4) 병렬 회로 수를 구하여 최대전력을 생산하기 위한 직·병렬 수를 결정하시오.

정답 (1) 77.5℃

(2) ① $V_{oc}(-10℃) = 42.76\text{ V}$, $V_{mpp}(-10℃) = 36.16\text{ V}$

② $V_{oc}(77.5℃) = 31.12\text{ V}$, $V_{mpp}(77.5℃) = 24.52\text{ V}$

(3) ① $V_{oc}(-10℃)$에서의 직렬 모듈 수는 25개이다. (소수점 절사)

② $V_{mpp}(-10℃)$에서의 직렬 모듈 수는 24개이다. (소수점 절사)

③ $V_{mpp}(77.5℃)$에서의 직렬 모듈 수는 19개이다. (소수점 절상)

(4) 직렬 23개, 병렬 16개

계산과정 (1) $T_{cell}(\text{NOCT}) = 45 + \dfrac{46-20}{800} \times 1,000 = 77.5℃$

(2) 태양광발전 모듈 온도별 V_{oc}, V_{mpp} 계산

① • $V_{oc}(-10℃) = 38.1 + \{(-0.133) \times (-10-25)\} \fallingdotseq 38.1 + 4.66$

$\fallingdotseq 42.76\text{ V}$

• $V_{mpp}(-10℃) = 31.5 + 4.66 = 36.16\text{ V}$

② • $V_{oc}(77.5℃) = 38.1 + \{(-0.133) \times (77.5 - 25)\} = 38.1 - 6.98$
$\fallingdotseq 31.12\ \text{V}$

• $V_{mpp}(77.5℃) = 31.5 - 6.98 = 24.52\ \text{V}$

(3) ① $V_{oc}(-10℃)$에서의 직렬 모듈 수

$= \dfrac{\text{인버터 최대 입력전압}}{V_{oc}(-10℃)} = \dfrac{1{,}100}{42.76} \fallingdotseq 25.72 \rightarrow 25$개 (소수점 절사)

② $V_{mpp}(-10℃)$에서의 직렬 모듈 수

$= \dfrac{\text{인버터 MPPT 최대전압}}{V_{mpp}(-10℃)} = \dfrac{900}{36.16} \fallingdotseq 24.89 \rightarrow 24$개 (소수점 절사)

둘 중 작은 쪽 24개를 최대 직렬 수로 선정한다.

③ 최소 직렬 수

$= \dfrac{\text{인버터 MPPT 최소전압}}{V_{mpp}(77.5℃)} = \dfrac{450}{24.52} \fallingdotseq 18.35 \rightarrow 19$개 (소수점 절상)

(4) 병렬 수는 $\dfrac{\text{인비터 최대 입력전력}}{\text{직렬수} \times \text{모듈 최대전력}}$에 직렬 수 19 ~ 24를 대입하여 최대출력을 얻을 수 있는 직·병렬 수를 선정할 수 있다.

• 19직렬일 경우 $\dfrac{100}{19 \times 0.27} \fallingdotseq 19.49 \rightarrow 19$이며, $19 \times 19 \times 0.27 = 97.47\ \text{kW}$

• 20직렬일 경우 $\dfrac{100}{20 \times 0.27} \fallingdotseq 18.52 \rightarrow 18$이며, $20 \times 18 \times 0.27 = 97.2\ \text{kW}$

• 21직렬일 경우 $\dfrac{100}{21 \times 0.27} \fallingdotseq 17.64 \rightarrow 17$이며, $21 \times 17 \times 0.27 = 96.39\ \text{kW}$

• 22직렬일 경우 $\dfrac{100}{22 \times 0.27} \fallingdotseq 16.84 \rightarrow 16$이며, $22 \times 16 \times 0.27 = 95.04\ \text{kW}$

• 23직렬일 경우 $\dfrac{100}{23 \times 0.27} \fallingdotseq 16.10 \rightarrow 16$이며, $23 \times 16 \times 0.27 = 99.36\ \text{kW}$

• 24직렬일 경우 $\dfrac{100}{24 \times 0.27} \fallingdotseq 15.43 \rightarrow 15$이며, $24 \times 15 \times 0.27 = 97.2\ \text{kW}$

따라서 직렬 23개, 병렬 16개일 때 최대출력 99.36 kW를 얻을 수 있다.

17. 분산형 전원 배전계통연계기술기준에 따라 분산형 전원을 계통에 연계할 경우 고려되는 전기 품질 항목 4가지를 쓰시오.

정답 ① 직류유입 제한, ② 고조파,
③ 역률, ④ 플리커

18. 전기공사업법령에 따른 전기공사업 등록 신청서의 처리 절차에 대한 내용이다. 다음 (   ) 안에 들어갈 내용에 대하여 쓰시오.

> 전기공사업 등록 신청서 신청→접수→(①)→(②)→(③)→등록증 및 등록수첩 발급

정답 ① 서면 심사
② 등록증 및 등록수첩 작성
③ 기안, 결재

19. 다음은 전기사업법령에 따라 동일인이 두 종류 이상의 전기사업을 할 수 있는 경우에 대한 설명이다. (   ) 안에 알맞은 내용을 쓰시오. (단, 순서에는 관계없이, 법령에서 표현하는 단어를 사용하여 쓰시오.)

> 법 제7조 제3항 단서에 따라 동일인이 두 종류 이상의 전기사업을 할 수 있는 경우는 다음 각 호와 같다.
> 1. (①   )
> 2. (②   )
> 3. 「집단에너지사업법」 제48조에 따라 발전사업의 허가를 받은 것으로 보는 집단에너지 사업자가 전기판매사업을 겸업하는 경우. 다만, 같은 법 제9조에 따라 허가받은 공급구역에 전기를 공급하려는 경우로 한정한다.

정답 ① 배전사업과 전기판매사업을 겸업하는 경우
② 도서지역에서 전기사업을 하는 경우

2021년도 출제문제(1회차) 및 해설

신재생에너지 발전설비기사(태양광)

01. 다음은 납축전지의 이상 현상을 나타낸 것이다. 이러한 현상을 무엇이라고 하는지 쓰시오.

- 극판이 백색으로 되거나 백색 반점이 생긴다.
- 비중이 저하하고 충전용량이 감소한다.
- 충전 시 전압 상승이 빠르고, 다량으로 가스가 발생한다.

정답 황변현상 또는 황산화 현상

02. 결정질 실리콘 태양광 모듈(KS C 8561 : 2020)에서 최대출력 결정 시험 시 측정항목 5가지를 쓰시오.

정답 ① 개방전압(V_{oc}), ② 단락전류(I_{sc}), ③ 최대전압(V_{mpp}), ④ 최대전류(I_{mpp}), ⑤ 충진율, 그 밖에 변환효율

03. 일반 공장지붕에 태양광발전설비를 설치하고자 한다. 주어진 조건과 다음 참고 표를 활용하여 각 물음에 대한 답과 계산과정을 쓰시오.

설비용량	500 kWp	시스템 이용률	②
SMP	110 원/kWh	할인율	5 %
REC	140 원/kWh	발전시간	3.36시간
판매단가	①	모듈 발전량 경년 감소율	0.8 (당해년도는 계산하지 않는다.)

(1) REC 가중치를 적용하여 태양광발전 ① 판매단가를 구하시오.

| 답 |

| 계산과정 |

(2) ② 태양광발전시스템 이용률을 구하시오.

| 답 |

| 계산과정 |

(3) SMP와 REC는 고정으로 하고, 5년간 발전량과 발전수익을 산출하여 다음 표의 빈칸에 쓰시오. (단, 산출된 발전량 MWh 미만, 발전수익은 백만 원 미만은 절사한다.)

① 2021년(발전량과 발전수익)

| 답 |

| 계산과정 |

② 2022년(발전량과 발전수익)

| 답 |

| 계산과정 |

③ 2023년(발전량과 발전수익)

| 답 |

| 계산과정 |

④ 2024년(발전량과 발전수익)

| 답 |

| 계산과정 |

⑤ 2025년(발전량과 발전수익)

| 답 |

| 계산과정 |

단위 : 백만 원

년도	2021	2022	2023	2024	2025
발전량(MWh)					
발전수익(총 투자편익)					

(4) 발전설비 설치비용과 운영비용이 다음 표와 같을 때, 순 현재가치(NPV) 및 비용 편익비(B/C ratio)를 구하시오. (단, 발전설비 설치비용과 운영비용 이외의 비용은 제외한다.)

단위 : 백만 원

년도	0차 년도	1차 년도	2차 년도	3차 년도	4차 년도	5차 년도
발전비용(총 비용)	680	26	25	24	24	23

① 연도별 편익과 비용 (단, 각 연도별 계산금액의 백만 원 미만은 절사한다.)

구분	편익$= \dfrac{B_i}{(1+r)^i}$	비용$= \dfrac{C_i}{(1+r)^i}$
2020년		
2021년		
2022년		
2023년		
2024년		
2025년		

② 순 현재가치(NPV)

| 답 |

| 계산과정 |

③ 비용 편익비(B/C ratio)

| 답 |

| 계산과정 |

(5) 순 현재가치(NPV) 및 비용 편익비(B/C ratio)를 근거로 사업 경제성(타당성)을 검토하시오.

① 순 현재가치(NPV) :

② 비용 편익비(B/C ratio) :

정답 (1) 256원

(2) 14 %

(3) ① 613 MWh, 156백만 원, ② 608 MWh, 155백만 원

③ 603 MWh, 154백만 원, ④ 598 MWh, 153백만 원

⑤ 593 MWh, 151백만 원

단위 : 백만 원

년도	2021	2022	2023	2024	2025
발전량(MWh)	613	608	603	598	593
발전수익(총 투자편익)	156	155	154	153	151

(4) ① 연도별 편익과 비용 (백만 원 미만은 절사)

구분	편익$=\dfrac{B_i}{(1+r)^i}$	비용$=\dfrac{C_i}{(1+r)^i}$
2020년	$\dfrac{0}{(1+0.05)^0}=\dfrac{0}{1}=0$	$\dfrac{680}{(1+0.05)^0}=\dfrac{680}{1}=680$
2021년	$\dfrac{156}{(1+0.05)^1}=\dfrac{156}{1.05}=148$	$\dfrac{26}{(1+0.05)^1}=\dfrac{26}{1.05}=24$
2022년	$\dfrac{155}{(1+0.05)^2}=\dfrac{155}{(1.05)^2}=140$	$\dfrac{25}{(1+0.05)^2}=\dfrac{25}{(1.05)^2}=22$
2023년	$\dfrac{154}{(1+0.05)^3}=\dfrac{154}{(1.05)^3}=133$	$\dfrac{24}{(1+0.05)^3}=\dfrac{24}{(1.05)^3}=20$
2024년	$\dfrac{153}{(1+0.05)^4}=\dfrac{153}{(1.05)^4}=125$	$\dfrac{24}{(1+0.05)^4}=\dfrac{24}{(1.05)^4}=19$
2025년	$\dfrac{151}{(1+0.05)^5}=\dfrac{151}{(1.05)^5}=118$	$\dfrac{23}{(1+0.05)^5}=\dfrac{23}{(1.05)^5}=18$

② 순 현재가치(NPV)＝－119

③ 비용 편익비(B/C ratio)＝0.85

(5) ① NPV＝－119＜0이므로 경제성이 없다.

② B/C ratio＝0.85＜1이므로 경제성이 없다.

계산과정 (1) 가중치$=\dfrac{99.999\times1.2+(\text{용량}-99.999)\times1.0}{\text{용량}}$ 이므로,

500 kW일 때 가중치$=\dfrac{99.999\times1.2+(500-99.999)\times1.0}{500}$

$=\dfrac{519.9998}{500}\fallingdotseq1.04$

∴ SMP＋(가중치×REC)＝110＋(1.04×140)＝110＋146＝256원

(2) 이용률$=\dfrac{\text{1일 발전시간}}{\text{24시간}}\times100=\dfrac{3.36}{24}\times100=14\,\%$

(3) ① 2021년 : 발전량＝발전 설비용량×발전시간×365일

＝500×3.36×365＝613,200 kWh＝613 MWh

발전수익＝판매단가×발전량＝256×613≒156백만 원

㈜ 0차 년도 투자편익은 0으로 계산하고, 발전량은 MWh, 발전수익은 백만 원 미만은 절사함

② 2022년 : 발전량＝전년도 발전량×(1－경년 감소율)

＝613×(1－0.008)≒608 MW

발전수익＝256×608≒155백만 원

③ 2023년 : 발전량＝608×0.992≒603 MW

발전수익＝256×603≒154백만 원

④ 2024년 : 발전량＝603×0.992≒598 MW

발전수익＝256×598≒153백만 원

⑤ 2025년 : 발전량＝598×0.992≒593 MW

발전수익＝256×593≒151백만 원

단위 : 백만 원

년도	2021	2022	2023	2024	2025
발전량(MWh)	613	608	603	598	593
발전수익(총 투자편익)	156	155	154	153	151

(4) ① 연도별 편익과 비용 (백만 원 미만은 절사)

구분	편익= $\frac{B_i}{(1+r)^i}$	비용= $\frac{C_i}{(1+r)^i}$
2020년	$\frac{0}{(1+0.05)^0}=\frac{0}{1}=0$	$\frac{680}{(1+0.05)^0}=\frac{680}{1}=680$
2021년	$\frac{156}{(1+0.05)^1}=\frac{156}{1.05}=148$	$\frac{26}{(1+0.05)^1}=\frac{26}{1.05}=24$
2022년	$\frac{155}{(1+0.05)^2}=\frac{155}{(1.05)^2}=140$	$\frac{25}{(1+0.05)^2}=\frac{25}{(1.05)^2}=22$
2023년	$\frac{154}{(1+0.05)^3}=\frac{154}{(1.05)^3}=133$	$\frac{24}{(1+0.05)^3}=\frac{24}{(1.05)^3}=20$
2024년	$\frac{153}{(1+0.05)^4}=\frac{153}{(1.05)^4}=125$	$\frac{24}{(1+0.05)^4}=\frac{24}{(1.05)^4}=19$
2025년	$\frac{151}{(1+0.05)^5}=\frac{151}{(1.05)^5}=118$	$\frac{23}{(1+0.05)^5}=\frac{23}{(1.05)^5}=18$

② 순 현재가치(NPV)

㉠ $\sum\frac{B_i}{(1.05)^i}=0+148+140+133+125+118=664$

㉡ $\sum\frac{C_i}{(1.05)^i}=680+24+22+20+19+18=783$

∴ ㉠−㉡=664−783=−119

③ 비용 편익비(B/C ratio)

㉠ $\sum\frac{B_i}{(1.05)^i}=0+148+140+133+125+118=664$

㉡ $\sum\frac{C_i}{(1.05)^i}=680+24+22+20+19+18=783$

∴ ㉠/㉡= $\frac{664}{783}=0.85$

(5) ① NPV=−119< 0이므로 경제성이 없다.

② B/C ratio=0.85< 1이므로 경제성이 없다.

04. 다음과 같은 특성을 가지는 태양전지 모듈 설치장소의 기온이 40℃일 때, 개방전압 V_{oc} [V]을 구하시오.

태양전지 모듈 특성	
최대전력 P_{max} [W]	315
개방전압 V_{oc} [V]	40.2
단락전류 I_{sc} [A]	10.12
최대전압 V_{mpp} [V]	32.7
최대전류 I_{mpp} [A]	9.63
온도 보정계수 [%/℃]	-0.32
NOCT [℃]	45

| 답 |

| 계산과정 |

정답 34.25 V

계산과정 ㉠ $T_{cell} = \text{주변 온도} + \dfrac{NOCT - 20}{800} \times 1{,}000 = 40 + \dfrac{45-20}{800} \times 1{,}000 = 71.25℃$

㉡ $V_{oc(T_{cell}℃)} = V_{oc} \times \{1 + kV \times (T_{cell} - 25)\}$

$$= 40.2 \times \left\{1 + \left(-\frac{0.32}{100}\right) \times (71.25 - 25)\right\} = 34.25 \text{ V}$$

05. 태양전지의 전압-전류 특성은 다음 그림과 같다. 이 태양전지의 충진율(fill factor)은 얼마인가?

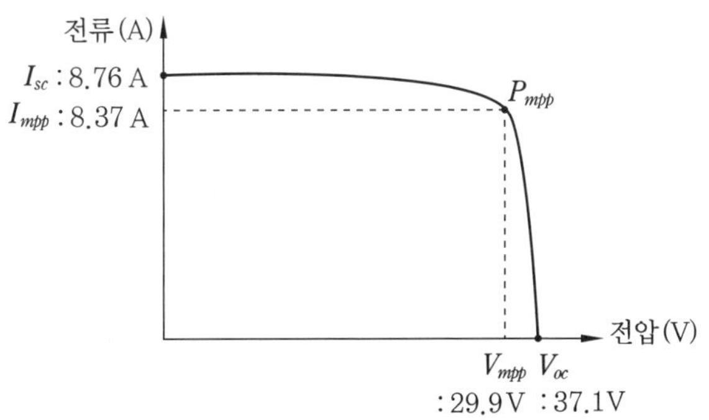

| 답 |

| 계산과정 |

정답 0.77

계산과정 충진율$= \dfrac{V_{mpp} \times I_{mpp}}{V_{oc} \times I_{sc}} = \dfrac{29.9 \times 8.37}{37.1 \times 8.76} ≒ 0.77$

2021년

06. 다음은 전기설비기술기준에 따라 저압전로의 절연성능을 나타낸 표이다. ①~③ 빈칸에 알맞은 절연저항(MΩ)값을 쓰시오.

전로의 사용전압(V)	DC 시험전압(V)	절연저항(MΩ)
SELV 및 PELV	250	①
FELV, 500 V 이하	500	②
500 V 초과	1000	③

정답 ① 0.5, ② 1.0, ③ 1.0

07. 어떤 건물의 부하 설비용량이 400 kW, 수용률이 60 %일 때, 변압기 용량을 계산하여 표준용량의 변압기를 선정하시오. (단, 부하의 역률은 0.85이다.)

변압기 표준용량(kVA)												
10	15	20	30	50	75	100	150	200	300	500	750	1000

| 답 |

| 계산과정 |

정답 300 kVA

계산과정 변압기 용량$=\dfrac{\text{부하 설비용량(kW)}\times\text{수용률}}{\text{역률}}$

$$=\frac{400\times0.6}{0.85}=282.35\,\text{kVA}\rightarrow 300\text{ kVA}$$

08. 다음 그림과 같이 모듈의 길이는 2 m, 경사각이 30°, 모듈 간의 이격거리는 3 m이다. 이때 태양의 고도각(β)을 구하시오.

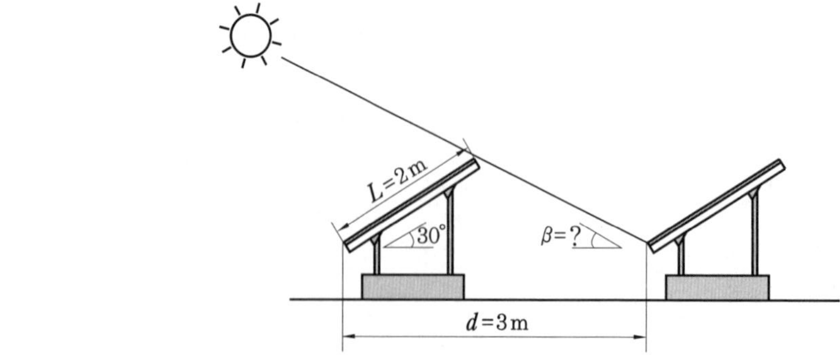

풀이 $d = L \times \{\cos\alpha + \sin\alpha \times \tan(90° - \beta)\}$

$3 = 2 \times \{\cos 30° + \sin 30° \times \tan(90° - \beta)\}$

$3 = 2 \times \{0.866 + 0.5 \times \tan(90° - \beta)\}$

$\frac{3}{2} = 0.866 + 0.5 \times \tan(90° - \beta)$

$1.5 - 0.866 = 0.5 \times \tan(90° - \beta)$

$\tan(90° - \beta) = 2 \times (1.5 - 0.866) = 1.268$

$\tan^{-1}(1.268) = 51.74 = 90° - \beta, \quad \therefore \beta = 90 - 51.74 \fallingdotseq 38.3°$

정답 38.3°

09. 주회로용 차단기의 점검개소 4가지를 쓰시오. (단, 외부 일반은 제외한다.)

정답 ① 개폐 표시기, ② 개폐 표시등,
③ 개폐 도수계, ④ 조작장치

10. 전기설비기술기준의 정의에 따른 전압의 구분은 다음과 같다. ①~⑦ 빈칸에 알맞은 값을 쓰시오.

구분	범위
저압	직류 : (①) kV 이하 교류 : (②) kV 이하
고압	직류 : (③) kV를 초과하고 (④) kV 이하 교류 : (⑤) kV를 초과하고 (⑥) kV 이하
특고압	(⑦) kV를 초과

정답 ① 1.5, ② 1, ③ 1.5,
④ 7, ⑤ 1, ⑥ 7, ⑦ 7

11. 특고압 계통의 경우 분산형 전원의 연계로 인한 순시전압 변동률은 발전원의 계통 투입·탈락 및 출력 변동 빈도에 따라 다음 표에서 정하는 허용 기준을 초과하지 않아야 한다. (　) 안에 들어갈 순시전압 변동률을 쓰시오.

변동 빈도	순시전압 변동률
1시간에 2회 초과 10회 이하	(①) %
1일에 4회 이하	(②) %

정답 ① 3, ② 5

2021년

12. 총 임피던스의 합성이 5 %인 정격용량이 100 MVA가 있을 때, 단락용량은 몇 MVA로 하여야 하는가?

풀이 100 MVA를 기준으로 하면

차단용량$= \frac{100}{\%Z} \times P_n = \frac{100}{5} \times 100 = 2{,}000$ MVA

정답 2,000 MVA

13. 중대형 태양광 발전용 인버터(KS C 8565 : 2020)의 절연성능시험 3가지를 쓰시오.

정답 ① 절연저항시험
② 감전보호시험
③ 내전압시험

14. 태양광발전 분전반에서 10 m 거리에 2 kW의 교류 단상 220 V 전열기를 설치하였다. 배선방법을 금속관 공사로 하고 전압강하를 2 % 이하로 하기 위한 전선의 굵기를 얼마로 선정하는 것이 적당한가? (단, 감소계수는 0.7이다.)

전선의 공칭 단면적(mm^2)																
1.5	2.5	4	6	10	16	25	35	50	70	95	120	150	185	240	300	400

| 답 |

| 계산과정 |

정답 2.5 mm^2

계산과정 계산과정 : $I = \frac{P}{V} = \frac{2{,}000}{220} \fallingdotseq 9.1$ A, 전압강하율 $e = 220 \times 0.02 = 4.4$

전선의 단면적 $A = \frac{35.6 \times L \times I}{1{,}000 \times e \times 감소계수} = \frac{35.6 \times 10 \times 9.1}{1{,}000 \times 4.4 \times 0.7} \fallingdotseq \frac{3{,}240}{3{,}080} = 1.05\ mm^2$

→ 전선의 공칭 단면적은 2.5 mm^2으로 선정(KEC 231.3.1 저압 옥내 배선의 사용전선)

15. 전력시설물 공사감리 업무 수행지침에서 정하는 전기공사업자가 해당 공사현장에서 공사 업무 수행상 비치하고 기록, 보관하여야 하는 서식 5가지를 쓰시오. (각종 측정 기록표는 제외한다.)

정답 ① 하도급 현황, ② 주요 인력 및 장비투입 현황,
③ 작업 계획서, ④ 기자재 공급원 승인 현황,
⑤ 주간 공정계획 및 실적 보고서, 그 밖에 안전관리비 사용실적 현황

16. 구조 계산서에 의하면 허용 지내력 $f_e = 150$ kN/m^{2}일 때, 기초 크기는 1.5 m×1.5 m로 설계되었으나, 현장에서 지내력 시험을 한 결과 $f_e = 100$ kN/m^{2}으로 측정되었다. 이 경우 가장 경제적인 정방향 독립기초의 크기를 계산하시오. (단, 구조물에 걸리는 하중은 330 kN이다.)

풀이 $f_e \times A >$ 수직하중이어야 하므로 $A > \dfrac{\text{수직하중}}{f_e}$, $A > \dfrac{33}{10}$, $A > 3.3$,

$A = a \times a = a^2$이므로 $a > \sqrt{3.3}$, $a > 1.82$로부터 기초의 한 변은 1.82 m로 정한다.

정답 $A = 1.82\ \text{m} \times 1.82\ \text{m}$

17. 적설하중에서 경사지붕일 때, 적설하중은 몇 kN/m^{2}으로 하여야 하는가?

기본 지붕 적설하중계수(C_b)	0.7	노출계수(C_e)	0.5
기본 지상 적설하중계수(S_g)	0.5	중요도계수(I_s)	1.0
온도계수(C_t)	1.0	지붕 경사도계수(C_s)	1.2

풀이 $S = C_s \times S_f = C_s \times (C_b \times C_e \times C_t \times I_s \times S_g)$

$= 1.2 \times (0.7 \times 0.5 \times 1 \times 1 \times 0.5 = 0.21\ \text{kN/m}^2$

정답 0.21 kN/m^2

2021년

18. 태양광발전설비를 설치할 지붕의 면적은 7 m×3 m이고, 발전시간은 5.7 h/day, 연간 최소 발전량 3,600 kWh/year이다. 아래 표의 태양광 모듈을 이용하여 다음 물음에 답하시오. (단, 태양광 인버터 손실율은 2.5 %이다.)

구분	A사 태양광 모듈	B사 태양광 모듈	C사 태양광 모듈
전력(W)	145	158	150
가로(m)	1.19	1.29	1.61
세로(m)	0.91	0.99	0.81

(1) 다음 연 최대 발전량(kWh/year)을 계산하시오.

① A사 태양광 모듈

| 답 |

| 계산과정 |

② B사 태양광 모듈

| 답 |

| 계산과정 |

③ C사 태양광 모듈

| 답 |

| 계산과정 |

(2) 계산한 결과 A～C 중 설치할 모듈은 어느 것인가?

정답 (1) ① 4,411.96 kWh/year

② 4,807.52 kWh/year

③ 3,651.28 kWh/year

(2) B사 태양광 모듈

계산과정 (1) 연 최대 발전량(kWh/year)

① A사 : ㉠ 모듈 배치 가능 수(긴 쪽을 7 m로 보는 경우)

$$=\left\{\left(\frac{7}{1.19}\right)\times\left(\frac{3}{0.91}\right)\right\}=5\times3=15$$

㉡ 모듈 배치 가능 수(짧은 쪽을 7 m로 보는 경우)

$$=\left\{\left(\frac{7}{0.91}\right)\times\left(\frac{3}{1.19}\right)\right\}=7\times2=14$$

∴ 긴 쪽을 7 m로 보는 경우인 15를 적용

㉢ 연 최대 발전량=0.145 kW×15×5.7h/day×365×(1−0.025)

=4,411.96 kWh/year

② B사 : ㉠ 모듈 배치 가능 수(긴 쪽을 7 m로 보는 경우)

$$=\left\{\left(\frac{7}{1.29}\right)\times\left(\frac{3}{0.99}\right)\right\}=5\times3=15$$

㉡ 모듈 배치 가능 수(짧은 쪽을 7 m로 보는 경우)

$$=\left\{\left(\frac{7}{0.99}\right)\times\left(\frac{3}{1.29}\right)\right\}=7\times2=14$$

∴ 긴 쪽을 7 m로 보는 경우인 15를 적용

㉢ 연 최대 발전량=0.158 kW×15×5.7 h/day×365×(1−0.025)

=4,807.52 kWh/year

③ C사 : ㉠ 모듈 배치 가능 수(긴 쪽을 7 m로 보는 경우)

$$=\left\{\left(\frac{7}{1.61}\right)\times\left(\frac{3}{0.81}\right)\right\}=4\times3=12$$

㉡ 모듈 배치 가능 수(짧은 쪽을 7 m로 보는 경우)

$$=\left\{\left(\frac{7}{0.81}\right)\times\left(\frac{3}{1.61}\right)\right\}=8\times1=8$$

∴ 긴 쪽을 7 m로 보는 경우인 12를 적용

㉢ 연 최대 발전량=0.150 kW×12×5.7 h/day×365×(1−0.025)

=3,651.28 kWh/year

(2) 연 최대 발전량이 4,807.52 kWh/year로 가장 큰 B사 태양광 모듈을 설치한다.

19. 다음은 보호도체의 최소 단면적에 관한 사항이다. ①~③ 빈칸에 알맞은 값을 쓰시오.

선도체의 단면적 S (mm^2, 구리)	보호도체의 최소 단면적(mm^2, 구리)	
	보호도체의 재질	
	선도체와 같은 경우	선도체와 다른 경우
$S \leq 16$	①	$(k_1/k_2)\times S$
$16 < S \leq 35$	②	$(k_1/k_2)\times 16$
$S > 35$	③	$(k_1/k_2)\times (S/2)$

정답 ① S, ② 16^a, ③ $S^a/2$

2021년도 출제문제(2회차) 및 해설

신재생에너지 발전설비기사(태양광)

01. 다음 ( ) 안에 알맞은 최소 절연저항값을 쓰시오.

시험 방법	시스템 전압(V) (Voc stc×1.25)	시험전압 (V)	최소 절연저항 (MΩ)
시험 방법 1 어레이 양극과 어레이 음극 분리시험	<120	250	①
	120 ~ 500	500	②
	>500	1,000	③
시험 방법 2 어레이 양극과 음극을 단락시켜 시험	<120	250	④
	120 ~ 500	500	⑤
	>500	1,000	⑥

정답 ① 0.5, ② 1.0, ③ 1.0, ④ 0.5, ⑤ 1.0, ⑥ 1.0

02. 다음과 같은 조건에서 태양광발전설비의 1차 년도 전력 판매수익을 구하기 위한 것이다. 다음 물음에 답하시오. (단, 계산은 소수점 두 번째 자리에서 절사하고, 발전량은 시스템 이용률을 이용하여 계산하시오.)

시설용량	200 kW	발전방식	수상 태양광발전
발전시간	3.5 h/day	SMP	170 원/kWh
소내전력비율	1.0 %	REC	150 원/kWh

(1) 발전부지의 REC 가중치를 구하시오.

| 답 |

| 계산과정 |

(2) 시스템 이용률을 구하시오.

| 답 |

| 계산과정 |

(3) 연간 발전량을 구하시오.

| 답 |

| 계산과정 |

(4) 연간 소내전력량을 구하시오.

| 답 |

| 계산과정 |

(5) 전력 판매단가를 구하시오.

| 답 |

| 계산과정 |

(6) 연간 전력 판매수익을 구하시오.

| 답 |

| 계산과정 |

정답 (1) 1.1 (2) 14.6 % (3) 255,792 kW

(4) 2,557.92 kW (5) 335원 (6) 84,833,416.8원

계산과정 (1) $\text{가중치} = \dfrac{99.999 \times 1.2 + (\text{용량} - 99.999) \times 1.0}{\text{용량}}$

$$= \frac{119.9988 + (200 - 99.999) \times 1.0}{200} = 1.1$$

(2) $\text{시스템 이용률} = \dfrac{\text{1일 발전시간}}{\text{24시간}} \times 100 = \dfrac{3.5}{24} \times 100 = 14.6\ \%$

(3) $\text{연간 발전량} = \text{365일} \times \text{24시간} \times \dfrac{\text{이용률}}{100} \times \text{발전용량}$

$$= 365 \times 24 \times 0.146 \times 200 = 255,792\ \text{kW}$$

(4) 연간 소내전력량 = 연간 발전량 × 소내전력비율

$$= 255,792 \times 0.01 = 2,557.92\ \text{kW}$$

(5) 전력 판매단가 = SMP + (REC × 가중치)

$$= 170 + (150 \times 1.1) = 335\text{원}$$

(6) 연간 전력 판매수익 = (연간 발전량 − 연간 소내전력량) × 판매단가

$$= (255,792 - 2,557.92) \times 335 = 84,833,416.8\text{원}$$

2021년

03. 태양광발전설비를 건설하기 위한 부지 선정 시 고려해야 할 사항을 5가지만 쓰시오.

정답 ① 지정학적 조건 : 일조량 및 일조시간, 최대풍속, 적설량, 위치 및 방향, 부지의 경사도

② 건설상 조건 : 부지의 접근성, 주변 환경, 교통의 편리성

③ 행정상 조건 : 개발 허가 취득 조건, 부지의 소유권 정보, 사전환경성 검토

④ 경제성 조건 : 부지가격, 토목 공사비

⑤ 계통연계 조건 : 근접한 전선로, 전력계통 인입선 위치, 연계용량 확보 가능성

※ 지리적 조건 : 토지의 방향, 지반 조건, 배수 조건

04. 태양광 발전부지의 기후 조건은 모듈의 최저온도 −12℃, 최고 온도는 72℃이다. 100 kW 태양광 발전용 인버터 및 태양전지 모듈 특성에 적합한 직·병렬을 설계하고자 한다. 다음 물음에 답하시오. (단, 태양전지 모듈의 크기는 1950 mm×980 mm이다.)

태양전지 모듈 특성	
최대전력 $P_{\max}$[W]	250
개방전압 V_{oc}[V]	44.9
단락전류 I_{sc}[A]	7.25
최대전압 V_{mpp}[V]	36.4
최대전류 I_{mpp}[A]	6.85
전압 온도 변화[V/℃]	−0.12

인버터 특성	
최대 입력전력[kW]	100
MPP 범위[V]	560 ~ 800
최대 입력전압[V]	1,000
최대 입력전류[A]	150
정격출력[kW]	100
주파수[Hz]	60

(1) 발전소에 사용되는 태양전지 모듈의 변환효율을 구하시오.

| 답 |

| 계산과정 |

(2) 태양전지 모듈의 V_{oc}, V_{mpp}를 구하시오.

① V_{oc}(최저 cell 온도)

| 답 | | 계산과정 |

② V_{mpp}(최저 cell 온도) =

| 답 | | 계산과정 |

③ V_{oc}(최고 cell 온도) =

| 답 | | 계산과정 |

④ V_{mpp}(최고 cell 온도) =

| 답 | | 계산과정 |

(3) 최대, 최소 직렬 모듈 수를 구하시오.

① 연중 최저 모듈 표면온도에서

- V_{oc}의 모듈 수

| 답 | | 계산과정 |

- V_{mpp}의 모듈 수

| 답 | | 계산과정 |

② 연중 최고 모듈 표면온도에서

- V_{mpp}의 모듈 수

| 답 | | 계산과정 |

(4) 최대 태양광발전이 가능한 직·병렬 수를 구하시오.

정답 (1) 13.08 %

(2) ① 49.34 V, ② 40.84 V, ③ 39.26 V, ④ 30.76 V

(3) ① • $V_{oc}(-12℃)$에서의 직렬 모듈 수는 20개이다.

• $V_{mpp}(-12℃)$에서의 직렬 모듈 수는 19개이다.

② $V_{mpp}(72℃)$에서의 직렬 모듈 수는 19개이다.

(4) 직렬 19개, 병렬 21개

계산과정 (1) 모듈의 변환효율$=\dfrac{P_{mpp}}{1{,}000\times A}\times 100$

$$=\frac{250}{1{,}000\times(1.95\times 0.98)}\times 100=13.08\ \%$$

(2) ① $V_{oc}(-12℃)=44.9+\{-0.12\times(-12-25)\}=44.9+4.44=49.34\ \text{V}$

② $V_{mpp}(-12℃)=36.4+4.44=40.84\ \text{V}$

③ $V_{oc}(72℃)=44.9+\{-0.12\times(72-25)\}=44.9-5.64=39.26\ \text{V}$

④ $V_{mpp}(72℃)=36.4-5.64=30.76\ \text{V}$

(3) ① • $V_{oc}(-12℃)$에서의 직렬 모듈 수

$$=\frac{\text{인버터 최대 입력전압}}{V_{oc}(-12℃)}=\frac{1{,}000}{49.34}=20.27\rightarrow 20\text{개}\quad(\text{절사})$$

• $V_{mpp}(-12℃)$에서의 직렬 모듈 수

$$=\frac{\text{인버터 MPP 최대전압}}{V_{mpp}(-12℃)}=\frac{800}{40.84}=19.59\rightarrow 19\text{개}\quad(\text{절사})$$

둘 중 작은 쪽 19개를 최대 직렬 수로 선정한다.

② $V_{mpp}(72℃)$에서의 직렬 모듈 수

$$=\frac{\text{인버터 MPP 최소전압}}{V_{mpp}(72℃)}=\frac{560}{30.76}=18.21\rightarrow 19\text{개}\quad(\text{절상})$$

(4) 최대 발전량의 직·병렬 수 : 병렬 수는 $\dfrac{\text{인버터 최대 입력전력}}{\text{직렬 수}\times\text{모듈 최대전력}}$, 최대 발전전력은 직렬 수×병렬 수×모듈 최대전력으로 구할 수 있다.

• 19직렬일 경우 $\dfrac{100}{19\times 0.25}\fallingdotseq 21.05$ → 병렬 21이며, 최대출력은 $19\times 21\times 0.25=99.75\ \text{kW}$이다.

따라서 직렬 19개, 병렬 21개일 때 최대출력 99.75 kW를 얻을 수 있다.

05. 축전지 부착 계통연계 시스템에서 이용되는 방식 3가지를 쓰시오.

정답 ① 방재 대응형, ② 부하 평준화 대응형, ③ 계통 안정화 대응형

06. 국토개발행위 허가를 위해 허가권자에게 제출해야 하는 서류 5가지를 쓰시오.

정답 ① 설계도서
② 배치도 등 공사 또는 사업 관련 도서
③ 토지의 소유권 또는 사용권 증빙서류
④ 당해 건축물의 용도 및 규모를 기재한 서류
⑤ 개발행위의 시작으로 폐지되거나 대체 또는 새로이 설치할 공공시설의 종류, 세목, 소유자 등의 조서 및 도면과 예산내역서

07. 태양광발전 어레이의 출력 불균형이 심각하게 발생할 우려가 있을 경우 또는 2차 전지를 사용하는 독립형 시스템의 경우에는 모듈의 보호를 위해 개별 스트링 회로의 음극 또는 양극에 선택적으로 시설할 수 있다. 이 부품의 명칭과 설치위치를 쓰시오.

(1) 부품의 명칭 :
(2) 설치위치 :

정답 (1) 역류방지 다이오드
(2) 접속함 내에 설치

08. 다음 그림과 같은 태양광 모듈에서 경사각 γ을 수식으로 나타내시오.

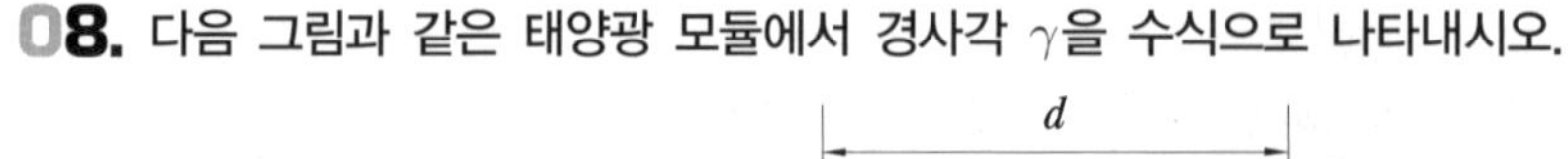

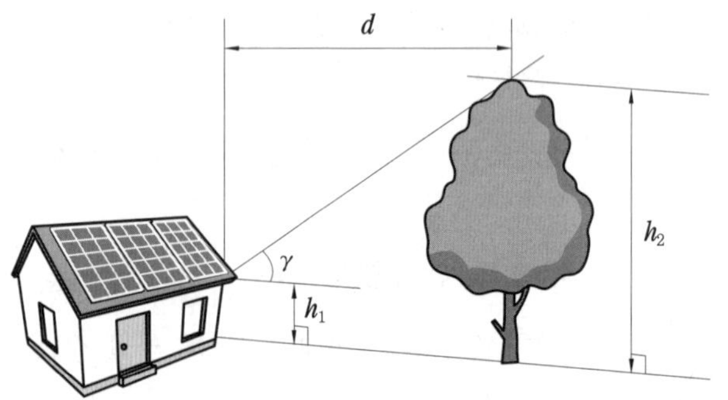

정답 $\gamma = \tan^{-1}\left(\dfrac{h_2 - h_1}{d}\right)$

해설 $\tan\gamma = \dfrac{h_2 - h_1}{d}$

$\therefore\ \gamma = \tan^{-1}\left(\dfrac{h_2 - h_1}{d}\right)$

09. 다음 설명은 내뢰를 보호하는 장치의 설명이다. 각각에 해당하는 장치명을 쓰시오.

(1) 전선로에 침입하는 이상전압의 높이를 완화하고 파고치를 저하시키는 장치

(2) 낙뢰에 의한 충격성 과전압에 대하여 전기설비의 단자전압을 규정치 이내로 저감시켜 정전을 일으키지 않고 원상태로 회귀하는 장치

(3) 실드 부착 절연트랜스를 주체로 이에 어레스터 및 콘덴서를 부가시키는 장치

정답 (1) 서지 업서버(흡수기) (2) 서지 보호장치(SPD) (3) 내뢰트랜스

10. 태양광발전 모듈에서 반응수정 계수(R)는 1.0, 지진하중에서의 중요도계수(I_E)는 1.4이고, 단주기의 설계 스펙트럼 가속도(S_{DS})가 0.2인 경우 지진 응답계수를 구하시오.

풀이 지진 응답계수 $C_S = \dfrac{S_{DS}}{\dfrac{R}{I_E}} = \dfrac{\text{설계 스펙트럼 가속도}}{\dfrac{\text{반응수정 계수}}{\text{중요도계수}}} = \dfrac{0.2}{\dfrac{1.0}{1.4}} = 0.2 \times \dfrac{1.4}{1.0} = 0.28$

정답 0.28

11. 다음은 인버터 출력전력별 효율 측정값이다. 이를 이용하여 출력전력별 Euro효율과 총 Euro효율을 구하시오.

(1)

출력전력(%)	효율 측정값 η [%]	출력전력별 Euro효율 η_{EU} [%]
5	98.25	① 답 : 계산과정 :
10	98.68	② 답 : 계산과정 :
20	98.51	③ 답 : 계산과정 :
30	98.33	④ 답 : 계산과정 :
50	97.63	⑤ 답 : 계산과정 :
100	95.82	⑥ 답 : 계산과정 :

(2) 총 Euro효율 η_{EU} [%]을 구하시오.

| 답 |

| 계산과정 |

2021년

정답 (1) ① 2.95 %, ② 5.92 %, ③ 12.81 %, ④ 9.83 %, ⑤ 46.86 %, ⑥ 19.16 %
(2) 총 유로효율=97.53 %

계산 과정 (1) ① 98.25×0.03=2.95 %
② 98.68×0.06=5.92 %
③ 98.51×0.13=12.81 %
④ 98.33×0.10=9.83 %
⑤ 97.63×0.48=46.86 %
⑥ 95.82×0.20=19.16 %
(2) 총 유로효율=2.95+5.92+12.81+9.83+46.86+19.16=97.53 %

12. 100 kW 태양광발전설비가 경사각 30°로 설치되어 있는 경우, 연 평균 일 발전시간($kWh/m^2 \cdot day$)과 연 총 발전량을 구하시오. (단, 수평면 월별 일사량은 아래 표와 같고 발전효율(PR, performance ratio)은 85 %이다. 경사각 30°의 일사량은 수평면보다 연 평균 10 % 증가한다.)

월	1	2	3	4	5	6	7	8	9	10	11	12
수평면 일사량 (kWh/m^2)	85	95	130	150	160	150	135	140	120	110	85	70

풀이 ㉠ $H_A = (85+95+130+150+160+150+135+140+120+110+85+70)$
$= 1,430\ kWh/m^2$

$$E_{PM} = P_{AS} \times \frac{H_{AS} \times \text{연 발전 증가비}}{G_S} \times K = 100 \times \frac{1,430 \times 1.1}{1} \times 0.85$$

$= 133,705\ kWh$

㉡ $\text{연 평균 일 발전시간} = \frac{\text{연간 총 발전량}}{\text{설비용량} \times 365} = \frac{133,705}{100 \times 365} \fallingdotseq 3.66\ kWh/m^2 \cdot day$

정답 연 평균 일 발전시간은 3.66 $kWh/m^2 \cdot day$
연 총 발전량은 133,705 kWh

13. 초기 투자비 40억, 설비 수명 20년, 연간 유지 관리비 3억인 1 MW 태양광발전설비의 연간 발전량이 1,300 MWh일 때, 발전원가(원/kWh)를 구하시오.

풀이 발전원가$=\dfrac{\dfrac{\text{초기 투자비}}{\text{설비 수명연한}}+\text{연간 유지 관리비}}{\text{연간 총 발전량}}$

$=\dfrac{\dfrac{4,000,000,000}{20}+300,000,000}{1,300,000}\fallingdotseq 384.62$원

정답 384.62원

14. 다음은 태양광발전설비 규모별 정기점검 횟수에 관한 사항이다. ①~④ 빈칸에 알맞은 점검횟수를 쓰시오.

용량별		점검횟수
저압	1 ~ 300 kW 이하	월 (①)회
	300 kW 초과	월 (②)회
고압	1 ~ 300 kW 이하	월 (③)회
	300 kW 초과 500 kW 이하	월 (④)회

정답 ① 1, ② 2, ③ 1, ④ 2

15. 수용가 인입구의 전압이 22.9 kV, 주차단기 용량이 250 MVA이다. 10 MVA 22.9/3.3 kVA 변압기의 임피던스가 5.5 %일 때, 변압기 2차 측에 필요한 차단기 용량을 다음 표에서 선정하시오.

차단기 표준용량(MVA)								
75	100	150	250	300	400	500	750	1000

| 답 |

| 계산과정 |

정답 150 MVA

계산과정 ㉠ 전원 측의 $\%Z_1=\dfrac{100P_n}{P_s}=\dfrac{100\times10}{250}=4\ \%$

㉡ 변압기 측의 $\%Z_2=5.5\ \%$

㉢ 합성 $\%Z=Z_1+Z_2=4+5.5=9.5\ \%$

㉣ 변압기 2차 측 차단기 용량 $P_s=\dfrac{100P_n}{\%Z_T}=\dfrac{100\times10}{9.5}\fallingdotseq 105.3$ MVA

따라서 표로부터 적합한 값은 105.3보다 큰 150 MVA로 선정한다.

16. 태양광발전에 사용되는 인버터에서 단독운전 방지 측정에 대한 시험 절차(KS C IEC 62116 : 2020)에서 인버터 내 단독운전 검출기능에 대한 시험 중 교류전원 요구사항 조건에 대하여 해당 사항을 ①~③에 맞게 쓰시오.

항목	조건
전압	공칭전압 ±(①)%
전압 THD	<(②)%
주파수	공칭주파수 ±0.1 Hz
위상각 거리	120°±(③)°
※ 3상의 경우만 해당된다.	

정답 ① 2.0, ② 2.5, ③ 1.5

17. 다음 물음에 답하시오.

(1) 전기공사를 공사업자에게 도급을 주는 자 :

(2) 감리업자를 대표하여 현장에 상주하면서 해당 공사 전반에 관하여 책임감리 등의 업무를 총괄하는 사람 :

(3) 책임감리원을 보좌하는 사람으로서 담당 감리업무를 책임감리원과 연대하여 책임지는 사람 :

정답 (1) 발주자

(2) 책임감리원

(3) 보조감리원

18. 공사업의 양도, 공사업자인 법인의 합병 또는 공사업의 상속의 신고를 하려는 자는 별지 서식의 전기공사업 양도 등 신고서(전자문서로 된 신고서를 포함)에 다음 각 호의 구분에 따라 서류를 첨부하여 지정공사업자단체에 제출하여야 한다. 다음 물음에 답하시오.

(1) 양도, 양수의 경우에는 계약일(분할 또는 분할 합병에 따른 양도의 경우에는 등기일)부터 며칠 이내에 제출하여야 하는가?

(2) 법인 합병의 경우에는 등기일로부터 며칠 이내에 제출하여야 하는가?

(3) 상속인 경우에는 상속 개시일로부터 며칠 이내에 제출하여야 하는가?

정답 (1) 30일

(2) 30일

(3) 60일

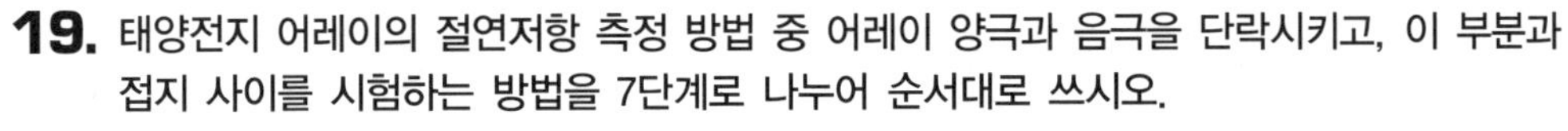

19. 태양전지 어레이의 절연저항 측정 방법 중 어레이 양극과 음극을 단락시키고, 이 부분과 접지 사이를 시험하는 방법을 7단계로 나누어 순서대로 쓰시오.

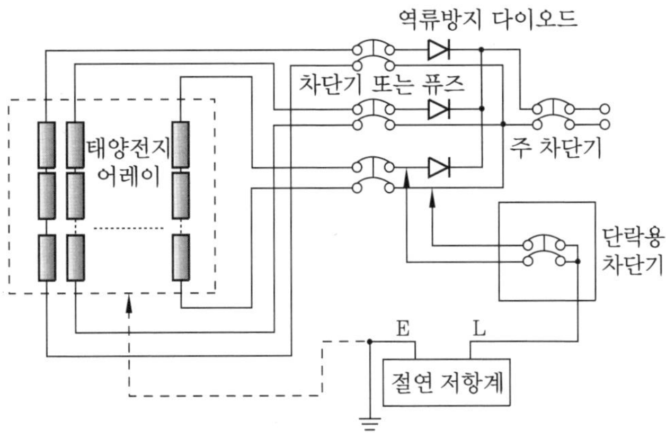

정답 ① 출력 개폐기를 off한다. 단, 출력 개폐기에 서지 업서버(흡수기)를 설치한 경우에는 접지 측 단자를 떼어 놓는다.

② 단락용 개폐기를 off한다.

③ 모든 스트링의 단로 스위치를 off한다.

④ 단락용 개폐기의 1차 측 (+), (−)극의 클립을 역류방지용 다이오드에서 태양전지 측과 단로 스위치 사이에 접속한 뒤, 대상으로 하는 스트링 단로 스위치를 on으로 하고, 단락용 개폐기를 on한다.

⑤ 절연 저항계(메거)의 E측을 접지단자에, L측을 단락용 개폐기의 2차 측에 접속하고, 절연 저항계를 on하여 절연저항을 측정한다.

⑥ 측정 종료 후에는 단락용 개폐기, 단로 스위치 순으로 off하고, 스트링의 클립을 제거한다.

⑦ 서지 업서버의 접지 측 단자의 복원으로 대지전압을 측정하여 전류전하의 방전 상태를 확인한다.

2021년도 출제문제(4회차) 및 해설

신재생에너지 발전설비기사(태양광)

01. 위도가 36.5°인 지역에서 하지 시 태양의 남중고도를 구하시오.

풀이 하지 시 남중고도=90°−위도+23.5°=90°−36.5°+23.5°=77°

정답 77°

02. 2년 동안의 할인율이 2.5%, 첫 해(B_1)의 편익이 6억, 다음 해(B_2)의 편익이 5억 8천만 원이다. 할인율을 고려한 2년 동안의 총 비용이 11억 원이라 할 때, B/C ratio를 구하고, 사업의 경제성 여부를 판단하시오. (단, 비용 편익비 분석기법에서 연차별 총 편익을 B_i, 연차별 총 비용을 C_i, 할인율을 r, 기간을 i라고 한다. 시공기준은 0차 년도 기준으로 한다.)

(1) B/C ratio

(2) 사업의 경제성 여부

풀이 (1) 시작 연도 $B_0=0$, 1차 년도 $B_1=\dfrac{600\text{백만 원}}{(1+0.025)^1}\fallingdotseq 585$백만 원,

2차 년도 $B_2=\dfrac{580\text{백만 원}}{(1+0.025)^2}\fallingdotseq 552$백만 원,

$C_i=1{,}100$백만 원

$\therefore$ B/C ratio : $\dfrac{\sum B_i}{\sum C_i}=\dfrac{585+552}{1{,}100}\fallingdotseq 1.03$

(2) B/C ratio가 1.03>1이므로 경제성이 있다.

정답 (1) 1.03

(2) 1.03>1이므로 경제성이 있다.

03. 다음은 태양광발전 공급인증서 가중치 적용 기준이다. ①~⑤ 빈칸에 알맞은 공급인증서 가중치를 쓰시오.

구분	공급인증서 가중치	대상 에너지 및 기준	
		설치유형	세부 기준
태양광 에너지	1.2	일반부지에 설치하는 경우	100 kW 미만
	1.0		100 kW부터
	①		3,000 kW 초과부터
	②	임야에 설치하는 경우	-
	③	건축물 등 기존 시설물을 이용하는 경우	3,000 kW 이하
	1.0		3,000 kW 초과부터
	④	유지 등의 수면에 부유하여 설치하는 경우	100 kW 미만
	⑤		100 kW부터
	1.2		3,000 kW 초과부터
	1.0	자가용 발전설비를 통해 전력을 거래하는 경우	

정답 ① 0.8, ② 0.5, ③ 1.5, ④ 1.6, ⑤ 1.4

04. 다음 조건을 참고하여 월 발전량(kWh)을 구하시오.

태양전지 모듈 출력(Wp)	300	모듈의 직렬 수	18
월 적산 경사면 일사량(kWh/m^2·월)	120	모듈의 병렬 수	20
모듈의 출력전압 범위(V)	23 ~ 35	종합설계계수	0.8

풀이 ㉠ 어레이 전체 출력 $= 18 \times 20 \times 0.3 = 108$ kW

㉡ 월 발전량 $E_{PM} = P_{AS} \times \dfrac{H_{AM}}{G_S} \times K$

$$= 108 \times \frac{120}{1} \times 0.8 = 10,368 \text{ kWh/월}$$

정답 10,368 kWh/월

05. 다음 표는 연계 구분에 따른 계통의 전기방식이다. ①~③ 빈칸에 알맞은 전압을 쓰시오.

구분	연계계통의 전기방식
저압 한전계통연계	교류 단상 (①) V 또는 교류 3상 (②) V 중 기술적으로 타당하다고 한전이 정한 한 가지 전기방식
특고압 한전계통연계	교류 3상 (③) V

정답 ① 220, ② 380, ③ 22,900

06. 경사지붕의 적설하중을 계산하기 위해서 평지붕 하중의 적설하중과 함께 고려하여야 할 사항은 무엇인지 쓰시오.

정답 지붕 경사도계수

해설 $S_s = S_f \times C_s$ [kN/m^2]

여기서, S_s : 경사지붕의 적설하중

S_f : 평지붕 하중의 적설하중

C_s : 지붕 경사도계수

㈜ 일반 적설하중에는 노출계수, 중요도 계수 등이 포함된다.

07. 전기(발전)사업 허가 신청서의 처리 절차로 다음 ①~③ 빈칸에 들어갈 내용을 쓰시오.

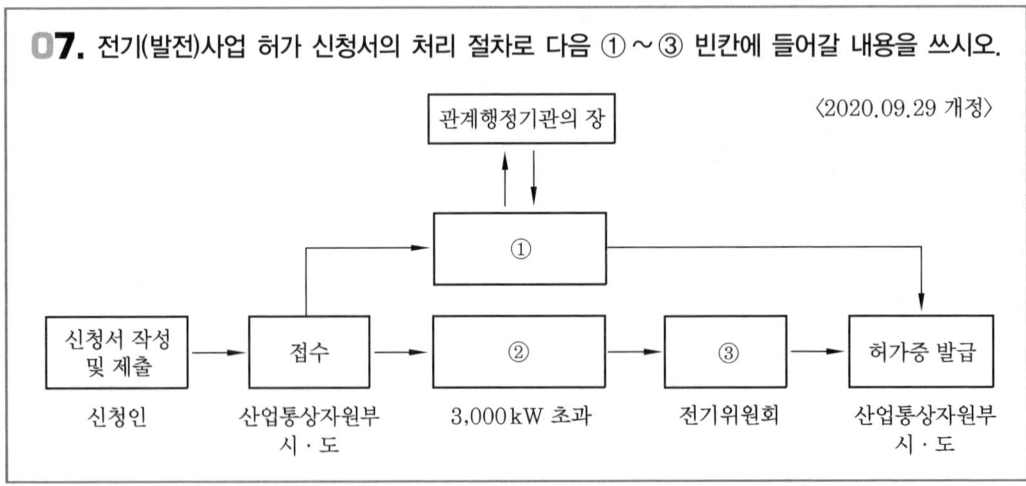

정답 ① 검토(시·도), ② 검토(산업통상자원부), ③ 심의

08. 다음 그림은 지상설치 시 기초형식에 대한 그림이다. 어떤 기초형식인지 명칭과 용도에 대한 특징을 쓰시오.

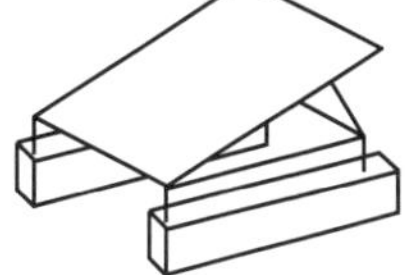

(1) 명칭 :

(2) 용도에 대한 특징 :

정답 (1) 복합푸팅 기초

(2) 2개 이상의 기둥으로부터의 응력을 단일기초로 지지한 것으로 지내력이 작아서 독립기초를 적용하기가 어려운 경우에 쓰인다.

09. 계통연계로 운영되는 태양광발전시스템 중 역송전이 있는 저압연계 시스템에서 필요로 하는 보호 계전기 4가지를 쓰시오.

정답 ① OVR(과전압 계전기),

② UVR(저전압 계전기),

③ OFR(과주파수 계전기),

④ UFR(저주파수 계전기)

10. 축전지실 기기 상호 간의 최소 이격거리에 대한 다음 물음에 답하시오.

(1) 전용실 축전지 열 상호 간 최소 이격거리 :

(2) 전용실 충전기, 큐비클 점검면 최소 이격거리 :

(3) 전용실 축전지 기타의 면 최소 이격거리 :

(4) 기타실 큐비클 점검면 최소 이격거리 :

(5) 기타실 큐비클 환기구 방향면 최소 이격거리 :

정답 (1) 0.6 m (2) 0.6 m

(3) 1.0 m (4) 0.6 m

(5) 0.2 m

11. 태양광발전 용량 50 kW 설치부지에 태양전지 모듈 최저온도 −15℃, 주변 온도 최고 40℃에 적합한 직·병렬 어레이를 설계하고자 한다. 다음 각 물음에 답하시오. (단, 소수점 세 번째 자리에서 절사하고, 직류 측 전압강하를 3 %로 한다.)

태양전지 모듈 특성	
최대전력 P_{max}[W]	300
개방전압 V_{oc} [V]	39.8
단락전류 I_{sc} [A]	9.98
최대전압 V_{mpp} [V]	32
최대전류 I_{mpp} [A]	9.4
전압 온도 변화[%/℃]	−0.29
NOCT [℃]	47

인버터 특성	
최대 입력전력 [kW]	50
MPP 범위 [V]	333 ~ 500
최대 입력전압 [V]	700
최대 입력전류 [A]	223
정격출력 [kW]	50
주파수 [Hz]	60

(1) 주변 온도 최고 40℃에서 cell 온도를 계산하시오.

| 답 |

| 계산과정 |

(2) 태양전지 모듈의 V_{oc}, V_{mpp}를 구하시오.

① V_{oc}(−15℃)

| 답 | **| 계산과정 |**

② V_{mpp}(−15℃)

| 답 | **| 계산과정 |**

③ $V_{oc}(T_{cell}$℃)

| 답 | **| 계산과정 |**

④ $V_{mpp}(T_{cell}$℃)

| 답 | **| 계산과정 |**

(3) 최대, 최소 직렬 모듈 수를 구하시오.

① 연중 최저 모듈 표면온도에서

• V_{oc}의 모듈 수

| 답 | **| 계산과정 |**

• V_{mpp}의 모듈 수

| 답 | **| 계산과정 |**

② 연중 최고 모듈 표면온도에서

• V_{mpp}의 모듈 수

| 답 | **| 계산과정 |**

(4) 최대 태양광발전이 가능한 직·병렬 수를 구하시오.

정답 (1) 73.75℃

(2) ① 44.42 V, ② 35.71 V, ③ 34.19 V, ④ 27.49 V

(3) ① • V_{oc}(−15℃)에서의 직렬 모듈 수는 16개이다.

• V_{mpp}(−15℃)에서의 직렬 모듈 수는 14개이다.

② V_{mpp}(73.75℃)에서의 직렬 모듈 수는 13개이다.

(4) 직렬 13개, 병렬 12개

계산 과정 (1) $T_{cell}(\text{NOCT}) = \text{주변 온도} + \dfrac{\text{NOCT}-20}{800} \times 1,000$

$$= 40 + \frac{47-20}{800} \times 1,000 = 73.75℃$$

(2) 태양전지 모듈의 V_{oc}, V_{mpp}

① $V_{oc}(-15℃) = 39.8 \times \{1+(-0.0029)\times(-15-25)\} = 39.8 \times 1.116 ≒ 44.42\text{ V}$

② $V_{mpp}(-15℃) = 32 \times 1.116 ≒ 35.71\text{ V}$

③ $V_{oc}(73.75℃) = 39.8 \times \{1+(-0.0029)\times(73.75-25)\}$

$= 39.8 \times 0.859 ≒ 34.19\text{ V}$

④ $V_{mpp}(73.75℃) = 32 \times 0.859 ≒ 27.49\text{ V}$

(3) 최대 및 최소 직렬 모듈 수

① 연중 최저 모듈 표면온도에서

• V_{oc}의 모듈 수 $= \dfrac{700}{44.42 \times (1-0.03)} = \dfrac{700}{44.42 \times 0.97} ≒ 16.25 \rightarrow$ 16개 (절사)

• V_{mpp}의 모듈 수 $= \dfrac{500}{35.71 \times (1-0.03)} = \dfrac{500}{35.71 \times 0.97} ≒ 14.43 \rightarrow$ 14개 (절사)

둘 중 작은 쪽 14개를 최대 직렬 수로 선정한다.

② 연중 최고 모듈 표면온도에서

• V_{mpp}의 모듈 수 $= \dfrac{333}{27.49 \times (1-0.03)} = \dfrac{333}{27.49 \times 0.97} ≒ 12.49 \rightarrow$ 13개 (절상)

(4) 최적 직·병렬 모듈 수 : 다음의 식으로 직렬 수 최소 13, 최대 14에 대한 병렬 수를 결정 한 후 최대출력을 얻는 조합을 선정한다.

$$\text{직렬 수에 따른 병렬 모듈 수} = \frac{\text{인버터 최대 입력전력}}{\text{직렬 수} \times \text{모듈 최대전력}(P_m)}$$

• 13직렬일 경우 $\dfrac{50 \times 1,000}{13 \times 300} ≒ 12.82 \rightarrow 12$이며,

$13 \times 12 \times 300 = 46,800\text{ W} = 46.8\text{ kW}$

• 14직렬일 경우 $\dfrac{50 \times 1,000}{14 \times 300} ≒ 11.90 \rightarrow 11$이며,

$14 \times 11 \times 300 = 46,200\text{ W} = 46.2\text{ kW}$

따라서 직렬 13개, 병렬 12개일 때 최대출력 46.8 kW를 얻을 수 있다.

12. 스트링을 구성하는 모듈의 수는 22개, 전선의 길이는 135 m, 단면적이 6 mm^2인 F-CV 전선을 사용할 때, 다음과 같이 주어진 조건에서 태양전지 모듈로부터 접속함까지의 전압 강하율(%)을 구하시오.

태양전지 모듈 사양	
P_{max}	275 Wp
V_{oc}	38.7 V
I_{sc}	9.26 A
V_{mpp}	31.7 V
I_{mpp}	8.68 A

풀이 ㉠ 스트링 정격전압= V_{mpp} × 모듈 수 $= 31.7 \times 22 = 697.4$ V

㉡ 전압강하$(e) = \dfrac{35.6LI}{1{,}000A} = \dfrac{35.6 \times 135 \times 8.68}{1{,}000 \times 6} \fallingdotseq 6.95$ V

㉢ 수전전압$= 697.4 - 6.95 = 690.45$ V

따라서 전압강하율$= \dfrac{6.95}{690.45} \times 100 \fallingdotseq 1.0$ %

정답 1.0 %

13. 다음 [조건]으로 발전소 부지에 13직렬 3병렬로 태양광 어레이가 구성된다. A, B사 제품의 인버터 중 적합한 사양을 선택하고 그 이유를 쓰시오. (단, 온도 조건은 태양전지 모듈 최저온도 −10℃, 최고온도 70℃이다.)

[태양전지 모듈의 사양]

구분	특성
최대전력 P_{max} [W]	250
개방전압 V_{oc} [V]	37.5
단락전류 I_{sc} [A]	9
최대전압 V_{mpp} [V]	29.8
최대전류 I_{mpp} [A]	8.39
전압 온도 변화 [mV/℃]	−145

[인버터 A의 사양]

구분	특성
최대 입력전력(kW)	10
MPP 범위(V)	280 ~ 550
최대 입력전압(V)	650
최대 입력전류(A)	25
정격출력(kW)	10
주파수(Hz)	60

[인버터 B의 사양]

구분	특성
최대 입력전력(kW)	10
MPP 범위(V)	300 ~ 480
최대 입력전압(V)	600
최대 입력전류(A)	30
정격출력(kW)	10
주파수(Hz)	60

(1) 적합한 사양 제품 :

(2) 선택 이유 :

정답 (1) B사 제품

(2) 어레이 모듈의 최대 동작전류는 8.39 A이고, 3병렬이므로 총 어레이 전류는 8.39×3=25.17 A 이상이어야 한다. 따라서 A사는 25 A< 25.17 A, B사는 30 A>25.17 A이므로 B사 제품을 선택한다.

해설 (2) ㉠ 총 어레이 전류 : 8.39×3=25.17 A

→ 30 A>25.17 A이므로 B사 제품을 선택한다.

㉡ 최저 온도에서 어레이 개방전압

: $V_{oc(-10℃)} = 37.5 + \{(-0.145) \times (-10-25)\} = 42.575\text{ V} \times 13 = 553.475\text{ V}$

→ A사, B사 모두 가능하다.

㉢ 최저 온도에서 어레이 MPP 최대전압

: $V_{mpp(-10℃)} = 29.8 + \{(-0.145) \times (-10-25)\} = 34.875\text{ V} \times 13 = 453.375\text{ V}$

→ A사, B사 모두 범위 내에 있다.

∴ ㉠에 의해 B사 제품을 선택한다.

14. 모터 그레이드(블레이드는 유효길이 2.8 m)를 사용하여, 폭 504 m, 주행구간 거리 200 m의 성토를 1회 정지하는데 필요한 시간(h)을 구하시오. (단, 작업효율=0.8, 전진속도(V_1)=4 km/h, 후진속도(V_2)=6 km/h이다.)

풀이 ㉠ 통과횟수$=\dfrac{\text{작업 폭(m)}}{\text{블레이드의 유효길이(m)}}=\dfrac{504}{2.8}=180$회

㉡ 소요시간$=\dfrac{\text{통과횟수}\times\text{주행구간 거리(m)}}{\text{전진속도(m/h)}\times\text{작업계수}}+\dfrac{\text{통과횟수}\times\text{주행구간 거리(m)}}{\text{후진속도(m/h)}\times\text{작업계수}}$

$$=\frac{180\times200}{4000\times0.8}+\frac{180\times200}{6000\times0.8}=18.75\text{ h}$$

정답 18.75 h

15. A점과 B점의 표고가 각각 102 m, 103 m이고, AB의 수평거리가 14 m일 때, 110 m 등고선은 A점으로부터 몇 m의 거리에 있는가?

풀이 A점으로부터의 거리(X)는 1 : 14=8 : X에서 $X=14\times8=112$ m

정답 112 m

16. 전력시설물 공사감리 업무 수행지침에 따라 감리업자가 감리용역 착수 시 발주자에게 제출하는 착수 신고서에 첨부되는 서류 4가지를 쓰시오.

정답 ① 감리업무 수행 계획서
② 감리비 산출 내역서
③ 상주·비상주 감리원의 배치 계획서와 감리원의 경력 확인서
④ 감리원 조직 구성내용과 감리원별 투입기간 및 담당업무

17. 접지저항 측정법에는 직독법이 있다. 직독계법 4가지를 쓰시오.

정답 ① 전압강하법, ② 전위차계법,
③ 접지저항계법, ④ 후크－온(hook－on)법

18. 태양광발전시스템의 준공검사에서 변압기의 제어 및 경보장치검사의 세부검사 내용 5가지를 쓰시오.

정답 ① 외관검사, ② 절연저항,
③ 경보장치, ④ 제어장치,
⑤ 계측장치

19. 전기설비의 설치 및 사업의 개시 의무에 관한 사항이다. 다음 물음에 답하시오.

(1) 전기사업자는 허가권자가 지정한 준비기간에 사업에 필요한 전기설비를 설치하고 사업을 시작하여야 한다. 이때 준비기간은 몇 년의 범위에서 산업통상자원부장관이 정하여 고시하는 기간을 넘을 수 없는가?

(2) 전기사업자는 사업을 시작하는 경우에는 지체 없이 그 사실을 허가권자에게 신고하여야 한다. 다만, 발전사업의 경우에는 최초로 전력거래를 한 날부터 며칠 이내에 신고를 하여야 하는가?

정답 (1) 상한 10년(태양광 3년, 풍력 4년)
(2) 30일

20. 비절연 인버터 계통의 지락보호에서 잔류전류 보호장치는 지락전류가 급격하게 변화하는 경우 다음 표와 같은 시간 내에 동작하여야 한다. ①~③ 빈칸에 알맞은 동작시간을 쓰시오.

지락전류의 급격한 변화 동작시간	동작시간
$\Delta I_g = 30$ mA/s	①
$\Delta I_g = 60$ mA/s	②
$\Delta I_g = 150$ mA/s	③

정답 ① 0.3 s, ② 0.15 s, ③ 0.04 s

2021년

부록 3

1. 주요 용어
2. 계산식
3. 각종 표

1. 주요 용어

1. **분산형 전원** : 소규모로 전력소비지역 부근에 분산하여 배치가 가능한 전원
2. **연계** : 분산형 전원을 한전계통과 병렬운전하기 위하여 계통에 전기적으로 연결하는 것

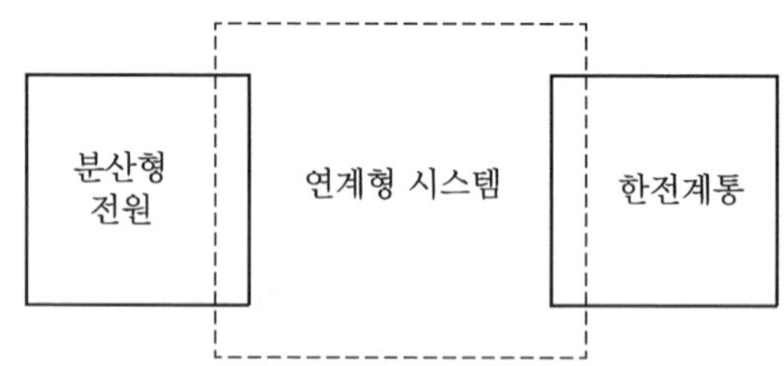

3. **연계점** : 접속설비를 일반선로로 할 때 접속설비가 검토대상 분산형 전원 연계 시스템의 공용 계통에 연결되는 지점
4. **구내계통** : 분산형 전원 설치자 또는 전기사업자의 단일 구내(담, 울타리, 도로 등으로 구분되고, 그 내부의 토지 또는 건물들의 소유자나 사용자가 동일한 구역) 또는 여러 구내의 집합 내에 완전히 포함되는 계통
5. **한전계통** : 구내계통에 전기를 공급하거나 그로부터 전기를 공급받는 한전의 계통을 말하며 접속설비를 포함한다.

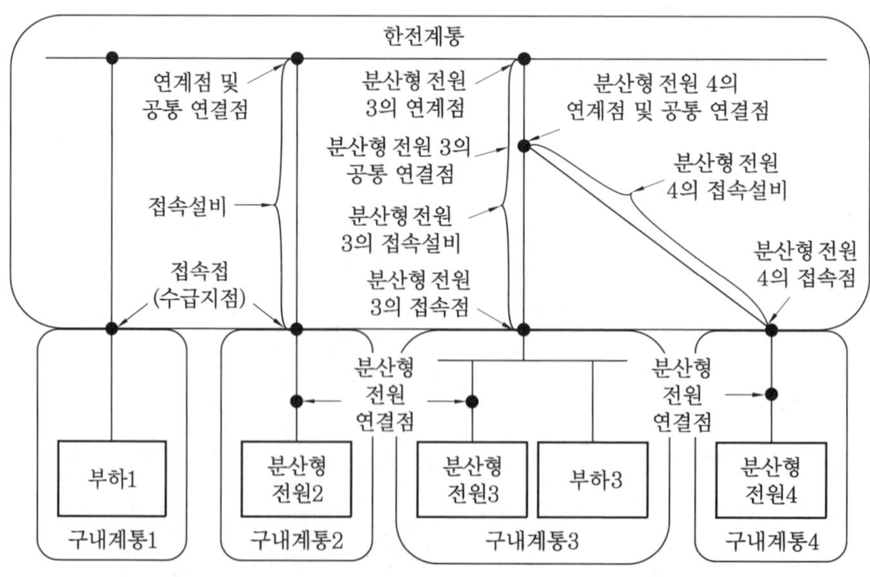

비고 1. 점선은 계통의 경계를 나타냄(다수의 구내계통 존재 가능)
2. 연계시점 : 분산형 전원3 → 분산형 전원4

6. **연계 시스템** : 분산형 전원을 한전계통에 연계하기 위하여 사용되는 모든 연계설비 및 기능들의 집합체
7. **단순병렬 계통연계 시스템** : 자가용 발전설비 또는 저압 소용량 일반 발전설비를 한전계통에 병렬로 연계하여 운전하되 생산전력의 전부를 구내계통 내에서 자체적으로 소비하고, 생산전력이 한전계통으로 송전되지 않는 발전방식
8. **역송병렬 계통연계 시스템** : 분산형 전원을 한전계통에 병렬로 연계하여 운전하되 생산한 전력의 전부 또는 일부가 한전계통으로 송전되는 발전방식
9. **역조류** : 수요가 구내에서 전력계통 측으로 향하는 전력조류
10. ESS(Eneegy Storage System) : 발전된 전력을 여러 가지 형태(위치, 열, 압력, 전기)로 저장하였다가 필요 시 전력형태로 변환하여 사용함으로써 에너지 이용률을 증대시키는 시스템
11. UPS(Uninterrupttible Power Supply System) : 상시전원의 정전 또는 이상상태 발생 시 정상적으로 안정되게 전력을 부하에 공급하도록 준비된 전력공급 장치
12. V2G(Vehicle To Grid) : 전기자동차와 고정식 충·방전설비를 갖추어 전기자동차에 전기를 저장하거나 공급할 수 있는 시스템
13. **양방향 분산전원** : ESS와 V2G에 의해 전기를 저장하거나 공급할 수 있는 시스템
14. **하이브리드 분산형 전원** : 태양광발전, 풍력발전 등의 분산형 전원에 ESS 설비를 혼합하여 발전하는 유형
15. **상시 운전용량** : 22.9 kV 일반 배전선로(전선 ACSR-OC, 160 mm^2 및 CNCV 325 mm^2, 3분할 3연계 적용)의 상시 운전용량은 10 MVA, 22.9 kV 특수 배전선로(ACSR-OC 240 mm^2)의 상시 운전용량은 15 MVA로 평상시의 운전 최대량을 의미하며, 변전소 주 변압기의 용량, 전선의 열적 허용전류, 선로 전압강하, 비상 시 부하전력, 선로의 분할 및 연계 등 해당 배전계통 운전여건에 따라 하향 조정될 수 있다.
16. **일반선로** : 일반 다수의 전기사용자에게 전기를 공급하기 위해 설치한 배선선로
17. **전용선로** : 특정 분산형 전원 설치자가 전용하기 위한 배전선로로서 한전이 소유하는 선로
18. **전압요동** : 연속적이거나 주기적인 전압변동, 어느 일정 지속시간 동안 유지되는 연속적인 두 레벨 사이의 전압 실횻값 또는 최댓값의 변화
19. **플리커**(flicker) : 입력전압의 요동에 기인한 전등 조명강도의 인지 가능한 변화
20. **서지**(surge) : 전기기기나 계통운영 중에 발생하는 과도전압 또는 전류로서 일반적으로 최댓값까지 급격히 상승하고, 하강 시에는 상승 시보다 서서히 떨어지는 수 ms 이내의 지속시간을 갖는 파형의 것

21. **한류 퓨즈** : 단락전류를 신속히 차단하며 또한 흐르는 단락전류의 값을 제한하는 성질의 퓨즈
22. **가공선** : 전력을 보내거나 통신이 가능하도록 공중(전주, 철탑)에 설치한 선로
23. **가공인입선** : 가공선로의 지지물로부터 다른 지지물을 거치지 않고 수용장소의 붙임점에 이르는 가공선
24. **연접인입선** : 한 수용장소의 인입선에서 분기하여 지지물을 거치지 아니하고 다른 수용장소의 인입구에 이르는 부분의 전선
25. **전선의 이도** : 전선의 늘어진 정도
26. **신에너지** : 기존의 화석연료를 변환시켜 이용함으로써 화석연료의 공해물질을 줄이고 경제성을 높인 에너지
27. **녹색성장** : 에너지 자원을 절약하고 효율적으로 사용하여 기후변화와 환경 훼손을 줄이고, 청정에너지와 녹색기술의 개발을 통해 새로운 성장 동력을 확보하여 새로운 일자리를 창출하는 것
28. **저탄소** : 화석연료에 대한 의존도를 낮추고 청정에너지 사용 및 보급을 확대하며 녹색기술개발, 탄소 흡수원 확충 등을 통하여 온실가스를 적정수준 이하로 줄이는 것
29. **온실가스** : 지구온난화를 일으키는 원인이 되는 가스로 이산화탄소(CO_2), 메탄(CH_4), 아산화질소(N_2O), 수소불화탄소(HFCs), 과불화탄소(PFCs), 육불화황(SF_6) 등이 있다.
30. **그리드 패리티(grid parity)** : 신·재생에너지 발전단가와 화석연료 발전단가가 같아지는 시기
31. **남중고도** : 태양과 지표면이 이루는 각 중 가장 높을 때를 말한다.
    ① 하지 때 북반구에서 최대, 남반구에서 최소가 된다.
    ② 춘분, 추분 때 적도에서 최대가 된다.

2. 계산식

(1) 충진율(FF : Fill Factor) $= \dfrac{I_{mpp} \times V_{mpp}}{I_{sc} \times V_{oc}} = \dfrac{P_{\max}}{I_{sc} \times V_{oc}}$

(2) 공기온도 T_{air}에서의 NOCT 온도 : $T_{cell} = T_{air} + \dfrac{\mathrm{NOCT} - 20℃}{800\ \mathrm{W/m^2}} \times 1{,}000\ \mathrm{W/m^2}$

(3) 태양전지 모듈전압의 V_{mpp}와 V_{oc} 구하는 식

① 온도계수(%/℃)가 β로 주어질 때

(가) V_{oc}, V_{mpp}의 최저온도 : $V_{oc}(T℃) = V_{oc} \times \left\{1 + \dfrac{\beta}{100} \times (T℃ - 25℃)\right\}$ [V]

$$V_{mpp}(T℃) = V_{mpp} \times \left\{1 + \frac{\beta}{100} \times (T℃ - 25℃)\right\} \text{ [V]}$$

(나) V_{oc}, V_{mpp}의 최고온도 : $V_{oc}(T℃) = V_{oc} \times \left\{1 + \dfrac{\beta}{100} \times (T℃ - 25℃)\right\}$ [V]

$$V_{mpp}(T℃) = V_{mpp} \times \left\{1 + \frac{\beta}{100} \times (T℃ - 25℃)\right\} \text{ [V]}$$

② 온도계수(V/℃)가 β'로 주어질 때

(가) V_{oc}, V_{mpp}의 최저온도 : $V_{oc}(T℃) = V_{oc} + \beta' \times (T℃ - 25℃)$

$$V_{mpp}(T℃) = V_{mpp} + \beta' \times (T℃ - 25℃)$$

(나) V_{oc}, V_{mpp}의 최고온도 : $V_{oc}(T℃) = V_{oc} + \beta' \times (T℃ - 25℃)$

$$V_{mpp}(T℃) = V_{mpp} + \beta' \times (T℃ - 25℃)$$

(4) 태양전지의 최소 모듈 수 $= \dfrac{\text{인버터 최소전압} \times \text{태양전지 모듈전압}}{\text{모듈의 온도} \times (\text{유지연도} \times \text{감소율})}$

(5) 태양전지 모듈의 직렬 수

① 최대 직렬 수 : $\dfrac{\text{인버터의 최대 입력전압}(V_{IN\max})}{\text{표면온도가 최저인 개방전압}(V_{oc})}$ 또는 $\dfrac{V_{IN\max}}{V_{mpp}(\text{최저온도})}$

② 최소 직렬 수 : $\dfrac{\text{인버터 MPPT 전압범위의 최솟값}(V_{IN\min})}{\text{표면온도가 최고인 최대 동작전압}(V_{mpp})}$

(6) 태양전지 모듈의 병렬 수 $= \dfrac{\text{인버터 1대분의 용량} \times 1.05}{\text{모듈 스트링의 직렬 수} \times \text{모듈 1매의 최대출력}}$

(7) 모듈 이격거리

벽(울타리)까지의 거리	모듈 간의 이격거리
$d = \dfrac{h}{\tan\theta}$ [m] 여기서, θ : 경사각	$d = L \times \dfrac{\sin(\alpha+\beta)}{\sin\beta}$ [m] 또는 $L \times \{\cos\alpha + \sin\alpha \times \tan(90° - \beta)\}$ [m] 여기서, α : 경사각, β : 고도각
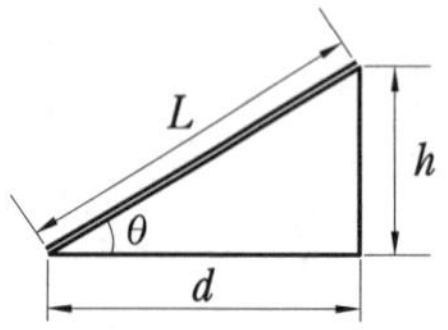 L, h, θ, d	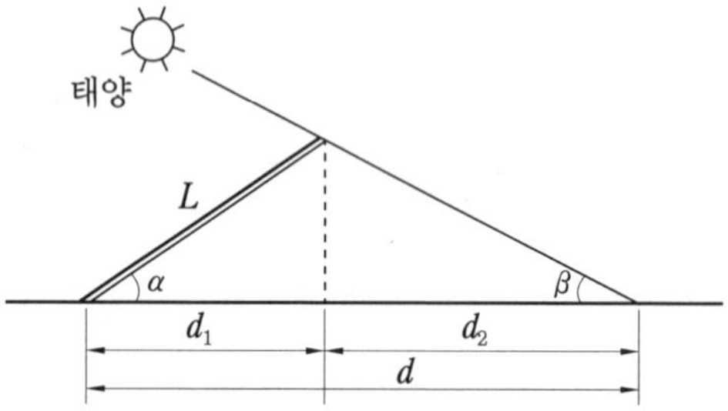 태양, L, α, β, d_1, d_2, d

(8) 인버터의 추적효율 $= \dfrac{\text{운전 최대전력}}{\text{일정 온도에 따른 최대출력}} \times 100\,\%$

(9) 변압기의 실측효율 $= \dfrac{\text{출력}}{\text{입력}} \times 100\,\%$ 또는 $\dfrac{\text{출력}}{\text{출력} + \text{손실}} \times 100\,\%$

(10) 변압기의 규약효율 $= \dfrac{\text{출력}}{\text{출력} + \text{철손} + \text{동손}} \times 100\,\%$

(11) 변압기의 전일효율 $= \dfrac{\text{1일간의 출력전력량}}{\text{1일간의 손실전력량}} \times 100\,\% = \dfrac{P_d}{P_d + (24P_i) + P_{cd}} \times 100\,\%$

(12) 변압기의 수용률 $= \dfrac{\text{최대 수요전력(kWh)}}{\text{부하설비 합계(kWh)}} \times 100\,\%$으로 항상 1보다 작다.

(13) 변압기의 부등률 $= \dfrac{\text{각 부하의 최대 수요전력의 합(kWh)}}{\text{합성 최대전력(kWh)}} \times 100\,\%$으로 항상 1보다 크다.

(14) 변압기의 부하율 $= \dfrac{\text{평균부하}}{\text{최대부하}} \times 100\,\% = \dfrac{\text{평균 수요전력}}{\text{최대 수요전력}} \times 100\,\%$

(15) 변압기 용량 ≥ 인버터 출력용량 × 여유율(kW)

(16) 변압기 용량 $= \dfrac{\text{최대 수용전력(kVA)} \times \text{여유율}}{\text{효율}}$ 또는 $\dfrac{\text{부하 설비용량} \times \text{수용률}}{\text{부등률}}$

(17) 부동 충전방식의 충전기 2차 전류(A) $= \dfrac{\text{축전지의 정격용량}}{\text{축전지의 표준시간}} + \dfrac{\text{상시부하}(W)}{\text{표준전압}(V)}$

(18) 축전지 Ah효율 $= \dfrac{\text{방전전류} \times \text{방전시간}}{\text{충전전류} \times \text{충전시간}} \times 100\%$

(19) 축전지 Wh효율 $= \dfrac{\text{방전전류} \times \text{평균 방전 전압} \times \text{방전시간}}{\text{충전전류} \times \text{평균 충전전압} \times \text{충전시간}} \times 100\%$

(20) 방전심도(DOD)$= \dfrac{\text{실제 방전량}}{\text{축전지의 정격용량}} \times 100\%$

(21) 방전전류 $I_d = \dfrac{\text{부하전력(VA)}}{\text{정격전압(V)}} = \dfrac{P(\mathrm{W}) \times 1{,}000}{E_f(V_i + V_d)}$

여기서, E_f : 인버터 효율, V_i : 허용방지 종지전압, V_d : 전압강하

(22) 부하 평준화 축전지의 용량 $C = \dfrac{K \times I_d}{L}$ [Ah]

여기서, K : 용량환산시간, L : 보수율

(23) 독립형 축전지의 용량

$$C = \frac{\text{불일조일수}(D_f) \times \text{1일 소비전력량}(L_d)}{\text{보수율}(L) \times \text{축전지 개수}(N) \times \text{축전지 전압}(V_b) \times \text{방전심도(DOD)}}$$

(24) 축전지 단위 셀 수량 $N = \dfrac{V_i + V_d}{1.8(2)}$

(25) 태양전지 어레이 필요출력

$$P_{AD} = \frac{E_L \times D \times R}{\dfrac{H_A}{G_S} \times K} \text{ [kW]}$$

※ 표준상태 시 $P_{AD} = \dfrac{E_L \times D \times R}{H_A \times K}$ [kW]

여기서, G_S : 1 kW/m^2(표준상태), E_L : 부하 소비전력량(kWh/기간),
D : 발전시스템에 대한 의존율, R : 설계여유계수,
H_A : 어레이 표면 일사량(kWh/m^2 · 기간), K : 종합설계계수

(26) 월간 발전량

$$E_{PM} = P_{AS} \times \frac{H_{AM}}{G_S} \times K \text{ [kWh/월]}$$

여기서, P_{AS} : 표준상태에서의 어레이(총 모듈 수량) 출력(kW) 또는 각 월별 적산 경사면 일사량(kW)

H_{AM} : 월 적산 어레이 경사면 일사량(kWh/m^2 · 월)

G_S : 1 kW/m^2(표준상태)

K : 종합설계계수

(27) 시스템 이용률(%) $= \dfrac{\text{연간 발전전력량(kWh)}}{24\text{시간} \times \text{운전일수} \times \text{시스템 용량(kW)}} \times 100$

$= \dfrac{\text{일 평균 발전시간}}{24\text{시간}} \times 100$

(28) 가동률(%) $= \dfrac{\text{시스템 동작시간}}{24\text{시간} \times \text{발전일수}} \times 100$

(29) 일조 가동률(%) $= \dfrac{\text{시스템 동작시간}}{\text{가조시간}} \times 100$

(30) 차단기의 용량 산정

① 기준 용량(일반적으로 특고압 기준) : 100 MVA

② 기기의 기준 용량에 대한 $\%Z$ 환산 : $\dfrac{\text{기준 용량}}{\text{자기 용량}} \times$ 자기 용량에 대한 $\%Z$

③ 저압 정격전류 : $I_n = \dfrac{P_n}{\sqrt{3}\, V_n}$

④ 저압 차단전류 : $I_s = \dfrac{100 I_n}{\% Z_T}$

⑤ 3상 차단(단락)용량 산출 : $P_s = \dfrac{100 P_n}{\% Z_T} = \sqrt{3}\, V_s \times I_s \text{ [MVA]}$

여기서, Z_T : 사고지점에서 바라 본 합성 $\%Z$, P_n : 기준 용량

(31) 차단기의 정격전압 = 공칭전압 $\times \dfrac{1.2}{1.1}$, 최고전압 = 공칭전압 $\times \dfrac{1.15}{1.1}$

(32) 교류회로의 정상 전압강하 식 $= (E_r + IR\cos\theta + IX\sin\theta) + j(IX - IR\sin\theta) \text{ [V]}$

(33) 전압강하 = $E_s - E_r = K_w \times (R\cos\theta + X\sin\theta) + j(IX - IR\sin\theta)$ [V]

(34) 역률 개선 콘덴서 : $C = P(\tan\theta_1 - \tan\theta_2)$

(35) 발전원가(원) = $\dfrac{\dfrac{\text{초기 투자비}}{\text{설비 수명연한}} + \text{연간 유지비}}{\text{연간 총 발전량}}$

(36) 에너지원별 설치규모(설치용량) = $\dfrac{\text{신·재생에너지 생산량}}{\text{단위 에너지 생산량} \times \text{원별 보정계수}}$

(37) 설비의 잔존률(%) = $\dfrac{\text{설비의 내용연수} - \text{경과 연수}}{\text{설비의 내용연수}} \times 100$

(38) 연선의 공칭 단면적 $A = \pi\left(\dfrac{D}{2}\right)^2 = \dfrac{\pi}{4}D^2$ [mm^2]

(39) 전선의 이도 : 늘어진 정도(D)

전선의 이도 $D = \dfrac{WS^2}{8T}$ [m]

여기서, W : 합성하중(kg/m), S : 경간(m), T : 수평장력(kg)

실제 길이 $L = S + \dfrac{8D^2}{3S}$ [m]

(40) 비용 편익비 분석법(B/C비 : Benefit – Cost Ratio)

투자에 대한 총 편익의 비로 수익성을 판단한다.

$$\text{B/C비} = \frac{\sum \dfrac{B_i}{(1+r)^i}}{\sum \dfrac{C_i}{(1+r)^i}}$$

여기서, B_i : 연차별 총 편익, C_i : 연차별 총 비용, r : 할인율, i : 기간

※ 할인율 : 미래 시점의 금전에 대한 현 시점의 금전의 비용

$\rightarrow \dfrac{100}{1+r}$ 여기서, r은 할인율

※ B/C비 > 1이면 사업성(타당성)이 있으며, B/C비 < 1이면 사업성(타당성)이 없다.

(41) 순 현재가치 분석법(NPV : Net Present Value)

투자로부터 기대되는 미래의 총 편익을 할인율로 할인한 총 편익의 현가에서 총 비용의 현가를 공제한 값이다.

$$\text{NPV} = \sum \frac{B_i}{(1+r)^i} - \sum \frac{C_i}{(1+r)^i}$$

※ NPV > 0이면 수익성이 있으며, NPV < 0이면 수익성이 없다.

(42) 내부 수익률(IRR : Internal Rate of Return)

투자로부터 지출되는 총 비용의 현재가치와 그 투자로부터 유입되는 총 편익의 현재가치가 동일하게 되는 수익률이다.

$$\text{IRR} = \sum \frac{B_i}{(1+r)^i} = \sum \frac{C_i}{(1+r)^i}$$

(43) 투자 수익률(ROI : Return On Investment)

총 투자액에 대한 순이익의 비율이다.

$$\text{ROI} = \frac{\text{순이익}}{\text{총 투자액}} \times 100\,\%$$

(44) 기초의 지지력

$$q_u = \alpha C N_c + \beta \gamma_1 B N_\gamma + \gamma_2 D_f N_q \ [\text{t/m}^2]$$

① 얕은 기초 : $B \geq D_f$

② 깊은 기초 : $B < D_f$

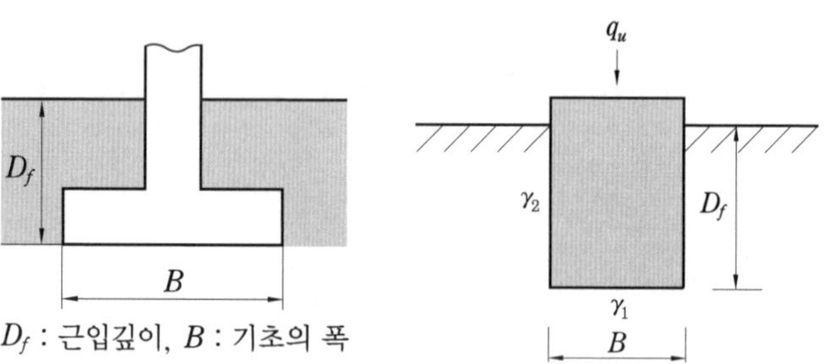

③ 복합기초 : $B = \dfrac{Q_1 + Q_2}{q_a \times L}$, $L = q_a + \dfrac{2 Q_2 S}{Q_1 + Q_2}$

여기서, q_a : 허용 지지력

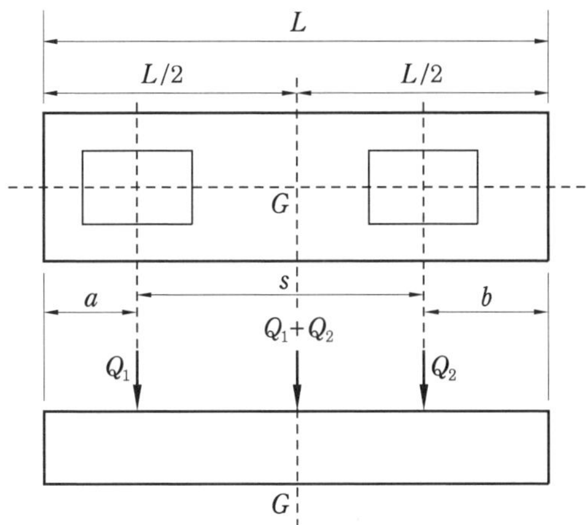

(45) 기초의 크기 : $A = \dfrac{D + D_f + W}{q_a}$

여기서, D : 고정하중, D_f : 기초자중, W : 풍하중, q_a : 허용 지지력

(46) 허용 지지력 $q_a = \dfrac{q_u}{F_s}$ 여기서, F_s : 안전율

※ 총 허용하중 $Q_a = q_a A$ 여기서, A : 기초 밑면적

(47) 허용 지지력 > 하중의 면적당 크기

(48) 허용응력 : $f_a = \dfrac{f_y}{\eta} = \dfrac{f_{cr}}{\eta}$

여기서, f_y : 강재의 항복응력, f_{cr} : 좌굴강도, η : 안전율

(49) 전기방식에 따른 전압강하 및 전선 단면적

전기방식	K_w	전압강하(V)	전선 단면적(mm^2)
단상 2선식, 직류 2선식	2	$e = \dfrac{35.6LI}{1{,}000A}$	$A = \dfrac{35.6LI}{1{,}000e}$
3상 3선식	$\sqrt{3}$	$e = \dfrac{30.8LI}{1{,}000A}$	$A = \dfrac{30.8LI}{1{,}000e}$
단상 3선식, 3상 4선식	1	$e = \dfrac{17.8LI}{1{,}000A}$	$A = \dfrac{17.8LI}{1{,}000e}$

(50) 배전선로의 전기방식

구분	전력(P)	1선당 전력(P')	단상 2선식 기준 전력	전선 중량비 (전력 손실비)
단상 2선식	$VI\cos\theta$	$\frac{VI\cos\theta}{2}=0.5\,VI\cos\theta$	1배	1
단상 3선식	$2\,VI\cos\theta$	$\frac{2}{3}\,VI\cos\theta \fallingdotseq 0.67\,VI\cos\theta$	1.33배	$\frac{3}{8}$
3상 3선식	$\sqrt{3}\,VI\cos\theta$	$\frac{\sqrt{3}}{3}\,VI\cos\theta \fallingdotseq 0.57\,VI\cos\theta$	1.15배	$\frac{3}{4}$
3상 4선식	$3\,VI\cos\theta$	$\frac{3}{4}\,VI\cos\theta = 0.75\,VI\cos\theta$	1.5배	$\frac{1}{3}$

(51) 가중치 계산식

설치용량	가중치 산정식
100 kW 미만	1.2
100 ~ 3,000 kW 이하	$\frac{99.999 \times 1.2 + (\text{용량} - 99.999) \times 1.0}{\text{용량}}$
3,000 kW 초과	$\frac{99.999 \times 1.2}{\text{용량}} + \frac{2{,}900.001 \times 1.0}{\text{용량}} + \frac{(\text{용량} - 3{,}000) \times 0.7}{\text{용량}}$
건축물	
3,000 kW 이하, 수상	1.5
3,000 kW 초과	$\frac{3{,}000 \times 1.5 + (\text{용량} - 3{,}000) \times 1.0}{\text{용량}}$

(52) 공사비, 이윤요율 및 관리비 요율

① 이윤 = (노무비 + 경비 + 일반 관리비) × 이윤요율

② 일반 관리비 = 순 공사원가 × 일반 관리비율

※ 이윤요율

50억 원 미만	50 ~ 300억 원	300 ~ 1,000억 원
15 %	12 %	10 %

※ 일반 관리비 요율

5억 원 미만	5 ~ 30억 원	30 ~ 100억 원
6 %	5.5 %	5 %

③ 순 원가 = 재료비 + 노무비 + 경비

④ 총 원가 = 순 공사원가 + 일반 관리비 + 이윤

⑤ 보험료 = 총 원가 × 보험요율

⑥ 부가가치세 = (총 원가 + 보험료) × 10 %

⑦ 총 공사비 = 총 원가 + 보험료 + 부가가치세

3. 각종 표

(1) 용도 지역별 허가면적(소규모 환경영향 평가 대상)

구분	면적
공업지역, 농림지역, 관리지역	3만 m^2 미만
주거지역, 상업지역, 자연녹지, 생산녹지	1만 m^2 미만
보전녹지지역, 자연환경보전지역	5천 m^2 미만

(2) 지역별 발전 허가면적

구분	면적
발전시설용량(규모)	10만 kW 미만
계획관리지역	1만 m^2 이상
생산관리, 농림지역	7.5천 m^2 이상
보전관리, 개발제한구역, 자연환경보전지역	5천 m^2 이상

(3) 전압의 구분

구분	저압	고압	특고압
직류	1.5 kV 이하	1.5 kV 초과 7 kV 이하	7 kV 초과
교류	1 kV 이하	1 kV 초과 7 kV 이하	

(4) 전기의 품질 기준

① 표준전압 및 허용오차

표준전압	허용오차
110 V	110 V ± 6 V 이내
220 V	220 V ± 13 V 이내
380 V	380 V ± 38 V 이내

② 표준 주파수 및 허용오차

표준 주파수	허용오차
60 Hz	60 Hz ± 0.2 Hz 이내

(5) 수전설비의 배전반 등의 최소 유지거리(m)

구분	앞면/조작·계측면	뒷면/점검면	열 상호 간/점검면	기타 면
특고압 배전반	1.7	0.8	1.4	-
고압 배전반	1.5	0.6	1.2	-
저압 배전반	1.5	0.6	1.2	-
변압기 등	1.5	0.6	1.2	0.3

(6) 전선길이에 따른 전압강하(내선 규정)

60 m 이하	120 m 이하	200 m 이하	200 m 초과
간선 2 %, 분기선 3 %	5 %	6 %	7 %

(7) 순시전압 변동률

변동 빈도	순시전압 변동률(%)
1시간에 2회 초과 10회 이하	3
1일 4회 초과 1시간에 2회 이하	4
1일에 4회 이하	5

(8) 재료별 할증률

구분	옥외 케이블	옥내 케이블	옥외 전선	옥내 전선
할증률	3 %	5 %	5 %	10 %

(9) 분산형 전원의 연계 구분에 따른 연계계통의 전기방식

구분	연계계통의 전기방식
저압 한전계통연계	교류 단상 220 V 또는 교류 3상 380 V 중 기술적으로 타당하다고 한전이 정한 1가지 방식
특고압 한전계통연계	교류 3상 22.9 kV

(10) 분산형 전원의 계통연계를 위한 동기화 변수 제한범위

분산형 전원 정격용량 합계	주파수 차 (Δf, Hz)	전압 차 (ΔV, %)	위상각 차 ($\Delta \Phi$, °)
0 ~ 500 kW 이하	0.3	10	20
500 kW 초과 1,500 kW 이하	0.2	5	15
1,500 kW 초과 20,000 kW 미만	0.1	3	10

(11) 접지공사의 종류(등급) 및 접지저항

※ 철제 및 금속제 외함의 접지공사

구분	전압	내용
제1종 접지공사	고압, 특고압	접지저항 10 Ω 이하
제2종 접지공사	저압 400 V	• $150/I$ ※ I : 1선 지락전류 • $300/I$: 2초 이내 동작하는 자동동작 차단기일 때 • $600/I$: 1초 이내 동작하는 자동동작 차단기일 때
제3종 접지공사	저압 400 V 미만	접지저항 100 Ω 이하
특별 제3종 접지공사	저압 400 V 이상	접지저항 10 Ω 이하

(12) 태양전지 어레이 출력에 따른 접지선의 단면적

구분	접지선 굵기
500 W 이하	1.5 mm^2
500 W 초과 2 kW 이하	2.5 mm^2
2 kW 초과	4 mm^2

(13) 접지공사의 접지선 굵기

구분	접지선 굵기
제1종 접지공사	공칭 단면적 6 mm^2 이상의 연동선
제2종 접지공사	공칭 단면적 16 mm^2 이상의 연동선
제3종 접지공사, 특별 제3종 접지공사	공칭 단면적 2.5 mm^2 이상의 연동선

(14) 제3종, 특별 제3종 접지공사의 접지선 굵기

금속제 외함, 배관 등의 저압선로의 전류 측에 시설된 과전류 차단기의 최소의 정격전류	접지선의 최소 굵기
20 A 이하, 30 A 이하	2.5 mm^2
50 A 이하	4 mm^2
100 A 이하	6 mm^2

(15) 전선의 종류에 따른 접지공사의 접지선 굵기

접지공사의 종류	접지선의 종류	접지선의 단면적
제1종 접지공사 및 제2종 접지공사	제3종 및 제4종 클로로프렌 캡타이어 케이블, 제3종 및 제4종 클로로 설포네이트 폴리에틸렌 캡타이어 케이블의 일심 또는 다심 캡타이어 케이블의 차폐 기타의 금속체	8 mm^2
제3종 접지공사 및 특별 제3종 접지공사	다심 코드 또는 다심 캡타이어 케이블의 일심	4 mm^2
	다심 코드 및 다심 캡타이어 케이블의 일심 이외의 가요성이 있는 연동연선	6 mm^2

(16) 전로의 사용전압 구분에 의한 절연저항

구분	절연저항
대지전압 150 V 이하	0.1 MΩ 이상
대지전압 150 V 초과 300 V 이하	0.2 MΩ 이상
사용전압 300 V 초과 400 V 미만	0.3 MΩ 이상
사용전압 400 V 이상	0.4 MΩ 이상

(17) 사용전압에 따른 울타리, 담 등과 충전 부분까지 거리의 합계

구분	거리
35 kV 이하	5 m
35 kV 초과 160 kV 이하	6 m
160 kV 초과	6 m에 160 kV를 초과하는 10 kV 또는 그 단수마다 12 cm를 더한 값

(18) 모니터링 시스템의 계측설비별 요구사항

계측설비		요구사항
인버터		CT 정확도 3% 이내
온도센서	−20℃ ~ 100℃	정확도 ±0.3℃ 미만
	100℃ ~ 1,000℃	정확도 ±1℃ 이내
전력량계		정확도 1% 이내

(19) 비정상 전압에 대한 분산형 전원 분리시간

2020. 6 개정

전압범위 (공칭전압에 대한 백분율[%])	분리시간(초)
$V < 50$	0.5
$50 \le V < 70$	2.0
$70 \le V < 90$	2.0
$110 < V < 120$	1.0
$V \ge 120$	0.16

(20) 비정상 주파수에 대한 분산형 전원 분리시간

2020. 6 개정

분산형 전원 용량	주파수 범위(Hz)	분리시간(초)
용량무관	$f > 61.5$	0.16
	$f < 57.5$	300
	$f < 57.0$	0.16

(21) 일반용 단선 비닐절연전선을 사용한 저압 가공선의 최소 이격거리

다른 시설물	접근 형태	이격거리
조영물의 상부 조영재	위쪽	• 다심형 : 2 m • 저압 절연전선 : 1 m • 고압, 특·고압, 케이블 절연전선 : 0.5 m
	옆쪽 또는 아래쪽	30 cm, 고압·특고압 절연선 : 15 cm
조영물의 상부 조영재 이외의 부분 또는 시설물	–	30 cm, 고압·특고압 절연선 : 15 cm

(22) 고압 및 특고압계통 지락사고 시 저압계통 내의 허용 과전압

고압계통에서 지락고장시간(초)	저압설비의 허용 상용 주파수 과전압
>5	$U_o + 250$ V
≤ 5	$U_o + 1{,}200$ V

※ U_o는 선간전압(중성선 도체가 없는 계통)

(23) 신·재생에너지의 연도별 의무공급량의 비율

2016.12 개정

연도	2012	2013	2014	2015	2016	2017	2018	2019	2020	2021	2022	2023
비율	2.0%	2.5%	3.0%	3.0%	3.5%	4.0%	5.0%	6.0%	7.0%	8.0%	9.0%	10%

※ 연도별 의무공급량의 비율

2020.10 개정

연도	2021	2022	2023 이후
비율	8.0%	9.0%	10.0%

(24) 신·재생에너지의 연도별 공급의무비율

2016. 12 개정

연도	2012	2013	2014	2015	2016	2017	2018	2019	2020
비율	10%	11%	12%	15%	18%	21%	24%	27%	30%

※ 연도별 공급의무비율

2020.10 개정

연도	2020 ~ 2021	2022 ~ 2023	2024 ~ 2025	2026 ~ 2027	2028 ~ 2029	2030 이후
비율	30%	32%	34%	36%	38%	40%

참고문헌

1. 신재생에너지 RD&D 전략 2030시리즈, 태양광 에너지관리공단 신재생에너지센터
2. 전기설비기술기준 및 판단기준 이충식, 조문택 문운당
3. 내가 직접 설치하는 태양광발전 박건작, 도서출판 북스힐
4. 쉽게 배우는 회로이론 박건작, 도서출판 북스힐
5. 태양광발전시스템의 계획과 설계, 이순형, 기다리
6. 태양광발전시스템의 설계와 시공, 나가오 다세히코, 옴사
7. 태양광발전시스템 설계 및 시공, 성안당
8. 태양광발전, 뉴턴 사이언스
9. 태양광발전시스템 이론, 김용로, 디지털 복두
10. 태양광발전시스템 운영·유지보수, 김용로, 디지털 복두
11. 알기 쉬운 태양광발전시스템, 코니 시 마사키, 인포더 북스
12. 태양광발전기 교과서, 나카무라 마사히로, 보누스
13. 신재생에너지 발전설비 기사·산업기사, 도서출판 금호
14. 신재생에너지(태양광) 기사·산업기사 실기, 태양광발전연구회
15. 신재생에너지(태양광) 기사·산업기사 필기/실기, 봉우근, 엔트미디어
16. 신재생에너지(태양광) 기사·산업기사 실기, 태양광발전연구회, 동일출판사
17. 신재생에너지(태양광) 기사·산업기사 필기, 백국현, 김태우, 시대고시기획
18. 신재생에너지 R&D 태양광, 도서출판 북스힐
19. 전기사업법/전기공사업법
20. 전기설비기술기준 및 기술기준의 판단법, 한국전력공사
21. 분산형 전원 배전계통연계기술수준, 한국전력공사

신재생에너지발전설비기사 (태양광) 실기

2022년 4월 10일 인쇄
2022년 4월 15일 발행

저　자 : 박건작
펴낸이 : 이정일

펴낸곳 : 도서출판 **일진사**
www.iljinsa.com
(우) 04317 서울시 용산구 효창원로 64길 6
전화 : 704-1616 / 팩스 : 715-3536
등록 : 제1979-000009호 (1979.4.2)

값 32,000 원

ISBN : 978-89-429-1704-4